多学科交叉融合设计

——面向生物工程及生物制药工厂设计

（上册）

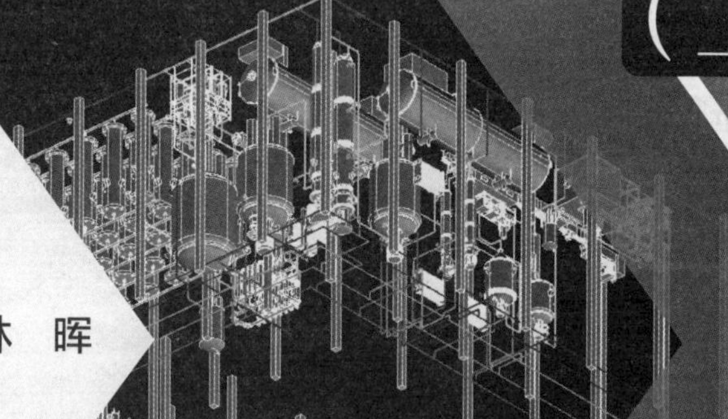

主　编⊙李　浪

副主编⊙吕扬勇　李潮舟　林　晖

清华大学出版社

北　京

内 容 简 介

本书系统地介绍了生物工程及生物制药项目开发和工厂设计过程与步骤，以培养学生的“工程应用能力”为目标，从基础知识到实际开发应用，由浅入深，通俗易懂，案例丰富，图文并茂，条理清晰，内容完整，可选择性较大，学生能够研究性地、挑战性地学，从而创新性地做，使学生由简到繁，由单一到复合，在掌握专业知识的同时，提高工程推理、解决问题、工程语言交流的能力。本书上册包含的主要内容有工厂的基本建设程序、厂址选择和总平面设计、生产流程设计，物料和能量衡算，公用工程量的计算，设备计算与选型；本书下册包含的主要内容有多种车间布置设计，管道设计以及供电、制冷、土建、自动控制等非工艺设计，环境保护设计，项目施工配合、安装和试车，清洁生产审核与制药工程验证等。

本书（上、下册）内容涵盖生物工程、生物制药的诸多方面，既有工程专业基础知识，又包含大量工程实例且大多数为首次公开，值得借鉴。本书主要供普通高等学校本科生及研究生使用，也可作为工厂设计人员的参考用书。

图书在版编目（CIP）数据

多学科交叉融合设计：面向生物工程及生物制药工厂设计．上册 / 李浪主编．—北京：清华大学出版社，2022.1

ISBN 978-7-302-59333-1

I．①多…　II．①李…　III．①生物工程②生物制品—药物　IV．①Q81②TQ464

中国版本图书馆 CIP 数据核字（2021）第 208266 号

责任编辑：邓　艳
封面设计：刘　超
版式设计：文森时代
责任校对：马军令
责任印制：曹婉颖

出版发行：清华大学出版社
网　　址：http://www.tup.com.cn，http://www.wqbook.com
地　　址：北京清华大学学研大厦 A 座　　邮　　编：100084
社 总 机：010-62770175　　邮　　购：010-62786544
投稿与读者服务：010-62776969，c-service@tup.tsinghua.edu.cn
质量反馈：010-62772015，zhiliang@tup.tsinghua.edu.cn
印 装 者：三河市君旺印务有限公司
经　　销：全国新华书店
开　　本：185mm×260mm　　印　　张：24.25　　字　　数：572 千字
版　　次：2022 年 1 月第 1 版　　印　　次：2022 年 1 月第 1 次印刷
定　　价：79.90 元

产品编号：091481-01

编　委　会

主　编　李　浪

副主编　吕扬勇　李潮舟　林　晖

编　委（以汉语拼音为序）

黄　亮（河南工业大学）

李潮舟（深圳大学）

李　浪（河南工业大学）

林　晖（河南农业大学）

吕扬勇（河南工业大学）

杨慧林（江西师范大学）

张　兰（河南工业大学）

张中洲（郑州安图生物工程股份有限公司）

郑穗平（华南理工大学）

周春峰（河南省医药设计院有限公司）

前　言

生物工程及生物制药工厂设计是一门由生物工程设备、化工原理、发酵工程、生物反应工程、药剂学、药品生产质量管理规范（GMP）和建筑工程学相关理论和技术交叉融合的课程。

20 世纪 90 年代以来，生物技术的快速进步促进了我国生物制品、生物材料、生物制药等产业的迅猛发展，高校生物工程专业、生物制药专业不断增多。但相应的生物工程及生物制药工厂设计教材较少、内容陈旧且课程重理轻工。在“新工科”背景下，产业发展对应用型、创新型人才提出了更高的要求，因此为满足时代需求，高校有必要重新构建理论和实践教学体系，加大学生的实践训练力度，提高实践动手能力、创新能力和职业能力。

基于此，作为从事 30 多年生物工程及生物制药工厂设计工作的设计者和教学工作者，有责任和义务将自己以及同行的研究成果、论述、论著以及工程实践体会等进行总结，编辑成书，作为高等院校生物工程、制药工程、生物制药、食品生物工程、药物制剂等相关专业的教材，也可供生物、制药与食品化工行业从事研究、设计、生产的工程技术人员参考。

本书系统地介绍了生物工程项目的建设程序、生产流程设计、物料和能量衡算、设备计算与选型、车间布置、管道设计等工艺设计内容以及公用工程量的计算、供电、制冷、土建、自动控制、环境保护设计、项目施工配合、安装和试车、清洁生产审核与制药工程验证等非工艺设计方面内容。既在横向上满足了食品领域的生物工程、生物制药工程、生物基材料工程的设计知识要求，又在纵向上可以适应上游原料制备及发酵、下游提取制备、药物制剂工艺设计的知识需要。本书内容同时融入了编者在实际生产实践过程中使用的大量的设计实例，内容完整，可选择性较大，学生能够研究性地、挑战性地学，从而创新性地做，使学生由简到繁，在掌握专业知识的同时，提高工程推理、解决问题、工程语言交流的能力。

生物工厂设计是一门实践性非常强的学科，既包含生物工程、生物技术、生物制药等知识，又包含土木工程、自动控制以及电气安装、通风空调、工程项目管理等知识。因此根据内容需要，编者在书中有针对性地引入了常用自动控制仪表、新型工艺设备、阀门、管件等图例，并采用了最新设计标准及规范（包括《中国药典》2020 版），引入了 Aspen Plus、Auto Plant 3D 绘制工艺流程图、三维车间装配图、三维管道布置的内容，使其更实际、更全面地反映现代设计管理的运作程序、方法和手段，力求具备实用性、参考性及指导性。

本书在编写和出版过程中，得到了河南工业大学生物工程学院领导和老师的支持与帮助，同时还得到了中国生物发酵产业协会理事长石惟忱、中国生物发酵产业协会标准部主任李建军、河南省轻工业设计院副院长杜平定、江南大学原副校长金征宇的大力支持。还要特别感谢郑州良源分析仪器有限公司董事长周平女士提供了大量的工程图纸的使用权。

在此，对所有关心支持本书编写和出版工作的同志们表示衷心的感谢！

本书由河南工业大学、深圳大学、河南农业大学、华南理工大学、江西师范大学、河南省医药设计院有限公司、郑州安图生物工程股份有限公司等单位的专家共同编写，李浪主编。具体参编人员及分工为：李浪编写绪论、第三章、第六章（不含第五节），吕扬勇编写第一章、第四章，李潮舟编写第五章、第九章，林晖编写第七章、第八章，郑穗平编写第二章，周春峰编写第十章第一至四节、第十一章第二节，杨慧林编写第十章第五节，张中洲编写第六章第五节，黄亮和张兰编写第十一章第一节，全书由李浪主编统稿。

由于编者水平所限，加之时间仓促，书中不妥和不尽人意之处恐难避免，热切希望专家和广大读者不吝赐教，多多批评指正，主编电子信箱地址：lilang6105@126.com。

编者

目　　录

绪论 1

一、生物工厂设计在国民经济中的地位和意义 1

二、我国生物工业发展概况 1

三、“新工科”理念的产生 3

四、“新工科”背景下生物工程工厂设计教与学存在的问题分析 4

五、“新工科”背景下课程内容的转变 4

六、“新工科”背景下教与学的方法 6

第一章　工厂建设程序和工厂设计文件 13

第一节　生物工厂的基本建设程序 13

一、工厂基本建设的含义和范围 13

二、工厂基本建设的分类 13

三、已工业化生产的工程项目的建设程序 13

四、未工业化研究成果的工业化建设程序 16

五、项目建设前的重要报告 18

六、工程项目施工、安装、试产、验收、交付生产 26

第二节　工厂的设计工作 26

一、设计工作方式的划分 26

二、两个阶段设计方式的主要内容 27

三、工厂设计的内容 30

思考题 38

第二章　厂址选择和总平面设计 39

第一节　厂址选择和技术勘查 39

一、厂址选择 39

二、技术勘查 41

第二节　工厂总平面设计 41

一、总平面图内的建、构筑物和设施 42

二、总平面图的画法及内容 43

三、总平面图布置原则 46

四、主要和辅助建筑物的配置 48

五、厂区内交通线布置 50

六、总平面设计实例 51

七、厂区内工程管线布置 58

思考题 62

第三章　工艺流程设计 63

第一节　生产方法的选择 64

一、工艺流程的选择需要注意的问题 66

二、绘制工艺流程框图 68

三、对选定的生产方法进行工程分析和处理 69

四、工艺流程设计工作程序与阶段 70

第二节　工艺流程设计 70

一、工艺流程设计的内容 70

二、不同设计阶段工艺流程图的区别 71

三、工艺物料流程图（PFD 图）的绘制 73

四、初步设计阶段的带控制点流程图（PID 图）的绘制 89

第三节　典型设备的控制方案 101

一、泵的流量控制方案 101

二、换热器温度的控制方案 102

三、精馏塔的控制方案 104

四、发酵罐的控制方案 106

五、釜式反应器的自控流程设计 111

第四节　典型单元操作及产品生产的 PID 图实例解读 113

一、小麦制粉生产工艺 PFD 图 113

二、玉米淀粉生产工艺 PFD 图 115

三、淀粉液化糖化工艺优化与控制 115

四、啤酒发酵设备的 CIP 清洗与消毒杀菌工艺 119

五、发酵菌种扩大培养工艺 121

六、酒精发酵工段和固态发酵饲料工段工艺 PID 图 121

七、赖氨酸连续离交工艺 127

八、发酵液提取产品时的四效蒸发浓缩结晶工艺 129

九、维生素 C 生产工艺 PID 图 131

十、乳酸生产工艺 PID 图 134

十一、玉米胚芽制油生产工艺 PID 图 137

十二、副产品饲料生产工艺 PFD 图 138

思考题 140

第四章　工艺计算 141

第一节　项目生产规模的确定 141

一、规模经济理论 141

二、确定生产规模的方法 142

第二节　物料衡算 145

一、物料衡算的类型和方法 145
二、物料衡算的步骤及实例 147
三、工艺物料和水平衡图 157
第三节　热量衡算 159
一、能量衡算的目的和意义 159
二、单元设备的热量衡算 160
三、系统热量平衡计算 161
第四节　典型设备工艺设计 168
一、设备设计的基本要求 168
二、设备设计的基本内容 169
三、定型设备设计计算 170
四、非标设备的设计 228
五、编制工艺设备一览表 230
六、采用 Aspen Plus 软件进行工艺流程的物料衡算和能量衡算 232
七、小结与展望 247
思考题 247
第五章　工艺设备选型 248
第一节　输送、清理、粉碎、打浆与磨浆设备的选型 248
一、输送设备的选择 248
二、清理设备的选择 263
三、粉碎设备的选择 267
四、打浆和磨浆设备的选择 273
第二节　微生物好氧、厌氧发酵设备及酶反应器的选型 276
一、好氧发酵罐设备的选择 276
二、厌氧发酵罐设备的选择 280
三、固态发酵反应器的选择 283
四、酶反应器的选择 286
第三节　过滤分离、离心分离、膜分离设备的选型 289
一、过滤分离、离心分离设备选型 290
二、膜分离设备选型 301
第四节　萃取、离子交换、蒸发浓缩、结晶、干燥、筛分设备的选型 306
一、萃取设备选择原则 306
二、离子交换设备的选择 314
三、蒸发浓缩设备的选择 315
四、结晶设备的选择 323
五、干燥设备选择原则 328
六、筛分设备选择 331

第五节 混合、成型、包装、计量设备的选型 331
一、混合设备的选择 331
二、成型设备的选择 339
三、包装设备的选择 344
四、计量设备的选择 358
第六节 废水处理、废气处理设备的选型 358
一、废水处理设备选择原则 358
二、废气处理设备选择原则 365
思考题 369
参考文献 370

绪　论

一、生物工厂设计在国民经济中的地位和意义

生物产业是国民经济的重要组成部分，为了实现把我国建设成为社会主义现代化强国的宏伟目标，根据国民经济的发展规划，生物产业未来在我国将有一个较大的发展。在生物工业的建设战线上，无论是在生物工程还是生物制药领域，工厂设计都发挥着重要的作用。新建、改建和扩建一个工厂，均离不开设计工作。在科学研究中，从小试、中试到工业化生产，都需要与设计有机结合，进行新工艺、新技术、新设备的开发工作。工厂设计是把科学技术转化为生产力的一门综合性科学，是扩大再生产、更新改造原有企业、增加产品品种、提高产品质量、节约能源和原材料以促进国民经济和社会发展的重要技术和经济活动的组成部分。

工厂设计在工程项目建设的整个过程中，是一个极其重要的环节，可以说在建设项目立项以后，设计前期工作和设计工作就成为建设中的关键。企业在建设时能不能加快速度，保证施工安装质量和节约投资，建成以后能不能获得最大的经济效益、环境效益和社会效益，设计工作起着决定的作用。

因此，工厂设计工作的好与坏关系到国民经济效益和发展速度，对于科学技术事业的发展和社会主义现代化建设也有着重要的影响。

二、我国生物工业发展概况

发酵工业历史悠久，我国是最早应用微生物进行发酵的国家。随着社会和科技的进步，现代生物技术又赋予它以新的生命力，成为高科技生物技术产业化的重要基础。近几十年来，我国发酵工业发展迅速，特别是在过去的十几年中，更加发展壮大起来，取得了令世界瞩目的成绩。虽然我国已经成为发酵大国，但却没有真正成为发酵强国。无论是在新产品的研发推广还是在生产技术、工艺等方面都与发达国家存在着很大的差距。

发酵工业是一种以高科技含量为特征的新型工业，近年来特别是20世纪90年代以来，行业的迅速发展已经使其在食品工业中占据重要地位。味精、柠檬酸、淀粉糖、酶制剂、酵母是我国发酵工业的五个主要产品，2003年年产量已达510万吨，产值305亿元，约占食品工业总产值的3%。其中，味精年产量119万吨，占世界产量的70%左右，居全球第一位；柠檬酸年产量45万吨，出口30万吨，创汇2.36亿美元，产量和贸易量均居世界第一位；淀粉糖年产量更是成倍增长，1999年为90万吨左右，2003年则为300万吨。这些数据充分表明，我国发酵工业又经历了一个快速发展过程。我国酵母行业在20世纪90年代有生产企业62家，目前有30家左右，而品质、产量、技术都有了大幅度提高；我国有

亚洲最大的活性干酵母加工基地，前十位企业的产量基本占到全国产量的80%以上。发酵工业的迅速发展不仅带动了相关行业的发展，而且对节约粮食、增加食品花色品种、提高产品质量及改善环境等，发挥了重要作用。例如，味精生产由酸法糖化改为双酶法糖化，使味精总收率得到提高，全行业年增产味精2万多吨，年节约粮食8万吨。白酒和酒精生产采用酶制剂和酿酒用活性干酵母，提高了出酒率，每年可节约粮食20多万吨。

除了传统发酵产业，作为近年来新兴的产业，生物制药产业被认为是21世纪最有发展前景的产业之一，它是将生物技术、药学及医学相结合的一门技术，具有高投入、高风险和高收益的特点。目前生物制药产品主要包括3大类：基因与核酸药物、细胞工程药物和蛋白药物。美国市场调研机构EvaluatePharma最新数据显示，全球前十位畅销药中，单克隆抗体及蛋白类药物占80%，其中包含美国2015年批准的首个PD-1抗体药物Keytruda。生物制药行业近年来发展迅速，据EvaluatePharma预测，2024年全球生物制药市场规模将达到3830亿美元，年复合平均增速超过8%。因此，可以预见在今后很长一段时间内，生物制药对国民经济的贡献度也会逐步增加，而作为将实验室成果转化为实际生产力的生物制药工厂设计将发挥重要作用。

在生物制药领域，美国目前处于领先地位，绝大多数的基因与核酸药物都来自于美国。《2017～2021年中国生物医药产业园区深度分析及发展规划咨询建议报告》显示全球生物制药产业的发展主要在美国、英国、日本、印度等地区。美国目前拥有超过1000家生物技术企业，在生物制药产业的投资将近400亿美元，正式投入市场的生物工程药物有50多个，多个跨国企业实力雄厚，如安进公司（Amgen Inc.）、吉利德科学有限公司（Gilead Sciences）等。在我国，生物制药的发展最初始于从动物组织中提取有效成分，之后伴随着国家“863”“973”计划的实施快速发展，目前我国生物制药开发、研制、生产已具备一定规模，在乙肝疫苗、干扰素、胰岛素等方面实现了较大创新和发展。2018年以来，越来越多的传统制药企业进入生物制药领域，生物制药产业规模迅速扩大。党的十九大报告明确提出，“建设知识型、技能型、创新型劳动者大军”，提出了“创新中国”的思想，并将生物制药作为朝阳产业，提高了对其的重视程度，加大了对生物制药行业的扶持力度。据中国产业调研网发布的数据显示，2019年我国生物医药产业市场规模超过3700亿元，预计2021年我国生物医药产业市场规模将近4000亿元。成为仅次于美国的全球第二大生物医药市场。据统计，现今涉及生物技术产业的国家级高新区和经济技术开发区已经超过100个，省级以上的生物产业园已达400多个，如泰州中国医药城、上海生物医药科技产业基地等；同时涌现出了一批知名企业，如恒瑞医药、药明康德、百济神州、健康元等。目前，全球在生物制药领域的专利申请累计达到1128849件；中国生物制药专利申请为107123件，占全球9.49%。可以看出，我国生物制药产业在自主创新能力培育、企业规模以及尖端研究领域与世界先进国家相比还存在较大差距，在今后的发展中应加大这几方面的投入力度。此外，我国生物制药产业很多成果仅仅停留在实验室阶段，如何让科研成果向生产力转化，使科研与生产实践相结合，实现对资源的高效利用，将技术转化为生产力必定是今后我国生物制药产业发展的方向。

然而，不管是传统的发酵工业还是生物制药产业其发展中仍然存在一些问题，如行业调控不够得力、市场竞争不够充分、价格比较混乱、低水平的重复建设及环保问题等。笔者认为，生物工业今后将向着以下几个方向发展：低成本，高质量；加大科技投入，减少环境污染；优化产品结构，提高整体效益。

三、“新工科”理念的产生

自人类社会进入信息时代以来，全球范围出现了工程科学知识的更新速度落后于产业实践迭代速度的现象，导致传统高等工程教育模式下培养出来的是面向现在、甚至是过去工程产业需要的人才。这种现象引发了工程界对工程教育的批评和工程教育者的反思。率先认清工程教育自身问题的是美国工程教育的领头羊——麻省理工学院（MIT）。2004 年，MIT 联合欧洲一所大学创立了“构思—设计—实现—运行”（CDIO）国际先进工程教育模式，构建了指引工程教育改革的实施方法，并在工程创新人才培养中取得了很好的改革成效。面对新的挑战，MIT 于 2017 年启动了新一轮的工程教育改革即“新工程教育转型”（New Engineering Education Transformation，NEET)计划。这项计划将面向未来的新机器和新工程体系作为工程教育的发展方向，以学生为中心，以培养能够引领未来产业界和社会发展的领导型工程人才为目标，在培养路径上采用串联、基于项目的方式将若干个相互衔接、难度递增的子项目有机集成起来解决某一个主题项目，在培养方式上打破学科隔离，整合跨学科资源，实现跨学科工程人才的培养。

我国作为高等工程教育大国，教育部在 2017 年拉开了“新工科”建设的序幕，经过“复旦共识”“天大行动”“北京指南”三部曲，对新工科建设已达成高度共识。在以新技术、新业态、新产业为特点的新经济蓬勃发展的背景下，面临着培养新工科人才的新机遇与新挑战。因此，教育部于 2017 年 2 月提出了我国高等工程教育的新工科行动计划，强调培养具有跨界整合能力、创新创业能力、应用实践能力的综合性、复合型工程科技人才，服务于产业现实急需和未来经济发展需要。

各高校工科专业应以新工科理念为指引，主动对接地方新产业、新需求，把握行业人才需求方向，凝练办学特色，深化产教融合，培养有较强专业背景知识、工程实践能力、胜任行业发展需求的工程管理专业应用型人才。

随着生物技术产业的快速发展，目前已形成生物制品、生物材料、生物制药等产业，“新工科”背景下，这些产业对应用型、创新型人才提出了更高的要求。为满足时代需求，高校有必要重新构建实践教学体系，加大学生的实践训练力度，提高学生的实践动手能力、创新能力和职业能力。

生物工程专业应用型人才的培养是一项长期工程，高校必须结合时代背景，围绕人才培养目标，不断改进和完善生物工程专业实践教学内容，优化与重构实践教学体系，注重专业实践教学队伍建设。只有这样才能真正提高学生的实践能力、创新能力，满足“新工科”背景下生物工程专业应用型人才的要求。

四、“新工科”背景下生物工程工厂设计教与学存在的问题分析

对当前一些院校的生物工程专业毕业生跟踪调查显示，毕业生的工作适应能力有所下降，主要体现为毕业生实践经验不足、动手能力不强、缺乏团队合作精神等。而造成这种状况的原因主要体现在如下几点。

1. 教材和课程内容相对陈旧

1995年出版的《发酵工厂工艺设计概论》以及2007年出版的修订版《生物工程工厂工艺设计概论》知识内容更新相对较少，尤其是设计图例较少；2019年最新出版的《生物工厂工艺设计》也存在工程实例较少的问题，这与当今蓬勃发展的生物工程产业匹配度不高。

2. 教学师资队伍缺乏工程实践经验

现在的高校教师队伍中，具有较强工程背景的教师正在逐年减少。许多工科院校的专业教师都是从校门到校门的“双门型”教师，大多拥有高学历，但是普遍缺乏现代工程意识和工程实践经验，尤其缺乏在相关企业进修、锻炼的经历。

3. 重理轻工

生物工程专业以工科为主，以理科为辅，理工结合培养应用型工程技术人才。生物工程专业具有应用性强的特点，不仅需要掌握扎实的生物学、工程学基础理论和生物工程专业知识基础，而且要接受严格的实验技能训练与工程实践环节训练，具有较强的工程应用能力。目前，大多数高校的生物工程专业实际是生物技术专业，以理科为主，工科为辅，两者相结合培养应用研究型或技术型人才，工科理科化现象比较严重，使得生物工程专业的毕业生缺乏工程应用能力。为适应“新工科”背景下生物工程专业对实践能力培养的需求，本书编写组组织了工程经验丰富的教师和工程设计研究人员共同编写了本书。

五、“新工科”背景下课程内容的转变

1. 指导思想

以“素质”和“能力”培养为目标，精选教学内容，渗透工程问题，将化工原理、工厂供电、生化工程、发酵工程、生物反应工程、生物分离工程以及生物工程设备等课程深度融合于工厂设计之中。对课程内容、生物工程开发程序、产品工艺设计选择，以生物制品、生物材料、生物医药为主线，构建相对独立的实践教学体系。从项目建设程序、项目可行性研究、初步设计、施工图设计，到设备安装调试、竣工验收，以及设计案例分析和毕业设计等实践性教学环节进行多方位的改革及实践，提高学生工程实践经验、工程意识、工程素质及工程技术能力。

2. 凝练专业教材建设体系，加强课程资源建设和教学改革

生物工程专业理论的基本框架构建主要依赖于教材和课堂教学。但权威教材的编写和修订均未充分考虑到新媒体时代的教学过程与变化，无论是理论还是案例选择都偏传统，部分内容与时代脱节。例如，一些新型生物工程设备已经能够通过移动终端实时监控；一

些国外的教材已经将课程内容与生产企业密切结合，可以在课堂讲述的同时，实时连线附近的工厂监控系统，进行相关生产工艺参数与设备的教学指导。但国内的教材都没有涉及。

针对工科教育面临的相对陈旧的教材和课程内容、现实的社会需求以及面向未来的工程技术三者之间的脱节问题，必须打破固有学科领域界限，实现从学科导向转向以产业需求为导向，从专业分割转向交叉融合，同时，进一步更新教学内容、课程体系和教学模式，重点培养学生的工程创新能力和适应变化的能力。

本书系统地介绍了生物工厂工艺设计过程与步骤，生产流程设计，物料和能量衡算，公用工程量的计算，设备计算与选型，车间布置，管道设计以及供电、制冷、土建等非工艺设计等方面内容。通过学习可以了解生物工厂设计的基本步骤和基本技能，掌握生物工厂设计的方法以及生产装置的选择设计与应用。

工厂设计是一门综合的学科，能够在工程设计中运用综合的知识，对所确定的工程项目进行工艺设计，并能预测所设计的工程项目对企业和国家可能产生的经济效益。因此，本书重点讲述以下 9 个方面的内容。

第一方面，工程项目开发程序。包括已工业化工程项目的开发和未工业化的研究成果的工业化开发程序、项目的可行性研究及其各个阶段以及设计前所需收集的资料。利用课程项目初步培训学生熟悉专业基础概念和工具使用，训练学生的自主学习和表达能力，帮助学生运用工程思维模式，激发学生的学习兴趣，让学生了解需要什么样的学科理论才能解决工程问题，并了解产品技术经济分析和较全面的产品市场分析。

第二方面，生物工厂总平面设计。促使学生对相关课程知识点融会贯通，掌握理论建模或仿真分析、软件或硬件的使用方法，训练学生的实验操作和知识点理解能力，培养学生的科学思维模式以及运用所学到的基础工程学科知识解决工程问题，进行团队协作和相互交流的能力。

第三方面，生物工厂的工艺设计。生物产品工艺的比选应融入更多的新技术、新装备，将信息化、智能化的技术体现在带工艺控制点的流程图中，把产品工程创新与设计作为终级设计实现的经验。教师的角色从信息传递者转变为顾问和教练，小型学生团队以工程为背景进行产品的工艺构思、设计、制作和实验室小试运行，规模更大的学生团队应用更为广泛的工程能力进行高级设计和产品规模生产的经济可行性计算。

第四方面，工艺计算及设备选型。包括产品生产规模的工艺详细计算，对常规设备和新装备从合理性、经济性、先进性多方面进行比较选择，提供实际工程问题，让学生对复杂工程系统进行分析、设计，以及虚拟仿真实验的运行，锻炼其在工程背景下进行多学科团队协作和表达交流的能力，培养学生的系统思维模式。

第五方面，车间的设计规范。以不同种类多样化产品为例，将来自生物工业界合作的实际项目、行业规范等系统工程问题作为典型案例进行介绍与分析，把规范融合到产品设计图中，将专业的、真实的、复杂的生物工程产品、过程和系统工程语言化（图纸）。

第六方面，工程管线布置设计。依据范围的大小和复杂程度从低层到高层建立多系列、多层次的管线设计，使学生了解管线系统开发在实际生产中的重要性，特别是在安全生产、清洁生产中的重要性。

第七方面，公用工程设计及环保设计。了解公用工程设计的必要性，资源利用与环保同等重要，做好环保设计是项目开发的前提。

第八方面，施工配合、安装及试车。了解施工和安装的重要性，如果设计质量不好，施工质量没有保障，则难以获得可观的经济效益。

第九方面，清洁生产审核流程和制药工程验证。介绍清洁生产审核流程与制药工程验证方法，为工程项目竣工验收奠定基础。

各高校可根据课程学时安排讲授内容和自学内容。

本书内容完整、可选择性较大，学生能够研究性地、挑战性地学，从而创新性地做，实现学生以设计为基础的主动学习，使学生由简到繁，由单一到复合，将工程推理、解决问题、团队工作、工程语言交流能力和专业知识进行有机融合。

本书在章节安排上以产品工程顺序进行，在具体内容上以能力培养为主线，因而在实际教学中应体现工程教育特色，实践教学内容与生物行业内实际工作（岗位）融通，提高能力培养的有效性，这样才能不断提高教学质量，从而培养具有较强社会适应能力和从业竞争能力的高素质毕业生，满足社会经济发展需求。

六、“新工科”背景下教与学的方法

1. 以“新工科”建设为契机，转变实践教学理念，加强实践教学师资队伍建设

“新工科”建设的本质是高等工程教育领域的供给侧改革，是一场从思想到行动的变革，它要求培养与我国新经济、新产业、新业态发展需求相对接的新型专业人才。不仅仅要求人才需求的目标是“专业对口”，而且要建立在高质量的人才培养基础上，实现“提质增效”的人才供给效能。从高校职能部门开始，在整个师资队伍中牢固树立生物工程专业“实践教学与理论教学同等重要”“实践是工科专业人才成功之本”的教学理念。

“新工科”建设中，生物工程特色专业的建设，除了对专业教师的传统基本要求外，还要求教师队伍具备其他相关能力，如了解新兴生物产业的发展前景和先进技术，把握专业理论方向与新经济发展的契合点，拥有丰富的工程实践经验和能力，具有与工程教育改革相匹配的卓越教育教学能力，能够进行新理念教学策略与新技术教学方法的创新等。生物工程专业更应该加强实践教学师资队伍建设，提高教师的工程素质、实践能力、技术开发能力和学生实习指导能力。

（1）建立校企“互聘、互兼”的专业教学队伍合作机制。

坚持“走出去”和“请进来”，建设一支“双师型”师资队伍，完善校内外双导师制度。一方面定期选派工科教师到企业进行实践锻炼，提高实践教学能力和水平；另一方面，学校要大力引进工程大师、行业专家担任学校兼职教师和指导教师，助推学生成长。

在学院内外聘请创新创业业绩突出的教师（如科技进步奖获得者、创业成功者等）为学生开设讲座，启发、激励学生的创新创业意识，同时指导团队的教师开展创新创业教育。

（2）专业教师研究项目应多与企业结合，了解企业技术需求，解决企业的工程难题。

校企双方共同制定生物工程专业人才培养标准并共同实施培养方案，以理论应用能力、工程实践能力培养为基础，强化创新创业教育，确保校企联合培养各项目标得到具体落实。

同时，实践环节结合企业产品开发、技术革新、工艺改造等企业的实际课题进行，切实提高学生的学习、知识应用、创新、交流沟通等能力。

（3）切实履行学生工厂实训。

派遣学院年轻教师利用假期或在陪护学生工厂实习期间到企业进行工程实训，通过跟班作业，掌握单元操作过程中的要点和注意事项，了解实际生产中经常出现的各种问题，切实提高教师的工程实践能力；创造一切可能的机会，邀请企业高级技术管理人员到学校与教师进行交流，使教师能及时掌握行业新技术、新动态，明确学生的培养方向。

实践教学师资队伍的素质和水平对工程师的成长起着决定性的作用，高水平工程师的成长离不开高素质、高水平、复合型的实践教学师资队伍。对此，我国工程界泰斗张光斗院士曾经有过“教师要加强工程训练，工科教师最好是工程师”的经典论断。

2．增强学生的工程意识

学生是学习的主体，工程实践能力的提高，需要学生通过学习来实现。这就要求教师在教学过程中把思想教育工作和学习任务结合起来，把理论传授和工程训练结合起来，充分调动学生的积极性，培养学生的工程意识，只有这样才能把实践教学推向一定的深度。

借鉴CDIO工程教育理念，以产品“构思、设计、实现、运行”的全生命周期为载体，深入实施产教融合、科教融合、校企合作的协同育人模式，把创新能力和适应变化能力融入教育全过程。建立从理论学习、动手实践再到探究学习的教学链条，把设计活动贯穿于实践教学全过程，实现理论教学与实践教学的交叉和有机融合。

教学中采用学生自主选项目的模式，实现理论和实践的融合教学。在项目（提出问题）—理论（解决问题）—项目（检验）的教学模式中，通过对实际工程问题的提出与解决，构建互动的学习环节，拓宽学生的能力培养渠道，着力培养理论扎实、综合工程实践能力强的复合型人才。

课程以学生为中心，以项目为引导，遵循“研究导向型”教学方法，采用创新创业模拟实训模式，让学生体验真实的商业运营模式和创新创业行为，从而培养学生创新创业意识，增强学生的创业技能与社会实践技能，激发学生成为工程师、创新者或技术型企业家的潜力。课程以“探索优化 CDIO，多维度开展教学研究”为整体目标，形成生物工程学院本科CDIO模式，并逐年逐步扩大覆盖面。参考工程认证毕业要求和 CDIO能力大纲，制定5个角度的工程能力，学生参与从概念设计—产品工艺设计—测试与评估—最终成品的工程实践过程，培养学生创新创业能力。

3．构建多种教学平台，教学形式多样化

例如，河南工业大学生物工程学院构建了生物工程模型虚拟仿真基础实验室、地下智能化生物工厂三维虚拟仿真、年产30万吨燃料乙醇工厂虚拟仿真、年产30万吨维生素工厂虚拟仿真、年产3.8吨胰岛素冻干粉针剂工厂三维虚拟仿真等，还选用了国家虚拟仿真平台中的啤酒工艺虚拟仿真实验教学、固态白酒发酵的工艺原理和生物学本质探究虚拟仿真实验、生物药物重组人干扰素α2b注射剂生产线的虚拟仿真等，从而实现了模型仿真、课题训练虚拟仿真和创新实践虚拟仿真三个层次逐步进行建设的完整的生物发酵工程虚拟仿真实验和生物制药仿真实验教学资源平台。

通过校企协作、仿真模拟与实际实习工作相结合，既可以解决由于考虑安全因素而导致的实践参与不足的问题，又可以实现贯穿建设项目全生命周期、全员参与的情景式教学。

运用虚拟仿真技术教学是包括虚拟现实在内的第四次工业革命浪潮中涌现的新的重要教学手段，是传统实践教学的有效补充，是应用型人才培养与信息技术深度融合的产物。该项技术的运用促使教学形式多样化。

（1）教材和教学内容数字化。借助 MOOC、SPOC 课程，采用翻转课堂等教学方法，根据教师个人的实际情况，灵活机动地安排教学方法、进度和目标。

（2）教学方法研讨化。对教师而言，“教”的作用（传道和授业）弱化，“导”的作用（解惑）提升。教育不再是直接告诉学生正确的知识，而是让学生去体验一种科学探索过程，并且在此过程中培养学生的合作分工、独立思考、协同创造精神。借助 MOOC 课程，鼓励学生自学，借助教师解惑释疑，鼓励大胆质疑和创新，培养独立思考和分析解决问题的能力。

（3）教学内容生态化。邀请业界专家进课堂开设互联网生态化课程，打造系列校企合作开发课程，建立“互联网+”生态案例，拓展学生视野，加强“互联网+”新生态的认识，提高“互联网+”生态意识以及解决工程实践问题的能力。

（4）考核方式多样化。制定实践能力、创新能力的评价标准和考核办法，把过去的重视成绩考查改为保证学习过程和能力的考查。建立基于“学习成果”为导向的考核体系，除作业、实验和卷面考试外，以具体的工程项目为载体，注重项目可行性报告、设备三维模型构建、仿真模拟实验学习和课程设计等环节的学习成果评定和认定。建立包括教育领域的专家、企业的业务专家在内的校外专业建设指导委员会，对专业人才培养的知识、能力和素质方面进行综合评价。

（5）教学及管理过程数据化。这些数据包括每个学生课前预习、上课时的笔记、作业、知识收集（面向工程实际，包含工艺改造、流程优化、发明专利、产品研发、智能制造、技术创新、新工艺、新材料和新设备等方面）、书本阅读（基础工艺计算）、总结交流、考试、参加的活动等记录和学习成果，以及教师的收发作业、辅导研讨、组卷阅卷也将形成教学数据，并为定量和定性的深度分析提供基础。

最后，建立有效的持续改进机制。通过完善的持续改进机制，定期采集与分析教学基础数据，总结教学质量的进步和存在的问题。

4. 加强实训中心建设

以虚拟仿真实验教学平台和生物工程实训中心为依托，促进实践教学创新人才培养。实训中心是生物工程专业学生在校参加各种技能培训的实践教学基地，是学校教学改革和校企合作的试验田，同时又是学生自主学习和课外科技活动的现代化公共教学实践支撑平台。

有资金和场地的学校应建大型实训基地，培养和强化学生的工程实践能力。例如中国药科大学实训大楼的 GMP 生物制药车间的综合实训，包括微生物育种实训、代谢控制发酵实训、分离和纯化实训、生化分析检测实训和制剂实训等。根据实训项目计划书，设置为期一个月的校内实训。实训期间，学生按照岗位标准操作程序（SOP）进行菌种培养、发酵、提取、分离纯化、制剂等操作，了解生物制药车间内设备的结构、工作原理及工艺过程中的常见问题及处理方法。通过校内的实训，可以大大缩短学生从学校到生产企业之间的适应期，有利于学生在实习阶段直接参与企业的生产过程。学生在实训结束后，提交一份实习报告，结合实训期间的表现进行综合考核，通过考核后，获得相应学分。充分利用学校已有的校企联合办学的基础和优势，让学生去企业中学习，在企业中做，在生产实践第一线上培养学生的动手能力、基本技能、工程综合能力，以及表达能力、团队合作能力等。在企业学习阶段，由企业提供实训场所，安排有经验的工程技术人员指导学生，通过学生现场的实践与学习，结合药物生产全过程中的实际问题（如生物药品生产，质量检测，GMP 实施，生产车间及生产工序的设计、施工、检测、监理、运营、维护、管理等），使学生了解和学习医药企业的先进技术。

5. 产出导向的人才培养模式

遵循应用型人才培养目标设定的职业岗位目标分析原理，以产出为导向，依据工程人才通用标准和行业标准，设定专业人才培养的知识、技能和能力结构，在“知行合一、能力为本”教学理念的指导下，建立以能力培养为结构要素的人才培养体系、生物产品技术信息与专业知识有机融合的课程体系；知识传授与技能训练并重，强化工程能力综合实训的教学体系；强调“以学生为主体”“以学生发展为本位”，考查学生的沟通能力和解决问题能力等。这些“能力组合”将集中反映在毕业生的就业能力以及适应承担实训学习项目的职业能力和综合素养方面，遵循由浅入深、循序渐进的实践能力培养过程，形成“专业教育目标—专业成果—课程成果”三点一线的“成果导向”的工科人才培养模式。该模式属于相对成熟的工科人才培养国际范式。

6. 完善基于工匠精神的“卓越工程师”培养

拥有较好的师资队伍和实训工程中心的学校，应提高学生的培养目标，以培养“卓越工程师”为目标，传承大国工匠精神。例如，中国药科大学生物制药专业就制定了培养生物制药专业“卓越工程师”的目标，即培养面向基层、具有良好的职业道德，能够系统掌握生物制药的理论和技能，具有扎实的化学、生命科学、医药学基础，具有较强的工程实践能力与创新意识的高级应用型人才，并且能成为在医药企业第一线从事生物药物的设计制造、技术开发、应用研究和生产管理等工作的“现场工程师”。该目标的核心就是工程实践加科研创新。中国药科大学按照“卓越工程师”的要求，按照国家标准和行业标准对产业结构调整的要求和对应用型人才的需求，整体设计人才培养方案，科学制定培养“卓越工程师”的学校标准、企业标准和教学计划，深入研究理论与实践课程教学大纲，强化校企实习实训基地建设，强化师资队伍建设，建立相应的配套政策和质量保障体系，积极探索高层次生物制药专业卓越工程师人才培养模式。作为首批国家生命科学与技术人才培养基地和生物制药工程师计划依托专业，生物制药专业始终坚持把“面向生物医药产业，培养创新创业型人才”作为建设高层次应用型专业的指导理念。大胆尝试校企互动合作，企业全程参与人才培养各环节，体现“本科—研究生”教育对接、“大学—生物医药企业”产教协同的专业建设特色，实现学校、企业、学生三赢，引领国内生物制药人才培养模式的变革。在人才培养模式上，突出学生实践技能的培养，并且不断围绕行业对人才的需求进行教学探索和改革，积极将企业反馈意见用于提升教学质量。

7. 加强师生多渠道沟通

除了课堂直接互动沟通外，课堂下通过网络教学综合平台、微信群、QQ 群以及手机 App 等多种交流方式，广泛征集学生对教学内容、教学方法、教学形式等方面的反馈信息，并予以适时调整。结合每个学生自己选定的设计项目，以实践能力和创新能力培养为重点，着力提高学生的综合应用能力，拓宽学生理论知识与实践能力相结合的道路。

8. 产学研深度融合，提升学生就业能力

培养和提升工科毕业生就业能力是“新工科”建设的出发点和落脚点。高校生物工程专业是生物类工程师的“摇篮”，“新工科”背景下的生物工程教育不同于生物科学或生物技术专业教育，应该将理论与实践、科学与技术有机结合，着重培养学生综合运用多学科知识、创造性地解决现实复杂生物工程问题的能力。只有将生物工程和生物技术的最新发展、行业对人才培养的最新要求引入实践教学过程中，才能真正打通实践教学的“最后一公里”。

学校与地方生物医药企业建立长期的合作关系，每年为企业输送 2～10 名本科生开展实习实践，优秀的学生可直接就业，很好地解决了医药研发、质量管理和营销等关键岗位的人才需求，为地方经济产业结构调整及升级改造做出一定的贡献。今后，随着新一轮科技革命与产业变革，“新工科”生物制药专业还将围绕新药研发、药效评价等方面与地方医药企业开展深入的教学和科研合作。

学生可以在校内外导师共同指导下，开展创新实践活动。重点面向企业和科研院所的工程实际进行产品研发、技术创新、学生科研立项、发明创造和参加各类创新实践大赛，全面提升学生的工程实践创新能力。

在企业导师指导下，以具体的工程项目为载体，在行业和企业一线强化专业实践技能，提升职业素养，完成学位论文的选题、开题，为后续的学位论文撰写和答辩做好充分准备，大力提升学生解决实际复杂工程问题的能力。在校内外导师共同指导下，面向工程实际，在工艺改造、流程优化、发明专利、产品研发、智能制造、技术创新、新工艺、新材料和新设备等方面实现突破，不断提升学生的创新精神和工程实践能力。创新创业模拟实训应在专业课程中充分挖掘和充实创新创业资源，按照“兴趣驱动、自主实践、注重过程”的原则，促进教学与科研整合、学习与实践结合、研究与创新融合，在传授知识的过程中加强创新创业教育，鼓励教师指导学生参加“挑战杯”全国大学生课外学术科技作品竞赛及“挑战杯”中国大学生创业计划竞赛、互联网+大赛等，从而进一步提高创新创业能力，推动新兴产业与工科专业的知识、能力、素质要求深度融合，探索新业态背景下工科专业改造升级的实施路径。

生物医药业的快速发展为新的就业市场开辟了广阔的前景，也极大地推动了生物制药人才培养模式的革新与发展。新药物研发信息层出不穷，数以万计的文献报道加速了本领域广度和深度的拓展，领域中的药物设计方法，分子模拟筛选、药物作用反应机理等相关操作在实践中发挥越来越大的作用，这对于生物工程专业（生物制药方向）人才培养是一个新的挑战，也是一个机遇。

“新工科”形成的国际范式工程教育，要求高校增加与企业的合作密度，突出校企合作在人才培养中的重要指导作用。校外实习基地是教学工作的延续，不但可以培养学生的工程意识、动手能力、分析能力和形象思维能力，而且能培养学生的合作精神和创新意识，造就专业理论知识扎实、实践创新能力强的毕业生，这对工科院校的人才培养具有重要意义。生物工程专业要以行业、企业为依托，充分利用企业的资金、设备、技术和生产经营优势，促进理论教学与生产实际的紧密结合，科学研究与新技术、新产品开发的结合，通过共建实习基地和实行“工读交替”“订单式培养”“3+r”等多种合作教育模式，建立产学研合作教育的长效机制。

9．立足新工科、重构生物工程专业多学科交叉复合人才培养体系

新时代建设新工科，需要面向复杂现实思考多学科交叉与产学研融合问题。将知识划分为学科，主要是为了方便教学，而现实情境中的工程问题并不遵循学科的分类逻辑。在过去一百年的诺贝尔奖各个奖项中，就有 41%属于交叉学科的创新与突破。产业结构和布局的深度调整，需要工科专业进行相应的布局和调整。

“中国制造 2025”提出的新一代信息技术产业、节能与新能源汽车、生物医药、新材料等重点领域都离不开多学科交叉、产学研融合。因此，我们需要积极发展多学科交叉的新工科专业，特别是生物医药这个新兴交叉学科。2025 年我国生物医药产业有望成为上万亿元的支柱产业，重点方向包括发展新型疫苗和改造传统疫苗、抗体药物和蛋白质药物等生物技术药物的产业化、重大疾病诊断和检测技术的研究与产品开发、基因治疗和细胞治疗等生物治疗技术以及再生医学技术的研究与应用。

虽然经过多年的发展，中国生物医药产业已经有了一个良好的基础，但是与世界先进国家的生物医药产业相比，中国生物医药产业还存在不少差距。中国生物医药产业的发展从科研到产业化，将是一条艰难的路，因为它需要许多新科技的交叉融合，例如，计算机辅助药物设计（CADD）是由人类基因组学、蛋白组学、量子化学、分子力学、药物化学、计算机图形学和信息科学等学科交叉融合形成的。它把人类疾病相关基因、药物作用的靶标分子、药物化学数据库通过计算机拟合、模拟、绘图、存贮、检索、统计、管理、自动控制与分析，从药物分子的作用机理入手来进行药物设计。由于一方面计算机软硬件技术革新迅猛，CADD 内容发展很快；另一方面学生基础知识储备不足、软件调试学习困难、实验模拟动手能力不高以及相关案例教程模拟难以灵活掌握等问题普遍存在，使得教与学都需要很大的提高。

目前传统药物研发与新兴计算机辅助药物设计开始白热化的竞争，生物工程和生物制药工厂设计也是如此。于是，就产生了一个将设计分成竞争性设计和继承性设计两种类型的需要。前者是为行业竞争者取胜服务，后者则是为大四学生（或初学者）基本训练设计服务。但在提倡大学生卓越计划的当下，掌握继承性设计是必须，研究竞争性设计是必然。竞争性设计的关键在于产生创新，取胜的要点在于如何采用此前未曾用过的工艺方法或先进的设备，满足现在不能满足的要求。竞争性设计的竞争力首先取决于创意的竞争力，也就是作为创意组成部分对需求的判断是否有竞争力和想象中采用的知识是否有竞争力。而在有了创意之后，不再需要强调此前未曾用过的知识和现在不能满足的要求，竞争要点转

移到如何能够精准、快速、低成本地以创意为中心构建出整个的设想，这时往往做继承性设计，而继承性设计的竞争力对于竞争性设计的竞争力也有贡献。继承性设计的竞争力在于精准、快速、低成本地完成设计。所以，我们讲解的多数是继承性设计，同时也提出一些创意性思路，仅供学习者研究。

生物工程及生物制药工厂设计是一门实践性较强的课程，在学习时应做到理论联系实际，通过本门课程的学习可以了解工厂设计的基本理论和知识，掌握工艺设计的内容和基本方法，熟悉管道布置的基本设计以及公用工程、设备安装试车等基本流程，逐步达到能独立完成生物工程和生物制药工厂设计的需求。在本门课程的学习过程中，希望同学们多参考一些行业手册，如酶制剂工业手册、有机酸工业手册等。如果有机会还可以到相关生物工厂进行顶岗实习，这样更有利于本门课程的学习和理解。

第一章　工厂建设程序和工厂设计文件

第一节　生物工厂的基本建设程序

一、工厂基本建设的含义和范围

工厂基本建设是指工厂各主辅车间、公用工程、仓库、厂区道路、围墙等固定资产的建筑、购置和安装，也包括工厂的三废处理、厂区绿化、给排水等工程的建设，以及维修机械和车辆等设备的添置和安装，还包括办公楼、职工宿舍、医务室等房屋及家属住宅的建设等。工厂基本建设是一项主要为发展生产奠定物质基础的工作，通过勘察、设计和施工以及其他有关部门的经济活动来实现。其内容主要包括：①建筑工程，如各种房屋和构筑物的建筑工程，设备的基础、支柱的建筑工程等；②设备安装工程，如生产、动力等各种需要安装的机械设备的装配、装置工程；③设备、工具、器具的购置；④其他与固定资产扩大再生产相联系的勘察、设计等工作。

二、工厂基本建设的分类

工厂基本建设按经济内容可分为生产性建设与非生产性建设，按建设性质可分为新建、改建、扩建、维修恢复和迁建项目，按项目的规模来分可分为大型、中型和小型项目。按项目的工程性质可分为已工业化生产的工程项目和未工业化的研究成果的工业化开发项目两类。已工业化生产的工程项目是指在我国或其他国家已有该种产品的工业化生产的工程项目，这一类项目可根据建设地点原料及市场需求，建成大中型项目，对于特殊地理环境地方也可建小型项目。对于未工业化的研究成果的工业化开发项目由于缺乏工业化先例，所以初次建设时都为中小型项目。这两类工程项目的建设程序是不同的，我们首先来了解一下前一种工程项目的建设程序。工程项目从规划（或投资设想）到最后正式投产需经过一系列步骤，整个步骤称之为工程项目的建设程序。其中每一个阶段由于目的不同，对过程设计与技术经济评价的内容、要求、深度及精确程度也都各不相同。各国由于社会制度与经济体制的不同，工程项目的建设程序也有所不同。

三、已工业化生产的工程项目的建设程序

已工业化生产的工程项目的建设程序分为完全市场经济、完全计划经济、半计划经济半市场经济三种类型。下面分别进行介绍。

1．完全市场经济体制下已工业化工程项目的建设程序

西方资本主义国家是以市场经济为主体。资本家进行投资时，对其拟投资的项目，首先考虑的是利害得失和风险。在这样的前提下，对于大型工程项目的建设程序，一般可划分为三个时期，即投资前期、投资时期及生产时期，每个时期又可分为几个阶段，如图 1-1 所示。

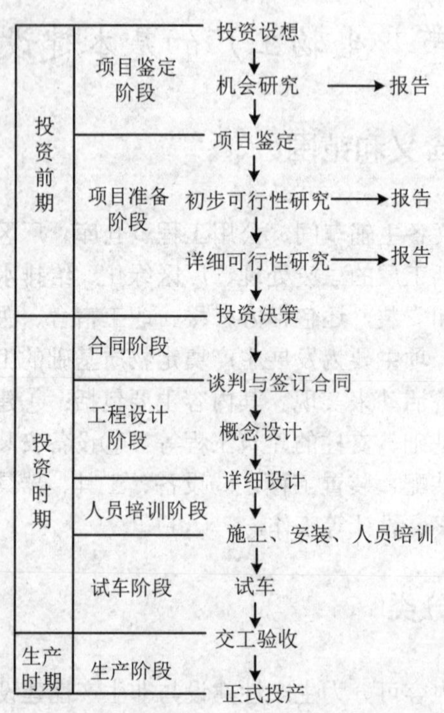

图 1-1　完全市场经济体制下的工程项目建设程序

假定该工程项目是新产品的开发过程，则投资设想可能是一项研究计划的结果，也可能是销售部门根据市场信息提出的建议。假定是新工艺的开发，则投资设想可能来自企业工程部门的创造或对现有工艺的改进。

当经过初步分析，认为该投资设想有可能开发成为一项有价值的工程时，则将进行投资机会研究。这一阶段将着重进行市场需求及资源的调查、研究有关政策和了解投资所在地区的经济概况等。若机会研究的结果表明投资机会良好，则转入项目准备阶段。这一阶段主要是投资决策前的可行性研究，其过程设计与技术经济评价是为投资决策服务的，如进行多种生产方法及工艺路线的比较，以便选择技术上先进和经济上合理的方案。投资者根据可行性研究报告，做出投资决策。一旦决定投资，则转入投资时期。首先是投资者组织专业人员对项目关键设备以及对多家设计单位进行考察，比较后确定设计单位和设备供应单位，然后进行商务谈判，并签订合同。随后是投资者委托设计部门进行工程设计。工程设计一般分为概念设计、基本设计和详细设计三个阶段。工程设计结束后即可进行土建施工、设备安装及人员培训，接着进行试车、制订运行管理规程，验收合格后便可正式投产。

由于资本主义国家是市场经济，故工程项目的开发必然从市场调查和市场预测着手，又由于投资者是私人资本，故项目评价的核心必然是财务评价。

2．完全计划经济体制下已工业化工程项目的建设程序

社会主义国家是以计划经济为主体，任何工程项目的投资必定要服从国民经济生产发展规划。完全计划经济体制下的工程项目建设程序如图 1-2 所示。

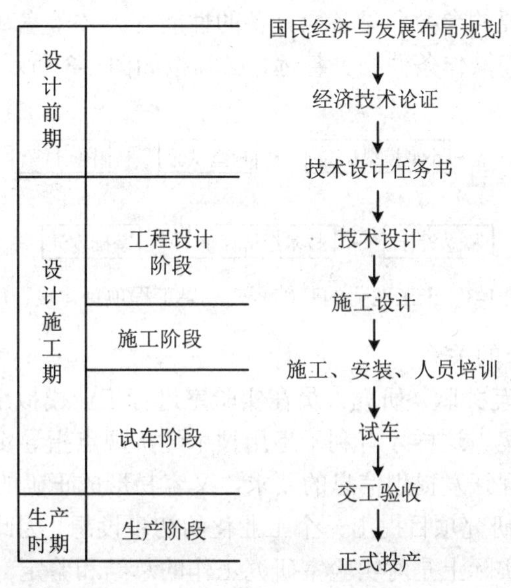

图 1-2　完全计划经济体制下的工程项目建设程序

在这一类型的建设程序中，技术经济论证是在国民经济发展和布局规划的指导下，对具体工程项目进行的技术经济分析，是设计前文件，故在工程项目建设程序中的地位大致与资本主义国家的可行性研究类似。在论证的基础上，一旦项目被批准，则会编制技术设计任务书。因此，在设计阶段不再重新论证项目的经济合理性等重大问题。

3．半计划经济半市场经济体制下已工业化工程项目的建设程序

我国在 20 世纪 50 年代，由于全面学习苏联，工程项目的建设程序与苏联的大致相同。20 世纪 80 年代前我国的基建投资由国家拨款，企业不存在资金筹措和资金偿还的问题，因而不注意投资经济效果的科学分析。根据国家计划规定的指标确定工厂规模、产品品种，而全部产品又由国家包产包销，产品入库就报产值。实际上，无论产品是积压或畅销，对产值毫无影响。因此，在确定建设工程项目时，不注意市场调查和预测。直至 20 世纪 80 年代后，随着我国的改革开放，引入了外资企业和合资企业，有了市场经济的成分，在下达设计任务书之后的初步设计中进行项目经济合理性的论证，技术经济调查的目的在于确认拟建项目的合理性，因此，这可谓是一种改革，但对项目的建设与否不起主要作用。

这些问题是我国过去工程项目建设程序中的症结所在。如今，随着我国市场经济建设的发展，我们已吸取了国外市场经济的有益经验，完善了我国工程项目的建设程序，如我国的一些中外合资项目以及亚洲银行、世界银行贷款项目都采用了西方国家工程项目建设程序或联合国工业项目建设程序。

四、未工业化研究成果的工业化建设程序

下面介绍未工业化的基础研究成果工程项目建设程序。基础研究的特点是采用实验室规模的先进设备和仪器进行间歇操作，筛选工艺路线和确定工艺条件，了解过程特征，确定分析方法，测定出必要的参数和设备应具备的性能等。实验室基础研究的规模和操作条件与工业化生产的规模和操作条件相去甚远，必须按如图 1-3 所示程序进行小试、中试后，才能进行工程设计。

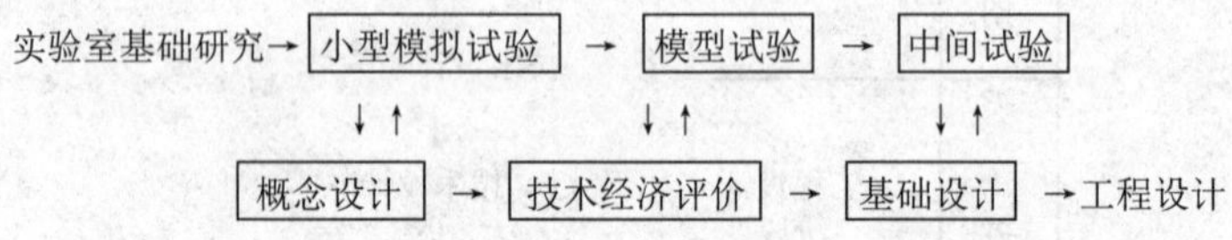

图 1-3　未工业化的基础研究成果工程项目建设程序

1．小试与概念设计的关系

小试和概念设计相互关联，研究人员在实验室进行工业模拟小试甚至基础研究时，即应开始构思概念设计方案。这样才有利于运用技术经济观点指导实验研究工作，而且既保证了实验研究为生物工程开发提供信息的要求，又容易形成正确的设计思想。

由于概念设计是对研究项目提出一个工业化的初步设想，因此在实验室研究工作完成之后所做的概念设计，实际上是对实验室研究工作的总结和鉴定。一份正确的概念设计，对于指导以后的过程研究和工程研究都具有十分重要的意义。

按照以往的建设程序，一般是在小试研究成果鉴定之后，即转入中试研究，而且只把中试看作测试放大数据的手段而交给另外的人员来实施。这样的程序往往因小试结果未经概念设计的严格检验而造成失误。显然，如果小试研究尚不完善，就会使得依小试成果设计的中试装置不合理而致中试失败。如果把中试装置的设计建立在概念设计的基础上，由于概念设计保证了小试的完整性，则可以防止中试的失误。

概念设计的任务应由实验室研究人员承担，因为只有他们最明确研究目标，最了解研究内容，由他们进行概念设计就可以将生物工程的要求、技术经济观点和过程的特征紧密地结合起来，从而促进工程观念在实验室研究阶段的运用，既有利于提高实验室研究的效果，也避免了将概念设计委托他人，因研究人员和设计人员缺乏思想交流而造成设计错误。

2．概念设计

概念设计又称“预设计”，是根据开发基础研究结果及收集的工业技术经济资料，对预定规模的工业生产装置进行的假想设计，亦即对工业化方案提出的初步设想。概念设计的目的在于检验基础研究结果是否符合要求，估计技术方案实施后的主要技术经济指标及经济效益，确定模型试验或中试的内容、重点及规模，并估计为技术方案实施可能承担的风险。

概念设计的内容主要包括原料和成品规格，生产装置规模的估计，工艺流程图及简要说明，物料衡算和热量衡算，主要设备的规格、型号和材质要求，检测方法，主要技术经济指标，投资和成本估算，投资回收期预测，三废治理的初步方案，以及对于中试（或模

型试验）研究的建议等。

概念设计是在工艺过程开发初期提出的，设计的依据主要是实验室研究结果和收集的技术经济资料以及有关推论和计算结果。这时许多技术经济信息尚不完全或尚不能确定，还不足以作为建立工业装置的依据，但用于检验前一阶段的工作，指导以后的开发研究，以及对于开发方案做出合理评价，都具有重要意义。

概念设计是设计者综合开发初期收集的技术经济信息，通过分析研究之后，对开发项目做出的一种放大设想方案。在概念设计时，应注意以下问题。

（1）设计者应着眼于合理安排流程，注意整个流程中各个步骤的配合；不能单纯追求生化过程的优化目标，以致给后期提取步骤造成困难。

（2）应尽可能从理论分析和计算中寻找技术方案的依据，即使此时的分析结论和计算数据可能来自文献和经验估计，不一定可靠，但对于方案的评选仍然有较高价值。

（3）应采用流程系统进行物料衡算、热量衡算以及投资和成本估算。

3．模型试验与技术经济评价的关系

模型试验是在实验室基础研究和模拟小试之后进行的，其目的是考察因实验室研究规模和其他条件限制而不能考察的许多重要的工程因素，了解放大效应和测定有关放大判据或数据，并由此形成新的技术概念和技术措施。这些措施必须经过技术经济评价，确认其可靠性和合理性后方能采用。通过技术经济评价，还能发现模型试验存在的问题和需要补充考察的内容。因此，将技术经济评价和模型试验联系起来，可以及时将评价结果和发现的问题返回模型试验，必要时调整试验内容或改进试验方法，并对重新试验结果做出评价。这一工作程序，是将试验工作置于正确的设计思想指导之下，对于提高模型试验质量和技术方案设计的可靠性都是十分有利的。

4．中试和基础设计的关系

在以往的建设程序中，工业装置的设计一般依据中试结果，而生物工程开发的成果也往往只以中试结果来表达，因此，研究人员只对中试的结果负责；中试以后的设计任务，以及放大后由于出现问题而需要修改或重新设计的责任，则由设计人员来承担，以致试验研究和工程设计脱节。这种程序不利于过程开发。为了避免这种现象，将工业装置设计划分为基础设计和工程设计两个阶段，并把基础研究和中试联系起来，使得中试任务不仅仅是取得中试结果，更重要的是以基础设计的形式来预测进一步的放大效果。这样，研究人员不仅要对中试的结果负责，而且要对中试以后放大的后果负责，从而加强了研究和设计两者之间的密切配合。

基础设计是对中试研究结果的可靠性检验。如果在基础设计中发现中试结果不正确或者中试数据不齐全，必然要将这一信息返回中试重新研究，直到取得的数据或判据符合基础设计的要求为止。这一程序，既保证了中试研究结果的可靠性，又保证了基础设计的质量。依据这样的基础设计来进行工程设计，可避免放大设计的失误。

由此可见，工程项目建设工作从程序上加强了过程研究和工程研究之间的联系，既保障了研究人员和设计人员之间的分工与合作，又对研究人员提出了较高的要求。要求他们必须具备较广泛的工程技术知识；要求他们从最初的实验室研究开始就能够思考和分析工业化实施中可能遇到的技术经济问题，并能运用工程技术原理予以解决。

在生物工程项目建设中，研究人员首先要了解所开发课题，并对其进行研究，取得对于过程的认识并形成技术概念后，才传输给设计人员。所以研究人员在生物工程项目建设中始终处于主导地位。他们的知识素养和工作经验是保证生物工程项目建设取得成功的关键。因此，充分发挥研究人员在生物工程项目建设中的主导作用是非常重要的。

在工程项目的建设过程中，最重要的报告是项目建议书、可行性研究报告、设计计划任务书。它们在工程项目的建设前期起到了关键性的作用，所以我们必须了解。

五、项目建设前的重要报告

（一）项目建议书

项目建议书又称规划提案，必须根据国内外市场经济的规律、可持续发展的长远规划和工业布局的现状进行初步调查研究，而后提出项目建议书。项目建议书是项目投资决策前对建设项目的轮廓设想，主要是从项目建设的必要性方面考虑，同时，也初步分析项目的可行性。

项目建议书的主要内容包括项目建设的必要性和依据，产品品种、生产规模、投资大小、产供销的可能性、经济效果和发展方向等方面。项目建议书是进行各项准备工作的依据，经有关部门批准后，即可开展可行性研究。项目建议书是可行性研究的基础和依据。

（二）可行性研究

工程项目的可行性研究的定义是对提出的工程项目投资建议或实验研究建议，就其有关的所有方面进行调查研究，以决定是就此终止还是继续投入资金使之进入开发的下一阶段。所以，可行性研究是在投资决策前进行的，它是进行投资决策的主要依据。

1. 可行性研究的阶段与步骤

投资者借助于市场情报网和技术情报网所收集到的大量资料，根据产品的市场需要、原材料及燃料的供应状况、工艺流程和主要设备的选择、厂址选择、成本与价格等，在投资决策前就预先了解投资回收情况和盈利的可能程度，从而减少投资的盲目性。所以，可行性研究的目的就是预测经济效益，争取在得到同样的产出情况下尽量减少投入，或者耗费同等数量的投入而尽量增加产出。

（1）可行性研究的各个阶段。工程项目在做出投资决策以前进行可行性研究是极其必要的。生物工程建设项目的特点是涉及面广、建设周期长、内外协作配合环节多、人力物力和财力消耗大。为了有效地利用建设投资，以最小的消耗取得最大的经济效果，必须在建设前对拟建的工程项目有一个正确的鉴定和判断，也就是在建设之前对拟建的工程项目进行可行性研究，即对新建、扩建或改建项目的一些主要问题，如产品需求预测、生产规模、原料供应、技术与装备、建厂条件及环境保护等方面，进行详细、周密的调查研究。在此基础上，对工程项目的建设方案，从技术和经济、从宏观经济效果与微观经济效果进行综合比较和论证，从而提出是否值得投资建设与怎样建设的意见，以便上级领导机关做出投资或不投资的决策。

为此，可行性研究往往要对几个方案的调查研究进行比较，最后可能推荐一个最优的方案；也可能提出几个可供选择的方案，分别列出优缺点，由决策机构做出决定；也可能得出“不可行”的结论。所以可行性研究应该由浅入深分步骤进行。无论进行到哪一步，如果认为不可行，就随即终止。一般可行性研究可分为 3 个阶段：机会研究、初步可行性研究和详细可行性研究。各个阶段的要求各不相同，如表 1-1 所示。

表 1-1　可行性研究阶段与要求

工作阶段	目的要求	投资与成本估算精确度	可行性研究费用占项目投资费比例/%	时间要求
机会研究	选择项目，寻求投资机会	±30%	0.2～1.0	1 个月
初步可行性研究	对项目做初步估价，筛选方案	±20%	0.25～1.25	2～3 个月
详细可行性研究	对项目进行深入的技术经济论证，关键在于进行方案比较	±10%	大项目 0.8～1.0 小项目 1.0～3.0	3～6 个月或更长

显然，上述各阶段的划分并非是绝对的，可以根据具体情况进行调整。

第一阶段，机会研究。主要是在对某一投资机会或工程项目进行初步调查分析以后进行鉴别，如认为经济上具有生命力的，则再做更深入的调查研究。因此，机会研究在性质上是比较概略的，主要根据大指标来进行估计，而不进行详细的分析。例如，对成本和费用的估算主要是与已有的工厂进行比较而得出，投资的估算通常采用最简单的方法（如单位能力建设费法）。

由表 1-1 可知，机会研究应花较少的研究费用在较短的时间内完成，为投资者指出方向，如果引起了投资者的兴趣，则应迅速转入初步可行性研究。

第二阶段，初步可行性研究。在这一阶段要求明确两方面的问题：一是工程项目的概貌，包括产品、规模、原料的可能来源、可供选择的技术工程范围、比较适宜的厂址、大致的组织机构以及建设时间等；二是比较正确地估算出经济指标，从而做出经济效果的评价。在经济指标估算时，主要部分要求比较可靠，而次要方面可以用简便的方法。主要部分如生产成本中主要原料、人工和公用工程，要按消耗定额和单价计算，而次要部分如固定费用可以按固定资本的一定百分数估算；行政管理费可以按操作工人工资的一定百分数估算；流动资金可以按固定资本的一定百分数估算等。

在初步可行性研究阶段要求估算能达到一定的精确度，但又不花费过多的时间和费用。在此基础上，决定是否要进行详细可行性研究。

第三阶段，详细可行性研究（简称可行性研究）。详细可行性研究应该为一个项目的投资决策提供技术、经济和商业方面的依据，为此要进行多种方案的比较，最后得出结论。通过详细可行性研究，提出一个完整的项目方案，包括厂址、生产能力、原料、生产工艺、投资费用、生产成本，并使投资者获得一定的投资回报。

详细可行性研究的结果可以成为下一步设计工作的基本依据。因此，详细可行性研究是整个工作中的一个关键性步骤。

进行可行性研究，总的要求是好与快。在机会研究与初步可行性研究阶段，特别强调快，而在详细可行性研究阶段，则强调好。

（2）可行性研究的步骤。可行性研究的内容涉及面很广，既有工程技术问题，又有经济财务问题，在进行这项工作时，一般应有工业经济、市场分析、工业管理、工艺、设备、土建和财务等方面的专业人员参加。此外，还可以根据需要，请一些其他专业人员，如地质、土壤、实验室等人员短期协助工作。可行性研究可分为以下 6 个步骤。

① 开始筹划。这个时期要了解项目提出的背景，了解可行性研究的主要依据，理解委托者的目标和意图，讨论研究项目的范围、界限，明确研究内容，制订工作计划。

② 调查研究。主要是实地调查和技术经济研究工作。包括市场研究，经济规模研究，原材料、能源、工艺技术、设备选型、运输条件、外围工程、环境保护和管理人员培训等各种技术经济的调查研究。每项调查研究都要分别做出评价。

③ 优化和选择方案。这是可行性研究的一个主要步骤，要把前阶段每一项调查研究的各个不同方面的内容进行组合，设计出几种可供选择的方案，决定选择方案的重大原则问题和选择标准，并经过多种方案的分析和比较，推荐最佳方案。对推荐方案进行评价，对放弃的方案说明理由。对一些方案选择的重大原则问题，要与委托者进行深入讨论。

④ 详细研究。这是对上阶段研究工作的验证和继续。要对选出的最佳方案进行更详细的分析研究，复查和核定各项分析资料，明确建设项目的范围、投资、经营的范围和收入等数据，并对建设项目的经济和财务特性做出评价。经过分析研究，要说明所选方案在设计和施工方面是可以顺利实现的，在财务、经济上是有利的，是令人满意的一个方案。为检验建设项目的效果和风险，还要进行敏感性分析，表明成本、价格、销售量、建设工期等不确定因素的变化对企业收益率所产生的影响。

⑤ 编写报告书。

⑥ 资金筹措。对于筹措资金的可能性，在可行性研究之前就应有一个初步的估计，这也是财务经济分析的基本条件。如果资金来源得不到保证，可行性研究也就没有多大意义。在这一步骤中，应对建设项目资金来源的不同方案进行分析比较，最后对拟建项目的实施计划做出决定。

2. 可行性研究的内容

总体来说，可行性研究的内容通常包括以下几个方面。

（1）商业可行性研究，主要是市场需求的预测。

（2）技术可行性研究，要求具有先进性、现实性、可靠性，特别强调后两点。

（3）经济可行性研究，研究花多少钱、获多少利、有多少风险。

（4）财务可行性研究，要求所需投资费用借得到，并能还得出。

（5）管理可行性研究，研究人员的配置及来源。

（6）实施可行性研究，研究建设进度及有关环保、法律等问题。

目前国内外有多种可行性研究提纲，如联合国工业发展组织所编写的《工业可行性研究编制手册》、美国顾问工程师协会提出的可行性研究内容、日本的可行性研究内容、我国国家计划委员会颁发的《关于建设项目进行可行性研究的试行管理办法》、国家食品药品监督管理总局关于做好医药建设项目可行性研究的试行规定等；但不论按照哪种提纲，基本都包括上述 6 项内容。

下面就生物工业项目的可行性研究报告的内容介绍如下。

（1）总论。

简述工程项目提出的背景；说明工程项目可行性研究的依据、范围、目的和要求，研究的主要过程、内容和论据，研究存在的主要问题；提出评价的结论性意见及开展下一步工作的建议。

（2）需求预测和拟建规模。

① 国内外需求情况和市场预测：主要包括产品的性状及用途，国内外同类产品近几年的生产能力、产量情况和变化趋势预测，产品进出口情况，国内外近期和远期需求量情况，主要消费去向和构成比例，预测和分析产品在国内市场的销售情况和在国际市场上的竞争能力。

② 拟建规模和产品销售规划：根据产品不同产量的技术经济比较和分析，以及可能的投资规模确定拟建规模、国内外产品销售量规划、产品销售价格及不同销售量条件下的收益分析。

（3）资源、原材料、燃料及公用设施情况。

① 原材料及主要辅助材料的资源情况和项目的需用量及供应的可能性；

② 燃料及动力供应情况，如水、电、汽及其他动力的需求量及供应方式和供应的可能性；

③ 所需公用设施的数量、供应方式和供应条件（主要指工人生活、娱乐设施）。

（4）建厂条件和厂址方案。

① 建厂的地理位置、气象、水文、地质、地形地貌和社会经济现状；

② 交通运输及水、电、汽的现状和发展趋势；

③ 对厂址方案进行综合比较，提出推荐厂址的意见和理由。

（5）设计方案。

① 项目的构成范围（指包括的主要单项工程）；

② 项目的技术来源和生产方法，主要技术工艺和设备选型方案的比较；如果是引进技术，应说明技术、设备的来源国别，设备的国内外分割或与外商合作制造的设想；改扩建项目要说明对原有固定资产的利用情况；

③ 主要工艺技术参数及产品质量指标；

④ 提出原材料和动力消耗定额；

⑤ 总平面布置与运输，包括进行总平面布置方案的对比选择及厂内外交通运输方式的比较和初步选择；

⑥ 土建工程，即确定主要建（构）筑物的结构和建筑面积及土建工程量的估算；

⑦ 全厂公用辅助设施和配套工程的构成以及方案原则的确定。

（6）环境影响及环境保护的评价。

① 建设地点周围环境状况及自然条件；

② 污染物的情况，如拟建厂和各车间污染物的种类（包括废气、废水、废渣、粉尘、噪声、震动等），外排污染物中主要有害成分，估算排放量和排放浓度，计划排放方式；

③ 环境保护和“三废”治理措施，包括对污染物拟采用的环境保护和治理措施或回收综合利用方案及预计达到的效果；

④ 工厂建成后对环境影响的估计，包括对自然环境的影响和对社会的影响。

（7）企业组织、劳动定员和人员培训。

说明管理的体制、各车间岗位人员定额，以及人员的来源与培训计划。

（8）项目实施进度建议。

确定项目建设周期，包括可行性研究、初步设计、施工图设计、土建工程及设备购置、人员培训、设备安装及调试、试车、正式投产的时间安排。

（9）投资估算与资金筹措。

① 总投资估算：估算建设项目固定资产投资和生产流动资金，进行总投资分析，并说明总投资估算编制的原则和主要依据；

② 资金筹措、偿还方式，财务费用分析；

③ 产品成本估算：估算产品的单位成本和逐年总成本，并进行分析。

（10）经济分析。

包括偿还贷款能力的计算与分析、现金流量分析、效益的静态和动态分析、不确定性因素分析。

（11）评价结论。

综合上述分析结果，对工程项目建设方案，从技术和经济、宏观经济效果和微观经济效果方面做出简要评价并得出结论，同时指出存在的问题，提出建议。

3. 可行性研究的作用与特点

（1）可行性研究的作用。

可行性研究还可以起到以下作用。

① 作为工程项目设计的基础；

② 作为与建设项目有关的部门和单位或外商正式谈判、签订合同及协议的依据；

③ 作为筹措建设资金，向银行申请贷款的依据；

④ 作为研究采用新技术及大型新设备研究和试制计划的基础；

⑤ 作为工程项目建设前期技术准备阶段工作的依据。

（2）可行性研究的特点。

一般来说，可行性研究具有以下 4 个特点。

① 重视市场需求，这是项目的基础。所谓市场需求，是指在一定时间内和一定价格下，消费者对某种商品或服务愿意而且能够购买的数量。它包含购买欲望和支付能力两个方面，而不只是无法转变为实际购买的单纯欲望。

通过市场调查，可以了解市场需要的产品，预测现有产品的新用途，明确市场需求量的概况，并预测市场的增长趋势和竞争者的动向。由此可见，进行市场调查是项目可行性研究的首要步骤。

对大项目来说，产品的市场需求量的估计精确度是至关重要的。若一个换热器或一个精馏塔的尺寸和费用估算误差为 15%～20%，对经济评价的结果影响较小，但在市场需求预测中，同样的误差却可能对拟建中的工程项目的经济性产生重大影响。

进行市场需求预测，首先要明确目标，再收集资料。可以通过调查研究，凭经验进行综合分析，也可以利用过去的资料来预测未来的状况，即根据历史消费量来预测未来需求量。

② 进行动态经济效益分析，这是项目的目的。在进行投资效果的分析时，可以采用单位产品投资额、投资回收期等静态分析方法。这些方法比较简单，但是没有考虑时间的因素。动态分析考虑了时间的因素，国外大多采用这种方法。只有正确地评价和客观地反映时间与经济效果的关系，才能正确地选择技术方案。必须强调，时间因素对经济效果的影响是很大的，工程项目所花的资金，必须力争尽快地取得经济效益，否则积压了资金，就会加重工程项目的财务负担。

③ 决策前进行系统分析，这是实现目的的方法。可行性研究是在工程项目的决策与工程设计前进行的，在这个过程中，将工程项目的建设设想与怎样建设统一起来考虑。根据这一特点，进行可行性研究的部门应该是与工程项目建设没有利害关系并能持客观态度的单位。在国外，一般由专设的咨询公司来承担可行性研究的任务，如美国的斯坦福国际咨询研究所（SRI）。这样的单位既不参加工程项目的设计，又不参与项目施工的竞争，因此与项目的建设与否没有利害关系，最能持客观态度，做出符合客观实际的结论。目前我国逐渐建立起来的咨询机构，将有益于开展工程项目的可行性研究。

可行性研究报告的目的是为决策者提供技术、经济和商务上的根据。为了达到这个目的，必须进行一个反复的、互为因果和互相连接的循环过程，使生产规划、厂址、工艺、设备、电气和土建工程之间相互协调，从而使投资费用和生产成本降到最低限度。如果最终数据表明项目不可行，则必须调整参数设置，以便提出一项较为妥善可行的项目。如果一切方案经过审查，项目仍不可行，则应加以论证。

④ 严格的责任制，这是项目的保证。

4．可行性研究的注意事项

（1）可行性研究应客观公正。在编制可行性研究报告时，必须坚持实事求是的态度，在调查研究的基础上据实论证比选，本着对国家、对企业负责的态度，客观、公正地进行建设项目方案的分析比较，尽量避免把可行性研究当成一种目的，为了“可行”而“研究”，把可行性研究报告作为争投资争项目的“通行证”。

（2）可行性研究的深度应能达到标准要求。虽然不同行业和不同项目其可行性研究的内容和深度各有侧重，但基本内容应完整，文件应齐全，其研究的深度应能达到国家规定的有关标准。建设项目可行性研究的内容和深度是否达到国家规定的标准，将直接关系到可行性研究的质量。如果项目可行性研究的内容和质量达不到规定要求，评估机构、投资机构等部门和单位将不予受理。生物工程项目的可行性研究内容应按上述要求编制，方可保证建设项目可行性研究的质量，充分发挥其应有的作用。

（3）承担可行性研究工作的单位应具备相应条件。可行性研究工作是由工业经济、市场分析、工业管理、工艺、设备、土建、水文地质和财务等方面的专业技术人员共同协作完成的。在这些专业技术人员中，对工艺专业技术人员的要求最高，他们必须了解该项目的详细生产工艺及设备，有扎实的工程技术经验以及团结协作精神。如本单位缺少专业技术人员，又无法外聘来本单位工作，就应委托经资格审定、国家正式批准颁发证书的设计单位或工程咨询公司承担。承担单位近几年应做过该项目或相似项目的科研，委托单位向承担单位提交项目建议书，说明对拟建项目的基本设想，资金来源的初步打算，并提供基础资料。为保证可行性研究成果的质量，应确保必要的工作周期。可采取有关部门或建设单位向承担单位进行委托的方式，由双方签订合同，明确可行性研究工作的范围、前提条件、进度安排、费用支付办法以及协作方式等内容，如果发生纠纷，可按合同追究责任。

（4）可行性研究报告应上报审批。可行性报告编制完成以后，由项目单位上报申请有关部门审批。根据国家有关规定，大中型项目建设的可行性研究报告，由各主管部、省、市、自治区或全国性专业公司负责预审，报国家计委审批，或由国家计委委托有关单位审批。重大项目和特殊项目的可行性研究报告，由国家计委会同有关部门预审，报国务院审批。小型项目的可行性研究报告则按隶属关系由各主管部、省、市、自治区或全国性专业公司审批。

（三）设计计划任务书

编制设计计划任务书（简称计划任务书或设计任务书），是在调查研究认为建立该生物工厂项目具备可行性的基础上进行的。由项目单位有关部门组织人员编写，亦可请设计部门参加，或者委托设计部门编写。

1. 编制设计计划任务书的内容

编制设计计划任务书的主要目的是根据可行性研究的结论，提出建设一个生物工厂的计划，它的内容大致如下。

（1）建厂理由。叙述原料供应、产品生产及市场销售三方面的平衡。同时，说明建厂后对技术、经济方面的影响（调查研究的主要结论）。

（2）建厂规模。包括年产量、生产范围及发展远景。若分期建设，则应说明每期投产能力及最终能力。

（3）产品。包括产品品种、规格标准和各种产品的产量。

（4）生产方式。提出主要产品的生产方式，应说明这种方式在技术上是先进的、成熟的、有根据的，并对主要设备提出订货计划。

（5）工厂组成。新建厂包括哪些部门，有哪几个生产车间及辅助车间，有多少仓库，用哪些交通运输工具，有哪些半成品、辅助材料或包装材料是需要与其他单位协同解决的，以及工厂中人员的配备和来源如何。

（6）工厂的总占地面积和地形图。

（7）工厂的总建筑面积和建筑要求。

（8）公用设施。包括给排水、电、汽、通风、采暖及“三废”治理等要求。

（9）交通运输。说明交通运输条件（是否有公路、码头、专用铁路）、全年吞吐量，需要多少厂内外运输设备（如请物流公司协助的运输量）。

（10）投资估算。包括固定资产投资、无形资产投资（技术转让、商标等）、流动资金等各方面的总投资。

（11）建厂进度。包括设计、施工由什么单位负责，何时完工、试产，何时正式投产。

施工过程中应有监理，土建、非标设备制造、设备安装都应有监理。监理单位应具备相应的资质和条件。

（12）估算建成后的经济效果。设计计划任务书中经济效益应着重说明工厂建成后应达到的各项技术经济指标和投资效果系数。投资效果系数表示工厂建成投产后每年所获得的利润与投资总额的比值。投资效果系数越大，说明投资效果越好。

技术经济指标包括产量，原材料消耗，产品质量指标，生产每吨成品的水、电、汽耗量，生产成本和利润等。

2. 编写设计计划任务时，应注意的问题

（1）矿山资源、工程地质、水文地质的勘探、勘察报告，按照规定，要有主管部门的正式批准文件。

（2）主要原料、材料和燃料、动力需要外部供应的，要有供应单位或主管部门签署的协议草案文件或意见书。

（3）交通运输、供排水、市政公用设施等的配合，要有协作单位或主管部门草签的协作意见书或协议文件。

（4）建设用地要有当地政府同意接受的意向性协议文件。

（5）产品销路、经济效果和社会效益应有技术、经济负责人签署的调查分析和论证计算资料。

（6）环境保护情况要有环保部门的鉴定意见。

（7）采用新技术、新工艺时，要有技术部门签署的技术工艺成熟、可用于工程建设的鉴定书。

（8）建设资金来源，如中央预算、地方预算内统筹、自筹、银行贷款、合资联营、利用外资，均需注明。凡银行贷款的，应附上有关银行签署的意见。

3. 设计计划任务书的审批权限

所有大中型项目的设计计划任务书，要按隶属关系，由国家有关主管部门或省、市、自治区提出审查意见，报部级主管部门批准，其中有些重大项目，由部级主管部门报国务院批准，地方项目的设计计划任务书，凡产供销涉及全国平衡的项目，上报前要征求国家有关主管部门的意见。国务院直属及下放、直供项目的计划任务书，上报前要征求所在省、市、自治区的意见。有些产供销在省（区）内自行平衡的地方工业项目，部级主管部门也可以委托省、市、自治区主管部门审批。

小型项目的设计计划任务书，按隶属关系，由国家有关主管部门或省、市、自治区审批。其中部或地方安排的项目，以部为主，省、市、自治区为辅审批，审批文件应互相抄送。地方小型项目，原料涉及全国平衡的，应征得国家有关主管部门同意。

小型项目设计计划任务书的审批权限及具体审批办法，按国务院各部门、省、市、自治区的规定执行。

建设项目的设计计划任务书批准后，如果在建设规模、产品方案、建设地区、主管协作关系等方面有变动，以及突破投资控制数时，应经原批准机关同意。

若有些项目建设条件比较简单，建设方案明确单一，也可在审批设计计划任务书以前，经国家主管部门或省、市、自治区有关部门批准后，提前委托设计，做好设计准备。在项目列入建设计划以前，仍需要任务书的审批手续。

审批设计计划任务书是在可行性研究的基础上确定的，其中项目基本轮廓也是委托设计的根据。批准设计计划任务书，并不等于同意列入基本建设计划。建设项目能否和何时列入计划，要根据各项条件和财力、物力的可能，进行综合平衡，在长期或年度计划中统一考虑，同意列入基本建设计划时，该项目就成立，并成立筹备建设单位，今后签署合同时称“甲方”。

六、工程项目施工、安装、试产、验收、交付生产

生物工厂筹建单位（甲方）根据经过批准的基建计划和设计文件，落实物资、设备、建筑材料的供应来源，办理征地、拆迁手续，落实水电及道路等外部施工条件和施工力量。所有建设项目，必须列入年度计划，做好建设准备，具备施工条件后，才能施工。

施工单位（合同上称“丙方”）应根据设计单位（乙方）提供的施工图，编制施工预算和施工组织计划。施工预算如果突破设计概算，要讲明理由，上报原批准单位批准。

施工前要认真做好施工图的会审工作，明确质量要求，施工中要严格按照设计要求和施工验收规范进行，确保工程质量。

筹建单位在建设项目完成后，应及时组织专门班子或机构，抓好生产调试和生产准备工作，保证项目在工程建成后能及时投产。生产设备要经过负荷运转和生产调试，以期在正常情况下能够生产出合格产品。此外，还要及时组织验收。大型项目，由国家建委组织验收；中小型项目，按隶属关系由国家主管部门或省、市、自治区负责组织验收。

竣工项目验收前，建设单位要组织设计、施工等单位先行验收，向主管部门提出竣工验收报告，并系统整理技术资料，绘制竣工图，在竣工验收后作为技术档案，移交生产单位保存。建设单位要认真清理所有财产和物资，编好工程竣工决算，报上级主管部门审查。

竣工项目验收交接后，应迅速办理固定资产交付使用的转账手续，加强固定资产的管理。

第二节　工厂的设计工作

一、设计工作方式的划分

设计阶段的划分，一般可按工程规模的大小、工程的重要性、技术的复杂性以及所要求的设计水平，分为三个阶段设计、两个阶段设计或一个阶段设计。对发酵工厂的建设来讲，目前新建项目大多属中小型基建项目，且生产技术大多较成熟，故大多采用两个阶段设计，即初步设计和施工图设计。至于一些小项目或工厂的技改项目则往往用一个阶段设计即施工图设计。对于重大的复杂项目或援外项目采用三个阶段设计。

三个阶段设计包括：初步设计→技术设计→施工图设计。对于新而复杂、规模特大或

缺乏设计经验的大、中型工程，经主管部门指定的才按三阶段进行设计。

两个阶段设计包括：扩大初步设计（简称初步设计）→施工图设计。我国目前大多数改建、扩建和新建工程，都采用两个阶段设计。

一个阶段设计即施工图设计。一般用于小厂的新建或小规模的改、扩建工程。

两个阶段设计综合了三个阶段和一个阶段设计的优点，既可靠，又节省时间，是我国普遍采用的设计方法。本书主要介绍两个阶段设计。

二、两个阶段设计方式的主要内容

（一）初步设计阶段设计任务书的编制

1. 概述

初步设计是基本建设前期工作的组成部分，是实施工程建设的基本依据，所有新建、改建、扩建和技术改造的建设工程都必须有初步设计。

初步设计的依据是批准的设计任务书及其附件可行性研究报告，以及可靠的设计基础资料。

初步设计除生产工艺作为主导专业外，其他各专业均要按初步设计内容规定编制初步设计文件，以及编制车间综合概算和全厂总概算。

初步设计的目的是保证工程项目投产后，收到预期的经济效益。为此，除了要有准确可靠的技术资料和基础数据外，还要积极采用先进合理的技术经济指标，积极采用成熟的或是有了工厂试验并通过技术鉴定的新工艺、新技术、新设备和新材料。对重要的技术方案和工艺方法，应做到多方案或多方法的比较，最后从中优选而定。

初步设计的成果是设计说明书（若干卷、章）与设计图纸（若干册、章）。在经过审批之后，便可进行主要设备、材料的订货，总的经济概算，指导各项筹建工作和施工图设计。

2. 初步设计阶段的内容

（1）设计文件。

设计文件主要解决所有生产技术经济问题，对以下问题要重点说明。

① 设计依据及设计范围；

② 设计指导思想、建设规模和产品方案；

③ 生产方法及工艺流程的比较、选择和阐述；

④ 主要生产技术经济指标和生产定额；

⑤ 主要设备的选型及计算；

⑥ 车间设备布置的说明；

⑦ 存在的问题及解决问题的建议。

（2）设计图纸。

初步设计阶段的图纸主要有以下几种（参见表1-2、表1-3、表1-4）。

① 生产流程图；

② 车间设备布置图，比例一般采用1∶200或1∶100；

③ 主要生产设备和电动机一览表；

④ 主要材料估算表。

3. 初步设计的步骤

生产工艺设计在初步设计阶段，可分为下面几个步骤。

（1）选择并确定生产流程，确定技术经济指标。

（2）进行生产工艺的各种计算。

（3）设备的选型和计算，确定生产设备的规格和台数。

（4）车间设备布置的方案比较和设备配置的平面和空间关系的确定及设计制图。

（5）向配套专业（土建、自控仪表、供水、环保、供电、供热、采暖通风、技术经济和概预算等）提出设计要求和有关资料。

（6）正式绘制车间生产设备布置图、工艺流程图，编制设备表和主要材料估算表。

（7）编写初步设计有关生产工艺部分的文件。

表 1-2　原材料、动力消耗指标及需用量

序　号	名　称	规格或质量标准	单　位	单位产品原料消耗指标	需　用　量			同行业已达到的先进水平
					水	电	汽	

表 1-3　设备一览表

序号	布置图设备编号	设备名称	型号与规格	主要材料	数量	重量/kg		每台设备所附电动机或电器的功率/kW	设备来源及图号	设备单价	备注
						设备单重	负荷总重				

表 1-4　材料估算表

序　号	名 称 规 格	材　料	单　位	数　量	单位重量/kg	总重量/kg	备　注

4. 初步设计的深度

初步设计的深度，应满足以下要求。

（1）设计方案的比较选择和确定要求。

（2）设备的选型和非标设备设计应满足主要设备和材料的订货要求。

（3）车间布置和总图布置应满足土地征用要求。

（4）建设投资的控制要求。

（5）主管部门和有关单位的设计审查要求。

（6）能据此确定生产工人和生产管理人员的岗位、技术等级、人数并安排人员技术培训。

（7）能作为施工图设计的主要依据。

（8）能据此进行施工安装准备和生产准备工作。

初步设计说明书由文字说明部分、图样和总概算 3 个部分组成。初步设计完成后，需报请上级机关审查批准，才能进入施工图设计阶段。

（二）施工图设计阶段设计任务书的编制

施工图设计应按批准的初步设计文件和图纸，遵照审批意见，进行设计。在设计过程中，如有原则性的改变，需报上级机关同意，方能进行。

1. 施工图设计的内容

施工图设计阶段的内容，是依据批准的初步设计，使之更加具体化，按某一个单项工程成套出图。这些图纸必须是可按其进行施工安装的图纸，而且还要提出包含施工安装验收质量标准以及特殊施工安装方法和注意事项的施工说明书。

（1）设计文件。

施工图阶段的设计文件主要是施工说明书，它应阐明以下 3 个内容。

① 如果对初步设计的某些内容必须进行修改时，应详细说明修改的理由和原因。但有些主要内容如生产规模、产品方案、工艺流程、主要设备、建筑面积和标准、定员等，须报请原来审批初步设计的机关批准后才能据以修改。

② 设备安装和验收标准及其注意事项。

③ 管道安装和验收标准及其注意事项。

（2）设计图纸。

施工图阶段的图纸包括以下几种：

① 生产工艺系统详图；

② 生产设备布置安装图、管路布置安装图，比例都采用 1∶50，1∶25；有些细部详图可采用 1∶10、1∶5、1∶2 等比例，以便于施工安装和制造；

③ 非标准设备制造和安装图，按机械制图标准绘制；

④ 设备和电动机明细表，施工、安装、现场制作件材料汇总表；

⑤ 其他为了设备订货和安装的补充说明和图纸。

2. 施工图设计的步骤

施工图设计阶段可按下述步骤进行设计工作。

（1）根据审批初步设计会议的批复文件，修改、复核工艺流程和生产技术经济指标；并将建设单位提供的设备订货合同副本、设备安装图纸和技术说明书作为施工图设计的依据。

（2）复核和修正生产工艺设计的有关计算和设备选型及其计算等数据，包括初步设计中全部选定专业与通用设备、运输设备，以及管径、管材、管接等。除经审批会议正式批复或经有权审批的设计机关正式批准外，不能修改主要设备配置。

（3）和协同设计的配套专业人员讨论商定有关生产车间需要配合的问题；同时根据项目工程师召开项目会议决定工艺与配套专业之间商定相互提交资料的期限，签订工程项目设计内部联系合同（或资料流程契约）。工艺专业必须按期向配套专业提供正式资料，也要验收配套专业返回工艺专业的资料。

（4）精心绘制生产工艺系统图和车间设备、管路布置安装图；编制设备和电动机明细表。

（5）组织设计绘制设备和管路布置安装中需要补充的非标准设备和所需工器具的制造安装图纸，编制材料汇总表。向建设单位发图并就安排订货和制造配合施工安装进度要求提出交货时间的安排建议。

（6）编写施工安装说明书，以严谨的文字结构写明以下几点。

① 施工安装的质量标准及验收规划。附质量检测记录的格式。凡是已颁发国家或部施工和验收规范或标准的应采用国家和部标准。

② 写明设备和管路施工安装需要特别注意的事项。

③ 非标准设备的安装质量和验收标准。

④ 设备和管路的保温、测试和刷漆与统一管线颜色的具体规定。

⑤ 协同配套专业对相互关联的单项工程图纸进行会签，然后把底图整理编号编目，送交有关人员进行校审和签署。最后送达项目工程师统一交完成部门晒印，向建设单位发图。

3. 施工图设计的深度

施工图设计的深度除了和初步设计互相连贯衔接之外，还必须满足以下要求。

（1）全部设备、材料的订货和交货安排；

（2）非标准设备的订货、制造和交货安排；

（3）能作为施工安装预算和施工组织设计的依据；

（4）能据以控制施工安装质量，并根据施工说明要求进行验收。

三、工厂设计的内容

（一）概述

工厂设计包括工艺设计和非工艺设计两大组成部分。所谓工艺设计，就是按工艺要求进行工厂设计，其中又以车间工艺设计为主，并对其他设计部门提出各种数据和要求，作为非工艺设计的设计依据。

1. 工艺设计

发酵工厂工艺设计的内容主要包括全厂总体工艺布局，产品方案及班产量的确定，主要产品和综合利用产品生产工艺流程的确定，物料计算，设备生产能力的计算、选型及设备清单，车间平面布置，劳动力计算及平衡，水、电、汽、冷、风、暖等用量的估算，管道布置、安装及材料清单和施工说明等。

发酵工厂工艺设计除上述内容外，还必须提出工艺对总平面布置中相对位置的要求，对车间建筑、采光、通风、卫生设施的要求，对生产车间的水、电、汽、冷、能耗量及负荷进行计算，对给水水质的要求，对排水和废水处理的要求和对各类仓库面积的计算及仓库温、湿度的特殊要求等。

2. 非工艺设计

发酵工厂非工艺设计包括总平面、土建、采暖通风、给排水、供电及自控、制冷、动力、环保等设计，有时还包括设备的设计。非工艺设计都是根据工艺设计的要求提出的数据进行设计的。

发酵工厂工艺设计与非工艺设计之间的相互关系体现为工艺向土建提出工艺要求，而土建给工艺提供符合工艺要求的建筑；工艺向给排水、电、汽、冷、暖、风等提出工艺要求和有关数据，而给排水、电、汽等又反过来为工艺提供有关车间安装图；土建为给排水、电、汽、冷、暖、风等提供有关建筑，而给排水、电、汽等又给土建提供有关涉及建筑布置的资料；用电各工程工种如工艺、冷、风、汽、暖等向供电提出用电资料；用水各工程工种如工艺、冷、风、汽、消防等向给排水提出用水资料。因为整个设计涉及工种多，而且纵横交叉，所以，各工种间的相互配合是搞好工厂设计的关键。

（二）初步设计的设计文件

初步设计的设计文件应包括设计说明书和说明书的附图、附表两部分内容。工厂（车间）初步设计说明书的内容和编写要求，根据设计的范围（整个工厂、一个车间或一套装置）、规模的大小和主管部门的要求而不同，对生物工厂初步设计的内容和编写要求，要根据产品所属行业部门的文件规定。对于一个装置或一个车间，其初步设计或扩大初步设计的程序的内容如图 1-4 所示。

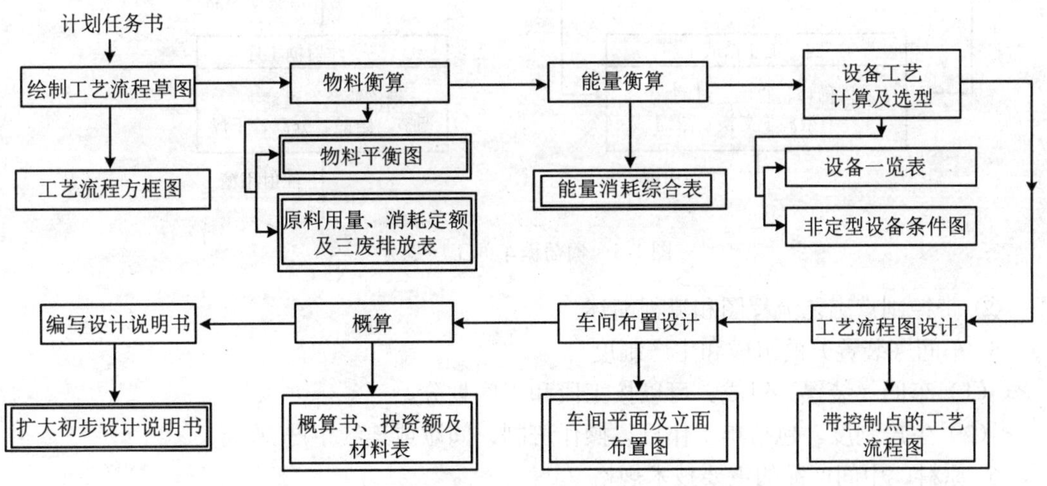

图 1-4　初步设计或扩大初步设计的程序

1. 设计依据

（1）文件，如计划任务书以及其他批文等。

（2）技术资料，如中型试验报告、调查报告等。

（3）可行性研究报告。

（4）行业标准及有关法规。

2. 设计指导思想和设计原则

（1）指导思想。包括设计所遵循的具体方针政策和指导思想。

（2）设计原则。包括各专业的设计原则，如工艺路线的选择、设备的选型和材质选用、自控水平等原则。

3. 产品方案

（1）产品名称和性质。

（2）产品的质量规格。

（3）产品规模（t/d 或 t/a）。

（4）副产品数量（t/d 或 t/a）。

（5）产品包装方式。

4. 生产方法和工艺流程

（1）生产方法。扼要说明设计所采用的原料路线和工艺路线。

（2）化学反应方程式。写出方程式，注明化学物质的名称、主要操作条件（温度、催化剂等）。

（3）工艺流程。

① 工艺划分简图。用方块图表示，以葡萄糖车间工序划分为例，如图 1-5 所示。

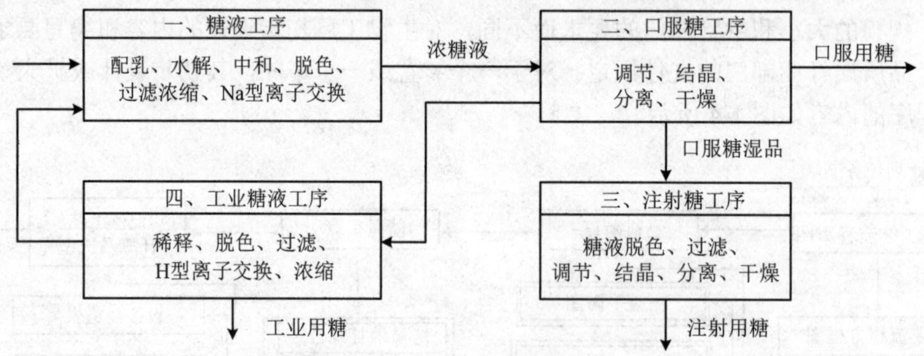

图 1-5　葡萄糖车间工序划分

② 带控制点工艺流程图和流程简述。

5. 车间（装置）的组成和生产制度

（1）车间（装置）组成。可以按工段和工序划分。

（2）生产制度。包括年工作日、操作班制、间歇或连续生产。

6. 原料、中间产品的主要技术规格

（1）原料、辅助原料的主要技术规格。

（2）中间产品及成品的主要技术规格。

7. 工艺计算

（1）物料计算。

① 物料计算的基础数据；

② 物料计算结果，以物料平衡图或物料流程图表示，单位用小时（对连续操作）或每批投料（对分批式操作），采用的单位在一个项目内要统一。

（2）主要工艺设备的选型、非标设备设计计算和材料选择。

① 基础数据来源，包括物料和热量计算数据、主要原材料理化数据等。

② 主要工艺设备的工艺计算，按流程编号为序进行编写，内容包括下面各项。

a. 承担的工艺任务；b. 工艺计算，包括操作条件、数据、公式、运算结果、必要的接管尺寸等；c. 最终结论，包括计算结果的论述、设计选取；d. 材料选择。

③ 一般工艺设备以表格形式分类表示计算和选择结果，根据工艺特点列表，参见表 1-5～表 1-10。

表 1-5　塔设备表

序号	流程编号	名称	介质	操作温度		塔顶压力（绝压）	回流比	气体负荷/(m^3/h)	液体负荷/(kg/h)
				塔顶	塔底				
1	2	3	4	5	6	7	8	9	10

允许空塔线速	塔径/mm		塔板型式	填料高度/mm		塔板数		塔高/mm
	计算	实际		计算	实际	计算	实际	
11	12	13	14	15	16	17	18	19

表 1-6　反应器设备表

序号	流程编号	名称	数量/台	型号	操作条件			体积流量/(m^3/h)	装料系数
					介质	温度	压力（绝压）		
1	2	3	4	5	6	7	8	9	10

停留时间/min	容积/m^3	平均温度/℃	热负荷/(J/h)	传热系数/($J/m^2 \cdot h \cdot K$)	传热面积/m^2		备注
					计算	采用	
11	12	13	14	15	16	17	18

表 1-7　热交换器设备表

序号	流程编号	名称	介质		程数	温度		压力（绝压）	流量/(kg/h)
			管内	管间		进口	出口		
1	2	3	4	5	6	7	8	9	10

平均温度/℃	热负荷/(J/h)	传热系数/($J/m^2 \cdot h \cdot K$)	传热面积/m^2		型式	挡板间距/mm	备注
			计算	采用			
11	12	13	14	15	16	17	18

表 1-8　泵类设备表

序号	流程图位号	名称	型号	流量/（m^3/h）	扬程（H_2O）/m	泵压力			吸入高度（H_2O）/m
						入口	出口	压差	
1	2	3	4	5	6	7	8	9	10

介质				原动机型号	电压/V 或蒸汽气压（表压）	功率/kW	数量/台	重量/t		密封要求	备注
名称	温度	密度	黏度					单重	总重		
11	12	13	14	15	16	17	18	19	20	21	22

表 1-9　压缩机、风机类设备表

序号	流程图位号	名称	型号	排气量/（m^3/h）	主要气体成分	温度/°C		压力（表压）		防爆或防酸
						入口	出口	入口	出口	
1	2	3	4	5	6	7	8	9	10	11

叶片数及角度	原动机型号	功率/kW	电压/V 或蒸气气压（表压）	安装方位	传动方式	数量/台	重量/t		备注
							单重	总重	
12	13	14	15	16	17	18	19	20	21

表 1-10　电动机设备表

序号	流程图位号	名称	型号	技术条件	单位	数量	重量/t		备注
							单重	总重	

④ 分批式操作的设备要排列工艺操作时间表和动力负荷曲线。

8. 主要原材料、动力消耗定额及消耗量

主要原材料、动力消耗定额及消耗量可以用表格形式表示，如表 1-11 所示。

表 1-11　原材料、动力消耗定额及消耗量

序　号	名　称	规　格	单　位	每吨产品消耗定额	消　耗　量		备注
					每　日	每　年	
1	2	3	4	5	6	7	8
	原材料						
	⋮						
	动力						
	水						
	蒸汽						
	⋮						

9. 生产控制分析

（1）中间产品、生产过程质量控制的常规分析和“三废”分析等。

（2）主要生产控制分析表。

（3）分析仪器设备表。

10. 仪表和自动控制

（1）控制方案说明，具体表示在带控制点的工艺流程图上。

（2）控制测量仪器设备汇总表。

11. 技术保安、防火及工业卫生

（1）工艺物料性质及生产过程的特点。

（2）技术保安措施。

（3）消防。

（4）通风。需有设计说明及设备、材料汇总表。

12. 车间布置

（1）车间布置说明，包括生产部分、辅助生产部分和生活部分的区域划分、生产流向、防毒、防爆的考虑等。

（2）设备布置的平面图与剖面图。

13. 公用工程

（1）供电。

① 设计说明，包括电力、照明、避雷、弱电等；

② 设备、材料汇总表。

（2）供排水。

① 供水；

② 排水，包括清下水、生产污水、生活污水、蒸汽冷凝水等；

③ 消防用水。

（3）蒸汽，包括各种蒸汽用量及规格等。

（4）冷冻与空压。

① 冷冻；

② 空压，分工厂用气和仪表用气；

③ 设备、材料汇总表。

14. “三废”治理及综合利用

（1）生产车间排出“三废”的基本情况。

（2）“三废”处理方法及综合利用途径。

15. 车间维修

（1）任务、工种和定员。

（2）主要设备一览表。

16. 土建

（1）设计说明。

（2）车间（装置）建筑物，构筑物表。

（3）建筑平面、立面、剖面图。

17. 车间装置定员

包括生产工人、分析工、维修工、辅助工、管理人员（见表 1-12）。

表 1-12 车间定员表

序 号	职能名称	人员配备班制	人数			备 注
			每 班	轮 休	合 计	
	合计					

18. 概算

19. 技术经济

20. 存在问题及建议

21. 附件

主要由附表、附图组成，如工艺设备一览表，自控仪表一览表，公用工程设备材料表，物料流程图，带控制点工艺流程图，车间布置图（平面图及剖面图），关键设备总图，建筑平面、立面、剖面图。

（三）工艺施工图设计文件

工艺施工图设计文件包括下列内容。

1. 工艺设计说明

工艺设计说明可根据需要按下列各项内容编写。

（1）工艺修改说明。说明对前段设计的修改变动。

（2）设备安装说明。说明主要大型设备吊装、建筑预留孔、安装前设备可放位置。

（3）设备的防腐、脱脂、除污的要求和设备外壁的防锈、涂色要求以及试压、试漏和清洗要求等。

（4）设备安装需进一步落实的问题。

（5）管路安装说明。

（6）管路的防腐、涂色、脱脂和除污要求及管路的试压、试漏和清洗的要求。

（7）管路安装需统一说明的问题。

（8）施工时应注意的安全问题和应采取的安全措施。

（9）设备和管路安装所采用的标准规范和其他说明事项。

2. 管道仪表流程图

管道仪表流程图要详细地描绘装置的全部生产过程，而且着重表达全部设备的全部管道连接关系，测量、控制及调节的全部手段。

3. 辅助管路系统图

4. 首页图

当设计项目（装置）范围较大，设备布置和管路安装图需分别绘制时则应编制首页图。

5. 设备布置图

设备布置图包括平面图与剖面图，其内容应表示出全部工艺设备的安装位置和安装标高，以及建筑物、构筑物、操作台等。

6. 设备一览表

根据设备订货分类的要求，分别做出定型工艺设备表、非定型工艺设备表、机电设备表等，格式参见表 1-13、表 1-14 和表 1-15；也可以给出一个综合的设备一览表。

表 1-13　定型工艺设备表

<table>
<tr><td colspan="2" rowspan="3">项目单位名称</td><td colspan="3">工程名称</td><td colspan="2"></td><td colspan="3" rowspan="3">定型工艺设备表（泵类、压缩机、鼓风机类）</td><td colspan="3">编制</td><td></td><td colspan="2">年 月 日</td><td colspan="2" rowspan="2">序号</td><td colspan="2" rowspan="2"></td></tr>
<tr><td colspan="3">设计项目</td><td colspan="2"></td><td colspan="3">校对</td><td></td><td colspan="2">年 月 日</td></tr>
<tr><td colspan="3">设计阶段</td><td colspan="2"></td><td colspan="3">审核</td><td></td><td colspan="2">年 月 日</td><td colspan="2">第 页</td><td colspan="2">共 页</td></tr>
<tr><td rowspan="2">序号</td><td rowspan="2">流程图位号</td><td rowspan="2">名称</td><td rowspan="2">型号</td><td rowspan="2">流量或排气量/(m^3/h)</td><td rowspan="2">扬程(H_2O)/m</td><td colspan="2">介质</td><td colspan="2">温度/℃</td><td colspan="3">压力</td><td rowspan="2">原动机型号</td><td rowspan="2">功率/kW</td><td rowspan="2">电压/V 或蒸汽气压（表压）</td><td rowspan="2">数量</td><td rowspan="2">单重/kg</td><td rowspan="2">单价/元</td><td rowspan="2">备注</td></tr>
<tr><td>名称</td><td>主要成分</td><td>入口</td><td>出口</td><td>单位</td><td>入口</td><td>出口</td></tr>
<tr><td></td><td></td><td></td><td></td><td></td><td></td><td></td><td></td><td></td><td></td><td></td><td></td><td></td><td></td><td></td><td></td><td></td><td></td><td></td><td></td></tr>
<tr><td></td><td></td><td></td><td></td><td></td><td></td><td></td><td></td><td></td><td></td><td></td><td></td><td></td><td></td><td></td><td></td><td></td><td></td><td></td><td></td></tr>
</table>

表 1-14　非定型工艺设备表

<table>
<tr><td colspan="4" rowspan="3">设计单位名称</td><td colspan="2">工程名称</td><td colspan="2"></td><td colspan="2" rowspan="3">非定型工艺设备表</td><td colspan="2">编制</td><td colspan="2"></td><td>年 月 日</td><td colspan="2" rowspan="2">序号</td><td rowspan="2"></td></tr>
<tr><td colspan="2">设计项目</td><td colspan="2"></td><td colspan="2">校对</td><td colspan="2"></td><td>年 月 日</td></tr>
<tr><td colspan="2">设计阶段</td><td colspan="2"></td><td colspan="2">审核</td><td colspan="2"></td><td>年 月 日</td><td colspan="2">第 页</td><td>共 页</td></tr>
<tr><td rowspan="2">序号</td><td rowspan="2">流程图位号</td><td rowspan="2">名称</td><td rowspan="2">主要规格</td><td colspan="3">操作条件</td><td rowspan="2">材料</td><td rowspan="2">面积/m^2或容积/m^3</td><td rowspan="2">附件</td><td rowspan="2">数量</td><td rowspan="2">重量/kg</td><td rowspan="2">单价/元</td><td rowspan="2">复用或设计</td><td rowspan="2">图纸序号</td><td colspan="2">保温</td><td rowspan="2">备注</td></tr>
<tr><td>主要介质</td><td>温度</td><td>压力/kPa</td><td>材料</td><td>厚度</td></tr>
<tr><td></td><td></td><td></td><td></td><td></td><td></td><td></td><td></td><td></td><td></td><td></td><td></td><td></td><td></td><td></td><td></td><td></td><td></td></tr>
<tr><td></td><td></td><td></td><td></td><td></td><td></td><td></td><td></td><td></td><td></td><td></td><td></td><td></td><td></td><td></td><td></td><td></td><td></td></tr>
</table>

表 1-15　机电设备表

<table>
<tr><td colspan="3" rowspan="3">设计单位名称</td><td colspan="2">工程名称</td><td></td><td colspan="3" rowspan="3">机电设备表</td><td>编制</td><td></td><td colspan="2" rowspan="2">图号</td><td rowspan="2"></td></tr>
<tr><td colspan="2">设计项目</td><td></td><td>校对</td><td></td></tr>
<tr><td colspan="2">设计阶段</td><td></td><td>审核</td><td></td><td colspan="2">第 页</td><td>共 页</td></tr>
<tr><td rowspan="2">序号</td><td rowspan="2">流程图位号</td><td rowspan="2">名称</td><td rowspan="2">型号规格</td><td rowspan="2">技术条件</td><td rowspan="2">单位</td><td rowspan="2">数量</td><td colspan="2">重量/t</td><td colspan="2">价格/元</td><td rowspan="2">备注</td></tr>
<tr><td>单重</td><td>总重</td><td>单价</td><td>总价</td></tr>
<tr><td></td><td></td><td></td><td></td><td></td><td></td><td></td><td></td><td></td><td></td><td></td><td></td></tr>
<tr><td></td><td></td><td></td><td></td><td></td><td></td><td></td><td></td><td></td><td></td><td></td><td></td></tr>
</table>

7. 管路布置图

管路布置图包括管路布置平面图和剖视图，其内容应表示出全部管路、管件和阀件及简单的设备轮廓线及建、构筑物外形。

8. 管架和非标准管架图

9. 管架表

10. 综合材料

综合材料表应按以下 3 类材料进行编制。

（1）管路安装材料及管架材料。

（2）设备支架材料。

（3）保温防腐材料。

11. 设备管口方位图

管口方位图应表示出全部设备管口、吊钩、支腿及地脚螺栓的方位，并标注管口编号、管口和管径名称。对塔类设备还要表示出地脚螺栓、吊柱、支爬梯和降液管位置。

思 考 题

1. 生物工厂的基本建设程序有哪些？

2. 工程项目的建设程序有哪几类？它们之间有什么不同？

3. 怎样能将未工业化基础研究成果转化为生产力？

4. 什么叫概念设计？

5. 小试与概念设计的关系是什么？

6. 中试与基础设计的关系是什么？

7. 可行性研究分为哪几个阶段？各阶段的作用是什么？

8. 可行性研究的内容可概括为哪六个方面？

9. 根据所学专业知识，根据你家乡所在地区的条件，选取你感兴趣的项目写一份可行性研究报告。

10. 工程项目初步设计包括哪些内容？

11. 施工图设计与初步设计有何区别？

12. 工厂工艺设计所需资料包括哪些？

第二章　厂址选择和总平面设计

建设一个工厂，特别是一个生物工厂，厂址的选择极其重要。厂址的正确选择涉及好多方面的专业知识，是一项综合性很强的工作。正确选择厂址能为合理的总平面布置创造一个良好的先决条件。一个工厂的厂址选择是否正确，不仅对建厂投资、建厂速度有影响，而且对未来的工厂生产、经营管理、城乡建设和发展以及本地区的环境、居住条件、工业发展等诸多方面有很大的影响。

第一节　厂址选择和技术勘查

生物工业不同于一般工业，生物工厂的厂址选择，除了要遵循一般厂址选择的原则外，还要根据生物工厂的生产特点进行综合考虑，使所选厂址更符合生物工厂的特点。

生物工厂的生产特点包括以下几点：（1）生物工程技术要求高；（2）生物工业发展速度快；（3）生物工厂动力消耗大；（4）环境要求高；（5）生物工厂投入原料多；（6）“三废”治理工作量大。因此，生物工业作为较特殊的行业，选择厂址时应特别慎重。

生物工厂厂址选择的总则是：（1）充分利用当地的有利条件，避开或克服不利条件；（2）充分和有效地利用人力、物力、财力和自然资源，保护环境；（3）使厂址接近原料、能源产地和产品消费区，避免不合理运输；（4）经济效果好，有利于加快国民经济发展和人民生活水平的提高。

一、厂址选择

基于生物工厂的特殊性，在厂址选择时必须遵循以下原则。

（1）生物工厂应建在大气中含尘量≤0.15 mg/m^3 的一级区域或大气中含尘量≤0.30 mg/m^3 的二级区域内。三级区域含尘量＞0.30 mg/m^3，为污染区。在散发大量有害气体的化工厂或产生大量灰尘的炼钢厂、炼焦厂、水泥厂、热电厂等周围不宜建生物工厂。在工业区内（符合二级区域），生物工厂宜建在上风口位置，并与散发污染气体或大量烟尘的工厂保持一定间距，同时与铁路及公路主干线保持适当距离。在居民区或生活区内，生物工厂应建在下风侧。

（2）生物工厂应建在主要原料及燃料运输方便的地方。很多生物工厂都是以淀粉为主要原料，为避免不合理的运输，把厂建在玉米、小麦、稻米产区附近，就方便得多。在建厂后可以与就近的淀粉厂配套生产，由淀粉厂供淀粉、糖化液、玉米浆等，既方便运输，也有利于淀粉厂的综合利用。如果在生物工厂内设一淀粉分厂，则更有利。厂内按内部调拨的方式配套供应，将大大降低生物产品的成本，如河南莲花味之素有限公司、山东金玉米有限公司就是如此。

（3）生物工厂应建在动力供应有保障的地方。生物工厂是耗用能源的大户，属于二类负荷用电户，所以用电能否充分得到保证对厂址选择很重要。此外，建厂地区水源是否丰富，能否保证用水需要，也尤为重要，特别是要保证枯水季节的用水。

再者，如果在建厂地区有热电站供应蒸汽，则可减少在建造锅炉及供电设备上的投资，有利于生物工厂的环境卫生。

（4）生物工厂应建在交通运输条件较好的地方。在建厂时，要考虑运输方式，水运最廉价，其次是铁路运输，最贵的是汽车运输。对于较大型发酵厂，如其年运输量在5～10万吨以上，可考虑申请铁路专用线，直达厂区内；亦可与邻厂合用铁路专用线，以方便运输。

涉及公路运输时，当前国内均自建汽车队。但是，往往汽车的利用效率不高。尤其是一些专用汽车如槽车、拖车、翻斗车、洒水车、大型客车等，利用率更低。故国际上的趋势是把公路运输尽可能包给专业运输公司承担，工厂内不搞大而全的汽车运输队伍。

除了铁路和公路运输外，在有条件时应优先考虑水运，以降低运输成本。

（5）生物工厂应建在自然条件较好的地方。

① 地理条件。对厂区坡度的要求，大型厂应不大于4%，中型厂不大于6%，小型厂不大于10%。厂区内主要地段的坡度以不大于2%为宜。但为了便于排除厂内场地积水，坡度宜不小于0.5%。此外，为防止厂区受淹，厂区应在历年最高洪水线之上。如在山区建厂，还要注意周围塌方、滑坡和泥石流等问题。

② 地质条件。应当避免溶洞、沼泽、断裂带和流沙。如地下有流沙，流沙层应距地面下大于100 m深为好。地耐力对于一般厂房要求在10 t/m^{2}以上，工业建筑要求在15 t/m^{2}以上。如是高层建筑或是大型空压机站等建设则应按有关规定严格执行。如在寒冷地区建厂还要注意冻土层情况。

③ 抗震条件。我国规定对地震6度烈度或以下的地区在建设时不设防。7度的地区需要采取适当加固结构措施，将增加造价15%。对8度地区，要求采取更严格的措施，包括采用框架结构，将梁加大等，需增加造价30%。唐山即属此类地区。在9度地区不应建厂。所以，应尽可能不在7度或7度以上地区建厂为宜。

④ 气象条件。气象条件包括风向、风量、雨量和气温等，要求积累10年以上的历史资料。对雨量和气温还应有最高、最低和平均的历史资料。

（6）工厂不宜建在远离城镇的地方，否则会给职工和家属的生活带来很多困难，以致影响职工生产情绪和人才引进，对工厂生产不利。

（7）其他协作条件。

在选厂址时，还要注意周围的协作条件。这对中、小型工厂尤为重要。例如，厂内大型设备零部件的加工和检修，需与有关机械厂协作。在新产品开发时需和科研单位、高等院校等协作。开发新药还涉及药理和临床试验，需要与医院协作。

有的发酵工厂还建有制剂、分装包装车间，这就涉及玻璃瓶、塑料桶、橡胶塞、纸盒、纸箱等辅助材料的供应。如何搞好协作配套，应予考虑。

遵循上述原则，在厂址选择过程中，宜有 3 个或更多方案作比较，从中选出最佳方案。

在厂址比选时，由于工厂生产的产品不同，所考虑的主要因素也不相同。有的工厂由于原料运输量大，主要考虑原料因素；有的动力用量较大，主要考虑动力的来源；有的则主要考虑市场销售；有的还受到环境保护等因素的制约，因此厂址选择各有不同。厂址选择不当会影响工厂的生产与发展。例如，由于“三废”未能治理，被迫关门、限期停产治理或搬迁的情况屡见不鲜，从而造成财力、物力和人力的巨大浪费。

二、技术勘查

在初选厂址的基础上，下一步是技术勘查，获得土壤、地质、地形的技术资料，为总平面设计提供依据。技术勘查工作由建设单位委托设计勘测单位进行。

技术勘查主要包括以下内容。

1．地形测量

测量地形并绘制出地形平面图，图上包括厂址附近的铁路、公路、河流及厂址界限等。查明厂区的自来水管网、下水道管网、输电线路等情况并绘制地下设施图。根据地势测量绘制地势等高线图。

2．地质勘查

对拟建铁路专用线、主要建筑物及对基础有一定要求的建筑物的地质情况进行勘探，查明厂址土壤的耐压力、土壤成分和地层构造、地下水位的高度等情况。通过技术勘查，可以具体确定下列问题。

（1）根据地形和地质条件，确定主要建筑物的位置；

（2）预计土方工程量，包括铲土和填土；

（3）确定建筑物基础的深度和处理方法；

（4）确定地坑、地槽和地下通道等的深度；

（5）确定排水系统的优势方向；

（6）确定厂区内铁路专用线的位置和同厂外铁路干线的连接点，确定专用码头的位置；

（7）确定高压输电线路、水塔和给水系统线路。

总之，工厂选点必须慎重对待，要按经济规律办事，可从以上几个方面考虑，从所考虑的几个方案中，经过论证比较，选出最佳方案。

第二节　工厂总平面设计

设计单位设计一个新工厂，在正确确定厂址后，可以进行总平面布置设计。总平面布置设计是对厂区、场地范围内的建筑物、构筑物（如室外发酵罐罐群的框架、大型平台、水塔等）、露天仓库（堆场）、运输线路、管线、绿化及美化设施等作全面合理的相互配置，并综合利用环境条件创造符合工厂生产特性的统一的有机整体。

（1）总平面布置的方式简介。

按照工厂生产工艺流程的组织和特点、建筑物的体型大小和幢数的多少、场地的地形特征等条件，一般布置方式有：街区式、台阶-区带式、联合式、自由式等。

街区式布置适用于建、构筑物数量较多且地形平坦又呈矩形的场地。在具有一定坡度的场地上，常将厂区顺应高线划分成若干条区带，在每条区带上按生产使用功能布置，此即台阶-区带式布置。对于联合式厂房，为了适应其工艺连续化、自动化控制的要求，采用联合布置。对于某些规模较小、生产连续性要求不高的情况，则采用自由式布置。

（2）总平面设计的技术经济指标。

总平面设计时，必须同时设计几个布置方案，进行全面分析和比较。在比较各种方案时，除了考虑布局的适用性、合理性和安全性外，还可采用下列技术经济指标，即场地的建筑系数、厂区的利用系数、铁路和道路的长度、围墙的长度等，其中最主要的是建筑系数和厂区利用系数，它们是反映厂区总平面设计的技术经济效果的主要指标。

$$\text{建筑系数}=\frac{\text{建筑物占地面积}+\text{构筑物占地面积}+\text{露天仓库占地面积}}{\text{全厂占地面积}}$$

建筑系数表示厂区内的建筑密度。如果系数过小，会增加生产车间之间的管路和运输线路以及美化、绿化等设施的建筑费用和管理费用；如果系数过大，则影响安全、防火、卫生、操作管理和运输条件。生物工厂的建筑系数一般在 25%～35%范围内较为合理。

$$\text{厂区利用系数}=\frac{\text{建筑物占地面积}+\text{构筑物占地面积}+\text{露天仓库占地面积}+\text{道路占地面积}+\text{管线占地面积}}{\text{全厂占地面积}}$$

厂区利用系数是反映厂区面积有效利用率的指标。生物工厂的厂区利用系数一般为 60%～70%。下面首先了解一下生物工厂的建筑物及设施。

一、总平面图内的建、构筑物和设施

一般来讲，生物工厂厂区包括下列建筑物及设施。

（1）生产车间。包括从种子制备和发酵配料开始到成品分装、包装出厂过程的生产车间，其中应特别注意洁净生产区与一般生产区的区别和划分。

（2）动力设施。一般指锅炉房、发电机房、变电站、配电室、空压站、水泵房、冷冻站，并含地上、地下各类有关构筑物。

（3）辅助车间。包括机修车间、仪表车间等。

（4）生产辅助设施。包括科研机构、检验部门、药理室和动物房、计量及电子计算房等。

（5）仓库。包括原料库、粮食、五金、化工、设备、电器、仪表、建材、劳保库等，要特别安排好有毒、易燃易爆物品库的位置和安全设施。其他如包装材料库、容器库、废品回收库和露天堆场可视需要予以确定。此外还有汽车等运输库。

（6）全厂性的服务设施。包括行政办公楼和生活服务的设施如食堂、住宅、托儿所、医务所、浴室、俱乐部及职工停车存车处等。随着我国改革的深入进行，上述各种服务设施，哪些应由社会来办，哪些由工厂来办，很值得探讨，应以提高效率和效益，更好为职工服务为原则。

（7）运输设施和各类地上、地下工程管网。如上下水管道、电缆或架空电气线路、热力管道、空气管道、冷冻管道、氮气管道、煤气管道、沼气管道、通信电缆等室外管线。

（8）绿化设施和厂前建筑小品等美化环境布置。

（9）“三废”治理设施和场地。如果条件允许，应与主厂区保持一定间距。

二、总平面图的画法及内容

（一）总平面图的绘制要求与图例

总平面布置设计的内容通常包括总平面图和设计说明。有时仅有平面布置图，图内既包括建筑物、构筑物和道路等布置，又包括简短的设计说明书。必要的时候还要附有区域位置。具体的要求如下。

1. 图的比例、图例及有关文字说明。总平面图上反映的面积很大，所以绘制时通常使用较小的比例，如 1∶500、1∶1000、1∶2000 等。总平面图上标注尺寸，一律以米为单位，图中的图例和符号，必须按国标绘制。表 2-1 为国标中规定的总图常用图例。

在较复杂的总图中，还需要一些其他图例，如图 2-1 所示，这些图例的含义如下。

① 风玫瑰图。风玫瑰图有风向玫瑰图和风速玫瑰图两种，其中风向玫瑰图较为常见。风向玫瑰图表示风向和风向频率。风向频率是在一定时间内各种风向出现次数占所观测总次数的百分比。根据各方向风的出现频率，以相应的比例长度，按风向中心吹描在 8 个或 16 个方位所表示的图线上，然后将各相邻方向的端点用直线连接就形成了风向图，由于图形类似玫瑰花所以称之为风向玫瑰图。看风向玫瑰图时要注意：最长者为当地主导风向；风向由外缘吹向中心；粗实线为全年风频情况，虚线为 6～8 月夏季风频情况。

表 2-1　国标中规定的总图常用图例

剖面区域的式样	名　称	剖面区域的式样	名　称
	建设中的建筑物		改建的原有建筑物
	拆除的原有建筑物		计划扩建的预留地
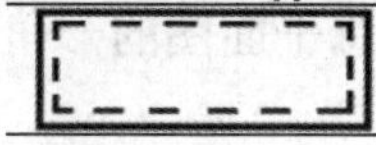	保留的原有建筑物	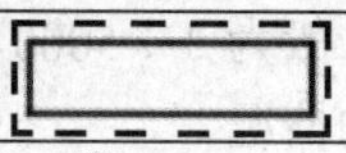	地下建筑物
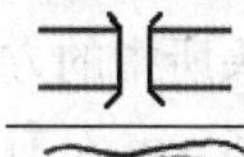	公路桥	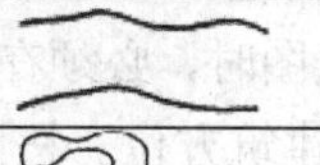	土路
	河流	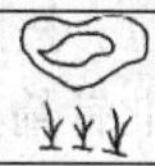	土坑、稻田区
	山脚坡		围墙

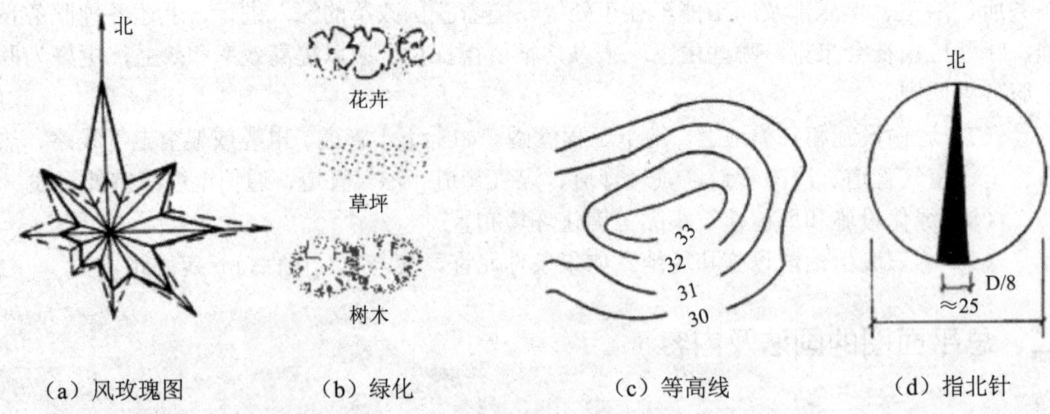

（a）风玫瑰图　（b）绿化　（c）等高线　（d）指北针

图 2-1　图例说明

在某些场合也可用风速玫瑰图代替风向玫瑰图使用，风速玫瑰图同风向玫瑰图类似，不同的是在各方位的方向线上是按平均风速（m/s）而不是风向频率取点。

在总平面布置图上标明风向玫瑰图的主要目的是为了表明厂区的污染指数。有害气体和空气中微粒对邻近地区空气的污染不仅与风向频率有关，同时也受风速影响，其污染程度一般用污染系数表示。

污染系数＝风向频率／平均风速

该公式表明污染程度与风向频率成正比，与平均风速成反比。也就是说某一方向的风向频率越大，则下风受到污染的机会就越多，而该方向的平均风速越大，则上风位置有害物质很快被吹走或扩散，受到的污染也就越少。

生物工厂在进行总平面布置时，应该将污染性大的车间或部门，布置在污染系数最小的方位，如南方地区将食品原材料仓库、生产车间等布置在夏季主导风向的上风向，而锅炉、煤堆等则布置在下风向，同时应该注意风玫瑰图的局限性。风玫瑰图体现的是一个地区，特别是平原地区的一般情况，而不包括局部地方小气候，因为地形、地物的不同，也会对风气候起着直接的影响。所以当厂址选择在地形复杂的位置时，要注意小气候的影响，并在设计中善于利用地形、地势及由此产生的局部地方风。

② 绿化图例。绿化既可以是花卉，也可以是草坪、灌木等。

③ 等高线。区域位置图一般是画在地形图上，而地形起伏较大的地区，则需绘出等高线。图上每条等高线所经过的地方，它们的高度都等于等高线上所注的标高。地形图通常说明厂址的地理位置，比例一般为 1∶5000、1∶10 000，地形图也可附在总平面图的一角上，以反映总平面周围环境的情况。

④ 指北针。在没有风玫瑰图时，必须在总平面图上画出指北针。指北针箭头所指的方向为正北，由此来确定房屋的建筑方位。按照国标规定，指北针的圆圈直径约 25 mm 左右（视图纸、图形大小比例而定），指北针箭头下端的宽约等于圆圈直径的 1/8。

2. 工程的性质、用地范围、地形地貌和周围环境情况可以用文字在总平面布置图的右边或右下方说明。

3. 原有建筑物、新建的和将来拟建的建筑物的布置位置、层数和朝向，地坪标高，绿化布置，厂区道路等，按建筑标准绘制在总平面布置图上。

（二）总平面图的主要内容

1. 平面布置图

根据生产工艺流程特点和要求合理地进行厂址范围内建筑物、构筑物以及设施之间统一而协调的平面布置。

2. 立面布置图

结合用地地形合理地进行竖向布置。厂区的竖向布置可以确定厂内各种建筑物、道路、堆场、各种管线的标高关系。一般常用设计等高线法来表示竖向布置。竖向布置的目的是为了充分利用自然地形，使工厂建设时土方量减少，并使厂区内雨水能顺利排除。在进行竖向布置设计时，要注意厂区内外标高的衔接。

厂区竖向布置的方式分为平坡式和台阶式两种。在平原地区，一般自然地形坡度小于3%，采用平坡式布置较为合理。而在山区坡地，一般采用台阶式布置，可以减少土方工作量。在台阶布置时，如设计得当，可充分利用地形，使液体能利用高低位差自然输送，以节约能量。例如利用地形将酸、碱贮罐布置在高坡上，能使这类腐蚀性液体利用位差沿管道自然输送到车间的设备中，而不需要用泵来输送。这样不仅能节约电能，而且能避免因泵的轴封磨损使腐蚀性流体泄漏。

3. 管线综合布置图

综合考虑厂区内地上和地下各种管路布置，使设计经济合理、整齐美观。

在竖向布置设计时，要同时考虑室外管线的布置。生物工厂的动力管线一般都用集中的管架敷设，以减少占地和便于施工检修。对于有些埋地管线，在一般情况下，由厂房建筑外缘开始向道路中心由浅入深，依次布置。它们的顺序一般是：（1）电讯电缆；（2）电力电缆；（3）供水管道；（4）污水管道；（5）雨水管道。

在管线布置交叉时，一般的原则是小管让大管，软管让硬管，临时管让永久管线。

4. 运输线路布置图

根据生产要求和运输特点合理确定厂内外的各种运输方式、运输线路和设施的布置。

国内除了少数大型生物工厂采用铁路专线作为主要运输手段外，多数工厂采用汽车作为主要运输工具。在用汽车运输时，应考虑发挥地方专业运输部门的作用，对大量原料及燃料应委托他们承办运输，以避免在厂内添置大量载重卡车和设置很大的车库。厂内的运输可用电瓶车或铲车来进行。设在郊区的工厂，如工人上下班路途较远，且乘坐市内公共交通不便，工厂应考虑用大客车定班接送三班制工人上下班。

5. 消防设施的布置图

对于使用易燃易爆品的工厂，当发生火灾时，由于距离较远当地消防站的消防人员不能在接到警报后的7分钟内赶到工厂，此类厂应按规定配备消防车辆。

在设计厂内道路时，也应考虑消防要求，必须使消防车能到达厂内所有建筑物。工厂道路设计，一般采用环形布置。

生物工厂在总图设计时，应充分考虑道路设计，使厂内道路短捷通畅。厂内道路应采用起尘少而坚固的材料制作，常用水泥混凝土路面或沥青混凝土路面。厂区内主干线一般宽 7～9 米，干道宽 6～7 米，单驶道路宽 4 米左右。道路横向坡度为 1%～2%，厂内道路的曲率半径应大于 12 米。

6. 环境保护和绿化布置图

结合环境保护，布置设计厂区内的绿化问题以及“三废”的综合治理。

为使厂区保持环境整洁，厂区大门宜设置两个或两个以上。煤渣、菌丝渣等物料应由边门出入而正门一般通行生活用车或外来联系车辆等。

在总图设计的初步设计阶段只需绘制出平面布置图和立面布置图。现在大多数是将两者合一，绘制成厂区布置鸟瞰图，它是完全的立体图，也包含了绿化、景观等内容。在施工图设计阶段才绘制管线综合布置图、运输线路布置图、消防设施布置图、“三废”处理环保和绿化布置图。

三、总平面图布置原则

厂区平面布置设计应根据产品种类、工艺流程、生产性质、生产管理和车间划分等来考虑布局，使其功能区分明确，运输及管理方便，生产协调配合，人流、物流明确分流。

（1）生物工厂总平面布置必须贯彻国家颁发的经济建设各项方针政策和有关规范和标准。设计应结合国情，树立全局观念，因地制宜，统一规划，进行多方案比较，从而选取有利生产、方便生活、保护环境、节约用地、减少投资、有利于提高经济效益的较优方案。

（2）总体布置必须结合当地地形、水文、气象等条件因地制宜地进行。对分期建设的工厂，必须结合近期发展考虑，并根据建设期限分期征用土地。在初期建设时宜尽量集中布置，同时要考虑将来发展扩建时不至于破坏原来的总平面布置，不拆迁初期的建筑，扩建施工时不影响正常生产。

（3）总图布置应满足生产要求，按保证产品质量、方便生产和运输，并充分考虑工艺流程的走向的原则来进行设计，应使工艺流程通畅，原料、燃料、半成品的作业线力求最短、最方便，避免交叉和反复运输。

（4）厂区建筑占地系数应为30%左右（不超过35%），利用系数（指厂房、道路、堆场、室外管线架基础等占地总面积）不超过50%。厂房之间的间距应满足卫生、安全、防火等规范要求。

（5）按生物产品来划分车间，有利于流程的衔接，有利于缩短运输距离，简化车间之间交接手续，并方便管理，有利于生产。这就是说从发酵原料库开始到配料、发酵、过滤、后处理岗位，一直到该产品的成品库，集中放在一个厂房中，对于中、小型厂来说是较合理的安排。

如是生产药品（包括制剂）的厂房，则应按 GMP 洁净区的要求，尽量形成独立小区，远离产尘量大的车间和污染区，并应放在整个厂区的上风侧。

（6）动力设施。

① 空压站宜设在较洁净区域，要与锅炉房等污染区保持一定的间距，以利于空气的净化处理。同时，空压站应靠近发酵车间，以减少压缩空气的压降。

② 冷冻站应尽可能与消耗冷冻量最大的车间接近。用于发酵冷却的 10℃左右的低温水冷冻站应尽可能靠近发酵岗位，以减少冷量的损耗。

③ 变电所应布置在空压站和冷冻站附近，因为这是用电的大户，以减少线路对电能的消耗。

④ 锅炉房应设置在全年主导风向的下风口，以防止煤粉与烟尘污染厂区。锅炉房附近的堆煤场和灰渣场宜建在厂区边缘。这样在运煤及灰渣时就无须穿过厂区而可从边门进出。锅炉房附近不准布置易燃易爆的危险车间或仓库。

（7）生产辅助设施。

① 机修车间一般布置在工厂的边缘。由于车间内一般会进行冷作、电焊等工作，有火花产生，应与防爆岗位保持间距。

② 质检和科研部门往往有精密仪器，要求洁净与防震，宜与厂内外主干道保持一定间距。

③ 动物房要求安静，宜设在僻静处，并有专用的排污和空调设施。

④ “三废”治理场所常散发污染气味，应布置在厂区边缘或与厂区保持适当间距，并位于全年主风向的下风侧，同时与生活区保持适当间距。

（8）全厂性服务设施。

① 行政楼应布置在厂前区；

② 生活区应布置在厂区的上风侧；

③ 食堂等生活设置既要不影响工厂环境卫生，又要方便职工。

（9）绿化。

生物工厂应尽可能绿化而不露土。绿化面积应达到总面积的 30%以上。厂房周围与道路两侧应铺草种树。但在树种的选择上要防止花粉的污染。

（10）朝向与采光。

在考虑总图布置时，还要注意建筑物的朝向，以保证厂房内有良好的自然采光、通风及防止过度的日晒。利用天然采光时，建筑物的间距，一般不得小于相对应建筑物的高度。我国一些主要城市的建筑物朝向可参见表 2-2。

表 2-2 主要城市的建筑物朝向

序号	城市名称	气候特性及对总图的要求	建筑朝向厂区方向	理想朝向
1	满洲里	冬季 8～9 个月，几乎无夏，要求室内日照充足	避免北向	
2	齐齐哈尔、哈尔滨	冬季 7～8 个月，夏季短，要求室内日照充足	避免北向	
3	长春、沈阳、包头	冬季 6 个月，夏季短，要求室内日照充足	避免北向、西北向	
4	北京、大连	冬季冷，春季多风，夏季气温较高，总体布置应避免冬季寒风	避免北向、西北向	
5	西安	冬季较冷，夏季较热，温差大	南或南偏东为宜	

续表

序号	城 市 名 称	气候特性及对总图的要求	建筑朝向厂区方向	理想朝向
6	延安、太原、兰州	黄土高原，冬冷夏不热，雨量小，日照率大，相对湿度 40%～60%	避免北向	
7	徐州、合肥	丘陵地带，气温较低，总体布置应满足冬季日照和夏季通风要求	宜南偏东，避免西晒	东南，南向多偏东
8	南京、武汉、南昌	位于两湖盆地，湿度较大，加以南北丘陵环绕，风速弱，夏季闷热，形成我国闷热中心	宜南偏东，避免西晒	正向或偏东 8°，南向或偏东，不大于 15°，南北向
9	杭州	气候较温和，比较闷热（比南京等城市好）	宜南偏东，避免西晒	南偏东 18°
10	上海	沿海有东风，总体布置应减少建筑物受风面积	宜南偏东，避免西晒	南偏东 15°
11	桂林、南宁	热带与亚热带气候，温度变化不剧烈	南及东南向为宜	
12	广州、福州、汕头	冬无严寒，夏无酷热，但日晒强烈，有台风，除山地外，常年为海洋性气候	南及东南向为宜	南偏东 10°
13	台北	属于海洋性气候，7～10 月期间台风特多，夏季炎热，冬季温暖，雨量多	因地形避免台风方向	
14	成都、重庆	四川盆地，冬温夏热，云雾多，日照少，温度高	正南，或南偏东 15°	
15	贵阳、独山	冬冷夏凉，日照云雾及温度与成都、重庆相似	正南，或南偏东 15°	
16	云南南部城市	地势高，无显著四季之分，只有干季湿季之别	南偏东	
17	昆明、大理	受印度洋气候影响，终年温和，春秋较长，干湿明显，除雨季外，湿度小	正南，或南偏东 15°	
18	康定、昌都、拉萨	北有山阻挡寒流，并有许多河谷地带，冬暖夏凉	南或东南为宜，避免北向	
19	酒泉、玉门	冬不寒，夏较凉，但干燥少雨，温带沙漠气候	争取日照，避免北向	

四、主要和辅助建筑物的配置

1. 关于生产车间的布置

生产车间的位置应按工艺生产过程的顺序进行配置。生产线路尽可能做到直线而无返回的流动，但并不是要求所有生产车间一定要排在一条直线上，否则将使地形呈长条形，并会给仓库、辅助车间的配置以及车间管理等方面带来不便，故可以将建筑物之间连接成“T”型、“L”型或“U”型。

车间生产线一般分为水平的和垂直的两种，此外还有多线生产线路。生产线路使加工物料在同一水平面上由甲车间送入乙车间叫作水平生产线路；生产线路使加工物料由上层的甲车间送至下层的乙车间叫作垂直生产线路；多线生产线路一开始为一条主线而后分成两条以上的支线，或是一开始是两条或多条支线而后汇合成一条主线。但无论哪一种都希望车间之间的距离应该是最短的，并符合各种规范所规定的间距，原料和成品车间应接近仓库和运输线路。但同时应该注意，中间车间也常常需要大量原料和生成各种副产品。

2. 关于辅助车间的布置

辅助车间一般包括机修车间、冷库、空压站以及仓库等。

机修车间一般布置在厂区的边缘，且位于上风向，尽可能同设备材料仓库靠近，同时车间会有明火产生，应尽可能远离生产车间和易燃品仓库。

空压站一般宜置于清洁卫生、灰尘少且距发酵车间较近的上风向位置。

有些发酵厂需要建冷库，一般应紧靠需冷源的车间，且震动和噪声小的区域。

仓库的位置应靠近运输干线，如铁路、公路、河道，同时各类仓库按其性质和用途尽量靠近相应的生产车间和辅助车间。危险品仓库必须严格遵守国家规定的有关规范要求。

3. 公用工程设计

公用工程设计包括供汽、供电、给排水。

锅炉房应尽可能配置在使用蒸汽较多的地方。这样可以缩短管路、减少热损失。锅炉房附近不准配置有火灾或爆炸危险的车间或易燃品仓库。锅炉房的布置应该靠近燃料堆场，并位于工厂下风向。

配电房一般布置在用电量大的生产车间附近，同时要避免进厂高压线与其他管线的交叉布置。水泵房应设置在水源附近，并尽可能靠近工业用水量大的车间。用水量大的车间应尽可能靠近水源或给水管网入厂处。采用循环水的车间要靠近冷却塔。有大量污水排放的车间应布置在排水出口或污水治理场所附近，排水口应位于厂区的下游地段。厂区雨水的排水方式分为明沟、雨水管道或两者混合使用三种。另外也要考虑防洪排洪措施，如开挖排洪沟或截洪沟等，将洪水引至天然水体（江、河、湖等）或水库。

4. “三废”治理部分

工业污水的排放和治理必须保证不影响附近的农业、渔业生产和周围的自然环境，要安排好堆渣场的位置，尽量避免占用良田，发散有毒气体或有大量灰尘、煤烟的车间或堆场应布置在厂区的下风向，以免影响其他车间。为了维护生态平衡，不致造成环境污染，工厂生产过程中排放出来的有毒物质、有害气体和烟尘不能超过国家规定的排放标准。

除“三废”治理外，产生噪声的车间（噪声级达 90 分贝）应尽量集中布置，并位于厂区年盛行风向的下风侧和地势较低的地段，或者在噪声源与安静场所之间保持必要的噪声防治间距。

对于振动的防治，可将有振源的建筑物尽可能布置在地势较低处，其他建筑物应与强振源之间保持必要的防振间距，必要时可在振源与保护对象之间设置防振暗沟。

5. 厂前区布置

每个工厂都必须有一个行政及生产管理、技术管理的中心和生活福利中心，通常把它们布置在厂区靠近城市干道和住宅区的方向，并与运输量大的仓库和产生有害气体、烟尘、噪声等生产车间隔离开，布置在其上风方向。从工厂主要人流方向和位置来讲，这些区域大都位于工厂的前部，称为厂前区。

厂前区除行政建筑、生产技术管理建筑之外，还包括一些全厂性文化福利设施。可以布置在厂前区的建筑有工厂总出入口、厂部办公大楼、工程技术大楼、食堂、自行车棚、警卫值班室、传达室、收发室、卫生所或保健站、托儿所、消防车库、汽车库、中心试验室、电子计算机控制中心、技工学校等。厂前区项目的多少与工厂规模大小、性质及其经营管理方式有关。

厂部办公楼应当布置在靠近主要出入口或与入口合并建筑。对于大型生物工程企业和对外联系较多的工厂，厂部办公楼宜布置在厂区围墙外，一般中、小型工厂，可将办公楼布置在厂内或与厂内福利建筑合并布置。

中心试验室应尽可能靠近主要车间布置，并使其联系方便，不受震动的影响，以保证高灵敏度精密仪器的正常使用；同时，应尽量布置在远离水池、水渣场、喷水冷却设施及经常产生水汽的车间或构筑物处，并位于其上风向，布置为南北向，避免日晒，以免影响要求恒温的实验工作。

消防站应布置在人流和车流较少的地点，也宜布置在最易发生火灾点的地点附近，消防车库不应与汽车库合建在同一建筑内，否则，应设有不同方向的出口。消防车库大门至道路边缘应不小于15 m，并在其间铺设由消防车库向道路倾斜的广场，广场坡度为2%～4%。

6. 关于建筑物之间的距离

工业建筑物之间的距离必须符合消防安全方面的要求，保持必要的防火距离，同时也需要满足工业卫生、采光、自然通风等方面的要求。

防火距离是根据产生的火灾危险程度及建筑物的耐火程度而决定。

为了保证有充分的自然采光和自然通风，建筑物的间距与物高之比宜为1∶1，建筑物间的距离不应小于15 m，如有15 m以上的高建筑物，则其距离不小于两邻建筑物高度之和的1/2。II型或III型建筑物各翼的纵向，须与主导风向平行或不超过45º角，并使庭院开口部分位于主导风向的下风侧。

五、厂区内交通线布置

交通运输是沟通工厂内外联系的桥梁和纽带；是解决工厂原料、燃料、半成品和产品进出供应的生命线；是确定建厂用地，厂区建筑物和构筑物位置、距离、外形等的因素之一；直接与工厂经营管理质量、占地面积、基本建设投资等密切相关；是一项技术性、经济性很强的工作。

工厂运输可按使用地点分为厂外运输和厂内运输两类。

厂外运输是工厂为了输入原料、燃料和各种材料以及运出成品、半成品和废料而与国家或地区交通运输干线发生联系，或工厂与其原料基地、码头、车站及其他协作企业之间发生的直接运输联系。厂外运输可视具体情况分别采用铁路、公路、水运、管道、架空索道、带式运输等方式。

厂内运输是厂区内部车间与车间、车间与库场、平地与空间之间的材料、配料以及半成品、成品等物料的运输系统。

道路的规划包括宽度、转弯半径及坡度。厂内的道路纵横贯通，其宽度依主干道、次干道、人行道和消防车道而异。主干道一般为 7～9 m，次干道一般为 6～7 m，消防车道一般为 3.5～4.5 m。要考虑输送线路循环性，避免交通堵塞。人行道宽度需根据上下班通过的人数确定，一般宽于 1.5 m，当超过 1.5 m 宽时，宜按 0.5 m 的倍数递增；厂内的道路转弯半径一般为 5～9 m，如有拖挂车出入转弯半径应加大到 12 m。道路的坡度应与厂区地形确定，但一般最大坡度不超过 8%。

厂区内各主要厂房应有出口或露天地段，以利消防车通过或在特殊情况下便于原料的输送。

在总平面布置时，要安排发展余地。完全没有建筑物和构筑物、公路和人行道以及任何其他用途的地区，宜于种植农作物和培植草地、花圃、树木，以改善劳动者的卫生保健条件，并美化厂区。

总平面设计还要尽可能考虑布局整齐、美观，保证厂区布置轮廓的系统性。面向道路的建筑物必须整齐，厂房形式力求统一协调，道路和地面上管网力求直线，环境的美化和绿化设施也应和建筑总体布置协调一致。

总之，生物工厂的总平面设计涉及因素广泛，一般不可能得到全部满足。为此，要突出重点、分清主次，根据设计任务书的有关要求，达到近期紧凑、远期合理的布局效果。

六、总平面设计实例

图 2-2 为某药厂的总平面规划图，是总平面联合式布置形式的典型实例。该药厂坐落在某市高新区，生产规模 2000 万片（瓶）/年。厂区位于西陵东路与通河路交叉口西陵东路路北。本项目场地形状是长方形，东西长约 332 m，南北宽约 200 m。除去城市道路，厂区实际占地面积约 43 607.6 m^2，总建筑面积 14 564.7 m^2，绿化面积 15 524.3 m^2，容积率 0.86，绿化率 35.6%。全年（包括夏季）风玫瑰图主风向为东北向。总平面布置特点归纳如下。

（1）4 个主要生产车间（青霉素类制剂车间、综合固体制剂车间、冻干制剂车间和预留生产车间）布置在全厂的中心地带。各厂房建筑由西北向东南呈“┐”形链条状排列，并且互不并接，保持合适的间距。水平向布置建筑密度均匀，竖向布置建筑高度不大（如青霉素类制剂车间为 2 层厂房，高 9 m，综合固体制剂车间为 3 层厂房，高 13 m，冻干制剂车间为 2 层厂房，高 9 m），各车间内部布局根据各自的功能要求做出不同的空间划分，间距满足规范要求，充分体现出各工艺过程的特点。

（2）厂区功能分区合理。

以西陵东路上的厂区南门为南北中轴线，以综合固体制剂车间和预留生产车间南边道路为东西中轴线。两条中轴线将整个厂区分为四个分区。西南区为办公区，布置有办公楼、科研楼、商务楼、报告厅等，处于主风向的侧面，又远离车间，消除了噪声，环境卫生较好。

厂前区以半圆形中心雕塑花园为主体，道路环绕，方便车辆出入。在办公楼、科研楼和报告厅旁设有停车位，道路旁以树木和花草与建筑主体相隔，消除了噪声，环境卫生较好。

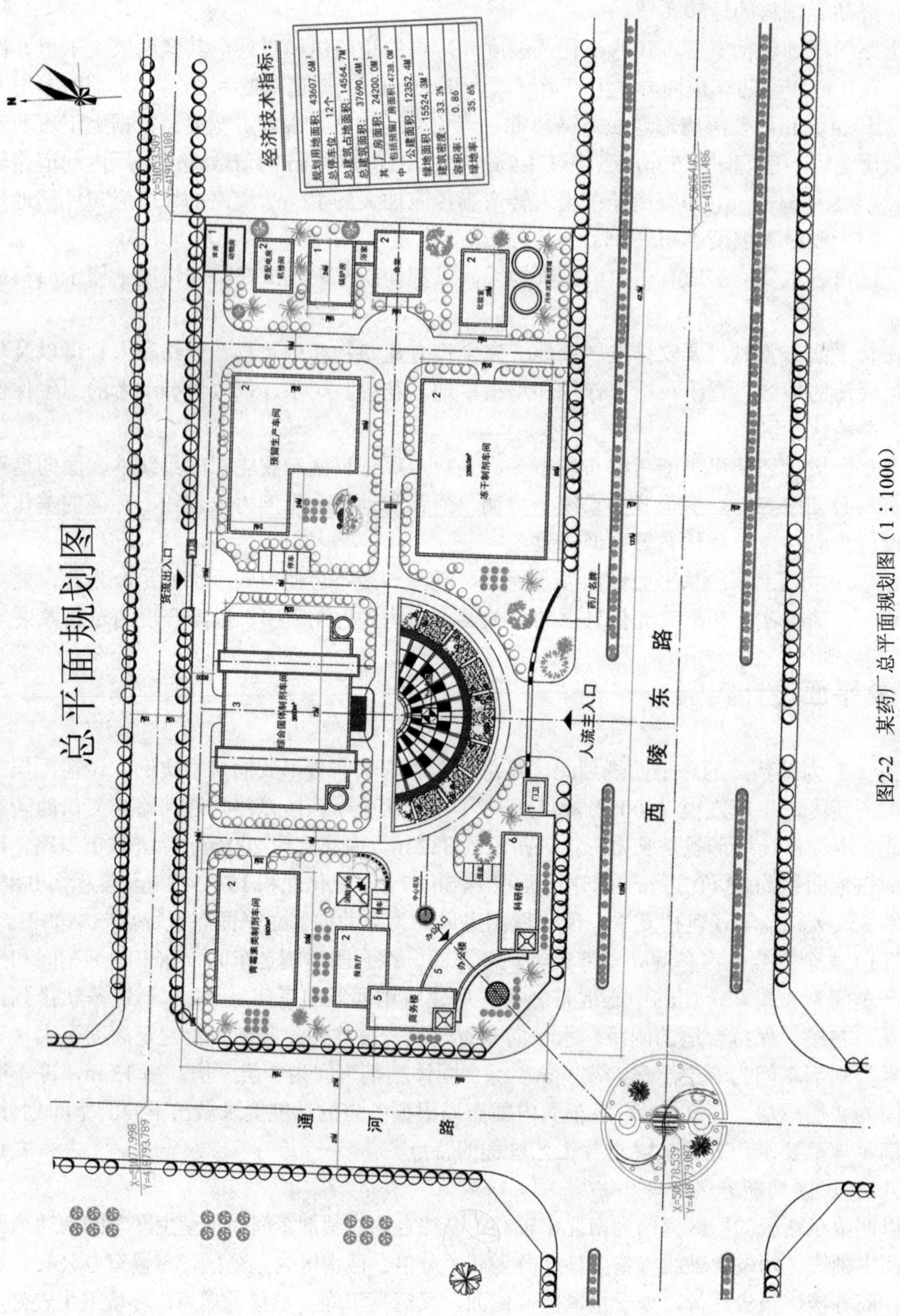

图2-2 某药厂总平面规划图（1：1000）

厂后区包括青霉素类制剂车间、综合固体制剂车间、预留生产车间、机修理间、变配电房、锅炉房、仓库、动物房等，充分体现辅助车间与动力车间的辅助和保证作用。

本工程主入口设在地块南侧，建筑物的朝向布局充分体现视野的广阔舒适，以确保开阔的空地，良好的采光、通风以及远眺的视野，以实现大视野、大尺度、大自然的环境品质。在建筑周边设置景观绿化，如草坪、树阵等，提供宜人环境。停车采用地面停车形式。地块高于城市道路，为场地内雨水、污水排放提供了便利条件。室外道路边适当位置设置平箅式雨水口，收集道路、人行道及屋面雨水。雨水管设一根排出管，排入附近的城市雨水管道。本工程采用的是人车分流模式，人行主入口设置于地块南侧，车行入口设置于地块的北侧，连接城市道路，主要供厂房的车辆出入。场地内的车行道以环形布置，以满足车辆进出和消防扑救的要求。以现代厂房为出发点，考虑城市综合效应。将园林绿化纳入工厂总平面布置中去，做到全面规划、合理布局，形成点线面相结合、自成系统的绿化布局，从厂前区到生产区再到辅助生产区，到处是绿树、青草、鲜花，充分发挥绿地的卫生防护功能、美化环境功能、消防隔离功能，使工厂处于绿茵环抱之中。

（3）动力部门根据主要生产车间的需要，集中布置在其服务的区域内。

锅炉房布置在综合固体制剂车间东边，冻干制剂车间东北边，离青霉素类制剂车间不到 180 米，服务方便。特别是对预留生产车间供蒸汽方便。

变配电房布置在厂区东北角，靠近负荷中心，线路短，比较安全，同时变电功率补偿较好，配电节省方便。

厂区供水由城市自来水管网提供，由厂区北侧双路接入，西路直接青霉素类制剂车间、消防水池、办公楼、科研楼、商务楼；东路直接综合固体制剂车间、锅炉房、食堂、化验室。

各车间和化验室排水集中到两个污水厌氧处理罐处理后排入城市下水管网，办公楼、科研楼、商务楼、锅炉房、食堂等排水直接由管道排入城市下水管网。

总之，动力部门的分离布置是区带式布置的特点，最大限度地节约了能源，降低了运行费用。

（4）消防安全设计。厂房、化验室、锅炉房、办公楼、科研楼及商务楼等建筑为耐火等级为一级的多层建筑及单层建筑。建筑设计以人为本，分别设对外出入口，建筑疏散口设置满足规范要求。办公楼、科研楼及商务楼采用大尺度玻璃窗，带来室内通明透亮的视觉效果，并使室内外空间相互流通，使整体立面显得活泼而明快。各车间力争创造现代建筑新风格，以挺拔的体量、丰富的细节和悦目的色彩使该建筑群显得简洁、典雅和清新。道路两旁地带和厂前区办公楼前绿化面积充足，体现出现代化工厂特点，同时配合环境景观与绿化设计使本工厂成为花园式工厂。

（5）总体布局既有办公楼、科研楼及商务楼的联合式布置，也有各生产车间的分散式布置，厂后区还留有余地作为预留生产车间，以协调发展的需要，充分体现总平面设计追求技术先进性与最佳经济效果的原则。

图 2-3 所示是某小型生物工程公司厂区总平面图。该厂占地 10 亩，位于两条交叉小路西南边。厂房与办公楼合建，以节约占地；楼前布置环形道路；厂房两端设有次干道，便

于物流运输；人流从办公楼进出；厂区设有两个大门，人流和办公车辆从东边主出入口通行，物流运输从北边次出入口通行，做到了功能分区合理，实现了人、货分流。职工俱乐部和食堂合建，一楼为职工食堂，二楼是职工俱乐部，方便职工生活娱乐。在厂区东南部还设有篮球场。厂区绿化系数达 50%以上，环境质量好，符合生物制品生产要求。

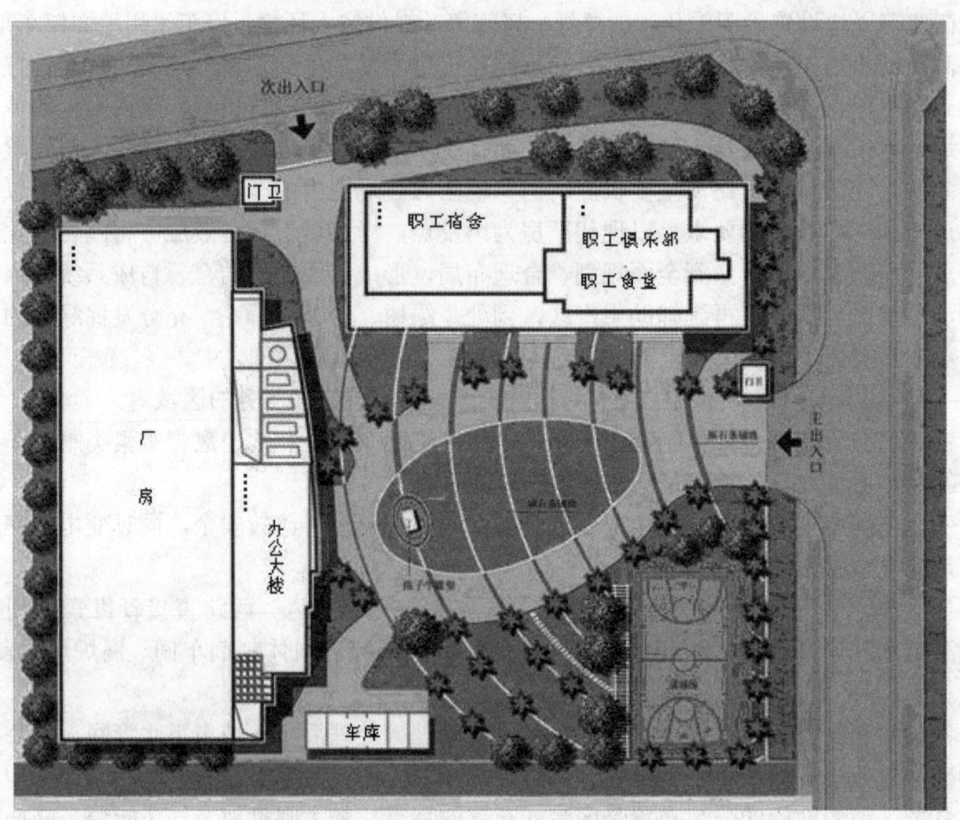

图 2-3　某小型生物工程公司厂区总平面图

图 2-4 是南阳天冠从老城区搬迁到溧河工业区旁新厂区总平面布置图。在选择厂址时，通过反复勘察比较，选定在南阳市南郊区，此处距市区 16 km，距火车站 3 km，便于铁路专用线引入。在它周围 1 km 内地面及地下无工业污染源，它的区域位置处于南阳市区主导风向的下风向，根据测定，空气中含尘量极微，又远离交通干道，构成了一个环境有利于生产，生产不影响城市的合理布局。因此，用规范要求来衡量，厂区环境质量是好的，符合燃料乙醇生产要求。

厂区建设用地为一方形地块，占地面积为 29 000 m^2，建筑面积约为 30 000 m^2，北面紧靠纬十路，南面邻近沪陕高速路，东面为天冠预留发展用地，发展用地东面是天冠大道。西边有白河，用水取水十分方便。

该工程布置功能分区明确，分为便于生产管理的三大区，即生产区、厂前区和动力区。由铁路专用线把发电站、废水处理站与生产区分开，铁路专用线两边为动力所需煤棚、原料仓库、副产品仓库，便于大宗物流输送。厂区南边设有两个大门，便于小宗原料进出。厂区北边也设有两个大门，一个位于热电站厂房北边，方便锅炉煤渣外运；另一个大门位于燃料乙醇成品库的西北边，方便产品的运出。厂区东边也设有两个大门，东北侧为人流出入口，管理人员及外来人员自此进入厂区；东南侧为货流出入口。总体布局时尽量压缩了货流范围，使货运车辆活动面限于厂区的西北角和东南角，大大减少了由于车辆在厂区内往返而产生的尘埃。道路系统真正做到了人、货分流，既保证了人身安全，又保证了厂前区的宁静、空间环境的优美。为满足运输及消防要求，厂区内设置了环路；为改善环境，对易于产生尘埃的混凝土路面，改用了不易起尘埃的沥青混凝土路面。

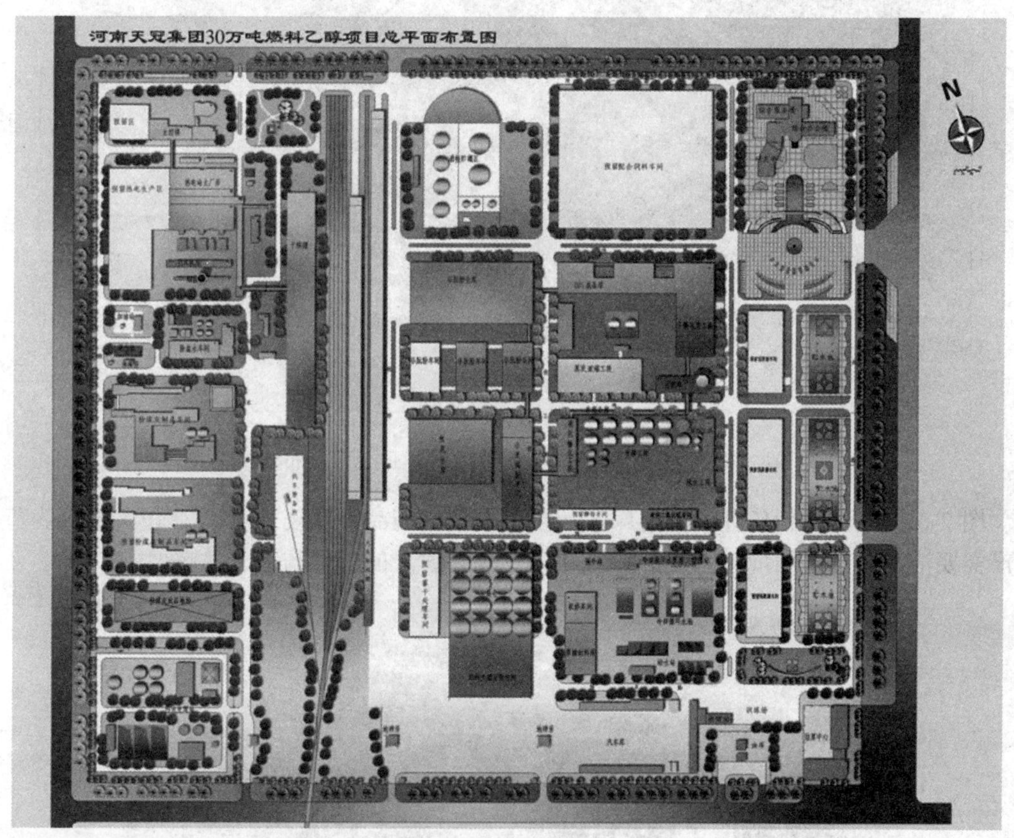

图 2-4　南阳天冠新厂区总平面布置图

重庆博飞生化制品有限公司是中外合资企业，总投资 1 亿多元，坐落在重庆市江津区东南面广兴镇彭桥工业园区，距重庆 65 公里，距綦江县城 12 公里，交通十分方便。厂区山清水秀，绿树成荫，是建厂发展的理想之地。厂区总平面布置图如图 2-5 所示。

该公司厂区占地 86 亩，分两期建设。一期年产 5000 吨 L- 乳酸的生产工厂正加紧建设，建成投产后，年产值可达亿元以上，可解决大约 300 人就业；二期工程完工后，将达到年产 20 000 吨 L-乳酸和 5000 吨聚乳酸的生产规模，将成为国内大型的 L- 乳酸及聚乳酸生产基地。一期土建面积 5700 平方米，设有综合办公大楼、自动化程度极高的生产车间、科研及产品开发实验室、化验室、微机室、通信室、车库，规划建设有娱乐室、医务室、放映厅、会议厅、职工餐厅、职工宿舍、迎宾楼和 24 小时供热水的浴池，以及 15 000 平方米的园林式绿化地带、水上亭园等建筑群体。

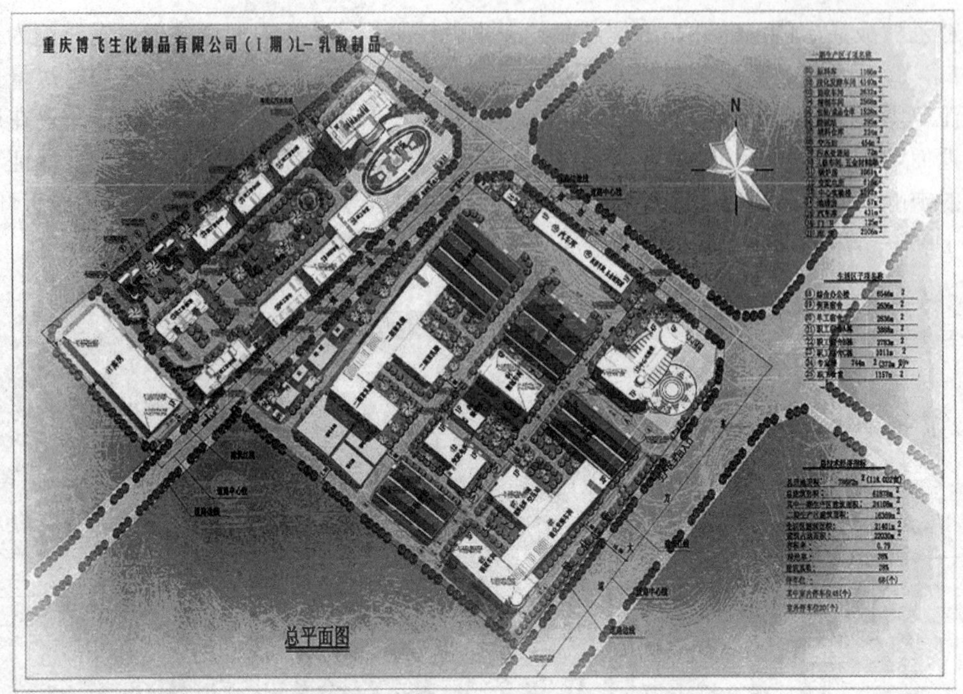

图 2-5　重庆博飞生化制品有限公司厂区总平面布置图

图 2-6 为某生物制药有限公司厂区效果图。依据药品管理规范及“GMP”要求，药品生产需要洁净的厂区环境，因此，厂区布局及规划设计的合理与否至关重要。

图 2-6　某生物制药有限公司厂区效果图

（1）功能分区布置。

厂前区是由门卫房、停车区、绿化带及 4 层科研办公楼组成。科研办公楼布置在厂区东南隅，它对内是生产管理指挥中心，对外是企业的宣传窗口，是企业的形象，所以是本工程的设计重点，故对其建筑造型做了精心设计，使其造型新颖、灵活，富有时代感，与简捷、明快的联合生产厂房融为一体。厂前区大门是轻型的电动大门，围墙是欧式铁艺的。

西边是多功能制剂生产车间，生产胶囊、片剂等 5 个类型、9 个品种的产品。这些产品分别被安排在制剂生产区内 4 条生产线上生产。这种模块式生产流水线，生产分区明确，工艺生产直接与质监、公用工程连成一体，有利生产，方便管理。从原料进入厂房经过各工序后，循生产流水线依次到达成品、包装，直至进库，产品的生产全过程都是在一幢厂房内完成，有效地避免了染菌。科研办公楼北边是 4 层生物多糖生产车间，划分成多糖生产发酵与提取两大区域，每个操作人员一定要经过洁净工序完成个人清洁工作后，方能进入走道，然后到达各生产岗位。厂区中间的集中绿地、连廊、喷水池、草坪、铺地等建筑小品，将厂区衬托得更加活泼、开阔，成为极具吸引力的重要窗口。

西北边是两幢生活楼，生活楼一层为食堂、娱乐活动室、小件物品仓库，一层最东头为制水间、换热间及公共蒸汽入口，二至六层为职工宿舍；东北边是一块预留发展用地；将生活区与生产区连接为一个有机的整体。变电站布置在生物多糖生产车间北侧，西南靠近两幢生产厂房，这样布置动力管网最短、最经济合理。

（2）交通组织。

道路系统是衡量制药行业设计水平的重要标志。

根据功能分析，西南侧为人流出入口，管理人员及外来人员自此进入厂区，西北侧为货流出入口，做到了人、货分流的道路系统，既保证了人身安全，又保证了厂前区的宁静、优美的空间环境。为满足运输及消防要求，厂区内设置了环路。

（3）环境绿化设计。

绿化是美化环境、防日晒、净化空气、改善生产条件的重要措施，而且环境的好坏，又是衡量企业的一个重要标志，尤其对制药行业显得更为重要。据有关资料分析，铺设草皮后其上空的含尘量较无草皮地面含尘量减少 2/3～5/6。因此，在生产区与厂前区之间设置了两块集中绿地，在绿地间厂前区入口处还设置了喷水池，弧形景观廊贯穿水池、铺种草坪，使该绿地统一而富有变化。厂区尽量创造一个宜人的空间，可以给人以宁静的感受，既达到了净化环境的目的，又体现了以人为本的设计理念。

在厂区内道路两旁、边角地带、建筑物周围空地，可种植无花絮、不生虫害的常青乔木、灌木，并可沿道路边沿种植草坪等，使整个厂区的绿化形成一个点、线、面结合的绿化系统。除建筑物、道路占地外，均可种植草坪，不使自然土壤裸露，使该药厂真正成为一个舒适、优美、花园式的新型制药企业。

（4）建筑设计。

制药厂的建筑风格，力求与其所在的科技园区的整体风貌相协调，以体现现代的、高科技的建筑风格。

综合制剂厂房平面单一，体型简捷，小窗、大面积幕墙墙体，以实为主，外墙采用彩色轻质金属板饰面，而科研办公楼则平面灵活，设大落地窗、玻璃幕墙，以虚为主，采用高级面砖饰面，立面造型丰富。两座主要建筑一虚一实，形成鲜明对比，再加上配饰的建筑小品、观景廊、喷水池及大片绿地，整个建筑群为统一的银灰色，与浅蓝色的天空、白云浑然一体，与周围自然环境相和谐，形成了一个内容丰富的空间布局。

制药厂房的内部装修设计采用金属壁板，重点考虑如何满足药品生产的特殊要求，如防污染、便于清洗等方面的要求。地面采用环氧自流平，墙面和吊顶平整、光洁、不起尘、耐腐蚀，墙体阴阳角做成圆弧形角，轻质内隔断应有防碰设施。地面整体性好、平整耐磨、耐撞击、不积静电、易除尘清洗，涂料不燃、不裂，表面光滑、不吸水变质、不生霉。建筑的门、窗选择密封性能好的密闭双玻璃幕门窗。

（5）管线综合布置。

综合管线犹如人体的血管和经络，它把厂区各部分联系起来，组成一个有机的整体。因此，管线系统是工厂的重要组成部分，也是衡量总图设计质量的重要内容之一。合理进行管线综合布置，正确确定各种管线的走向及敷设形式，对减少工艺过程的动力消耗，节约投资，改进厂区的总平面布置，减少占地面积，创造良好的施工条件、工程扩建及安全生产都具有重要意义。两幢生产车间之间用联通走廊将三层联通，不仅缩短了运输距离，而且使所有管网都得到缩短，体现了劳动力和资源的节约，提高了土地、资金的使用效率，加快了建设速度。

根据气象条件和生产、生活等因素，结合地形、地貌等自然条件，规划设计中不仅在车间内部布置，更在整体布局中做到有机结合，全面贯彻“GMP”规范要求，体现布置的科学性、合理性和经济性。

七、厂区内工程管线布置

生物工厂内的工程管线一般包括以下几种。

（1）给排水管。即供给生产、生活和消防用水的自来水管线，排除雨水和污水的下水道。

（2）热力管道。即供给生产和生活用的蒸汽和热水管道。

（3）辅助工艺管道。即压缩空气、无菌空气管道，制冷剂管道，以及气力输送管道。

（4）电线、电缆。即供给生产用的动力线、自动控制电缆、生产和生活用的照明线，以及通信电缆等。

工程管线的布置原则如下。

（1）管线宜直线敷设，并与道路和建筑物的轴线相平行。主管线宜布置在靠近需用单位和支管线较多的一边。

（2）尽可能减少管线之间以及管线与铁路、道路之间的交叉。当必须交叉时，宜成直角交叉。下水道如与自来水管交叉时，水管应设置在下水道上方。

（3）管线布置时应尽量避开填土较深和土质不良地段，同时还应避开露天堆场和拟扩建的建、构筑物用地。

（4）敷设热力管道，当地下水位高时，可改用架空式。架空管线尽可能采用共架或共杆布置。架空管线跨越铁路和道路时，应离地面有足够的高度，以免影响交通。

（5）地下管线一般不宜重叠敷设。在有特殊困难时，只考虑布置短距离的重叠管道。

在进行总平面布置图设计时，为了使全厂各管线的敷设能达到最大程度的协调性、经济性和合理性，需要进行工程管线的综合协调工作。工程管线的综合协调工作，一般由设计管线最多的部门负责，并应绘制出工程管线综合图（平面和剖面图）。在进行工程管线综合协调工作时，可参考国际性标准：地下电缆深 0.6 m，热力管道深 0.8～1.2 m，自来水管和下水道深 1.5 m，架空管线与铁路交叉时高 5.55 m，与道路交叉时高 4.2 m。各种地下管线之间最小水平净距和最小垂直净距见表 2-3 和表 2-4。

表 2-3　各种地下管线之间最小水平净距　　单位：m

		给水管	排水管	燃气管			热力管	电力电缆	电信电缆	电信管道
				低压	中压	高压				
排水管		1.5	1.5	—	—	—	—	—	—	—
燃气管	低压	0.5	1.0	—	—	—	—	—	—	—
	中压	1.5	1.5	—	—	—	—	—	—	—
	高压	1.5	2.0	—	—	—	—	—	—	—
热力管		1.5	1.5	1.0	1.5	2.0	—	—	—	—
电力电缆		0.5	0.5	0.5	1.0	1.5	2.0	—	—	—
电信电缆		1.0	1.0	0.5	1.0	1.5	1.0	0.5	—	—
电信管道		1.0	1.0	1.0	1.0	2.0	1.0	1.2	0.2	—

表 2-4　各种地下管线之间最小垂直净距　　单位：m

	给水管	排水管	燃气管	热力管	电力电缆	电信电缆	电信管道
给水管	0.15	—	—	—	—	—	—
排水管	0.40	0.15	—	—	—	—	—
燃气管	0.15	0.15	0.15	—	—	—	—
热力管	0.15	0.15	0.15	0.15	—	—	—
电力电缆	0.15	0.50	0.50	0.50	0.50	—	—
电信电缆	0.20	0.50	0.50	0.15	0.50	0.25	0.25
电信管道	0.10	0.15	0.15	0.15	0.50	0.25	0.25
明沟沟底	0.50	0.50	0.50	0.50	0.50	0.50	0.50
涵洞基底	0.15	0.15	0.15	0.15	0.50	0.20	0.25
铁路轨底	1.00	1.20	1.00	1.20	1.00	1.00	1.00

管线综合平面图用 1∶500 或 1∶1000 比例绘制；剖面图用 1∶200 或 1∶100 比例绘制。下面介绍综合管线图纸绘制过程及注意点。

（1）首先必须进行大量的准备工作，将厂区所有车间进出物料管、给水管、污水管、强电电缆、弱电线、电信线、蒸汽管、燃气管、凝结水管、冷冻水管、消防水管、供暖管、雨水管、路灯室外电气干线等汇集于厂区平面图上。

（2）根据有关规范和规定，综合解决各专业工程技术管线布置及其相互间的矛盾，从全面出发，使各种管线布置合理、经济，最后将各种管线统一布置在管线综合平面图上。汇总后对重叠的各种管道进行调整、移动，同时确定十几种管道的上、下、左、右的相对位置，且必须注意某些管道的特定要求，如电气管线不能受湿，尽量安装在上层；排污管、排废水管、排雨水管有坡度要求，不能上下移动，所有其他管道必须避之；给水管宜在上方（以免受污染）等。管道敷设有 3 种方式，即架空敷设、地埋敷设、地下管廊敷设。这里只讨论地埋敷设和地下管廊敷设。

根据各种管线的介质、特点和不同的要求，合理安排各种管线敷设顺序。地下管线宜敷设在车行道以外地段，特殊困难情况应采取加固措施，方可在车行道下布置检修较少的给水管或排水管。地下管线应避免将饮用水管与生活、生产污水排水管或含碱腐蚀、有毒物料管线共沟敷设，如并列敷设应保证一定的安全间距。尽可能将性质类似、埋深接近的管线排列在一起。

地下管线发生交叉时，应符合下列条件要求。

① 离建筑物的水平排序，由近及远宜为：电力管线或电信管线、煤气管、热力管、给水管、雨水管、污水管。

② 各类管线的垂直排序，由浅入深宜为：电信管线、热力管、小于 10 kV 电力电缆、大于 10 kV 电力电缆、煤气管、给水管、雨水管、污水管。

地下管道均可以敷设在绿化地带内，但不宜在乔木下。管线敷设发生矛盾时，应本着临时性管道让永久性管道；管径小的让管径大的；可以弯曲的让不可弯曲或难弯曲的；新设计的让原有的；有压力的让自流的；施工量小的让施工量大的原则进行处理。

地下管廊敷设的综合管廊根据其所收容的管线不同，可分为干线综合管廊、支线综合管廊、缆线综合管廊（电缆沟）三种。

（3）在管线密集交叉较多或地下管廊敷设时，应画安装剖面图。

（4）规划道路中线、边线、人行道边线应当用黑色细线表示，各建筑物用黑色粗线表示，设计管线及管线设施（排水工程除外）应当用红色线表示。由于管线综合图纸里包括的管线众多，为了易于施工人员看图，各管线的图例必须清楚且各不相同，可以考虑采用管线中夹字的图例。J 表示给水管，ZJ 表示中水给水管，R 表示热水管，X 表示消火栓给水管，H 表示自喷给水管，W 表示污水管，F 表示废水管，Y 表示雨水管。比如，给水管可用—J0—、—J—、—J1—分别表示低、中、高区的给水管。

（5）由于管线众多，管线交叉处应标注交叉管线的标高。如果是管线与管廊交叉，还应标注管廊剖面尺寸。用圆圈表示雨水（污水）井或管线检修井。一般来说，上面的标高指的是设计检查井面的标高，下面的标高指的是设计排水管内底高程，也就是与井相连的排水管的流水面高程。右边的应该就是排水管的埋深。

图 2-7 和图 2-8 分别是厂区局部管道综合图和厂区管线剖面示意图。厂房的间距及道路的宽度确定了综合管线的敷设方式。

在考虑一般工业建筑物之间的距离时，只要满足城市规划规范的日照、消防、管线间距要求就行了，但由于制药行业的特殊性，所以在制药厂的总平面及竖向布置时，还要把各种管线占据的位置考虑到。一般工业厂区的地下管线通常有 8～10 种，而某制药厂的地下管线多达 20 多种，其根数就更多了，也就是说，制药行业的工程管线是一般工业企业的 2 倍还多。例如，1 号综合厂房与 3 号动力站之间的管线就有 17 种之多，如果按常规管线布置，其间距至少需 20～24 m，但是 1 号综合厂房与 3 号动力站之间的间距只有 13.7 m，因此在满足规范要求的前提下，应采取措施，将性质相近的管线尽量靠拢，但稍有不慎，就会出现管线重叠或摆放位置不够的情况。所以，在制药厂的总平面布置时，要考虑到多种管线的布置问题。

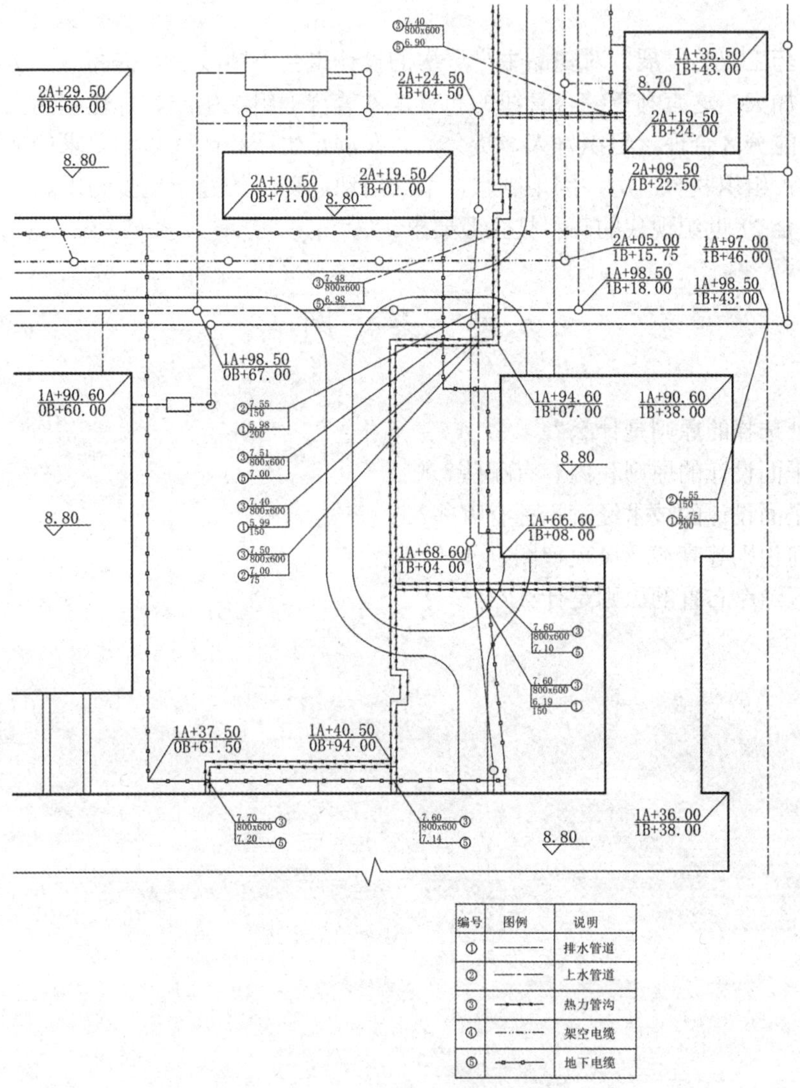

图 2-7　厂区局部管道综合图

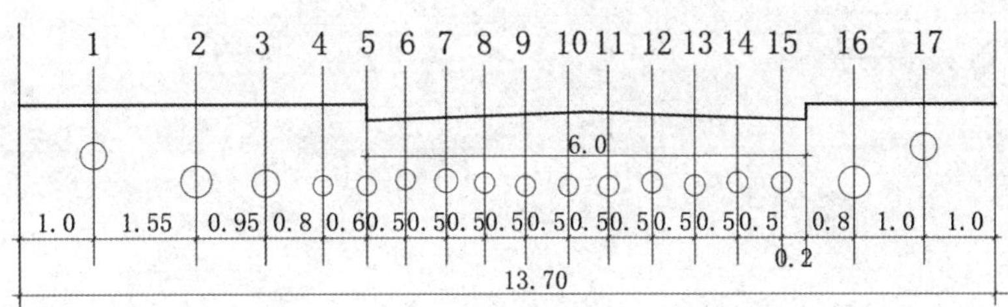

图 2-8　厂区管线剖面示意图（m）

1—电力电缆；2—污水管；3—给水管；4—照明电缆；5—纯水管；6—纯水管；7—冷冻回水管；8—污水管；9—冷冻送水管；10—蒸汽管；11—凝结水管；12—热水回水管；13—热水送水管；14—消防水管；15—消防水管；16—污水管；17—通信电缆

随着医药工业的发展，对药品生产厂房的设计也会不断改进、提高。厂房的间距及道路的宽度在加大，这有利于综合管线的布置。本着合理组织生产、优化制药工艺流程的要求，做到功能分区合理，组织好人、货分流。在满足生产和园区规划要求的前提下尽量合并建筑单体，组织联合厂房，因地制宜，节约用地。药厂的建筑造型力求新颖简捷、明快大方，以符合 21 世纪现代的高科技企业要求。

思 考 题

1. 厂址选择的原则是什么？
2. 总平面设计的原则和内容有哪些？
3. 总平面设计的技术经济指标有哪些？
4. 如何识别等高线及风玫瑰图？
5. 厂区道路布置的原则是什么？

第三章　工艺流程设计

生产工艺流程设计是车间工艺设计的核心。生产的最终目的在于得到高质量、低成本的产品，而这就取决于工艺流程的可靠性、合理性及先进性，同时车间其他项目比如设备布置和管路设计也必须满足工艺流程的要求。因此工艺流程设计与车间布置设计共同决定了车间或装置的基本面貌。

工艺流程设计是在确定原料路线和技术路线后进行的，生产工艺流程的选择在可行性调查阶段就已经开始，经过论证后得到确定，在可行性报告中已有初步的流程设计。在初步设计和施工图设计阶段，都要进行不同深度的工艺流程设计，而且随着设计工作的深入和其他非工艺设计人员有关条件的反馈，还须对工艺流程作进一步修改。所以工艺流程的设计往往是最先开始，而最后完成。其原因有两点：一是发酵工艺设计贯穿于任何发酵工程设计的始终，即从工艺设计开始，最后以工艺设计结束；二是所有的非工艺设计，在整个设计过程中均服从工艺设计，同时工艺设计又要考虑和尊重其他各专业的特点和合理要求。总之，工艺流程设计是关系到整个工程设计优劣成败的关键，它贯穿于整个设计过程中，是由浅入深、由定性到定量逐步分阶段进行的。

工艺流程设计的任务包括以下两部分。

（1）确定以下各项内容。

① 确定由原料得到产品需要采用多少生产过程（或工序）以及每个生产过程（或工序）之间如何连接；

② 确定每个生产过程（或工序）的具体任务，即物料通过该生产过程发生什么物理变化、化学变化和能量变化；

③ 确定每一个生产过程由什么设备来完成以及各设备的操作条件；

④ 确定控制方案，选用合适的控制仪表；

⑤ 确定“三废”处理和综合利用方案；

⑥ 确定安全生产措施，如设置安全阀、阻火器、事故贮槽，危险状态下发出信号或自动开启放空阀或自动停车联锁等。

（2）在工艺流程设计的不同阶段，绘制不同的工艺流程图。

工艺流程设计工作牵涉面广，内容也比较复杂，从具体的发酵工程设计工作的进程来看，它是最先开始的，随着工艺及其他专业设计工作的进展，要不断地对流程作一些修改，直到设计完成才结束。工艺流程设计由浅入深，由定性到定量地逐步分段进行，因此，在不同的设计阶段，流程图深度也有所不同。绘制工艺流程图一般分为三个阶段：①工艺流程方框图（block flow sheet）或工艺流程草图（simplified flow sheet），是在可行性研究及详细可行性研究阶段所作，也可供初步工艺计算时使用，但不列入工艺设计文件中。②工艺物料流程图（process flow diagram，简称 PFD），是详细可行性研究阶段所作的，也可被初步设计阶段计算所用。③带控制点的工艺流程图(piping instrument diagram，简称 PID)，是初步设计及施工图设计阶段所作的。

生产工艺流程设计就是用图解形式来表示从原料投入到产品产出的全部过程。正是由于生产工艺流程的复杂性，工艺流程设计在整个设计工作中与各个方面都有牵连，因此它不可能一气呵成，而是随着设计进程的进展，由浅入深，由定性到定量，逐步完善。

第一节　生产方法的选择

采用一定的原料生产某种产品，有多种生产方法，而每种生产方法所采用的生产设备、生产工具和工艺过程各不相同，即有不同的工艺技术路线。因此把几个不同的工艺技术路线进行比较，选出最好的加以采用是工艺技术路线选择的任务。

生产工艺路线的选择必须突出以下几点。

（1）原材料价廉物美、易得。

（2）产品质量高。

（3）原料、辅助原料、动力消耗低。

（4）技术成熟可靠，生产控制稳定，易于操作。

（5）对环境影响小。

（6）经济效益高，社会效益好。

发酵产品无论是抗生素、有机酸、氨基酸或酶制剂一般都要经过发酵、提取和精制三大步骤。即使在同一发酵制品的生产中，当采用不同的菌种时，发酵工艺条件也不尽相同。如酒精发酵，有酒精酵母发酵和运动单胞菌发酵两种，从发酵工艺来讲，有液体深层发酵和固定化细胞发酵两种。两种菌种都可以用这两种发酵工艺，但运动单胞菌的固定化细胞发酵更具优势。

提取过程是由不同的化工单元操作所组成的。不同的品种，提炼工艺区别很大，即使是同一品种，往往也有几种不同的提取方法可供选择。例如，从发酵液中提取柠檬酸，可用钙盐沉淀法、离子交换法和溶媒萃取法。它们的工艺流程如下。

（1）钙盐沉淀法。

碳酸钙（→中和）　热水（→过滤）　浓硫酸（→酸解）　热水（→过滤）

发酵液 → 压滤 → 中和 → 过滤 → 柠檬酸钙 → 酸解 → 过滤 → 柠檬酸液 → 脱色 → 离子交换

压滤 → 滤渣　过滤 → 废液　过滤 → 硫酸钙

离子交换 → 浓缩；母液 → 浓缩

浓缩 → 结晶 → 离心分离 → 晶体 → 干燥 → 包装 → 成品

离心分离 → 母液

（2）离子交换法。

发酵液→701阴离子树脂吸附→5%氨水洗脱→柠檬酸铵→732阳离子交换→树脂脱色→柠檬酸液↓

母液→浓缩

↑　　↓

成品←包装←干燥←晶体←离心分离←结晶

（3）萃取法。

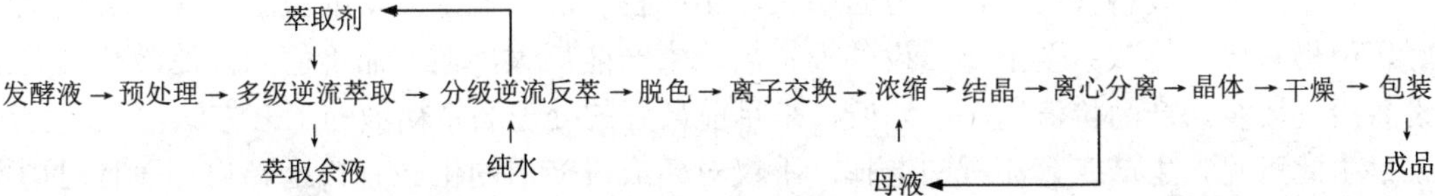

这三种方法虽然都可从发酵液中提取柠檬酸，但差别很大，需要的提取设备也各不相同，这就需要我们进行分析比较，从中设计出一条高产优质的工艺路线。钙盐法设备简单，投资少；离子交换法投资居中，但操作费用大；萃取法投资最大，但操作费用最少，值得推广。

再如红霉素的提取过程，国内有两条工艺路线。一条是使用溶媒从发酵滤液中萃取，需要使用高速离心机或萃取机经多次混合—分离；另一条是将发酵滤液浓缩后，经一次溶媒混合，静止分层，萃取出红霉素。后者虽然可省去高速离心机或萃取机的设备投入，投资较小，但提取收率和优级率都比较低。

此外，酒精发酵工业中酒糟液的处理方案有如下4种。

（1）沼气发酵法。

酒糟液→固液分离→沼气发酵→消化液→好氧处理→排放

↓　　↓　　↓

饲料←干燥←滤渣　沼气　消化污泥（肥料）

（2）单细胞蛋白法。

酒糟液→固液分离→滤液添加营养盐→酵母培养→菌体分离→排放

↓　　↓

饲料←干燥←滤渣　干燥→饲料酵母

（3）全干燥法。

玉米酒精糟液→离心分离→蒸发浓缩→干燥→全价饲料（DDGS）

↓　　↑

滤渣→

（4）滤液全回用法。

① 滤液直接回用工艺。

酒糟液→固液分离→滤渣挤压脱水→干燥→饲料（DDG）

↓　　↓

滤液→返回拌料池回用

②滤液培养真菌后回用工艺。

酒糟液 → 固液分离 → 滤液培养丝状真菌 → 过滤 → 滤液回用
↓ ↓
糟渣 ——————→ 菌蛋白 → 干燥 → 高蛋白饲料

③原滤液培养真菌后回用工艺。

高蛋白饲料←干燥←酒糟液→培养丝状真菌→固液分离→滤液回用

沼气发酵法设备投资少，占地面积大，副产物经济效益低；单细胞蛋白法经济效益较好，但仍有废水排放；全干燥法设备投资高，生产能耗大，但产品价值高；滤液全回用法设备投资较少，产品价值高，能耗低，是目前最好的处理酒精糟液的工艺方法。

由此可见，生产工艺流程的选择，不仅对建成投产后的生产有长远影响，而且对周围环境也有较大影响。

一、工艺流程的选择需要注意的问题

在着手设计发酵工厂的生产车间时，首先应对所搜集到的工艺流程资料、数据和中试资料进行总结、分析研究，并加以仔细的论证，方可确定一条切实可行的工艺流程。对于工艺流程的选择，可以从下列几个方面来讨论。

（1）主要原材料供应需要立足于国内或建厂地区。例如柠檬酸生产中，在我国长江流域及以北地区，可采用红薯干为原料；而广东、广西、海南等地，盛产木薯，则可用木薯干为发酵原料。在玉米产区建立柠檬酸厂，可以附带建立玉米加工车间，用淀粉乳作为发酵原料。国外大多采用糖蜜来发酵柠檬酸，在我国则不多见。

（2）生产过程中是否需要从国外引进特殊设备。从国外引进先进设备来装备我国发酵工业，是缩短我国工业生产水平与国际水平差距的有力措施。但引进设备要考虑国内能否消化吸收，是否适合我国生产状况；以后的备品、备件供应和设备的维修保养是否有保证等。此类问题都需要在工艺流程设计时加以研究。

（3）所选的工艺流程中，尽量采用先进技术，但所采用的新技术必须有技术鉴定，确定其技术上的可靠性和经济上的合理性。关于劳动保护、安全防火防爆等问题是否解决，这在选择提取工艺流程时特别要注意。还特别要注意避免或少使用有剧毒的原料如汞、砷、氰化物及有致癌性质的原料和中间体；应尽可能不用或少用甲醇、乙醇和氯仿等有毒或有火灾危险的溶剂。如必须使用，应该在做好操作人员的劳动保护措施和安全防爆措施后，才能选择这一工艺流程。

（4）所选的工艺流程中，工艺控制条件是否苛刻，操作是否方便，能否采用自动控制等问题，也是流程选择时要考虑的内容。尽量选择可以降低劳动强度，改善劳动条件，便于提高自动化水平，能使用电子计算机进行生产控制和管理的流程。

（5）是否需要进行特殊的“三废”处理。发酵工厂的“三废”主要是菌丝体等废渣和提取产品后的发酵废水，在选择工艺流程时，尽可能采用无“三废”生成或生成较少的工艺路线，便于实现“三废”治理和综合利用的生产方法，妥善处理这些“三废”。

（6）应从技术经济角度来评价分析不同工艺路线的经济效益和社会效益，可从投资大小、原材料单耗、动力消耗、产品的质量和成本、劳动生产率等诸因素来进行综合分析比较。

此外，确定工艺流程时还要注意下列问题。

1. 原料路线和生产规模的选择

选择原料路线时应考虑以下几个方面。

（1）可靠性。必须保证充足、稳定的原料来源。

（2）经济性。原料不同，价格不同（影响产品成本）；原料不同，生产工艺不同（影响投资）；原料不同，副产品不同（影响产值）。例如柠檬酸的原料可以是木薯、红薯、玉米及淀粉等，这些原料本身的价格是不同的，有的甚至相差很大。用不同原料进行生产，不仅工艺条件相差很大，而且副产品的数量与组成也不同，使进一步加工的产品的需求有较大的差别。所以应根据原料供应的可能和各种产品的需求情况，深入分析研究其经济效益，然后做出决定。

（3）合理性。选择原料时，除了从微观的角度（企业的角度）研究其可靠性和经济性外，还应从宏观的角度（国家的角度）考虑合理性，也就是说，要考虑合理地利用国家资源，同一种资源，既可作为这个项目的原料，又可作为另外一些项目的原料，究竟用在哪个项目上，这就要从宏观的角度也就是从资源综合利用的观点来加以考虑。

原料来源确定以后，按其年供应量来确定生产规模。生产规模包括主产品和各种副产品的年产量。

2. 原料和产品的规格及物化常数

在编制设计方案时，要全面收集该产品在国内外的各种生产方法资料：生产流程、副产物种类、反应条件（原料要求、配比、发酵温度、反应压力、时间、环境要求、pH 值）、产率（转化率、选择性、主副产品收率）、产品及副产品规格、主要设备型式、反应动力学及有关相平衡数据，另外还要对所有需要的主副产品、原料及中间产品的基本物化和热力学数据进行收集计算、整理，尤其是关键数据，一定要准确，这些数据大致包括分子量、密度、黏度、熔点、沸点、蒸汽压、溶解度、热熔、蒸发热、生成热、燃烧热、气液平衡数据等。

3. 生产控制方式

生产控制方式是指在项目投产后，能使生产有序进行所采用的生产控制方式。按照生产工艺要求和工厂的具体条件决定采用自动控制或人工控制，或是两者结合。若采用自动控制还要考虑是采用集中控制室控制，还是分工段就地集控，或两者结合。设计时要认真对比、权衡，做出选择方案。

4. 能量回收利用

发酵工业是国民经济各部门中耗能的大户，因此工艺设计人员在考虑设计方案时应考虑将能量重新回收。特别是高能耗的产品，搞好能量回收，可以节约燃料、动力和投资。发酵企业的能量回收主要是热能的回收，如废蒸汽的利用。工艺流程中应考虑充分交叉换热（如热、冷流体之间的换热）以及废气和废热的利用。

在考虑回收利用时，一种措施的经济效果不可能用一个单项的指标来衡量，必须结合实际情况同时列出几个指标，表明不同经济意义的效果，如设备投资与操作费用间的比较，通过综合比较和分析，才能确定符合实际的回收方式。

5. 环境保护

发酵工艺设计人员要坚决贯彻执行防止污染、保护和改善环境与主体工程“同时设计、同时施工、同时投产”的方针。设计前期准备工作阶段，大中型建设项目应编制环境影响报告书。小型建设项目可按各级环保部门的规定做出环境影响报告书。在总体设计和初步设计中，必须包括环境保护这一部分。

在设计中还要考虑对生产过程中主要污染物排放监测手段的制定和厂区环境监测系统的设置。

6. 投资估算

根据工程所需的建筑面积大小、等级、数量，主要设备的规格、数量、价格，以及施工安装费用，不可预见费用等，估算出工程投资，汇编成表，并编写设计方案说明书，报有关部门审批，待批准后就可着手初步设计或扩大初步设计工作。

二、绘制工艺流程框图

生产工艺流程示意图有方框流程图和设备流程示意图两种。在可行性研究阶段，常用方框图来表示工艺流程示意图。它是为物料衡算、能量计算和部分设备计算服务的，可作为可行性研究阶段的资料而编入设计文件中。由于此时尚未进行定量的计算，因而它只需定性地标出物料由原料转变成产品的变化、流向顺序和生产中采用的各种化工过程及设备。

例如，图 3-1 所示的工艺流程框图是以方框或圆框、文字和带箭头线条的形式定性地表示出由原料变成产品的生产过程。

另一种是用设备图形表示的工艺流程草图，它也是在物料计算前设计的，只是定性地表示由原料转变为成品的来龙去脉。由于未进行物料计算，对于设备只能有个大致的轮廓。不要求正确的比例及相对的高低位置。其内容包括以下几方面。

（1）设备示意图，按设备大致几何形状画出，或用设备的原理图来表示。

（2）流程管线及流向箭头，包括全部管线和一部分辅助管线，如水、汽、压缩空气和真空管线等。

（3）文字注释，如设备名称、物料名称、来自何处、去向何处等。

工艺流程示意图由左至右展开，设备轮廓线用细实线，物料管线用粗实线，辅助管线用中实线画出。

工艺流程草图绘出之后，从草图上能看出应对哪些生产步骤的物料和组成进行计算，不至于发生遗漏和重复。物料计算完成后开始绘制工艺物料流程图。它为设计审查提供资料，并作为进一步设计的重要依据，它是以图形与表格相结合的形式来反应物料衡算结果的。

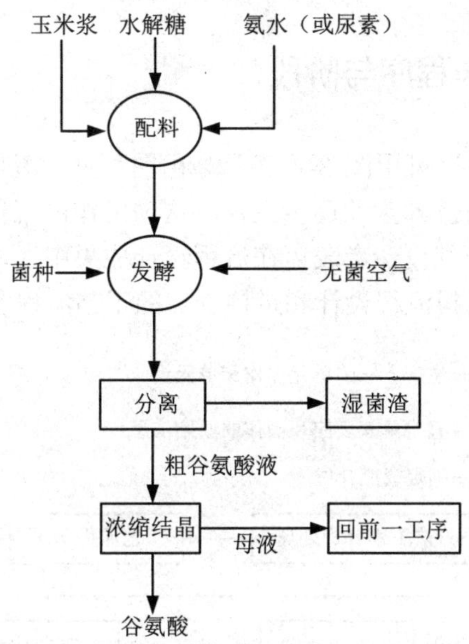

图 3-1　谷氨酸生产工艺流程框图

三、对选定的生产方法进行工程分析和处理

工艺流程设计包括以实验室研究成果扩大为生产规模和已工业化生产产品的项目设计两种。对研究成果选定生产方法的小试、中试工艺报告，或者对工厂实际生产工艺及操作控制数据进行工程分析，在确定产品方案（品种、规格、包装方式）、设计规模（年产量、年工作日、日工作班次、班生产量）及生产方法的情况下，按产品的生产工艺过程要求，分解成若干个单元反应、单元操作或若干个工序，并确定每个步骤的基本操作参数（又称为原始信息，如温度、压力、时间、进料速度、浓度、生产环境、洁净级别、人净物净措施要求、制剂加工、包装、单位生产能力、运行温度与压力、能耗等）和载能介质的技术规格。

在保持原始信息不变的情况下，从成本、收率、能耗、环保、安全及关键设备使用等方面，对提出的几种方案进行比较，从中确定最优方案。最优方案应该满足以下几点。

（1）各个工艺单元设备选型合理。

（2）以发酵设备为中心，匹配前后设备。

（3）保持主要设备的能力平衡，设备利用率高。

（4）工艺流程完善。

（5）有些产品生产应考虑全流程的弹性，有些原料有季节性，有些产品市场需求有波动，因此要通过调查研究和生产实践来确定生产流程的弹性。

初步设计流程图经过审查批准后，按照初步设计的审查意见进行修改完善，并在此基础上绘制施工图阶段的带控制点流程图。

四、工艺流程设计工作程序与阶段

上述流程设计的基本程序可用图 3-2 表示。由图可见，流程设计几乎贯穿整个工艺设计过程，由定性到定量、由浅入深、逐步完善。这项工作由流程设计者和其他专业设计人员共同完成，最后经工艺流程设计者表述在流程设计成果中。由此可以看出工艺流程设计分为方案草图设计、设备物料流程设计和带控制点的工艺流程图设计 3 个阶段。

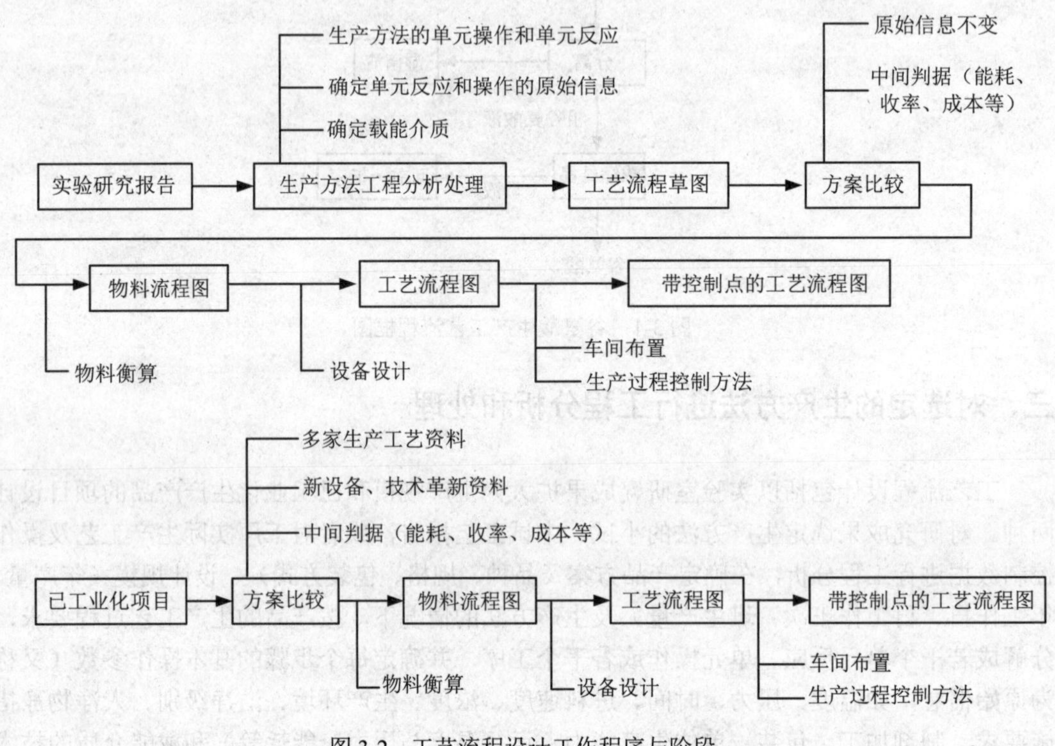

图 3-2　工艺流程设计工作程序与阶段

第二节　工艺流程设计

一、工艺流程设计的内容

工艺流程设计的内容包括以下几个方面。

（1）确定流程的组成。由原料到产品、副产品直至“三废”处理，都要经过若干个单元反应和单元操作，而这些单元反应和单元操作又是按一定的顺序连接起来的，确定这些单元反应和单元操作的具体内容及其顺序以及它们之间的相互连接，是流程设计的基本任务。

（2）确定载能介质的技术规格和流向。发酵生产中常用的载能介质有水蒸汽、水、压缩空气和真空等。在工艺流程设计中，要明确这些载能介质的种类、规格和流向。

(3) 确定生产控制方法。单元反应和单元操作应在一定的条件下进行（如温度、压力、进料速度、pH 值等），只有生产过程达到这些技术参数的要求，才能使生产按给定方法运行。因此，在流程设计中对需要控制的工艺参数应确定其检测点、检测仪表安装位置及其功能。

(4) 确定“三废”的治理方法。除了产品和副产品外，对全流程中所排出的“三废”要尽量综合利用。对于一些暂时无法回收利用的，则需进行妥善处理。

(5) 制定安全技术措施。对生产过程，特别是停水、停电、开车、停车以及检修等过程中可能存在的安全问题，应确定预防、预警及应急措施（如设置报警装置、事故储槽、防爆片、安全阀、泄水装置、水封、放空管、溢流管等）。

(6) 绘制工艺流程图。绘图时应做到全面反映产品的整个生产过程，确保无遗漏。

(7) 编写工艺操作方法。在设计说明书中应阐述从原料到产品的每一个过程的具体生产方法，包括原辅料及中间体的名称、规格、用量，工艺操作条件（如温度、时间、压力等），控制方法，设备名称等。

二、不同设计阶段工艺流程图的区别

工艺流程图设计是一个渐进过程，特别是对于大学生（初学者）更是如此，是一个由初版 PFD 图到 G 版 PID 图分版次逐版深化的过程。这一过程通常被分为初步设计和详细设计两个阶段，初步设计只完成 PFD 图、PID A 版、B 版、C 版和 D 版，详细设计阶段绘制 PID E 版、F 版和 G 版。下面就各版 PFD 图和 PID 图的区别论述如下。

初版 PFD 图：是由文字流程框图到设备图形表示的流程图的初版，表达各生产环节之间的宏观联系，反映在原料和产品给定的情况下，生产过程中所用设备的类型、数量，以及过程设计参数。可以不包括备用的设备，以及同一系统中的同一型号、同一规格且同一作用的设备。具体地说，凡是并联的相同设备，可以只绘制一台，其余的予以省略。它是工艺设计的初步设计阶段的开始，设备表达比较粗糙，结构较为简单，主物料线完整，辅助物料线不够完整。

中版 PFD 图：初版 PFD 图的设备主要按生产流程的顺序自左至右排列绘出，对设备间在高度方向上的相对位置，给予适当照顾，更符合习惯。但在中版 PFD 图设计阶段，对设备在图纸中的位置，除了要求按流程顺序排布外，在高度方向的位置上，要求较为严格。各层设备的位置，都应绘制在相应的层次上，并用标高符号标注各层次的标高，以说明设备在各层上的分布情况。中版 PFD 图还结合物料平衡表进行设备的物料平衡，设备的数量可能有所增减，初定的结构型式可能也有变动，而且涉及管道连接的具体化。工艺基本控制要求对各种物料输送泵或提升机进行选型和标注。

终版 PFD 图：是在中版 PFD 图的基础上进行反复修改得到的。中版 PFD 图中管道上的旁路系统，或是没有画出，或是画得较为简单。在管道标注上，只标初定的管径、壁厚尺寸。在终版 PFD 图设计时，与设备连接的所有管道，包括旁路系统和阀门，都要求表示清楚。管道标注上，要增加管道编号和工段号、设备号等详细内容。对主要和关键的设备进行详细的设计，对次要设备也要周密设计，所以，设备的表示比较清楚、详细，甚至用局部剖视画法。

PID A 版（初版）：是设计人员进行扩初设计的首版的带有控制点及仪表的工艺流程图。它是以 PFD 图的终版为基础，根据物料平衡表、设备工艺数据表及条件图、工艺操作要求的工作条件、说明和公用物料条件，提出 PID A 版（初版）。其中设备工艺数据表的内容包括设备容器接管表，发酵罐接管表，换热器接管表，设备标高及泵的净正吸入压头（NPSH）计算，确定机泵压差要求及泵数据表，设备设计压力，界区接点条件，以及进行管道水力计算，确定管道尺寸；并检查自动控制变量检测、控制、联锁系统的设置是否合理、可行，仪表功能代号是否准确。

PID B 版（内审版）：是设计人员的工程公司设计文件内部审核版。PID B 版是在 PID A 版发表后，根据工艺、土建、暖通、电气、自控专业审查意见进行修改和进一步计算后完善和补充的，以达到内部审查所规定的深度。这些计算和修改包括流量计算，确定流量及数据表；调节阀计算，确定调节阀尺寸及数据表；安全阀计算，确定安全阀尺寸及数据表；爆破板计算，确定爆破板尺寸和数据表；补齐所缺管道，标注所有管道尺寸及伴热和保温要求；标注管道等级及管道号，附管道命名表。在 PID A 版中，流程图对控制阀组旁路系统可以省略。而在 PID B 版中，对仪表，特别是其自控系统的表示却要求能较详细、准确地反映出实际情况，如流量计及其控制阀组旁路系统，液位计及其控制阀组和管件等，都要求表示得较清楚、详细，并要检查自动控制变量检测、控制、联锁系统的设置是否齐全，以及编制仪表回路位号。

PID C 版（用户版）：经过内部审查后，根据审查修改意见，将制造厂按询价书返回的订货资料、有关专业进行完善后的条件、供审批设备布置图和管道壁厚表进行修改后提供给用户审查。审查时要核对控制阀和流量计的计算结果，如控制阀的流通能力 CV 值（流通系数）、阀的尺寸；孔板流量计的压差范围（量程）以及刻度流量范围，并以此表作为自控专业选择控制阀和流量计的依据。

PID D 版（确认版）：在对 PID C 版进行审查的基础上，与用户统一意见后，由工艺、暖通、电气、自控专业修改条件完成。它是工程基础设计阶段的最终成品。PID D 版在 PID C 版的基础上增加了特殊数据表，特殊阀门、过滤器、消音器，管道、设备保温（冷）类型及厚度，评定和确认与工艺系统有关的设备、管件、阀门等制造厂商的图纸和资料，以及较完整的管道命名表。

施工图设计阶段（工程详细设计阶段）完成 PID E 版、PID F 版、PID 施工版（G 版）。

PID E 版（详 1 版）：根据管道专业进行平面管道设计返回的意见、制造厂商返回的成品版设计图纸（简称 ACF 图，供设计审查用）修改意见、流量计和调节阀等制造厂商数据表、成品版设备布置图以及设备标高 NPSH 进行修改后发表的平面版本 PID。

PID F 版（详 2 版）：根据管道专业进行成品管道设计返回的意见、制造厂商返回的施工版设计图纸（简称 CF 图，最终图）、施工版设备布置图、最终的设备标高 NPSH、泵的 NPSH 最终版等进行修改后发表的文件。

PID G 版（施工版）：根据管道空视图及最终的界区条件，发表工艺系统专业在工程详细设计阶段的最后一个能满足施工要求的 PID 施工图。它包括施工版管道命名表、图纸索引及规定、最终冷却水平衡、最终蒸汽平衡。至此，工程详细设计阶段结束。

综上，3 个阶段的 PFD 和 7 个阶段的 PID 是从各个设计阶段将一个工艺流程从原则流程到实际操作流程的演进过程。某些工程项目，当不进行 PID 用户审查或者设备订货修改量较少时，PID 可不必绘制 7 个版本。对改建或扩建项目，对已有工艺流程进行修改式设计或工艺流程及控制方案没有大的变化的项目，PFD 可减少成 1 版，PID 可减少成 3 版。

近年来，工艺流程设计的计算机辅助设计软件的应用日渐增多。PFD 图可以在软件的 PID 模块中进行，比如 Auto Plant 3D 将化工常规设备中的 254 个“图形”模块化，划分为“管件、阀门、储罐、塔器、封头、仪表、换热器、搅拌器、除尘器、传动结构、管道特殊件、管道符号、几何图形”13 个组库，基本囊括了化学工艺流程绘制过程中所需要的全部图形元件，可方便地按照化学原理对各种单元操作进行组合、拆分、放大、缩小，绘制出所需要的各种化工工艺流程图。该软件的图库是可开发式的，还可以将生物工程中的特有的设备定制到图库中，方便使用。

在绘制过程中只需选择自己需要的图形元件，通过鼠标的拖拉就可以完成，操作简单，易学易用，形象逼真，图文并茂，比例恰当，操作方便，为生物工程工作者提供一种所见即所得的工艺流程的表达方式，为图文混排提供了可能。所有工程图纸和设计报告都直接从 1∶1 比例的计算机模型中生成。Auto Plant 3D 结合强大的数据库与先进的图形处理功能，可处理任意规模和复杂的工程项目及大量设计数据，PID 图与设备布置和配管图（3D）数据库共享，其全彩色实体设计环境和实时动态碰撞干扰检查功能为工程界提供了优秀的 CAD 工具。

Aspen 工程套件（AES，Aspen engineering suite）是工厂设计的重要软件和集成的工程产品套件（有几十种产品，大多数为化学和石油工业、炼油、油气加工等领域中的工艺过程进行计算机模拟的应用软件，其中生物工程中可用性较强的是 Aspen Plus）。Aspen Plus 是一个举世公认的生产装置设计、稳态模拟和优化的大型通用新型第三代流程模拟软件系统。该软件内置了功能强大的标准物性数据库，加上电解质共约 2000 种纯物质可以使用，可以在计算机上建立与现场装置吻合的数据模型，并通过运算模拟装置的稳态或动态运行，为工艺开发、工程设计以及优化操作提供理论指导。在实际应用中，Aspen Plus 流程模拟的优越性包括进行工艺过程的质量和能量平衡计算；预测物流的流率、组成和性质；预测操作条件、设备尺寸；缩短装置设计时间，允许设计者快速地测试各种装置的配置方案；帮助改进当前工艺；在给定的限制内优化工艺条件；辅助确定一个工艺约束部位（消除瓶颈）。

下面就工艺流程图的主要设计步骤分别做详细介绍。

三、工艺物料流程图（PFD 图）的绘制

确定最优方案后，就可以绘制设备工艺流程图了。首先是初版 PFD 图，设备工艺流程图是以设备的外形、设备的名称、设备间的相对位置、物料流线及文字的形式定性地表示出由原料变成产品的生产过程。图 3-3 为玉米干法脱胚的设备工艺流程图，它是进行物料衡算、能量衡算、设备的选型和设计并绘制工艺物料流程图的基础。

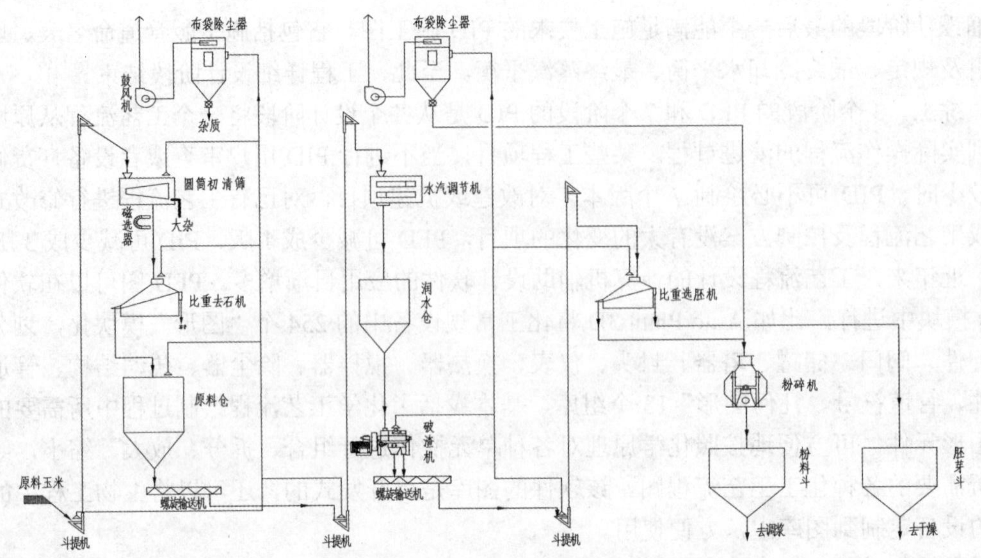

图 3-3　玉米干法脱胚的设备工艺流程图（初版 PFD 图）

由文字流程变成设备流程时要特别注意设备的选型，如泵的选型、气体输送设备选型、固体输送设备选型、破碎筛分设备选型、发酵罐的选型、过滤机的选型、膜分离设备选型、萃取设备选型、离子交换设备的选型、热交换设备的选型、蒸发浓缩设备的设计选型、精馏设备的选型、结晶设备的选型、干燥设备的选型等。对于初学者来说，只按各类设备的选型原则去对设备进行选型不够，实践经验很重要，工厂实习要看、问、记，积累当前生产过程中物料特性与设备选型方面的经验。设备选好后就用合适的图例表示该工艺中各单元操作的主要设备。相同作用且规格雷同的设备只要画出一台即可。设备之间用带有流向的箭头连接起来表示主要物流通过的工艺过程或进行循环的途径，如图 3-3 所示。

中版 PFD 图是在初版 PFD 图的基础上添加了产品生产工艺过程的主要信息，以这些信息来核对、修改初版 PFD 图。这些信息主要是设备操作前提（温度、压力、流量等）、物料衡算（各个物流点的性质、流量、操作条件等都在物流表中表示出来）、热量衡算（热负荷等）、非标设备的设计计算（设备的形状尺寸、传热面积、流量等）等。在初版 PFD 图上适当的节点处标出物流按质量、物质的量或容积为基础的流量，重要的物理参数（T，P，ρ，μ 等）都应当在必要处标注出来。淀粉液化糖化车间的中版 PFD 图如图 3-4 所示。

要使 PFD 图的设计具备先进水平，使产品具备市场竞争能力，在进行流程设计时就要注意流程的可行性，使每一股物流都有合理的去处，尽量做到物尽其用。另外，要特别注意热量的综合利用，要考虑把物料升温和降温及蒸汽冷凝液都尽量利用起来，这就需要应用“能量综合设计”的技术。此外，还要确定环保的设计原则和排出物的基本原则，进行安全分析（process safety review）（或称为风险评价，risk assessment）等。

对工艺有特殊要求的设备内部构件应予表示。例如，板式塔应画出有物料进出的塔板位置及自下往上数的塔板总数；容器应画出内部挡板及破沫网的位置。

流程中只画与生产流程有关的主要设备，不画辅助设备及备用设备。对作用相同的并联或串联的同类设备，一般只表示其中的一台（或一组），而不必将全部设备同时画出。

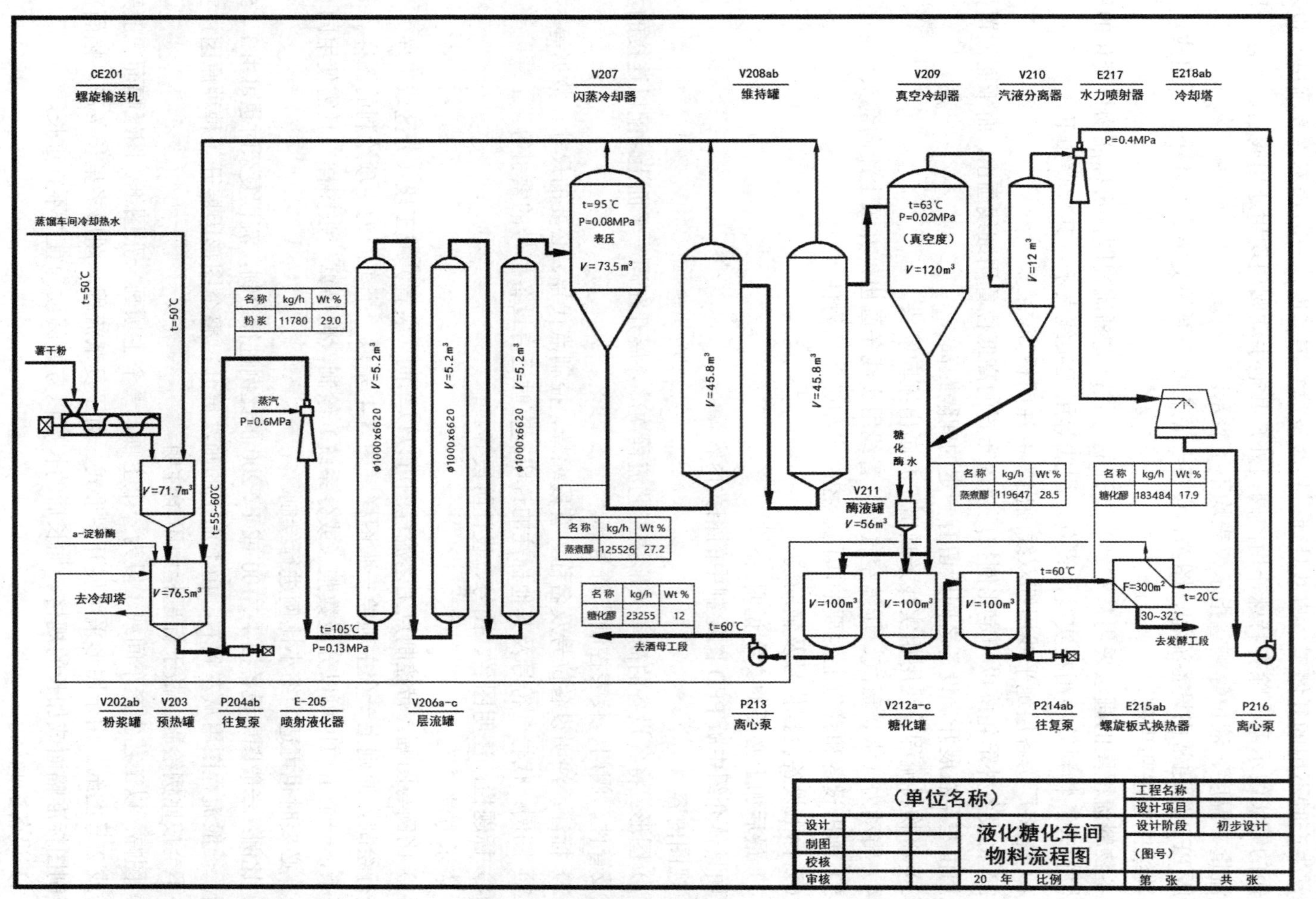

图3-4　淀粉液化糖化车间的工艺物料流程图（中版PFD图）

正常生产时不用的开停工、事故处理、扫线及放空等管道，一般均不需要画出，也不需要用短的细实线示意。除有特殊作用的阀门外，其他手动阀门均用通用阀门表示。一般压力、流量、温度、液位等测量指示仪表均不予表示。

中版 PFD 图通常由设备流程、图例、设备一览表和必要的文字说明 4 个部分组成。下面介绍其绘图方法和步骤。

设备物料流程图的画法采用从左到右展开的方式，先画流程图，再标注物料变化的引线，列物料表。物料管线用粗实线，设备、引线等用细实线表示，其步骤如下。

（1）先将厂房各层地平线用细双线画出，并注明标高。

（2）将设备外形轮廓以一定比例按厂房内布置的高低位置用细线画出，而平面位置按流程采用由左至右展开，设备之间应留有一定的间隔距离。

（3）将物料流程管线用粗实线条画出，并画出流向箭头。

（4）将动力（水、蒸汽、压缩空气等）管线用实线条画出，并画上流向箭头。

（5）画出设备和管道上主要的阀门、控制点和必要的附件。

（6）标上设备流程位号及辅助线。

（7）最后加上必要的文字说明。

下面具体介绍中版 PFD 图绘制中的相关内容。

1. 视图内容

（1）图形：将各设备的简单外形按工艺流程次序，展开在同一平面上，配以连接的主辅管线及管件、阀门、仪表控制点符号等。

（2）标注：注明设备位号及名称、管段编号、控制点代号、必要的尺寸、数据等。

（3）图例：代号、符号及其他标注的说明，有时还有设备位号的索引等。

（4）标题栏：注明图名、图号、设计阶段等。

2. 表示方法

（1）比例与图幅。带控制点工艺流程图可以以车间（装置）或工段（分区或工序）为主项进行绘制，原则上一个主项绘一张图样。图 3-4 是以一个车间为主项绘制的图样。若流程复杂，一个主项也可以分成数张（或分系统）绘制，但仍算一张图样，且需使用同一个图号；必要时也可适当缩小比例进行绘制。

① 比例：一般图中设备按 1∶100 或 1∶200 的比例进行绘制，流程复杂时也可用 1∶50 的比例。一般流程图用从左到右、由上而下的画法展开，整个图形因展开等种种原因，实际上并不全按比例绘制，故于标题栏中不予注明。

② 图幅：以工艺生产车间或工段为一个主项，一个主项画一张图纸。图纸幅面一般采用 1 号或 2 号图纸。由于图形采用展开图形式，对于复杂流程，图形多呈长条形，幅面采用机械制图标准幅面或加长的规格，加长后的长度以方便阅读为宜，不宜过长。

（2）设备的画法。

① 常用设备的图形：常用设备的图形应采用国标或国际通用（PIP、ISO、ISA、DIN、JIS-ISO）规定的类别图形符号和文字代号（见表 3-1），表现工艺过程的全部设备和驱动机，包含需就位的备用设备和出产用的挪动式设备。设备的外形应按一定的比例绘制，并

进行编号和标注。这些常用设备可建成常用图形库，通常用 Auto CAD 画出各种生物工程设备图样，并分类存放，最好将所有图形都制作成块文件，并以设备名称加型号进行命名，方便搜索调用。常用图形库不必自己建，可使用网上的标准常用图形库，也可以用自带流程图图库的设计软件画图。例如 Auto Plant 3D 就自带流程图图库，可以将 Auto CAD 设备图块定制到 Auto Plant 3D 流程图图库中，用扩充的流程图图库作图方便快捷。

表 3-1　管道及仪表流程图上的设备、机器图例

设备类别	代号	图例
风机和空压机 Compressor	C	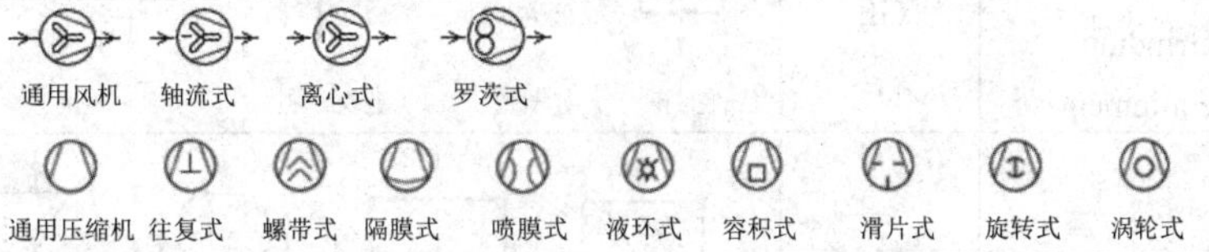 通用风机　轴流式　离心式　罗茨式 通用压缩机　往复式　螺带式　隔膜式　喷膜式　液环式　容积式　滑片式　旋转式　涡轮式
除尘设备 Dedusting apparatus	DA	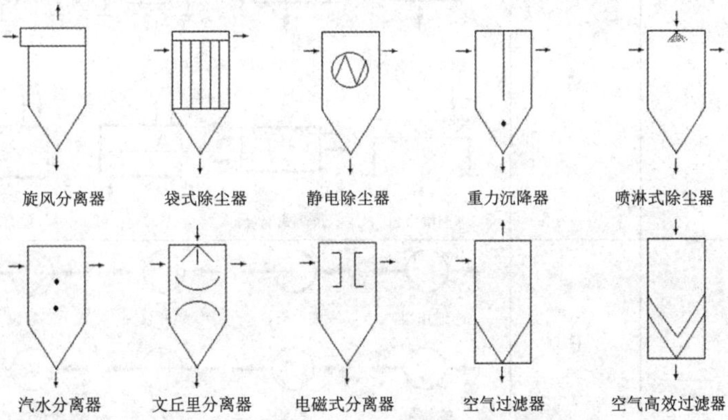 旋风分离器　袋式除尘器　静电除尘器　重力沉降器　喷淋式除尘器 汽水分离器　文丘里分离器　电磁式分离器　空气过滤器　空气高效过滤器
输送设备 Conveying equipment	CE	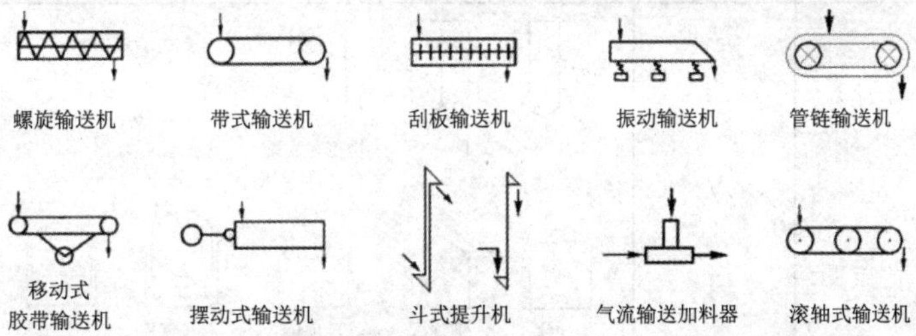 螺旋输送机　带式输送机　刮板输送机　振动输送机　管链输送机 移动式胶带输送机　摆动式输送机　斗式提升机　气流输送加料器　滚轴式输送机
清理设备 Impurity	I	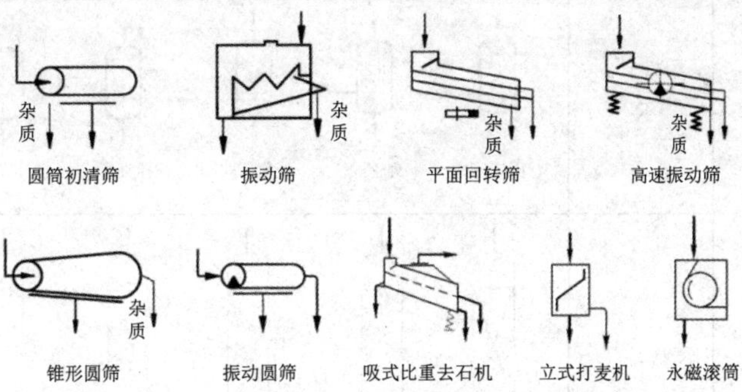 杂质　杂质　杂质　杂质 圆筒初清筛　振动筛　平面回转筛　高速振动筛 杂质 锥形圆筛　振动圆筛　吸式比重去石机　立式打麦机　永磁滚筒

续表

设备类别	代号	图例
粉碎设备 Grinder	G	锤式粉碎机　爪式粉碎机　盘式磨粉机　齿辊磨粉机　光辊磨粉机　锥式磨粉机　球磨机
打浆与磨浆设备 Grinding equipment	GE	脱胚磨　针磨　胶辊磨泥机　离心打泥机　胶体磨　均质机
混合机 Mixer	M	螺带式混合机　桨叶式混合机　转鼓式混合机　锥形混合机　立式螺旋混合机 V型混合机　滚筒式混合机　犁刀式混合机　捏合机　混合挤压机
泵 Pump	P	通用泵　离心泵　螺杆泵　隔膜泵　齿轮泵　旋转式活塞泵 螺旋泵　容积泵　往复泵　流环式真空泵　液体喷射泵　电磁泵
容器 Volume	V	方形仓　圆形仓　锥形封头罐　蝶形封头罐　球罐　池、槽、坑（地下、半地下）　敞口容器 平顶罐　锥顶罐　浮顶罐　湿式气柜　干式气柜　圆筒　气体钢瓶　袋子
反应器 Reactor	R	固定床式　列管式　流化床式　搅拌夹套式　搅拌夹套式　搅拌盘管式　开式搅拌夹套内盘管式
塔 Tower	T	填料塔　筛板塔　浮阀塔　泡罩塔　喷洒塔　格栅板塔

续表

设备类别	代号	图例
换热设备 Energy exchange	E	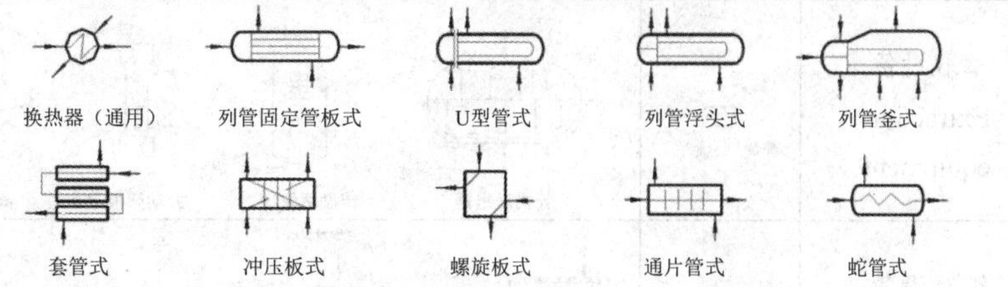 换热器（通用） 列管固定管板式 U型管式 列管浮头式 列管釜式 套管式 冲压板式 螺旋板式 通片管式 蛇管式
蒸发设备 Evaporation apparatus	EA	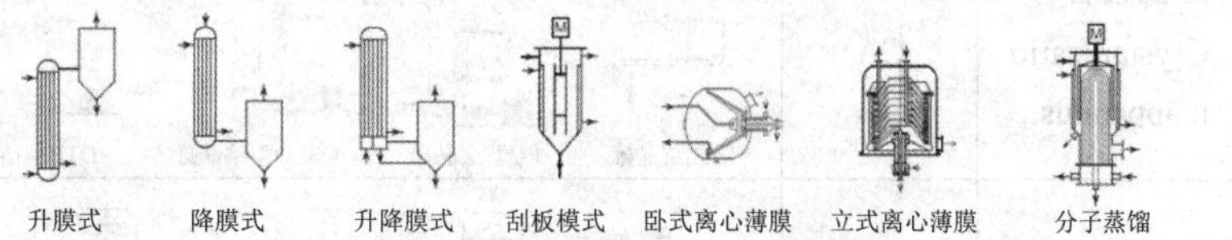 升膜式 降膜式 升降膜式 刮板模式 卧式离心薄膜 立式离心薄膜 分子蒸馏
离子交换设备 Ion exchange apparatus	IA	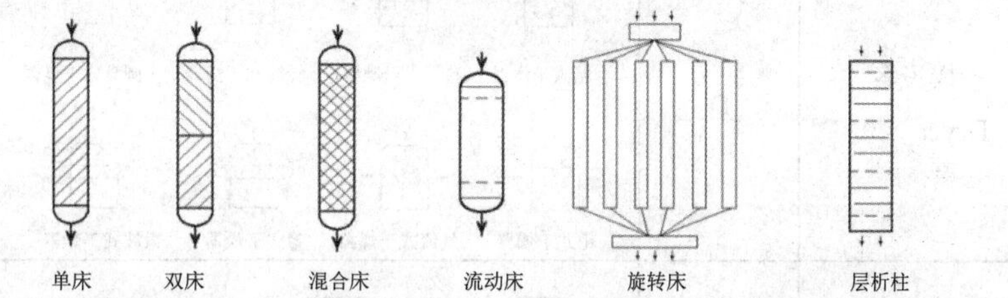 单床 双床 混合床 流动床 旋转床 层析柱
过滤设备 Filtration apparatus	FA	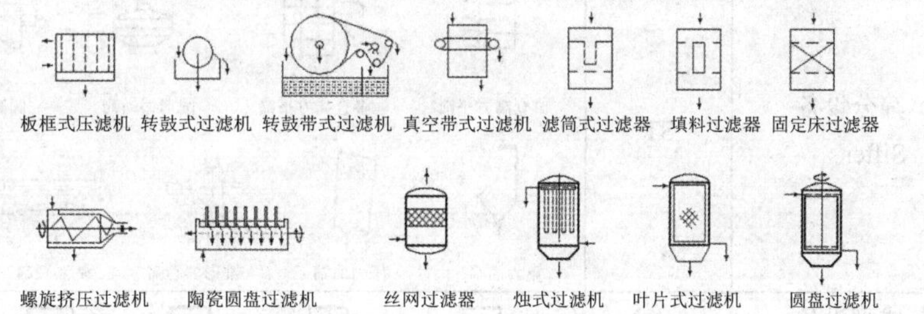 板框式压滤机 转鼓式过滤机 转鼓带式过滤机 真空带式过滤机 滤筒式过滤器 填料过滤器 固定床过滤器 螺旋挤压过滤机 陶瓷圆盘过滤机 丝网过滤器 烛式过滤机 叶片式过滤机 圆盘过滤机
膜分离设备 Membrane separation apparatus	MS	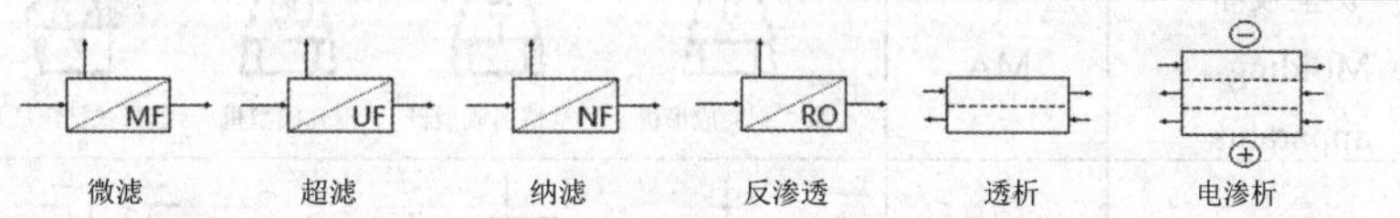 MF 微滤 UF 超滤 NF 纳滤 RO 反渗透 透析 电渗析
离心分离机 Centrifugal separator	CS	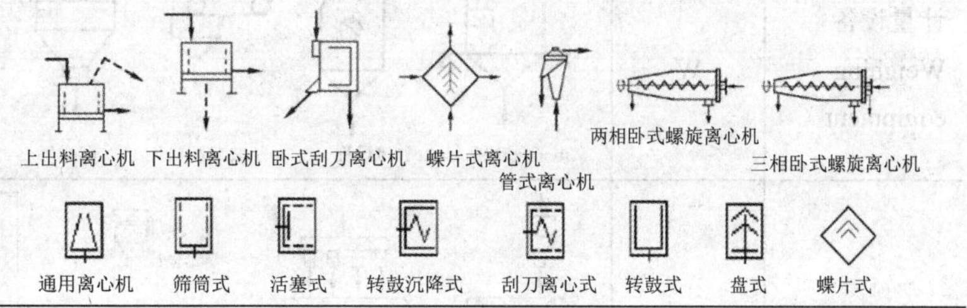 上出料离心机 下出料离心机 卧式刮刀离心机 蝶片式离心机 管式离心机 两相卧式螺旋离心机 三相卧式螺旋离心机 通用离心机 筛筒式 活塞式 转鼓沉降式 刮刀离心式 转鼓式 盘式 蝶片式
萃取设备 Extraction equipment	EE	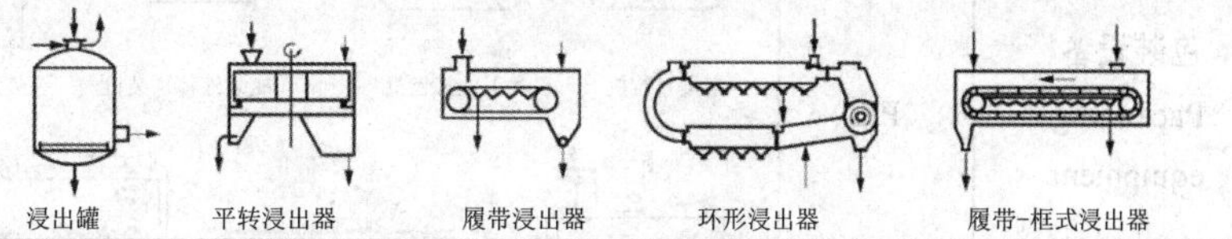 浸出罐 平转浸出器 履带浸出器 环形浸出器 履带-框式浸出器

续表

设备类别	代号	图例
萃取设备 Extraction equipment	EE	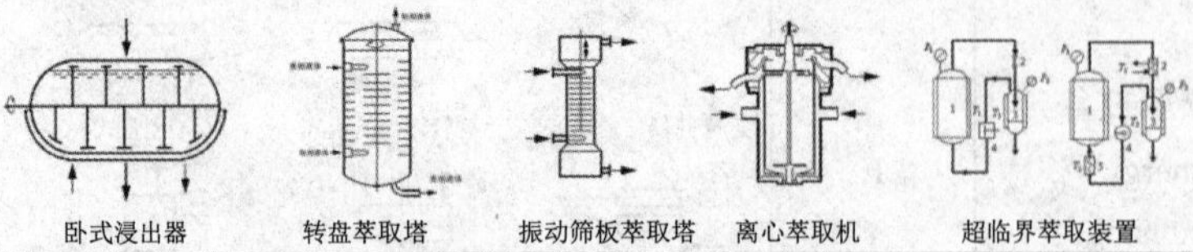 卧式浸出器　转盘萃取塔　振动筛板萃取塔　离心萃取机　超临界萃取装置
结晶设备 Crystallization apparatus	CA	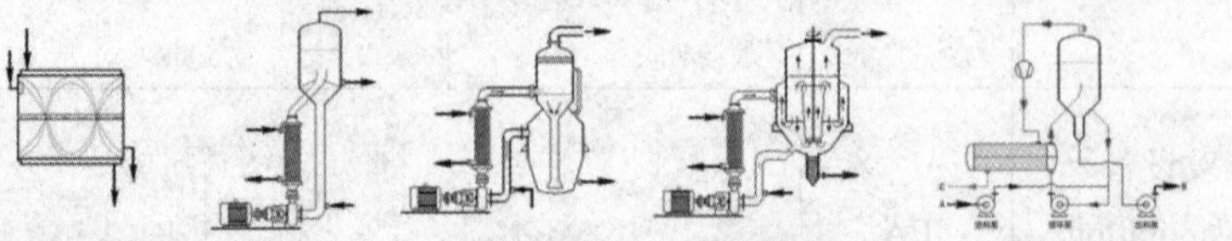 卧式结晶罐　PC型结晶罐　OSLO型结晶罐　DTB型结晶罐　MVR型蒸发结晶罐
干燥设备 Dryer	D	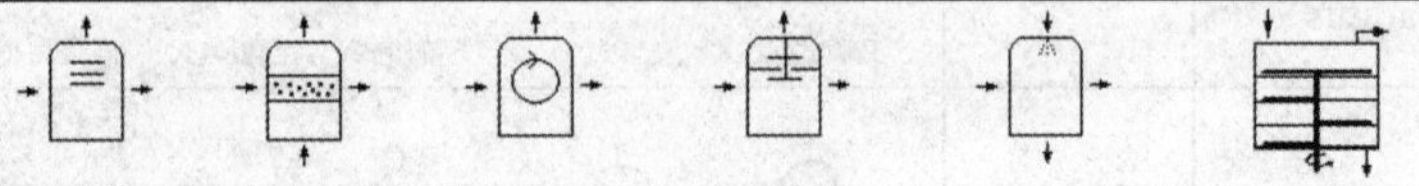 箱式干燥器　沸腾式干燥器　转筒式干燥器　圆盘式干燥器　喷雾式干燥器　转盘式干燥机 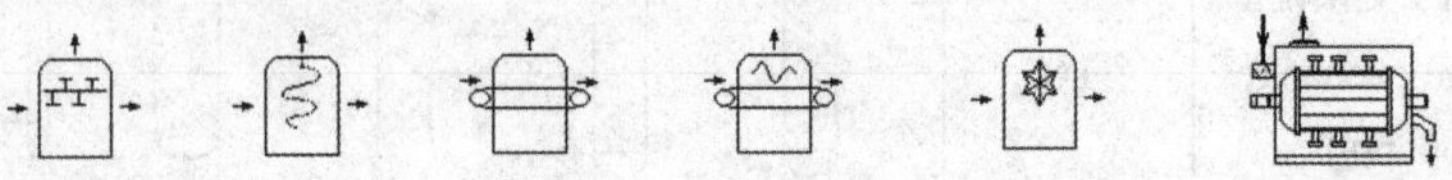 耙式干燥器　气流式干燥器　带式干燥器　微波式干燥器　冷冻式干燥器　管束式干燥机
筛分设备 Sifter	ST	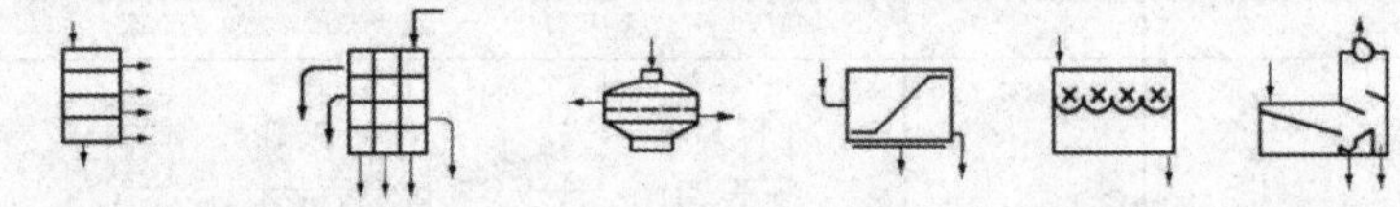 单仓高方平筛　多仓高方平筛　圆形振动筛　圆筒打筛　多联打筛　吸风平筛 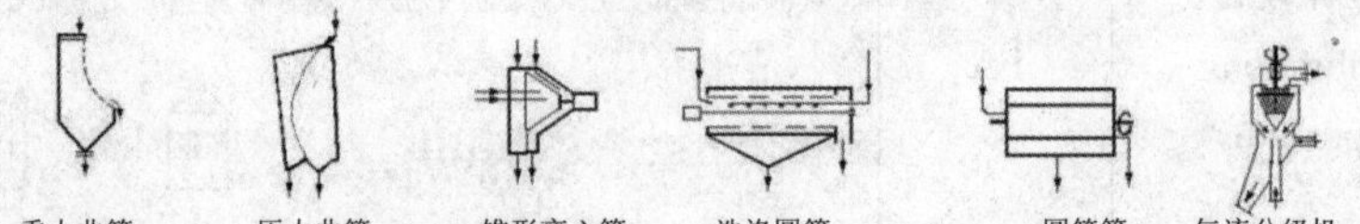 重力曲筛　压力曲筛　锥形离心筛　洗涤圆筛　圆筒筛　气流分级机
成型设备 Molding apparatus	MA	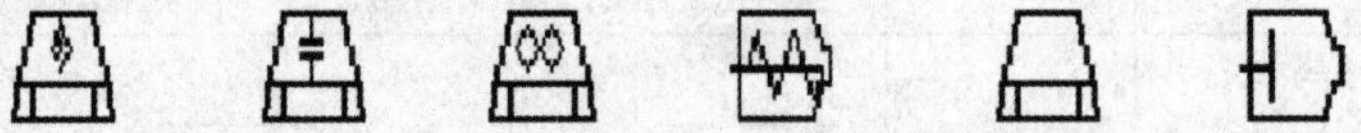 盘式制粒成形机　活塞挤出成型机　辊轧成型机　螺带式挤出成形机　通用粗化成形机　挤压成形机
计量设备 Weighing equipment	W	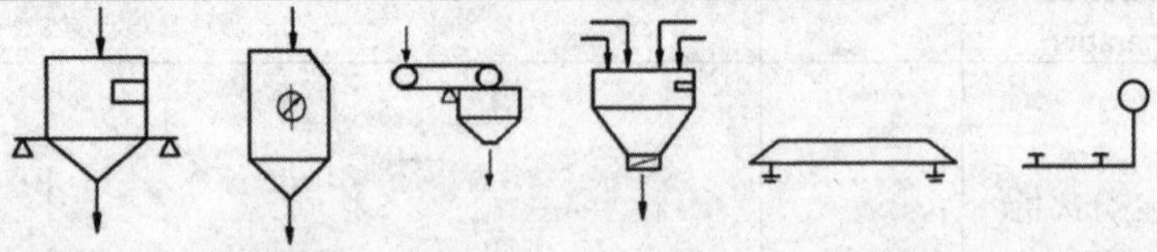 电子自动秤　流量秤　皮带配料秤　配料秤　汽车衡　轨道衡
包装设备 Packaging equipment	PK	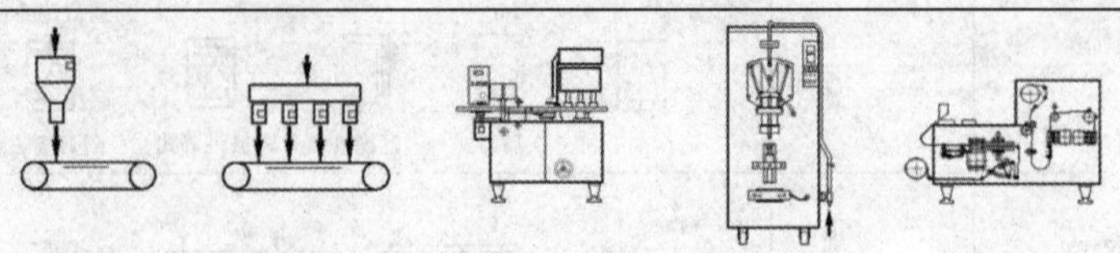 定量包装机　多工位打包机　瓶装液体罐装机　袋装液体罐装机　泡罩包装机 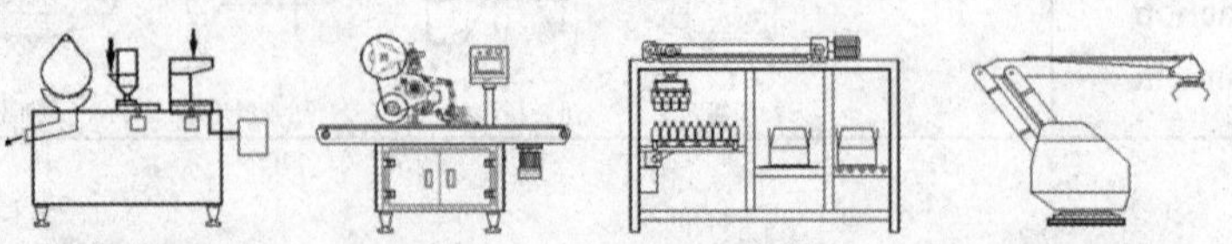 胶囊填充机　贴标机　装箱机　码垛机

续表

设备类别	代　号	图　例
起重运输设备 Lifting apparatus	LA	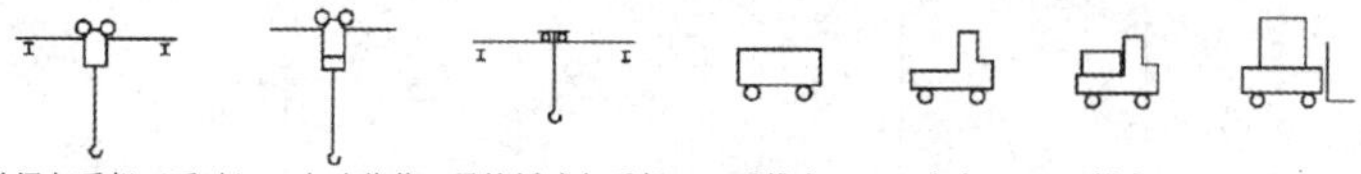 单梁起重机（手动）　电动葫芦　吊钩桥式起重机　手推车　卡车　槽车　叉车
水冷和风冷设备 Water-cooler and air-cooler	WC AC	通用冷却塔　自然通风湿式冷却塔　吸风湿式冷却塔　强制通风湿式冷却塔 自然通风干式冷却塔　吸风干式冷却塔　强制通风干式冷却塔　自然通风湿干式冷却塔
厌氧发酵罐 Anaerobic Fermentor	F	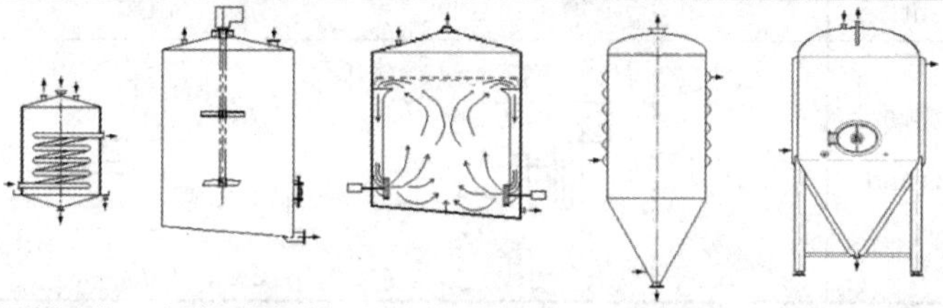 酒母发酵罐　上搅拌酒精发酵罐　侧搅拌酒精发酵罐　啤酒发酵罐　葡萄酒发酵罐
好氧发酵罐 Aerobic Fermentor	F	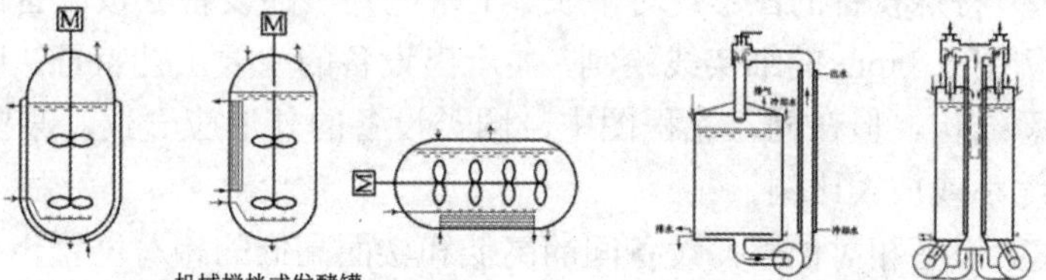 机械搅拌式发酵罐（图例仅供参考，搅拌桨叶类型应按具体画出）　自吸式发酵罐 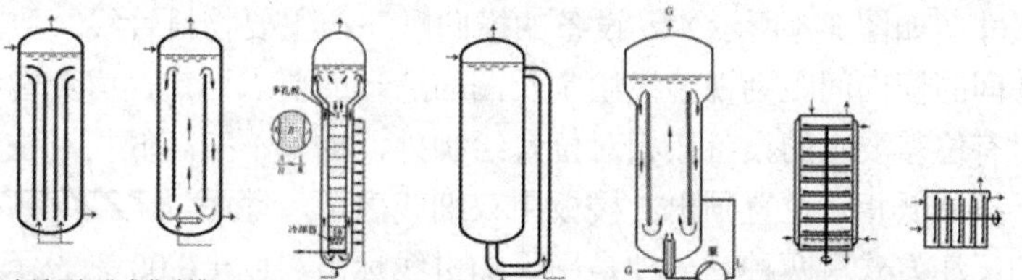 内循环气升式发酵罐　筛板塔气升式发酵罐　外循环气升式发酵罐　立式固态发酵罐　卧式固态发酵罐
废水处理设备 1 Waste water treatment equipment	WW	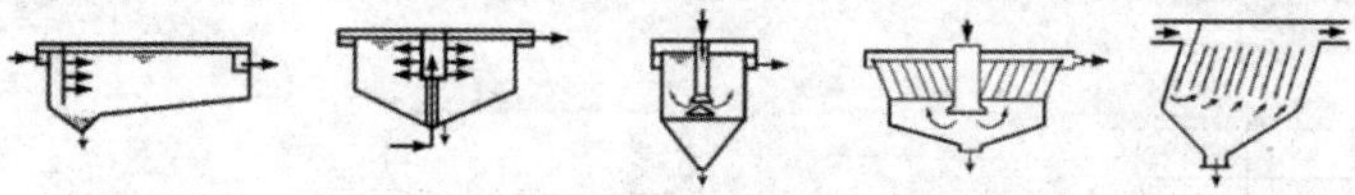 平流式沉淀池　辐射式沉淀池　竖流式沉淀池　斜板式沉淀池　斜管式沉淀池
废水处理设备 2（好氧）	WW	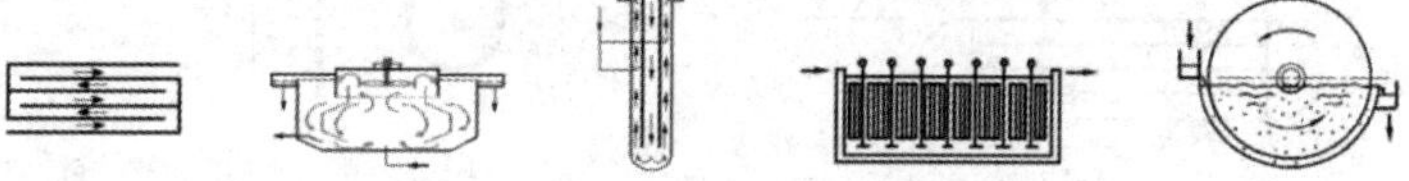 推流式曝气池　混合式曝气池　深井式曝气池　填料接触式氧化池　转盘式氧化池

续表

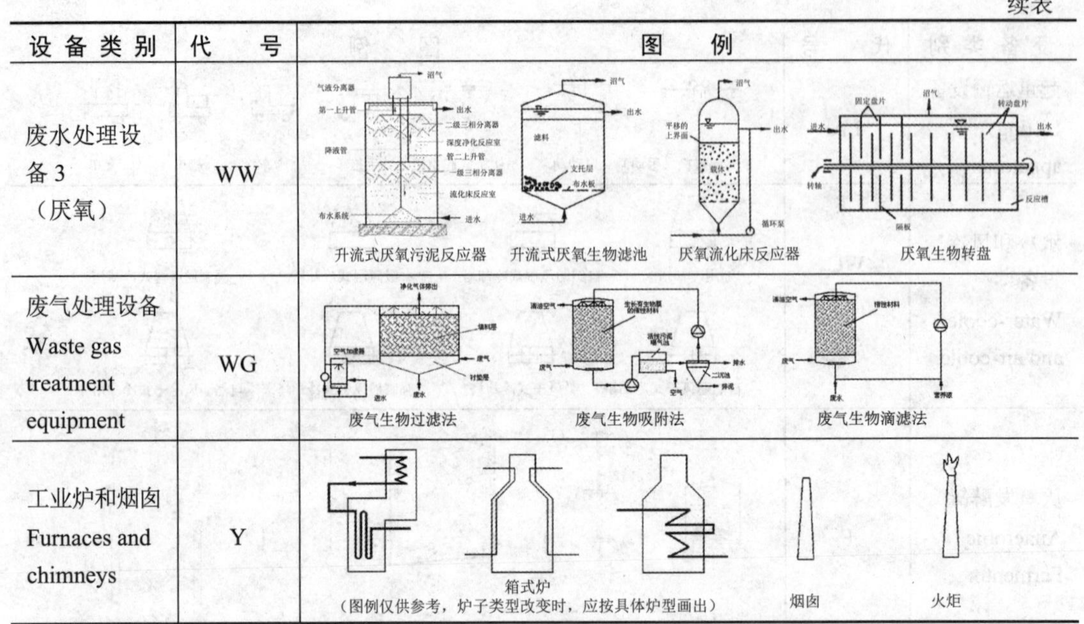

设备类别	代　号	图　例
废水处理设备 3（厌氧）	WW	升流式厌氧污泥反应器　升流式厌氧生物滤池　厌氧流化床反应器　厌氧生物转盘
废气处理设备 Waste gas treatment equipment	WG	废气生物过滤法　废气生物吸附法　废气生物滴滤法
工业炉和烟囱 Furnaces and chimneys	Y	箱式炉（图例仅供参考，炉子类型改变时，应按具体炉型画出）　烟囱　火炬

② 特殊设备的图形：对于表 3-1 未能列出的设备应按设备的工作原理或外形简化，并按比例用 0.3 mm 的细实线绘制，显示出设备的主要工艺特征，也可画出具有工艺特征的内件示意结构，但在同一流程图中，同类设备的外形应一致，某些过大或过小的设备图，可适当缩小或放大比例。

③ 设备相对位置：设备间的高低和楼面高低的相对位置，一般按比例绘制。低于地面的，也要相应画在地平线以下，尽可能符合实际安装情况。有位差要求的设备，需注明其限定尺寸（如图 3-5 所示）。设备的横向顺序与主要物料管线一致，勿使管线曲折往返过多。设备间的横向间距则视管线绘制及图面清晰的要求而定，避免管线过长或过密。目前国内除了对有位差要求的设备按相对位置绘制外，也有不按高低相对位置绘制的情况。国外则大部分不按高低相对位置画出。楼板用双细线表示，地面以 ⁄⁄⁄⁄⁄⁄ 表示，并应标注标高。标高的标注方式有两种，一种是用▽加引线标出，以±0.00 米表示，地面上为+，地面下为-，保留小数点后两位数。另一种是用标高的英文缩写加米数来表示，例如“EL+5.20”即以地面为 0，高出地面 5.20 米。有的施工图还标注设备外接管口法兰或设备的安装高度。

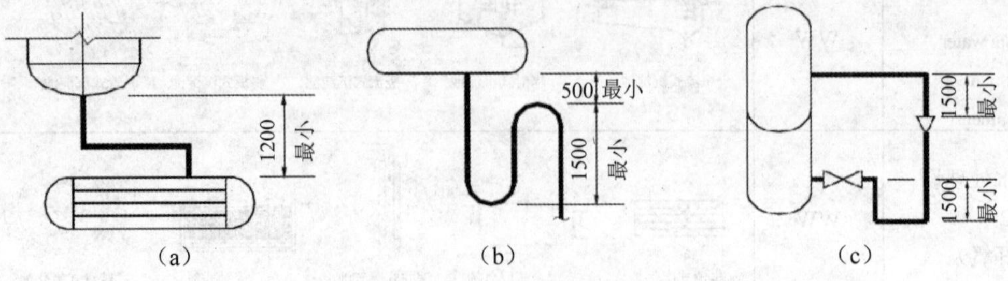

图 3-5　有位差要求的设备限定尺寸标注

④ 成套设备：对成套供应的设备（如气流干燥机组、冷冻机组、压缩机组等），要用点画线画出成套供应范围的框线，并加标注。通常在此范围内的所有从属设备位号后都要带后缀“X”以示这部分设备随主机供应，不需另外订货；但有保温层或伴热管的设备应在图中表示（如图 3-6 所示）。

⑤ 相同系统（或设备）的处理：两个或两个以上相同的系统（或设备），一般应全部画出，但也有只画出一套者（例如发酵罐罐数较多时，可只画出一套）。只画出一套时，被省略部分的系统（或设备），则需用双点画线绘出矩形表示。框内注明设备的位号、名称，并绘出引至该套系统（或设备）的一套支管，如图 3-7 所示。

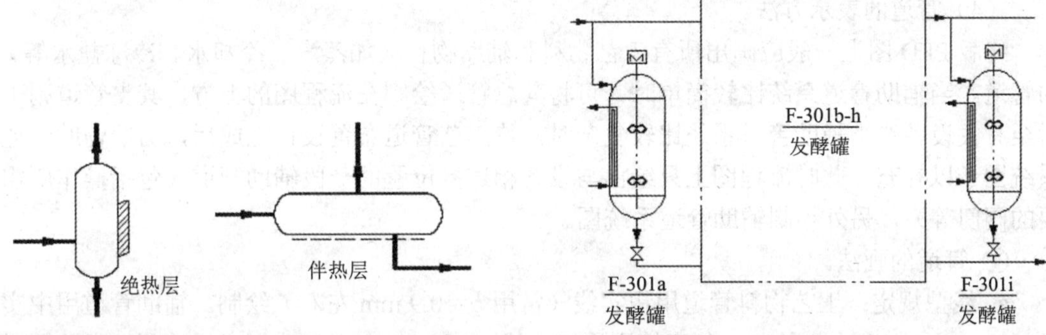

图 3-6 有保温层或伴热管的设备表示方法　　图 3-7 相同设备的表示方法

（3）设备的标注。

① 标注内容：设备在图上应标注位号和名称。设备位号在整个车间（装置）内不得重复。施工图设计与初步设计中的编号应一致。如果施工图设计中设备有增减，则位号应按顺序补充或取消（即保留空号）。设备名称也应前后一致。

② 标注方式：设备的位号、名称一般标注在相应设备的图形上方或下方，即在图纸的上端及下端两处，各设备在横向之间的标注方式应基本排成一行，如图 3-4 所示。在图纸同一高度方向出现两个设备图形时，将偏上方的设备标注在图纸上端。若在同一高度方向出现两个以上设备图形时，则可按设备的相对位置在下方设备标注放在这一设备标注的下方。有些图样，其设备位号仍用指引线引出，注在设备图的空白处。对于扩建、改建项目，项目原有设备用 0.1 mm，并用文字注明。

设备的标注方式，如图 3-8、图 3-9、图 3-10 所示。图 3-8 中水平线上方的“P-201a”为设备位号，设备位号可由设备分类代号、工段（分区）序号、设备序号等组成。设备分类代号一般规定见表 3-1。同位号的设备在位号的尾端加注“a”“b”“c”等字样以表示区别。如数量不止一台而仅画出一台时，则在位号中应予注全，如“225a-c”即表示设备共有 3 台，如图 3-6 所示。

为便于理解工艺流程，容器、塔、换热器等设备和管道的放空、洗涤水去向必须注明，如排放到大气、泄压系统、干气系统、湿气系统及废气处理系统；若排往下水道，要分别注明排往生活污水、雨水、含油污水系统及废水处理系统。

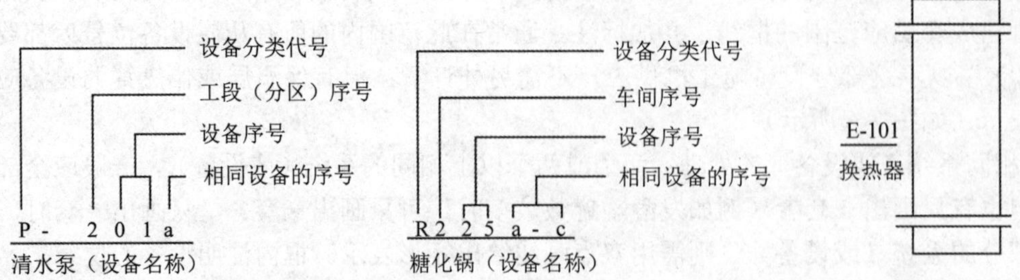

图 3-8 设备的标注方法（一） 图 3-9 设备的标注方法（二） 图 3-10 设备的标注方法（三）

（4）管道的表示方法。

终版 PFD 图上一般应画出所有工艺物料和辅助物料（如蒸汽、冷却水、冷冻盐水等）的管道。当辅助管道系统比较简单时，可将其总管道绘制在流程图的上方，其支管道则下引至有关设备。当辅助管道系统比较复杂时，待工艺管道布置设计完成后，另绘辅助管道系统图予以补充，此时流程图上只绘出与设备相连接位置的一段辅助管道（包括操作所需要的阀门等），另外绘制辅助管道系统图。

① 管道的画法。

a. 线型规定：工艺物料管道用粗实线（常用 b=0.9 mm 左右）绘制。辅助管道用中实线（b=0.6 mm 左右）绘制，仪表管则用细虚线（0.3 mm 左右）或细实线绘制。有些图样上，保温、伴热等管道除了按规定线型画出外，还示意画出一小段（约 10 mm）保温层。有关各种常用管道的规定线型号，可参见图 3-11。

b. 交叉与转弯：绘制管道时，应尽量注意避免穿过设备或使管道交叉，不能避免时，应将横向的管道断开一段，即管道交叉时应横断竖不断，如图 3-12 所示。管道要尽量画成水平或垂直，不用斜线。若斜线不可避免时，应只画出一小段，以保持图面整齐。图上管道转弯处，一般应画成直角而不是圆弧形。

c. 放气口、排液管及液封管：管道上的取样口、放气口、排液管、液封管等应全部画出。放气口应画在管道的上边，排液管则绘于管道下侧，U 型液封管尽可能按实际比例长度表示，如图 3-13 所示。

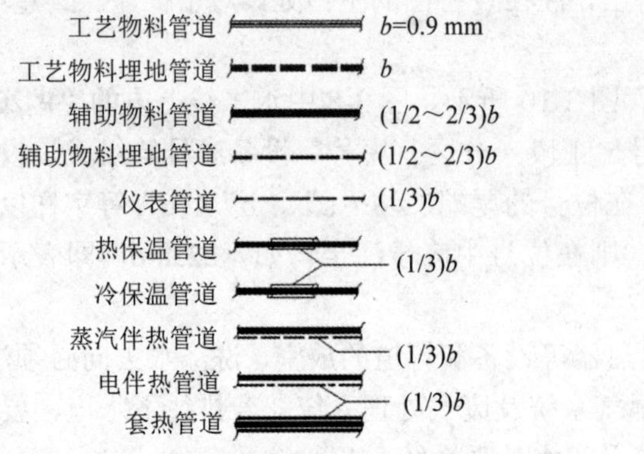

图 3-11 各种常用管道的规定线型

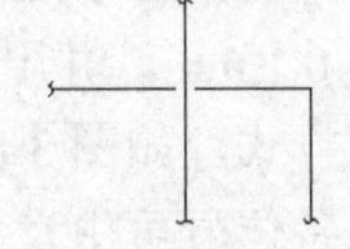

图 3-12 交叉管道的画法

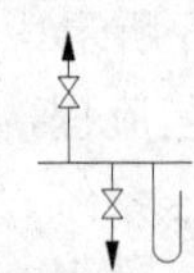

图 3-13 放气口、排液管、液封管等画法

d. 来向和去向：本流程图与其他流程图连接的物料管道（即在本图上的始端与末端）应引至近图框处。与其他主项（在不同图号的图纸上）连接者，在管道端部画一个由细线构成的空心箭头，如图 3-14 所示。箭头框中写明来向或去向的设备图号，上方则注明物料来向或去向的设备的位号。与本主项另一项图纸（图号相同）上的设备连接者，则在管道端画一个如图 3-15 所示符号，图面的箭头接到哪一张图及相接设备的名称和位号要交代明白，以便查找相接的图纸和装备。

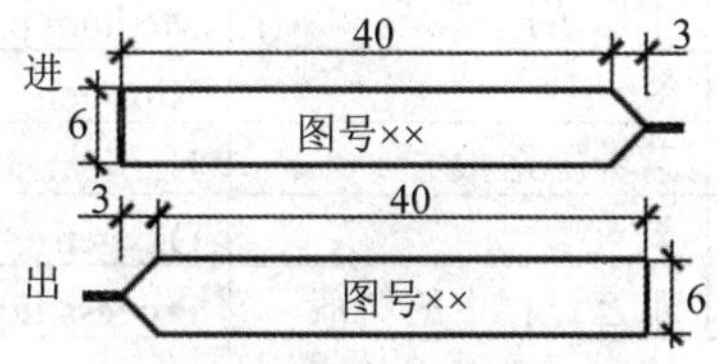

图 3-14　管道来向和去向表示法（一）

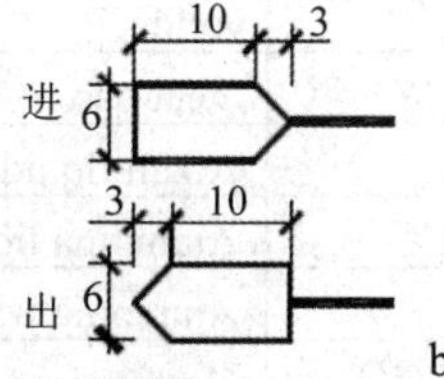

图 3-15　管道来向和去向表示法（二）

② 管道的标注。

由 6 个单元组成，第 1 单元为物料代号；第 2 单元为主项编号，可以车间序号或工段序号表示，采用两位数字，从 01 开始至 99 为止；第 3 单元为管道顺序号，相同类别的物料在同一主项内以流向先后为序，顺序编号，采用两位数字，从 01 开始至 99 为止；第 4 单元为管道尺寸；第 5 单元为管道等级；第 6 单元为隔热或隔声代号。每段管道上都要有相应的标注，横向管道标注在管线的上方，竖向管道则标注在管线的左方，若标注位置不够时，可用引线引出标注或只标注部分内容。标注内容和标注方式如图 3-16 和图 3-17 所示。有的工艺物料流程图在每段管道上标注出物料代号、公称直径、管道等级、隔热、隔声要求及有关编序号。但大多数情况下只标注物料代号、公称直径及管道等级。

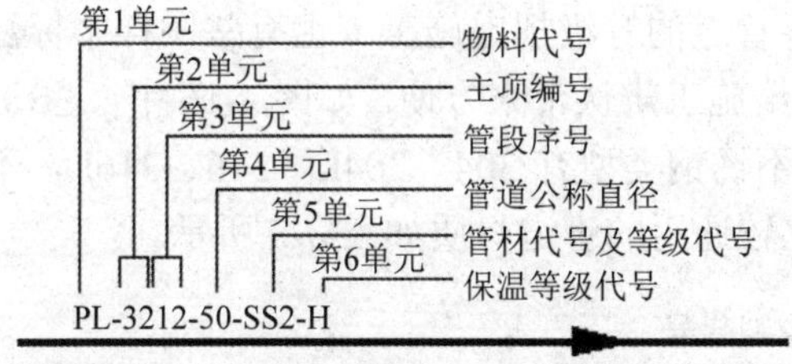

图 3-16　管道标注的内容和方式（一）

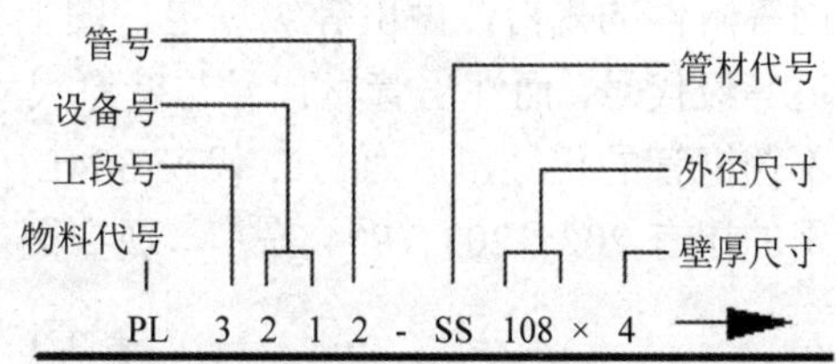

图 3-17　管道标注的内容和方式（二）

a. 物料代号：根据《管道仪表流程图物料代号和缩写词》（HG 20559.5-1993）规定，管路中介质的类别代号用相应的英语名称的第一位大写字母表示，如不同介质的类别代号重复时，则用前两位大写字母表示。也可采用该介质化合物分子式符号（如硫酸为 H_2SO_4）或国际通用代号（如聚氯乙烯为 PVC）表示其类别。必要时可在类别代号的右下角注上阿拉伯数字，以区别该类介质的不同状态和性质。根据以上原则，现将生物工程及生物制药工程中常用的物料代号列于表 3-2 中。

b. 管道尺寸：用管道公称直径表示，如图 3-16 中所表示的 50 mm。依据工程的要求（如援外工程或国际项目），也可用 Ø 外径×壁厚表示。也可采取英制（英寸），如 2"、1"。

c. 管段序号：序号可按工艺流程顺序编写，以从前一主要设备来进入本设备的管道为第一号，其次按工艺流程进入本设备的前后顺序编制。编制原则是先进后出，先物料管线后公用管线，本设备上的最后一根工艺出料管线应作为下一设备的第一号管线。

表 3-2 物料代号表

代号	物料名称	代号来源	代号	物料名称	代号来源
A	空气	Air	LS	低压蒸汽（<2.5 MPa）	Low pressure steam
AC	酸液	Acid	MS	中压蒸汽	Medium pressure steam
VG	排（放）气	Vent gas	N	氮气	Nitrogen
AL	碱液	Alkali liquid	NS	营养盐溶液	Nutrient solution
AML	液氨	Ammonia liquid	O	氧气	Oxygen
AMW	氨水	Ammonia water	PL	工艺过程中的料液	Process liquid
CA	压缩空气	Compressed air	PLS	液固两相流工艺流体	Two phase liquid solid
CL	结晶母液	Crystal residual liquid	PGS	气固两相流工艺流体	Two phase gas solid
CNS	清洗下水	Clean sewage	PW	工艺水	Process water
CWR	冷却水回水	Cooling water return	RW	原水、新鲜水	Raw water
CWS	冷却水供水	Cooling water supply	SA	无菌空气	Sterile air
DW	蒸馏水	Distilled water	SC	冷凝水	Steamty Condensate
AW	无菌水	Aseptic water	SS	糖液	Suger solution
ST	上清液	Supernatant	SU	固体悬浮液	Solid suspension
FL	发酵液	Fermentation liquid	SW	软水	Soft water
FE	发酵尾气	Fermentative exhaust	TW	自来水	Tap water
HWR	热水回水	Hot water return	WS	废渣	Waste solid
HWS	热水供水	Hot water supply	WW	生产废水	Waste water

d. 管道材质：管道按温度、压力、介质腐蚀等情况，预先设计各种不同管材、壁厚及阀门等附件的规格，做出等级规定，图上标注各管道的等级规定施工。也有些图样不标注管道等级代号，而注出管材代号与壁厚尺寸等，给施工辨认带来方便。如图 3-16 中，“SS”为不锈钢管的代号，后面的 2 代表 304L（常用不锈钢类型有 304、304L、316、316L，不常用的还有 202、203、904 等）。现在国内外比较通用的管道材质如表 3-3 所示。

表 3-3 管道材料代号

序号	管道材料种类	代号	序号	管道材料种类	代号
1	不锈钢管	SS	11	硬聚氯乙烯管	PV
2	镀锌焊接钢管	SI	12	软聚氯乙烯管	PVC
3	钢板卷管	RS	13	聚丙烯管	PP
4	普通无缝钢管	AS	14	工程塑料管	ABS
5	铸铁管	C	15	钢衬塑管	LCP
6	铁皮管	TS	16	橡胶管	R
7	碳钢衬橡胶管	LR	17	玻璃钢管	RPM
8	搪瓷钢管	F	18	聚四氟乙烯管	PTFE
9	铝管	Al	19	热塑性工程塑料管	PPO/PPE
10	铜管	Cu	20	聚乙烯管	PE

不同的设计单位对管道材料代号有不同的表示，有的设计院以 A 表示铸铁及硅铸铁、B 表示碳素钢、C 表示普通低合金钢、D 表示合金钢、E 表示不锈钢、F 表示有色金属、G 表示非金属、H 表示衬里管。这种表示方法在管材日益发达的今天显得有些窘白。目前品种繁多的管材适用于各种不同的介质，生物制药及食品卫生要求使用卫生级管道材质。

生物制药及食品工业中使用的卫生级管道材质通常是双面抛光的 304L、316L 不锈钢，在特殊防腐蚀的场合也采用 904L、316Ti 等薄壁双面抛光管，其表面粗糙度需 Ra≤1.0 μ m。使其符合 ISO/SMS（国际标准）、ASME BPE/3A（美国标准卫生级规格）、DIN 11850（德国规格协会标准）、JIS G3447-1994（日本不锈钢卫生级管标准）。

在这些不锈钢组成当中，不同元素扮演着不同的角色。较低的含碳量可以更加利于氩弧焊接的进行，较高的镍铬含量可以更好预防腐蚀，较高的镍含量还可以提高不锈钢管道的延展性，一定含量的钼元素则可以进一步抵抗氯元素对管道的腐蚀。综合考虑以上因素和成本，316L 这种材质是最适合制药洁净管道的一种材质。此外，其他材料也是可以使用的，如 316、904L、316Ti 等，但是都存在一定的局限性。

图 3-18　管道等级界线标注

e. 管道压力等级：管道压力等级分为四等，即低压（代号 L）0.1 MPa≤P<1.6 MPa、中压（代号 M）1.6 MPa≤P<10 MPa、高压（代号 H）10 MPa≤P<100 MPa、超高压（代号 U）P≥100 MPa。

在工艺流程图中有时还标注了管道材质及压力分级界限，其表示方法如图 3-18 所示。它是用旧的管道材质代号标注的，“L1B”表示其压力为 1.6 MPa，管材是 20#碳钢；“M1B”表示其压力为 10 MPa，管材是 20#碳钢；“L2B”表示其压力为 1.6 MPa，管材是 Q235 碳钢。

f. 管道保温等级：根据图上标注的管道等级代号（如表 3-4 所示），可确定施工时管道保温所需的保温材料、规格等。目前有些图纸尚未采用这一标注法，其保温规格需查阅有关设计资料。管道标注中，若包括了保温等级代号，就不必再画出一小段保温层了。若同一根管道上使用了不同等级的材料，应在图上注明管道保温等级的分界点，其标注方法参见图 3-18，只是相应内容更换成了保温代号和保温等级。

表 3-4　管道的隔热和隔声代号

代号	功能类型	备注	代号	功能类型	备注
H	保温	采用保温材料	S	蒸汽伴热	采用蒸汽伴热管和保温材料
C	保冷	采用保冷材料	W	热水伴热	采用热水伴热管和保温材料
P	防烫	采用保温材料	O	热油伴热	采用热油伴热管和保温材料
D	防结露	采用保冷材料	J	夹套伴热	采用夹套管和保温材料
E	电伴热	采用电热带和保温材料	N	隔声	采用隔声材料

对于成套设备接管也可采用相同的方法标示出和成套供应的设备相接的连结点，并注明设备随带的管道和阀门与工程设计管道的分界点，并与设备供货的图纸一致。

对于改扩建项目也可采用相同的方法标示出扩建管道与原有管道分界点。还可将已有管道用细实线表示。

g. 物料流向：可标注在管线上（见图 3-16），或标注在尺寸后（见图 3-17）。

h. 其他尺寸：工艺上对某些管道有一定的尺寸要求时，也要在图纸上注出，如液封管长度，安装坡度（如图 3-19 中倾斜度为千分之五）等。异径管（异径接头）有时需注明其两端所连接管道的公称直径，如 80/50（或 D_g80/50），一般直径大者写在前面。

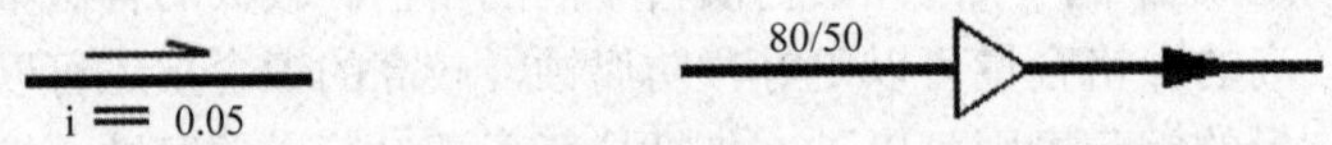

图 3-19　管道流向、坡度和异径管表示法

当管道转折较多时，管道的标注有时需做适当重复，以便看图。

i. 图例和索引

图上有关代号、符号等图例说明，在流程图简单时，可放在图纸的右上方；流程图复杂时，图样分成数张绘制时，代号、符号的图例说明及需要编制的设备位号的索引等往往单独绘制，作为工艺流程图的第一张图纸。

j. 设备一览表

在 PFD 工艺流程图上，还需标上设备一览表。流程图上的设备一览表的作用是表示物料流程中所有的设备名称、数量、规格、材质等内容。但通常发酵工厂的设计图纸上，往往省略设备一览表，而用设计说明书的工艺设备一览表替代。

k. 物料表

当要分析某一工段或某个设备工作过程及其效果时需在图上标出物料表。使物料发生变化的设备，要从物料管线上引线列表表示。物料组分名称、物料量（公斤/时）、重量百分数（重量%）、小时公斤（公斤/时）、百分数（克%）等，每项均应标出其总和数，并注明设备的操作条件及其规格等参数。生产过程中排放的“三废”应注明其成分、排放量及去向，以便分析过程的正确性和设备选型的正确性。

从上述各项叙述中可以看出，设备流程图（PFD）是以一个生产项目或生产车间或一个工段为单元的流程图，从图上可以了解：①设备的数目、名称和位号；②主要物料的工艺流程；③其余物料的工艺流程；④通过对生产过程及控制点剖析，懂得生产过程及“三废”的来龙去脉；⑤对新项目而言，根据项目 PFD 可做项目生产设备投资概算；⑥项目 PFD 也是项目 PID 的基础。淀粉液化糖化的设备工艺流程图如图 3-20 所示。

综上所述，终版 PFD 图，它包括了全部装置和全部设备，凡设计中选用的一切工艺设备都要在流程图中反映出来。终版 PFD 图表达较细致、详细，内容较中版 PFD 图更深入、更完善、更丰富，图面更复杂，可以给施工和安装提供具体的内容，在工艺流程的施工安装中起指导作用。同时，终版 PFD 图也是绘制 PID 图的基础。

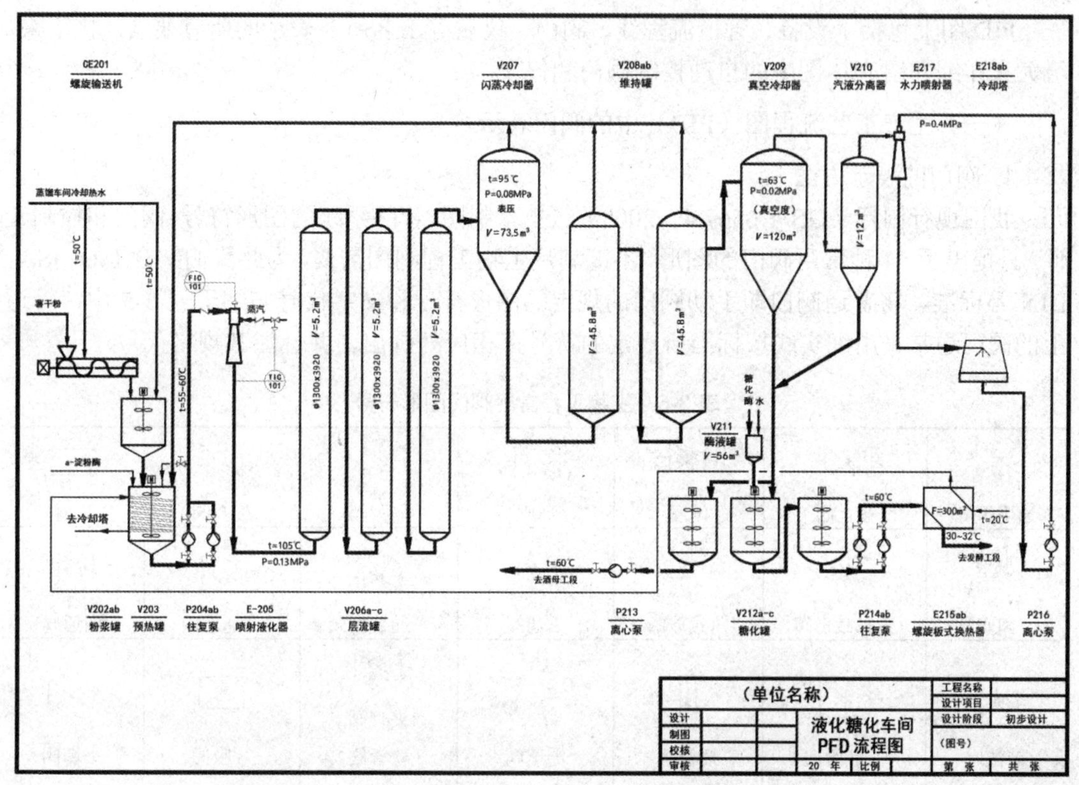

图 3-20　淀粉液化糖化车间的工艺流程图（终版 PFD 图）

四、初步设计阶段的带控制点流程图（PID 图）的绘制

设备工艺流程图（PFD）绘制后，就可进行车间布置和仪表自控设计。根据车间布置和仪表自控设计结果，绘制初步设计阶段的带控制点流程图（PID 图）。

PID 图的内容应根据工艺流程图和公用工程流程图的要求，详细地表示工艺装置的全部设备、仪表、管道和其他公用工程设施，设备内部构件的画法与 PFD 图规定要求相同。不同的是相同作用的多台设备应全部予以表示，并按生产过程的要求表示其并联或串联的操作方式。

PID 是基础设计和详细设计中主要成品之一，它反映的是工艺设计流程、设备设计、设备和管道布置设计以及自控仪表设计的综合结果。

在 PFD 中已用规定的图形符号和文字代号表示了设备、管线、阀门等，但在 PFD 中阀门是简单通用阀门，没有自动控制专业方面的信息，即没有自控阀门、仪表，而且并联相同的设备只画了一个，相应的管道也没有全部画出。在 PID 图中相同的设备和管道必须全部画出，并用规定的图形符号和文字代号（见表 3-5 和图 3-21）表示全部检测、指示、控制功能仪表，包括一次性仪表和传感器，并进行编号和标注。阀门应按不同种类图例表示，控制仪表应画出设备全部控制、测量、记录、指示、分析、联锁等仪表。所有仪表均应分类编号，成套供应设备可与仪表专业协调确定编号原则。

PID 图上包括了设备、管道流程线、阀门、仪表等工艺所要表示的所有要素。接下来，给大家详细介绍 PID 图中的自动控制阀门和仪表。

（一）生产工艺流程图（PID）中的阀门表示

1. 阀门的表示方法

我国现行国标（GB/T 6567.4—2008）《技术制图 管路系统的图形符号 阀门和控制元件》只提出了 14 种常用阀门的图形，不能满足生物工程制图需要，为此我们结合 ISO、ISA、DIN 等标准，将普通阀门即手动阀门的规定的图形符号和文字代号归纳于表 3-5 中，管道上的阀门通常采用细实线按标准所规定的符号在相应处画出，并标注其规格代号。

表 3-5　生物工程常用阀门图形符号

通用阀门	截止阀	闸阀	球阀	隔膜阀	旋塞阀	蝶阀
角阀	角式截止阀	角式球阀	三通阀	三通截止阀	三通球阀	四通阀
节洗阀	针阀	插板阀	浮球阀	夹管阀（软管阀）	呼吸阀	平衡阀
止回阀	直通式止回阀	球式止回阀	旋启式止回阀	减压阀	直通式减压阀	角式减压阀
直通式安全阀	弹簧式安全阀	平衡锤式安全阀	自动排阀	旁路阀	疏水阀	底阀

除了手动阀门外，还有一大类自动控制阀。它是由阀体和自控执行机构组成。自动控制阀的各种执行机构的规定符号如图 3-21 所示。若它与各种调节阀组合，则其规定画法如表 3-6 所示。

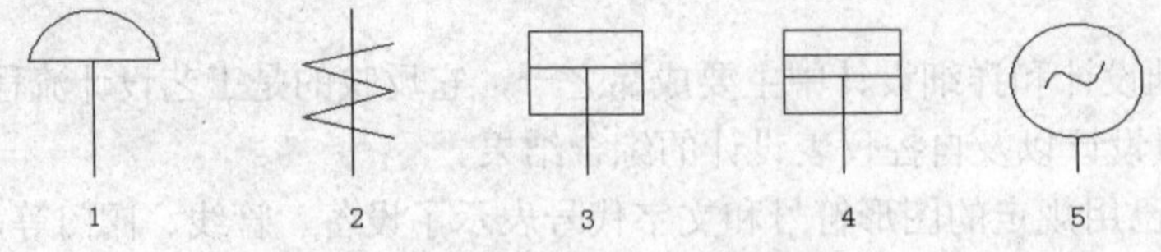

图 3-21　各种调节阀执行机构的规定符号

1—气动薄膜执行机构；2—电磁执行机构；3—气动活塞执行机构；4—液动活塞执行机构；5—电动执行机构

2. 阀门选用原则

阀门是介质流通或压力控制中的一种设施，它用来调节介质的流量或压力。其功能包括切断或接通介质，控制流量，改变流量，改变介质流向，防止介质回流，控制压力或泄放压力。

（1）阀门的分类。

① 依照阀门的用途和作用来分，可分为：切断阀类（其作用是接通和截断管路内的介质，如球阀、闸阀、截止阀、蝶阀和隔膜阀）、调节阀类（其作用是用来调节介质的流量、压力的参数，如调节阀、节流阀和减压阀等）、止回阀类（其作用是防止管路中介质倒流，如止回阀和底阀）、分流阀类（其作用是用来分配、分离或混合管路中的介质，如分配阀、疏水阀等）、安全阀类。

表 3-6　常用调节阀的规定符号

序号	名称及说明	符号	序号	名称及说明	符号
1	气动薄膜调节阀(气闭式) 膜头充气，阀打开	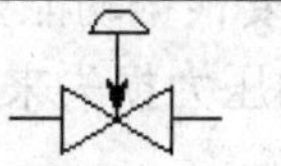	10	电磁调节阀	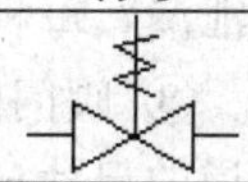
2	气动薄膜调节阀(气开式) 膜头充气，阀关闭	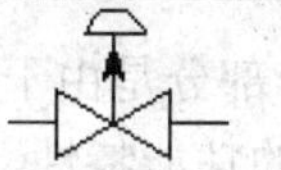	11	气动薄膜调节阀（带手轮）	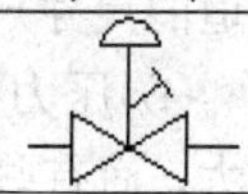
3	气动蝶形调节阀(气闭式) 膜头充气，阀打开	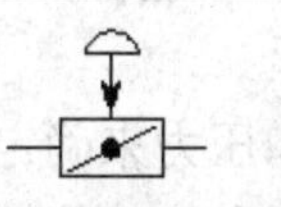	12	带手轮及定位器的气动调节阀 带手轮“┤”和定位功能	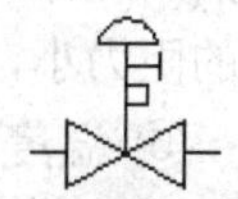
4	气动蝶形调节阀(气开式) 膜头充气，阀关闭	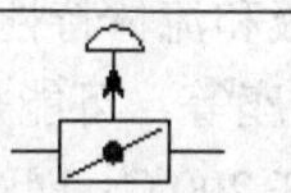	13	气动调节角阀	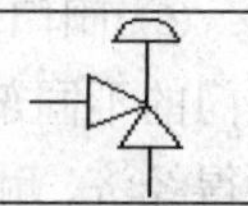
5	防止全开气动阀 膜头断气时阀不全开	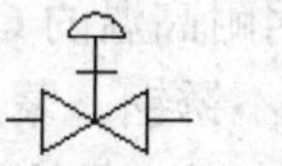	14	气动三通调节阀 膜头充气，1-2 通 膜头断气，2-3 通	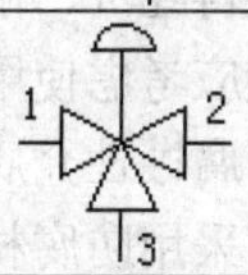 1 2 3
6	防止全关气动阀 膜头断气时阀不全关		15	液动活塞式调节阀	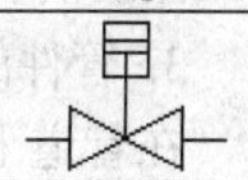
7	保位作用气动阀 膜头断气时阀保持原开度	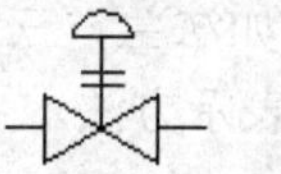	16	故障自开阀 电液联动	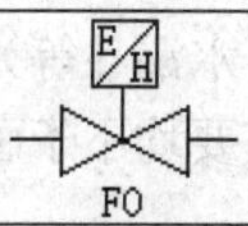 E H FO
8	带定位器的气动调节阀 带定位器的气动薄膜调节阀	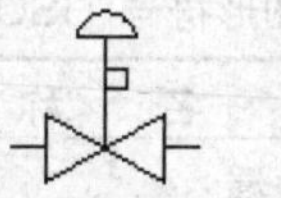	17	故障自闭阀	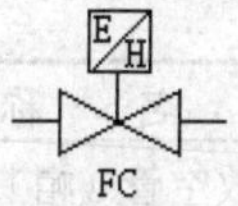 E H FC
9	带定位器的气动活塞式调节阀	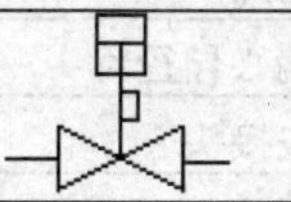	18	故障自动锁定阀 保持在最后位置	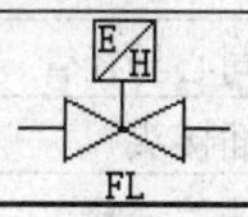 E H FL

② 依驱动形式来分，可分为：手动阀、动力驱动阀（如电动阀、气动阀）、自动阀（此类不须外力驱动，而利用介质本身的能量来使阀门动作，如止回阀、安全阀、自力式减压阀和疏水阀等）。

③ 依公称压力分类，可分为：真空阀门（工作压力低于标准大气压）、低压阀门（公称压力小于或等于 1.6 MPa）；中压阀门（公称压力为 2.5 MPa、4.0 MPa、6.4 MPa）、高压阀门（公称压力 10～80 MPa）；超高压阀门（大于 100 MPa）。

（2）阀门的选用原则。

① 输送流体的性质：阀门是用于控制流体的，而流体的性质有各种各样，如液体，气体，蒸汽，浆液，悬浮液，黏稠液等，有的流体还带有固体颗粒、粉尘、化学物质等。

因此在选用阀门时，先要了解流体的性质，如流体中是否含有固体悬浮物？液体流动时是否可能产生汽化？在哪儿汽化？气态流动时是否液化？流体的腐蚀性如何?考虑流体的腐蚀性时要注意几种物质的混合物、其腐蚀性与单一组成时往往是完全不同的。

② 阀门的功能：选用阀门时还要考虑阀门的功能。此阀门是用于切断还是需要调节流量？若只是切断用，则还需考虑有无快速启闭的要求；阀门是否必须关得很严，一点也不许泄漏？每种阀门都有它的特性和适用场合，要根据功能要求选用合适的阀门。

③ 阀门的尺寸：根据流体的流量和允许的压力损失来决定阀门的尺寸。一般应与工艺管道的尺寸一致。

④ 压力损失：管道内的压力损失有相当一部分是由于阀门所造成。有些阀门结构的阻力大，而有些阻力小，但各种阀门又有其固有的功能特性。同一种类型的阀门有的阻力大，有的阻力小，选用时要适当考虑。

⑤ 温度和压力：应根据阀门的工作温度和压力来确定阀门的材质和压力等级。

⑥ 阀门的材质：当阀门的压力、温度等级和流体特性确定后，就应选择合适的材质。阀门的不同部位例如其阀体，压盖，阀盘，阀座等，可能是由好几种不同材质制造的，以获得经济、耐用的最佳效果。铸铁阀体最高允许 200℃；钢阀体可以用到 425℃；超过 425℃就应考虑使用合金钢材料；超过 550℃通常选用耐高温的 Cr-Ni 不锈钢材料。对用于输送化学腐蚀性介质的阀门，可根据介质的性质采用不锈钢、蒙乃尔合金、塑料等材料制作，也可采用防腐材料衬里等。选择材料首先应选择合适、经济的材料。

3. 管件的表示方法

在管道上需用细实线画出全部阀门和部分管件（如阻火器、异径接头、盲板、视镜、下水漏斗等）的符号。管件中的一般连接件，如法兰、三通、弯头、管接头等，若无特殊需要均不予画出。表 3-7 是几种常用管件门的表示方法。

表 3-7　常用管件图形符号（ISO）

名　称	符　号	名　称	符　号
放空管（帽）	（帽）（管）	地漏	
同心异径管		偏心异径管	
插接头		快接头	
法兰连接		焊接	
螺纹连接		膨胀节	
管头堵丝		管头管帽	
管道视镜		管道减振器	
压力式爆破片		管头盲板	或
消防栓	室外 室内	阻火器	
呼吸阀	或	过滤器	
台面洗眼器		安全喷淋洗眼器	

4. 管线流程设计注意事项

在 PFD 图中添加好控制阀门后，还要全面检查、分析各个过程的操作手段和相互连接方法；要考虑到开停车以及非正常生产状态下的预警防护安全措施，增添必要的备用设备，增补遗漏的管线、管件（止回阀、过滤器）、阀门和采样、放净、排空、连通等装置；要尽可能地减少物料循环量，力求采用新技术；尽可能采用单一的供汽系统、冷冻系统；尽可能简化流程管线。

（1）管道的设计和安装。

管道的设计和安装应避免死角、盲管。在管道设计过程中，支路的产生是无法避免，如果支路的阀门在关闭的情况下，那么在支路和主路之间就会形成一定的死水。在设计过程中，一定要尽量缩小这段距离，要使支路的阀门尽可能接近主路，降低细菌滋生污染产品的风险。不同物料管道要求有所不同，水和纯蒸汽从主管外壁开始测到支管盲端或阀门密封点的长度 $L\leqslant3$ 倍的支管直径 D（$3D$）；高纯水管到支管盲端或阀门密封点的长度 $L\leqslant6$ 倍的支管直径 D（$6D$）（如图 3-22 所示）；其他可能有细菌滋生的物料管，主管内壁到支管盲端或阀门密封点的长度 $L\leqslant2$ 倍的支管直径 D；可灭菌管道由主管外壁到支管盲端或阀门密封点的长度 $L\leqslant1.5$ 倍的支管直径 D。

洁净管道系统需要具备自排净功能。①管道坡度。为了防止微生物滋生，在生物工程和制药洁净管道系统设计中，一定要注意在系统放空的状态下，保证系统里面的水或其他介质可以完全排放出系统。因此，在洁净管道系统中保持一定坡度是必要的工程规范。短管适宜设置 2%的坡度，而较长的管设置 1%的坡度。只有在特殊情况下 5‰的坡度才能被接受。管道坡向排放点必须有不少于 5‰的坡度。连接到地沟的放净管道需要有足够大的尺寸，离地面需要有足够的距离或安装底阀，以防止废水的反虹吸。②洁净管道上尽量采用隔膜阀，不易在阀门处藏污纳垢。当隔膜阀安装在水平管道上时，不同制造厂生产的不同标准和不同公称直径的隔膜阀，其排空角度是不同的（如图 3-22 所示）。设计时要考虑这个角度对空间的影响。③管道和设备上的仪表安装形式也应考虑系统的自排净功能。④设置 CIP 清洗管道。在生物工程和制药行业中，接触产品的设备和管道必须定时清洗。CIP（Clean-in-place）是指在线清洗，整个过程在不拆卸生产设备的条件下，用清洗液对设备进行清洗和消毒，而清洗液形成一个循环的过程。这种过程通常是自动的，并被一特定的程序所控制。实现 CIP 过程一般需要做到以下几个方面：具备较复杂的控制系统，并且与生产系统相分离；利用阀门控制清洗液；在设计工厂时需要考虑到所有接触过产品的设备和管道都要经常被清洗，而且必须保证清洗液有一定的流速从而确保清洗的可靠性；所有需要接触产品和清洗液的设备和管道都采用抗腐蚀材料；CIP 清洗过程通常要形成循环，而且清洗液的温度通常在 65～80℃。这就要求在项目设计的 PID 图的初期完成管道等级表（Piping Class），并在表中规定各个管道公称直径下，所选用的管道、管件、阀门、管接头、卡箍的标准、等级、材料等。

垫片作为洁净管道的重要连接密封部件，有三元乙丙橡胶（EPDM）、聚四氟乙烯（PTFE）、氟橡胶（FPM）和硅胶等材质可供选择。选择的原则大多取决于温度、压力和流体腐蚀度等。例如 EPDM 这种材质就很难长时间耐受 100℃以上的工作环境，因此更多地被用于温度较低的系统，而在高温系统，尤其是蒸汽系统中则更倾向于选用 PTFE 或硅胶等耐热材质制作垫片。

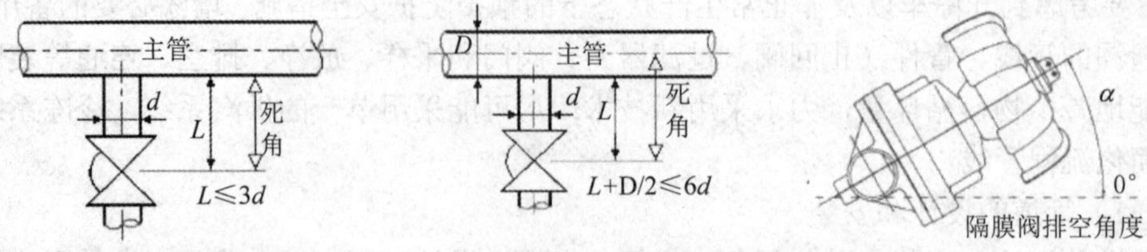

图 3-22　支管避免死角的阀门安装

ASME BPE/3A（美国标准卫生级规格）阐述了与设计相关的规范，如无菌系统、元件尺寸、材料接合、产品接触表面光洁度、设备密封件、聚合物基础材料和基础验收标准等。

（2）阀件。

正常操作时常闭的阀件或需要保障开启或封闭的阀门要注明“常闭（N.C）”“铅封开（C.S.O）”“铅关闭（C.S.C）”“锁开（L.O）”“锁闭（L.C）”等字样。所有的阀门（仪表阀门除外）在 PID 图上都要表示出来，并按图例表示出阀门的形式；若阀门尺寸与管道尺寸不一致时，要注明。

（3）阀门的压力等级。

阀门的压力等级与管道的压力等级不一致时，要标注清楚；如果压力等级相同，但法兰面的形式不同，也要标明，以免安装设计时配错法兰，导致无法安装。

（4）管件。

各种管路附件，如补偿器、软管、永久过滤器、临时过滤器、异径管、盲板、疏水器、可拆卸短管、非标准的管件等都要在图上标示出来。有时还要注明尺寸，工艺要求的管件要标上编号。

（5）两相流管道。

两相流管道由于容易发生“塞流”而造成管道振动，因而应在 PID 上注明“两相流”。易分层沉积的两相流应注明管道坡度，有的位置还应设置可快拆盲板。

（6）安全阀。

安全阀是一种自动阀门，当系统内压力超过预定的安全值，会自动打开排出一定数量的流体。当压力恢复正常后，阀门再自行关闭阻止流体继续流出。在蒸汽加热夹套、压缩气体贮罐等有压设备上，要考虑安装安全阀，以防带压设备可能出现的超压。

（7）放空阀与阻火器。

密闭容器通常情况下应有放空管线。含有空气、某些惰性气体及少量水蒸汽的放空管线应在容器的顶部。有害但无毒性、非致命气体（如热气体）的放空管线应延伸到室外，其终点应超过附近建筑物的高度。而危险性气体或气相物，应进入火炬或另一个收集系统作进一步处理。放空管的顶端要采用防雨弯头或防雨帽，如图 3-23 所示。放空管的直径一般要大于或等于进入该容器的最大液体管道。

对于有毒、易燃易爆的挥发性溶剂，要按蒸气处理。将贮罐上空的蒸气在放空前送到一个净化系统（压缩机、吸收塔等）。该系统使用了一个真空安全阀，当液面下降时就从大气中吸入空气（见图 3-24a），但是当贮罐充满时就迫使气体通过净化处理系统排出（见图 3-24b）。如果因为物质的可燃性需要充入惰性气体，也可使用类似的系统，当液面下降时吸入的就是惰性气体而不是空气了。

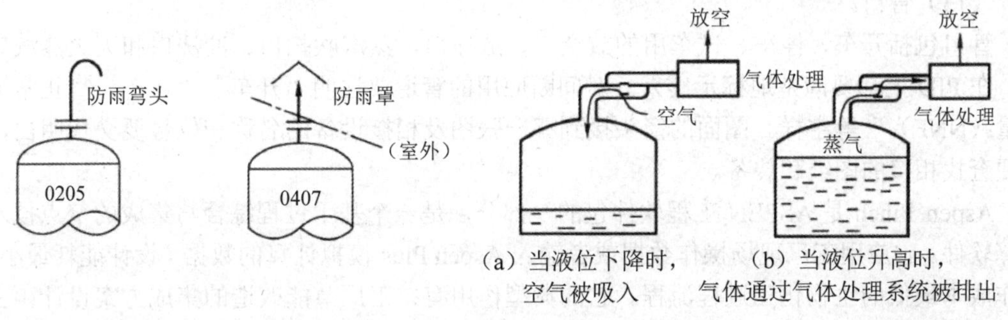

图 3-23 放空管的形式

图 3-24 具有气体处理系统的贮罐

在低沸点易燃液体贮槽上部排放口须安装阻火器，阻止火种进入贮槽引起事故。

（8）贮罐呼吸阀。

贮罐呼吸阀又称小呼吸排放。由于温度和大气压力变化会引起罐内蒸气膨胀或收缩，而呼吸阀可以控制蒸气的排出或吸入，故有两种作用的贮罐呼吸阀：①一定压力时呼或吸；②类似于单向止逆阀，只向外呼，不向内吸，当系统压力升高时，气体经过呼吸阀向外放空，保证系统压力恒定（有毒贮罐不能装呼吸阀）。

贮罐呼吸阀主要满足贮罐大小呼吸的通气要求，应与阻火器配套安装在贮存甲、乙、丙类液体的贮罐顶上。贮罐呼吸阀也是保护罐安全的重要附件，应装设在罐的顶板上，由压力阀和真空阀两部分组成。

（9）不锈钢过滤呼吸器。

不锈钢过滤呼吸器是专为生物、食品及制药工业贮罐气体交换时达到除菌目的而设计的（包括灭菌、蒸汽过滤）。滤芯为疏水性聚四氟乙烯或聚丙烯微孔滤膜，滤器为优质不锈钢（304，316L），气体过滤精度要求对 0.02μm 以上细菌及噬菌体达 100%滤除，达到 GMP 要求。不锈钢过滤呼吸器是广泛用于发酵空气、针剂空气、惰性气体净化（可作总空气过滤器、分过滤器）、蒸馏水罐的呼吸器。

（10）爆破片。

爆破片是一种可在容器或管道压力突然升高但未引起爆炸前先行破裂，排出设备或管道内的高压介质，从而防止设备或管道破裂的安全泄压装置。由于物料容易堵塞、腐蚀等原因而不能安装安全阀时，可用爆破片代替安全阀。对于可能发生粉尘爆炸的设备也应安装爆破片。

（11）事故贮槽。

在设计强放热反应时，应在反应设备下方设置事故贮槽，贮槽内存冷溶剂，一旦反应引发，又突然停电、停水，反应正处于强烈升温阶段，可立即打开反应设备底部阀门，迅速将反应液泄入事故贮槽骤冷，终止或减弱化学反应，防止事故发生。

（12）可燃气体探测器（简称测爆仪）。

对于输送单一或多种可燃气体的管道应安装可燃气体探测器。可燃气体探测器有催化型、半导体型两种。

（13）管口。

管口包括开车、停车、试车用的放空口、放净口、蒸汽吹扫口、冲洗口和灭火蒸汽口等，在 PID 上都要清楚地标示出来。对间断应用的管道要注明“开车”“停车”“正常无流量（NNF）”等字样。图面的箭头接到哪一张图及相接设备的名称和位号要交代明白，以便查找相接的图纸和装备。

Aspen Pinch 是 ASPEN 工程软件包的一部分，是一个基于过程综合与集成的窄点技术计算软件。它应用工厂现场操作数据或者输入 Aspen Plus 模拟计算的数据，设计能耗最小、操作成本最低的生物化工过程流程。它的典型作用有：工厂节能改造的集成方案设计；工厂扩大生产能力的“脱瓶颈”分析；能量回收系统（如换热器网络）的设计分析；公用工程系统合理布局和优化操作（包括加热炉、蒸汽透平、燃气透平、制冷系统等模型在内）。采用这种窄点技术进行流程设计，一般工厂改造可节能 20%左右；对新厂设计可节省操作成本 30%，并同时降低 10%～20%投资。

（二）生产工艺流程图（PID）中的仪表与控制方式表示

1. 控制仪表的表示方法

用规定的图形符号和文字代号表示全部检测、指示、控制功能仪表，包括一次性仪表和传感器，并进行编号和标注。表 3-8 为我国国标（GB 2625—81 或 HG/T 20505—2000）和美国通用仪表（ISA）具体规定带控制点工艺流程图上的仪表的表示方法。

表 3-8 仪表及其安装位置的图形符号（美国通用仪表 ISA）

仪表类型	就地安装仪表[①]	集中仪表盘面安装仪表[②]	就地仪表盘面安装仪表[③]	集中仪表盘后安装仪表[④]	就地仪表盘后安装仪表[⑤]
离散仪表					
共用显示共用控制					
计算机功能					
可编程序逻辑控制功能（PLC）					

注：① 现场安装正常情况下，操作员不监视；② 主要位置操作员监视用；③ 辅助位置操作员监视用；④ 正常情况下操作员不监视，盘后安装的仪表；⑤ 不可从辅助位置操作员监视用。

2. 控制仪表的标注

（1）仪表功能号。仪表功能号由一位至四位字母代号组成，字母代号由表示被测变量的第一位字母和表示功能的后继字母组成。被测变量除用大写英文字母外，还有个别希腊字母，常用被测变量和测量功能代号如表 3-9、表 3-10 所示。表 3-10 中个别字母代表含意与表 3-9 有冲突，在采用时以表 3-9 为主。

表 3-9 常用被测变量和仪表功能的字母代号（HG/T 20505—2014）

字母	首位字母		后继字母		
	被测变量	修饰词	读出功能	输出功能	修饰词
A	分析		报警		
C	电导率			控制	关位
D	密度	差			偏差
E	电压		检测元件		
F	流量	比率			
G	可燃气体和有毒气体		玻璃视镜、观察		
H	手动				高
I	电流		指示		
J	功率		扫描		
K	时间、时间程序	变化速率		操作器	
L	物位或液位		灯		低
M	水分或湿度				中、中间
N	供选用		供选用	供选用	供选用
O	供选用		孔板、限制		
P	压力或真空		连接或测试点		
Q	数量或件数	积算、累计	积算、累积		
R	核辐射		记录		运行
S	速度、频率	安全		开关	停止
T	温度			传送或变送	
U	多变量		多功能	多功能	
V	振动、机械监视			阀、风门、百叶窗	
W	重量或力		套管、取样器		
X	未分类	X 轴	未分类、附属设备	未分类	未分类
Y	事件或状态	Y 轴		辅助设备	
Z	位置、尺寸	Z 轴		驱动、执行元件	

表 3-10 生物工程常用被测变量的代号

序号	参量	代号	序号	参量	代号
1	温度	T	11	电压	E
2	温差	ΔT	12	电流	I
3	压力	P	13	湿度	Φ
4	压差	ΔP	14	频率	f
5	流量	G	15	位移	s
6	液位（料位）	L	16	长度	l
7	重量	W	17	热量	Q
8	转速	N	18	氢离子浓度	pH
9	浓度	C	19	溶解氧系数	DO
10	重度	r	20	黏度	V

（b）仪表位号。一般用三位或四位数字表示仪表序号或位号。一般按被测变量编数字号码，即同一区域的同一被测变量的仪表，数字编号由区域编号和回路编号组成，一般情况下，区域编号为一位数字，此编号可表示车间、工段、装置、系统、设备，甚至可兼而表示其中两个。回路编程号为二位数字。必要时，区域编号和回路编号的数字位数可增减。某些情况下，亦可省略区域编号，数字编号为阿拉伯数字。

（3）文字代号的书写规则。在仪表圆圈中，仪表位号的书写方法是：字母代号写在圆圈的上半圆中，由表示被测变量的第一位字母和表示功能的后继字母组成；字母均为大写英文字母；数字编号和尾缀写在下半圆中（见图 3-25）。

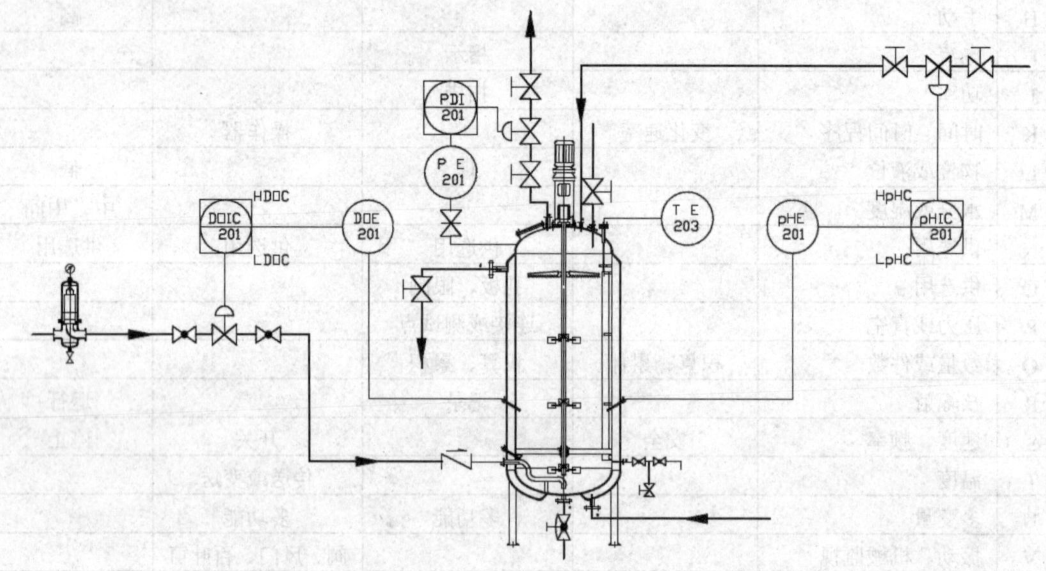

图 3-25　自控仪表表示实例

图 3-25 中，右中上仪表表示就地安装的温度测量，圆圈中 T 为被测变量（温度），E 为功能代号（指示），203 为仪表位置编号，2 为区域号，03 为顺序号。右中温度表右边为 pH 传感器联接一个 pH 变送器，该变送器集中仪表盘面安装，高低位 pH 报警，并联锁控制氨水进料气动调节阀。左中上仪表表示就地安装在盘面上的压力指示仪表，传递到集中仪表盘面，高低位压力报警，并联锁控制发酵罐尾气排放气动调节阀。在发酵罐上还安装有溶氧传感器（压力指示仪表左边），也同样联接一个 DO 变送器，该变送器集中仪表盘面安装，高低位 DO 报警，并联锁控制无菌空气进气气动调节阀，实行高低位 DO 指示和联锁报警。集中仪表盘面的仪表圈外都加有方框表示可将信号上传到 DCS 系统，在 DCS 上根据工艺生产需要修改控制参数。有关仪表自控的详细表示方法，可参考 HG/T 20505—2014《过程测量与控制仪表的功能标志及图形符号》。

应当注意的是：①仪表圆圈是直径为 10 mm 的细实线圆，必要时可适当放大或缩小。②测量点是设备轮廓线或管道线引到仪表圆圈的线的起点，一般无特定的图形符号，如图 3-25 中压力表；当有必要标出测量点或传感器在设备中的位置时，线应引到设备轮廓线内的适当位置上或传感器上，如图 3-25 中 pH 传感器、溶氧传感器。③设备上的仪表如果是作为设备附件供给，不须另外订货时，要加标注，如在仪表编号后加后缀“X”。④联锁及讯号应在 PID 上表示清楚。⑤常用连接线如表 3-11 所示。

表 3-11　常用仪表连接线图形符号

信号线类型	图形符号	信号线类型	图形符号
气动信号线	—//—//—//—	光缆信号线	∿∿∿
电动信号线	—///—///—///— 或 ------------	二进制电信号线	--/--/--/--
液压信号线	—⊥—⊥—⊥—	二进制气信号线	—※—※—※—

3．在线仪表及传感器

在线仪表种类较多，最常用的有流量计、温度变送器、压力传感器、pH 传感器、溶氧传感器（DO）、生物传感器等，在线仪表的接口尺寸如与管道尺寸不一致时，要注明尺寸。

（1）流量计。

按测量对象划分，流量计可分为封闭管道和明渠两大类。管道安装式流量计广泛应用于气体、液体的流量测量，按其测量原理如力学原理、热学原理、声学原理、电学原理、光学原理、原子物理学原理等，管道安装式流量计又可分为多种类型。常用的流量计名称及图形符号如表 3-12 所示。明渠类测量计有槽式水道、溢流堰、楔形流量计等，主要用于废水处理流量的测量。

表 3-12　常用的流量计名称及图形符号（PIP 和 ISA 在线仪表）

名　称	符　号	名　称	符　号
涡街式流量计	[▷]	超声波式流量计	[∿]
转子式流量计	[◁] 或 ⟨⟩	毕托管式流量计	[˥]
电磁式流量计	[M]	靶式流量计	[ㄣ]
孔板式流量计	[¦] 或 ‖	涡轮式流量计	[8]
容积式流量计	[∞]	快换管件中的孔板式流量计	⌂
文丘管式流量计	[⋈]	楔形流量计	[▽]
槽式水道	＞＜	溢流堰	[⋁]

（2）其他常用在线测量仪表，如表 3-13 所示。

表 3-13　其他常用的测量仪表名称及图形符号（DIN 测量仪表）

名　称	符　号	名　称	符　号
温度测量	(T)	压力测量	(P)
液位测量	(▽)	pH 值测量	♀
电导率测量	♀	湿度测量	[%]
黏度测量	(V)	浊度测量	(TU)
转速测量	[○]	振动测量	(∿) 或 [∿]
膨胀测量	(⇄) 或 [⇄]	光辐射测量	(↘) 或 [↘]
光照测量	(↘) 或 [↘]	电离辐射测量	(↘)

（3）生物传感器。

生物传感器是由分子识别元件和信号转换器构成的分析检测仪器或仪表，具有敏感、准确、易操作等特点。

生物传感器的分类方法多种多样，一般依据分子识别元件的不同对生物传感器进行分类，包括酶传感器、免疫传感器、组织传感器、细胞传感器、核酸传感器、微生物传感器、分子印迹生物传感器等。根据生物传感器的信号转化器的不同可分为电化学生物传感器、半导体生物传感器、量热型生物传感器、测光型生物传感器、测声型生物传感器。

在微生物发酵过程中，检测多种有关的生化参数（如生物量/细胞活性、底物/营养浓度、产物/代谢物浓度），是生物技术领域研究者和工程师们有效地对过程进行控制的必要前提。在各种生物传感器中，微生物传感器最适合发酵工业诸多化学、生物参数的测定。因为发酵过程中常存在酶的干扰物质，并且，发酵液往往不是清澈透明的，不适用于光谱等测定方法。而应用微生物传感器则极有可能消除干扰，并且不受发酵液混浊程度的限制。同时，由于发酵工业需进行大规模生产，微生物传感器成本低、设备简单的特点使其在应用中具有更大的优势。

微生物传感器由固定化微生物、换能器和信号输出装置组成，利用固定化微生物代谢消耗溶液中的溶解氧或产生一些电活性物质并放出光或热的原理实现待测物质的定量测定。微生物传感器以活的微生物作为敏感材料，利用其体内的各种酶系及代谢系统来测定和识别相应底物。

微生物电极的种类很多，可以从不同的角度分类。根据测量信号的不同，微生物电极可分为电流型微生物电极和电位型微生物电极两类；根据微生物与底物作用原理的不同，微生物电极可分为测定呼吸活性型微生物电极和测定代谢物质型微生物电极两类；根据微生物的种类不同，可分为发光微生物传感器，硝化细菌传感器，假单胞菌属与大肠杆菌属传感器，蓝细菌与藻类传感器和酵母传感器。

生物传感器在我国发酵工业中的应用是近十年的事，常用的传感器有葡萄糖浓度传感器、醋酸浓度传感器、乙醇浓度传感器、细胞浓度传感器、谷氨酸浓度传感器、甲烷浓度传感器、甲醇浓度传感器、乳酸浓度传感器等。

PID 图是借助统一规定的图形符号和文字代号，用图示的方式把建立生物化工工艺装置所需的全部设备、仪表、管道、阀门及主要管件，按其各自功能，在满足工艺要求和保险、经济的条件下组合起来，以起到描述工艺装置的构造和功能的作用。因此，它不仅是设计、施工的依据，而且也是企业管理、试运行、操作、维修和开停车等各方面所需用的完全技术资料的一部分。

通过工艺管道及仪表流程图可以明白：①设备的数目、名称和位号；②主要物料的工艺流程；③其余物料的工艺流程；④通过对阀门及控制点剖析，懂得生产过程的控制情况；⑤懂得平安生产、试车、开停车和事故处置的方法；⑥给 DCS 系统控制提供编程序和人工智能控制打下基础。所以在此有必要深层次了解生产过程中主要设备的控制方法。

第三节　典型设备的控制方案

一、泵的流量控制方案

1. 离心泵

（1）离心泵的流程设计。

如图 3-26 所示，泵的入口和出口处要设置切断阀；为了防止离心泵未启动时物料的倒流，要在泵的出口处设置止回阀；为了观察泵工作时的压力，要在泵的出口处安装压力表；泵与泵入口处切断阀间、泵与泵出口处切断阀间的管线均要设置放净阀，并将排出物送往合适的排放系统；泵出口管道的管径一般与泵的管口一致或放大一档，以减少阻力。

（2）离心泵的自控。

调节离心泵的控制变量是出口流量，自控一般采用出口直接节流调节法、旁路调节法和改变泵的转速调节法。

① 出口直接节流法。如图 3-26 所示，出口直接节流法是在泵的出口管路上设置调节阀，利用阀的开度变化来调节流量。此法简单易行，是最常用的一种流量自控法，但不适宜于介质正常流量低于泵额定流量 30%以下的情况。

② 旁路调节法。如图 3-27 所示，旁路调节法是在泵的进出口旁路管道上设置调节阀，使一部分流体从出口返回到进口来调节出口流量。此法使泵的总效率降低，耗费能量，但调节阀的尺寸比直接节流调解法的要小，此法可用于介质流量偏低的情况。

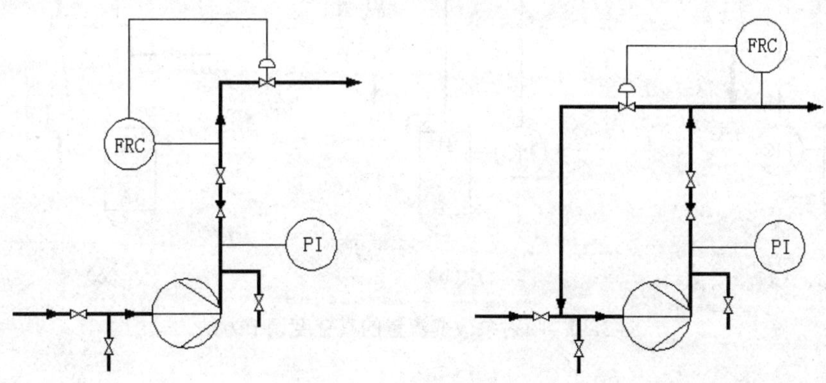

图 3-26　离心泵的直接节流调节法　　图 3-27　离心泵的旁路调节法

③ 改变泵的转速调节法。当泵的驱动机选用汽轮机或可调速电机时，就可以采用改变泵的转速来调节出口流量的方法。此法节约能量，但驱动机及其调速设施的投资较高，通常适用于较大功率的电机。

当离心泵设有分支路时，即一台泵要分送几支并联管路时，通常采用图 3-28 所示的自控方案。

2. 容积式泵

容积式泵包括往复泵、齿轮泵、螺杆泵和旋涡泵等。容积式泵的控制变量是出口流量。当流量减小时容积式泵的压力急剧上升，因而不能采用出口管道直接节流调节法，通常采用旁路调节法和改变泵的转速的方法来控制出口流体的流量。图 3-29 表示齿轮泵的旁路调节法，此法也适用于其他容积式泵。

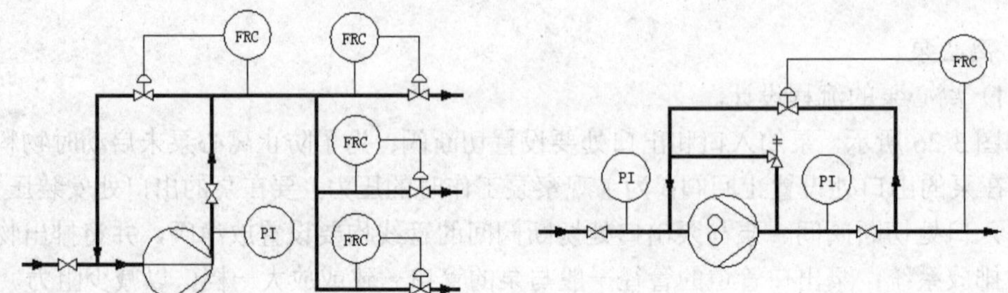

图 3-28　设有分支路的离心泵调节图　　图 3-29　齿轮泵的旁路调节法

3. 真空泵

常用的真空泵有机械泵、水喷射泵和蒸汽喷射泵。真空泵的控制变量是真空度。常用的自控方法有吸入管阻力调节（见图 3-30a）和吸入支管调节（见图 3-30b）。蒸汽喷射泵还可以采用调节蒸汽的方法来调节（见图 3-30c）。

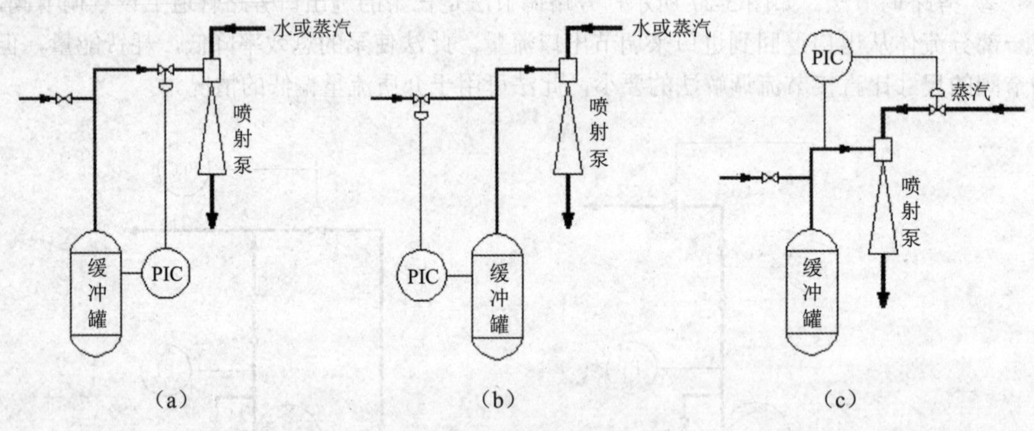

图 3-30　喷射泵改变流量的真空度调节方法

二、换热器温度的控制方案

换热器设备的控制变量一般有温度、流体流量和压力。在此主要讨论温度的控制方案。换热器常用的温度控制方法有调节换热介质流量、调节传热面积和分流调节法。

1. 调节换热介质流量

此法应用最广，有无相变均可使用，但被调节流体的流量必须是工艺允许的。

无相变时，当热流体进出口温差小于冷流体进出口温差时，由于冷流体的流量变化将会引起热流体出口温度的显著变化，因而调节冷流体流量效果较好，如图 3-31 所示；反之，调节热流体流量效果较好，如图 3-32 所示。当热流体进出口温差大于 150℃时，不宜采用三通调节阀，而采用两个两通调节阀，一个气开，一个气关，如图 3-33 所示。

有相变时，对于蒸汽冷凝供热的换热器，调节阀一般装在蒸汽管道上，采用调节蒸汽的压力，达到控制被加热介质温度的目的，如图 3-34 所示。

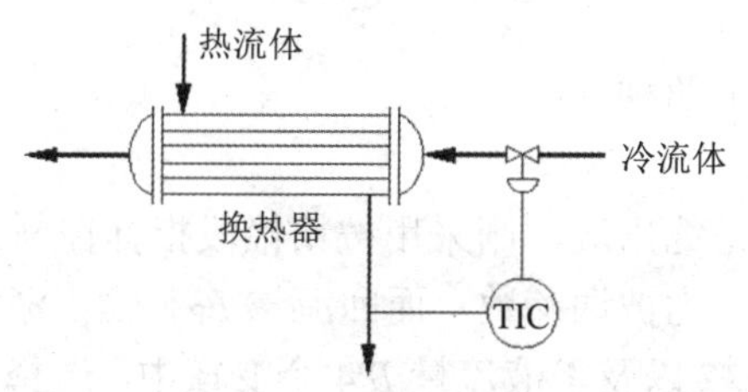

图 3-31　调节冷流体流量控制温度的方法

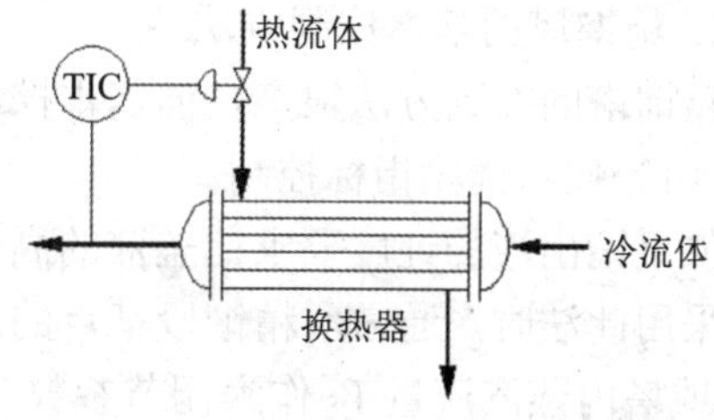

图 3-32　调节热流体流量控制温度的方法

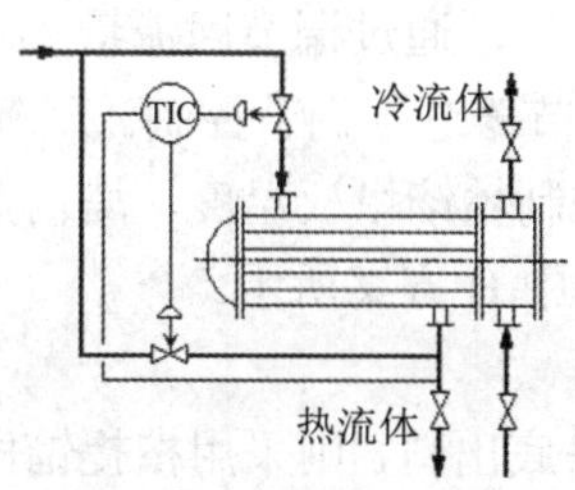

图 3-33　两个阀的调节方案

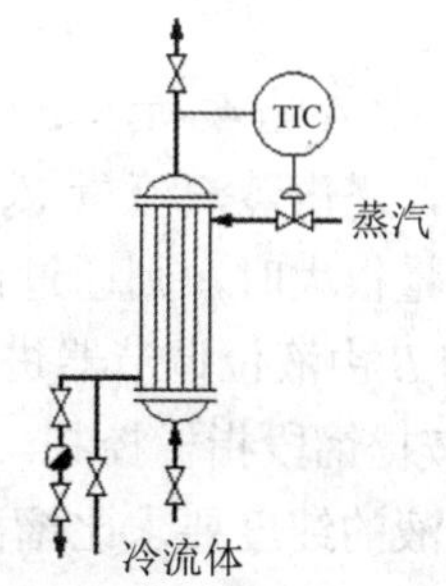

图 3-34　调节蒸汽压力控制温度的方法

2. 调节传热面积

如图 3-35 所示，调节阀装在冷凝水管路上，如液体出口温度高于给定值，则阀关小，冷凝液积聚，从而使有效传热面积减小，传热量随之减小，直至平衡为止，反之亦然。此法要有较大的传热面积余量，而且滞后大，只适用于有相变化的情况。但由于使用此法调节时传热量的变化比较和缓，因此可以防止局部过热，对热敏性介质有好处。

3. 分流调节法

当换热的两股流体的流量都不能改变时，可通过使其中一股流体部分走旁路的方法，达到温度控制的目的。如图 3-36 所示，三通阀安装在流体的进口处，采用分流阀。三通阀也可装在出口处，采用合流阀。此法很迅速、及时，但要求传热面要有余量。

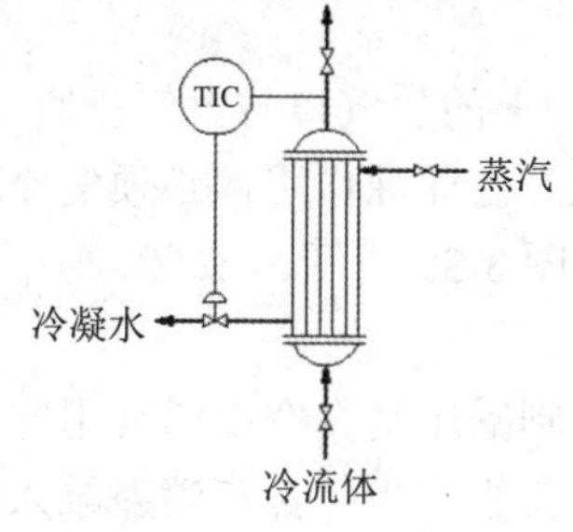

图 3-35　调节传热面积控制温度的方法

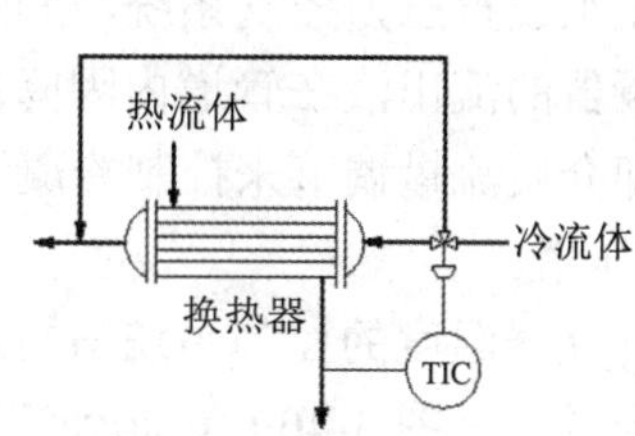

图 3-36　分流调节控制温度的方法

三、精馏塔的控制方案

精馏塔是常用的一种液液分离设备，精馏塔的控制变量较多，常用的有温度、流量、压力和液位等，因而精馏塔的控制比较复杂。

1. 精馏塔的基本控制方法

精馏塔的控制方法很多，但基本控制方法有以下两种。

（1）按精馏段指标控制。

如果馏出液的纯度要求比釜液的高，即主产品是馏出液，则采用按精馏段指标控制。

采用此法时，通常取精馏段某点的成分或温度作为被调参数，而回流量 L_R、馏出液流量 D 或塔内蒸汽流量 V_S 作为调节参数。在 L_R、D、V_S 以及釜液流量 B 4 个变量中，选择一个作为调节手段，选择另一个不变，其余两个按回流罐和再沸器的物料平衡由液位调节器进行调节。

图 3-37 中 A 方案所示是精馏段控制中最常用的方法，通过调节回流量 L_R 来控制精馏段塔板温度，塔内蒸汽流量 V_S 恒定，D 和 B 由液位调节器进行调节控制。

当回流量很大时，则通过调节馏出液流量 D 来控制精馏塔板温度，塔内蒸汽流量 V_S 恒定，L_R 和 B 由液位调节器进行调节控制，如图 3-37 中 B 方案所示。

（2）按提馏段指标控制。

如果釜液的纯度要求比馏出液的高，即主产品是塔底出料，则采用按提馏段指标控制。

采用此法时，通常取提馏段某点的成分或温度作为被调参数，而釜液流量 B、回流量 L_R 或塔内蒸汽流量 V_S 作为调节参数。在 L_R、B、V_S 以及馏出液流量 D 4 个变量中，选择一个作为调节手段，选择另一个不变，其余两个按回流罐和再沸器的物料平衡由液位调节器进行调节。

图 3-38 中 A 方案所示是提馏段控制中最常用的方法，通过调节加热蒸汽来控制提馏段塔板温度，塔内回流量 L_R 恒定，D 和 B 由液位调节器进行调节控制。

图 3-38 中 B 方案所示是通过调节釜液流量 B 来控制提馏段塔板温度，塔内蒸汽流量 V_S 由再沸器的液位控制调节，L_R 保持不变，D 由回流罐的液位调节器进行控制调节。

2. 塔顶的流程和控制方法

保持塔内压力稳定，能将绝大部分出塔蒸汽冷凝下来，并排出不凝气体是确定塔顶的流程和控制方法的基本要求。

（1）常压塔。

常压塔无须设置压力控制系统，塔顶可通过回流罐上的放气口与大气相通来保持常压。为了避免冷凝器的流出液在管道内因降压而部分汽化产生气蚀作用，必须使冷凝液过冷，一般通过冷却介质流量调节来控制冷凝液的温度，如图 3-39 所示。

（2）减压塔。

减压塔冷凝器温度的控制系统与常压塔一样。控制减压塔真空度的常用方法是改变不凝性气体抽吸量（见图 3-40）。此外还可设置一吸入支管，保持蒸汽喷射泵入口的蒸汽压力，通过调节吸入支管上的阀门来调节吸入一部分空气或惰性气体的量，从而达到控制真空度的目的（见图 3-40）。

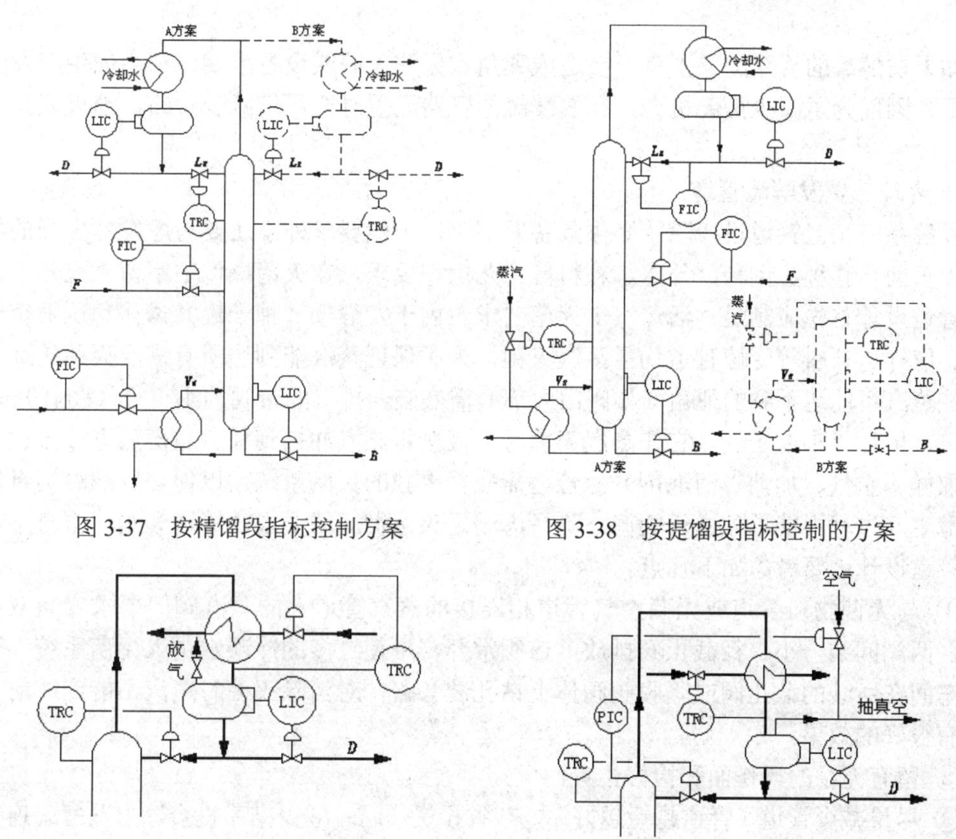

图 3-37　按精馏段指标控制方案　　图 3-38　按提馏段指标控制的方案

图 3-39　常压塔塔顶的流程和控制方法　　图 3-40　减压塔塔顶的流程和控制方法

（3）加压塔。

当不凝性气体的含量较低时，可通过调节冷凝器的冷却介质流量来调节塔顶的压力（见图 3-41）。这是由于冷凝器的传热量减小，蒸汽就不能全部冷凝下来，塔压就会升高；反之则降低。还可采用如图 3-42 所示的旁路控制方法。

当不凝性气体的含量较高时，除通过调节冷凝器的冷却介质的流量来调节外，还必须辅以不凝性气体放空（见图 3-41）。

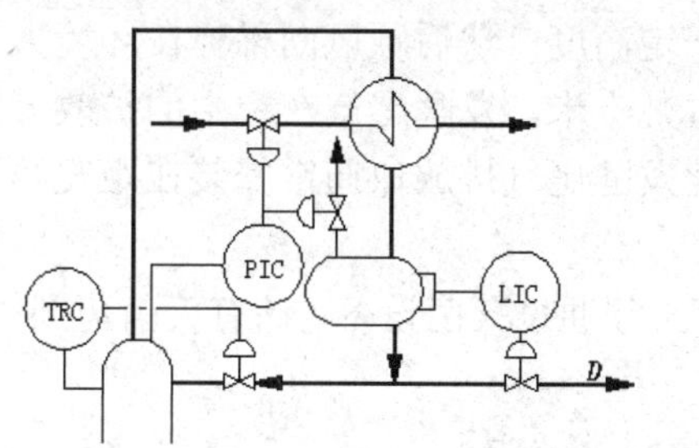

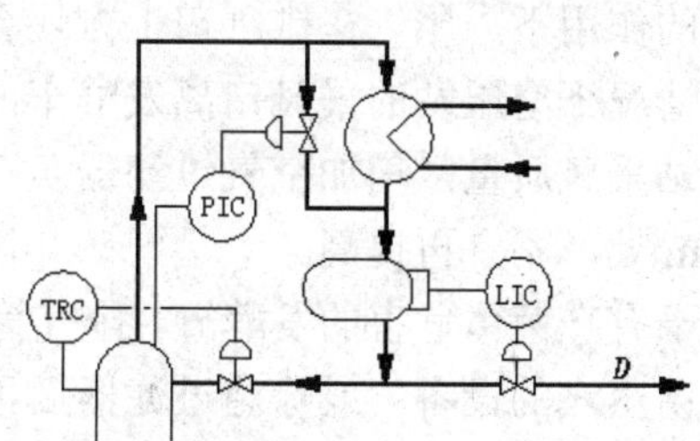

图 3-41　加压塔塔顶的流程和控制方法（一）　图 3-42　加压塔塔顶的流程和控制方法（二）

四、发酵罐的控制方案

如果发酵罐的管路配置不良，会造成死角、无法灭菌或设备渗漏，都会使生产发生染菌现象，因而为了减少染菌机会，在发酵罐的管路配置时要尽量减少管路，消灭死角，防止渗漏。

1. 合理布置发酵罐管道

发酵系统工艺管道设计除了必须具备发酵工厂一般要求外，还要考虑发酵生产的特殊性，如灭菌、移种、倒种、补水、补料等工艺操作要求，在灭菌操作中不留“死角”。因此，管道设计首先应满足“活蒸汽”灭菌要求。由于发酵罐（种子罐）罐体和压缩空气、移种、取样、补料等无菌管道均需蒸汽灭菌，为了保证蒸汽能到达所有需要灭菌的地方，对某些蒸汽可能达不到的死角（如阀门内部）需安装一排气的带阀的小直径（DN10 mm）旁路管，俗称“小辫子”，它在蒸汽灭菌时可直接将蒸汽冲扫到任意角落后直接排放。移种、取样、空气、加油（消泡剂）等管道需配置单独的灭菌系统，以便在发酵罐消毒后或在发酵生产过程中能单独进行灭菌。除考虑满足灭菌彻底的要求，管道和阀门本身不泄漏外，管道设计还要考虑如下几点。

① 与无菌物料管道或无菌空气管道相连接的蒸汽管道上的蒸汽阀门要求安装双重截止阀，两阀间装一小口径截止阀排放，该阀常开，不使过多的冷凝水进入无菌系统。有的发酵车间在所装的截止阀或隔膜阀阀体上钻孔装旁路，对消除灭菌时蒸汽不能到达的“死角”有很好的效果。

② 留有充裕的操作面和检修位置。

③ 尽量减少管道（管道越短越好），节省投资，同时减少染菌机会。与发酵罐连接的管道有空气管、进料管、出料管、蒸汽管、水管、取样管、排气管等，其中有些管可合并后再与发酵罐连接，对于较小发酵罐的空气管、进料管、出料管可合并为一根管与发酵罐连接。

④ 要保证发酵罐（种子罐）罐体和有关管道都可用蒸汽进行灭菌，蒸汽能够到达所有需要灭菌的地方。

⑤ 发酵罐（种子罐）尾气经旋风分离器后，直接排至室外，应按一罐一器一管配置，以避免多罐共用一根管而互相干扰或一罐染菌波及周围。

由于直接排放的发酵尾气中夹带大量的发酵液滴，且具有一定的速度和温度，在动力和浮力的作用下，尾气在排气口上方还会上升一定高度，然后顺风向稀释在环境大气中。而一般情况下空压站的采风口离发酵车间只不过几十米，发酵尾气在空中的扩散会大大影响空压站采风质量，增加空气过滤器负荷，因此发酵尾气排放口通常安装在距发酵厂房屋面高 3 m 处，不宜再提高。

对于有噬菌体危害的发酵罐，排气管的废气必须通过灭菌设备（储有灭菌药剂的容器，或通灭菌蒸汽的设备）或除菌过滤器后再排放。

⑥ 要避免冷凝水排入已灭菌的发酵罐和空气过滤器中。

⑦ 在空气过滤器和发酵罐之间应装有单向阀（止回阀），以避免在压缩空气系统突然

停气时将发酵液倒压至过滤器而引起生产事故。

⑧ 蒸汽总管道应安装分水罐、减压阀和安全阀，以保证蒸汽的干燥及避免由于蒸汽压力过高在灭菌时造成设备压损或发生爆炸事故。

2. 发酵系统工艺配管设计

（1）工艺物料管路配管设计。

① 培养基进料管路。第一级种子罐培养基量较少时一般直接在罐内配制培养基。当种子罐和发酵罐培养基量较大时，一般在配料罐内配制好培养基后，用泵输送至发酵罐内。由于培养基消毒灭菌分为连消和实消两种，因而决定了进料管道的配置不同。实消所需蒸气负荷较大，但流程较短，操作也较简单，现在抗菌素行业较为常用。许多厂家采取先在配料罐中预热物料，再进入罐内实消的做法，以降低较为集中的蒸汽负荷。然而，由于输料离心泵汽蚀现象的存在使得配料罐升温不可能太高，这对于降低蒸汽高峰负荷作用有限。若在输料离心泵后设预热器，可使物料温度升至 85～90℃再进入罐内实消，这不仅可以降低蒸汽负荷，而且由于取消了配料罐内的蒸汽系统，还可以改善配料室环境。进料管路有时配在罐体封头上，有时位于罐体底部与放料管路共用一个管口，但不论从上方还是底部接管，实罐消毒时的培养基进料管道与罐体连接部分应能保证与罐体同时被消毒为无菌状态。

② 移种管路。一级种子罐一般在罐体封头上开有接种口，该接种口一般被设计为带盖管口，接种时将盖打开，用酒精擦拭消毒或用火焰灭菌后将摇瓶种子液直接倒入罐内。从一级种子罐至次级种子罐乃至发酵罐间的移种管道，其配置方式一般为管路两端均设置双阀，并于两阀之间接入灭菌蒸汽和放净口，对接种管路靠近罐体的阀门与罐体内物料同时进行灭菌。操作时，灭菌蒸汽从双阀之间进入罐体。每一次种子罐间及种子罐至发酵罐移种操作前，均需对移种管路进行灭菌。

③ 补料管路。多数发酵过程中需向发酵罐中补充培养基或对生产过程影响较大的物料，以满足菌种生产所需的碳源、氮源等养分需求以及维持 pH 恒定（添加氨水或液碱）和消除泡沫（加消泡剂）等。由于发酵生产是连续的，多个发酵罐的补料管道一般由补料主管道上接出，而系统主管不可能随每个发酵罐放罐终止运行，一般在几个罐批后定期灭菌或根据生产情况需要消毒灭菌时才进行补料管道灭菌。因而，补料管道配管设计时一般采用分支管路设隔断阀的方式进行分割，这样既保证管道能随罐体一起灭菌，又能保证管道在单独灭菌操作时不致影响发酵罐的正常生产。

（2）无菌空气系统。

发酵生产所用菌种一般为好氧菌，只有保证培养液中有一定的溶解氧，菌种才能正常生长及有效生产，因此，无菌空气的连续供应是十分必要的。无菌空气一般由空压站供给已除油除水的压缩空气，至发酵厂房压力约 0.2 MPa。压缩空气经车间总过滤器初滤后进入车间，分别经预过滤及精过滤（过滤精度 0.01 μm）进入种子罐、发酵罐。对于由厂区空压站集中供气的发酵车间，由于空气经长距离输送温度降低、相对湿度增大，而总空气过滤器及预过滤器的过滤介质一般均为亲水性滤材，空气中湿度过大会使过滤效率降低。因此，在进车间总过滤器前一般需加设套管加热装置，使空气温度升高至适当温度再进入车间过滤系统。车间内每一级种子罐和发酵罐的空气管路均为独立主管（由车间主管引出的次主管），然后分别经无菌过滤后进入单台设备。补料系统用的无菌空气一般不与种子罐或发酵罐共用次主管系统，亦由车间主管接出次主管经无菌过滤后至补料设备。考虑到补料系统的运作基本是连续的，设计时应根据生产要求的灭菌频次及补料种类、补料操作特点决定补料用空气过滤器系统的数量。

（3）灭菌蒸汽系统。

灭菌处理过的培养基和无菌压缩空气是发酵生产的两大基本要素，而蒸汽灭菌系统则是整个生产无杂菌化的有力保障。饱和蒸汽主要用于工艺设备和管路系统（包括空气过滤器）的灭菌及物料（包括培养基和发酵过程的补料）灭菌。作为灭菌用蒸汽，其接入设备和管路的基本原则就是要使设备及管路在灭菌过程中不留死角且排气顺畅。而且，由于发酵生产是连续的，灭菌操作是间歇性的，配管设计时一定要保证灭菌操作时不影响其他设备的正常生产。在空气过滤系统中，由于预过滤器耐温、耐湿性能不足，蒸汽灭菌配置时，一般只对无菌空气精过滤器进行灭菌。精过滤器与预过滤器间设阀门隔开。

（4）管道连接方式。

发酵过程管道连接方式有三种：螺纹连接、法兰连接和焊接。螺纹连接不得用于发酵过程无菌管道，因为无菌管道会因加热灭菌和震动使活接头接口松动，使密封面不严密。法兰连接方式密封牢靠，压力、温度的适用范围比较广，但必须注意的是垫片的内圆必须和法兰内径吻合，以增加管道热膨胀时的严密性。此外，垫片的内圆过大或过小都易积存物料，造成堆积，形成死角。接触料液的管路，其法兰垫圈不要用石棉板材质，因其在使用过程中会发生老化分层现象而形成死角，最好采用耐腐蚀且光滑的聚四氟乙烯材质。采用焊接方式连接无菌管道效果很好，但焊口要求光滑、严密。无缝钢管和不锈钢管的弯头用冷弯成形为好，因为灌砂热弯的弯头部分内壁比较粗糙，易形成死角。热弯管在安装前须仔细清砂。

（5）阀门的选配。

发酵系统常用的阀门有：旋塞阀、截止阀、闸阀、隔膜阀、球阀、针形阀、止回阀（止逆阀、单向阀）、安全阀、减压阀、疏水器。隔膜阀阀体小，重量轻，操作方便，严密性好，易于维护，且流体阻力小。常用的隔膜阀有直通式和三通式，口径从 DN15～150 mm，可用于剧毒介质管道。用于发酵的隔膜阀中的隔膜为耐温合成橡胶，使用温度可达 130℃。隔膜阀常用于移种、补料管道。如果选用衬胶隔膜阀和搪瓷隔膜阀，须在 65℃以下使用，主要用于腐蚀性管道。空气阀门在进入总空气过滤器前可选用蝶阀。在过滤器系统及过滤器后宜选用阀体较短的改进的球阀或带有排泄孔的抗生素阀。蒸汽阀门建议选用柱塞阀或密封效果较好的抗生素阀。工艺物料阀门除补料自控系统一般选用自控隔膜阀外，一般选用改进的短式（仿意大利）球阀或抗生素阀。所谓抗生素阀，是国内一些厂商根据抗生素发酵行业的生产特点，在截止阀的基础上进行技术改造，即增加排泄孔、增强密封性能、减少内部积料、消除消毒死角等以满足发酵生产蒸汽灭菌和放料需要。在发酵系统管道上，通常使用聚四氟乙烯密封圈的不锈钢截止阀。截止阀是利用装在阀杆下面的阀盘与阀体的突缘部分相配合来控制阀的启闭，其特点是结构简单，可调节流量。使用聚四氟乙烯密封圈的截止阀其密封性好，更换阀盘密封圈方便。但因截止阀开启困难，需较大力度，故不常用在口径大的管道上，一般在管道 DN≤200 mm 时使用。截止阀在使用时应注意尽可能将阀座一侧（低位）与发酵罐相连，而阀杆（高位）不与发酵罐相连，采用高进低出的流动方向，目的是防止阀杆处渗漏而引起发酵罐污染。这种安装方向与阀体正面标示的箭头方向是相反的。由于生产的连续性及要满足管路灭菌要求，一般在公用系统（冷却水、蒸气、空气）分支管路根部设置截止阀，以便于故障处理。发酵装置中闸阀主要用于水系统、真空管道和大直径的压缩空气管道。虽然闸阀密封性能好，但不能衬里，主要用在不需调节流量只需开和关的管线上。对于可对发酵装置造成酸碱腐蚀的大管道，可采用衬里蝶阀或球阀。球阀流动性好，适合管道阻力要求小的场合，但其变化多，须谨慎选择。其中一体式球阀适于在线维修可考虑长距离输送时使用。止回阀（单向阀）主要安装在空气分过滤器和发酵罐之间，以免在压缩空气系统突然停电后，发酵罐压力高于分过滤器压力时发酵液倒压至过滤器，引起生产事故。

① 无菌物料管道用阀门。无菌物料管道采用双阀控制。隔膜阀阀杆不与物料接触，密封性能好。靠近发酵罐、种子罐的第一个阀用隔膜阀（见图 3-43 中 10），第二个选用截止阀（见图 3-43 中 11）。两阀之间的短管上须装小直径的截止阀（见图 3-43 中 12）的旁路，做灭菌时排气用，即活蒸汽管路。小截止阀也可直接在隔膜阀或截止阀上钻孔安装，或选用抗生素阀，以消除阀门内灭菌死角。对于易形成灭菌死角的发酵罐与种子罐，其罐底的一段接种管路装一旁路阀，蒸汽就可以从旁路阀排出，从而消除灭菌死角。

② 无菌空气系统用阀门。空气系统总管的第一个阀门应选用明杆闸阀（见图 3-43 中 9），其开关位置明显，便于观察。进出空气分过滤器及连接发酵罐（种子罐）的阀门用隔膜阀（见图 3-43 中 1、5、7）。

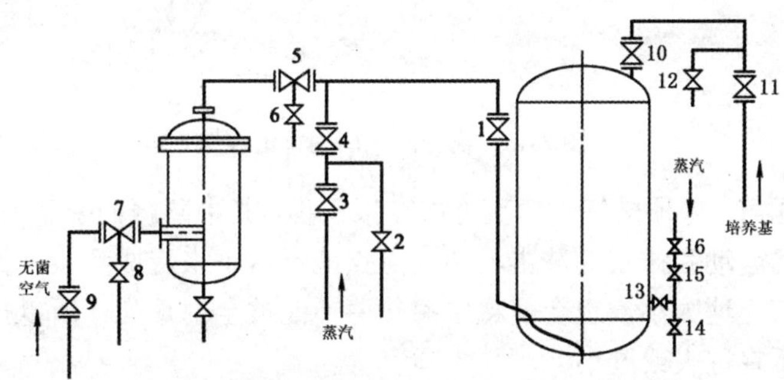

图 3-43　发酵罐无菌物料管道、无菌空气系统和取样管用阀门

③ 灭菌蒸汽系统用阀门。蒸汽系统一般用双阀控制（见图 3-43 中 3 和 4），防止泄漏。来自蒸汽总管一端的阀门选用柱塞阀，该类阀在蒸汽环境中使用寿命长。第二个阀为截止阀。排气阀装在旁路上，选用截止阀。

④ 发酵罐取样管阀门。发酵罐（种子罐）取样口靠灭菌蒸汽一端用旋塞阀（见图 3-43 中 16），其余三个均用不锈钢针阀（见图 3-43 中 13、14、15），不锈钢针阀密封性好，耐热，可微量调节。

（6）消灭管道死角。

管道死角是指灭菌时因某些原因使灭菌温度达不到或不易达到的局部位置。管道中如有死角存在，会因死角内潜伏的杂菌没有被杀死而引起连续染菌，影响正常生产。管道中常见的死角有下列几种。

① 管道连接的死角。发酵生产系统的管道和法兰加工、焊接和安装要保持连接处管道内壁畅通、光滑、密闭性好，以避免和减少管道污染的机会。

② 种子罐放料管的死角。种子罐放料管的死角及改进如图 3-44 所示。图 3-44a 表示有一小段管道因灭菌时管内有种子，阀 3 不能打开，存在蒸汽不流通的死角（与阀 3 连接的短管），所以应在阀 3 上装设旁通，安装一个小的放气阀 4，如图 3-44b 所示。在需要分段灭菌的管道中，可在管道中安装一个旋塞阀，如图 3-45a 所示，或在两方向相反的闸阀之间安装支管和阀，如图 3-45b 所示。

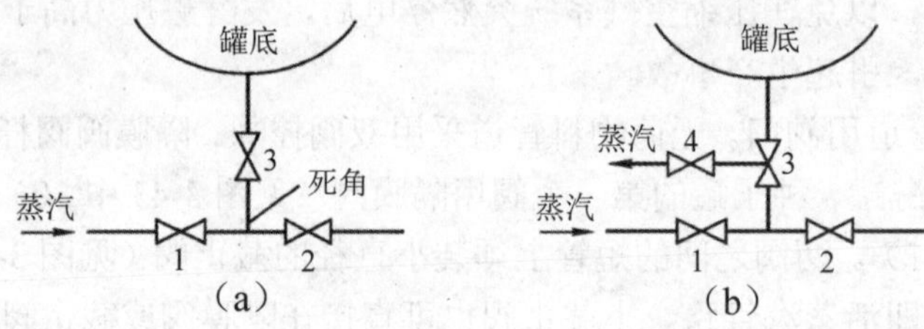

图 3-44 种子罐放料管的死角及改进

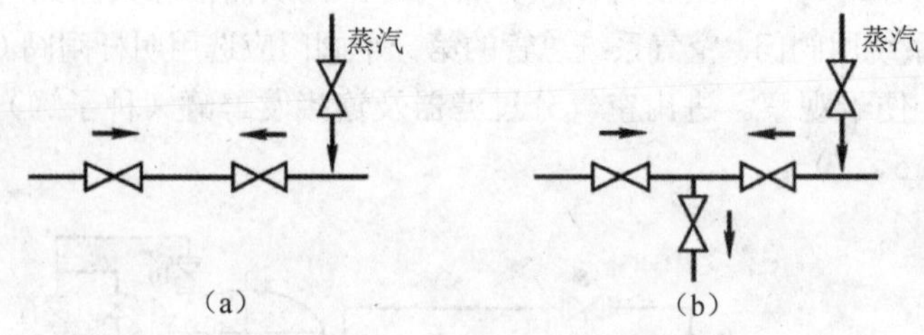

图 3-45 需分段灭菌的管道设置

③排气管的死角。罐顶排气管弯头处如有堆积物，其中隐藏的杂菌不容易被彻底消灭，而发酵时受搅拌的震动和排气的冲击就会一点点地剥落下来造成污染。另外排气管的直径太大，灭菌时蒸汽流速太小，也会使罐中耐热菌不能被全部杀死。所以排气管要与罐的尺寸有一定比例，不宜过大或过小。

种子罐属有氧发酵罐，如图 3-46 所示。与发酵罐连接的管路有空气管、进料管、出料管、蒸汽管、水管、取样管、排气管等，为了减少管路，其中有些管要尽可能合并，然后再与发酵罐相连。例如，有的配置是将接种管、尿素管、消泡剂管合并后再与发酵罐相连，做到一管多用。但排气管道一般要单独设置，不能将排气管道相互串通，避免相互干扰。进空气管宜于由罐外下部进入。在接种管、尿素管（液氨管）、消泡剂管以及它们合并后与发酵罐相连管路上的阀门两面安置小排气阀门，通蒸汽灭菌时打开，以消除死角。

微生物制药过程中，最关键的生产环节是发酵过程。微生物的发酵是指微生物细胞吸收营养物质，通过代谢合成微生物细胞物质和次生代谢产物的过程。在这个过程中，除了培养基的成分及各成分原材料的质量影响外，环境条件对微生物的生长代谢也起着重要的作用。一般来说，环境条件如 pH 值、温度、通气搅拌等越适合于微生物生长代谢的要求，就越能使微生物的生产菌种表现出优良的生产性能，从而获得高产量的微生物代谢产物。反之，环境条件控制不好，即使有优良的生产菌种也不能使生产性能充分表现出来。当然，发酵罐生产性能越高，要充分表现生产能力的环境条件就越难控制。因此，我们必须根据不同菌种的生理特征、各厂的设备及生产实际情况，对微生物发酵的温度、pH 值、通气与搅拌等环境条件进行调控，以调节微生物的代谢途径，确保微生物发酵生产的高产、稳产。

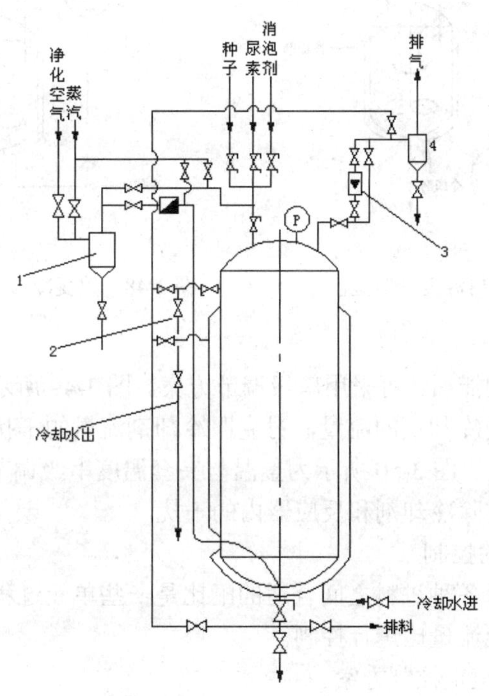

图 3-46　种子罐的全部管路

1—分过滤器；2—取样阀；3—空气流量计；4—旋风分离器

五、釜式反应器的自控流程设计

釜式反应器是制药生产中常用的一种反应器，根据工艺要求反应器的控制变量有温度、流量、投料比等。

1. 釜温的控制

反应器釜温的控制方法包括改变进料温度、改变载能介质流量的单回路温度控制和串级调节。

（1）改变进料温度。

如果物料要经过热交换之后进入反应器，则可通过改变进入换热设备中的载能介质的流量来改变进料温度，从而达到调节反应器内温度的目的，如图 3-47 所示。此法方便，但温度滞后严重。

（2）改变载能介质流量的单回路温度控制。

图 3-48 表示通过改变冷却剂的流量的方法来控制釜内温度。此法结构简单，但温度滞后严重；同时由于冷却剂流量相对较小，釜温与冷却剂温差比较大，因而当内部温度不均匀时，易造成局部过热或过冷现象。

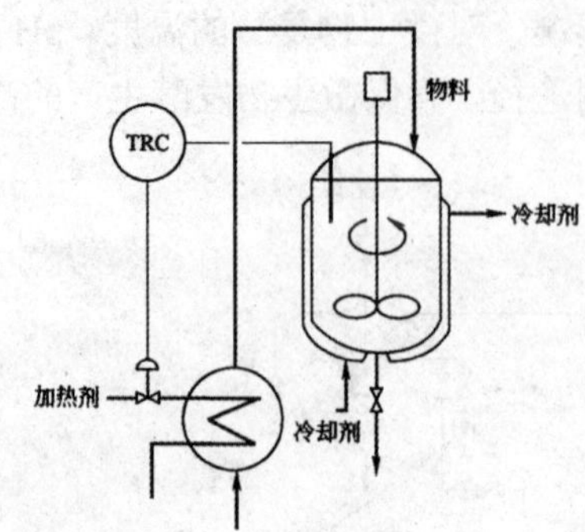

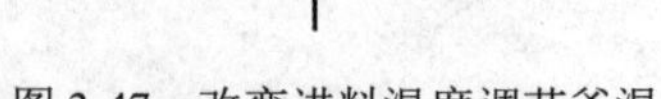

图 3-47　改变进料温度调节釜温

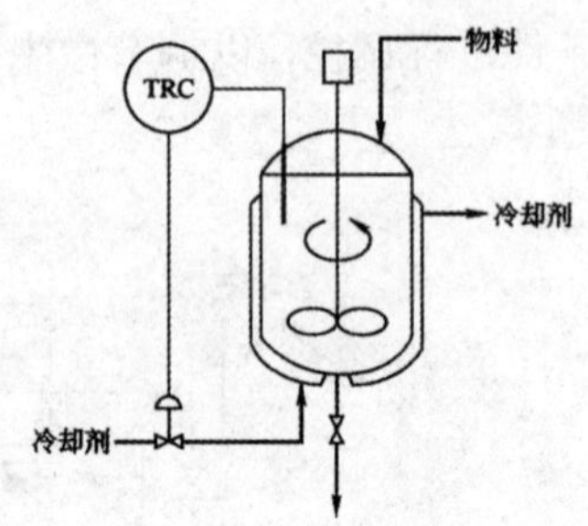

图 3-48　改变冷却剂流量控制釜温

（3）串级调节。

为了避免釜温控制的滞后，可采用串级调节方案。图 3-49 所示为釜温与冷却剂流量串级调节，副参数选择的是冷却剂的流量，对克服冷却剂流量的干扰较及时有效，但不能反映冷却剂温度变化的干扰。图 3-50 所示为釜温与夹套温度串级调节，副参数选择的是夹套的温度，此方法能综合排除冷却剂和反应器内的干扰。

2. 反应器进料流量的控制

稳定的进料流量以及各种进料之间合适的配比是一些单元过程必须具备的工艺条件，因此必须对进料流量以及流量比进行控制。

（1）多种物料流量恒定控制方案。

当反应器为多种原料进料，为保证各股物料流量的稳定，可以对每股物料设置一个单回路控制系统，如图 3-51 所示。

（2）多种物料流量比值控制方案。

图 3-52 表示 3 种物料流量比值控制方案。图中 KK-1、KK-2 为比值系数，根据工艺要求来设置，其中物料 A 为主物料，B、C 为从动物料（也称副物料）。

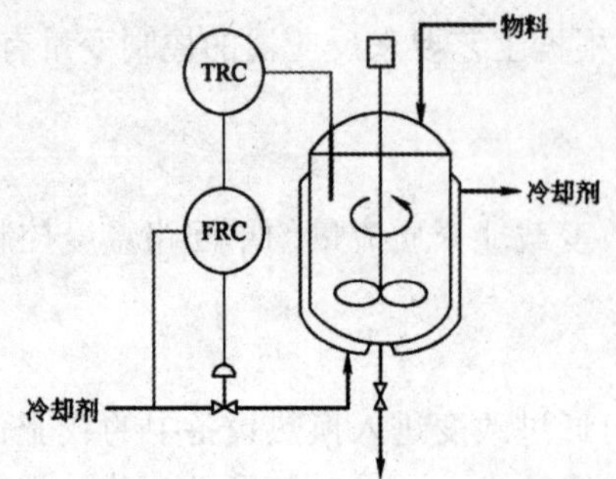

图 3-49　釜温与冷却剂流量串级调节

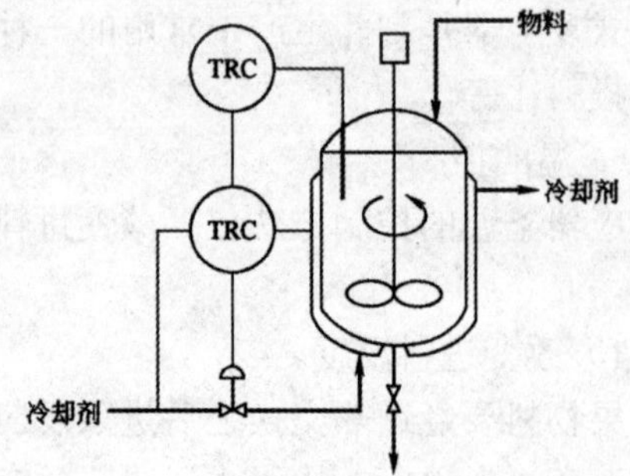

图 3-50　釜温与夹套温度串级调节

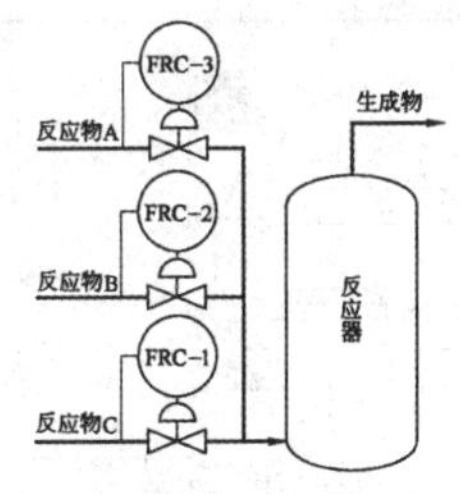

图 3-51　三种物料流量恒定控制方案

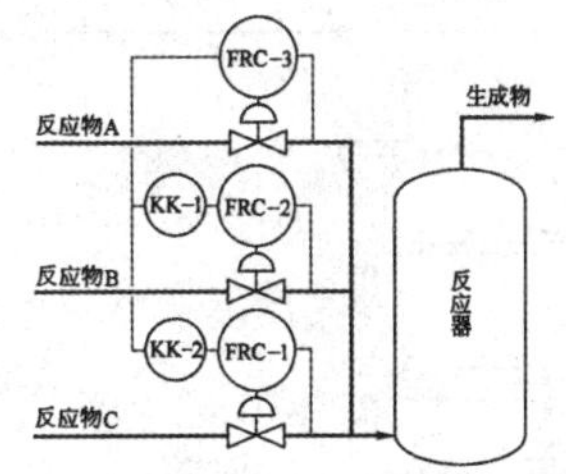

图 3-52　三种物料流量比值控制方案

第四节　典型单元操作及产品生产的 PID 图实例解读

PID 图的内容应根据工艺流程图和公用工程流程图的要求，详细地表示工艺装置的全部设备、仪表、管道和其他公用工程设施。如果工艺流程较长或复杂，应将设备、管道、仪表等的代号和图例统一画在一张图上，作为“管道及仪表流程图”的一张图编档案号，并作为 PID 的第一张图；如果工艺流程较简单，则可与设备图形、管道流程统一画在一张图上，简明扼要。管道的编号及标注方法应根据装置的部分号和管内物料的属性分别按流程顺序编号，即每一种介质应分别顺序编号，同时允许中间有预留号，如工艺管道（代号 P）中不同属性物料管道之间可以留有空号。同一物料流经多台不同功能的设备时，每经一台或一组设备后新编一个管号。阀门应按不同种类图例表示，控制仪表应画出设备全部控制、测量、记录、指示、分析、联锁等仪表。所有仪表均应分类编号，成套供应设备可与仪表专业协调确定编号原则。下面通过具体实例讲解简单的 PFD 图和复杂的 PID 图。

一、小麦制粉生产工艺 PFD 图

小麦淀粉的生产在我国历史悠久。近几年来，由于谷朊粉的广泛应用及淀粉用量的增加，使小麦淀粉的生产工艺发展很快。目前国外的小麦淀粉生产主要集中在澳大利亚、新西兰、美国及欧洲的法国、荷兰、英国等国家，其加工工艺及设备代表着当今世界小麦淀粉工业的先进水平。小麦淀粉的主要加工方法有三种，即连续马丁法、旋流分离法和三相卧螺法。目前我国小麦淀粉主要以灰分含量较高的后路小麦粉为原料进行加工，连续马丁法和旋流分离法用这种原料加工小麦淀粉和谷朊粉存在许多缺点，详见李浪等编著的《淀粉科学与技术》和《小麦面粉品质改良与检测技术》，只有三相卧螺法是今后小麦淀粉生产工艺的改进方向。

图 3-53 是郑州粮油食品工程建筑设计院下属的郑州良源分析仪器有限公司（前身为郑州良源淀粉工程技术有限公司）为河南商丘豫宁食品有限公司设计的小麦淀粉谷朊粉车间工艺流程图。该公司在淀粉工程设计、设备安装服务中具有国内首创的“小麦淀粉谷朊粉自动控制系统”，自动调整连续和面机物料流量、加水量及温度，采用变频调速技术，节省了用电；分离工段采用进口的高性能三相卧螺机，节约用水和蒸汽用量；小麦淀粉乳生产过程中工艺水回用于和面工序既不需对新鲜水加温又将大大提高工艺水的循环能力和节能。在干燥工段采用了无动力式串联换热器废气排放方法、蒸汽冷凝水的闭式回收利用方法等。

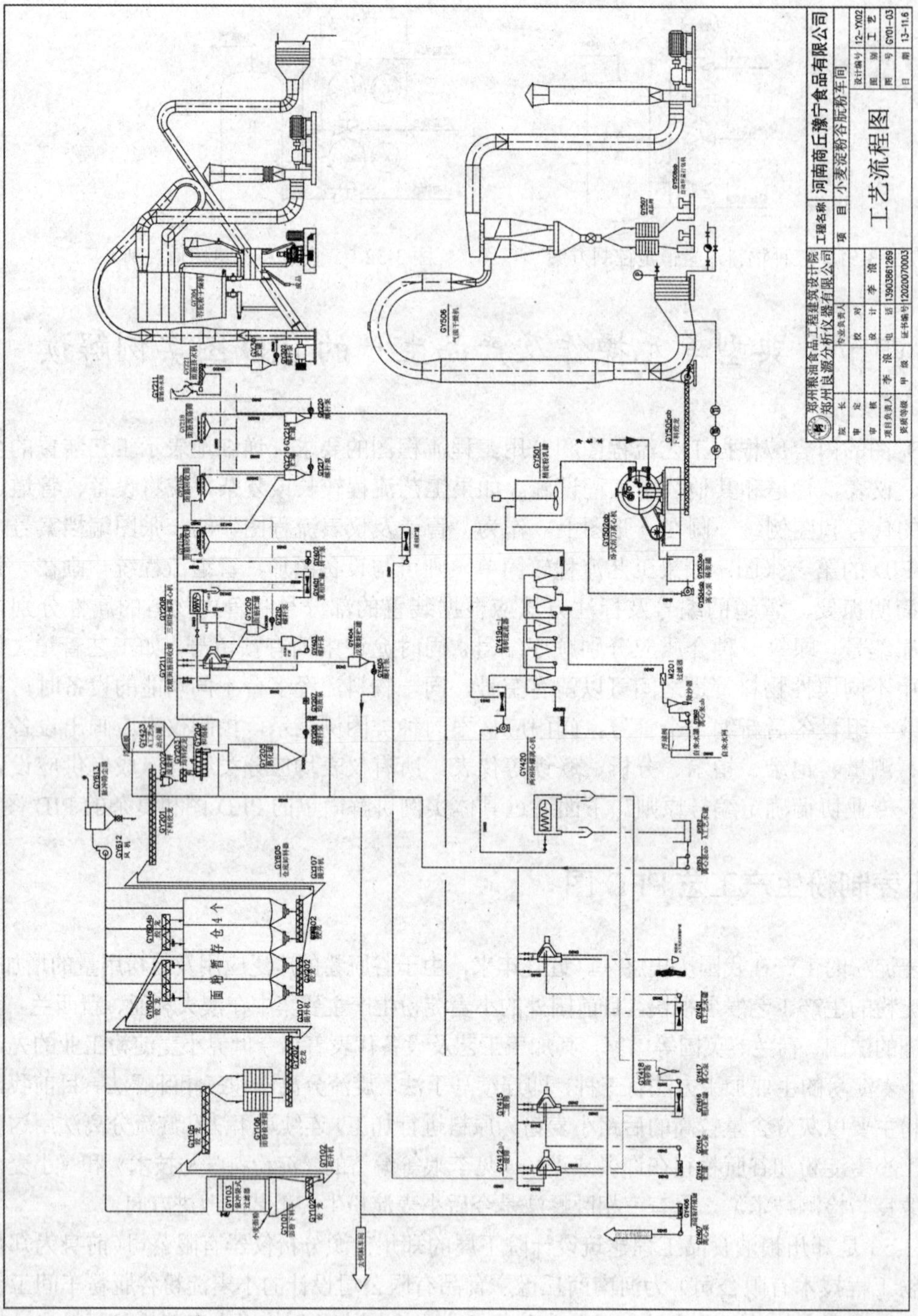

图3-53　三相卧螺法小麦淀粉生产工艺流程图

二、玉米淀粉生产工艺 PFD 图

玉米淀粉是现代生物发酵工艺的一种重要原料。目前，国内外玉米淀粉生产主要采用湿法加工工艺，为了降解包裹淀粉颗粒的蛋白质，该工艺在浸泡过程中使用了 SO_2，对环境造成了污染；同时，该工艺由于浸泡时间较长（浸泡 48～72 h），能源消耗较大。利用生物技术手段探讨缩短浸泡时间和替代 SO_2 的新工艺是提升该产业的有益尝试。徐立新等采用二步微生物发酵法对玉米浸泡工艺进行了关键技术的改进。首先从淀粉生产车间的玉米浸泡水中筛选出耐 50℃高温的嗜热乳酸菌，经发酵培养后，以一定比例添加到浸泡水中，缩短了浸泡初期玉米籽粒细胞破壁时间；然后从土壤中筛选出产酸性蛋白酶的烟曲霉，经发酵培养后在第二阶段以一定浓度添加到浸泡水中，用以替代传统工艺的 SO_2。经优化研究确定新工艺的浸泡条件为：第一步，浸泡水温度 50℃，嗜热乳酸菌接种量 10%，发酵浸泡玉米时间 12 h；第二步，烟曲霉发酵液添加量 12%，浸泡时间 10 h。改进后的新工艺不添加 SO_2，减少了环境污染，使浸泡时间缩短至 22 h，降低了能源消耗和生产成本，具有广泛的应用前景。该方法只是在传统玉米湿法加工工艺基础上将原制备亚硫酸设备更换成了产酸性蛋白酶的发酵液制备设备，玉米浸泡后的工艺没有变化，如图 3-54 所示。浸泡好的玉米经二次破碎，采用高效胚芽旋流器分出胚芽，提取玉米油和胚芽饼粉，经细磨使淀粉和纤维分离后，再用 DSM 曲筛分离和洗涤纤维渣，提出粗淀粉乳和纤维渣。这些纤维渣与抽出的蛋白质混合即为蛋白质饲料。粗淀粉乳经淀粉分离机分出麸质水，又可制成蛋白粉，成为高蛋白饲料。随着这些新工艺新设备的采用，不仅可制得高质量的玉米淀粉，还可获得大量的高蛋白饲料。分离蛋白质后的精淀粉乳可去制糖用于发酵。

三、淀粉液化糖化工艺优化与控制

传统的淀粉液化糖化工艺有高温蒸煮液化糖化工艺、中温蒸煮液化糖化工艺、低温蒸煮液化糖化工艺以及在此基础上发展起来的混合冷却连续糖化法、真空冷却连续糖化法、二级真空冷却连续糖化法、同步糖化发酵法等工艺。这些工艺的选择主要是根据酶的品种、性能和产量，液化用的淀粉酶有耐高温型（最适温度 95～105℃）和中温型（最适温度 70～90℃）之分；糖化酶也有最适温度之分，大多数是 55～65℃，其中米根霉糖化（Rhizozyme）酶的最适温度为 30～35℃，最适 pH 为 3.0～5.0，与大多数发酵条件接近，故采用同步糖化发酵法。从产量方面对工艺进行选择，小产量（≤80 吨/天）的淀粉液化糖化工艺一般采用中低温蒸煮液化的间歇糖化工艺，中等产量（100～200 吨/天）的淀粉液化糖化工艺一般采用中高温蒸煮液化真空冷却连续糖化法，大产量（≥250 吨/天）的淀粉液化糖化工艺一般采用高温蒸煮液化的连续糖化工艺。从生产运行方面对工艺进行选择，主要取决于每吨糖液用酶费用、能源消耗费用、设备投资等三方面。具体来说就是淀粉浆预热方式的选择、液化液降温方式的选择、糖化罐前加预处理罐调 pH 使糖化罐流加糖化酶后连续糖化等几个方面。下面以产量为 80 吨/天的玉米淀粉液化糖化工艺的选择为例，由于产量小故采用料带汽的低压喷射连续液化全酶法制糖，液化采用制造容易、投资小的维持管，其 PID 图如图 3-55 所示。而对于大产量（≥250 吨/天）的淀粉液化糖化工艺则采用直径较大一点的层流罐来保证液化停留时间，采用两次闪蒸冷却更有利于淀粉中的蛋白质絮凝，并使高浓度液化液快速降温至糖化温度，其 PID 图如图 3-55 所示。由于采用自动控制层流技术，这两种工艺的总糖转化率均达到 99%以上。

各脱色罐的液位及温度分别经由液位变送器和铂热电阻将其信号传送至相应的无纸记录仪，并得以显示。通过设置相应的液位高低限报警，无纸记录仪将信号传送至电动调节阀以调节进料流量，进料流量由电磁流量计测得信号并将信号传送至无纸记录仪以显示总流量和瞬时流量。液压自动板框压滤机采用活塞式压力继电器与电接点压力表及行程开关配合，实现制动控制。该机液压系统可自动完成从板滤加压到拉开滤板卸渣的整个工作循环。压滤机滤板系统通过电接点压力表测得压力值并通过调节电接点压力表的设定值，在压力到达（或开机时低于）下限时，使电接点压力表的活动触点（电源公共端）与下限触头接通，继电器动作，接通电机，电机启动；当压力达到上限时，使电接点压力表的活动触点与设定指针上的上限触头接通，继电器动作，切断电机电源，电机停转。当压滤机到达一端行程开关位置时，行程开关接通电机正转电源，电机正转，到达另一端行程开关位置时，行程开关接通电机反转电源，电机反转，如此往复，实现自控。

蒸发工序自动控制系统的设计比较复杂。一次蒸发、二次蒸发、三次蒸发、四次蒸发工序自动控制系统的设计方式基本相同。蒸发进料流量由电动执行器通过 DCS 控制。蒸发进料流量通过电磁流量计将信号传送给 DCS，并通过现场的触摸屏电脑控制电动执行器，触摸屏电脑和工控机共享，实现两地控制。各效体温分离室温度由铂热电阻将信号传给 DCS，一效分离室温度由 DCS 调节三通电动调节阀（控制蒸汽、进料）实现控制。闪蒸出料浓度由质量流量传感器将信号传送给 DCS，与调节蒸汽流量的电动调节阀实现串级控制。闪蒸出料液位由液位变送器将闪蒸罐液位信号传送给 DCS，通过工控机自动调节电动调节阀，以实现对闪蒸罐液位的控制，并在工控机上显示液位。各分离器真空压力由绝对压力变送器将信号传送至 DCS，并在工控机上显示绝对压力。各效体料液泵、真空泵、冷凝水泵、出料三通电动调节阀均由 DCS 控制。

立式结晶预结晶罐温度自动控制由铂热电阻将测得的信号传送给 DCS，通过调节控制蒸汽流量的电动调节阀来实现温度的自动控制；预结晶罐液位自动控制由液位变送器将测得的信号传送给 DCS，通过调节控制进料流量的电动调节阀来实现料位的自动控制；预结晶罐搅拌电机由变频器控制，并将信号传至 DCS，通过工控机实现两地控制。1～4 号立式结晶罐的液位和温度分别通过各自的液位变送器和铂热电阻将其信号传至 DCS，通过调节控制进料流量的电动调节阀和控制蒸汽的电动调节阀实现对各罐料位和温度的自动控制，各罐搅拌与预结晶罐的搅拌自控设计类似。进水流量通过电磁流量计将其信号传送至 DCS，并通过工控机实现对进水流量电动调节阀的控制。

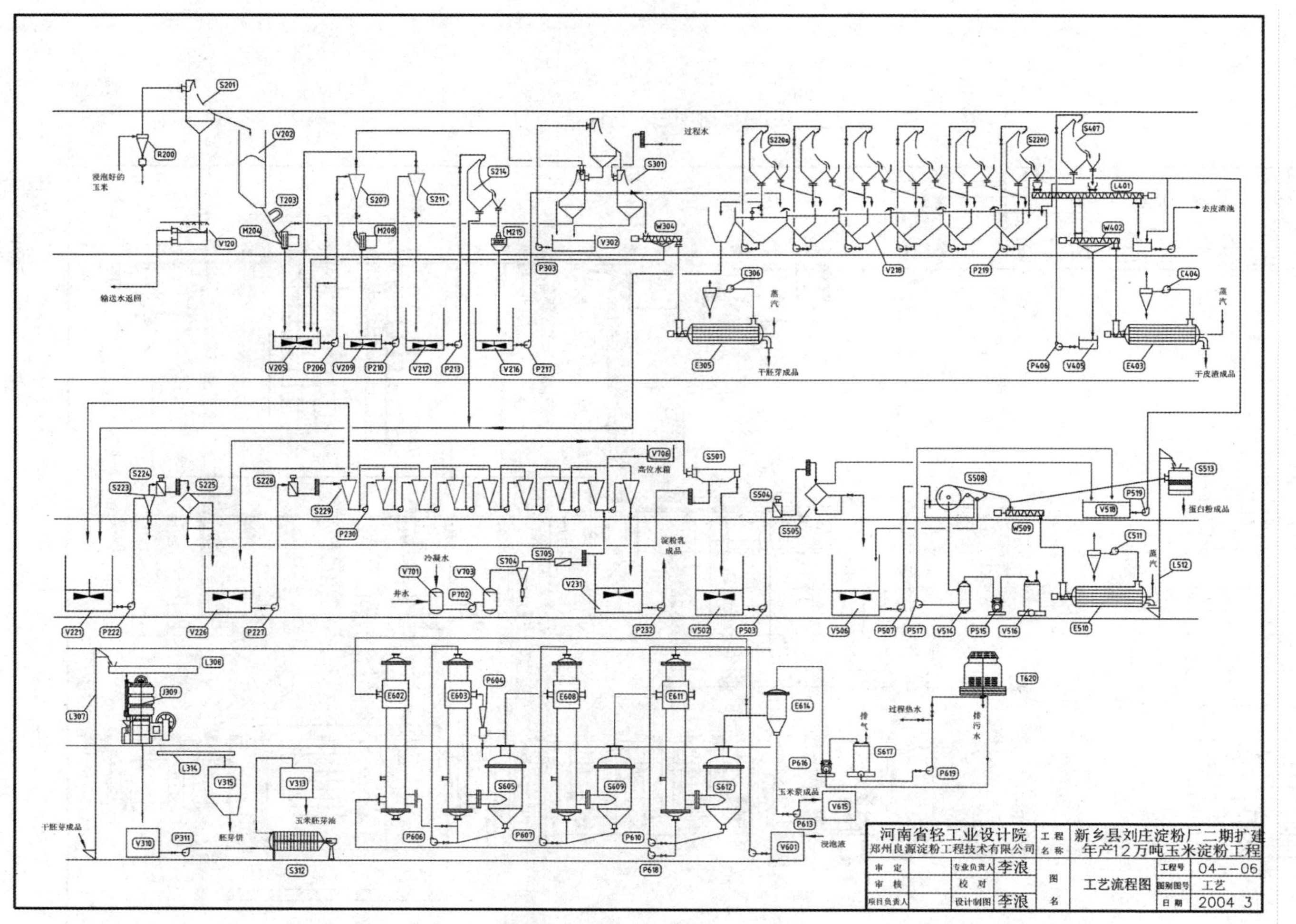

图3-54　玉米淀粉生产工艺流程图

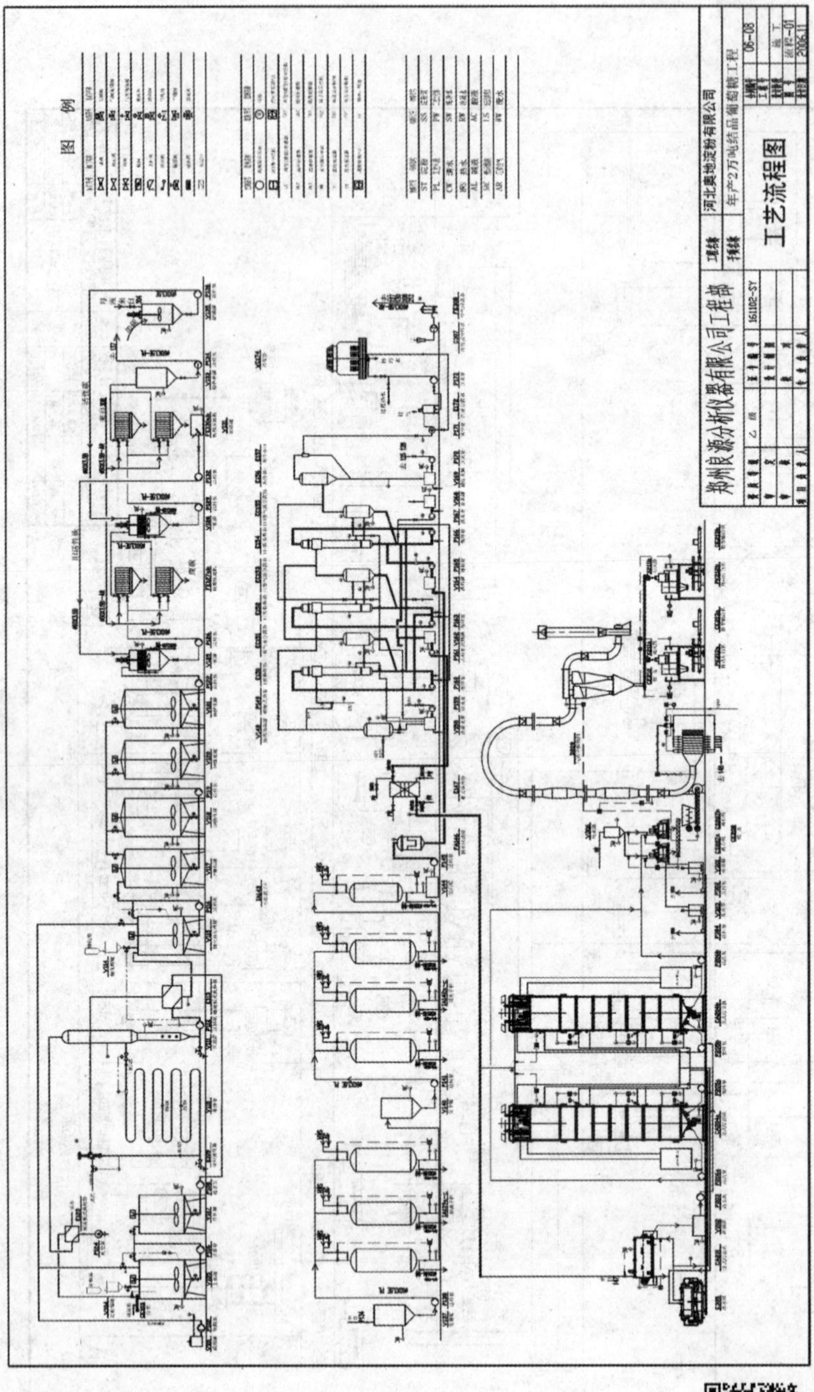

图3-55　结晶葡萄糖生产工艺PID图

四、啤酒发酵设备的 CIP 清洗与消毒杀菌工艺

随着啤酒行业的迅速发展，啤酒厂家之间的竞争加剧，国内大多数啤酒厂越来越重视啤酒的风味稳定性，逐步向“酿造纯生化”方面发展。20 世纪 90 年代末期以来兴建的啤酒厂大多能够考虑“无菌化酿造”要求，在设备的选型上要求较高，酿造过程基本不受杂菌污染，厌氧菌控制水平较高（＜10 个/mL）。近年来，啤酒厂家之间的竞争更加趋于白热化，对产品品质的要求更是不断提高，对设备的选型、安装，以及 CIP 清洗操作都提出了更高的要求，酿造过程避免受杂菌污染，厌氧菌控制水平更好（＜2 个/mL）。下面就啤酒罐群 CIP 系统及操控系统做一介绍。

目前我国各啤酒厂的啤酒发酵罐都是 100～500 m^3 的锥形罐，20%的厂是碳钢罐壁加 T541 防腐层，70%的厂是一般 304 不锈钢板制造，10%的厂采用了镜面抛光 304 不锈钢板制造；清洗方式大多数采用传统的固定洗球（见图 3-56a），也有不少企业后改换为旋转喷头（见图 3-56b）和旋转喷嘴（见图 3-56c）。对于啤酒酿造来说，发酵罐的清洗和灭菌是消除啤酒有害微生物的主要手段之一。发酵罐的清洗工艺通常包括：①碱洗—酸洗—清水洗—无菌水洗；②清洗剂洗—碱洗—酸洗—清水洗—无菌水洗；③碱洗—酸洗—清水洗—消毒剂洗。这三种工艺可交替使用，有的工厂不定期循环使用①和③。碱洗为 45～50℃的 2%氢氧化钠溶液，酸洗为常温的 1%～2%硝酸溶液，酸洗也有使用 HPC-4 高效酸性清洗剂加渗透剂的，清洗剂为常温的 1%～2% ClO_2 溶液，消毒剂为浓度 0.07%～0.17%的 H_2O_2 溶液。

（a）传统固定洗球　（b）旋转喷头　（c）旋转喷嘴

图 3-56　发酵罐的三种清洗器

CIP 清洗系统工艺管路如图 3-57 所示。管道焊缝采用氩弧焊双面成型技术，管道要求“尽量短”“无盲肠”或“无存液”等，以便消除清洗死角。CIP 罐出口压力表值应在 0.55～0.60 MPa，洗罐器工作压力应≥0.35 MPa，发酵罐清洗一定要按 CIP 操作规程进行。

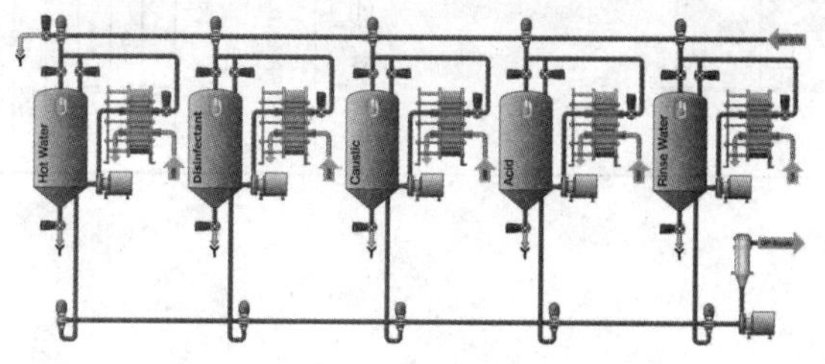

图 3-57　CIP 清洗系统工艺 PID 图

年产 10 万吨啤酒生产工艺 PID 图如图 3-58 所示。

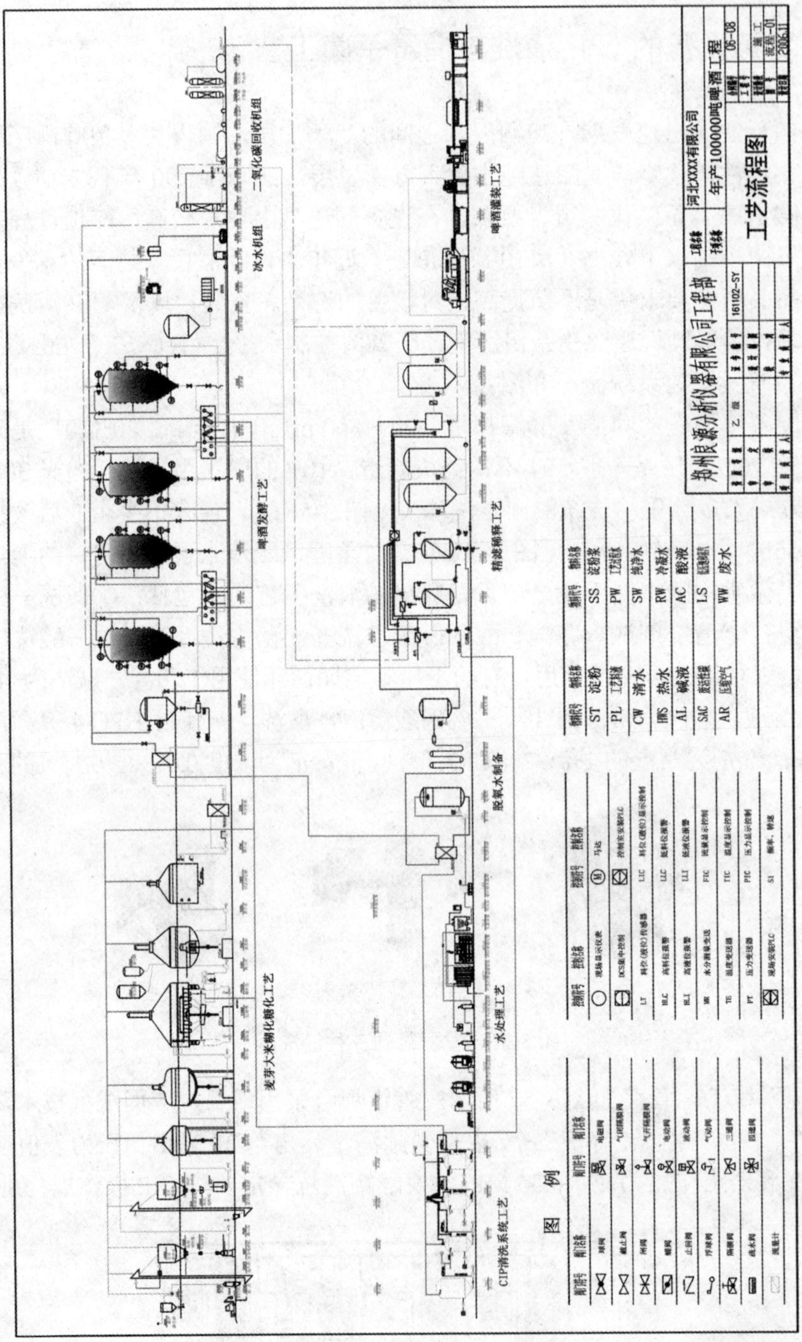

图3-58　年产10万吨啤酒生产工艺PID图

五、发酵菌种扩大培养工艺

发酵罐种子培养一定是纯种培养，不能有杂菌污染，否则接种到发酵罐发酵就会导致发酵失败，因此发酵罐种子培养工艺设计非常重要。下面分别从实验室扩培、生产扩培及培养基配制等3个方面提出应注意的事项。

（1）保藏菌种移植、接种要严格无菌化操作，标准化操作。

（2）优化培养基配方和制作方式很重要。

（3）逐级培养工艺设计要正确。

（4）必须保证整个扩培周期内无菌空气绝对无菌。

（5）精准控制扩培工艺参数。

（6）提高生产扩培菌种活力，保证转接活菌数在对数生长期内。

（7）合理安排生产，保证扩培菌种能被即时接种到发酵罐，减少由于生产过程异常而冷冻扩培菌种的情况发生。因为这样会降低菌种活力，延长接种到发酵罐后的菌种适应期，使发酵周期延长。

（8）在整个扩培过程中，严格控制清洗、灭菌，包括无菌空气精滤滤芯等每个环节，杜绝污染。一旦菌种被污染，应废弃重新扩培。所以发酵种子罐要有备用的。

（9）要定期检查无菌空气精滤滤芯、种子罐搅拌轴密封、罐上各阀门是否有微小渗漏，一经发现必须采取措施杜绝。

（10）扩培过程自动控制水平尽量高，过程检测元件如pH探头、溶氧探头等要定期校准。

综合考虑以上因素，最关键的一点是发酵菌种扩大培养工艺硬件设计一定要好，图3-59是常用的菌种扩培工艺PID图。

六、酒精发酵工段和固态发酵饲料工段工艺PID图

图3-60是酒精发酵工段生产PID图。酒精发酵罐是目前单罐发酵容积（2000～5000 m^3）最大的工业化生产装置，由于发酵产热量大，一般采用发酵罐外换热器换热，由泵循环发酵液降温。由于泵类设备难以彻底灭菌，故酒精发酵技术采用加青霉素的方法来抑制杂菌，并采用大罐连续发酵和半连续发酵。酒精发酵是一个耗能多的过程，且需要消耗大量的冷却水等，所以其核心设备——酒精发酵罐的合理设计及工艺安排至关重要。不同规模工厂采用不同形式的发酵罐及配套的换热方式。

在南阳天冠谷朊粉车间改造中，采用了三相卧螺法小麦淀粉生产工艺取代了原来的旋流法工艺，并将小麦B淀粉浆液化糖化用于酒精发酵，采用低压喷射技术连续喷射液化全酶法制糖，应用自动控制层流技术，使总糖转化率达到97%，比传统工艺提高2%以上。高浓度糖流加酒精发酵技术，采用能发酵戊糖和己糖的酵母菌株，使酒精蒸馏能耗大大下降，蒸馏工艺采用负压蒸馏技术和蒸汽热泵循环使用来节能。蒸馏糟液与麸皮混合固态发酵无废水生产方法等新技术也达到了国际先进水平，不仅生产了副产品，还大大提高了产品的附加值，同时也获得了国家专利。

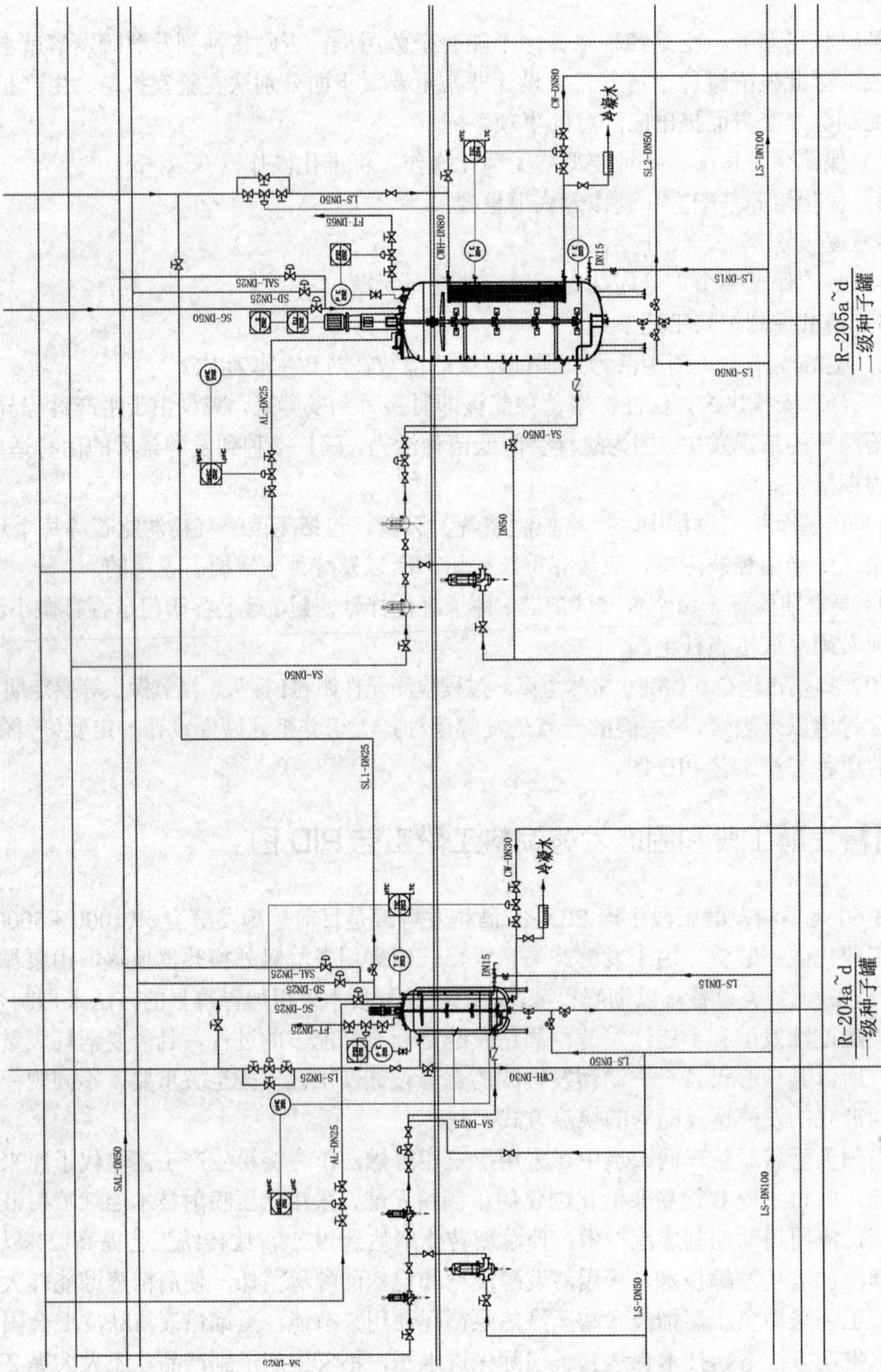

图3-59 发酵菌种扩大培养工艺PID图

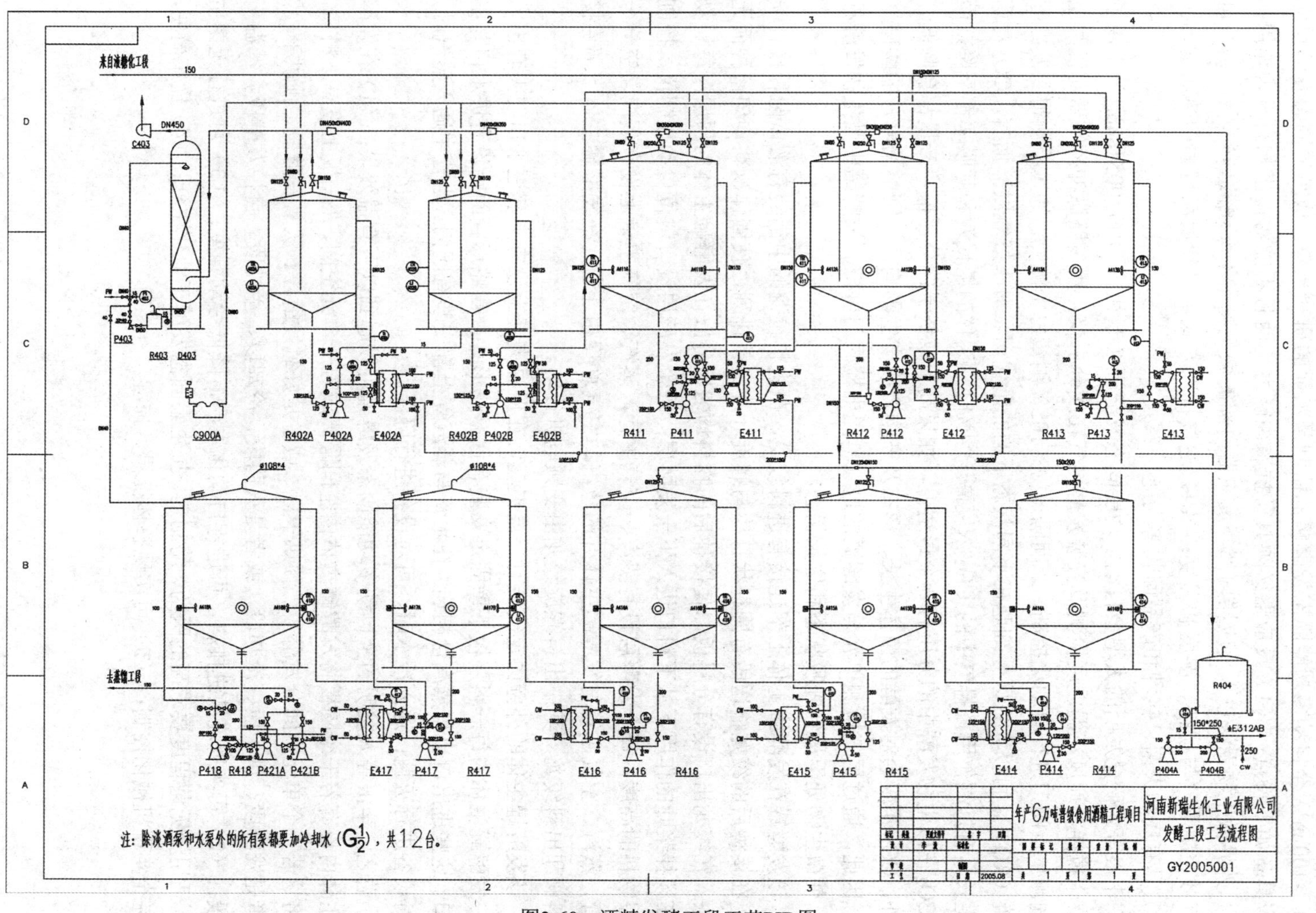

图3-60　酒精发酵工段工艺PID图

现代固态发酵技术是一项结合了现代发酵理论与机械自动化等多学科特点的技术，大型（≥100 m^3）全自动多功能固态发酵罐的研制是当前的研究热点。成功的固态发酵反应器应具备如下特点：（1）反应器必须具备抗腐蚀能力，而且不能对微生物有毒害作用；（2）外界微生物无法进入反应器内部，反应器内部的微生物也不会飘散到外界；（3）可以有效控制曝气与搅拌、湿度和温度；（4）通过特殊方式可以使反应过程中热质均匀；（5）具有底物灭菌、接种和产品回收等功能。

李浪等人研究发明的大型全自动多功能固态发酵罐（专利号 201710054886.1）采用了多层带搅拌、通风、温湿度检测及安装发酵尾气在线分析仪，用多路脉冲控制器对发酵层不同测量点阀门进行自动化控制，即间隔巡检（10S）测量每个测点。通过检测得到发酵呼吸熵（RQ），可以大致区分细胞在不同状态下的能量代谢。对于好氧发酵而言，CO_2 对菌体生长具有抑制作用，排气中的 CO_2 浓度高于 4%时，菌体的糖代谢和呼吸率都下降，而且 CO_2 在微生物发酵中的分压有一个最适值，如果高于或低于此分压值，产量都会降低。此外，CO_2 不仅会对发酵的菌体生长、形态及产物合成产生影响，还影响培养液的酸碱平衡。因此，通过尾气检测单元与发酵罐的进气单元电控阀门可控制发酵罐中微生物发酵程度，使微生物处于最佳呼吸状态和生长状态。

该发酵罐在发酵罐主体上部连接有进料绞龙，在进料绞龙的中部装有液体菌种接种喷头，在接种后的绞龙输送段有圆柱状打棒与螺旋叶片交替排列，使固体物料均匀接种而无结块；在绞龙出口设有分料板，使接种后的物料均匀地分散在发酵罐主体的顶层；每层物料在搅拌桨叶的作用下从下料口进入下一发酵层；每个发酵层设有料位自动控制仪，控制每层物料的高度；每个发酵层设有蒸汽、空气主管，蒸汽、空气主管上设有蒸汽、空气分流管，蒸汽、空气主管与发酵罐主体外的蒸汽、空气总管相连通；在发酵罐主体下部连接出料阀和出料绞龙，其中出料螺旋绞龙由变频电机传动。

该发酵罐主体的外壁固定安装有保温夹套，在保温夹套上设有夹套进水口与夹套出水口。发酵罐主体的每一料层板下壁固定安装有保温蛇形管，在蛇形管两端设有进水口与出水口。这些进出口也与蒸汽管相连。在水管与蒸汽管上都安装有阀门。当管中通入蒸汽时，可对设备进行灭菌；通入冷水时，可对设备进行降温。

总之，李浪等人发明的全自动多功能固态发酵罐可以起到以下有益效果：（1）在发酵罐主体内设有若干个隔板将发酵罐主体内空间隔离成若干单元空间，在隔板上设有下料口，可将这若干个单元空间分发酵段、预烘干段，或者是好氧发酵段、厌氧发酵段、预烘干段，或者是发酵段、烘干段、冷却段，或者是灭菌段、冷却段、接种段、自控发酵段、低温干燥段；（2）可实现连续进排料，可进行自动化生产，降低劳动强度；（3）可进行无菌生产，适用于无菌程度要求高的医药、酶制剂、抗生素固态发酵工业化生产；（4）操作简便，可完全实现机械化控制；（5）可实现整体控温、控湿。

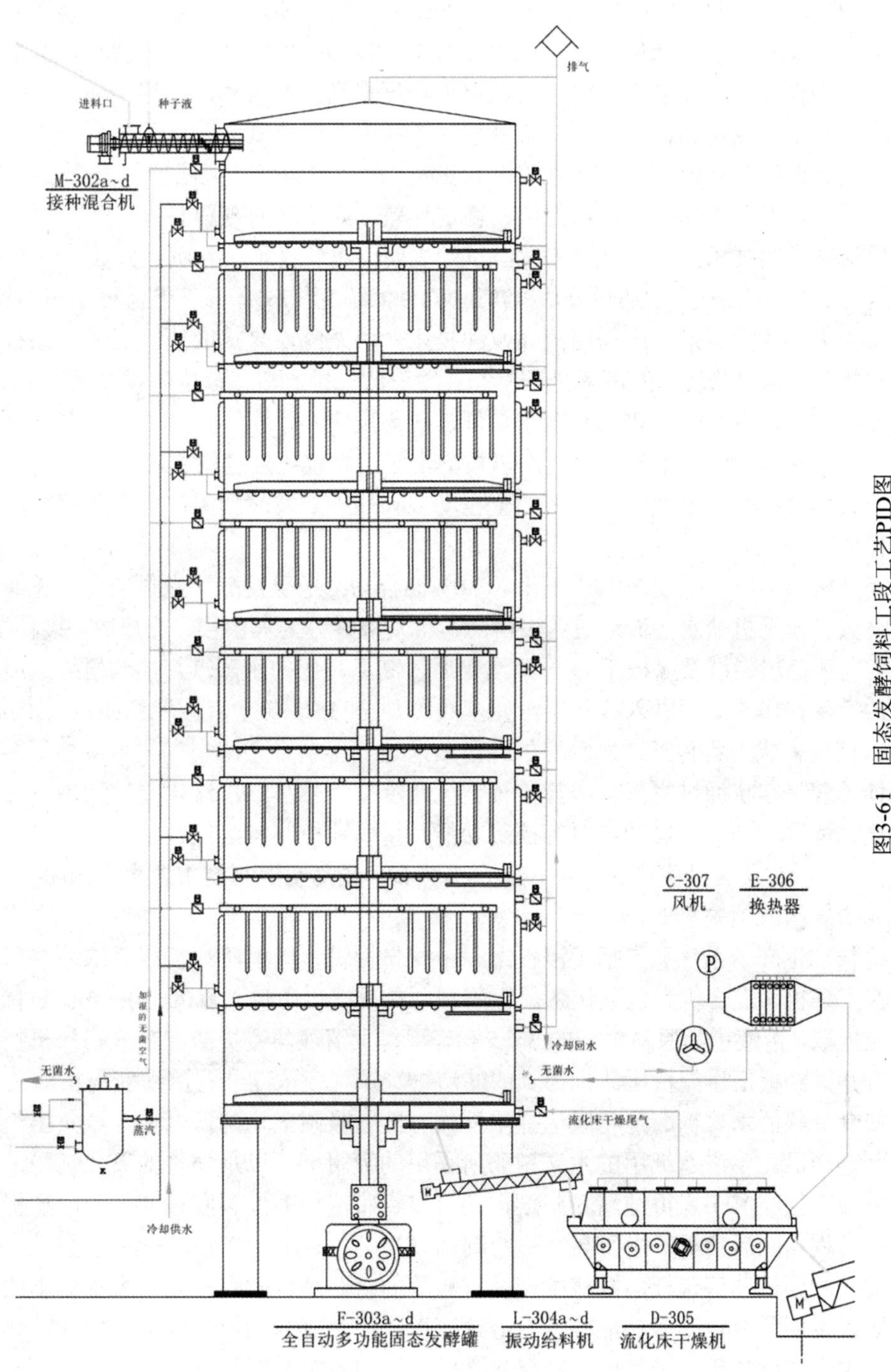

图3-61　固态发酵饲料工段工艺PID图

这项发明集干料混合、加水拌料、蒸汽灭菌、接种、自控发酵、低温干燥、原料粉碎、自动出料、成品破碎九种功能于一体，生产原料无须转移，不会露天暴露在外，可使固态发酵所有操作均在发明的多功能生物固态发酵罐中完成，即通过该发酵罐可连续完成固体类生物制品的发酵、生产制备过程。该设备适用于各种抗性菌种、好氧菌种、厌氧菌种的固态发酵，不仅卫生、环保、节能，而且可大幅度提高生产效率，能够实现工业化规模化生产，降低了生产成本和设备投资，有效解决了在制备生物制品时，固态发酵生产工艺落后，固态发酵设备功能单一、易染菌、劳动量大、装料系数低，无法控制混合搅拌、温度、湿度，以及生物繁殖成功率低，均匀性、稳定性差，效率低的难题。

采用这项发明技术的500吨豆粕发酵试验表明，成品豆粕水分质量分数≤9%，粗蛋白质量分数≥47%，酸溶性蛋白质量分数≥7%，KOH溶解度≥75%，该工艺流程如图3-62所示。

现在绝大多数酶制剂生产采用液体发酵技术，由发酵液来提取所需的酶。该技术存在工艺流程复杂，容易染菌，发酵后处理复杂，“三废”排放多，单位体积产酶率低等缺点。固态发酵不同于液态发酵，培养基含水量低，所需反应器体积小；产物浓度高，产品纯化费用低；无废水排放，污染物较少，所以被提上了可持续工业化大生产的日程。

下面具体介绍采用李浪等人发明的全自动多功能固态发酵罐生产木聚糖酶粗酶制剂的工艺流程。

由提升机将生料（麸皮70%、玉米芯30%混合物）送至发酵罐进料绞龙，在绞龙中由原接种喷头喷入无机盐水溶液后进入发酵罐。将发酵罐分为灭菌层、冷却层、接种发酵层、发酵层。向灭菌层夹层及隔板下U形蒸汽管通入高温高压的水蒸汽，控制搅拌速度并使物料在120℃保持0.5 h后进入冷却层，待基质冷却至35～40℃后接种黑曲霉（*Aspergillus niger*）。接种方式为将种子罐发酵好的种子液通过气湿耦合无菌空气发生罐的无菌水管口加入，种子液呈雾状通过空气分布管接种到灭菌冷却培养基中，这样接种均匀。在发酵层通过恒温、恒湿、通风、自动出料等控制功能，精确地控制发酵过程中的温度、湿度及供氧等条件。在经过优化的生产条件下，经60 h发酵，成品粗酶制剂中含木聚糖酶3500 U/g。该生产成绩居国内领先水平。

精酶制剂生产子系统又包括了浸提罐、带式挤榨机、板框压滤机、膜浓缩装置、计量罐、喷雾干燥机、混合机和包装设备。粗酶制剂在浸提罐中加入0.02～0.5 mol/L稀盐溶液进行逆流提取，溶液量为原料体积的3～5倍。浸提上清液与浸提渣经带式挤榨机挤榨出的挤出液合并，经板框压滤机压滤，得到的滤液再经选择膜浓缩装置浓缩获得精酶液。

生产食品级的木聚糖酶是将膜选择浓缩液与淀粉吸附剂均匀混合后，经负压气流干燥得精酶制剂产品。生产造纸用的木聚糖酶所采用的吸附剂可以是廉价的氧化钙粉，也可以将膜浓缩液直接喷雾干燥得纯酶粉制剂，还可以将膜浓缩液经凝胶过滤、吸附层析、双水相萃取等过程精制后喷雾干燥得高纯酶粉制剂。

目前，利用枯草芽孢杆菌发酵生产纳豆激酶的培养基种类有很多，大都成本比较高。而李浪等人发明的全自动多功能固态发酵罐可以采用透气性物料的载体发酵法，如以稻壳为载体来提高发酵基质的透气性，提高基质豆粕的利用率。下面是具体的操作步骤。

将豆粕与稻壳按1∶0.15比例在发酵罐进料绞龙混合中，并在绞龙中由原接种喷头喷入无机盐水溶液（豆粕以 1∶1.2 加无机盐水溶液），然后进入发酵罐。发酵罐分为灭菌层、冷却层、接种发酵层、发酵层。向灭菌层夹层及隔板下 U 形蒸汽管通入高温高压的水蒸汽，控制搅拌速度并使物料在 110℃保持 20 min 后进入冷却层，待基质冷却至 38～40℃后接种枯草芽孢杆菌（*Bacillius subtilis*，保藏号 CGMCC No. 4731）。接种方式为将种子罐发酵好的种子液通过气湿耦合无菌空气发生罐的无菌水管口加入，以 10%的种子液接种量，种子液呈雾状通过空气分布管接种到灭菌冷却培养基中，这样接种均匀。在发酵层通过恒温、恒湿、通风、自动出料等控制功能，精确地控制发酵过程中的温度 35～40℃、湿度 65%～85%RH 及供氧 1000～2600 m^3/h 等条件固体培养基 4 罐，在经过优化的生产条件下，结果最佳料层厚度 200 cm、最佳温度 37℃、最佳湿度 75%RH、最佳转速 6 r/min、最佳通风量 1600 m^3/h，经 24 h 发酵成品中纳豆激酶酶活最高达到 6750 FU/g 干基。

将发酵基质按 1∶3 的量在浸提罐中加入 4℃的生理盐水浸提 4 h 后，从筛网底排出浸提液，在筛网上为发酵载体稻壳，可回用于下一批混料发酵。浸提液经两相卧式螺旋离心机（4500 r/min）离心 20 min 得上清液和固形物，固形物干燥得蛋白饲料，上清液经选择膜浓缩装置浓缩得纳豆激酶液。将膜浓缩液经凝胶过滤、吸附层析、双水相萃取等过程精制后喷雾干燥得高纯度纳豆激酶粉药物制剂，同时也得到副产物 γ-多聚谷氨酸。

七、赖氨酸连续离交工艺

工业化的连续离交色谱是美国 AST 公司（Advanced Separation Teoh Inc.）在 20 世纪 90 年代发展起来的一项高新技术，已广泛应用于糖及糖醇、氨基酸、有机酸、维生素、医药、稀有金属回收等诸多领域。美国卡尔冈碳索公司（Cargon Carbon Crop.）提供的工业连续离子交换色谱分离设备商品名为 ISEP，已在全球 70%以上的赖氨酸生产中获得应用。

ISEP 系统由一个转盘和 30 个短小的树脂柱组成，这些树脂柱按环形布置在转盘上，转盘由驱动系统推动旋转，以带动树脂柱转动。在树脂柱的中心部位设置一分配阀，分配阀由固定端和旋转端两部分构成，固定端和旋转端的槽口由管道分别和各个树脂柱连接。固定端的槽口同时与进入和排出系统的物料管道相连。随着旋转端和树脂柱的不断向前转动，每个树脂柱依次和固定端的槽口相通，在不同的位置，某种特定的料液（如进料、洗涤水、再生液、淋洗水等）流经相应的树脂柱。全部树脂柱按圆周划分成几个不同的区域（如吸附、洗涤、洗脱、淋洗等），其流程如图 3-63 所示。ISEP 处于运行状态时，流入或流出这些槽口的液流是恒定的、不间断的。当树脂柱旋转一周时，每个树脂柱都经过了一次吸附、再生及洗涤等过程，形成了一个完整的离子交换过程。

另一种工业化的连续离交系统称为 CSEP 系统，它是由 16 个或 20 个固定的离子交换柱与多个自动控制阀、PLC 控制器及各进料泵变频调速器组成。以程序控制自动控制阀和各流体泵流量闭环控制系统，实现流体“转盘”联动控制，解决了 ISEP 系统“转盘”树脂柱旋转时需要动力驱动，分配阀难于维修，管道与槽口需严格密封等问题。

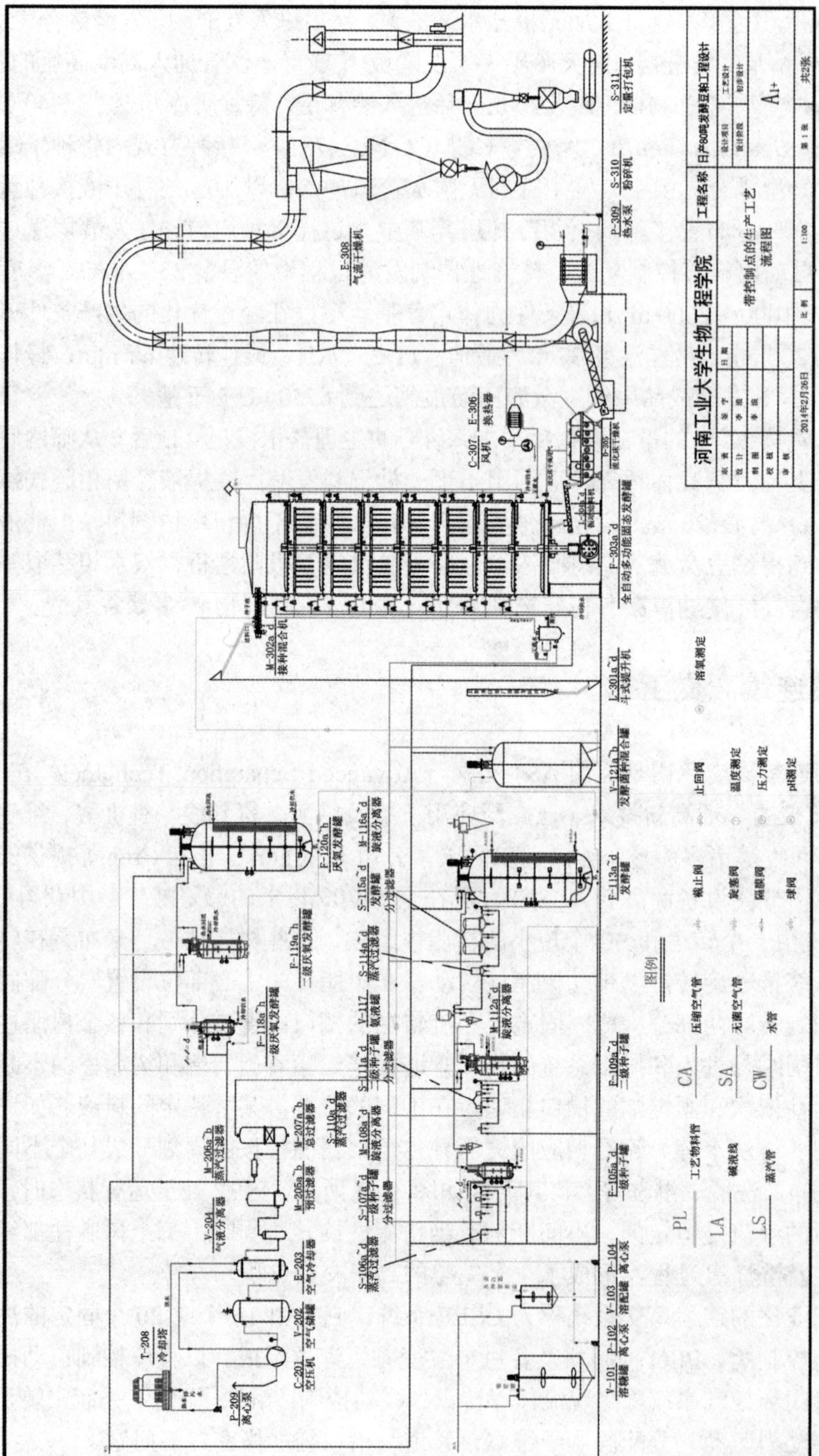

图3-62 日产80吨固态发酵豆粕工艺流程图

CSEP系统管道配置非常灵活，可以根据物料特点方便地加以调整，如可以调节不同的传质区段的长度和不同的液体通过速度，从而适应各种不同浓度物料的分离需要。CSEP系统的设备也具有较好的可调节性，如逆向流动排除夹带，级间调节pH等，在固定床系统中是难以实现的，在CSEP系统中却可以实现，从而最大限度地满足了工艺要求，可以取得最佳的经济效益。使用CSEP连续离交技术生产L-赖氨酸，既可行又具有成本竞争力。与间歇式的树脂回收系统相比，该工艺不仅大大减少了洗涤用水的消耗和废料的产生，基本实现了清洁生产，有利于环保工作；而且CSEP技术通过提高树脂的生产力来降低树脂的需求量以及其生产中较高的收率使得产品成本大幅下降，具有市场竞争力。

CSEP技术除了在赖氨酸生产中被广为使用外，还被用于苏氨酸、色氨酸、乳酸、柠檬酸、Vc、功能性糖等产品的精制。与普通固定床离子交换技术相比该项技术有以下优点：①产品收率高，纯度高；②化学品消耗少，废水量小；③树脂消耗少，运行费用低；④操作简便，可调性好。

八、发酵液提取产品时的四效蒸发浓缩结晶工艺

发酵液提取产品时的四效蒸发浓缩结晶工艺将减压真空蒸发浓缩与真空结晶结合起来，具有广泛的实用性，它适用于有结垢性、结晶性、热敏性（低温）、高浓度、高黏度并且含不溶性固形物等的化工、食品、制药、环保工程、废液蒸发回收等行业的蒸发浓缩。其结构系统组成为：分汽缸、各效加热器、各效蒸发分离器、冷凝器（混合式或表面式）、各效强制循环泵、各种料液输送泵、真空泵、冷凝水泵、操作平台、电器仪表控制柜及界内管道阀门等。多效蒸发的蒸汽走向为：生蒸汽进首效，首效冷凝水回锅炉或进入二效加热室闪蒸，首效分离室产生的二次蒸汽作为二效热源，二效分离室产生的二次蒸汽作为三效热源，依此类推，末效二次蒸汽经表面冷凝器冷凝后汇入冷凝水储罐。二效加热室内冷凝水进入三效加热室进行闪蒸回收热量，三效加热室内冷凝水进入四效加热室闪蒸回收热量，四效加热室冷凝水汇入冷凝水储罐。物料顺流进料，首效进料末效出料，产品浓缩液储存于溶液缓冲罐作为本工序的产品。末效后接真空系统，有效降低物料沸点，在有限的热源蒸汽温度条件下使得多效蒸发过程成为可能。

图3-64为四效强制循环式蒸发浓缩结晶工艺图。该工艺的主要特点包括：①设备相对处理的物料特性适应范围广。其中主要针对蒸发过程容易结垢的物料；蒸发过程有晶体析出的物料；随着浓缩浓度提高，黏度相应增加的物料；有不溶性固形物的物料等。②在蒸发过程中，物料加热通过强制循环，在管内流动速度快、受热均匀、传热系数高，并可防止干壁现象。③料液通过强制循环泵快速经加热器加热，顶部出来直接切线式进入蒸发分离器，汽液分离效果好。④物料通过设备蒸发浓缩，抽真空低温蒸发浓缩，加上连续式进出料，加热蒸发时间短，适应于食品酱料物料的热敏性蒸发浓缩。⑤设备结构紧凑、占地面积小、布局流畅、操作方便、性能稳定等。⑥设备可配置自动化系统，实现进料量自动控制，加热温度自动控制，出料浓度自动控制，还可配备突发停电和故障时对敏感性物料的保护措施，以及其他安全、报警等自动化操作和控制。

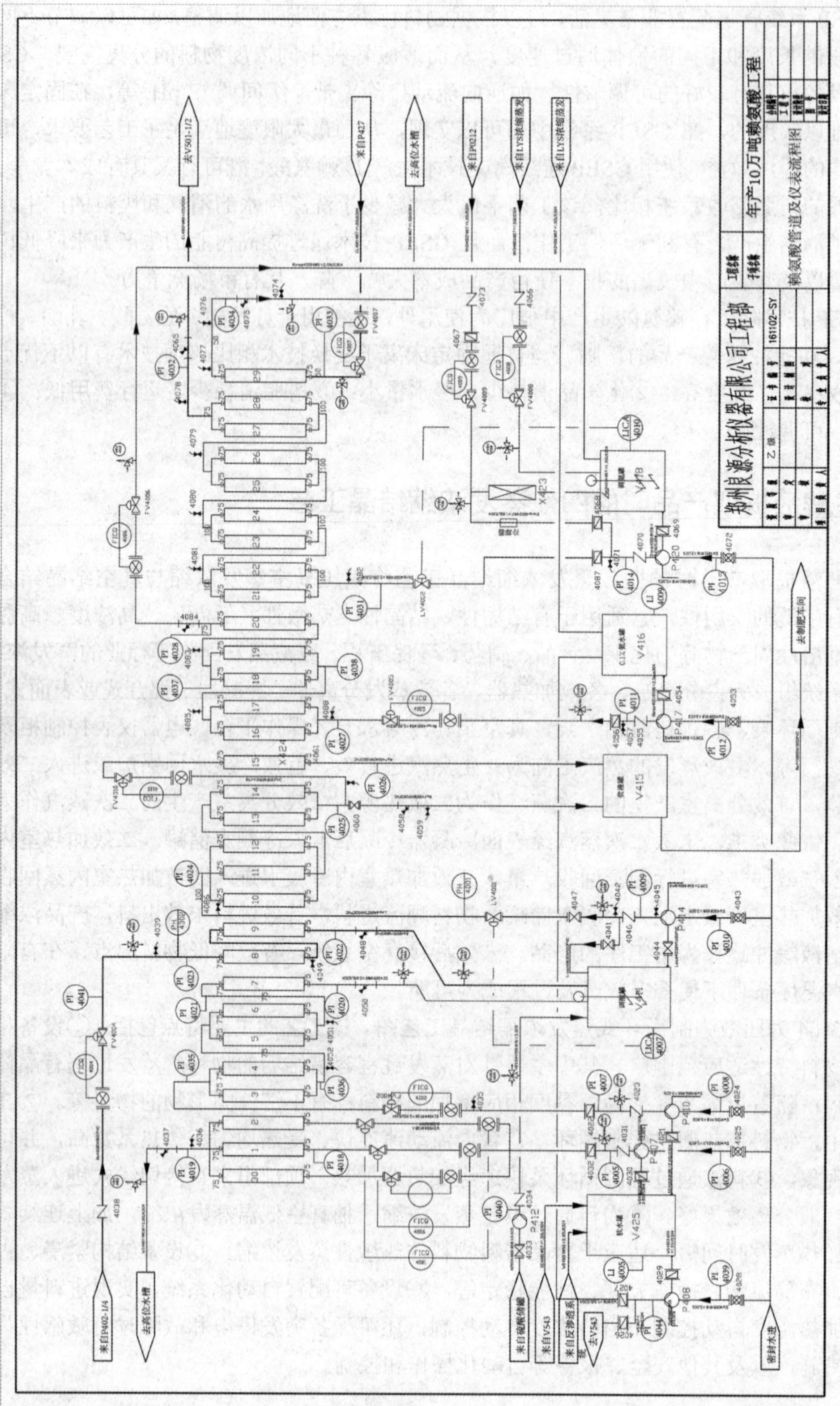

图3-63 赖氨酸连续离交工艺流程图

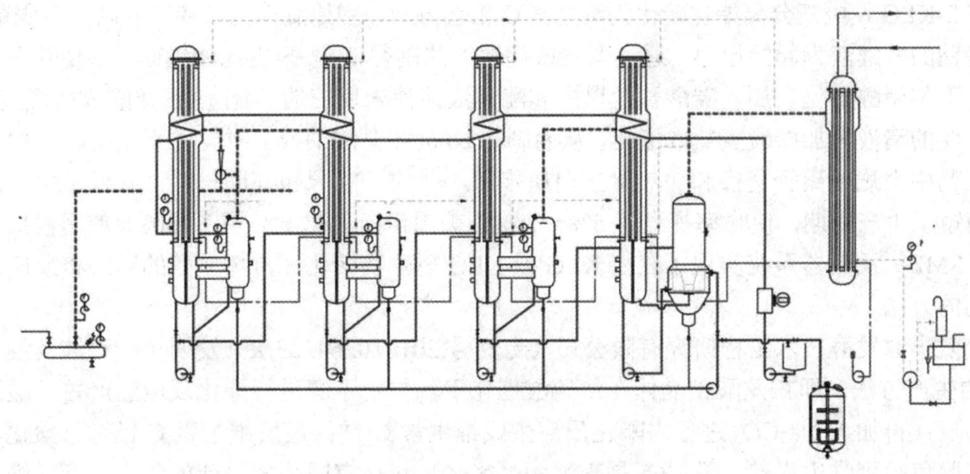

图 3-64　四效强制循环式蒸发浓缩结晶工艺

九、维生素 C 生产工艺 PID 图

2014 年以前我国的维生素 C 生产以二步发酵法为主，这个过程包含 3 种细菌参与：首先由生黑醋杆菌（*Acetobacter melanogenum*，一步菌）转化 D-山梨醇生成 L-山梨糖，然后在普通生酮基古龙酸菌 S2（*Ketogulonigenium vulgare*，小菌）及其伴生菌（*Pseudomonas striata*，大菌）参与下将 L-山梨糖转化为维生素 C 的前体 2-酮基-L-古龙酸（2-KLG），最后 2-KLG 酯化转化为维生素 C。在第二步发酵过程中，一般认为小菌在转化中起关键作用，大菌只是促进小菌的生长。该工艺流程长，操作烦琐，易被污染，严重影响了维生素 C 的生产效益。因此，对维生素 C 生产菌株进行改造，进而构建出极具生产潜力的基因工程菌，对于实现从 D-山梨醇到 2-KLG 的一步发酵具有深远的意义。

谢莉等（2008）对普通生酮基古龙酸菌 S_2 基因组 DNA 进行部分酶切，与质粒载体 pKC505 连接后，用包装蛋白进行包装，转染大肠杆菌 DH5α，构建成普通生酮基古龙酸菌 S_2 基因组文库，得到 12 000 余个转化子，再利用纯化的醇醛脱氢酶免疫家兔制备出合格的抗血清，应用免疫酶斑点技术（Dot-ELISA）对文库进行筛选，获得 1 个阳性克隆 K719#。通过检测此基因工程菌的活性表明，在添加辅酶 PQQ 后，K719#具有使 L-山梨糖转化为 2-KLG 的功能，从而使醇醛脱氢酶在大肠杆菌中得到表达，这为简化维生素 C 的生产工艺奠定了基础。石贵阳等（专利号 201811358451.7）也将过表达 D-山梨醇脱氢酶（SLDH）的地衣芽孢杆菌（*Bacillus licheniformis*，伴生菌）与产酸菌普通生酮基古龙酸菌（*Ketogulonigenium vulgare*）混合培养，发酵制备 2-酮基-L-古龙酸，实现了从 D-山梨醇到 2-酮基-L-古龙酸的一步发酵法转化，简化了生产工艺，缩短了发酵周期，有效降低了生产成本。彭日荷等（专利号 201710489381.8）建立了利用植物维生素 C 合成途径构建大肠杆菌菌株发酵生产维生素 C 的方法。目前，世界维生素 C 生产寡头法国罗氏（Roche）、德国巴斯夫（BASF）等都在致力于探索维生素 C 新的合成途径，对目前的制造工艺进行优化。

在 2-KLG 发酵液分离酯化转化为维生素 C 工艺方面，中原制药厂（1995）以含 2-酮基-古龙酸钠的发酵液为起始原料，通过絮凝或超滤方法制得 2-酮基-古龙酸钠固体，使其在酸性条件下与甲醇酯化，加入碳酸氢盐以中和酯化液并使未反应的 2-酮基-古龙酸成盐沉淀，分出沉淀的清液再加碳酸氢盐内酯化，从而制得 L-抗坏血酸钠或 L-抗坏血酸钾。该法除去现有工艺中大规模离子交换和加热除蛋白质步骤，节约了能源和辅助材料，降低了生产成本，缩短了生产周期，使收率提高了 5%～18%。美国伊斯曼化学公司（2003）使用模拟移动床（SMB）反应器系统实现了在将 KLG 或 KLG 衍生物转化成抗坏血酸的同时将反应产物分离的方法。

安徽丰原发酵技术工程研究有限公司（专利号 201010264225.X）发明了一种涉及维生素 C 的生产方法，即古龙酸钠晶体在浓硫酸催化下，与正丁醇进行酯化反应生产古龙酸正丁酯溶液；再加入 Na_2CO_3 进行内酯化反应生成维生素 C 钠；最后维生素 C 钠进行酸化和活性炭脱色得到维生素 C。图 3-65 是李浪为××××科技有限公司设计的年产 3 万吨维生素 C 工艺流程 PID 图。该方法能大大降低生产成本，减少生产中用水，解决环境污染和安全隐患问题，缩短生产周期，产品收率可达 90%以上。

我们综合多家研究成果并经实验室研究开发出了最新的二级双极膜分离转化法。该方法首先是用陶瓷膜分离除去 2-KLG 发酵液中的菌体蛋白等杂质，然后将膜滤液在第一级双极膜电渗析中转化为古龙酸。得到的古龙酸在固定化酸性树脂催化剂条件下与甲醇酯化，并采用两次酯化两次脱水。第一级反应器控制酯化反应温度为 62～64℃，酯化物经脱水柱脱水，再进入第二级反应器，第二级反应器控制酯化反应温度为 66～68℃，二级酯化物经脱水柱脱水后进入第二级双极膜电渗析中转化，碱室水解生成维生素 C 钠，酸室离子交换生成维生素 C 酸。得到的维生素 C 酸经脱色、浓缩、结晶得粗维生素 C，一次结晶母液回到脱色罐进一步除杂。粗维生素 C 晶体用纯水溶解后降温（40～20℃）结晶得精制维生素 C 晶体，精制维生素 C 晶体经干燥得成品。二次结晶母液返回到粗维生素 C 浓缩结晶器中，从而提高了粗品维生素 C 的生产收率和质量，解决了母液用含有吡啶基团的苯乙烯 D208 树脂吸附脱色，脱色液经浓缩回收，脱色树脂再生的废水问题，简化了生产工序。该工艺产品收率高，可以由原来的 95%提高到 97%～98%，杂质含量由原来的 20～100 g/t 降低到 0.1～20 g/t，除去了现有工艺中大规模离子交换和加热除蛋白质步骤，节约了能源和辅助材料，减掉了大量离交废水的排出。采用双极膜电渗析转化技术反应温度温和，提高了维生素 C 的产率并缩短了转化的反应时间，而且双极膜组件使用周期长。与现有技术相比，其最大的区别是不使用硫酸、盐酸，没有固体副产物硫酸钠，也没有含氯化钠的高盐酸性废水产生，环保处理费用及废水排放量大幅降低。双极膜电渗析的副产物氢氧化钠溶液可用于发酵尾气 VOC 及二氧化碳的吸附，吸附液回收提纯碳酸钠，碳酸钠再回用于发酵生产。同时该技术可以缩短工艺路线，降低生产成本，实现经济、环保双收益，是目前最好的维生素 C 清洁生产方法。

此外，该方法在酯化转化阶段，采用两次酯化，在双极膜电渗析装置中完成从维生素 C 钠到维生素 C 酸的转化。使用双极膜电渗析装置代替之前离子交换工艺，使得工艺过程中没有废水的排放，减少了对环境的污染。在维生素精制阶段，采用 MVR 系统结晶和真空浓缩两次结晶，最后通过气流干燥系统干燥产品。

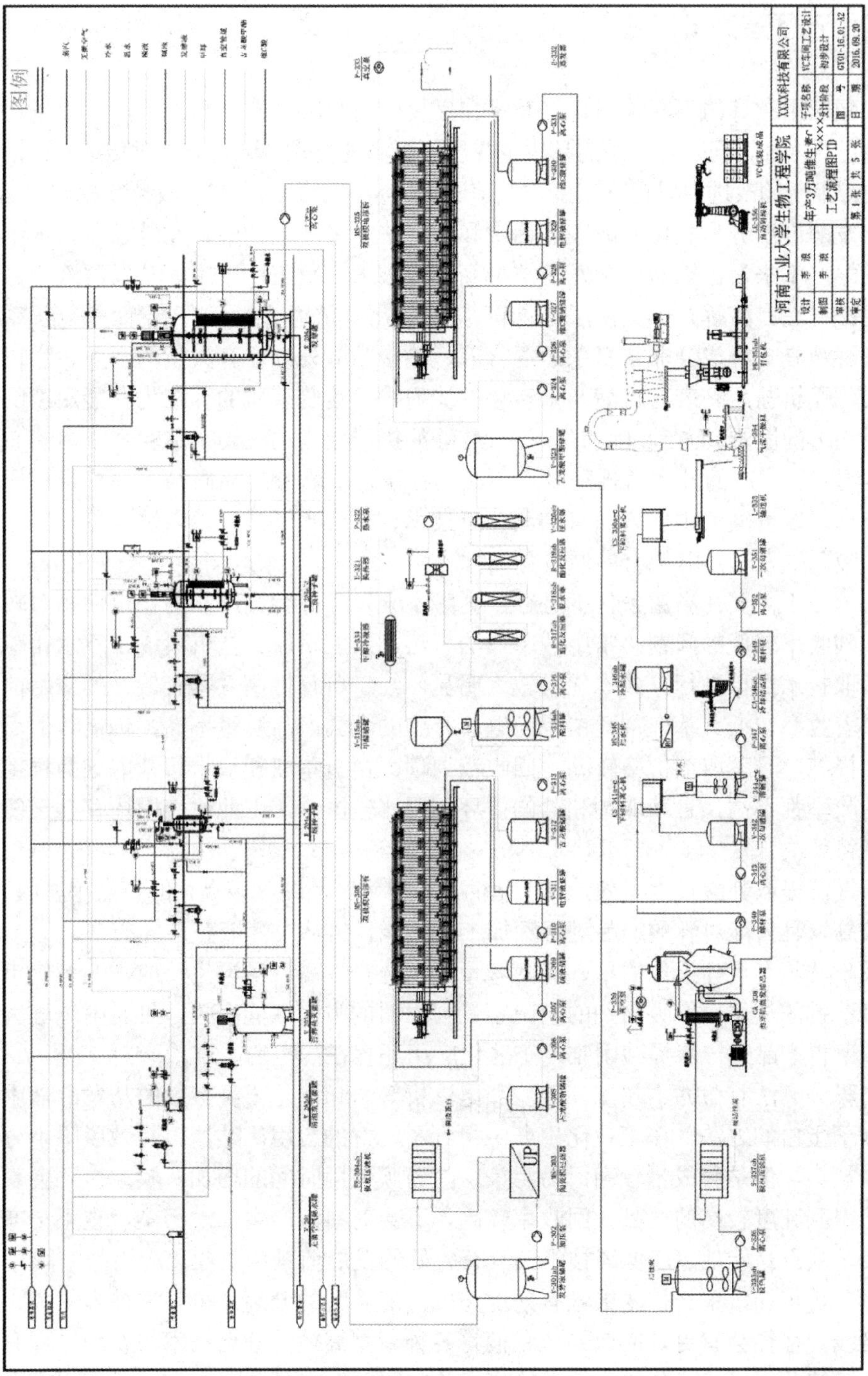

图3-65　年产3万吨维生素C工艺流程PID图

十、乳酸生产工艺 PID 图

随着乳酸应用领域的不断扩增，尤其是在生物降解材料（聚乳酸）方面，市场对于乳酸的需求量日益增加，同时对乳酸的品质也提出了更高的要求。这就需要对传统发酵法生产乳酸工艺进行不断的改进，以提高其生产效率，保证发酵、提纯生产工段持续稳定地运行。

乳酸的发酵方法分为氧化钙或碳酸钙中和发酵法、氢氧化钠中和发酵法、氨水中和发酵法。从发酵产率来看，钙盐中和发酵法最高，故被大多数工厂采用。从发酵液中分离乳酸的工业生产方法有酸解离子交换法、酸解离心萃取法、酸解盐析分子蒸馏法、电渗析法。

乳酸发酵液是一种成分非常复杂的混合液，除含乳酸外，还有大量的菌体、蛋白质、残糖、色素、无机盐、副产有机酸及未转化的淀粉等，这些杂质的存在为乳酸后续的分离精制带来了很大的困难。而在实际的生产中，乳酸的提取成本也占到了总生产成本的 50%～60%，是制约乳酸生产的技术瓶颈和难点所在，也决定着乳酸的品质与收率。目前研究从发酵液中分离提取乳酸的主要方法有结晶分离技术、酯化水解法、萃取法、分子蒸馏法、膜分离法、吸附法及与发酵耦合的原位分离技术。

酯化水解法不需要在高温条件下进行，乳酸不会发生分解，产品的稳定性相对较好，但存在着乳酸收率较低的问题。常用的萃取法有溶剂反应萃取、盐析萃取、双水相萃取。溶剂反应萃取技术简单易行，成本优势较为明显，经济可行性高，具有较好的应用前景。但是仍存在着收率较低、萃取剂残留等问题，得到的乳酸产品质量不高，仍需其他后提取工艺进一步提纯，且萃取剂价格较高，回收较烦琐。盐析萃取和双水相萃取这两种提取方法中乳酸的收率都不高，且萃取剂和盐的循环利用比较困难，工业化应用还存在一些关键性的问题有待解决。

分子蒸馏法提取乳酸较为有效，且工艺简单，得到产品纯度较高，但产品单程收率低，设备投资较高，且只能对乳酸产品进行深加工，不能直接从发酵液获得乳酸。

常规吸附法具有设计操作简单、吸附容量大、选择性高、易再生、成本低等优点，且避免了有机溶剂的使用，但吸附剂的吸附容量与材料的吸附性能有关，且脱附过程大多需化学试剂，所得产品进一步提纯困难，工业化应用还存在一定的困难。

常用的膜分离法有微滤、超滤、纳滤和电渗析等。超滤是一种有效的从发酵液中脱除菌体及大分子蛋白的方法，在工业化生产中得到了较好的应用。纳滤可有效脱除小分子有机物及部分盐类，但是膜成本较高，易污染，随着膜使用时间的增加，膜通量还会衰减。电渗法能够得到纯度较高的产品，回收率较高，不会对料液产生二次污染，也不会产生任何酸碱废液，缺点是能耗高，但该技术仍具有较好的发展前景和工业化应用的空间。

从上述分析可知，单一技术很难有效地完成发酵乳酸的分离，将多种技术集成、改良提纯工艺路线，往往会有更好的效果。我们将各种新型高效的分离技术与发酵过程有机结合，实现了连续分离提纯工艺集成技术的整合并应用于生产（见图 3-66），在提高乳酸产率和产品质量的同时，降低了副产物的生成和环境污染。

该设计采用铵盐法发酵生产乳酸，在厌氧条件下，产乳酸细菌消耗葡萄糖将其转化成乳酸，使乳酸溶液浓度达到 140 g/L 以上。提取工艺主要采用世界各国的多项专利技术和先进设备。例如采用陶瓷膜过滤设备，主要是在预处理的条件下对 μm 级的分子团进行过滤，有效实现了对蛋白质分子的分离，使乳酸溶液更加清澈。连续离子交换设备是采用 30 根离子交换柱，每三个组成一根大柱，形成 10 个大柱，安装在一个缓慢转动的转动盘上，真正实现了连续化生产。采用的浓缩设备主要是三效蒸发和分子蒸馏，其中分子蒸馏是最新应用于工业化生产的浓缩、纯化设备。分子蒸馏设备的采用降低了聚乳酸在浓缩工程中的形成，实现了 D-乳酸和 L-乳酸的分离，使 L-乳酸的纯度达到 95%及医药级水平。该设计还对乳酸的国内外市场进行了分析，并进行了物料衡算、水衡算、热量衡算，以及设备选型，基本达到初步设计的程度。

具体工艺操作如下。

（1）发酵。①将芽孢杆菌（*Bacillus* sp.）13002 的菌悬液接种于种子培养基中，进行连续活化培养，得到种子培养液。②将种子培养液接种于发酵培养基中，以恒定补料速率向发酵培养基中补充 α-淀粉酶和糖化酶的混合液，温度控制在 40～60℃，发酵至 72～96 h 收集发酵培养液。利用淀粉的液化酶和糖化酶的作用温度与发酵温度范围一致进行同步糖化发酵生产 L-乳酸，L-乳酸的产量为 150～230 g/L 且具有高光学纯度，可达到 99.8%以上。由于发酵温度高，同时可以避免杂菌的污染。③将部分发酵液当菌种串罐发酵，一次接种增殖，菌体多次重复利用，减少了菌种制备的工作量，简化了发酵工艺，降低了劳动强度。另外，菌种经过连续发酵驯化，L-乳酸发酵周期由 50～55 h 缩短至 24～30 h。L-乳酸的发酵强度显著提高，生产效率提高了 50%以上。④流加发酵策略，利用底物的消耗量和乳酸的产生量之间的比例关系，通过 pH 反馈控制加入底物和碱性物质（NH_4OH）的混合流加液来控制体系的 pH，从而维持体系中的底物浓度在一适宜乳酸发酵的范围内，使乳酸发酵时既不产生底物抑制，也不构成限制。该发酵过程进行至乳酸的浓度达到所需时停止，得到含有高乳酸浓度的发酵液。

（2）提取技术的创新。①首先利用真空转鼓过滤机对发酵料液进行预处理，去除菌体和大分子蛋白，然后用陶瓷膜过滤设备除中小分子蛋白及大分子色素物质。②将质量分数为 85%～96%的硫酸加入到预处理后的乳酸铵发酵液中酸解，酸解终点 pH 为 1.5～1.8。③将酸解料液和耦合吸附剂分别加入到逆流离心萃取机组中，有机萃取耦合吸附提取 L-乳酸。有机萃取相由萃取剂、溶剂和相调节剂组成，萃取剂为酰胺类化合物或酰胺类化合物的混合物，溶剂为液体石蜡，相调节剂为醇类化合物或醇类化合物的混合物，耦合吸附萃取操作温度为 15～25℃。将乳酸有选择性地转移到有机萃取相中形成负载有机相，使重相乳酸中的杂质与乳酸得到有效分离，工艺路线简单、生产成本低。有机萃取相从水溶法萃取清洗塔塔底部进入填料层，50～70℃热水从塔顶水进口管送入到莲蓬喷头，均匀喷洒在填料层中。两种液体在填料层中逆流接触，L-乳酸从有机溶剂中解析被水溶解吸收，从塔底排出进入浓缩过程，有机溶剂被洗涤后，进入有机溶剂萃取器循环萃取。④活性炭脱色和离子交换除杂质，萃取洗出液色度低，颗粒炭柱脱色后可直接到移动床上柱，将收集到的葡萄糖和乙酸及少量的 Ca^{2+}、Mg^{2+}、Fe^{2+}等回流到发酵罐循环利用。用去离子水从柱上进行洗脱完成乳酸提取液。⑤应用三效蒸发浓缩和分子蒸馏相结合的纯化技术，使产

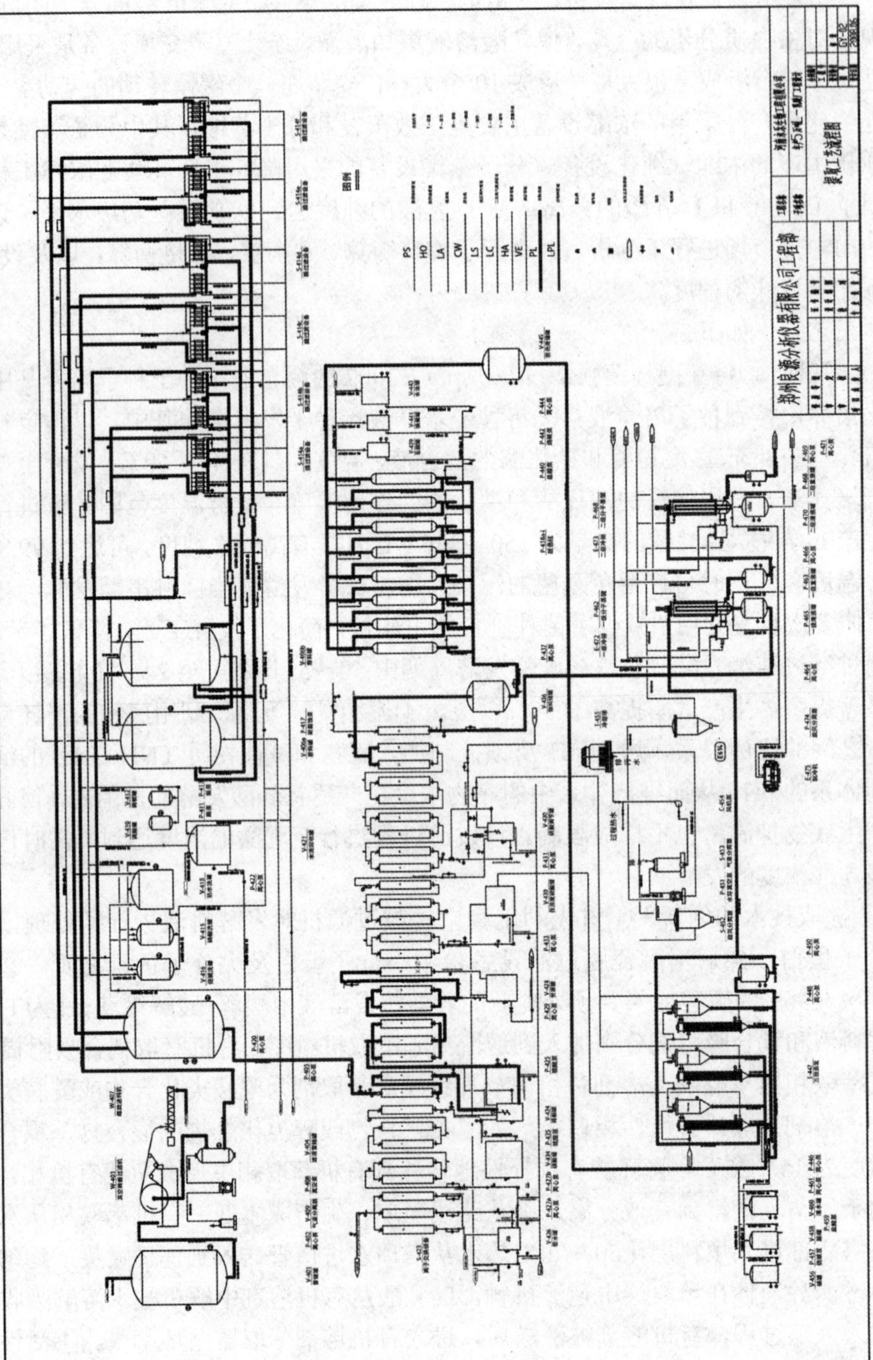

图3-66　乳酸生产工艺PID图

品 L-乳酸达到 99.8%以上的高光学纯度。L-乳酸送入浓缩器在 0.5～0.95 MPa，50～90℃下进行浓缩，将浓缩的 L-乳酸送入到至少二级串联组合的短程蒸馏装置中进行连续蒸馏。其中一级短程蒸馏装置在 50～500 Pa，50～130℃的条件下蒸馏，将蒸馏得到的重组分送入下二级短程蒸馏装置中，同时收集轻组分产品得到高纯度 L-乳酸；将来自一级短程蒸馏装置中的重组分 L-乳酸于二级短程蒸馏装置中在 10～500 Pa，100～120℃条件下蒸馏，收集轻组分产品以得到高纯度聚合级 L-乳酸。该工艺避免了微滤、超滤膜等易损耗材质的过滤步骤，减少了生产工序。与传统的活性炭脱色-离子交换方法相比，活性炭的用量减少 40%～75%，树脂的用量减少 50%～80%，洗涤水用量减少 50%～70%，再生剂盐酸用量也相应减少。与双极膜电渗析器分离方法相比，大大降低了电耗。整个工艺降低了生产成本以及对环境的污染，所制得的乳酸产品纯度可达 99%以上，回收率可达 95%以上。

十一、玉米胚芽制油生产工艺 PID 图

无论是以玉米干法脱胚或湿法脱胚所得原料进行生物发酵生产，都有副产物玉米胚芽产品，由于它含油脂量高，且含脂肪酶活性高，不易贮藏，故在生物发酵工厂深加工成玉米胚芽油成品。其生产工艺有两种，一是压榨法，二是浸出法。

压榨法首先是将玉米胚芽蒸炒，蒸炒温度在 120～130℃，时间为 60～80 min，使其水分降到 1%～2%，此时即可入螺旋榨油机榨油，榨出的毛油色泽较深，含有少量游离脂肪酸，以及霉变玉米可能存在的呕吐毒素、黄曲霉毒素 B_1、玉米赤霉烯酮毒素等真菌毒素，不易保存且不能直接食用，所以需经碱炼、脱色、脱臭得精制玉米胚芽油。此过程游离脂肪酸去除率可达 100%，真菌毒素去除率可达 85%以上，压榨后的饼中残油为 6%～7%，且饼色泽呈深褐色，只能用作饲料。

浸出法首先是将玉米胚芽软化、轧胚、己烷浸出得毛油，浸出粕经蒸脱除溶剂得金黄色玉米胚芽粕，粕中残油为 1%～2%。出油率比压榨法高，胚芽粕也比压榨饼用途广。毛油中维生素 E 可达 1300 mg/kg 以上，植物甾醇可达 12 500 mg/kg 以上。浸出毛油脱溶剂后经碱炼、脱色、脱臭得精制玉米胚芽油。浸出法在低温低压下进行，成本低，消耗小，同时所得玉米胚芽油可以保留玉米胚芽油的营养成分和风味物质，具有非常广泛的应用前景。图 3-67 包含了浸出、脱溶、蒸脱、碱炼、脱色、脱臭的整个工艺流程。

有的工厂采用预榨浸出法工艺，即不经蒸炒预处理，直接挤压出玉米胚芽中 50%的油，余下的饼粕用浸出法制油，然后将两种毛油合并碱炼、脱色、脱臭得精制玉米胚芽油。这种方法缩短了浸出时间，提高了浸出效率，降低了残油率，得到的饼粕色泽较单一压榨法浅，但能耗也高一点。

图 3-67 所示工艺流程的具体操作步骤如下。萃取，蒸发除去溶剂，得到玉米毛油；向玉米毛油中加入碱液，搅拌，见油皂离析时降低搅拌速度，恒温搅拌，离心，离心后将上层油加热，加入微沸的蒸馏水洗涤，水洗后真空脱水，得到第一预制油；向第一预制油中加入吸附剂，加热搅拌，在真空条件下冷却，离心，分离出吸附剂，得到第二预制油；将第二预制油加热，用过热蒸汽对第二预制油进行蒸馏，冷凝，得到精制油；向精制油中加

入茶多酚，得到玉米油。应用该工艺可以有效地制备出玉米油，方便人们食用。

对含真菌毒素的玉米胚芽需经计量、清理、破碎、高温高压蒸汽脱毒、软化、轧胚、压榨制油、碱炼、脱色、脱臭得到成品玉米油。清理是将玉米胚芽的胚乳和皮分离，获得含皮率 1%～4%的玉米胚芽；所述的高温高压蒸汽脱毒温度为 160～180℃，时间为 60～80 min，蒸汽压力为 0.9～1.2 MPa；软化是将清理后的玉米胚芽软化至所含水分为 10%～12%；轧坯是将软化处理后的玉米胚芽轧坯至坯的厚度为 0.25～0.30 m；蒸炒是当轧坯后的坯料纯度为 50%时，蒸炒温度在 120℃以下，入榨水分为 2%～4%，当轧坯后的坯料纯度为 70%时，蒸炒温度为 128～130℃，入榨水分为 1%～2%；压榨是选用螺旋榨油机对蒸炒后的坯料进行压榨，榨油机的压力不低于 6.9 MPa，压榨后的饼中残油为 6%～7%，含水为 3%～4%，成品饼中的水分调节为 10%～15%。

该工艺在玉米油生产过程中使玉米油中呕吐毒素、黄曲霉毒素 B_1、玉米赤霉烯酮毒素等真菌毒素的含量小于国家限量标准，无须额外添加物质或增设大型工序设备，应用范围广泛、不受限制，成本低且不会存在食品安全隐患，同时，不会引入新的杂质离子，对玉米胚芽中固有的维生素 E、植物甾醇、不饱和脂肪酸等营养组分也不会产生不利影响，所得玉米胚芽油可以保留玉米胚芽油的营养成分和风味物质，因而具有非常广泛的应用前景。

十二、副产品饲料生产工艺 PFD 图

每小时产 10t 配合饲料车间工艺流程如图 3-68 所示。该流程采用先粉碎后配料的加工工艺，由原料接收清理、贮存、粉碎、配料、混合、制粒和成品包装工段组成，可生产畜禽、鱼用各种粉状和颗粒状产品。在原料接收工段，散装或包装谷物经卸料坑投料、斗式提升机提升后通过初清、计量检斤，然后入立筒库，也可直接进入主车间。筒仓系统具有倒仓功能。仓内配有料位、料温监测系统，筒仓容量为 2000 t。

需粉碎的谷物由筒仓送出，经清理后进入待粉碎仓。需粉碎的副料由接收线提升、清理后也送入待粉碎仓。粉碎机选用两台 SFSP112X30 型设备，采用自动进料控制系统，并配有吸风设备，以保证粉碎机的正常工作，提高产量，降低电耗。粉碎后的原料被送入配料仓，而不需要粉碎的副料直接由接收线送入配料仓。

配料仓仓数为 18 个。其中 10 个大仓，8 个小仓，分别与两台配料秤组合。配料仓总容量可满足配料秤工作 8 h，配料秤总容量分别为 1 t 和 250 kg，另外还设有添加剂人工投料机。为保证添加剂混合均匀，同时设有一台预混合机。主混合机采用一台容量为 1 t 的设备，可向其中添加油脂。

在制粒工段，设有 2 个待制粒仓，可供制粒机工作 1 h 以上。制粒机为环模式，主电机功率 90 kW，压制 4 mm 的颗粒时产量可达 8 t/h。冷却器为逆流式冷却器，具有良好的冷却效果。冷却器后设有颗粒破碎机和分级筛，供生产碎粒饲料和筛出颗粒中的碎粒和细粉末以及过大颗粒使用。筛分后的颗粒，可以进行表面涂脂，也可直接入成品打包仓。

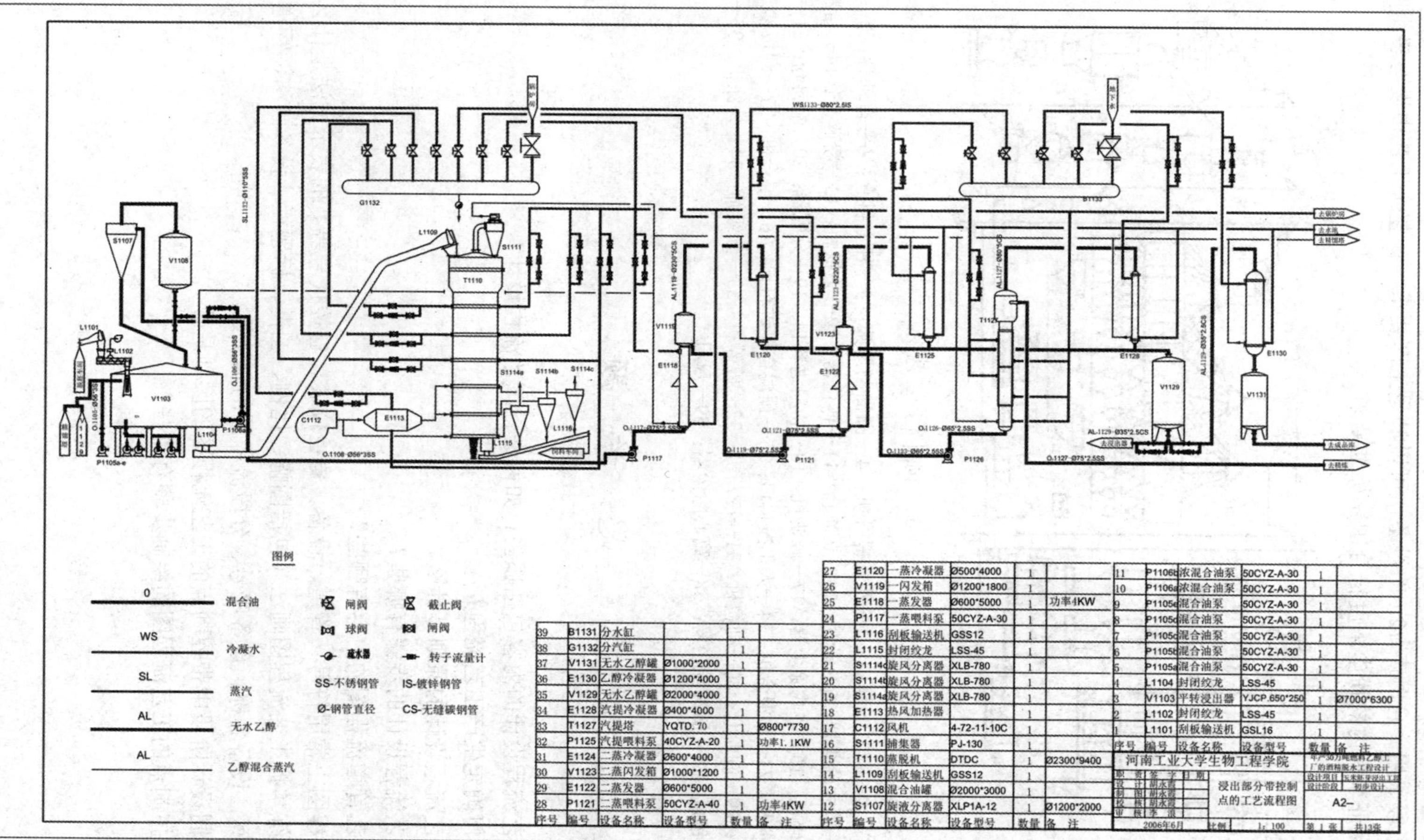

序号	编号	设备名称	设备型号	数量	备注
39	B1131	分水缸		1	
38	G1132	分汽缸		1	
37	V1131	无水乙醇罐	Ø1000*2000	1	
36	E1130	乙醇冷凝器	Ø1200*4000	1	
35	V1129	无水乙醇罐	Ø2000*4000	1	
34	E1128	汽提冷凝器	Ø400*4000	1	
33	T1127	汽提塔	YQTD.70	1	Ø800*7730
32	P1125	汽提喂料泵	40CYZ-A-20	1	功率1.1KW
31	E1124	二蒸冷凝器	Ø600*4000	1	
30	V1123	二蒸闪发箱	Ø1000*1200	1	
29	E1122	二蒸发器	Ø600*5000	1	
28	P1121	二蒸喂料泵	50CYZ-A-40	1	功率4KW
27	E1120	一蒸冷凝器	Ø500*4000	1	
26	V1119	一闪发箱	Ø1200*1800	1	
25	E1118	一蒸发器	Ø600*5000	1	功率4KW
24	P1117	一蒸喂料泵	50CYZ-A-30	1	
23	L1116	刮板输送机	GSS12	1	
22	L1115	封闭绞龙	LSS-45	1	
21	S1114c	旋风分离器	XLB-780	1	
20	S1114b	旋风分离器	XLB-780	1	
19	S1114a	旋风分离器	XLB-780	1	
18	E1113	热风加热器		1	
17	C1112	风机	4-72-11-10C	1	
16	S1111	捕集器	PJ-130	1	
15	T1110	蒸脱机	DTDC	1	Ø2300*9400
14	L1109	刮板输送机	GSS12	1	
13	V1108	混合油罐	Ø2000*3000	1	
12	S1107	旋液分离器	XLP1A-12	1	Ø1200*2000
11	P1106b	浓混合油泵	50CYZ-A-30	1	
10	P1106a	浓混合油泵	50CYZ-A-30	1	
9	P1105e	混合油泵	50CYZ-A-30	1	
8	P1105d	混合油泵	50CYZ-A-30	1	
7	P1105c	混合油泵	50CYZ-A-30	1	
6	P1105b	混合油泵	50CYZ-A-30	1	
5	P1105a	混合油泵	50CYZ-A-30	1	
4	L1104	封闭绞龙	LSS-45	1	
3	V1103	平转浸出器	YJCP.650*250	1	Ø7000*6300
2	L1102	封闭绞龙	LSS-45	1	
1	L1101	刮板输送机	GSL16	1	

图3-67　玉米胚芽油连续浸出脱溶、蒸脱、碱炼、脱色、脱臭工艺流程图

打包工段采用一台时产 12 t 的设备，可以满足生产要求。在整个工艺中设有多组吸风风网，以保证车间内的粉尘浓度符合国家标准要求。

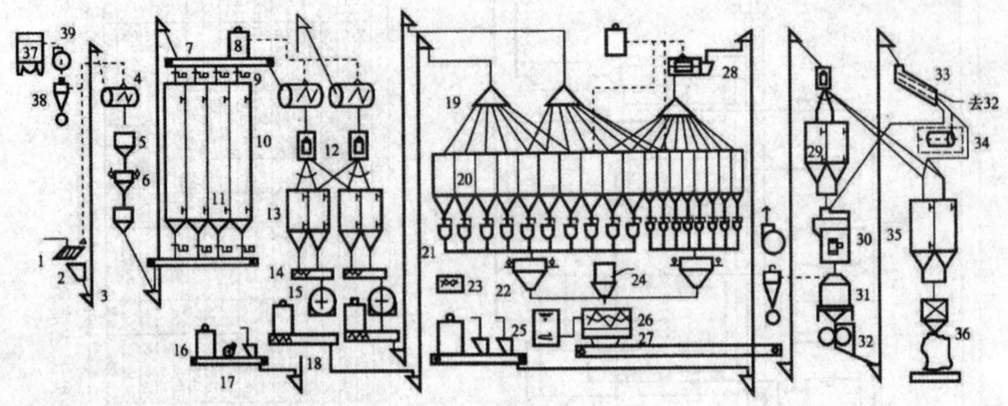

图 3-68　饲料生产工艺图

1—卸料栅筛；2—粒料卸料口；3—斗式提升机；4—圆筒初清筛；5—秤上料仓；6—自动秤；7—分配输送器；8—袋式除尘器；9—料阀；10—立筒仓；11—料位器；12—去铁机；13—粉碎仓；14—给料器；15—锤片粉碎机；16—袋式除尘器；17—破饼机；18—粉料进料口；19—分配器；20—配料仓；21—给料器；22—配料秤；23—预混合机；24—人工投料口；25—预混合料进料口；26—混合机；27—刮板输送机；28—粉料筛；29—制粒仓；30—制粒机；31—冷却机；32—破碎机；33—分级筛；34—外涂机；35—成品仓；36—打包机；37—脉冲除尘器；38—离心除尘器；39—风机

思 考 题

1. 工艺流程设计的内容包括哪些？如何进行工艺流程设计？
2. 如何确定生产工艺流程？
3. 工艺流程设计的原则是什么？
4. 工艺流程设计的步骤有哪些？
5. 工艺管道流程图的内容有哪些？
6. 流程图上常用符号（管道、设备、自控仪表、自控代号等）的表示方法是什么？
7. 熟练掌握工艺流程图画法（包括图幅、比例、图框、标题栏、设备画法、管道表示方法、图例、设备名称、设备序号、分段流程图的画法）。
8. 不同设计阶段中带控制点的工艺流程图的区别是什么？
9. 带控制点的工艺流程图的绘制步骤有哪些？

第四章 工 艺 计 算

在设计工作中，确定了生产方法和工艺流程以后，就要确定项目的生产规模，只有确定了生产规模，才能进行后续的工艺计算工作。工艺计算包括物料计算、工艺设备计算、能量计算 3 个部分。

第一节 项目生产规模的确定

项目建设中，确定生产方法和生产工艺流程之后，首要是确定最佳的生产规模，以获取最大的经济效益。

从经济效益上来讲，生产规模的确定就是规模经济，所以必须先简单了解一下规模经济理论。

一、规模经济理论

1. 规模经济分类

规模经济可分为生产上的规模经济和经营上的规模经济。生产上的规模经济是从设备、生产线、工艺过程等角度提出来的，是指由于实行专业化生产或流水作业，扩大了生产批量，或者采用大型高效设备，扩大了生产规模，从而使单位产品成本随着生产批量扩大或生产规模扩大而降低。经营上的规模经济是指扩大工厂多种产品生产的规模，节省了经营费用，生产要素物尽其用，从而使产品和技术开发能力提高，抵御经营风险的能力增强。

从上可以看出，生产上的规模经济和经营上的规模经济是有区别的；而且它们是随时间及所需的外部条件，如市场的规模及其分布、资源条件、运输条件、资金筹措条件等变化而变化的。不是所有的企业都能达到规模经济生产，有企业规模过小或过大而引起的不经济，而且产品的规模经济是随着行业的发展或时代的发展而变化的。例如十年前年产 20 万吨燃料乙醇是规模经济的，但现在 30 万吨都难以盈利，成为规模不经济。

2. 规模收益变动

随着行业的发展或时代的发展，企业规模收益会有所变动，分为递减、递增和不变三种情况。规模收益递减是指规模扩大后，收益增加的幅度小于规模扩大的幅度，甚至收益绝对地减少，即规模扩大使边际收益为负数。规模收益递增是指规模扩大后，收益增加的幅度大于规模扩大的幅度。

二、确定生产规模的方法

生物工程项目生产规模的确定方法因项目的类型而异，一般已工业化项目采用经验法或费用—能力系数法来确定；未工业化项目为工业化的研究成果的工业化开发项目常采用盈亏平衡分析法来确定。下面介绍几种常用的生产规模确定方法。

1. 经验法

经验法是指根据国内外同类或类似企业的经验数据，考虑生产规模的制约和决定因素，确定拟建项目生产规模的一种方法。以发酵赖氨酸生产为例，其生产规模与投资额如表 4-1 所示。

表 4-1　赖氨酸生产的规模收益率

生产规模（万吨/年）

	5	10	15	20	30	40
投资额/万元	10 000	13 000	16 000	22 000	27 000	31 000
财务内部收益率/%	9.30	10.55	15.45	21.60	27.80	27.20

在目前的技术经济条件下，年产 30 万吨发酵赖氨酸生产是最经济的生产规模。

2. 费用—能力系数法

除市场需求因素以外，如果没有资金供应和原材料等投入物的条件限制，那么项目一次性投资费用和经常性生产成本就成为确定生产规模的主要因素。一般情况下，生产规模与单位产品的投资费用和生产成本呈反比。但这并不意味着生产规模越大越好，生产规模是有限度的，若超过了这一限度，生产规模与单位产品的投资费用和生产成本呈反比的关系就会被破坏。因此在一定范围内，单位产品的投资费用与生产规模的关系可用下列公式来表达：

$$C_1 = C_2 \cdot \frac{(Q_1)^X}{2} \quad 或 \quad Q1 = \sqrt[X]{\frac{C_1 \cdot Q_2}{C_2}}$$

式中　C_1——改扩建后的费用；

C_2——改扩建前的费用；

Q_1——改扩建后的生产能力；

Q_2——改扩建前的生产能力；

X——费用—能力系数（取值范围 0.2～0.9）。

3. 盈亏平衡分析法

（1）线性盈亏平衡分析法（见图 4-1）。

若以 S 表示销售收入；P 表示产品单价；Q 表示产量；C 表示产品总成本；F 表示产品固定成本；v 表示单位产品变动成本。则有

$$S=PQ \qquad C=F+v\,Q$$

盈亏平衡即是 S，C 相等，即

$$PQ=F+vQ \tag{4-1}$$

若考虑应缴纳的税金，并设 T 为在盈亏平衡点处的单位产品销售税金，式（4-1）变为

$$PQ=F+vQ+TQ \tag{4-2}$$

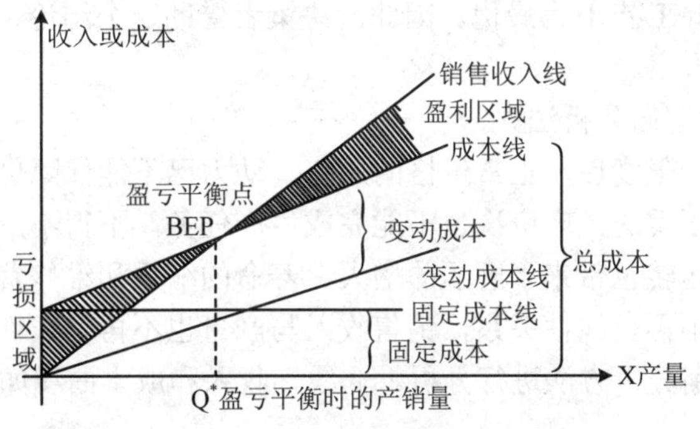

图 4-1 线性盈亏平衡图

由式（4-2）可以得出以下各种盈亏平衡点指标。

① 产量表示的盈亏平衡点：

$$Q^*=F/(P-v-T) \tag{4-3}$$

② 用销售收入表示的盈亏平衡点：

$$S^*=F/[1-(v+T)/P] \tag{4-4}$$

③ 生产能力利用率表示的盈亏平衡点：

$$E^*=F/[(P-v-T)\times Q_0] \tag{4-5}$$

其中，Q_0 为拟建项目设计生产能力。即

$$E^*=\mathrm{BEP}(Q)/Q_0 \tag{4-6}$$

④ 价格表示的盈亏平衡点：

$$P^*=T+v+F/Q_0 \tag{4-7}$$

⑤ 单位产品变动成本表示的盈亏平衡点：

$$v^*=P-T-F/Q_0 \tag{4-8}$$

以柠檬酸发酵产品的三种提取工艺为例，用线性盈亏平衡分析法分析确定相应项目规模的最优工艺方案，如图 4-2 所示。

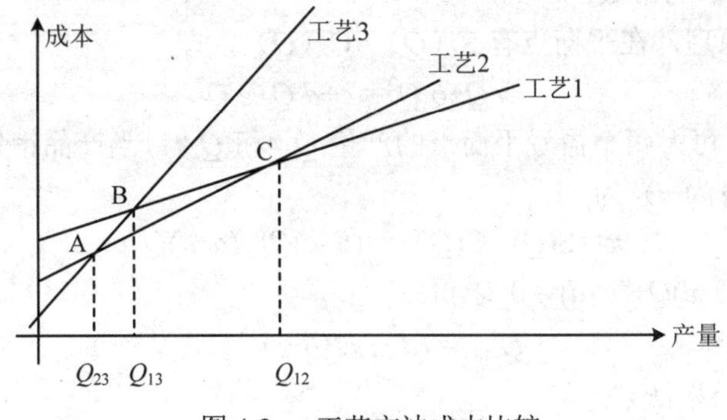

图 4-2 工艺方法成本比较

工艺 2 与工艺 3 临界点 A 处规模为 Q_{23} 万吨，工艺 1 与工艺 3 临界点 B 处规模为 Q_{13}

万吨，工艺 1 与工艺 2 临界点 C 处规模为 Q_{12} 万吨，从图上可以判断出工艺 3 对应规模为 Q_{13} 及以下规模的项目方案成本最低，Q_{13}—Q_{12} 之间的项目规模对应工艺 2 最优，Q_{12} 及以上的项目规模应该选择工艺 1 为最优。因此，决策者借助这个结论，可以直接根据项目拟建规模确定最优工艺方案。

（2）非线性盈亏平衡分析法。

当产量扩大到某一限度后，正常价格的原料、动力已不能保障供应，企业必须付出更高的代价才能获得；正常的生产班次也不能完成生产任务，不得不加班加点，增大了劳务费用；设备的超负荷运转也带来了磨损的增大、寿命的缩短和维修费用的增加。此时，产品的年总成本与产量不再呈线性关系，销售收入与产量也不再呈线性关系，生产规模的确定要用非线性盈亏平衡分析方法进行分析。非线性收入和成本曲线如图 4-3 所示。

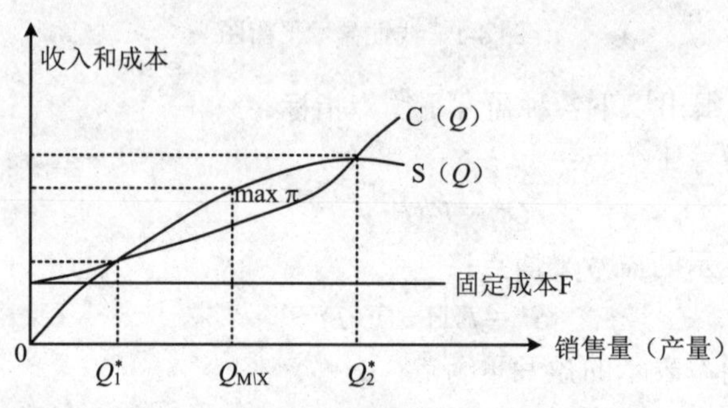

图 4-3 非线性收入和成本曲线

图 4-3 中，Q_1*点是最小产量经济临界点（亦称盈亏平衡点），Q_2*点是现行条件下最大产量经济临界点，Q_1*—Q_2*区域是项目规模的可行范围，即经济规模区。Q_{max} 点是利润最高点。实践中在条件允许的情况下，项目规模应尽量接近该值，以充分发挥规模经济效益。

假定非线性收入函数、成本函数分别用一元二次函数表示为

$$S(Q)=a\,Q+b\,Q^2 \tag{4-9}$$

$$C(Q)=c+d\,Q+e\,Q^2 \tag{4-10}$$

式中，a、b、c、d、e 为常数；Q 为产量。

根据盈亏平衡原理，在平衡点有 S（Q）=C（Q），即

$$a\,Q+b\,Q^2=c+d\,Q+e\,Q^2 \tag{4-11}$$

解式（4-11），可得两个盈亏平衡点的产量 Q_1*和 Q_2*。当产品销售量在 Q_1*和 Q_2*之间时，项目盈利（设为 π）为

$$\pi=S(Q)-C(Q)=(b-e)Q^2+(a-d)Q-c \tag{4-12}$$

利用 $d\pi/dQ=2(b-e)Q+(a-d)=0$ 求得

$$Q_{max}=(d-a)/2(b-e) \tag{4-13}$$

4. 边际投资收益率法

此种方法通常应用于多种方案的比选，即当几种方案的投资收益率（亦称投资报酬率）相同或相差无几时，就必须用边际投资收益率来进一步选择方案。如前所述，生产规模的

大小是有一定限度的，当投资收益率达到顶点或边际投资收益率最大时，企业也就实现了最佳经济规模。举例说明如下：

某小型灌装机生产企业在市场供不应求，资金和原材料等供应有保障的情况下，经过充分调研，决定扩大生产规模，有如表 4-2 所示的 5 种不同的投资方案及其相应的年生产规模、年销售收入、年销售成本、年销售利润和投资收益率可供选择。

表 4-2 某小型灌装机生产销售方案比较

生产规模方案	年生产规模/万台	投资额/万元	年销售收入/万元	年销售成本/万元	年销售利润/万元	投资收益率/%
Ⅰ	8	10 000	20 000	18 000	2000	20
Ⅱ	18	15 000	45 000	41 000	4000	26.7
Ⅲ	28	20 000	70 000	63 600	6400	32
Ⅳ	34	25 000	85 000	77 000	8000	32
Ⅴ	40	30 000	100 000	90 400	9600	32

根据以上 5 个方案的投资收益率进行比较，能够看出Ⅲ、Ⅳ、Ⅴ三个方案要比Ⅰ、Ⅱ两个方案好，但这三个方案的投资收益率相同，皆为 32%，那么孰优孰劣?必须采用边际投资收益率法进一步比较，如下：

设方案Ⅰ为基本方案，其边际收益率= 0

方案Ⅱ边际收益率=（4000−2000）/（15 000−10000）×100%= 40%

方案Ⅲ边际收益率=（6400−4000）/（20 000−15 000）×100%= 48%

方案Ⅳ边际收益率=（8000−6400）/（25 000−2000）×100%= 32%

方案Ⅴ边际收益率=（9600−8000）/（30 000−25 000）×100%= 32%

不难看出，方案Ⅰ、Ⅱ年生产规模偏小，方案Ⅳ、Ⅴ年生产规模偏大，方案Ⅲ才是企业的最佳生产规模。方案Ⅲ达到了以最小的投资获得最大的收益的效果。

第二节 物 料 衡 算

在生物工程工艺设计中，流程设计和物料衡算一般是最先开展的两个设计项目。为了使设计工作由定性转向定量，在流程示意图完成后，就需要首先进行物料衡算来确定各种原料、中间产品以及产物的数量。根据物料和能量衡算的结果，才能计算一个过程或一个设备的热负荷和设备尺寸，以及计算水、电和蒸汽的需求量和“三废”生成量，从而才能完成工艺流程设计的定量工作。因此，可以说：物料衡算是能量衡算及其他工艺计算和设备设计的基础，在进行工艺设计时首先要进行物料衡算。

一、物料衡算的类型和方法

物料衡算按物质变化分为物理过程的物料衡算、化学过程的物料衡算和生物发酵过程的物料衡算；按操作方式分为连续过程的物料衡算和间歇过程的物料衡算。

1. 物理过程的物料衡算和方法

物理过程的物料衡算，即在生产系统中，物料无化学反应的过程，它所发生的只是相态和浓度的变化。这类物理过程在生物工业中主要为发酵前原料的处理过程和发酵后分离操作过程，如流体输送、吸附、结晶、过滤、干燥、粉碎、蒸馏、萃取等单元操作过程。对于这些单元操作过程的一般性计算可根据化工原理所学的公式方法进行徒手计算，但是要严格考虑多组分相平衡、吸附、结晶、过滤、蒸馏、萃取等的计算需要迭代编程求解，计算较为复杂，比如精馏除了多组分相平衡，还要考虑指定压力下的泡点、露点的严格计算等。在学习这些内容时，很多学生觉得影响他们解决问题的最大障碍是复杂的迭代计算。在化工原理课程设计中已经培养了学生查阅技术资料、正确选取工艺数据、搜集有关公式和使用图表手册的能力，学生也已经掌握了设备设计的程序内容和化工设计的基本思想。因此，在生物工厂工艺设计课程教学中，我们不应该再强调理论知识的掌握，而是应该让学生学会使用 Excel 设置公式进行计算，简化计算的工作量。通过采用 Excel 计算，能够对多种情况进行比较，更深刻地理解设计过程参数选择的重要性。

2. 化学过程的物料衡算和方法

化学过程的物料衡算，即含化学反应的过程。在计算时常用到组分平衡和化学元素平衡，特别是当化学反应计量系数未知或很复杂以及只有参加反应的各物质化学分析数据时，用元素平衡最方便。在对化工过程系统进行优化的过程中，往往要多次进行有关系统的物料衡算。实际上，物料衡算在化工过程系统的数学模拟中占有极其重要的地位。

近十几年来，相继出现了一些用于化工工艺模拟的软件，主要包括 Aspen Plus，ChemCAD，PROII，HYSYS 等，工艺计算过程完全可以通过这些流程模拟软件实现，与徒手计算相比，大大节省了工作时间。其中 Aspen Plus 被很多设计院采用。Aspen Plus 是生产装置设计、稳态模拟和优化的大型通用流程模拟系统，具有完备的物性数据系统，拥有完整的基于状态方程和活度系数方法的物性模型，具有完备的气液平衡和液液平衡数据，以及一套完整的单元操作模型。Aspen Plus 软件功能非常强大，其主要功能包括：①利用详细的设备模型进行工艺过程严格的能量和质量平衡计算；②预测物流的流率、组成和性质；③预测操作条件、设备尺寸；④减少装置的设计时间并进行各种装置的设计方案比较；⑤在线优化完整的工艺装置；⑥回归试验数据。

在生物工厂设计的教学中，由于课时所限，不能将 Aspen Plus 软件的所有功能逐一介绍，我们通常选择其中较为简单实用的功能进行生物工艺设计课程的本科教学。

3. 生物发酵过程的物料衡算

生物发酵过程的物料衡算是对发酵过程中微生物生理代谢的一种度量或者是用数学式的表述。而这种微生物的生理代谢是极其复杂的，往往难以用一种系统数学表达式表达。生物发酵过程的物料衡算一般是对某种菌种在某一条件和发酵罐条件下，进行产物对原料的产率、转化率计算；而当菌种、发酵罐或发酵条件改变时，产物对原料的产率、转化率也随之改变，并且难以用某种规律进行描述或计算。因此，在发酵生产过程中经常遇到有关物料的各种数量和质量指标，如“量”（产量、流量、消耗量、排出量、投料量、损失量、循环量等）、“度”（纯度、浓度、分离度等）、“比”（配料比、循环比、固液比、气液比、回流比等）、“率”（转化率、单程收率、产率、回收率、利用率等）等。这些量都与物料衡算有关。在生产中，针对已有的生产装置或系统，利用实测得到的数据（还有查阅文献和理论计算得到的数据）计算出一些不能直接测定的数据。由此可对其生产状况进行分析，确定实际生产能力，衡量操作水平，寻找薄弱环节，挖掘生产潜力，为改进生产提供依据。此外，通过物料衡算可以算出原料消耗定额、产品和副产品的产量以及“三废”的生成量，并在此基础上做出能量平衡，计算动力消耗定额，最后算出产品成本以及总的经济效果。同时，为设备选型，设备尺寸套数、台数以及辅助工程和公共设施规模的确定提供依据。

这类计算比较简单，同样可使用 Excel，学生能够对多种情况进行比较，更深刻地理解设计过程参数选择的重要性。

物料衡算结果的正确与否将直接关系到工艺设计的可靠程度。这里就必须考虑计算基准，对于连续稳定流动体系，以单位时间作基准，该基准可与生产规模直接联系；对于间歇过程，以处理一批物料的生产周期作基准；对于液、固系统，因其多为复杂混合物，故选择一定质量的原料或产品作为计算基准；若原料产品为单一化合物或组成已知，取物质的量（mol）作基准更方便；对于气体，选用体积作基准，通常取标况下体积（m^3）。在进行物料衡算或热量衡算时，均须选择相应的衡算基准。合理地选择衡算基准，不仅可以简化计算过程，而且可以缩小计算误差。

二、物料衡算的步骤及实例

在工艺计算中，物料衡算的步骤一般是：首先根据所要设计的生产能力计算各种原料的投料量。然后按照流程示意图的顺序，对物料的数量和组成发生变化的过程及设备开展物料衡算，用以确定变化后的物料数量和组成。其中，工艺流程示意图是对物料衡算起指导性作用的，它决定了哪些工艺过程或设备必须进行物料衡算，哪些工艺过程或设备不必进行物料衡算，避免遗漏和重复。因此，通过物料衡算，最终可以确定各种原料的投料量、各种中间产物的数量和组成以及各种产物和废弃物的数量。物料衡算的结果必须经过整理，最后得到各部分的物料衡算表和物料消耗综合表，以利于评价和使用。

1．物料衡算的一般步骤

（1）画出物料衡算示意图，并在各股物料线上注明有关数据。这样从物料衡算图上可以清晰地看出哪些物料是需要通过计算来确定的。

（2）写出有关的变化。

（3）选定计算基准。在物料衡算中，选择计算基准十分重要，如果选得恰当，则可使计算大为简化。计算基准的选择主要是根据过程的特点。在工业上常用的基准有 3 种。①以单位重量或体积或浓度的某种物质对产品的得率为基准，如 2.7～2.8 吨红薯干可生产 1 吨酒精。②以单位时间产品量或单位时间原料量作为计算基准。这类基准适合于连续操作过程及设备的计算。例如对淀粉原料的连续液化过程进行计算。③以加入设备的一些物料量为计算基准。这类基准常用于间歇操作的过程及设备的计算。

（4）根据已知数据和要求进行物料衡算，并将计算结果以物料衡算表或物料平衡图的形式列出。

2．物料衡算实例一——年产 30 万吨酒精的总体计算

（1）原料消耗的计算。

以生产 96%（体积比）成品酒精 1000 kg 作为计算的基准，以淀粉质原料为例。

由淀粉质原料生产酒精的化学反应式的原料与成品之间的定量关系如下：

$$(C_6H_{10}O_5)_n + nH_2O \xrightarrow{\text{糖化}} nC_6H_{12}O_6$$

淀粉（162）　水（18）　葡萄糖（180）

$$C_6H_{12}O_6 \xrightarrow{\text{发酵}} 2C_2H_5OH + 2CO_2$$

葡萄糖（180）　酒精（46）　二氧化碳（44）

由此可以得到每生产 1000 kg 无水酒精需要的淀粉量为：

$$1000 \times \frac{162}{2 \times 46}\text{kg} = 1761.0\ \text{kg}$$

而 96%（体积比）的成品酒精相当于 93.84%（重量比）的成品酒精，故生产 1000 kg 96%（体积）的成品酒精需要的淀粉量为：

$$1761.0\ \text{kg} \times 93.84\% = 1652.4\ \text{kg}$$

但是，酒精生产要经过许多工序和复杂的生物化学变化才能最后完成，在各生产阶段中不可避免地会引起淀粉的损失。淀粉损失的分配大致如表 4-3 所示。

表 4-3　酒精生产过程中淀粉损失一览表

生 产 工 序	淀粉损失原因	淀粉损失量/%
原料处理	粉尘损失	0.40
蒸煮	未溶解淀粉及糖分的破坏	0.50
发酵	①未发酵残糖	1.50
	②巴斯德效应而用于发酵副产物损失	4.00
	③酒精自然蒸发与被二氧化碳带走	1.30
蒸馏	废糟带走及其他蒸馏损失	1.85
累计损失		9.55
	由酒精捕集器回收酒精	1.00
实际损失		8.55

因此，在整个生产过程中淀粉利用率一般在 91%～92%之间，若以表 4-3 为依据，淀粉利用率为 91.45%，计算每生产 1000 kg 成品酒精需要的淀粉量为：

$$1652.4\ \text{kg} \div 91.45\% = 1806.9\ \text{kg}$$

这个数字相当于淀粉出酒率为 55.34%，这在我国以山芋干为原料的酒精工厂属平均先进水平。

3．物料衡算实例二——采用 Excel 进行年产 1500 吨 L-色氨酸的物料衡算

某些参数的选择不是一开始就能选对，往往要先根据假设的已知数经过一定的试算才能确定。用人工试算一次不行，就要进行第二次，第三次……直至合理为止。这个过程中如用手工计算往往很费时和费脑。采用 Excel 计算，只是修改某一参数，点击 Enter 键即可

得到修改某一参数后的计算结果，非常方便。

根据已知的数据，列出L-色氨酸发酵的基础数据以及后续发酵工段、原料预处理工段、糖化工段、发酵工段以及精制工段对应的单元格，图 4-4 中的“#DIV/0！”就是与此物料计算过程相关的计算公式。下面以发酵工段衡算为例，说明采用 Excel 进行计算的过程。

	A	B	C	D
1	基础数据		发酵工段衡算	
2	指标名称	指标	指标名称	指标
3	年产量(t)		每天发酵产酸量（kg）	#DIV/0!
4	年生产日期(d)		每天放罐量（m^3）	#DIV/0!
5	每日产量(kg)		二级种罐装液量（m^3）	#DIV/0!
6	每天生产时间(h)		一级种罐装液量（m^3）	#DIV/0!
7	产品纯度		发酵罐耗糖（kg）	#DIV/0!
8	发酵初糖（g/L）		二级罐耗糖（kg）	#DIV/0!
9	总提取收率（%）		一级罐耗糖（kg）	#DIV/0!
10	发酵成功率（%）		每天耗糖（kg）	#DIV/0!
11	糖酸转化率（%）			
12	发酵周期(h)		发酵罐容积（m^3）	#DIV/0!
13	发酵操作周期(h)		二级种罐容积（m^3）	#DIV/0!
14	二级种子罐培养时间(h)		一级种罐容积（m^3）	#DIV/0!

图 4-4 Excel 计算表（部分显示）

图 4-4 中，单元格 B4—B15 为要输入的已知参数。D4 为每天发酵产酸量（kg），计算公式为 D4=（B6×B8）/B10，其中 B6 为每日产量（kg），B8 为产品纯度，B10 为总提取收率。每天放罐量 D5（m^3）计算公式为 D4/（B20×B11），其中 D4 为每天发酵产酸量，B20 为发酵结束时色氨酸浓度（kg/m^3），B11 为发酵成功率。二级种子罐装液量计算公式为 D6=D5×B30，其中 B30 为二级种子接种量。一级种子罐装液量计算公式为 D7=D6×B29，其中 B29 为一级种子接种量。发酵罐耗糖量（kg）计算公式为 D8=D4/B12，其中 B12 为糖酸转化率。二级罐耗糖量（kg）计算公式为 D9=D6×B25，其中 B25 为种子罐糖浓度。一级罐耗糖量(kg)计算公式为 D10= D7×B25。每天耗糖量(kg)计算公式为 D11=D8+D9+D10。发酵罐容积计算公式为 D13=D5/B26，其中 B26 为发酵罐填充系数。二级种子罐容积计算公式为 D14=D6/B27，其中 B27 为种子罐填充系数。一级种子罐容积计算公式为 D15=D7/B27。将发酵的基础数据补充完整之后，得到如图 4-5 所示的发酵工段物料衡算数据。

与此类似，在玉米预处理工段衡算过程中，F4—F14 为该工段的基础数据，包括玉米淀粉含量、粉碎损失等。毛玉米存储体积（m^3）F15=F20/700，其中 F20 为日耗毛玉米数量（kg），700 为玉米容重。日耗纯糖（kg）F16=D8+D9+D10。日耗纯淀粉量（kg）F17=F16/B19，其中 B19 为淀粉糖化率。日耗膨化粉碎物 F18=F17/83.3%，其中 83.3%为脱皮脱胚玉米粉纯淀粉含量。日耗玉米粉量 F19=F17/（F5×0.999）。日耗毛玉米数量 F20=F19/[（1−F9）×（1−F7）×（1−F8）×（1−F6）]。毛玉米除杂 F21=F20×F9。日耗净玉米量 F22=F20×0.97。玉米胚芽油工段中，H4—H12 为该工段的基础数据，包括胚芽含水、含油等。耗水蒸汽量 H13=H12×1.3，其中 H12 为干燥脱水量。蒸炒脱水量 H14=H4*H8。干饼含油量 H15=H4×H6×H9。生产毛油量 H16=H4×H6×（1−H9）。糖化工段的衡算过程中，J4、J8、J9、J10 和 J11 为基础参数，粉碎物中淀粉量 J5=J4×83.3%。浆液总体积（耗水 m^3）J12=（J4×2.5）/1000。浆液总重量 J13=（3.5×J4+J15），其中 J15 为 $CaCl_2$（kg）的用量。α 淀粉酶用量（L）J14=（J5×10）/20000。粉浆干物质浓度 J16=（J4×83.3%）/J13。粉浆比热容 kJ/（kg·K）J19=J17×J16+J18×（1−J16）。蒸汽用量 J25=J13×J19×（J21−J20）/（J22−J24）。液化后浆液量 J26=J25+J13。灭酶蒸汽用量 J27=J26×J19×（100−90）/（J23−419）。灭酶后浆液量（糖化液的量）J28=J27+J26。冷却液化后的浆液冷却水用量 J31=J28×J19×（100−65）/[（58.7−20）×4.18]。日耗糖化酶量 J32=J28×100/100 000。糖化后灭酶蒸汽用量 J33=J28×J19×（90−60）/（2738−376.98）。发酵工段衡算过程中，每天放罐量、发酵液密度、亚硫酸钠的添加量、发酵液初始温度等属于基础参数，发酵液总重量 L6=L4×L5×1000。蒸汽用量（kg）L15=L10×L9×（L12−L11）/（L13−L14）。灭菌后发酵液的重量 L17=L15+L9。碟片离心滤渣量（Kg）L18=L17×L16。精制工段衡算过程中，最终脱色液体积、L-色氨酸的量以及浓缩结晶损耗为已知数据，浓缩结晶干物质色氨酸的量 N7=N5×（1−N6）。结晶混合物质量 N9=N7/（1−N8）。离心分离母液质量 N10=N9×N8。洗水量 N12=N7×N11。第一次结晶回收液体积 N13=N12+N10。第一次浓缩结晶脱去水分 N14=N4-N10/1060。浓缩结晶去除水分 N16=53−N12。第一次结晶回收母液 N17=N12+N10。60%的乙醇用量 N19=N5/35。第二次浓缩结晶体积 N22=N19/N20。第二次浓缩结晶色氨酸干重 N24=N7×（1−0.1%）。结晶混合物体积 N26=N24/[（1−N25）×1000]。离心分离母液体积 N27=N26×N25。

4. 物料衡算实例三——采用 Excel 进行连续精馏塔的物料衡算

针对设计题目“乙醇－正丙醇混合物连续精馏塔设计”，学生分别在确定气液两相的平衡组成、精馏塔塔顶和塔底的温度、塔板数、合适的回流比等方面采用了 Excel 进行计算，大大简化了计算过程。

例如在确定气液两相平衡组成时，孟凡成同学分别采用计算不同温度下的挥发度 α，然后计算整个精馏塔的平均 α，得出气液相平衡关系，以及采用安托因方程求出气液相平衡关系的两种方法，并比较了两种方法计算得出的相图（见图 4-6）。从相图上看，两种方法所得相图基本重合。学生通过这样的设计计算，加深了对课本上计算汽液相平衡关系的几种方法的理解。

5. 物料衡算的实例四——采用 Aspen Plus 进行木薯制无水乙醇四塔精馏工艺过程的物料衡算

无水乙醇是一种可再生燃料，可在专用的乙醇发动机中使用，又可按一定的比例与汽油混合，在不改变汽油发动机的前提下直接使用。乙醇不仅是重要的可再生能源，而且其在食品、化工、医药等领域应用也极其广泛。但是乙醇—水溶液浓度为 95.57%（质量比）时存在共沸点，因此不能通过普通蒸馏法得到高纯无水乙醇。

目前，生产高纯无水乙醇的主要工艺为分子筛吸附，但分子筛生产过程中伴随着高能耗、低产率、生产成本高等问题，而且易造成环境污染。如何进一步改进生产工艺，降低生产成本，获得低成本、高纯度的无水乙醇，一直是世界能源行业关注的热点和焦点。

工业上以木薯为原料，经过原料预处理、木薯酶解、液化糖化、发酵等工艺得到粗酒精，再经过醪塔、精馏塔、萃取精馏塔和回收塔得到无水乙醇。本设计利用 Aspen Plus 中的灵敏度分析来优化萃取塔和回收塔的最优塔板数、回流比和进料位置，经过对醪塔、精馏塔、萃取精馏塔、回收塔的模拟，基于 NRTL 活度系数模型，通过添加萃取剂乙二醇、醋酸钾，用萃取精馏的方法制得无水乙醇，可连续模拟出高纯度的无水乙醇（99.9%）。此方法展现了萃取精馏技术在工业生产无水乙醇上的应用前景。

	A	B	C	D	E	F	G	H	I	J	K	L	M	N
1	年产1500t L色氨酸物料衡算汇总													
2	基础数据		发酵工段衡算		玉米预处理工段衡算		玉米胚芽油车间		糖化工段衡算		粗制工段衡算		精制工段衡算	
3	指标名称	指标	指标名称	指标	指标名称	指标	指标名称	指标	指标名称	指标	指标名称	指标	指标名称	指标
4	年产量(t)	1500	每天发酵产酸量(kg)	5821.6	玉米淀粉含量(%)	0.6945	生产产胚	5886.37	日耗膨化粉碎物	43377.7	每天放罐量(m^3)	97.124	最终脱色溶液体积(m^3)	55.77
5	年生产日期(d)	300	每天放罐量(m^3)	97.124	脱皮脱胚玉米粉纯淀粉含量	83.30%	胚芽含水	18.00%	粉碎物中淀粉量	36133.62	发酵液密度	1.06	其中L色氨酸的量(kg)	5020
6	每日产量(kg)	5000	二级种罐装液量(m^3)	9.7124	粉碎损失	0.10%	胚芽含油	42.04%	a淀粉酶用量	10u/g	发酵液总重(kg)	102951	浓缩结晶损耗	0.10%
7	每天生产时间(h)	22	一级种罐装液量(m^3)	0.9712	脱皮损失	6.00%	干燥脱水	8.00%	糖化酶用量	100u/g	添加亚硫酸钠量(g/L)	10	浓缩结晶干物质色氨酸的量(kg)	5015
8	产品纯度(%)	0.992	发酵罐耗糖(kg)	38811	脱胚损失	11.00%	蒸炒脱水	4.00%	液化时加入$CaCl_2$	0.15%	添加亚硫酸钠的量(kg)	971.24	结晶混合物含水比例	45%
9	发酵初糖(g/L)	15	二级罐耗糖(kg)	194.25	毛玉米除杂损失	3.00%	预榨干饼含油	7.00%	液化混料比	1g料/2.5ml水	发酵总重(kg)	103922	结晶混合物质量(kg)	9118
10	总提取收率(%)	0.852	一级罐耗糖(kg)	19.425	玉米粉粒膨化后粉碎损失	0.10%			a淀粉酶活力(液体)无锡	20000u/g	发酵液比热容kJ/(kg.K)	3.97	离心分离母液质量(kg)	4103
11	发酵成功率(%)	0.999	每天耗糖(kg)	39024	玉米原始含水量	12%–14.5%			糖化酶活力(液体)无锡	100000u/ml	发酵液初始温度	36	冷凝水淋洗(汽洗)比例	0.10%
12	糖酸转化率(%)	0.15			玉米润湿加水(%)	0.02	干燥脱水(kg)	470.9	浆液总体积(耗水)(m^3)	108.4442	加热后温度45℃	45	洗水量(m^3)	5.015
13	发酵周期(h)	36	发酵罐容积(m^3)	138.75	玉米加工适宜含水量	17%—18%	耗水蒸气量(kg)	612.17	浆液总重量	151876.1	加热蒸汽焓	2738	第一次结晶回收液体积(m^3)	4108
14	发酵操作周期(h)	46	二级种罐容积(m^3)	16.187	玉米密度(g/cm^3)	1.2	蒸炒脱水(kg)	235.4548	a淀粉酶用量(L)	18.066812	加热蒸汽凝结水的焓值45℃	188.41	第一次浓缩结晶脱去水分(m^3)	51.89
15	二级种子罐培养时间(h)		一级种罐容积(m^3)	1.6187	毛玉米存储体积(m^3)	76.51523	干饼含油	173.2241	$CaCl_2$(kg)	54.200436	蒸汽用量(kg)	1456.37	需要的加热蒸汽的量(kg)	
16	二级中罐		发酵罐空罐灭菌		日耗纯糖(kg)	39024.31	生产毛油	2301.406	粉浆干物质浓度	0.2379151	灭菌后发酵液重量	105379	浓缩结晶去除水分(kg)	47.98
17	发酵罐清洗比例(%)	1%	一级罐空罐灭菌		日耗纯淀粉量(kg)	36133.62			淀粉质比热容kJ/(kg.K)	1.55	碟片式离心后trp 损失	0.02	第一次结晶回收母液	4108
18			二级罐空罐灭菌		日耗膨化粉碎物	43377.7			水的比热容kJ/(kg.K)	4.18	碟片离心滤渣量(kg)	2107.58	60%乙醇溶液溶解第一次结晶固体 的质量(kg/T)	35
19	淀粉糖化率	1.08	发酵结束加热		日耗玉米粉量	43421.12			粉浆比热容kJ/(kg.K)	3.554283	滤渣含水60%(m^3)	1.26455	60%的乙醇用量(T)	143.4
20	发酵结束色氨酸浓度(kg/m^3)	60	浓缩罐		日耗毛玉米数量Kg	53560.66			t1浆料初温 45℃	318	超滤前体积	101.83	60%乙醇的溶液密度	0.8
21	填充系数70%时的	3-4VVM	发酵罐体积(m^3)	70	毛玉米除杂	1606.82			t2液化温度 95℃	368	超滤浓缩比	10		

培养基配方 | 培养基组分衡算 | 物料衡算汇总 | 设备选型 | 热量衡算 | 结晶热 | Sheet1 | 玉米预处理 | 杂 | 发酵工段计算

图4-5 年产1500吨L-色氨酸的物料衡算结果

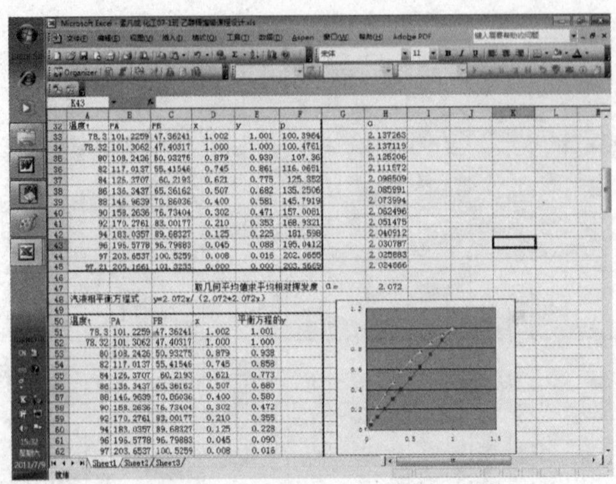

图 4-6　Excel 求解气液相平衡关系

（1）Aspen Plus 计算方法选择。

① 单元模块选择。由于 Aspen Plus 大型模拟软件配有较完整的物性数据库和各种物性方法，适用于化学、石油化工、炼油、天然气气体分离和合成燃料等行业的流程模拟和优化节能。Aspen Plus 还提供了塔设备的多种计算方法，如捷算法、严格法等，还有专门针对炼油工厂的应用。本设计选择 Rad Frac 模块计算反应精馏塔。Rad Frac 是一个严格模型，可用于模拟所有类型的多级气-液分离操作。对气液两相存在强非理想性的物系和理想物系都能实现良好的模拟效果。Rad Frac 假定为平衡级，可规定 Murphree 效率或蒸发效率，并通过操作 Murphree 效率来匹配装置性能。可利用 Rad Frac 模块设计、校核板式塔或填料塔。对于板式塔，软件一样带有若干种类常规板式的数据库，包括浮阀和泡罩；对于填料塔，软件带有若干种类常规填料的数据库，包括乱堆填料和规整填料。

② 热力学方程选择。Aspen Plus 中含有大量的热力学生成器，如 PR，SRK，GS，BWRS 等常用方法，以及 Wilson，NRTL，UNIFAC，UNIQUAC 等液相活度系数模型，同时含有几种特殊热力学软件包，如乙醇系统、酸性水系统等软件包。本设计采用的热力学计算方法为针对醇、水系统适用的乙醇系统软件包，此软件包用 NRTL 液相活度系数法计算相平衡，并使用从乙醇-水系统实验数据回归的特殊 NRTL 二元交互数据集。

（2）工艺条件。

① 工艺流程。用 Aspen Plus 11.1 绘制出模拟萃取精馏生产无水乙醇工艺流程图（见图 4-7）。图中 1 为醪液进料物流，醪液预热到 80℃，从塔的第 1 块塔板进料；2 为醪塔出料物流，经过泵加压使其成为温度 76.4℃，压力达 5.33 kPa 的物流 4，从精馏塔的第 40 块塔板进料；3 为醪塔出料物流，经过醪塔分离，塔底为醪液并残留 0.2%（体积比）乙醇，进入水处理装置；5 为精馏塔出料物流，为共沸乙醇，从萃取塔的第 20 块塔板进料；6 为精馏塔出料物流，是精馏塔分离过后仍无法实现分离的水和乙醇混合液，进入水处理装置进行处理；7 为另一股进料物流，是乙二醇和醋酸钾组成的萃取剂；8 为萃取塔出料物流，为 99.9%（体积比）无水乙醇；9 为萃取塔为出料物流，从回收塔的第 5 块板进料；10、11 为回收塔的出料物流。

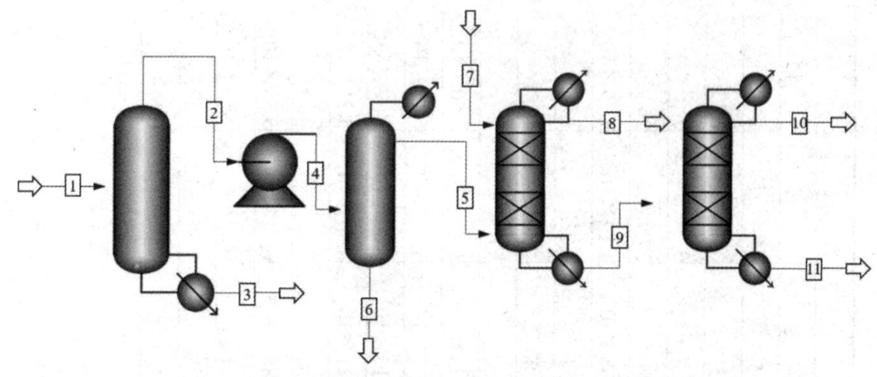

图 4-7　无水乙醇四塔精馏工艺流程图

② 参数优化。萃取塔和回收塔的塔板数、回流比、进料位置在精馏过程中是一个非常重要的工艺参数。塔的分离效果随着工艺参数的改变而改变，精馏过程的能量消耗也会有所不同。一般而言，分离效果越好，能量消耗也会越大，因此必须选择合理的工艺参数以降低生产成本。

为了确定这些工艺参数的最佳值，本设计利用 Aspen Plus 软件进行灵敏度分析。分别以塔板数、回流比、萃取剂进料位置、乙醇进料位置为优化对象，通过灵敏度分析确定其最佳工艺条件，最终确定萃取塔的塔板数为 23，回流比为 1.7，萃取剂进料板在第 20 块板，乙醇原料进料位置在第 3 块板。回收塔塔板数为 15 块，回流比为 2.5，进料板在第 4 块板。确定的最佳工艺条件见表 4-4 和表 4-5。

表 4-4　进料组成

项目	进料组成	流量/（kg/h）	温度/℃	进料状态	压力/kPa
物流 1	乙醇（8.05%），水（91.95%）	41 581.6	80	饱和液体进料	—
物流 7	乙二醇（87.00%），醋酸钾（13.00%）	2472.0	77	—	110

表 4-5　塔器条件

项目	塔板数	进料板	塔顶流量/（kg/h）	回流比（质量比）	冷凝器状态	第一块板压力/kPa	全塔压力变化/kPa
醪塔（B1）	25	1	7065. 52	—	无	53.3	50
精馏塔（B3）	53	40	3316. 56	3	全凝器	53.3	50
萃取塔（B4）	23	3.20	2807. 45	1.7	全凝器	101.3	50
回收塔（B5）	15	5	1190. 06	2.5	全凝器	13	—

③ 计算结果。各流股计算结果见表 4-6。表 4-7 为四塔精馏工段物料衡算结果。

由表 4-7 可看出，在参数优化的条件下，当进料醪液流量为 41 851.6 kg/h，萃取剂进料流量为 2472 kg/h 时，经过 Aspen Plus 模拟计算得到物流 8 塔顶的无水乙醇的流量为 2807.5 kg/h，质量分数达到 99.9%，符合无水乙醇的生产标准；优化结果对工业生产具有指导意义。

表 4-6　流股参数

项　目	编　号										
	1	2	3	4	5	6	7	8	9	10	11
温度/℃	80.0	76.4	100.3	76.4	62.7	96.0	77.0	78.3	115	44.4	142
压力/bar	0.621	0.533	1.033	5.33	0.533	1.033	110	1.013	1.513	0.13	0.13
气象分率	0	1	0	0	0	0	0	0	0	0	0
摩尔流量/kmol · h^{-1}	2.19×10^3	2.80×10^7	1.91×10^3	2.80×10^2	77.9	2.02×10^2	37.9	61.0	54.9	27.9	26.9
质量流量/kg · h^{-1}	4.16×10^4	7.06×10^3	3.45×10^4	7.06×10^3	3.32×10^3	3.75×10^3	2.47×10^3	2.81×10^3	2.98×10^3	1.19×10^3	1.79×10^3
体积流量/m^3 · h^{-1}	45.31	1.53×10^4	37.64	8.53	4.49	4.12	2.45	3.97	3.21	1.23	1.95
焓/Mkcal · h^{-1}	-1.47×10^2	-15.94	-1.28×10^2	-18.72	-5.09	-13.6	-3.75	-3.94	-4.80	-2.36	-2.51
各组分质量流量/kg · h^{-1}											
水	3.82×10^4	3.77×10^3	3.44×10^4	3.76×10^3	1.76×10^2	3.59×10^3	0	1.52	1.75×10^2	1.75×10^2	9.50×10^{-14}
乙醇	3.37×10^3	3.30×10^3	67.52	3.30×10^3	3.14×10^3	1.60×10^2	0	2.81×10^3	3.35×10^2	3.35×10^2	6.14×10^{-22}
乙二醇	0	0	0	0	0	0	2.15×10^2	0.926	2.15×10^3	6.80×10^2	1469.6838
醋酸钾	0	0	0	0	0	0	3.21×10^2	2.36×10^{-35}	3.21×10^2	6.99×10^{-3}	3.21×10^2
各组分质量比											
水	0.919	0.533	0.998	0.533	0.053	0.957	0	5.4×10^{-4}	5.88×10^{-2}	0.147	5.30×10^{-17}
乙醇	0.081	0.467	0.002	0.467	0947	0.013	0	0.999	0.112	0.281	3.43×10^{-25}
乙二醇	0	0	0	0	0	0	0.87	3.29×10^{-4}	0.721	0.571	0.821
醋酸钾	0	0	0	0	0	0	0.13	8.39×10^{-35}	0.108	1.00×10^{-3}	0.179

表 4-7 四塔精馏工段物料衡算

流股编号	输入			流股编号	输出		
	物料名称	流量/kg · h^{-1}	质量分数		物料名称	流量/kg · h^{-1}	质量分数
1	水	38213.49	0.919	8	乙二醇	0.925811	0.000329
	乙醇	3368.109	0.081		醋酸钾	2.36×10^{-35}	8.39×10^{-35}
7	乙二醇	2150.64	0.87	10	水	175.312	0.14731
	醋酸钾	321.36	0.13		乙醇	334.718	0.28126
	输出				乙二醇	680.03	0.57142
3	水	34448.55	0.998		醋酸钾	6.99×10^{3}	1.00×10^{-3}
	乙醇	67.52434	0.00195				
6	水	3588.104	0.957	11	水	9.50×10^{-4}	5.30×10^{-17}
	乙醇	160.8598	0.0429		乙醇	6.14×10^{-22}	3.43×10^{-25}
8	水	1.516703	0.00054		乙二醇	1469.6838	0.820573
	乙醇	2805.007	0.9991		醋酸钾	321.36	0.179426

应用 Aspen Plus 对高纯无水乙醇的工业化生产进行模拟计算。数学模拟采用平衡级数学模型，即在每块反应塔板上同时达到化学平衡、相平衡和热平衡。热力学性质采用 NRTL 方程。各原料经加热与加压后分别进入塔内进行反应。其中，萃取塔的模拟最为重要，以乙二醇和醋酸钾作为萃取剂，以精馏塔出料浓度 95%的工业乙醇为原料，萃取精馏塔塔板数为 23，优化的操作参数为：萃取精馏塔原料的进料位置为第 20 块塔板，萃取剂的进料位置在第 3 块塔板，回流比为 1.7，萃取剂与原料进料比（质量比）为 1∶1。溶剂回收塔塔板数为 14，优化的操作参数为：溶剂回收塔进料位置为第 5 块塔板，回流比为 2.5。在上述优化参数条件下，产品无水乙醇的质量分数可达 99.9%，符合国家标准。

6．物料衡算的实例五——采用 Aspen Plus 计算年产 100 吨盐酸林可霉素的物料衡算

Aspen Plus 软件通常都提供了大量的基础物性数据、热力学模型库、单元设备模型库。通过这些软件，我们可以对设计内容的全流程进行严格的物料衡算和能量衡算。

以年产 100 吨盐酸林可霉素的提取工段设计为例。首先确定盐酸林可霉素的提取方案，确定盐酸林可霉素的提取工艺流程（见图 4-8）及各原料组成，然后应用 Aspen Plus 对整个工艺进行模拟，通过选用模拟模板，添加各单元设备模块，选择计算物性参数的热力学模型，利用各单元设备模块和系统提供的循环物流收敛方法，即可完成严格的全流程的物料衡算和能量衡算；同时，还可应用灵敏度分析对整个工艺流程进行优化。在设备的设计计算中，需选择不同的单元设备模块进行粗略和精确的设计。模块选定后，给定必需的参数，系统可自行计算。为便于对同类项目的设计及运行做优化调整，对软件计算结果进行整理分析，可得到如图 4-8 所示的提取工段各组分物料流程图。因此，采用软件模拟，学生可以侧重于各设计参数的优化，如再沸器热负荷发生变化时，对塔顶二氧化碳解析量的影响分析（见图 4-9）；当回流比 R发生变化时，对塔顶出料中二氧化碳和吸收剂含量的变化分析；应用灵敏度分析对进料板进行优化；应用能量分析软件对系统的能耗进行集成优化等，而这些都是在采用软件之前比较难以完成的。学生采用模拟软件还可以进行多种方案比较，为创新性设计提供可能性。

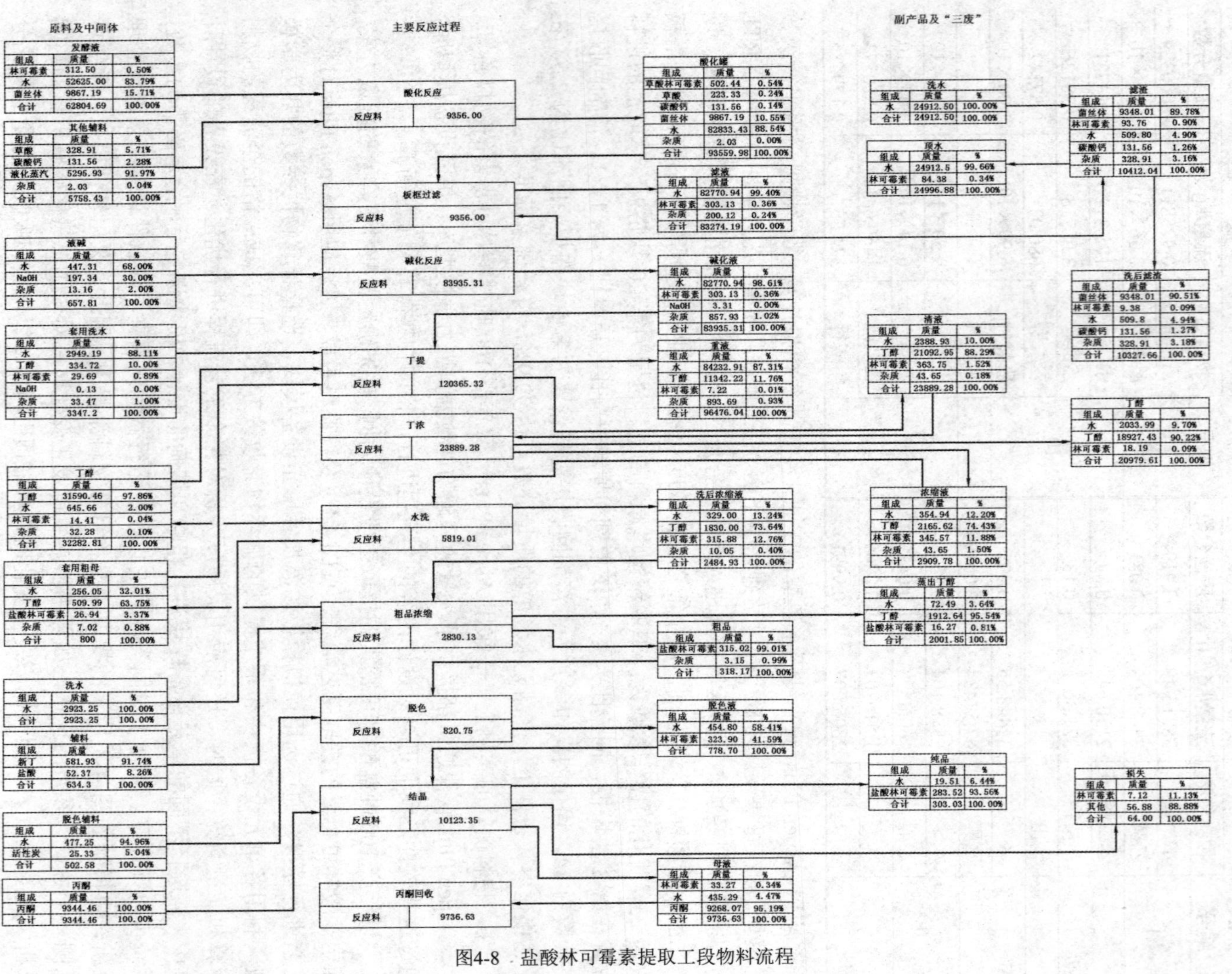

图4-8 盐酸林可霉素提取工段物料流程

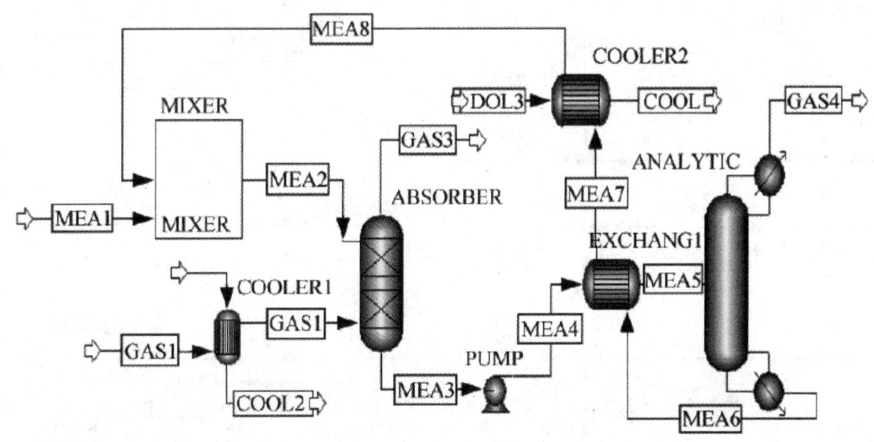

图 4-9　二氧化碳捕集工段的 Aspen Plus 设计流程图

三、工艺物料和水平衡图

物料平衡的基础是质量守恒定律，质量守恒定律不仅应用于质量守恒，也用于元素守恒，例如发酵工业废水处理中的脱氮除磷中的氮平衡（见图 4-10）。

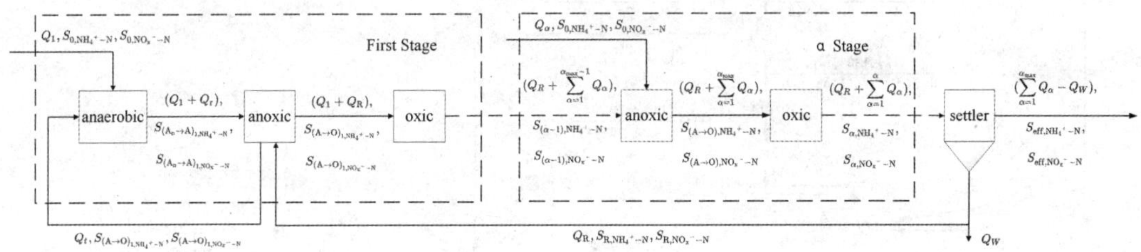

图 4-10　改良 UCT 分段进水深度脱氮除磷工艺的氮平衡

在工艺流程草图的基础上进行工艺物料衡算，得出工艺物料平衡图。工艺物料平衡图又分为全厂工艺物料平衡图和车间（工段）物料平衡图两种。图 4-11 是年产 20 万吨玉米淀粉物料平衡图，图 4-12 是年产 20 万吨葡萄糖酸钠项目水平衡图。图上用细实线画成长方框来表示各工艺步骤或工段，流程线只画出主要物料，用粗实线表示，流程方向用箭头画在流程线上。图上还注有主原料、各辅助物料、半成品和成品的名称，平衡数据，以及来源和去向等。

在完成物料计算后，才能进行设备选型及计算，并在此基础上进行生产工艺设备物料流程图设计。

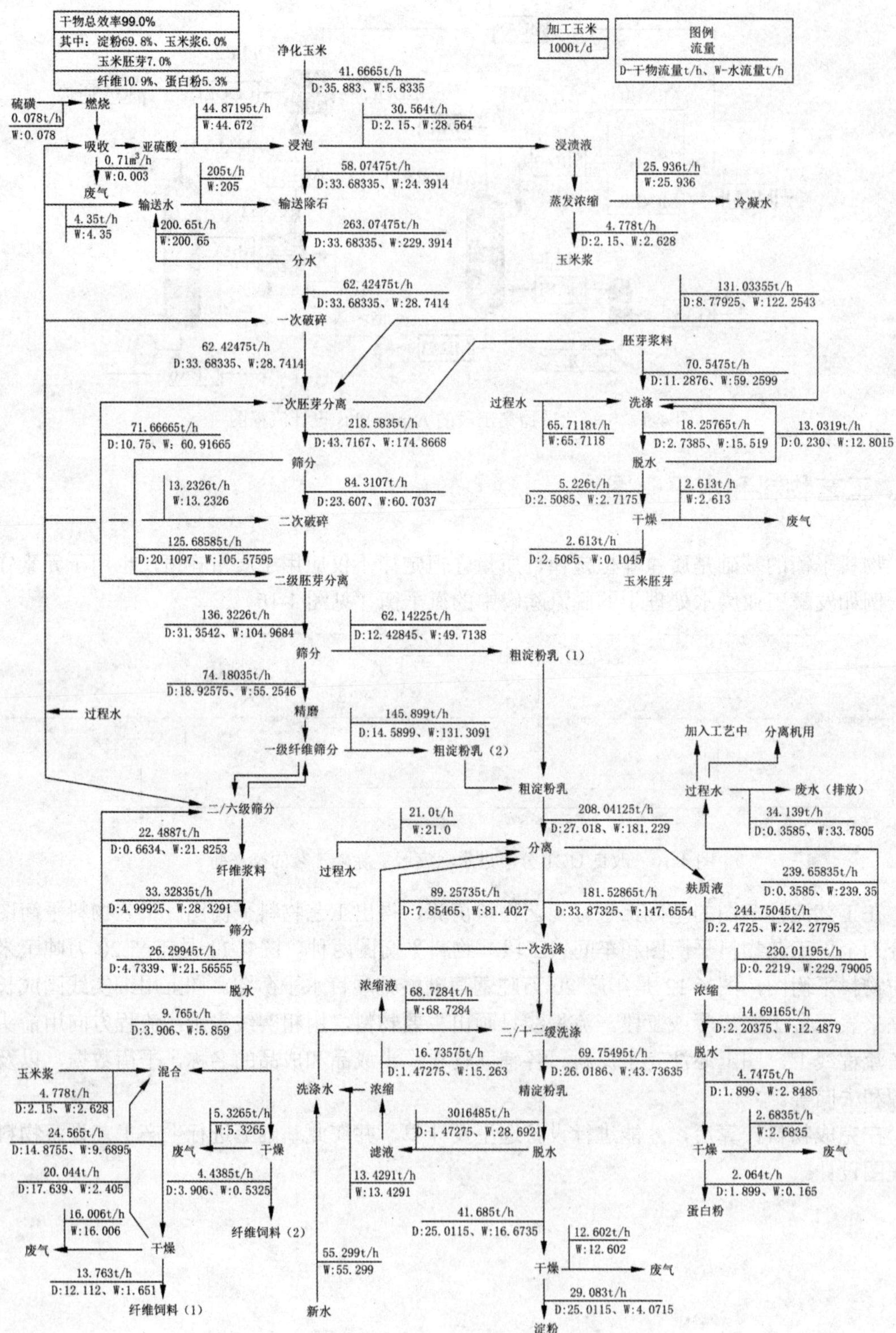

图 4-11　年产 20 万吨玉米淀粉物料平衡图

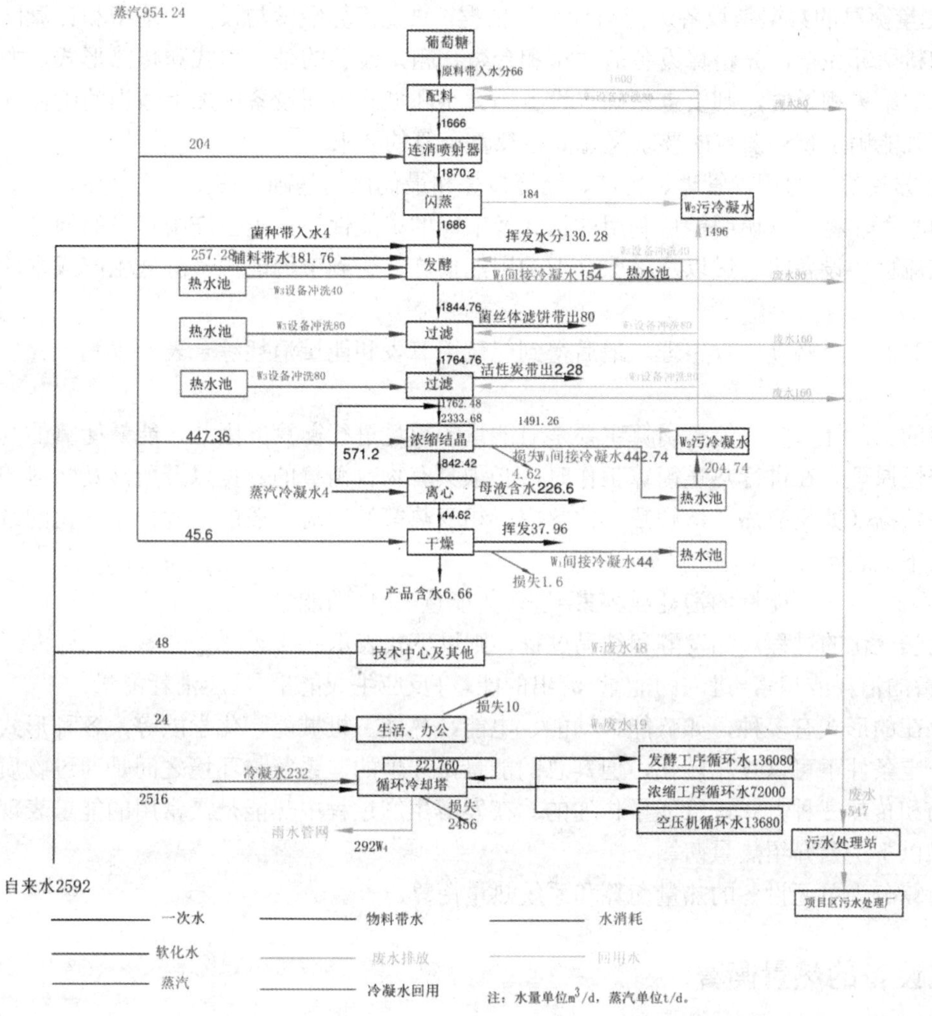

蒸汽954.24
葡萄糖
原料带入水分66
配料
1600
废水80
1666
204
连消喷射器
1870.2
闪蒸
184
W₂污冷凝水
1686
1496
菌种带入水4
挥发水分130.28
257.28
辅料带水181.76
发酵
热水池
热水池
W₁间接冷凝水154
废水90
W₃设备冲洗40
1844.76
菌丝体滤饼带出80
热水池
W₃设备冲洗80
过滤
废水160
1764.76
活性炭带出2.28
热水池
W₃设备冲洗80
过滤
废水160
1762.48
2333.68
1491.26
447.36
浓缩结晶
W₂污冷凝水
571.2
损失
W₁间接冷凝水442.74
842.42
4.62
204.74
蒸汽冷凝水4
离心
母液含水226.6
热水池
44.62
45.6
挥发37.96
干燥
W₁间接冷凝水44
热水池
损失1.6
产品含水6.66
48
技术中心及其他
W₅废水48
损失10
24
生活、办公
W₆废水19
221760
发酵工序循环水136080
冷凝水232
循环冷却塔
浓缩工序循环水72000
2516
损失
2456
空压机循环水13680
废水
547
雨水管网
292W₄
污水处理站
自来水2592
项目区污水处理厂
一次水
物料带水
水消耗
软化水
废水排放
回用水
蒸汽
冷凝水回用
注：水量单位m^3/d，蒸汽单位t/d。

图4-12 年产20万吨葡萄糖酸钠水平衡图

第三节 热量衡算

一、能量衡算的目的和意义

在发酵工艺设计中，能量衡算也是十分重要和基本的设计项目。能量衡算的目的在于定量地表示出工艺过程各部分中的能量变化，确定需要加入或可供利用的能量，确定过程及设备的工艺条件和热负荷，以及确定水、电、蒸汽和燃料的消耗量，并为开展其他部分的设计提供条件和数据。能量衡算具有以下意义。

（1）在工艺设计中，进行能量衡算，可以决定生产过程所需要的能量，从而计算出生产过程能耗指标，以便对工艺设计的多种方案进行比较，选定先进的生产工艺。

（2）能量衡算的数据是设备选择与计算的依据。热量衡算经常与设备的选型和计算同时进行，物料衡算完毕，先粗算设备的大小和台数，粗定设备的基本型式和传热形式，如与热量衡算的结果相矛盾，则要重新确定设备的大小和型式或在设备中加上适当的附件部分，使设备既能满足物料衡算的要求又能满足热量衡算的要求。

（3）能量衡算是组织、管理、生产、经济核算和最优化的基础。在工厂生产中，有关工厂能量的平衡，将可以说明能量利用的形式及节能的可能性，找出生产中存在的问题，有助于工艺流程和设备的改进以及采取合理的用能措施，达到节约能源、降低生产成本的目的。

能量衡算的结果必须进行整理，最后得到能量衡算表和能量消耗综合表，以利于评价和使用。

在目前的工艺计算中，能量衡算主要是对能量的数量进行衡算。因此，能量衡算的基础是能量守恒原理。在进行热量衡算工作时，必须具有物料衡算的数据以及所涉及物料的热力学物性数据（如反应热、溶解热、比热容、相变热等）。对一般的没有化学变化的过程，可以用下式表示：

能量的消耗或积累=进入的能量-流出的能量

对有化学变化的过程，如发酵和结晶过程，则以下式表示：

能量的消耗或积累=进入的能量-流出的能量+反应生成能量-反应消耗能量

能量存在的形式有多种，如势能、动能、电能、热能、机械能、化学能等，各种形式的能量在一定条件下可以互相转化，但其总的能量是守恒的。系统与环境之间是通过物质传递、做功和传热三种方式进行能量传递的。在发酵生产过程中热能是最常用的能量表现形式，所以以下主要介绍热量衡算。

热量衡算分为单元设备的热量衡算和系统热量衡算。

二、单元设备的热量衡算

在进行热量衡算时，首先要对过程中的单元设备进行热量衡算。通过热量衡算，算出设备的有效热负荷，由热负荷确定加热剂或冷却剂的用量，设备的传热面积等。以下介绍单元设备的热量衡算步骤。

（1）明确衡算对象，划定衡算范围，绘制设备的热平衡图。为了帮助分析和减少衡算错误，需先绘制设备的热平衡图，在图上将进出衡算范围的各种形式的热量都标注出来。

（2）搜集有关数据。热量衡算涉及物料量、物料的状态和有关物质的热力学参数，如比热容、潜热、反应热、溶解热、稀释热和结晶热等。这些热力学数据可以从有关物性参数手册、书刊等资料上查得，也可以从工厂实际生产数据中获得。如果从这些途径无法得到有关数据，可以通过热力学数据估算或通过实验测得。

（3）选择计算基准。在进行热量计算时，基准不同，算出的各项数据就不同，同时基准选择不当，也会给计算带来许多不便。因此，在同一项计算中要选择相同的计算基准，而且要使计算尽量简单、方便。计算基准包括数量和相态（也称基准态）两个方面。数量上的基准是指从哪个量出发来计算热量，可以是单位时间的量或每批的量。一般地，选择0℃、液态为计算基准态较为简单，对有反应的过程，一般取25℃作为计算基准态。

（4）计算各种形式热量的值。求出热量衡算平衡方程式中各种热量的值。

（5）列热量平衡表。热量衡算完毕后，将所得的结果汇总成表，并检查热量是否平衡。

（6）求出加热剂或冷却剂等载能介质的用量。

（7）求出每吨产品的动力消耗定额、每小时最大用量以及每天用量和年消耗量。此项工作要结合设备计算及设备操作时间的安排进行（在间歇操作中此项工作显得特别重要）。在汇总每个设备的动力消耗量得出车间总耗量时，须考虑一定的损耗（如蒸汽1.25，水1.2，压缩空气1.30，真空1.30，冷冻盐水1.20），最后得出能量消耗综合表（见表4-8）。

表4-8　能量消耗综合表

序号	名称	规格	每吨产品消耗定额	每小时最大用量	每昼夜（或每小时消耗量）	年消耗量	备注

三、系统热量平衡计算

（一）热量衡算

当内能、动能、势能的变化量可以忽略且无轴功时，根据能量守恒方程式可以得出以下热量平衡方程式：

$$Q_1+Q_2+Q_3=Q_4+Q_5+Q_6 \tag{4-14}$$

式中　Q_1——物料带入设备的热量，kJ；

Q_2——加热剂或冷却剂传给设备或所处理物料的热量，kJ；

Q_3——过程热效应（放热为正，吸热为负），kJ；

Q_4——物料离开设备所带走的热量，kJ；

Q_5——加热或冷却设备所消耗的热量，kJ；

Q_6——设备向环境散失的热量，kJ。

热量衡算的目的是计算出 Q_2，从而确定加热剂或冷却剂的量。为了求出 Q_2 必须知道式（4-14）中的其他各项。以下就这几项进行介绍。

1. Q_1 与 Q_4 的计算

物料带入设备的热量 Q_1 和物料从设备带走的热量 Q_4 可用下列公式计算。

$$Q_1(Q_4)=\sum m\int_0^2 c_p \mathrm{d}t \tag{4-15}$$

$$c_p=f(t)=a+bt+ct^2+\cdots \tag{4-16}$$

式中　m——输入（或输出）设备的各种物料的质量，kg；

c_p——物料的定压比热容，kJ/(kg · ℃);

当 c_p -t 是直线关系时，式（4-15）可简化为

$$Q_1(Q_4)=\sum mc_p(t_2-t_0) \tag{4-17}$$

式中　t_0——基准温度，℃;

t_2——物料的实际温度，℃。

c_p 为 t_0～t_2 之间的平均定压比热容，可以是 t_0 和 t_2 下的定压比热容之和的一半，也可以是 t_0 和 t_2 平均温度下的定压比热容。

2. Q_5 的计算

加热或冷却设备所消耗的热量 Q_5 的计算与过程有关。如果是稳态操作过程，Q_5=0;

而对于非稳态过程，如开车、停车以及各种间歇操作过程，Q_5 可按式（4-18）计算。

$$Q_5=\sum Mc_p(t_2-t_1) \tag{4-18}$$

式中　M——设备各部件的质量，kg;

c_p——设备各部件材料的定压比热容，kJ/（kg · ℃）;

t_1——设备各部件的初始温度，℃;

t_2——设备各部件的最终平均温度，℃。

t_1 一般可取为室温，t_2 根据具体情况来定。

设传热器壁两侧流体的给热系数分别为 A_h（高温侧）和 A_l（低温侧），传热终止时两侧流体的温度分别为 t_h（高温侧）和 t_1（低温侧），则

① 当 $A_h \approx A_1$ 时，t_2＝（t_h＋t_l）/2;

② 当 $A_h \gg A_1$ 时，t_2＝t_h;

③ 当 $A_h \ll A_1$ 时，t_2=t_1。

3. Q_6 的计算

设备向环境散失的热量 Q_6 可按下式计算。

$$Q_6=\sum A\alpha_T(t_w-t_0)\tau \tag{4-19}$$

式中　Q_6——设备向环境散失的热量，J;

A——设备散热表面积，m^2;

α_T——设备散热表面与周围介质之间的联合给热系数，W/（m^2 · ℃）;

t_w——散热表面的温度（有隔热层时为绝热层外表的温度），℃;

t_0——周围介质的温度，℃:

τ——散热持续的时间，s。

设备散热表面与周围介质之间的联合给热系数可用以下经验公式求得。

① 当隔热层外空气作自然对流，且 t_w 为 50～350℃时

$$\alpha_T=8+0.05t_w \tag{4-20}$$

② 当空气作强制对流，空气的速度 u 不大于 5 m/s 时

$$\alpha_T=5.3+3.6u \tag{4-21}$$

③ 当空气作强制对流，空气的速度 u 大于 5 m/s 时

$$\alpha_T=6.7u^{0.78} \tag{4-22}$$

对于室内操作的锅式反应器，α_T 的数值可近似取作 10 W/(m^2·℃)。

4. 过程热效应 Q_3 的计算

过程热效应包括化学反应热与物理状态变化热。

（1）化学反应热的计算。进行化学反应所放出或吸收的热量称为化学反应热。化学反应热的求算方法有如下几种。

① 用标准反应热计算。通常规定当反应温度为 298 K 及标准大气压时反应热的数值为标准反应热，用 ΔH^{Θ} 表示。ΔH^{Θ} 可以在有关手册中查到，且规定负值表示放热，正值表示吸热，这与热量衡算平衡方程式中规定的符号相反。下文用 q_r^{Θ} 表示标准反应热，且规定正值表示放热，负值表示吸热，因而

$$q_r^{\Theta}=\Delta H^{\Theta} \tag{4-23}$$

② 用标准生成热求 q_r^{Θ}。

$$q_r^{\Theta}=-\sum \sigma_i \Delta H_{fi}^{\Theta} \tag{4-24}$$

式中 σ_i——反应方程式中各物质的化学计量系数，反应物为负，生成物为正；

ΔH_{fi}^{Θ}——各物质的标准生成热，kJ/mol。

③ 用标准燃烧热求 q_r^{Θ}。

$$q_r^{\Theta}=\sum \sigma_i \Delta H_{ci}^{\Theta} \tag{4-25}$$

式中 σ_i——反应方程式中各物质的化学计量系数，反应物为负，生成物为正；

ΔH_{ci}^{Θ}——各物质的标准燃烧热，kJ/mol。

④ 标准生成热与标准燃烧热的换算。

$$\Delta H_f^{\Theta}+\Delta H_c^{\Theta}=\sum n H_{ce}^{\Theta} \tag{4-26}$$

式中 H_{ce}^{Θ}——元素的标准燃烧热，kJ/mol；常见元素标准燃烧热的数值见表 4-9；

n——化合物中同种元素的原子数；

ΔH_f^{Θ}，ΔH_c^{Θ}——分别为同一化合物的标准生成热和燃烧热。

表 4-9 常见元素标准燃烧热

元素燃烧过程	元素燃烧热/（kJ/g）	元素燃烧过程	元素燃烧热/（kJ/g）
C→CO_2（气）	395.15	Br→HBr（溶液）	119.32
H→0.5H_2O（液）	143.52	I→I′（固）	0
F→HF（溶液）	316.52	N→0.5N_2（气）	0
Cl→0.5Cl_2（气）	0	N→HNO_3（溶液）	205.57
Cl→HCl（溶液）	165.80	S→SO_2（气）	290.15
Br→0.5Br_2（液）	0	S→H_2SO_4（溶液）	886.8
Br→0.5Br_2（气）	-15.3	P→P_2O_5（固）	765.8

⑤ 不同温度下反应热 q_r^t 的计算。

a. 反应恒定在 t℃下进行，而且反应物和生成物在 25～t℃范围内都无相变化，那么有以下关系式：

$$q_r^t = q_r^{\Theta} - (t-25)\left(\sum n_i c_{pi}\right) \tag{4-27}$$

式中　n_i——反应方程式中化学计量系数，反应物为负，生成物为正；

t——反应温度，℃；

c_{pi}——反应物或生成物在 25～t℃温度范围内的平均比热容，kJ/（mol·℃）。

b. 如果反应物或生成物在 25～t℃范围内有相变化，则需对式（4-27）进行修正。

（2）物理状态变化热。

常见的物理状态变化热有相变热和溶解混合热。

① 相变热。在恒定的温度和压力下，单位质量或摩尔的物质发生相的变化时的焓变称为相变热，如汽化热、升华热、熔化热、冷凝热等。

许多化合物相变热的数据可从有关手册和参考文献中查得，在使用中要注意使其单位和符号与式（4-14）所规定的一致。如果查到的数据，其条件不符合要求，可设计一定的计算途径求出。例如，已知 T_1 和 P_1 条件下某物质 1 mol 的汽化潜热为 ΔH_1，根据盖斯定律可用图 4-13 所设的途径求出 T_2 和 P_2 条件下的汽化潜热 ΔH_2。

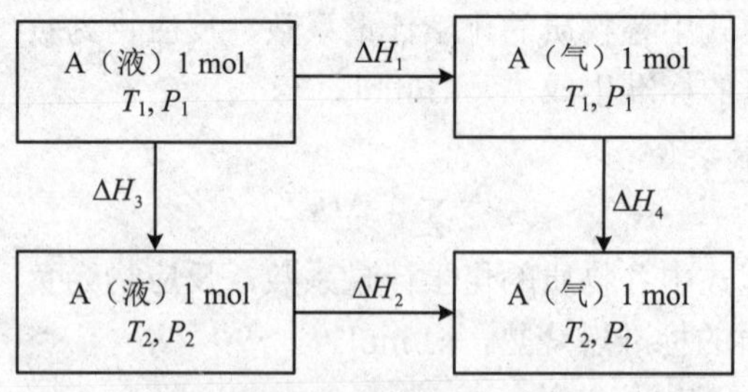

图 4-13　相变热计算示意图

$$\Delta H_2=\Delta H_1+\Delta H_4-\Delta H_3 \tag{4-28}$$

式中，ΔH_3 是液体的焓变，忽略压力对焓的影响，则

$$\Delta H_3=\int_{T_1}^{T_2} cp(液)\mathrm{d}T \tag{4-29}$$

ΔH_4 是温度、压力变化时的气体焓变，如将蒸汽看作理想气体，可忽略压力对焓的影响，则

$$\Delta H_4=\int_{T_1}^{T_2} cp(气)\mathrm{d}T \tag{4-30}$$

所以有

$$\Delta H_2=\Delta H_1+\int_{T_1}^{T_2}[cp(气)-cp(液)]\mathrm{d}T \tag{4-31}$$

② 溶解与混合。当固体、气体溶于液体，或两种液体混合时，由于分子间的相互作用与它们在纯态时不同，伴随这些过程就会有热量的放出或吸收，这两种过程的过程热分别称为溶解热和混合热。对于气体混合物，或结构相似的液体混合物，例如直链烃的混合物，可以忽略两种分子间的相互作用，即不考虑溶解热或混合热。但另外一些混合或溶解过程如进行硫酸、硝酸、氨水水溶液的配制、稀释等则有显著的热量变化。

某些物质的溶解热、混合热可直接从有关手册和资料中查到，也可根据积分溶解热或积分稀释热求出。

③ 积分溶解热。恒温恒压下，将 1 mol 溶质溶解于 n mol 溶剂中，该过程所产生的热效应称为积分溶解热。积分溶解热不仅可以用来计算把溶质溶于溶剂中形成某一含量溶液时的热效应，还可以用来计算把溶液从某一含量稀释或浓缩到另一含量的热效应。它是温度和浓度的函数。有些物质的积分溶解热可在手册和相关资料中查得。

④ 积分稀释热。恒温恒压下，将一定量的溶剂加入到含 1 mol 溶质的溶液中，形成较稀的溶液时所产生的热效应称为积分稀释热。

【例 4-1】在 25℃和 1.013×10^5 Pa 下，用水稀释 78%的硫酸水溶液以配制 25%的硫酸水溶液 1000 kg，试计算配制过程中的浓度变化热。

解：设 G_1 为 78%的硫酸溶液的用量，G_2 为水的用量，则

$$G_1\times78\%=1000\times25\%$$

$$G_1+G_2=1000$$

$$G_1=320.5\text{ kg},\quad G_2=679.5\text{ kg}$$

配制前后 H_2SO_4 的物质的量（mol）为

$$n(H_2SO_4)=320.5\times10^3\times0.78\div98\text{ mol}=2550.9\text{ mol}$$

配制前 H_2O 的物质的量（mol）为

$$n(H_2O)=320.5\times10^3\times0.22\div18\text{ mol}=3917.2\text{ mol}$$

则

$$n_1=3917.2\div2550.9=1.54$$

由表 4-10 用内插法查得

$$\Delta H_{s1}=35.57\text{ kJ/mol}$$

配制后 H_2O 的物质的量为

$$n(H_2O)=(320.5\times0.22+679.5)\times10^3\div18\text{ mol}=41667.2\text{ mol}$$

表 4-10 25℃时，H_2SO_4 水溶液的积分溶解热

$n(H_2O)$ /mol	积分溶解热 ΔH_s/(kJ·mol)	$n(H_2O)$ /mol	积分溶解热 ΔH_s/(kJ/mol)	$n(H_2O)$ /mol	积分溶解热 ΔH_s/(kJ/mol)
0.5	15.74	8	64.64	1000	78.63
1.0	28.09	10	67.07	5000	84.49
2	41.95	25	72.53	10 000	87.13
3	49.03	50	73.39	100 000	93.70
4	54.09	100	74.02	500 000	95.38
5	58.07	200	74.99	∞	96.25
6	60.79	500	76.79		

注：表中积分溶解热的符号规定为放热为正，吸热为负。

则

$$n_2=41667.2\div2550.9=16.3$$

由表 4-10 用内插法查得

$$\Delta H_{s2} = 69.30\ \text{kJ/mol}$$

根据盖斯定律得

$$n(H_2SO_4)\Delta H_{s1} + Q_p = n(H_2SO_4)\Delta H_{s2}$$

$$Q_p = n(H_2SO_4)\times(\Delta H_{s2} - \Delta H_{s1}) = 2550.9\times(69.30-35.57)\text{kJ} = 8.604\times10^4\ \text{kJ}$$

（二）热量衡算应注意的问题

（1）确定热量衡算系统所涉及的所有热量和可能转化成热量的其他能量，不得遗漏。但为简化计算可对衡算影响很小的项目忽略不计。

（2）确定计算的基准。有相变时，还必须确定相态基准，不要忽略相变热。

（3）Q_2 等于正值表示需要加热，Q_2 等于负值表示需要冷却。对于间歇操作，各段时间操作情况不一样，则应分段进行热量平衡计算，求出不同阶段的 Q_2。

（4）在计算时，特别是当利用物理化学手册中查得的数据计算时，要注意使数值的正负号与式（4-32）中规定的一致。

（5）在有相关条件的约束，物料量和能量参数（如温度）有直接影响时，需将物料平衡和热量平衡计算联合进行，才能求解。

（三）有效平均温差

在设备选择与计算中，有传热面积的校核。而根据 Q_2 求传热面积时，需要知道有效平均温差。下面就平均温差的计算进行介绍。

1. 列管式换热器有效平均温差的计算

（1）两换热介质逆流流向时，有效平均温差的计算。

$$\Delta t_m = \frac{(T_1 - t_2) - (T_2 - t_1)}{\ln\dfrac{T_1 - t_2}{T_2 - t_1}} \tag{4-32}$$

式中 Δt_m——有效平均温差；

T_1，t_1——分别为两换热介质的入口温度；

T_2，t_2——分别为两换热介质的出口温度。

（2）两换热介质并流流向时，有效平均温差的计算。

$$\Delta t_m = \frac{(T_1 - t_1) - (T_2 - t_2)}{\ln\dfrac{T_1 - t_1}{T_2 - t_2}} \tag{4-33}$$

（3）其他流向时，有效平均温差的计算。

$$\Delta t_m = \phi\frac{(T_1 - t_1) - (T_2 - t_2)}{\ln\dfrac{T_1 - t_1}{T_2 - t_2}} \tag{4-34}$$

式中 ϕ——校正系数，如校正系数<1，应尽量控制在 0.8 以上。

2. 间歇式反应锅有效平均温差的计算

（1）间歇冷却过程有效平均温差的计算。

如图 4-14 所示，冷却剂进口温度始终不变为 t_1，经过热交换后出口温度由 t_1'升温到 t_2；

锅中流体的温度则由 T_1 降至了 T_2。可见这个过程的有效平均温差在不断变化，因而不能用起始或终止状态的有效平均温差来代替整个过程的有效平均温差。可采用下列经验公式求出。

$$\Delta t_m=\frac{T_1-t_2}{\ln\frac{T_1-t_1}{T_2-t_2}}\times\frac{A-1}{A\ln A} \tag{4-35}$$

$$A=\frac{T_1-t_1}{T_1-t'_1}=\frac{T_2-t_1}{T_2-t_1} \tag{4-36}$$

冷却剂的平均最终温度为

$$t_{平均}=t_1+\Delta t_m 1nA \tag{4-37}$$

（2）间歇加热过程有效平均温差的计算。

如图 4-15 所示，加热剂进口温度始终不变为 T_1，经过热交换后出口温度由 T_1'降温到 T_2；锅中流体的温度则由 t_1 升至 t_2。可见这个过程的有效平均温差在不断变化，因而不能用起始或终止状态的有效平均温差来代替整个过程的有效平均温差。可采用下列经验公式求出。

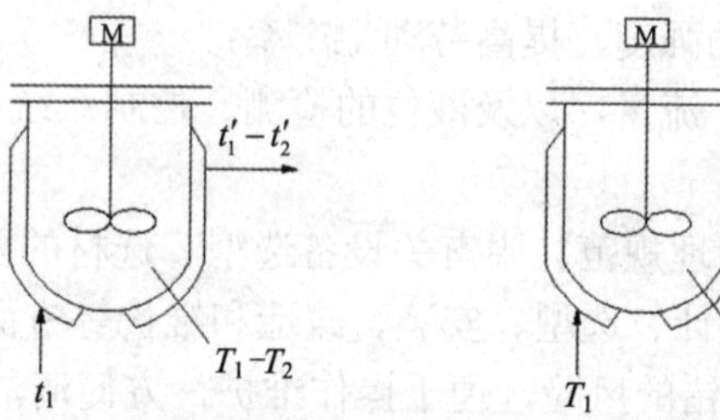

图 4-14 间歇冷却　　图 4-15 间歇加热

$$\Delta t_m=\frac{t_2-t_1}{\ln\frac{T_1-t_1}{T_1-t_2}}\times\frac{A-1}{A\ln A} \tag{4-38}$$

$$A=\frac{T_1-t_1}{T'_2-t_1}=\frac{T_1-t_2}{T_2-t_2} \tag{4-39}$$

加热剂的平均最终温度为

$$t_{平均}=T_1-\Delta t_m 1nA \tag{4-40}$$

如果是用蒸汽加热，由于热源主要是蒸汽冷凝成水放出的潜热，因而可以简化认为夹套进出温度一样，则

$$\Delta t_m=\frac{(T_1-t_1)-(T_1-t_2)}{\ln\frac{T_1-t_1}{T_1-t_2}} \tag{4-41}$$

式中　T_1——蒸汽的温度；

t_1，t_2——间歇加热锅中流体起始和终止温度。

第四节 典型设备工艺设计

一、设备设计的基本要求

基本原料经过一系列单元反应和单元操作制得原料药，原料药通过加工得到各种剂型。这一系列化学变化和物理操作是在设备中进行的。设备不同，提供的条件不一样，对工程项的生产能力、作业的可靠性、产品的成本和质量等都有重大的影响。因此，在选择设备时，要选用运行可靠、高效、节能、操作维修方便、符合 GMP 要求的设备。选用设备时要贯彻先进可靠、经济合理、系统最优等原则。

1. 满足工艺要求

设备的选择和设计必须充分考虑生产工艺的要求，主要包括以下几个方面。

① 选用的设备能与生产规模相适应，并应获得最大的单位产量；

② 能适应产品品种变化的要求，并确保产品质量；

③ 操作可靠，能降低劳动强度，提高劳动生产率；

④ 有合理的温度、压强、流量，以及液位的检测、控制系统；

⑤ 有利于环境保护。

2. 满足《药品生产质量管理规范》中有关设备选型、选材的要求

① 满足 GMP 对设备的设计、选型、安装、改造和维护等方面的要求，尽可能降低生产污染、交叉污染、混淆和差错的风险，便于操作维护，方便清洁、消毒或灭菌。

② 满足设备结构要求，特别是应具有合理的强度、良好的耐腐蚀性、可靠的密封性、良好的操作维修性，以及易于大型设备运输。

③ 设备的材质和制造要求。直接接触物料的设备材质主体采用 SUS316L（1. 4404）不锈钢，密封件采用 FEP/PTFE，接触物料部分要求提供材质报告。不与物料接触部分可采用 SUS304 制造。直接接触物料设备表面抛光度 Ra≤0. 4，外表面和其他部位表面抛光度 Ra≤0.8。

④无菌原料药的生产设备与外界环境相通时，应由呼吸器或 A 级层流装置进行保护，更高的要求是使用隔离器。设备应具有可灭菌性和可验证性。

⑤用于产品的生产、清洁、消毒或灭菌设备，尽可能采用密闭系统，同时确保做到合理的布置和安装；关键参数控制和记录仪表的校准；设备的确认、维护和维修；设备的清洁、消毒或灭菌；公用设备防止交叉污染的措施；设备在确认的范围内使用；设备能够显示工艺流程、故障以及其他控制参数、设备状态、报警及警示等；当外部公共系统发生故障或达不到要求时，设备不能启动或自动停机；设备具有状态提示灯或蜂鸣报警器。

3. 设备要成熟可靠

作为工业生产，不允许把不成熟或未经生产考验的设备用于设计。同时，要选用的设备在材质方面也要求是可靠的。对于从国外引进的设备也不例外。对生产中需使用的关键设备，一定要到需使用设备的工厂去考察，在调查研究和对比的基础上，做出科学

的选定。

4. 要满足设备结构上的要求

（1）具有合理的强度。设备的主体部分和其他零件，都要有足够的强度，以保证生产和人身安全。一般在设计时常将各零件做成等强度，这样最节省材料，但有时也有意识地将某一零件的承载能力设计得低一些，当过载时，这个零件首先破坏而使整个设备不受损。这种零件称为保安零件，如反应釜上的防爆片。

（2）具有足够的刚度。设备及其构件在外压作用下能保持原状的能力称为刚度。例如，塔设备中的塔板，受外压容器的壳体、端盖等都要满足刚度要求。

（3）具有良好的耐腐蚀性。制药生产过程中所用的基本原料、中间体和产品等大多都有腐蚀性，因此所选用的设备应具有一定的耐腐蚀能力，使设备具有一定的使用寿命。

（4）满足工艺要求。 由于药品生产过程中需处理的物料很多是易燃、易爆、有毒的，因此设备应有足够的密封性，以免泄漏造成事故。

（5）易于操作与维修。如人孔、手孔结构的设计。

（6）易于运输。容器的尺寸、形状及重量等应考虑到水陆运输的可能性。对于大型的、特重的容器可分段制造、分段运输、现场安装。

5. 要考虑技术经济指标

（1）生产强度。生产强度是指设备的单位体积或单位面积在单位时间内所能完成的任务。通常，生产强度越高，设备的体积就越小。但是，有时会影响效率，增加能耗，因而应综合起来合理选择。

（2）消耗系数。设备的消耗系数，是指生产单位质量或单位体积的产品所消耗的原料和能量。显然，消耗系数越小越好。

（3）设备价格。尽可能选择结构简单、容易制造的设备；尽可能选用材料用量少、材料价格低廉或贵重材料用量少的设备；尽可能选用国产设备。

（4）管理费用。设备结构简单，易于操作、维修，可以减少人员成本和维修费用。

6. 系统上要最优

选择设备时，不可只为某一个设备的合理而忽略总体问题，要考虑它对前后设备的影响、对全局的影响。

二、设备设计的基本内容

（一）工艺设备选型与设计的阶段

设备选型与设计工作一般可分为两个阶段进行。第一阶段的设备设计可在生产工艺流程草图设计前进行，内容包括：①计量和储存设备的容积计算和选定；②某些标准设备的选定，多属容积型设备；③某些属容积型的非定型设备的型式、台数和主要尺寸的计算和确定。

第二阶段的设备设计可在流程草图设计中交错进行，着重解决生产过程上的技术问题，如过滤面积、传热面积、干燥面积、蒸馏塔板数以及各种设备的主要尺寸等。至此，所有工艺设备的形式、主要尺寸和台数均已确定。

三、定型设备设计计算

（一）定型设备选择步骤

工艺设备种类繁多、形状各异，不同设备的具体计算方法和技术在各种有关化工设备、生物工程设备、制药设备的书籍、文献和手册中均有叙述。对于定型设备的选择，一般可分为如下 4 步进行。

（1）根据工艺要求选择设备类型和设备材料。

（2）通过物料衡算数据确定设备大小、台数。

（3）所选设备的检验计算，如过滤面积、传热面积、干燥面积等的校核。

（4）考虑特殊事项。

属于生物工厂所用的定型设备种类很多，在此主要介绍 12 种定型设备的计算选型。

（二）液体输送设备计算

液体输送设备，主要是各种类型的泵，常用泵的类型和综合性能见表 5-3。

（1）流量。设计发酵工厂的装置时，总要留有一定富余能力。在选择泵时，应按设计要求达到的能力确定泵的流量，并使之与其他设备能力协调平衡。另一方面，泵的流量的确定也应考虑适应不同原料或不同产品的要求，应综合考虑两点：①装置的富余能力及装置内各设备能力的协调平衡；②工艺过程影响流量变化的范围。

如果已给出正常、最小及最大流量，选泵时应按最大流量考虑；如果只给出正常流量，则应按装置及工艺过程的具体情况，采用适当的安全系数（1.1～1.2）；如果给出的是重量流量 G，则可按下式换算为体积流量 Q：

$$Q=\frac{G}{\gamma}\text{（}\gamma\text{ 是介质的相对密度）}\qquad(4\text{-}42)$$

（2）扬程。考虑到工艺设计中管路系统（包括设备）压力降计算比较复杂，泵的扬程需要留有适当余量，一般为正常需要扬程的 1.05～1.1 倍。实际上，如有现成经验数据，应尽量采用，使选用的泵能满足工艺要求。

（3）装置（系统）的有效气蚀余量。装置的有效气蚀余量应大于泵所需要的允许气蚀余量。对于进口侧物料处于减压状态或其操作温度接近汽化条件时，泵的气蚀安全系数宜取较大值，如减压塔的塔压泵的气蚀安全系数至少取 1.3。

（4）液面。介质液面高于泵中心者，应取最低液面，介质液面低于泵中心者，也应取最低液面。

随着科学技术的进步，不断有新的输送液体的设备问世，在工作和学习中要不断学习新知识，了解新设备。下面以 3000 t/a 味精厂发酵车间泵的计算为例。

（1）连消泵。

① 连消泵输送的是重度为 1.05 t/m^3 的水解糖液，其黏度范围在 1.3×10^{-3}～0.5×10^{-3} Pa·s，温度在 115℃以下。

② 介质中无固体颗粒，澄清，透明。

③ 介质中基本上无气体。

④ 操作条件：温度为60～70℃；进口侧靠调浆罐液位压送，出口侧设备压力为0.4～0.5 MPa；最大流量 V_{max}＝22 m^3/h，最小流量 V_{min}＝19.4 m^3/h，正常流量 V=20 m^3/h。

⑤ 连消泵一般设在车间或泵房中，进口侧泵在液面之下。

⑥ 据上，查有关图表，可确定选择离心式泵即可满足生产要求。现选择换代产品IS80-50-200。该产品转速2900 r/min，流量50 m^3/h，扬程50 m，效率74%，为昆明水泵厂产品。为保证连续生产，考虑设备用泵1台，因此，泵的数量为2台，流量可用阀门调节。

（2）尿素泵。

① 尿素消量。设总尿素为40%；日用尿素量为（155＋1.6）×1.05×40%＝6.57（t/d）；流加尿素的浓度为40%；尿素溶液体积为6.57/40%=16.43（m^3/d），取16.5 m^3/d。

② 尿素罐的容量。取填充系数为70%～75%，现取75%。两罐轮流操作，则每个罐的容量为$16.5/(2\times75\%)\text{m}^3=11.0\ \text{m}^3$。

③ 泵的选择。尿素溶液为轻度腐蚀性溶液，黏度低，可使用离心泵。为节省时间和人力，便于管理，可选用流量和扬程都比较大的泵，型号相同的泵。现选用IS80-50-200型单级清液泵，流量 50 m^3/h，扬程 50 m，效率η＝74%。输送 16.5 m^3 尿素溶液用时仅为16.5/50=0.33(h)（约合19.8 min）。

（3）玉米浆泵。

同理选用IS80-50-200型单级清液泵1台。

（三）气体输送设备计算

以3000 t/a味精厂空气站空压机计算为例。

（1）基本数据。

① 工作介质为高空采集的空气，含湿量随季节变化，无易燃易爆性和毒性。

② 气体经前置过滤器过滤，空气含菌尘数为10^3～10^{4}个/m^3。

③ 空压机在专门的机房安装，对电机无特殊要求。

④ 进口温度为常温。

（2）确定生产能力及压头。

① 生产能力。全车间有4台发酵罐，每台装液量77.5 m^3；有2台二级种子罐，每台装液量0.75 m^3。

设有6台设备同时需通风，平均通风比按0.15(vvm)计算。则工作状态最大通风量 V'_{max}=（77.5×4＋0.775×2）×0.15＝46.7（m^3/min）。换算成20℃，0.1 MPa时的体积 V''_{max}：

$$V''_{\max}=\frac{0.3\times46.7\times293}{305\times0.1}=134.6\ (\text{m}^3/\text{min})$$

考虑到余量再乘1.1倍，则需风量为 V_{max}＝134.6×1.1＝148（m^3/min）。

② 压头。根据计算，总过滤器阻力 ΔP_1 = 0.036 MPa；分过滤器阻力 ΔP_2 = 20 mmH$_2$O=2.0×10^{-4} MPa；液深阻力 ΔP_3=6.4 mH$_2$O=0.064 MPa；其他阻力 ΔP_4=0.02 MPa；则总阻力为 $\Sigma\Delta P=\Delta P_1+\Delta P_2+\Delta P_3+\Delta P_4$=0.036+2.0×10^{-4}+0.064+0.02=0.12（MPa）。考虑到压头余量增加1.1倍，则 ΔH＝1.1×$\Sigma\Delta P$＝1.1×0.12＝0.13（MPa）。

③ 查设备手册选设备。考虑到往复式空压机价格便宜，操作维修方便，现选择经改造

的 4L-40/2-3.2 型空压机。该机排气压力 0.2 MPa，大于 ΔH=0.13 MPa，可满足压力要求。该机排气量 40 m^3/（min ·台），考虑设备效率 95%，排气量为 40 m^3/（min ·台）× 0.95＝38 m^3/（min ·台）。如选用 4 台，则总排气量为 38 m^3/（min ·台）×4 台=152 m^3/min，大于 V_{max}=148 m^3，认为可满足生产要求。

4L-40/2-3.2 型空压机其他参数如下：吸气温度≤40℃，排气温度≤160℃，曲轴转速 430 r/min，冷却水耗量 6 m^3/h，润滑油耗量 150 g/h，轴功率≤120 kW，外形尺寸（长×宽×高=2580 mm×1500 mm×1935 mm），重量 3000 kg。电机型号 JR127-8（三相绕线式感应电动机），容量 130 kW，电压 380 V，电机重量 1620 kg。贮气罐 4.6 m^3，额定压力 0.32 MPa，外形尺寸 Ø1300 mm×4100 mm，重量 1120 kg。江西气体压缩机厂生产。

（四）固体输送设备计算

在发酵工厂生产过程中，会遇到固体原料、中间产品和最终产品的输送问题。众所周知，固体物料的输送比流体输送困难得多。

常用的固体输送设备包括机械输送设备和流体输送设备。机械输送设备常用的有带式输送机、斗式提升机、螺旋输送机、埋刮板输送机等；流体输送设备常用的有气流输送设备和液体输送设备。

1. 机械输送设备

（1）带式输送机。

① 带式输送机的特点。带式输送机又称皮带运输机，是各行业通用的运输设备，主要用于水平移送物料或有一定倾角的移送物料。它可以输送松散的或成包成件的物件，且可做成固定位置或移动式运输机，使用非常方便，操作连续性强，输送能力较强，在运送相同距离和重量的物料时，带式输送机的动力消耗最小。由于该设备具有以上优点，故在工厂中得到广泛应用，如谷类成包原料的卸车或堆垛，散煤转送，成箱啤酒的入库等。

② 带式输送机的计算选型。

a.带式输送机的输送量（Q）可用下式计算：

$$Q = 3.6qv \text{（t/h）} \tag{4-43}$$

当输送松散原料时的输送量是

$$Q = 3.6F\gamma v \text{（t/h）} \tag{4-44}$$

式中 q——单位输送带长度的载荷量，kg/m

v——带的运动速度，m/s

F——松散物料在带上装载的横断面积，m^2

γ——物料重度，kg/m^3

输送带的速度因物料不同而变化，常用输送带的速度如表 4-11 所示。

表 4-11　常用输送带速度

物 料 名 称	输送带速度/（m/s）
小麦、玉米、大米（散装）	2.0～4.5
麸皮、米糠	1.5～2.0
包装谷物、成袋面粉等	0.7～1.5

常用输送带宽度（B）分别为 300，400，500，600 m。

带的宽度通常是按输送量，经计算后选取的整数系列，计算公式如下：

$$B=\sqrt{\frac{Q}{K\gamma vC}}$$

式中 B——带宽，m

Q——输送量，t/h

v——带的运动速度，m/s

γ——物料的堆积密度，t/m^3

K——断面系数，对谷物原料 $K=135$

C——倾斜输送时的修正系数；输送带倾角 0º～7º，$C=1.0$；8º～15º，$C=0.95\sim0.90$；16º～20º，$C=0.90\sim0.80$；21º～25º，$C=0.80\sim0.75$

b. 带式输送机功率（N）估算可用以下公式：

$$N=K_1A（0.000\,545\,KLv+0.000\,147\,QL）\pm 0.00\,274\,QH \tag{4-45}$$

式中 K_1——起动附加系数（$K_1=1.3\sim1.8$）

A——长度系数（超过 45 m 长，$A=1$，通常 $A=1\sim1.2$）

K——轴承宽度系数；带越宽，数值越大，通常用滚动轴承 $K=20\sim50$；滑动轴承 $K=30\sim70$

L——输送机长度，m

v——输送带的速度，m/s

Q——输送带的输送能力，t/h

H——输送机将物料提升的高度，m

几种轻便移动式运输机定型产品规格如表 4-12 所示。

表 4-12　几种轻便移动式运输机定型产品规格

项目规格	移动式 300 型	移动式 400 型			移动式 500 型		
					102-1	102-2	102-3
有效输送长度	4	5	7	10	10.25	15.52	20.52
输送速度/（m/s）	1	1.25	1.25	1.25	1.2	1.2	1.2
最大倾斜角/（º）	6.6	18	18	18	9～20	9～20	9～20
输送量	10 t/h	30 t/h	30 t/h	30 t/h	108 m^3/h	108 m^3/h	108 m^3/h
电机功率/kW	1.1	1.1	1.1	1.5	2.8	2.8	4.5
滚筒直径/mm	250	250	250				
滚筒转速/（r/min）	725						
外形尺寸/mm	4325×435×485						

（2）螺旋输送机。螺旋输送机又称绞龙，在发酵工厂常用以输送潮湿的或松散的物料。由于它密闭性好，故常用于粉尘大的物料或同时用以输送和混料等场合。目前，我国发酵工厂使用的螺旋输送机有些是根据工艺需要而设计的非定型设备，有些是采用专业厂生产的标准化设备。

设计时，螺旋输送机的直径可用下式计算：

$$D = K^{2.5}\sqrt{\frac{Q}{\varphi\gamma C}} \tag{4-46}$$

式中 D——螺旋输送机的螺旋直径，m

Q——输送量，t/h

γ——物料堆积密度，t/m³

K——物料综合特性经验系数；当输送粉粒状原料、谷物、干粉时，为 0.04～0.06；当输送湿粉料时取 0.07

φ——填充系数，即物料占螺旋器内的容积；一般对粉料式粒状物料取 0.25～0.35；对于湿粉料，混合时取 0.125～0.20

C——螺旋倾斜时操作校正系数，水平工作时 C=1

螺旋输送机最大极限转速计算：

$$n = \frac{A}{\sqrt{D}}$$

式中 A——综合特性系数，对于粉状原料取 75～65；对于粒状原料取 50～30；对于大块原料取 30～15

D——螺旋机螺旋直径，m

n——螺旋轴的极限转数，r/min

螺旋输送机的功率消耗计算：

$$N_0 = K\frac{Q}{367}(LC + H)$$

式中 N_0——螺旋输送机的功率消耗，kW

Q——输送量，t/h

L——输送长度，m

K——阻力系数，谷物 1.3，粉料 1.8

H——输送垂直高度，m

C——功率备用系数，1.2～1.4

常用螺旋直径系列（mm）为 150，200，250，300，400，500，600；常用螺旋运输机的转数系列（r/min）为 20，30，35，45，60，75，90，120，150，190。具体计算和产品目录请参考有关资料。

（3）斗式提升机。斗式提升机常用于将物料垂直提升到一定高度，以便使物料借重力自流加工。目前我国生产的斗式提升机的型式有 D 型，HL 型，PL 型 3 种。D 型是采用橡胶带为牵引构件，HL 型是以锻造的环形链条为牵引构件，PL 型是采用板链为牵引构件。发酵工厂最常用的是以橡胶带牵引的 D 型斗式提升机。斗式提升机的选型计算如下。

① 生产能力计算。斗式提升机的生产能力可用下式计算：

$$Q = 3.6\frac{V}{a}\gamma\omega\varphi \tag{4-47}$$

式中 Q——斗式提升机的生产能力，t/h

V——斗的容量，L

a——相邻两料斗距离，m

ω——料斗提升速度，m/s

φ——料斗填充系数，一般取 0.7～0.8

γ——物料的重度，t/m^3

D 型斗式提升机的技术性能见表 4-13。

表 4-13 常用 D 型斗式提升机技术性能表

提升机型号		D160		D250		D350		D450	
		深斗 S 制	浅斗 Q 制	深斗 S 制	浅斗 Q 制	深斗 S 制	浅斗 Q 制	深斗 S 制	浅斗 Q 制
输送量/（m^3/h）		25		35		45		55	
输送物料粒度极限/mm									
料斗	料斗宽度/mm	160		250		350		450	
	容量/L	1.1	0.65	3.2	2.6	7.8	7.0	15.0	14.5
	斗距/mm	300		400		500		640	
输送胶带	宽度/mm	200		300		400		500	
	层数	4		5		4		5	
	外层厚度/mm	1.5/1.5		1.5/1.5		1.5/1.5		1.5/1.5	
每米长度料斗及带重量/kg		4.72	3.8	10.2	9.4	13.9	12.1	21.3	21.3
料斗运行速度/（m/s）		1.0		1.25		1.25		1.25	
转动滚筒转速/（r/min）		47.5		47.5		47.5		37.5	
电机功率/kW		2.2		5.5		7.5		10	

② 功率计算。斗式提升机所需要的驱动功率系决定于料斗运动时所克服的一系列阻力，其中包括：

a. 提升物料的阻力；

b. 运行部分的阻力；

c. 料斗挖料时所产生的阻力，此项阻力较为复杂，只能通过实验确定。

斗式提升机驱动轴上所需要的轴功率，可近似地按下式求出：

$$N_0 = \frac{1.15QH}{367} + \frac{K_3 q_0 H v}{367} = \frac{QH}{367}(1.15 + K_2 K_3 v)$$

式中 Q——斗式提升机生产能力，t/h

H——提升高度，m

q_0——牵引构件和料斗的每米长度质量，kg/m；$q_0 \approx K_2 Q$

v——牵引构件的运动速度，m/s

K_2，K_3——与料斗型式有关的系数；对于 D 型带，K_2=2.5～2.0，K_3=1.6～1.10

③ 电动机功率计算。

$$N_a = \frac{N_0}{\eta} \cdot K'$$

式中 η——传动总效率，η=0.85～0.9

K'——功率储备系数；$H<10$ m 时，$K'=1.45$；$H>20$ m 时，$K'=1.15$

斗式提升机有定型产品，订货时，根据成套表选好的高度和各种制法、装法，按以下格式编写本机的订货代号。

例如，D160 型，高度 H=11.42 m，具有 Q，X_2，J_2，K_2，Z_2，C_1 的右装提升机的订货代号为

$$D160Q\text{-}X_2J_2\text{-}K_2Z_2\text{-}C_1\text{-}11.42$$ 右装提升机

如果提升机不带传动装置，则在提升机规定代号内将传动装置的代号去掉，并在规定代号后面加注“不带传动装置”字样。

2. 气流输送设备

气流输送比机械输送相同物料所消耗的能量要大得多，但是由于它有很多优点，故在发酵工业输送固体物料时仍有许多厂家使用。

（1）气流输送的主要优点。

① 采用负压进料，可实现风选，去除铁、石等重杂质。

② 输送系统密闭，防止物料损失，改善劳动环境。

③ 能较好地实现均匀定量输送，方便操作。

④ 设备投资费用较少。

⑤ 设备布置简捷、方便。

（2）气流输送的设计程序。

① 确定要输送物料的特性参数、种类、粒度、重度、摩擦角等。

② 需要输送的物料量。

③ 输送系统工艺流程设计。

④ 输送物料的气速和混合比选定。

⑤ 计算需要的空气量，并考虑漏风等。

⑥ 计算系统的压力损失，考虑未计算部分。

⑦ 根据空气量与压力损失，查表选择适当的风机型号，确定风机台数。

⑧ 电机及传动方式选择。

气流输送系统的具体设计计算，请参考梁世中《生物工程设备》一书，在此，不再详述。

（五）发酵罐的计算

现以液态发酵罐为例进行设计选型。

1. 生产能力、数量和容积的确定

① 发酵罐容积的确定。随着科学技术的发展，生产发酵罐的专业厂家越来越多，现有的发酵罐容量系列为 5，10，20，50，60，75，100，120，150，200，250，500，550，600，780 m^3 等。究竟选择多大容量的好呢？一般说来，单罐容量越大，经济性能越好，但风险也越大，要求技术管理水平也越高。对于属于技术改造、适当扩建的项目，考虑到原有规模发酵罐的利用和新增发酵罐的统一管理，可选取与原有发酵罐相同的容积；而对于新建的单位和车间，应尽量减少设备数量，在技术管理水平允许的范围内，尽量选取较大容量

的发酵罐。

② 生产能力的计算。例如，每生产 1 吨 99%的味精需要的糖液体积 V=1000÷（220×60%×95%×99.8%×122%）=6.55（m^3）；年产 120 000 吨味精需要的糖液体积为 6.55×120000=7.86×10^5（m^3）；每年工作 300 天，每天需糖液体积 $V_{糖}$为

$$V_{糖}=786\,000\div300=2620\ (m^3)$$

若取发酵罐的填充系数 ψ=80%，则每天需要发酵罐总容量 V_o为

$$V_o=V_{糖}\div\psi=2620\div80\%=3275\ (m^3)$$

现选用公称容量为 500 m^3 的机械搅拌通风发酵罐，其全容量为 550 m^3。

③ 发酵罐个数的确定。计算发酵罐容积时有几个参数需明确。装液高度系数，是指圆筒部分高度系数，封底则与冷却管、辅助设备体积相抵消。公称容积，是指罐的圆柱部分和底封头容积之和，并圆整为整数。上封头因无法装液，一般不计入容积。罐的全容积，是指罐的圆柱部分和两封头容积之和。

现以单罐公称容量为 550 m^3 的六弯叶机械搅拌通风发酵罐为例，每天需要 550 m^3 发酵罐的个数为

$$N_o=3275\div550=6\ (个)$$

共需要的发酵罐数为

$$N_1=\frac{V_O\tau}{V总\times24}=\frac{3275\times40}{550\times24367}=10\ (个)$$

每天应有 6 个发酵罐出料，每年工作 300 天，实际产量验算为 550×80%×6×300÷6.55=120 916.0（t），设备富余量为（120 916.0−120 000）÷120 000 = 0.7%，能满足生产要求。

2. 主要尺寸的计算

按 550 m^3 的发酵罐计算：

$$V_{全}=V_{筒}+2V_{封}=550\ m^3$$

若封头折边忽略不计，以方便计算，则

$$V_{全}=V_{筒}+2V_{封}=0.785D^2\times1.9D+\pi D^3\times2/24=550\ m^3$$

解方程得

$$1.49D^3+0.26D^3=550$$

$$D=\sqrt[3]{550/1.75}=6.8\ (m)$$

$$H=1.9D=12.9\ m$$

由此，得出

圆柱部分容积 $V_1=0.785\times6.8^2\times12.9=468$（$m^3$）

上、下封头体积 $V_2=V_3=\pi D^3/24=3.14\times6.8^3/24=41$（$m^3$）

总容积 $V_{全}=V_1+V_2+V_3=468+41+41=550$（$m^3$）

取 ϕ=80%，实际装液量为 550×80%=440（m^3）。

3. 冷却面积的确定

影响发酵罐冷却面积的因素很多，如不同的菌种系统、基质浓度、材质、冷却水温、水质、冷却水流速等。

确定发酵罐冷却面积的方法有经验值计算法和传热公式计算法。

① 经验值计算法。

表 4-14　不同容量发酵罐的冷却面积

发 酵 产 品	装料体积/m^3	冷却面积/m^2	冷却面积/发酵液体积（ψ）
酵母	50	40	0.8
谷氨酸	40	60	1.5
柠檬酸	40	16～20	0.4～0.5
酶制剂	20	10～20	0.4～0.5
抗菌素	40	40～60	1～1.5

谷氨酸发酵罐冷却面积取 60/40=1.5m^2/m^3；

由表 4-14 可知填充系数 Φ= 80%，则每一个 550 m^3 的发酵罐换热面积为

$$A=V_{全}\Phi\psi=550\times0.8\times1.5=660\ (m^2)$$

② 传热公式计算法。为了保证发酵在最旺盛、微生物消耗基质最多，以及环境温度最高时也能冷却发酵热，必须按发酵生成热量高峰、一年中最热的那半个月的气温下，而冷却水可能达到的最高温度的恶劣条件下，计算冷却面积。

对容积 550 m^3 的发酵罐，每罐的实际装液量为

$$V_{液}=V_{全}\times\psi=550\times80\%=440\ (m^3)$$

$$A=Q/K\Delta t=4.18\times6000\times440/(4.18\times500\times8)=660\ (m^2)$$

以上两种方法，计算的结果基本一致。

4. 搅拌器设计

机械搅拌通风发酵罐的搅拌涡轮有 3 种型式，可根据发酵特点、基质及菌体特性选用。由于谷氨酸发酵过程有中间补料操作，对混合要求较高，因此多选用六弯叶涡轮搅拌器。该搅拌器的简图如图 4-16 所示。

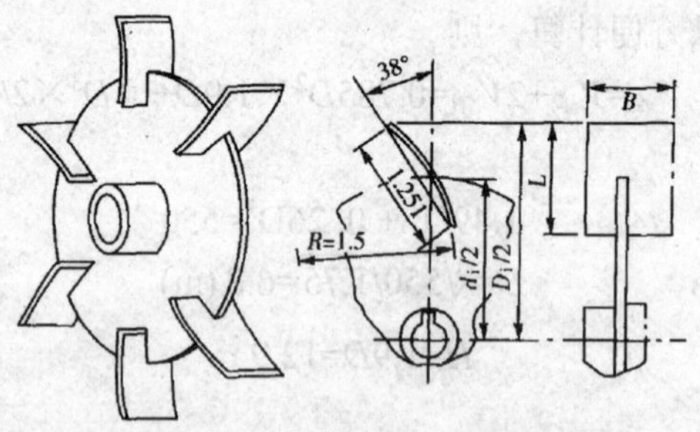

图 4-16　六弯叶涡轮搅拌器简图

$$D_i:d_i:L:B=20:15:5:4$$

该搅拌器的各部尺寸与罐径 D 有一定比例关系，主要尺寸如下：

搅拌器叶径 $D_i=D/3=6.8/3=2.27$（m）

叶宽 $B=0.2D_i=0.2\times2.27=0.454$（m）

弧长 $l=0.375D_i=0.375\times2.27=0.85$（m）

底距 $C=D/3=6.8/3=2.27$（m）

盘径 d_i=0.75D=0.75×2.27=1.7（m）

叶弦长 L=0.25D_i=0.25×2.27=0.57（m）

叶距 Y=D=6.8（m）

弯叶板厚 δ=14（mm）

取两挡搅拌，搅拌转速为 110 r/min。

5. 搅拌轴功率的确定

搅拌轴功率可按单位体积搅拌轴功率相等的计算方法结合经验式进行计算确定。

通常谷氨酸发酵按 1 kW/m^3 发酵醪；对于 550 m^3 发酵罐，装液量 440 m^3，则应选取功率≥440 kW 的电机。

6. 设备结构的工艺设计

明确设备的主要辅助装置的工艺要求，作为制造加工和采购时取得资料的依据。主要的辅助装置有空气分布器、挡板、密封方式、搅拌器以及冷却管布置等。现分别简述如下。

（1）空气分布器。对于好气发酵罐，分布器主要有两种形式，即多孔（管）式和单管式。对通风量较小（如 Q = 0.02～0.5 mL/s）的设备，应加环型或直管型空气分布器；而对通气量大的发酵罐，则使用单管通风，由于进风速度高，又有涡轮板阻挡和叶轮打碎，因此溶氧有保证。发酵罐使用单管进风，风管直径计算见下文接管设计部分介绍。

（2）挡板。挡板的作用是加强搅拌强度，促进液体上下翻动和控制流型，防止产生涡旋而降低混合与溶氧效果。如罐内有相当于挡板作用的竖式冷却蛇管、扶梯等也可不设挡板。为减少泡沫，可将挡板上沿略低于正常液面，利用搅拌在液面上形成的涡旋消泡。本罐因有扶梯和竖式冷却蛇管，故不设挡板。

（3）密封方式。随着技术的进步，机械密封已在生物工程行业普遍采用，本罐拟采用双面机械密封方式，处理轴与罐的动静问题。

（4）冷却管布置。对于容积小于 5 m^3 的发酵罐，为了便于清洗，多使用夹套冷却装置。随着发酵罐容量的增加，比表面积变小，夹套形成的冷却面积已无法满足生产要求，于是使用管式冷却装置。蛇管因易沉积污垢且不易清洗而不采用；列管式冷却装置虽然冷却效果好，但耗水量过多；因此广泛使用的是竖直蛇管冷却装置。在环境温度较高的地区，为了进一步增加冷却效果，也有利用罐皮冷却的。

值得一提的是，为了保证发酵罐的冷却效果，仅仅计算出冷却面积是不够的，还要有足够的管道截面积，以供足够的冷却水通过。管道截面太大，管径太粗不易弯制，冷却水不能得到充分利用；太细则冷却水流经管路一半不到，水温已与料温相等。

① 求最高热负荷下的耗水量 W。

$$W = \frac{Q_{总}}{C_P(t_2 - t_1)} \tag{4-48}$$

式中 $Q_{总}$——每 1 m^3 醪液在发酵最旺盛时，1 h 的发热量与醪液总体积的乘积，即

$$Q_{总} = 4.18 \times 6000 \times 440 = 1.1 \times 10^7 \text{（kJ/h）}$$

C_p——冷却水的比热容，4.18 kJ/（kg·K）

t_2——冷却水终温，t_2 = 27℃

t_1——冷却水初温，t_1=20℃

将各值代入上式，则

$$W=\frac{1.1\times 10\,000\,000}{4.18(27-20)}=3.77\times 10^5\text{（kg/h）}=104.7\text{（kg/s）}$$

冷却水体积流量为 0.1 m^3 /s，取冷却水在竖直蛇管中流速为 1 m/s，根据流体力学方程式，冷却管总截面积 $A_{总}$为

$$A_{总}=W/v \tag{4-49}$$

式中　W——冷却水体积流量，W=0.1 m^3 /s

v——冷却水流速，v=1 m/s

代入上式，

$$A_{总}=0.1/1=0.1\text{（}m^2\text{）}$$

进水总管直径 $d_{总}=\sqrt{\frac{A_{总}}{0.785}}=\sqrt{\frac{0.1}{0.785}}=0.375$ (m) 取 D_n350×9 mm。

② 冷却管组数和管径。设冷却管总表面积为 $A_{总}$，管径 d_o，组数为 n，则

$$A_{总}=n\cdot 0.785d_o^2$$

竖直蛇管的组数 n，根据罐的大小一般取 3，4，6，8，12，……组。通常每组管圈数不超过 6 圈，增加组数可布置更多冷却管；管与搅拌器的最小距离不应小于 250 mm；每圈管子的中心距为 2.5 $D_{外}$～3.5$D_{外}$，管两端为 U 型或 V 型弯管，可弯制或焊接。安装时每组竖直蛇管用专用夹板夹紧，悬挂在托架上。夹板和托架则固定在罐壁上。管子与罐壁的最小距离应大于 100 mm，主要考虑便于安装、清洗和良好传热。

现根据本罐情况，取 n=12，求管径。由上式得

$$d_{总}=\sqrt{\frac{A_{总}}{n\cdot 0.785}}=\sqrt{\frac{0.1}{0.785}}=0.103\text{ (m)}$$

查金属材料表选取中 108×4 无缝管，$d_{内}$=100 mm，$d_{平均}$=104 mm。

现取竖蛇管圈端部 U 型弯管曲径为 250 mm，则两直管距离为 500 mm，两端弯管总长度为

$$l_o=\pi D=3.14\times 500=1570\text{（mm）}$$

③ 冷却管总长度 L 计算。由前知冷却管总面积 A=660 m^2；现取无缝钢管 Φ108×4 mm，

$$L=A/A_o=660/0.327=2018.3\text{（m）}$$

冷却管占有体积 $V=0.785\times 0.108^2\times 2018.3=18.48$（$m^3$）；取冷却管组 n=12。

④ 每组管长 L_o。

$$L_o=L/n=2018.3/12=168.2\text{（m）}$$

另需连接管 4.2 m，则

$$L_{实}=L_o-4.2=168.2-4.2=164\text{（m）}$$

可将竖直蛇管的高度设为静液面高度，下部可伸入封底 500 mm；设发酵罐内附件占有体积 1.5 m^3，则总占有体积为

$$V_{管}+V_{附件}=18.48+1.5=19.98\text{（}m^3\text{）}$$

筒体液面为

$[V_{总}\times80\%+(V_{管}+V_{附件})-V_3]/S_{截面}=(440+19.98-41)/0.785\times6.82=11.54\ (m)$

竖直蛇管总高 $H_{管}=11.54+1.0=12.54$（m）；取管间距为 0.5 m。又两端弯管总长 $l_o=3.14\times0.5=1.57$（m）；两端弯管总高 1 m；则一圈管长为 $L=2H+L_o=2\times12.54+1.57\times2=28.22$（m）。

⑤ 每组管子圈数 n_o

$$n_o=L_o/L=168.2\div28.22=5.96$$

取 6 圈，则

$$L_{实}=28.22\times6\times12+(4.2\times12)=2082.2>2018.3\ (m)$$

现取管间距为 2.5D $_{外}$=2. 5×0.108=0.27（m），竖蛇管与罐壁的最小距离为 0.15 m，则最内层竖蛇管与罐壁的最小距离为 0.27×5 + 0.15 + 0.054=1.554（m）；与搅拌器的距离为 6.8－2.27－1.554 =2.976（m），在允许范围内（应大于 200 mm）。

作图表明，各组冷却管相互无影响。如发现现有设计无法布置这么多冷却管，则应考虑增多冷却管组数。

⑥ 校核布置后冷却管的实际传热面积。

$$A_{实}=\pi d_{平均}\times L_{实}=3.14\times0.104\times2082.2=680.3>660\ (m^2)$$

7. 设备材料的选择

发酵设备的材质选择，优先考虑的是满足工艺的要求，其次是经济性。

例如激素、抗生素、有机酸发酵等，考虑到其对产品质量和产量的影响、安全性、后道工艺除铁困难、腐蚀性强等，必须使用加工性能好、耐酸腐蚀的不锈钢，如采用 1Gr18Ni9Ti 等制作发酵设备。为了降低造价也可在碳钢设备内衬薄的不锈钢板。而谷氨酸发酵，则可以用碳钢制作发酵设备，精制时用除铁树脂除去铁离子。如企业实力雄厚，也可用不锈钢制作发酵设备。随着科学技术的进步，将会出现一些复合材料、喷涂金属、耐腐蚀涂料等新材料、新技术，将会进一步降低设备投资费用。

本设备选用 1Gr18Ni9Ti 材料。

8. 发酵罐壁厚的计算

确定发酵设备壁厚的方法可用公式计算也可用查表法（计算略）。

9. 接管设计

① 接管的长度 h 设计。各接管的长度 h 根据直径大小和有无保温层，一般取 100～200 mm，具体见表 4-15。

表 4-15　接管长度

公称直径 D_g/ mm	不保温接管长/ mm	保温设备接管长/ mm	适用公称压力/MPa
≤15	80	130	≤40
20～50	100	150	≤16
70～350	150	200	≤16
70～500	150	200	≤10

② 接管直径的确定。主要根据流体力学方程式计算。已知物料的体积流量，又知各种物料在不同情况下的流速，即可求出管道截面积，计算出管径，然后再圆整到相近的钢管

尺寸即可，同时可用图算法求管径。

现以排料管（也是通风管）为例计算管径。该罐实装 440 m^3，设 2 h 之内排空，则排料时的物料体积流量为 q_v=440/3600×2=0.06（m^3/h）。

取发酵醪流速 v=1 m/s，则排料管截面积为 $A_{物}=q_v/v$=0.06/1=0.06（m^2）；

$A_{物}=0.785d^2$，则管径 $d=\sqrt{0.06/0.785}=0.28$（m），取无缝管 325 m×8 m；管内径 $d_{内}$=325－(8×2) = 309>280（m），认为适用。

设计每 1 个发酵罐有一个空气除菌系统，则通风量为 Q_1 = 440×0.35 =154（m^3/min）= 2.57（m^3/s）。

利用气态方程式计算工作状态下的风量 Q_f:

$$Q_f=2.57\times\frac{0.1}{0.35}\times\frac{273+30}{273+20}0.76(m^3/s)$$

如取风速 v= 25 m/s，则风管截面积 A_f 为

$$A_f=Q_f/v=0.76/25=0.03(m^2)$$

因 $A_f=0.785d^2_{气}$，则气管直径 $d_{气}$为

$$d_{气}=\sqrt{0.03/0.785}=0.10\ (m)$$

因通风管也是排料管，故取两者的大值，即取 d=325×8 无缝管，可满足工艺要求。

③ 排料时间复核。

物流量 Q=440/600×2=0.06（m^3），物料流速 v=1 m/s；管道截面积 $A=0.785\times0.309^2$= 0.075（m^2），在相同的流速下，流过物料因管径较原来计算结果大，则相应流速比为

$$P=Q/A_v=0.06/0.075=0.8$$

排料时间为

$$t=2\times0.8=1.6\ (h)$$

（11）支座选择。生物工程工厂设备常用支座分为卧式支座和立式支座。其中卧式支座又分为支腿、圈型支座、鞍型支座 3 种。立式支座也分为 3 种即悬挂支座、支承式支座和裙式支座。

对于 100 m^3 以上的发酵罐，由于设备总质量较大，应选用裙式支座。本设计选用裙式支座。具体结构在机械设计时完成。

10. CFD 对发酵罐的优化

发酵罐是生物细胞培养的核心设备，其设计好坏直接影响到细胞的培养状况，甚至决定发酵过程的成败。细胞生物代谢过程非常复杂，大罐内各处发酵液的温度、pH、溶氧、压力、黏度、化学组成成分，原料的流加方式，以及发酵液的热量和质量传递等均对发酵过程有着重要的影响。就发酵罐结构来说，桨叶的类型选择以及组合方式，换热盘管的面积及形状，尤为重要。

前而涉及的发酵罐计算是基于设备规模进行的。所得结果实质上是宏观的平均值，对于解决发酵过程的一般问题是有益的，但无法从中了解设备内部各位置的温度、浓度、压力、速度等物理量的分布情况，然而这些参数对于发酵罐设计是非常重要的。通过计算流体力学（computational fluid dynamics，CFD）可获得设备内部各工艺操作参数分布。

CFD 软件一般包括 3 个主要部分，即前处理器、解算器和后处理器。CFD 通用软件包的出现与商业化，对 CFD 技术在工程应用中的推广起到了巨大的促进作用。

CFD 技术的基本思想是把在时间域和空间域上连续的物理量场用一系列有限离散点上变量值的集合来代替，通过一定原则和方式建立起关于这些离散点上场变量之间关系的代数方程组，然后求解方程组获得场变量的近似值。早期的发酵罐模型建立、网格划分及边界条件的确立均采用 CFD 前处理软件 Gambit；利用标准 k-ε 模型进行湍流模拟，气液两相流问题的处理使用 Fulerian-Eulerian 模型，选用收敛标准等均采用 CFD 后处理软件 Fluent。近期采用 Fluent 自带的网格软件 ICEM 来执行网格划分，网格划分的方法分为结构网格划分和非结构网格划分，其中非结构网格划分方法对模型的自适应性较好且工作量较小。

从模型建立、网格划分、边界条件设置、数值求解、数值模拟查看均采用 Fluent 15.0 完成。通过 CFD 对发酵罐的数值模拟，可以了解到以下信息：（1）在研究通气搅拌过程时，应采用多相流模型进行模拟，否则可能导致模拟结果与实际情况发生较大误差。（2）不同桨叶组合可产生不同流场，相同桨叶组合底层桨位置的不同也可导致流场发生变化（见图 4-17）。底层桨离底距离不应太小，离底距离过小可导致流场流型发生变化，且容易形成液相死区，对气液分散产生不良影响。液相死区的形成可能是由桨叶安装位置、桨叶组合以及气液两相的相互作用共同导致，不能单纯地靠提高转速来改善死区的形成。一般情况下六直叶桨为底层桨时离底距离最好不低于 3/T。（3）搅拌桨类型与双层搅拌桨之间轴间距也会对发酵液混合产生影响（见图 4-18）。（4）三层桨叶组合比两层桨叶组合高速区域所占比例大，且在高转速下区别更加明显。（5）可呈现各转速下发酵罐内液相各区域气含量（与溶氧值呈正比），特别是对于 450 m^3 以上的发酵罐更为明显。（6）可根据功率和发酵工艺需要对各层桨径进行优化。

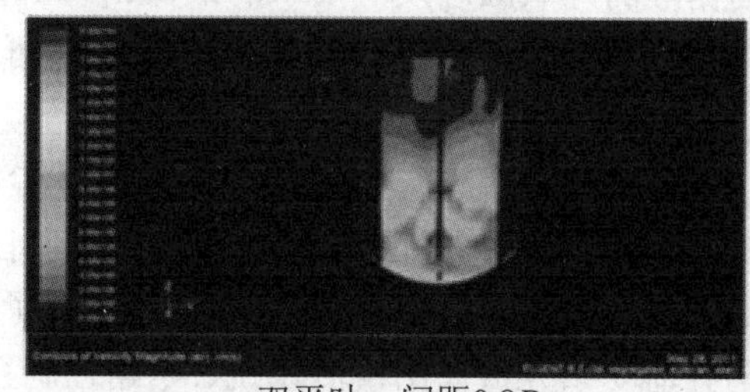

双平叶，间距0.8D

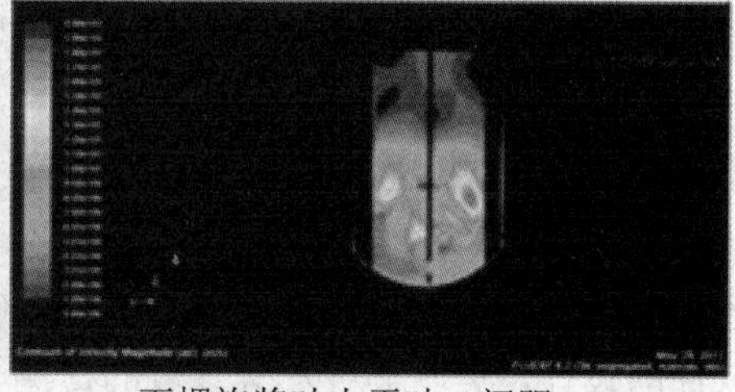

下螺旋桨叶上平叶，间距0.8D

图 4-17　搅拌桨叶类型的影响

优化发酵罐各区域温度梯度场、底物浓度梯度场、溶氧值梯度场均较小，然后可进行实际发酵验证，优化后发酵周期延长了，局部的旺盛代谢间接引发的产物浓度抑制消除了，终产物浓度提高了。

在大型发酵罐的设计中，针对不同发酵工艺、菌种，如何将全罐传质混合强度保持在适合水平是其难点，而 CFD 技术为实现这种精确设计提供了可能。理论与实践的结合将有助于开发出比目前更高效、更节能的搅拌系统。

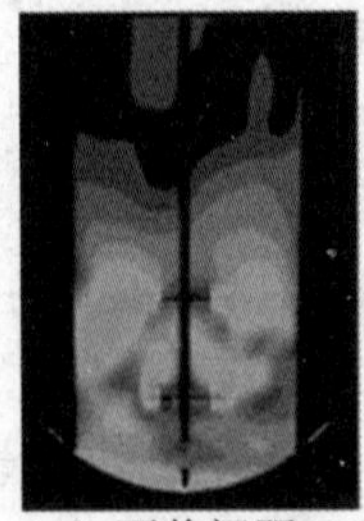
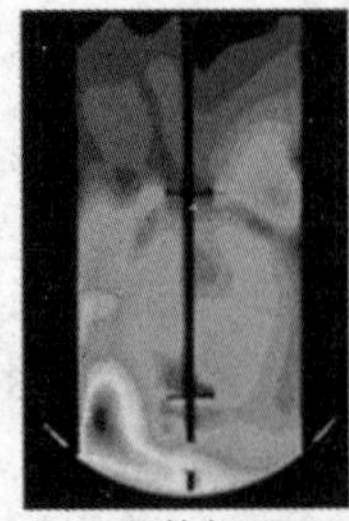
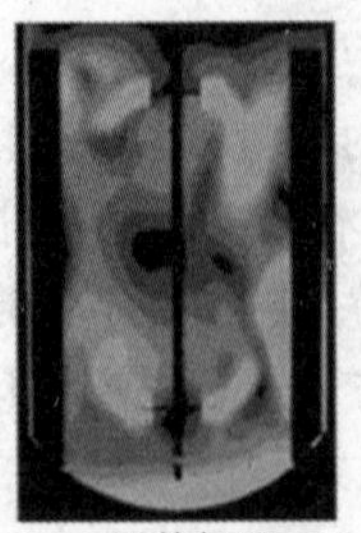
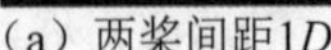

（a）两桨间距1D　（b）两桨间距2D　（c）两桨间距3D

图 4-18　搅拌桨间距的影响

李浪等人以浙江国光生化股份有限公司生产苏氨酸 270 m^3 发酵罐为研究对象，应用计算流体力学（CFD）模拟生产中相同溶氧所需的转速和最大通气量。模拟结果发现原有设备存在缺陷，并据此提出了减少发酵罐中上部冷却盘管，每隔两圈去掉一圈的改进方案。设备改装后，再次进行 CFD 模拟获得了更为合理的转速与通气量参数。将模拟得到的参数应用于生产后的原始记录表明，发酵罐中部溶氧状况比未改造前溶氧有改善，特别是发酵 18～28 h，从改造前的接近 0%达到改造后的 10%。李浪等人进一步从流体力学角度对发酵罐上中下搅拌桨组合进行了优化，将模拟优化结果用于该厂苏氨酸实际生产发酵过程。首罐结果表明，优化后产酸率从原来的 9.0%提高到了 10.5%。连续十批次生产的实际产酸率提高了 8%～12%。

固态发酵罐中发酵物料的热量和质量传递比液态发酵罐更为复杂，其设计和优化难度更大。侯伟亮、李浪、鲍杰等对于高固含量、高黏度的固态好氧发酵生物反应器进行了 CFD 模拟，探讨高固体负荷及高黏性木质纤维素水解物料中氧传递特性的实验测量与计算流体动力学模型的关系，确定了葡萄糖氧化为葡萄糖酸的好氧固态发酵要求的最低 k_{La} 阈值，并用实验进行了验证。结果表明 CFD 计算与实验测定的 k_{La} 值吻合较好，确定的 k_{La} 值可用于木质纤维素原料的一般好氧固态发酵。

李浪等通过多年的研究与实践发明了大型全自动控制多功能固态发酵罐（专利号 201710054886.1），实现了纯种固态发酵罐的技术和工艺要求的全自动控制；李潮舟和李浪等还发明了发酵罐在线分析仪（专利号 201710054885.7），并根据发酵工序进行了控制系统软件的设计，实现了对发酵参数的检测与控制。该分析仪由检测系统、电路控制系统、采样系统和上位机系统四大部分组成，其中检测系统包括红外线 CO_2 传感器、电化学 O_2 传感器和阵列式半导体气体传感器，通气管上依次设有气液分离器、灰尘过滤器、硅胶、气泵、稳流阀、气体流量计、三通阀，以及温湿度传感器。

（六）过滤机的计算

1. 板框压滤机选择示例

（1）选择条件。

在实验室中对枯草芽孢杆菌中性蛋白酶发酵液于 0.4 MPa 的压强差下进行过滤试验，测得过滤常数 K=0.252 m^2/h，单位过滤面积上的当量滤液体积 q_e=0. 0124 m^3；又测得未经压滤处理的发酵液含菌体 32 g/L（含水率 98%），经过压滤机处理后菌渣的含水率为 56%。

现要在同样条件下用板框压滤机过滤上述发酵液，规定每一操作循环处理悬浮液 V_1=50 m^3，过滤时间 30 min，试选择一种合适型号的压滤机。

（2）选择计算。

① 每一循环的滤液量和滤饼体积。

根据质量守恒定律有

$$V_2/V_1=(1-\rho_1)/(1-\rho_2)$$

每一循环所获得的滤饼体积为：

$$V_2=(1-\rho_1)V_1/(1-\rho_2)=(1-0.98)\times 50/(1-0.56)=2.27\ (\mathrm{m}^3)$$

每一循环所获得的滤液体积为

$$V=50-2.27=47.73\ (\mathrm{m}^3)$$

② 过滤面积。

以 q 表示单位过滤面积获得的滤液体积，以 θ 表示过滤时间，则恒压过滤方程式为

$$q^2+2q_eq=K\theta$$

式中，K=0.252 m^3/h，q_e =0.0124 m^3，θ =0.5 h，代入可解得

$$q=0.343\ (\mathrm{m})$$

因而，过滤面积为

$$A=\frac{V}{q}=\frac{47.73}{0.343}=139.15\ (\mathrm{m}^2)$$

（3）选择型号。

① 确定类型。

由于所处理的酶发酵液，其滤液无挥发性，也无毒性，故宜采用明流式手动板框压滤机（BMS）。这种板框压滤机的技术规格见表 4-16。

② 选择规格。

按计算知所需过滤面积为 139.15 m^2，考虑到初次过滤时要加少量硅藻土，初步选择表 4-16 中型号为 BMS50-810/25 的过滤设备 3 台，其过滤面积为 50 m^2/台，板框厚度为 25 mm，总框数为 38 块，框内边长为 810 mm。

表 4-16　BMS 型明流手动压紧板框压滤机技术规格

型　号	BMS20-635/25	BMS30-635/25	BMS40-635/25	BMS50-810/25	BMS60-810/25
过滤面积/m^2	20	30	40	50	60
框内尺寸/mm	635×635	635×635	635×635	810×810	810×810
滤框厚度/mm	25	25	25	25	25
滤框数/片	26	38	50	38	46
滤板数/片	25	37	49	37	45
框内总容积/L	260	380	500	615	745
工作压力/Pa	8×10^6	8×10^6	8×10^6	6×10^5	6×10^5
螺杆压紧力/N	5×10^5	5×10^5	5×10^5	5×10^5	5×10^5

续表

型　　号		BMS20-635/25	BMS30-635/25	BMS40-635/25	BMS50-810/25	BMS60-810/25
头板最大位移/mm		500	500	500	400	400
外形尺寸/mm	长	3170	3810	4460	4040	4490
	宽	1260	1260	1260	1780	1780
	高	1200	1200	1200	1450	1450
机器总质量/kg		3720	5200	6680	8050	9250

（4）滤框数量。

所用滤框尺寸与数量，必须可以容纳一个操作循环所形成的滤饼。若以 n 表示板框数，以 b 表示框内的边长，以 δ 表示框厚，则此滤框容积为

$$V_C = nb^2\delta = 2.27\,(\mathrm{m}^3)$$

故所需滤框数为

$$n = \frac{V_C}{b^2\delta} = \frac{2.27}{(0.810)^2 \times 0.025} = 138.4 \approx 139$$

BMS30-810/25 型压滤机，每台有 38 个滤框，38×3=114<139，可见 4 台即可。操作中使用框数 35 个，其余可作备用，该过滤机型号意义为：B 表示板框压滤机，M 代表明流，S 代表手动，30 表示过滤面积，810/25 表示滤框规格及框的厚度。

2. 转筒真空过滤机选择示例

（1）选择条件。

按如下条件，选择一台处理废水污泥悬浮液的转筒真空过滤机。

① 悬浮液中固相污泥的质量分率 X=10.67%；

② 过滤机的生产能力为 2.8×10^3 kg/d（按滤饼中所含固相污泥的质量计）；

③ 转筒内的真空度为 5.33×10^4 Pa；

④ 转筒表面的滤饼厚度 δ 为 5 mm；

⑤ 由过滤区出来的湿滤饼的密度 ρ_c = 1220 kg/m^3，其中固相污泥的质量分率 X_c=24.8%；

⑥ 滤液密度 ρ=1110 kg/ m^3，过滤温度（50℃）下滤液的黏度 $\mu = 1.51\times10^{-3}\ Pa\cdot s$；

⑦ 过滤区中每获得 1 m^3 滤液所生成的湿滤饼体积 v 为 0.686 m^3；

⑧ 操作条件下滤饼的比阻 r=1.3×10^{14} L/m^2；

⑨ 滤布阻力 R_m=11.43×10^{10} L/m；

⑩ 过滤机上滤饼的吸干时间为 1.5 min；

⑪ 转筒上卸饼、再生及无效区所占角度为 70°；

⑫ 悬浮液中固相颗粒沉降较缓慢。

（2）选择计算。

① 过滤区每小时应获得的滤液体积。

根据要求的生产能力，每小时应获得的固相质量为

$$\frac{2.8\times10^3}{24}=116.7\text{（kg）}$$

每小时生产的滤饼质量为

$$\frac{116.7}{X_c}=\frac{116.7}{0.248}=470.6\text{（kg）}$$

每小时处理的悬浮液质量为

$$\frac{116.7}{X}=\frac{116.7}{0.1067}=1094\text{（kg）}$$

每小时由过滤区所得的滤液质量为

$$1094-470.6=623.4\text{（kg）}$$

每小时由过滤区所得的滤液体积为

$$Q=\frac{623.4}{\rho}=\frac{623.4}{1110}=0.562\text{（m}^3\text{）}$$

② 转筒每转一周（以一周为计算基准），所获得的滤液体积 V。

令过滤机的过滤面积为 $A(\mathrm{m}^2)$，设转筒每转一周所得滤液体积为 $V(\mathrm{m}^3)$，则转筒每转一周所得滤饼体积为 $\delta A=vV$，即 $0.005A=0.686V$，可得其滤液体积为

$$V=\frac{0.005A}{0.686}=0.00729A\text{（m}^3\text{）}$$

③ 回转一周的过滤时间 θ。

转筒真空过滤机属恒压过滤操作，描述其过程的恒压过滤方程式表达为

$$V^2+2V_0V=KA^2\theta$$

其中，过滤常数为

$$K=\frac{2\Delta p}{\mu r\upsilon}=\frac{2\times5.33\times10^4}{1.51\times10^{-3}\times1.3\times10^{14}\times0.686}=7.92\times10^{-7}\text{（m}^2\text{/s）}$$

而过滤介质当量滤液体积为

$$V_0=\frac{R_mA}{r\upsilon}=\frac{11.43\times10^{10}A}{1.3\times10^{14}\times0.686}=1.28\times10^{-3}A\text{（m}^3\text{）}$$

又知滤液体积 $V=0.00729A$，将 V，V_0 和 K 代入恒压过滤方程式，解得回转一周的过滤时间为

$$\theta=91\,\mathrm{s}=1.52\,\mathrm{min}$$

④转筒转速。

转筒上过滤、吸干区所占角度为 360°−70°=290°。转筒每转一周，其过滤和吸干时间之和为 1.52+1.5=3.02 min，故转筒回转的角速度为

$$\omega=\frac{290}{3.02}=96.2\text{ (°/min)}=1.67\text{（rad/min）}$$

回转一周的时间为

$$T=\frac{2\pi}{1.67}=3.8\text{（min）}$$

每小时回转周数为

$$n=\frac{60}{3.8}=15.8$$

⑤ 转筒所需过滤面积为

$$A=\frac{Q}{0.007\,29n}=\frac{0.562}{0.007\,29\times 15.8}=4.88\,(\mathrm{m}^2)$$

（3）选择型号。

按所需过滤面积 A=4.88 m²，查 G 型外滤面转鼓真空过滤机的技术规格（见表 4-17），可知 G5-1.75 型符合要求。这种转筒真空过滤机在悬浮液内的浸入角为 130°，干燥洗涤角为 160°，每分钟转数为 0.26。

表 4-17 外滤面转鼓真空过滤机的技术规格

技术参数		G2-1	G5-1.75	G10-1.6	G20-2.6	G30-2.7	G40-3.0	G45-3.0
过滤面积/m²		2	5	10	20	30	40	45
转鼓直径/mm		1	1.75	1.6	2.6	2.7	3.0	3.0
浸入角度/（°）		120	130	140	90～140	90～140	90～140	90～140
转鼓转速/（r/min）		0.1～0.2	0.1～0.2	0.1～0.8	0.1～0.8	0.1～0.8	0.1～0.8	0.1～0.8
搅拌转速/（r/min）		—	—	33.7	33.7	33.7	33.7	23.8
电动机功率/kW		1.1	1.5	2.2+0.37	3+0.37	3+0.37	3+0.37	4.5+0.37
外形尺寸	长/mm	1790	2500	3380	4960	5100	6570	6630
	宽/mm	1550	2260	3790	4100	5800	4500	4500
	高/mm	1250	2460	2170	3310	3850	3410	3410
主体材料		316L/HT200						
质量/kg		2012	6000	5200	14 500	18 000	20 000	21 200

（七）膜分离浓缩设备的计算

由于红霉素发酵液中含有大量菌丝体、胶体、蛋白、多糖和不溶性物质，给红霉素的过滤及提取造成了很大的困难。传统的过滤工艺是在碱性条件下进行的，加入硫酸锌作絮凝剂，使发酵液中的蛋白沉降，再将碱化的发酵液进行板框压滤，所得的板框滤饼即是红霉素菌渣，富含红霉素有效成分的滤液则进入下一步提取工序。但这种方法去除蛋白和多糖的效果较差，致使溶液黏度仍很高，影响后续结晶过程，此外因硫酸锌大量加入，产生了大量有毒的含锌废水和废渣，这使得后续环保处理工作负荷很大。

用金属膜处理红霉素发酵液，可以使蛋白及其他杂质含量减少，提高过程收率，在一定程度上消除后序萃取过程的乳化现象，并减少废水废渣的排放量，提高产品透光率乃至终端产品品质，从而使红霉素发酵液的过滤工艺得以改善与优化。

1. 设计基础资料

（1）料液性质。

pH 值：6.5～7.5；温度：20～30℃；红霉素发酵液效价：约 7000～9000 U/mL。

（2）处理要求（以正常罐批计）。

① 运行方式为批次处理。单批红霉素发酵液处理量为 150 m^3/d，加入透析水量约 220 m^3/d，滤出液累积总量约 340 m^3/d；浓缩倍数约 5 倍，浓缩液效价≤1000 U/mL；过滤收率为 98%（以浓缩液体积及残留效价来计算）。

② 处理目的。除去发酵液中的菌丝体，截留大分子蛋白，要求滤液澄清透明。

③ 处理时间。料液温度保持在 20～30℃（最高不能超过 40℃），膜过滤时间 16 h（不含设备清洗时间）。

④ 处理过程。系统设备需实现将料液升温控制在 10℃以内，该系统设备经初步设计，其工艺流程如图 4-19 所示。

2. 选择计算

（1）金属膜。

上海凯能公司提供了 1 m^2 膜面积的金属膜小试设备，配套提供了 0.05 μm、0.1 μm、0.2 μm、0.4 μm 和 0.5 μm 5 种孔径规格的金属膜试验组件。取同一批红霉素发酵液，采用同样的处理量，分别用这 5 种不同孔径的金属膜在相同的操作条件下进行对比试验，根据试验结果，确定采用膜孔径为 0.1 μm 的金属膜，设计膜通量为 $0.1m^3/(m^2\cdot h)$，可算得所需金属膜面积为

$$金属膜面积=\frac{每批滤液量/处理时间}{设计膜通量}=\frac{340\ m^3/16h}{0.1\ m^3/(m^2\cdot h)}=212.5m^2$$

按膜面积留 10%的余量计算，所需膜面积为 212.5×1.1=233.75 (m^2)，结合现有的金属膜规格，确定采用 120 m^2（即型号为 F20-A-120M）的金属膜 2 支。常用 FerroCep™ 金属膜的规格参数见表 4-18。

（2）罐。

① 物料罐 T01。根据每批处理量为 150 m^3 发酵液，考虑罐的装填系数，确定物料罐 180 m^3。为了避免发酵液在罐内沉降分层，要求该罐配内搅拌。考虑到罐内物料能彻底排净，要求该罐底采用下椭圆封头，在罐底部排料。

② 冲洗水罐 T02。按罐内水量至少可保证连续冲洗 10～15 min，确定清洗罐容积为 20 m^3。考虑到节省设备成本，该罐可采用平底储罐。

③ 清洗罐 T03A/B。按常规配备，金属膜设备需考虑酸碱洗，故分别配上酸清洗罐与碱清洗罐。因单只金属膜内装液容量约 3 m^3，考虑到两只金属膜及系统管道内的总容积，将酸碱清洗罐的体积确定为 10 m^3。罐内的清洗液要求能彻底排净，故该罐采用下椭圆封头或锥底，在罐底部排料。

上述物料罐、冲洗水罐、清洗罐均要求采用 SS304 不锈钢材质。

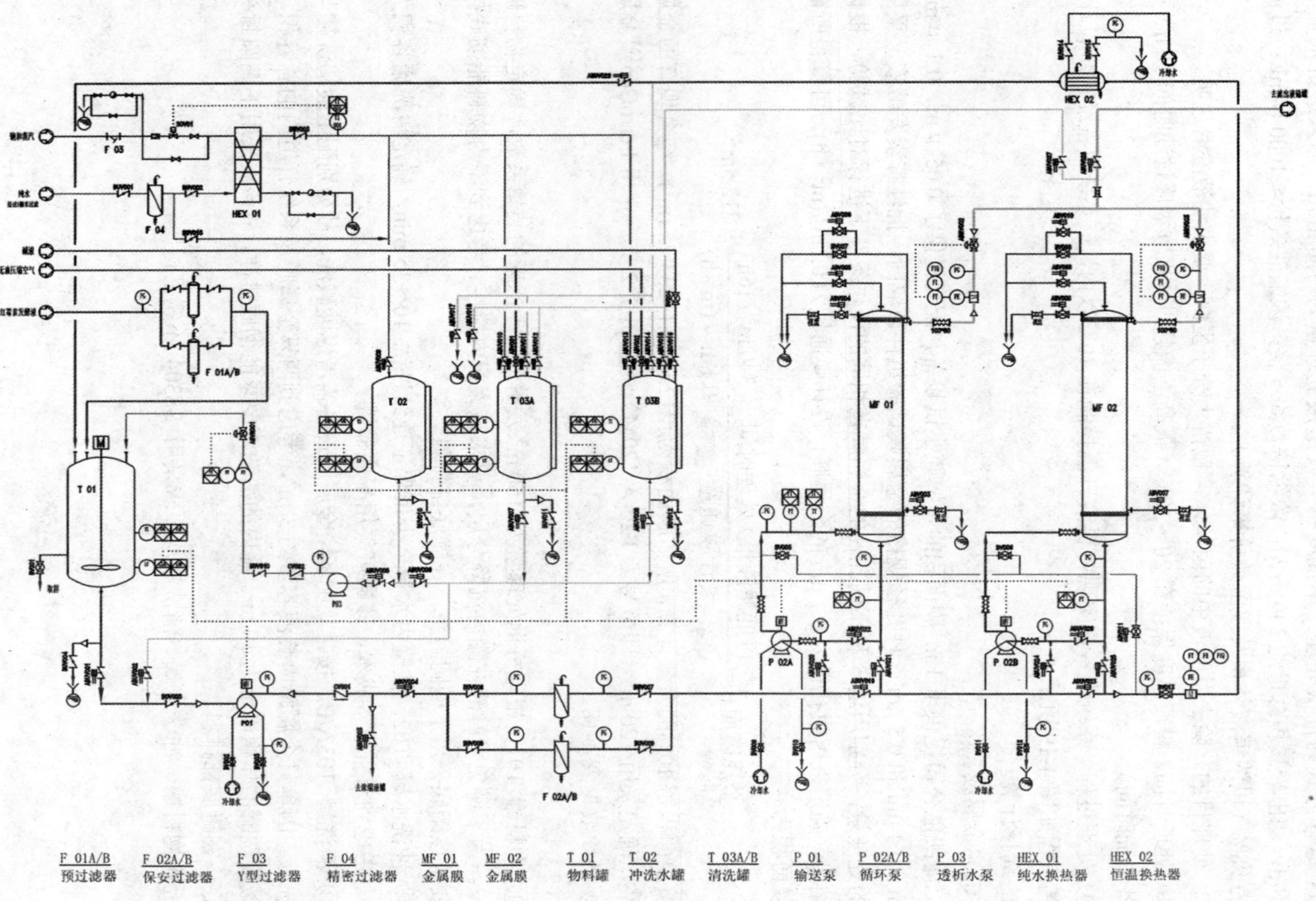

图4-19 红霉素发酵液金属膜分离浓缩工艺流程图

表 4-18 常用 FerroCep™ 金属膜的规格参数

型 号 参 数		F14-A-60M	F20-A-120M	F26-A-200M
标准模长/m		6	6	6
标准孔径/μm		0.1/0.02	0.1/0.02	0.1/0.02
每个模块的最大管数/pc		164	346	566
净水通量（m^3/module.hr/1bar）	纳滤膜	65.6	138.4	226.5
	超滤膜	22.6	47.7	78.1
流向类型			由内而外	
管程		2	2	2
进料口直径/mm		200	250	400
渗透液管径/mm		76	100	150
膜组件外径/mm		350	500	650
透过液体积/L		209	401	720
浓缩液体积/L		250	528	864

（3）泵。

① 循环泵选型。

查表 4-18 知 120 m^2（型号为 F20-A-120M）的金属膜，膜管最大数量为 346 只，该膜为双回程设计，故进料流通时膜管的最大根数为 346÷2＝173（只），因单根膜管内径为 18.3 mm，可算得过流时的最大流通总面积为

最大过流总面积=流通的膜管最大根数×单根膜管内截面积

$$=173\times(3.14\times0.00915^2)=0.0455\ (m^2)$$

通常金属膜过滤发酵液的膜面流速约为 3～5 m/s，按 5 m/s 的最大膜面设计流速，可算得循环泵所需的流量为

循环泵流量=最大过流总面积×最大膜面设计流速

$$=0.0455\times5=0.2275\ (m^3/s)=819\ (m^3/h)$$

圆整后取循环泵的流量为 800 m^3/h，该循环泵的压力按 5 kgf/cm^2(1kgf=9.8N)左右来选取，以 800 m^3/h 和 5kgf/cm^2 的流量和扬程来选泵，确定循环泵的型号如下。

循环泵 P02A/B：2 台　品牌：sulzer（苏尔寿）　型号：CZ250-400

材质：SS304 材质　流量和扬程：800 m^3/h & 48 m

电机：功率 160 kW/转速 1450 r/min/防护等级 IP55/绝缘等级 F

（电机能接收变频控制，电机采用南阳或佳木斯品牌电机）

操作温度：0～90℃　pH 范围：2～14

博格曼品牌双端面机械密封/SKF 品牌轴承

该泵要求配弹簧减震底座。

② 进料泵选型。

进料泵的选型可按照如下公式。

每小时滤液出料量=每批滤液量÷每批处理时间=340÷16 =21.25（m^3/h）

为使金属膜内的物料浓度不过快上升，需保持合适的进料量，通常进料流量取滤出液

流量的 2～3 倍。以 60 m^3/h 和 4.5 kgf/cm^2 的流量和扬程来选泵，确定进料泵的型号如下。

进料泵 P01：1 台　品牌：sulzer （苏尔寿）　型号：CZ65-200

材质：SS304 材质　流量和扬程：60 m^3/h & 45 m

电机：功率 15 kw/转速 2900 r/min/防护等级 IP55/绝缘等级 F

（电机能接收变频控制，电机采用南阳或佳木斯品牌电机）

操作温度：0～90℃　pH 范围：2～14

博格曼品牌双端面机械密封/SKF 品牌轴承

（4）过滤器。

① 预过滤器 F01A/B：2 台（一用一备）。

规格要求：SS304 材质外壳/耐压等级 10（kgf/cm^2）/不锈钢丝网/30 目过滤精度过滤流量 160 m^3/h。品牌：无锡飞潮。

② 进料过滤器 F02A/B：2 台（一用一备）。

规格要求：SS304 材质外壳/耐压等级 10（kgf/cm^2）/不锈钢丝网/30 目过滤精度/过滤流量 80 m^3/h。品牌：无锡飞潮。

③ 蒸汽过滤器 F03：1 台。

规格要求：Y 型过滤器/本体铸铁材质/耐压等级 10（kgf/cm^2）/20 目不锈钢丝网过滤精度/DN100 管径/国标法兰接口；品牌：上海新海。

④ 纯水过滤器 F04：1 台。

规格要求：SS304 材质外壳/耐压等级 10（kgf/cm^2）/PP 熔喷滤芯/5 微米过滤精度/过滤流量 80 m^3/h。品牌：无锡飞潮。

（5）换热器。

① 板式换热器 HEX01，1 台。

此板式换热器用于系统用水的升温，设计条件是进料介质为 RO 产水，温度约 25℃，流量 30 m^3/h，加热介质是 0.6 MPa 的饱和蒸汽；要求经过板换后，出水温度能升至 70℃左右，该板式换热器采用 SS304 材质。经相关计算，得该板式换热器的换热面积为 15 m^2。板式换热器采用品牌：上海尔华杰。

② 列管换热器 HEX02，1 台。

此列管换热器用于物料换热，避免因物料多次进泵循环造成料液温度不断累积上升，此热量的来源是泵，将进料泵与循环泵的总功率的 80%作为总交换热量，冷媒为 15℃的冷却水，该列管换热器采用 SS304 材质。经相关计算，得该列管换热器所需的换热面积为 15 m^2。列管换热器采用品牌：无锡红旗。

采用金属膜处理红霉素发酵液的新工艺，能大大简化流程，减少中间过程环节，而且工业化大生产的实际结果也表明，采用新工艺后，实际产品的质量及收率均有明显提高，并且消除了以往传统工艺中因诸多中间工艺环节造成的不利影响。某厂为了估算采取金属膜处理新工艺给企业带来的实际经济价值，统计了一个月时间内所达到的生产技术经济指标，将其与以前的传统板框过滤工艺的相应指标进行了对比，对比结果如表 4-19 所示。

表 4-19 新旧工艺技术经济指标对比表

对 比 项 目	金属膜过滤工艺	传统板框过滤工艺
收率	＞90%	80%～85%
滤液体积（以 100 m^3 发酵液计）	＜300 m^3	＞400 m^3
滤液透光率（580 nm）	＞80%	＜50%
滤渣体积	＜30 m^3	50～60 m^3
过滤成本	15 元/千克	20 元/千克
三废处理成本	10 元/千克	15 元/千克
总成本	25 元/千克	35 元/千克

从上表可见，采用金属膜处理红霉素发酵液新工艺后，实际生产的产品收率提高了 5%～10%，废水排放量减少了 20%以上，按每月产生废水 20 000 吨，废水处理成本 30 元/吨计，每月节省了废水治理成本 12 万元。另外，废渣量减少了近一半，这不但缓解了原来含锌废渣无法处置的难题，而且可将膜处理后的滤渣用作饲料或菌肥，进一步提高效益。

（八）离子交换设备的计算

1. 固定床离子交换柱设计示例

（1）阳离子交换树脂。

棉籽壳水解木糖氢化液需去除灰分、胶体等非糖体杂质，本设计选用 732 强酸型阳离子交换树脂，其功能团为磺酸基，树脂的强度较高且交换容量大，使用寿命又长，除去阳离子杂质外，还吸附非糖体和胶体等，如糖醛酸、含氮化合物等。

选用型式：H 型

粒度：0.315～1.25 mm 且≥95%

含水量：46%～52%

湿视密度：0.77～0.87 g/mL

湿真密度：1.24～1.28 g/mL

磨后圆球率：≥95%

交换容量：4.5 mmol/g

再生剂用量：硫酸 8～10 kg/m^3

每批木糖醇所用湿树脂量为 2213.64+ (152×4.5) ×1000=3236.32 (kg)；

树脂密度取 1.25 g/mL，则需要树脂体积为 3236.32+1.25×10^3=2.59×10^6 mL；

一般树脂吸附量为总吸附量的 70%，则实际需要树脂体积为 2.59÷70%=3.7 (m^3)

再生树脂硫酸用量为 3.7×8=29.6 kg；

再生液硫酸浓度为 4%，再生液需用量为 29.6÷4%=74 (kg)。

（2）阴离子交换树脂。

阴离子交换树脂用于降低酸度，除去无机盐。本设计选用 D314 型弱碱性阴离子交换树脂。

选用型式：OH 型

粒度：0.45～1.25 mm 且≥95%

含水量：48%～58%

湿视密度：0.65～0.72 g/mL

湿真密度：1.03～1.06 g/mL

磨后圆球率：≥90%

质量全交换容量：≥6.5 mmol/g（干）

再生交换容量：2 mmol/mL

每吨木糖醇所用湿树脂量为 1+ (2×0.35) ×1000=1.43 (t);

2.2 t 木糖醇湿树脂体积为 1.43×2.2÷1.25=2.52 (m^3);

树脂吸附量为总交换量的 70%，树脂体积（V_R）为 2.52÷0.7=3.6 (m^3);

用 15%$NH_3 \cdot H_2O$ 再生，液氨（按照 100%）用量为 1 kg/m^3，所需液氨量为 3.6×11=39.6 (kg);

所需 15%稀液氨量为 (39.6+17) ×31÷15%=481.4 (kg)。

（3）离子交换器尺寸。

① 直径 D。

选用Φ1600mm（内径）的玻璃钢管做离子交换柱，即 D=1.6 m。

② 高度 H。

由 V_R=（$\pi D^2 H_T$）/4 可得树脂层高度为

$$H_T = \frac{4V_B}{\pi D2} = \frac{4 \times 3.6}{3.14 \times 1.6^2} = 1.8\,(\text{m})$$

树脂吸附达到饱和后需进行反洗，以除去树脂床层中残留的料液及杂物，以便在下一步解吸过程得到纯净的解吸液。反洗时树脂床层膨胀率为 50%，则膨胀层高度为

$$h = eH_T = 50\% \times 1.8 = 0.9\text{（m）}$$

交换柱的有效高度为

$$H_l = H_T + h = 1.8 + 0.9 = 2.7\text{（m）}$$

实际操作中，可取交换柱筒体高度为 H_l＝3.0 m。

根据计算结果，阴阳树脂体积量相当，选择相同配置交换器，选择 LY-1600/40 型离子交换器，尺寸Φ1600 mm×3000 mm，交换层高 2.7 m，交换剂体积 5 m^3，可以满足需要。

阳离子再生系统酸罐选择Φ1200 mm×1600 mm 玻璃钢酸罐，容积 7 m^3，每班配置一罐，可以满足需要。

2. 连续离子交换器设计示例

（1）设计要求及条件。

根据交换带理论，设计一连续离子交换色谱柱，从 L-乳酸铵发酵液中除杂质。采用大孔弱碱性阴离子交换树脂 D001.D151.724 树脂以及常用的 732 树脂。工艺要求经超滤和纳滤后发酵液流量为 Q=2.0 m^3/h，L-乳酸铵初始浓度为 C_0= 71.23 g/L。

根据文献提供的数据：静态吸附实验，筛选出最优树脂为 732 树脂，可在 1 min 内达到吸附平衡，吸附量达 345.97 mg/g；最佳解吸剂为 0.5 moL/L H_2SO_4 溶液。通过固定床离子交换实验，确定最佳进料流速 40 mL/min，最佳高径比 7.5∶1，穿透时间 21.5 min。用 0.5 mol/L H_2SO_4 溶液进行解吸，解吸率超过 97%。

（2）设计计算。

根据设计要求，选用分段饱和、分段再生、分段洗涤的单阳柱移动床逆流交换除杂流程（如第三章图 3-63）。

① 树脂用量。

树脂体积可由物料平衡关系确定，即

$$V_{\mathrm{R}}=\frac{Q(C_0-C_n)}{q_{\mathrm{T}}}T$$

式中，C_n为交换尾液中NH_3^+浓度，mg/L；$C_n\approx 0$；操作周期按 2 h 计，T=2 h，则

$$V_{\mathrm{R}}=\frac{2.0\times 10^3\times\left[71.23\left(\frac{17}{90.08}\right)\times 10^3-0\right]}{345.97}\times 2=155\,419.3\,(L)$$

如采用 20 个柱的连续离子交换色谱柱，则分段吸附饱和 6 个阳柱串联流程，实际每个柱需树脂体积可取 V_1=155 419.3/6=25 903(L)=25.903 (m^3)。

② 交换柱直径及筒高。

已知高径比 7.5∶1，则

$$D_1=\sqrt[3]{\frac{4V_1}{7.5\pi}}=\sqrt[3]{\frac{4\times 25.903}{7.5\times 3.14}}=1.638\,(\mathrm{m})$$

$$H_1=7.5D_1=7.5\times 1.638=12.285\,(\mathrm{m})$$

实际操作中，考虑到反洗时，树脂床层的膨胀，故取筒高 H_1=13.50 m。

以此设计将连续离子交换色谱柱分区如下：

交换区（1#～6#）：采用 1#与 4#串联，2#与 5#串联，3#与 6#串联，1#、2#和 3#同时并联正进料的方式。交换后水洗区（18#～20#）：采用单串正进料方式，将 20#出口接入原料槽。再生区（12#～17#）：采用 12#、14#和 16#串联，13#、15#和 17#串联，12#和 13#同时并联正进料方式。再生水洗区（9#～11#）：采用单串正进料方式。产品顶水区（7#～8#）：采用单串正进料方式。

（九）热交换设备的计算

1. 列管换热器选择示例

（1）选择条件。

在常压下冷凝 5400 kg/h 的纯苯蒸气，冷凝液在冷凝温度下排出，冷凝用水的入口温度 $t_{2\mathrm{H}}$为 20℃，管程压降不超过 9.8×10^3 Pa。试选用一适当型号的列管换热器，其基本数据如下。

冷凝量 $W_1=\frac{5400}{3600}=1.5\,(\mathrm{kg/s})$；

冷凝温度　T＝80.1 ℃；

冷凝潜热　r=394 kJ/kg。

（2）选择计算。

① 水耗量。根据推动力 Δt_{m} 及水消耗量两方面的考虑，选择水的出口温度为 $t_{2\mathrm{K}}$=30.8℃，则水的平均温度为

$$t_m = \frac{1}{2}(t_{2K} + t_{2H}) = \frac{1}{2}(30.8 + 20) = 25.4\ (℃)$$

在 25.4℃时，水的有关物理量如下。

密度 ρ=997 kg/m^3；

热容 C_p=4.178 kJ/ (kg·℃)；

导热系数 λ =0.608 W/ (m · ℃)；

黏度 μ=0.886×10^{-3} Pa·s；

普兰特准数 P_r＝6.16；

热负荷 $Q＝W_1 r$＝1.5×394=591 (kW)；

水耗量 $W_2 = \dfrac{Q}{C_p(t_2 - t_1)} = \dfrac{591}{4.178(30.8 - 20)} = 13.1\ (\text{kg/s})$ 。

② 流动空间、管径和管内流速的选择。由于流速对蒸气冷凝热系数的影响较小，并且为了使冷凝液易于排出，选择苯蒸气在管外冷凝，水流经管内。

从腐蚀性、传热面积和价格三方面综合考虑后，选用 Φ25 mm×2.5 mm 无缝钢管，此管的内径 d_i=0.02 m。

综合考虑管内雷诺准数(*Re*)，管程压降 Δp 及单程管数三方面的因素，水的流速选为 u=0.9 m/s。

③ 估算传热面积与管子根数。

平均温度差为

$$\Delta t_m = \frac{(T - t_{2H}) - (T - t_{2K})}{\ln \dfrac{T - t_{2H}}{T - t_{2K}}} = \frac{(80.1 - 20) - (80.1 - 30.8)}{\ln \dfrac{80.1 - 20}{80.1 - 30.8}} = 54.5\ \ (℃)$$

苯蒸气-水系统冷凝操作的传热系数 K 范围为 300～1000 W/(m^2 · ℃)，初选 K =600 W/(m^2 · ℃)。

估算的传热面积为

$$S' = \frac{Q}{K\Delta t_m} = \frac{591 \times 1000}{600 \times 54.5} = 18.1\ (\text{m}^2)$$

单程管数为

$$n' = \frac{W_2}{u \cdot \dfrac{\pi}{4} \cdot d_i^2 \cdot \rho} = \frac{4 \times 13.1}{0.8 \times 3.14 \times 0.02^2 \times 997} = 47\ (根)$$

单程管长为

$$l' = \frac{S'}{n' \pi d_0} = \frac{18.1}{47 \times 3.14 \times 0.025} = 4.91\ (\text{m})$$

选定换热器管长 l=3 m，则管程数 N_p 为

$$N_p = \frac{4.91}{3} = 1.64$$

取 N_p=2 程，则总管数为 $n=2n'$=2×47=94 (根)。

④ 初选换热器。

根据 $S'=18.1\ m^2$，$n=94$ 根，$N_p=2$，查表 4-20，选用 G400-2-16 -22 列管换热器，其实际传热面积为 $23.2\ m^2$，有关参数如下。

公称直径 D_N	400 mm	公称压力 p_N	1.6×10^6 Pa
传热面积 S	22/23.2 m^2	管程数 N_p	2
管　　数 n	102	管　长 l	3 m
管子规格	Φ25 mm×2.5 mm	管心距 t	32 mm
管子排列方式	正三角形		

型号中各字符的意义如下。G 表示列管式固定管板换热器，400 代表公称直径（mm），2 代表管程数，16 表示公称压力（$\times10^5$ Pa），22 表示换热面积（m^2）。

表 4-20　列管式固定管板换热器基本参数（摘录）

公称直径 D_N	管程数 N_p	换热管数量 n	换热面积 S/m^2 公称值/计算值				管程通道截面积 f/m^2	管程流速为 0.5 m/s 时的流量 $Q/(m^3/h)$	公称压力 $P_n/10^5$ Pa
			换热管长 l/ mm				碳素钢管Φ25×2.5//不锈钢管Φ25×2		
			1500	2000	3000	6000			
159	I	13	1/1.43	2/1.94	3/2.96	—	0.00410//0.00450	7.35//8.10	25
273	I	38	4/4.18	5/5.66	8/8.66	16/17.6	0.0119//0.0132	21.5//23.7	
	II	32	3/3.52	4/4.76	7/7.30	14/14.8	0.00500//0.00550	9.05//9.98	
400	I	109	12/12.0	16/16.3	25/24.8	50/50.5	0.0342//0.0378	61.6//68.0	16
	II	102	10/11.2	15/15.2	22/23.2	45/47.2	0.0160//0.0177	28.8//31.8	
	III	86	10/9.46	12/12.8	20/19.6	40/39.8	0.00860//0.00740	12.2//13.4	
500	I	177	—	—	40/40.4	80/82.0	0.0566//0.0613	100//110	25
	II	168	—	—	40/38.3	80/77.9	0.0264//0.0291	47.5//52.4	
	III	152	—	—	35/34.6	70/70.5	0.0119//0.0132	21.5//23.7	
600	I	269	—	—	60/61.2	125/124.5	0.0845//0.0932	152//168	10
	II	254	—	—	55/58.0	120/118	0.0399//0.0440	71.8//79.2	16
	III	242	—	—	55/55.0	110/112	0.0190//0.0210	34.2//37.7	25

DN400 mm 双管程列管式热交换器，102 根管的排列情况如图 4-20 所示，由图可知，管束具有对称性。

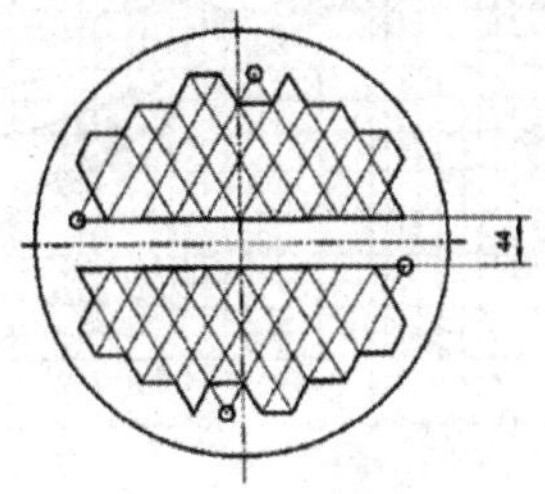

图 4-20　DN400 mm 双管程 102 根管排列

⑤ 管程压降的计算。

管程雷诺准数为

$$Re = \frac{d_i u \rho}{\mu}$$

其中，u 为选定换热器的实际操作流速，由下式计算

$$u = \frac{V_S}{n'' \cdot \frac{\pi}{4} \cdot d_i^2}$$

式中

$$V_S = \frac{W_2}{\rho} = \frac{13.1}{997} = 0.01314\ (\mathrm{m^3/s})$$

$$n'' = 102/2 = 51\ (根)$$

所以

$$u = \frac{0.01314}{51 \cdot \frac{\pi}{4} \cdot 0.02^2} = 0.82\ (\mathrm{m/s})$$

故

$$Re = \frac{0.02 \times 0.82 \times 997}{0.886 \times 10^{-3}} = 1.85 \times 10^4$$

由于钢管的绝对粗糙度 ε =0.15 mm，故 ε/d=0.0075，查 λ 与 Re 及 ε/d 的关系图（见图 4-21），得 λ =0.038，又取管程结垢校正系数 F_t=1.5，故得管程压降为

$$\Delta p = \left(\lambda \frac{l}{d_i} + 3\right) F_t \cdot N_p \cdot \frac{\rho u^2}{2} = \left(0.038 \times \frac{3}{0.02} + 3\right) \times 1.5 \times 2 \times \left(\frac{997 \times 0.82^2}{2}\right)$$

$$= 8748.5\ (\mathrm{N/m^2}) < 9.8 \times 10^3\ (\mathrm{Pa})$$

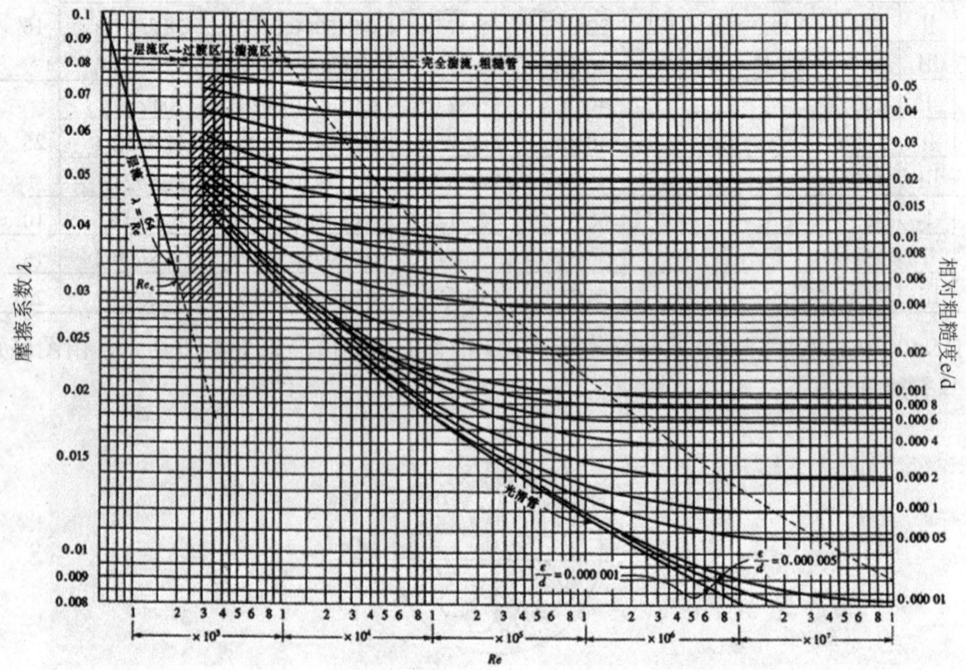

图 4-21　摩擦系数与雷诺准数及相对粗糙度的关系

因此，压降满足要求。

⑥ 计算管内给热系数 α_i。

因为 Re=1.85×10^4^>10^4^，而 l/d_i=3/0.02=150>50，故

$$\alpha_i = 0.023\left(\frac{\lambda}{d_i}\right)Re^{0.8}P_r^{0.4} = 0.023\left(\frac{0.608}{0.02}\right)(1.89\times10^4)^{0.8}(6.16)^{0.4} = 3751.2\,[\mathrm{W}/(m^2\cdot℃)]$$

⑦ 冷凝给热系效 α_0 及 K 值的计算。

a. α_0 的计算。一般情况下，水平管的冷凝给热系数大于垂直管的冷凝给热系数，所以列管换热器选用水平安装方式。对于 n 根水平管束，可用下式计算冷凝给热系数：

$$\alpha_0 = 2.02\varepsilon\lambda\sqrt[3]{\frac{\rho^2 l\,\mathrm{n}}{\mu W_1}}$$

式中，ε 为水平管束冷凝给热系数与单根水平管冷凝给热系数之比，当 n>100 时，取该系数 ε =0.6。设壁温 t_w=54.7℃，则平均膜温 $T_w{}' = \frac{1}{2}(T + t_w) = \frac{1}{2}(80.1 + 54.7) = 67.4$ (℃)，按此温度查得液苯的物理量如下。

$$\lambda = 0.133\ \mathrm{W/(m\cdot ℃)}$$
$$\rho = 830\ \mathrm{kg/m^3}$$
$$\mu = 0.35\times10^{-3}\ \mathrm{Pa\cdot s}$$

故 $$\alpha_0 = 2.02\times0.6\times0.133\times\sqrt[3]{\frac{830^2\times3\times102}{0.00035\times1.5}} = 1189.2\,[\mathrm{W}/(m^2\cdot℃)]$$

b. 垢层热阻。苯蒸气冷凝时，垢层热阻 R_0 较小，管内的垢层热阻 R_i 则较大，取 R_i+R_0=0.0006 (m^2^·℃/W)。

c. K 值的计算。d_0、d_i 分别为加热钢管的外、内径，d_m 为平均管径，δ 为管壁厚，λ 为钢管导热系数，则

$$K = \frac{1}{\dfrac{d_0}{\alpha_i d_i} + R_i + R_0 + \dfrac{\delta d_0}{\lambda d_m} + \dfrac{1}{\alpha_0}} = \frac{1}{\dfrac{0.025}{3751.2\times0.02} + 0.0006 + \dfrac{0.0025\times0.025}{45\times0.0225} + \dfrac{1}{1189.2}}$$
$$= 546.4\,[\mathrm{W/(m^2\cdot ℃)}]$$

d. 校核 t_w。

$$t_w = T - \frac{K\Delta t_m}{\alpha_0} = 80.1 - \frac{546.4\times54.5}{1189.2} = 55.1\ (℃)$$

与假设值 t_w=55.1℃相比较，仅差 0.4℃，认为计算合理。

⑧ 计算传热面积及安全系数。

按传热方程式计算的传热面积为

$$S = \frac{Q}{K\Delta t_m} = \frac{591000}{540\times54.5} = 20\ (\mathrm{m^2})$$

实际换热器的传热面积为 23.2 m^2^，故安全系数为 23.2/20=1.16，此值在 1.15～1.25，表示选的合理。

⑨ 管束与壳体温差的计算。

根据对流传热速率可得

$$Q = \alpha_i S(t'_w - t_w)$$

故
$$t'_w = \frac{Q}{\alpha_i S} + t_m = \frac{519\,000}{3769 \times 23.2} + 25.4 = 32.2\ (℃)$$

而管束的平均温度为

$$t_{mg} = \frac{1}{2}(t_w + t'_w) = \frac{1}{2}(54.7 + 32.2) = 43.5\ (℃)$$

则壳体与管束的温差为

$$\Delta t = T - t_{mg} = 80.1 - 43.5 = 36.6 < 50\ (℃)$$

以上各项计算结果表明，所选型号的换热器合用。

2. 板式加热器选择示例

（1）选择条件。

换热器主要用来加热具有腐蚀活性的有机酸液体，要求产量为 G_2=2.0 kg/s，温度由 t_{2H}=20℃加热到 t_{2K}=80℃，在平均温度 t_{2m}=0.5 (20＋80)=50℃时，该液体具有下列物化特性：ρ_2 =900 kg/m^3，μ_2 =0.000 534 Pa·s，λ_2=0.458 W/（m·℃），C_2=3730 J/（kg·℃），Pr_2 =4.35。

利用压力为 0.6 MPa 的饱和水蒸汽加热，冷凝温度 t_1=158.1 ℃，在此温度下冷凝液的特性为：ρ_1=908 kg/m^3，μ_1=0.000 177 Pa·s，λ_1=0.683 W/(m·℃)，r_1=2095000 J/kg，Pr_1 =4.35。

（2）选择计算。

① 热负荷。

$$Q = G_2C_2(t_{2K} - t_{2H}) = 2.0 \times 3730 \times (80 - 20) = 448000\ (W)$$

② 蒸汽耗量。

$$G_1 = \frac{Q}{r_1} = \frac{448\,000}{2\,095\,000} = 0.214\ (kg/s)$$

③ 平均温度差。

$$\Delta t_m = \frac{(t_1 - t_{2H}) - (t_1 - t_{2K})}{\ln\frac{t_1 - t_{2H}}{t_1 - t_{2K}}} = \frac{(158.1 - 20) - (158.1 - 80)}{\ln\frac{158.1 - 20}{158.1 - 80}} = 105\ (℃)$$

④ 估算传热面积。

板式冷却器传热系数 K 的变化范围从 1000 W/（m^2·℃）到 1500 W/（m^2·℃），取 K=1250 W/（m^2·℃），则所需传热面积的估算值为

$$S' = \frac{Q}{K\Delta t_m} = \frac{44\,800}{1250 \times 105} = 3.41\ (m^2)$$

选用换热面积为 3.0 m^2，板片面积为 0.3 m^2，板片数 N=12 的板式加热器（见表 4-21）。

表 4-21 板式换热器的换热面积与基本参数

设备类别	f=0.2 m²			f=0.3 m²			f=0.5 m²			f=0.6 m²			f=1.3 m²		
	S/ m²	N/个	M/kg	S/m²	N/个	M/kg	S/m²	N/个	M/kg	S/m²	N/个	M/kg	S/m²	N/个	M/kg
	—	—	—	3.0	12	291	10.0	20	580	10.0	20	1003	—	—	—
	—	—	—	4.0	16	307	12.5	24	605	12.5	24	1031	—	—	—
Ⅰ类	—	—	—	5.0	20	325	16.0	32	655	16.0	30	1081	—	—	—
				6.3	24	340	20.0	40	705	20.0	36	1126	—	—	
	—	—	—	8.0	30	362	25.0	48	760	25.0	44	1187	—		
	—	—	—	10.0	36	388	—	—	—	—	—	—	—	—	—
	2.0	12	480	12.5	44	602	31.5	62	1400	31.5	56	1307	200	156	4100
Ⅱ类	3.2	18	505	16.0	56	646	40.0	78	1515	40.0	70	1407	300	232	5200
	4.0	22	525	20.0	70	699	50.0	98	1655	50.0	86	1519	400	310	6310
	5.0	28	550	25.0	86	756	63	122	1810	63	108	1677	—	—	—
	6.3	34	570	—	—	—	80	154	2040	80	136	1878	—	—	—
	8.0	44	625	—	—	—	100	194	2295	100	170	2120	—	—	—
Ⅱ类	10.0	56	675	—	—	—	110	212	2425	110	186	2236	—	—	—
	12.5	64	705	—	—	—	124	242	2662	124	210	2406	—	—	—
	16.0	82	880	—	—	—	140	270	2805	140	236	2590	—	—	—
	20.0	102	965	—	—	—	150	290	2945	150	252	2706	—	—	—
	25.0	126	1050	—	—	—	160	310	3085	160	270	2838	—	—	—
	—	—	—	—	—	—	200	404	3780	140	236	3450	500	388	9950
	—	—	—	—	—	—	250	504	4320	150	252	3559	600	464	11050
	—	—	—	—	—	—	300	604	4860	160	270	3700	—	—	—
	—	—	—	—	—	—	—	—	—	180	304	3926	—	—	—
Ⅲ类	—	—	—	—	—	—	—	—	—	200	340	4170	—	—	—
	—	—	—	—	—	—	—	—	—	220	372	4405	—	—	—
	—	—	—	—	—	—	—	—	—	250	420	4745	—	—	—
	—	—	—	—	—	—	—	—	—	280	470	5111	—	—	—
	—	—	—	—	—	—	—	—	—	300	504	5337	—	—	—
	—	—	—	—	—	—	—	—	—	320	540	5592	—	—	—

表 4-22 板式换热器的结构特性

结 构 特 性	板 片 面 积				
	0.2/m²	0.3/m²	0.5/m²	0.6/m²	1.3/m²
板片尺寸/mm					
长度	650	1370	1370	1375	1392
宽度	650	300	500	660	640
厚度	1.2	1.0	1.0	1.0	2.0
通道当量直径/m	0.0076	0.0080	0.0080	0.0074	0.0115
通道截面积/ m²	0.0016	0.0011	0.0018	0.002 62	0.003 68
通道的换算长度/m	0.45	1.12	1.15	0.893	1.91

续表

结构特性	板片面积				
	0.2/m²	0.3/m²	0.5/m²	0.6/m²	1.3/m²
接管公称直径/mm					
Ⅰ类	100	50	100	200	—
Ⅱ类	—	65	150	200	250
Ⅲ类	—	—	200	250	300

⑤ 加热面积的计算。

在每个通道截面 F 为 0.0011 m^2 和当量直径 d_e 为 0.008 m（见表 4-22）的通道中，液体流速为

$$u_2=\frac{G_2}{\rho_2(N/2)F}=\frac{2.0}{900\times 6\times 0.0011}=0.337\ (\text{m/s})$$

其雷诺准数为

$$Re_2=\frac{d_e u_2 \rho_2}{\mu_2}=\frac{0.008\times 0.337\times 900}{0.000\,534}=4540$$

液体的给热系数为

$$\alpha_2=\frac{\lambda_2}{d_e}\times 0.1 Re_2^{0.73}P_{r2}^{0.43}=\frac{0.458}{0.008}\times 0.1\times 4540^{0.73}\times 4.35^{0.43}=5010[\text{W}/(\text{m}^2\cdot ℃)]$$

设 $\Delta t\geqslant 10$℃，则 $\alpha_1=\frac{\lambda_1}{L}\times 322\text{R}_{e1}^{0.7}P_{r1}^{0.4}$，而在换算长度（$L$）为 1.12 m（见表 4-22）的通道中，雷诺准数为

$$R_{e1}=\frac{G_1 L}{\mu_1 S}=\frac{0.214\times 1.12}{0.000\,177\times 3.0}=451\,[\text{W}/(\text{m}^2\cdot ℃)]$$

蒸汽的给热系数为

$$\alpha_1=\frac{\lambda_1}{L}\times 322 R_{e1}^{0.7}P_{r1}^{0.4}=\frac{0.683}{1.12}\times 322\times 451^{0.7}\times 1.11^{0.4}=14\,780\,[\text{W}/(\text{m}^2\cdot ℃)]$$

蒸汽一侧的污垢热阻 R_{s2} 可以忽略，板片厚度 b 为 1.0 mm（见表 4-22），材料为不锈钢，λ =17.5 W/（m·℃），液体一侧的污垢热阻 R_{s1} 取 1/5800，则液侧板片壁面和污垢的热阻总和为

$$\frac{b}{\lambda}+R_{s1}=\frac{1.0\times 10^{-3}}{17.5}+\frac{1}{5800}=0.000\,229\,[(\text{m}^2\cdot ℃)/\text{W}]$$

传热系数为

$$K=\frac{1}{\frac{1}{\alpha_2}+R_{e2}+\frac{b}{\lambda}+R_{s1}+\frac{1}{\alpha_1}}=\frac{1}{\frac{1}{5010}+0.000\,229+\frac{1}{14\,780}}=2010\,[\text{W}/(\text{m}^2\cdot ℃)]$$

校核壁温，即校核所取关于 Δt 的假设值是否合理。

$$t_1-t_m=\frac{K\Delta t_m}{\alpha_1}=\frac{2010\times 105}{14\,780}=14.3>10\ (℃)$$

故假设 Δt=10℃是合理的。

所需传热面积为

$$S_1=\frac{Q}{K\Delta t_m}=\frac{448\,000}{2010\times 105}=2.12\,(m^3)$$

故所选公称面积为S=3.0 m^{2}的换热器是合适的，并有裕度：

$$\Delta=\frac{S-S_1}{S_1}=\frac{3-2.12}{2.12}=41.7\%$$

⑥ 流体阻力。

接管直径为d_m=0.05 m（见表4-22），接管中液体流速为

$$u_m=\frac{G_2}{\rho_2\cdot\frac{\pi}{4}\cdot d_m^2}=\frac{2.0\times 4}{900\pi\times 0.05^2}=1.13\,(m/s)$$

阻力系数为

$$\zeta=\frac{\alpha_2}{R_{e2}^{0.25}}=\frac{19.3}{4540^{0.25}}=2.35$$

流体阻力为

$$\Delta p=x\cdot\zeta\frac{L}{d_e}\frac{\rho u_2^2}{2}+3\cdot\frac{\rho u_m^2}{2}$$

式中，x为载热体的列数，对于单列的片式组合，$x=1$，故

$$\Delta p=1\times 2.35\times\frac{1.12}{0.008}\times\frac{900\times 0.337^2}{2}+3\times\frac{900\times 1.13^2}{2}=18\,520\,(Pa)$$

注意：本例只选了一种型号进行了有关计算，实际上应选几种方案，进行计算、比较，确定最佳方案。

（十）蒸发器的设计计算

1. 单效降膜式蒸发器设计示例

（1）设计条件。

试设计一蒸发氯化钠水溶液的立式降膜蒸发器，已知条件如下：

原料液流量F＝10 000 kg/h；

原料液浓度x_0=0.04，完成液的浓度x_1=0.04（质量分率）；

沸点下进料，进口条件下，氯化钠溶液的物性为μ_L=3.17×10^{-4} Pa·s，λ_L=0.675 W/(m^2·℃)，ρ_L=1020 kg/m^3，P_{rL}=1.84；δ_L=0.074 N/m；

加热蒸汽压强为150 kPa（绝对压强），分离室操作压强为常压；

管外侧蒸汽冷凝给热系数α_0=7000 W/(m^2·℃)；

蒸发器的热损失可忽略不计。

（2）设计计算。

① 蒸发量。

$$W=F\left(1-\frac{x_0}{x_1}\right)=10000\left(1-\frac{0.04}{0.08}\right)=5000\,(kg/h)$$

② 传热量。查得 150 kPa 饱和蒸汽 T=111.1℃，常压时蒸汽温度为 100℃，汽化潜热 r'=2258.4 kJ/kg。

因沸点进料，热损失可以忽略，则由热衡算可得

$$Q = Wr' = 5000 \times 2258.4 = 1.13 \times 10^7 \text{(kJ/h)} = 3.14 \times 10^6 \text{(W)}$$

③ 初算传热面积。降膜式蒸发器的总热传系数为 1200～3500 W/(m²· ℃)，设总传热 K=2000 W/(m²· ℃)。又查得氯化钠溶液的沸点约为 t_1=101℃，故

$$\Delta t = T - t_1 = 111.1 - 101 = 10.1 \ (℃)$$

所以
$$S = \frac{Q}{K\Delta t} = \frac{3.14 \times 10^6}{2000 \times 10.1} = 155 \ (\text{m}^2)$$

采用 Φ25 mm×2 mm，长为 L=5 m 的黄铜管为加热管，则管数为

$$n = \frac{S}{\pi dL} = \frac{155}{\pi \times 0.025 \times 5} = 395$$

④复核总传热系数。管内沸腾传热系数 α_i 按进口条件算。首先计算 M/μ_L 的范围。

$$\frac{M}{\mu_L} = \frac{F}{\pi d_i n \mu_L} = \frac{10000}{3.14 \times 0.021 \times 395 \times 3.17 \times 10^{-4} \times 3600} = 336$$

而
$$1450\,\text{P}_{\text{rL}}^{-1.06} = 1450 \times 1.81^{-1.06} = 760$$

又
$$0.61\left(\frac{\mu_L^4 g}{\rho_L \sigma^3}\right)^{-1/11} = 0.61\left[\frac{(3.14 \times 10^{-4})^4 \times 9.81}{1020 \times 0.074^3}\right]^{-1/11} = 9$$

即
$$0.61\left(\frac{\mu_L^4 g}{\text{P}_L \sigma^3}\right)^{-1/11} < \frac{M}{\mu_L} < 1450\,\text{P}_{\text{rL}}^{-1.06}$$

所以

$$\alpha_i = 0.705\left(\frac{\lambda_L^3 g \rho_L^2}{\mu_L^2}\right)^{1/3}\left(\frac{M}{\mu_L}\right)^{-0.22} = 0.705\left(\frac{0.675^3 \times 9.81 \times 1020^2}{(3.17 \times 10^{-4})^2}\right)^{1/3} (336)^{-0.22} = 6100\,[\text{W}/(\text{m}^2 \cdot ℃)]$$

取管内侧污垢热阻 R_{si}=0.0001，且忽略管壁热阻和管外侧污垢热阻，则总传热系数 K 为

$$K = \frac{1}{\dfrac{1}{\alpha_0} + R_{si}\dfrac{d_0}{d_i} + \dfrac{1}{\alpha_i}\dfrac{d_0}{d_i}} = \frac{1}{\dfrac{1}{7000} + 0.0001 \times \dfrac{25}{21} + \dfrac{1}{6100} \times \dfrac{25}{21}} = \frac{1}{0.000\,457} = 2187\,[\text{W}/(\text{m}^2 \cdot ℃)]$$

上述计算结果与假设的传热系 K=2000 W/（m²· ℃）相符，即表明所设计的立式降膜蒸发器基本合适，不再重复计算。

（3）工艺尺寸的计算。

加热室的具体设计可按列管式换热器进行，若按同心圆法排列，查表 4-23，可知需排 11 层，对角线上的管数 n_c=23 根，可排总管数为 410 根。

加热室壳体的内径为

$$\begin{aligned} D_i &= (n_c - 1)t + 2b' = (n_c - 1)(1.28 d_0) + 2(1.5 d_0) \\ &= (23 - 1)(1.28 \times 0.025) + 2(1.5 \times 0.025) = 0.78 \ (\text{m}) \end{aligned}$$

取加热室直径为 0.8 m。

表 4-23　按六角形及同心圆法排列的管数

六角形或同心圆的层数	按六角形法排列							按同心圆法排列	
	对角线上的管数	不计弓形部分的管子总根数	管子数目			在全部弓形部分内的管子数	在换热器内的管子总数	沿外层圆的管子数目	换热器内的管子总根数
			在弓形中的第一排	在弓形中的第二排	在弓形中的第三排				
1	3	7	—				7	6	7
2	5	19	—				19	12	19
3	7	37	—				37	18	37
4	9	61	—				61	25	62
5	11	91	—				91	31	93
6	13	127	—				127	37	130
7	15	169	3			18	187	43	173
8	17	217	4			24	241	50	223
9	19	271	5			30	301	56	279
10	21	331	6			36	367	62	341
11	23	397	7			42	439	69	410
12	25	469	8			48	517	75	486
13	27	547	9	2		66	613	81	566
14	29	631	10	5		90	721	87	653
15	31	721	11	6		102	823	94	747
16	33	817	12	7		114	931	100	847
17	35	919	13	8		126	1045	106	953
18	37	1027	14	9		138	1165	113	1066
19	39	1141	15	12		162	1303	119	1185
20	41	1261	16	13	4	198	1459	125	1310
21	43	1387	17	14	7	228	1615	131	1441
22	45	1519	18	15	8	246	1765	138	1579
23	47	1657	19	16	9	264	1921	144	1723

2. 1,3-丙二醇发酵液蒸发脱水的工艺模拟及蒸发器设计示例

1,3-丙二醇（PDO）发酵液中 PDO 浓度 7%～10%，水含量 82%～85%，PDO 分离提取各工序中蒸发脱水能耗最大且 PDO 损失率最大。采用上述传统的手工计算方法很难全面考查多效蒸发器操作压力对汽液平衡状态下汽、液相组成的影响，而采用 Aspen Plus 软件建立 PDO 发酵液多效蒸发工艺模拟从而简化了蒸发器设计。

（1）模型的建立。

①多效蒸发模型。根据多效蒸发器的工作原理，选用 Aspen Plus 软件分离器模型 Flash2，换热器模型 Heater、HeatX 构成如图 4-22 所示的多效蒸发脱水模型。模拟中水蒸气 HEAT0 通过换热器 B1，释放潜热，水蒸汽的潜热传递给蒸发器 E-80，进料 FEED 在蒸发器内加热后汽化，并进行汽

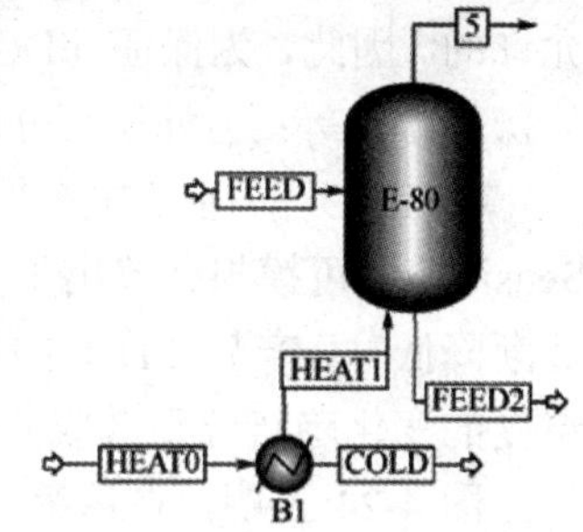

图 4-22　多效蒸发脱水模型

液分离。

② 物性方法的选择。物性方法的选择是 Aspen Plus 用来计算热力学性质和传递性质的基础，本文的模拟体系属于水与多元醇混合物的汽液平衡体系，选用 NRTL 物性方法。

③ 物料组成。以经过电渗析脱盐后的 PDO 发酵液为蒸发原料，进料流量设定为 25 t/h，其中 PDO、BDO、甘油、水和乙醇的进料流量分别为 2.09 t/h、0.69 t/h、0.49 t/h、21.56 t/h 和 0.17 t/h。生蒸汽压力为 0.6 MPa，温度为 160℃。

（2）设计分析与优化。

① PDO 的损失随浓缩液含水量降低的变化趋势。利用 Aspen Plus 软件 Mode Analysis Tools 中的 Sensitivity 可模拟出某一压力条件下，将 PDO 发酵液通过蒸发脱水至浓缩液中不同含水量条件下 PDO 在浓缩液和蒸发水中的浓度、质量流率，因此可计算出某一压力条件下，PDO 发酵液蒸发浓缩至不同含水量时 PDO 的损失。

设定蒸发器的压力为 1 ba（1 bar=0.1 MPa），随着浓缩液中轻组分（水）的不断蒸发，浓缩液的沸点不断升高，因此浓缩液中含水量的降低实际是蒸发温度升高的结果。模拟 PDO 损失率与浓缩液含水量的关系时，实际是通过改变蒸发器的蒸发温度实现的。Sensitivity 中的变量 Vary 选择蒸发器 FLASH 的温度变化范围为 100～130℃。根据模拟计算结果，可得到常压下不同温度条件下蒸发后，浓缩液的含水量及 PDO 的损失率的关系，如图 4-23 所示。

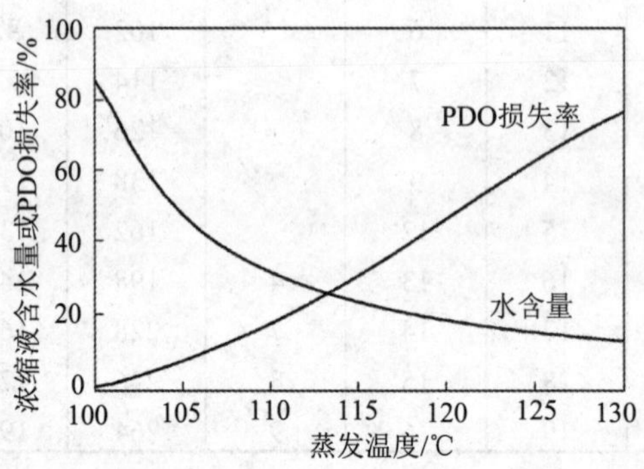

图 4-23　PDO 发酵液蒸发过程中浓缩液含水量与 PDO 损失率的关系曲线

由图 4-23 可看出，随着蒸发温度的升高，浓缩液含水量不断降低，PDO 损失不断增大。当浓缩液的含水量降低至 12.8%后，PDO 的损失达到了 76.62%，工业化生产显然是不允许的。因此，为保证 PDO 发酵液蒸发脱水过程的较高产品收率，需优化蒸发脱水条件，如操作压力等；另外还可分步脱水，先蒸发脱除大部分水，然后通过精馏工艺脱除剩余水。

② PDO 的损失与操作压力的关系。利用 Aspen Plus 软件中 Mode Analysis Tools 中的 Sensitivity 可模拟计算出不同操作压力条件下，随着 PDO 发酵液蒸发脱水，浓缩液含水量逐渐降低时，产品 PDO 的损失率。将不同压力条件下浓缩液含水量与 PDO 损失率随蒸发温度的变化趋势分别做成曲线，如图 4-24 所示。

图 4-24 表明，在浓缩至相同的水含量时，操作压力越高 PDO 损失越大，因此在工业设计时宜选用较低操作压力，以尽量减少蒸发脱水过程 PDO 的损失。

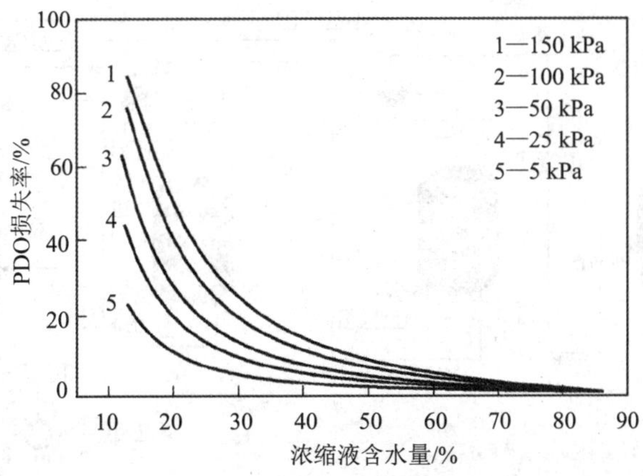

图 4-24 不同蒸发压力条件下 PDO 的损失率变化曲线

③ 多效蒸发工艺中 3 种工艺流程的比较。在工业生产中，工厂追求产品高收率和低生产成本，然而根据上述①和②的结果可知，保证 PDO 高收率的代价是需维持蒸发脱水终点浓缩液的高含水量，而浓缩液含水量越高会增大后续脱水能耗。根据 PDO 销售价格和后续脱水成本，经综合比较确定浓缩液含水量控制在 30%，PDO 综合生产成本相对较低。

多效蒸发流程中根据物料流向与蒸汽流向的关系可以分为并流、逆流、错流和平流流程，其中平流流程适用于蒸发过程中有结晶析出的情况。根据 PDO 发酵液的特点，利用 Aspen Plus 软件对并流、逆流、错流 3 种流程进行模拟计算，比较 3 种流程对该物料蒸发脱水过程中的蒸汽消耗量及产品收率。

图 4-25～图 4-27 分别为不同工艺流程的 PDO 发酵液蒸发脱水模型模拟图。物料流量及组成与上述相同，生蒸汽压力为 0.6 MPa，温度为 160℃，采用四效蒸发器进行模拟计算，各效温度条件如表 4-24 所示。各效物料流向为Ⅰ效→Ⅱ效→Ⅲ效→Ⅳ效，各流程蒸汽流向见表 4-24。

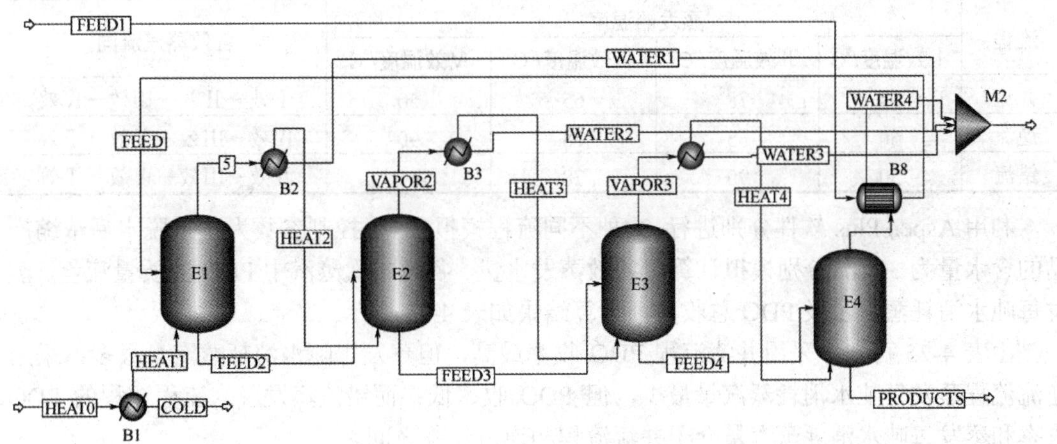

图 4-25 并流四效蒸发流程

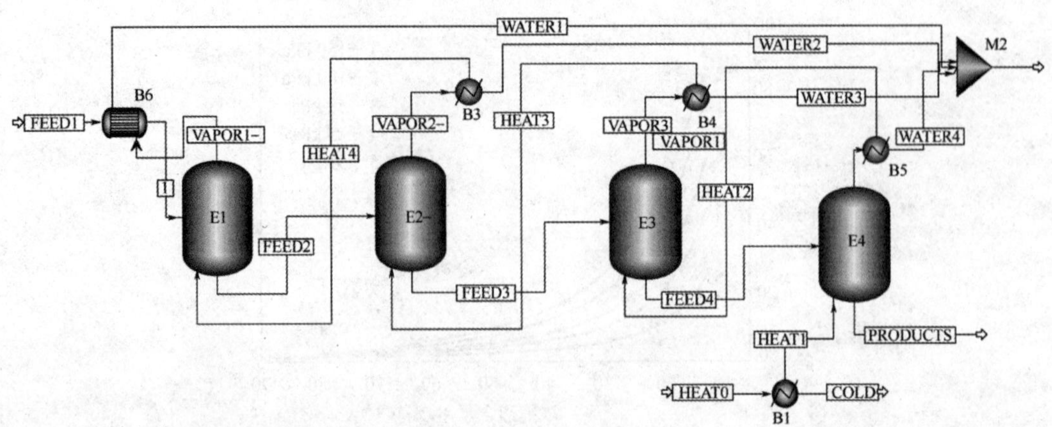

图 4-26　逆流四效蒸发流程

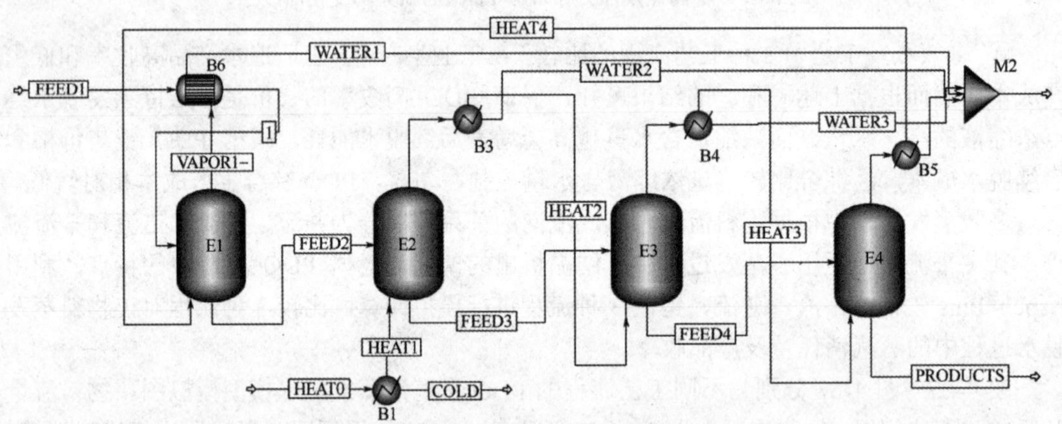

图 4-27　错流四效蒸发流程

表 4-24　四效蒸发器蒸发温度及各效物料流向

流程	蒸发器温度				各效蒸汽流向
	Ⅰ效温度/℃	Ⅱ效温度/℃	Ⅲ效温度/℃	Ⅳ效温度/℃	
并流	90	78	65	50	Ⅰ效→Ⅱ效→Ⅲ效→Ⅳ效
逆流	50	65	78	90	Ⅳ效→Ⅲ效→Ⅱ效→Ⅰ效
错流	50	90	78	65	Ⅱ效→Ⅲ效→Ⅳ效→Ⅰ效

利用 Aspen Plus 软件分别进行 3 种不同流程模拟计算，控制参数为蒸发脱水后浓缩产品的含水量为 30%，分别模拟计算出各效蒸发水量、各效二次蒸汽中 PDO 的质量流量、蒸发每吨水消耗蒸汽量及 PDO 总收率，计算结果如表 4-25 所示。

由表 4-25 可知，采用并流流程 PDO 收率最高，但蒸发每吨水消耗蒸汽量最多；采用逆流流程蒸发每吨水消耗蒸汽量最少，但 PDO 收率低；而错流蒸发脱水流程过程的 PDO 收率和蒸发每吨水消耗蒸汽量介于并流流程和逆流流程之间。

此外，表 4-25 还显示，PDO 损失主要发生在Ⅳ效，原因是Ⅳ效物料（PDO 浓缩液）中 PDO 浓度比前几效都高，根据气液平衡方程可知汽相（二次蒸汽）中 PDO 浓度也高，因此发生在第Ⅳ效的产品损失最高，占总损失率的 67.68%。

表 4-25 并流、逆流、错流流程模拟结果

流程	各效蒸发水量/（kg·h^{-1}）				各效二次蒸汽中 PDO 质量流量/（kg·h^{-1}）				PDO 总收率/%	蒸发 1t 水消耗蒸汽用量/t
	Ⅰ效	Ⅱ效	Ⅲ效	Ⅳ效	Ⅰ效	Ⅱ效	Ⅲ效	Ⅳ效		
并流	4760	5050	5271	5369	3.94	4.76	6.84	31.71	97.73	0.354
逆流	4849	5078	5456	5103	1.98	3.82	9.37	52.71	96.74	0.283
错流	5420	4823	5043	5155	2.29	5.88	8.53	36.46	97.45	0.317

（十一）精馏设备的计算

以浮阀精馏塔设计为例。

（1）设计条件。

拟建一浮阀塔用以分离乙醇和水混合物，并决定采用 F1 型浮阀（重阀），按以下条件做浮阀塔的设计计算。

蒸汽流量 $V_s=0.734\ m^3/s$

液体流量 $L_s=0.001\ m^3/s$

蒸汽密度 $\rho_V=1.32\ kg/m^3$

液体密度 $\rho_L=794\ kg/m^3$

平均操作压强 $p=1.013\times10^5$ Pa

酒精表面张力 $\sigma=22.27\times10^{-5}$ N/cm

（2）塔径估算。

取塔板间距 H=350 mm＝0.35 m，塔板上液层深度 h_L=50 mm=0.05 m，故分离空间为

$$H-h_L=0.35-0.05=0.30\ (m)$$

动能参数：

$$\left(\frac{L_S}{V_S}\right)\left(\frac{\rho_L}{\rho_V}\right)^{1/2}=\frac{0.001}{0.734}\times\left(\frac{794}{1.32}\right)^{1/2}=0.033$$

由图 4-28 查得负荷系数 C=0.062。由于图 4-28 是按液体表面张力 σ=20 mN/m 的物系绘出的，因此，C_{20}= 0.062 更确切。而对物系表面张力为其他值时，须按下式校正，即

$$C=C_{20}\left(\frac{\sigma}{20\times10^{-5}}\right)^{0.2}=0.062\left(\frac{22.27\times10^{-5}}{20\times10^{-5}}\right)^{0.2}=0.0633$$

最大允许空塔速度为

$$u_{max}=C\sqrt{\frac{\rho_L-\rho_V}{\rho_V}}=0.0633\sqrt{\frac{794-1.32}{1.32}}=1.55\ (m/s)$$

适宜空塔速度 u 一般为最大允许气速的 0.60～0.80 倍，取 $u=0.60u_{max}=0.60\times1.55=0.930$ m/s，则塔径

$$D_T=\sqrt{\frac{V_s}{0.785u}}=\sqrt{\frac{0.734}{0.785\times0.930}}\approx1.00\ (m)$$

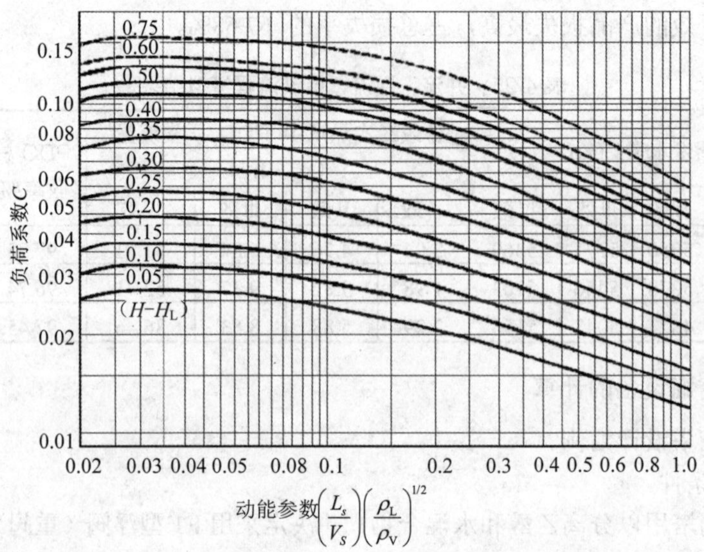

H—塔板间距；H_L—塔板上液层深度；L_s、V_s分别为液、气两相的负荷；

ρ_L、ρ_V分别为液、气密度；C—表面张力为20×10^{-3} N/m 物系的负荷系数

图 4-28　不同分离空间下动能参数与负荷系数之间的关系

塔板层数的计算可参阅张克昌《酒精工业手册》解析部分，即先用作图法标出理论塔板数，再除以塔板效率得实际塔板数。浮阀塔板效率为 60%。

实际生产中，酒精蒸馏塔的提馏段一般为 16～18 层塔板，精馏段为 32～36 层。现取塔板数 48 层，其中提馏段 16 层，精馏段 32 层。

（3）标准塔盘选择。

取动力因素 F_0=11，则

$$u_0=\frac{F_0}{\sqrt{\rho_V}}=\frac{11}{\sqrt{1.32}}=9.57\ (\text{m/s})$$

塔盘上的阀孔直径 d_0=0.039 m，故浮阀数为

$$N=\frac{4V_s}{\pi d_0^2 u_0}=\frac{4\times0.734}{\pi(0.039)^2\times9.57}=64.24\ (个)$$

表 4-26　浮阀塔盘标准（摘录）

塔径 D_T/mm	板间距 H_T/mm	弓形降液管堰长度 L_W/mm	塔盘上浮阀数（每行浮阀的中心距 t 为 75 mm，行间距 h，mm）			溢流堰高度 h_W/mm
			h=65	h=80	h=100	
600	300，350，450	406	28	22	17	30，40
		428	22	22	17	
		440	32	19	17	
700		466	34	29	26	
		500	33	26	26	
		525	29	26	22	

续表

塔径 D_T/mm	板间距 H_T/mm	弓形降液管堰长度 L_W/mm	塔盘上浮阀数（每行浮阀的中心距 t 为 75 mm，行间距 h，mm）			溢流堰高度 h_W/mm
			h=65	h=80	h=100	
800	300，350，450，600	529	46	28	28	25～50（可调）
		581	32	28	20	
		640	32	20	20	
1000		650	76	64	46	
		741	76	64	46	
		800	64	46	46	
1200	300，350，450，600，800	794	118	96	80	
		876	118	96	80	
		960	100	80	50	

表 4-27　选取的塔盘的工艺参数

项目	塔径 D_T/mm	板间距 H_T/mm	弓形降液管堰长度 L_W/mm	溢流堰高度 h_W/mm	浮阀数 N/个	浮阀排列方式	每行阀孔中心距 t/mm	行间距 h/mm
参数	1000	350	650	41*	64	等腰三角形	75	80

*h_W 在 25～50 mm 范围内，具体数值由计算得出。

按 N=64 查表 4-26，选取塔盘的主要参数列于表 4-27。

按所选浮阀个数，校核动能因数 F_0，即

$$u_0=\frac{4V_s}{\pi d_0^2 N}=\frac{4\times 0.734}{\pi(0.039)^2\times 64}=9.605\ (\text{m/s})$$

塔截面积与溢流装置计算如下。

① 塔截面积 A_T。

$$A_T=\frac{\pi}{4}D_T^2=\frac{\pi}{4}\times 1^2=0.785\ (\text{m}^2)$$

② 溢流管截面积 A_f 及溢流管宽度 W_d。

$$\frac{l_W}{D_T}=\frac{650}{1000}=0.65$$

其中，l_W 为弓形降液管堰长度。

由此值查图 4-29，得 A_f/A_T=0.066 及 W_d/D_T=0.114，故

$$A_f=0.066A_T=0.066\times 0.785=0.0518\ (\text{m}^2)$$

$$W_d=0.114D_T=0.114\times 1=0.114\ (\text{m})$$

③ 溢流堰高度 h_W(m)。

因为是一般物系，故取液流收缩系数 E 近似等于 1，则堰上液层高度为

$$h_{OW}=\frac{2.84}{1000}E\left(\frac{3600L_s}{l_W}\right)^{2/3}=0.00284\left(\frac{3600\times 0.001}{0.65}\right)^{2/3}=0.0089\ (\text{m})$$

$$h_W=h_L-h_{OW}=0.05-0.0089\approx 0.041\ (\text{m})$$

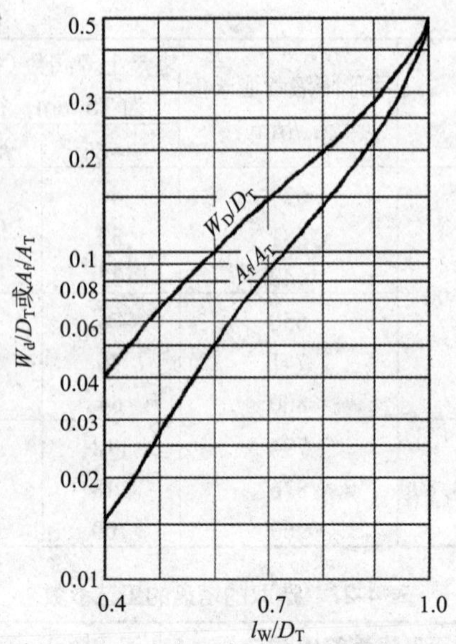

图 4-29　弓形溢流管的宽度和面积

④ 溢流管底与塔盘间距离 h_0。

取液封高度 $(h_W\text{-}h_0)$ 为 12 mm，故

$$h_0=h_W-12=0.041-0.012=0.029\ (\text{m})$$

校核降液出口速度 u'_D，即

$$u'_D=\frac{L_s}{l_W h_0}=\frac{0.001}{0.65\times 0.029}=0.0531\ (\text{m/s})$$

u'_D 之值低于 0.07 m/s，故认为合适。

⑤验算液体在降液管内的停留时间 θ 。

$$\theta=\frac{A_f H}{L_s}=\frac{0.0518\times 0.35}{0.001}=18.13\ (\text{s})$$

由以上计算认为溢流管尺寸合适。

（4）流体力学验算。

①单板流体阻力 h_p。

a. 浮阀由部分全开转变为全部全开时的临界速度为

$$u_\infty=\frac{10.5}{\rho_V^{1/1.825}}=\frac{10.5}{1.32^{1/1.825}}=9.018<9.605\ (\text{m/s})$$

此时浮阀板间的压强降为：$h_c=5.34\times\dfrac{u_\infty^2\rho_V}{2g\rho_L}=5.34\times\dfrac{9.605^2}{2\times 9.18}\times\dfrac{1.32}{794}=0.042\ (\text{m})$

b. 气体通过板上清液层的压强降为

$$h_1=\varepsilon_0 h_L$$

对于乙醇和水的物系，取 ε_0 为 0.5，故

$$h_1=0.5\times 0.05=0.025\ (\text{m})$$

c. 因为由表面张力引起的压强降 h_σ 值较小，一般略去不计，所以

$$h_p=h_c+h_l+h_\sigma=0.042+0.025=0.067\ (m)$$

即

$$h_p=0.067\times794\times9.18=521.9\ (Pa)$$

② 泄漏验算。

取动能因数的下限值，即取 $F_0=5$，算出相应的气相最小负荷 $V_{s,\min}$，即

$$u_{0,\min}=\frac{F_0}{\sqrt{\rho_V}}=\frac{5}{\sqrt{1.32}}=4.351\ (m/s)$$

故

$$V_{s,\min}=\frac{\pi}{4}d_0^2Nu_{0,\min}=\frac{\pi}{4}(0.039)^2\times64\times4.351=0.332<0.734\ (m^3/s)$$

所以不会泄漏。

③ 液泛的验算。

为避免液泛，溢流管内清液层高度 H_d 应小于 φ（H_T+h_w）。对一般液体取泡沫层相对于清液层的密度 φ 为 0.5，故

$$\varphi\ (H_T+h_W)=0.5\ (0.35+0.041)=0.196\ (m)$$

溢流管内清液层高度为

$$H_d=h_p+h_d+h_L+h_\Delta$$

式中 h_Δ——克服液面落差所需清液层的高度，其值较小，一般忽略不计；

h_d——克服液体在溢流管内流动阻力所需的液层高度，可按下式计算。

$$h_d=0.153\left(\frac{L_s}{l_Wh_0}\right)^2=0.153\left(\frac{0.001}{0.65\times0.029}\right)^2=0.000\,43\ (m)$$

故得

$$H_d=0.067+0.000\,43+0.05=0.117<0.196\ (m)$$

因此，不会液泛。

④ 雾沫夹带的验算。

对直径 $D_r>900$ mm 的塔，泛点＜80%时，雾沫夹带才能维持在允许范围之内。而

$$泛点=\frac{V_s\sqrt{\dfrac{\rho_V}{\rho_L-\rho_V}}+1.36Z_1L_s}{A_AC_{AF}}\times100\%$$

式中

$$Z_1=D_T-2W_d=1-2\times0.114=0.772\ (m)$$

$$A_A=A_T-2A_f=0.785-2\times0.0518=0.681\ (m^2)$$

$$C_{AF}=\beta C_{AFO}$$

其中 β 为系统因素，参考表 4-28，取 $\beta=1$；C_{AFO} 为泛点气相负荷系数，由 $\rho_V=1.32\ kg/m^3$ 和 $H_T=0.35$ m 查图 4-23，得 $C_{AFO}=0.09$，$C_{AF}=1\times0.09=0.09$，故

所以

$$泛点=\frac{0.734\sqrt{\dfrac{1.32}{794-1.32}}+1.36\times0.772\times0.001}{0.681\times0.09}\times100\%=50.7\%<80\%$$

因此，雾沫夹带在允许范围之内。

表 4-28　系统因素 β 值

	无泡沫正常系统	氟化物（如氟利昂）	中等泡沫系统	多泡沫系统	严重泡沫系统	稳定泡沫系统
系统因素 β	1.00	0.90	0.85	0.73	0.60	0.30

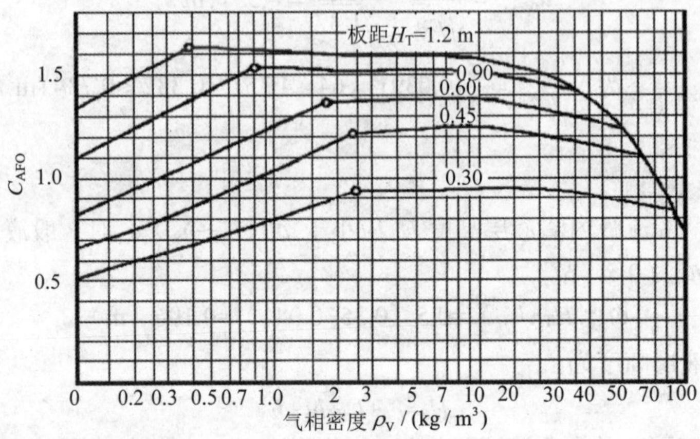

图 4-30　泛点负荷系数

应指出，在实际设计工作中，流体力学验算应按薄弱环节进行。例如，验算泄漏时，应对全段气相密度最小的截面进行验算；而验算雾沫夹带时，应对全段中气相密度最大的截面进行验算。

⑤ 操作弹性。

从雾沫夹带现象考虑气相负荷下限 $V_{s,\min}$ 并取泛点为 80%，即

$$80\% = \frac{V_s\sqrt{\dfrac{\rho_V}{\rho_L-\rho_V}}+1.36Z_1L_s}{A_A C_{AF}}\times 100\%$$

亦即

$$80\% = \frac{V_{s,\min}\sqrt{\dfrac{1.32}{794-1.32}}+1.36\times 0.772\times 0.001}{0.681\times 0.09}\times 100\%$$

解得

$$V_{s,\min}=1.176\ (\mathrm{m^3/s}) \tag{4-50}$$

从液泛角度考虑负荷上限 $V_{s,\max}$，即

$$H_{d,\max}=\varphi(H_T+h_W)=0.5(0.35+0.041)=0.196\ (\mathrm{m})$$

又因　$$H_{d,\max}=h_{p,\max}+h_d+h_L=0.196\ (\mathrm{m})$$

即　$$H_{p,\max}=0.196-0.00043-0.05=0.146\ (\mathrm{m})$$

而　$$H_{p,\max}=h_{c,\max}+h_\sigma+h_1\approx h_{c,\max}+h_1=0.146\ (\mathrm{m})$$

所以 $$H_{c,\max}=0.146-0.025=0.121\,(\mathrm{m})$$

根据 $$H_{c,\max}=5.34\times\frac{u_{0,\max}^{2}\rho_V}{2g\rho_L}=5.34\times\frac{u_{0,\max}^{2}}{2\times 9.81}\times\frac{1.32}{794}=0.121\,(\mathrm{m})$$

解得 $u_{0,\max}$=16.35（m/s）

故

$$V_{s,\max}=\frac{\pi}{4}(0.039)^2\times 16.35\times 64=1.25\,(\mathrm{m^3/s}) \tag{4-51}$$

比较式（4-50）和式（4-51）之值，从安全考虑，取 $V_{s,\max}$=1.176 m³/s，因此，其弹性为

$$\frac{V_{s,\max}}{V_{s,\max}}=\frac{1.176}{0.332}=3.542$$

（5）负荷性能图。

① 雾沫夹带上限线。

取泛点为 80%，故

$$80\%=\frac{V_s\sqrt{\dfrac{\rho_V}{\rho_L-\rho_V}}+1.36Z_1L_s}{A_A C_{AF}}\times 100\%$$

$$80\%=\frac{V_s\sqrt{\dfrac{1.32}{794-1.32}}+1.36\times 0.772L_s}{0.681\times 0.09}\times 100\%$$

整理得 $$V_s=-25.733L_s+1.202$$

在图 4-31 中标绘上式，即得雾沫夹带上限线 1。

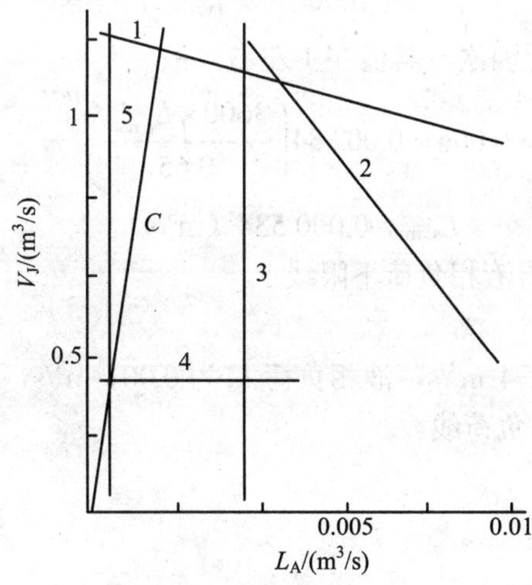

图 4-31 性能负荷图

1—雾沫夹带上限线；2—液泛线；3—液相负荷上限线；4—气相负荷下限线；5—液相负荷下限线；C—操作负荷线

② 液泛线。

液泛线关系式为

$$\frac{191\times10^3}{N^2}\frac{\rho_V}{\rho_L}V_s^2+\frac{0.153}{(l_W h_0)^2}L_s^2+\frac{0.667(1+\varepsilon_0)E}{l_W^{0.667}}L_s^{2/3}+(1+\varepsilon_0)h_W=\varphi(H_T+h_W)$$

或
$$\frac{191\times10^3}{64^2}\frac{1.32}{794}V_s^2+\frac{0.153}{(0.65\times0.029)^2}L_s^2+\frac{0.667(1+0.5)}{0.65^{0.667}}L_s^{2/3}+(1+0.5)\times0.041=0.196$$

整理得 $V_s^2+5556.06L_s^2+17.212L_s^{2/3}=1.841$

于图 4-31 中标绘上式，即得液泛线 2。

③ 液相负荷上限线。

θ 极限值为 5 s，则

$$L_{s,\max}=\frac{A_f H_T}{\theta}$$

所以 $L_{s,\max}=\dfrac{0.0518\times0.35}{5}=0.003\,63\ (m^2/s)$

在图 4-31 中标绘上式，即得液相负荷上限线 3。

④ 气相负荷下限线。

由泄漏验算得

$$V_{s,\min}=0.332\ (m^3/s)$$

在图 4-31 中标绘上式，即得气相负荷下限线 4。

⑤ 液相负荷下限线。

取堰上液层高度 h_{CW} 为 6 mm，则

$$h_{CW}=\frac{2.84}{1000}E\left(\frac{3600L_s}{l_W}\right)^{0.677}$$

式中 E 为液流收缩系数，无因次，其值在 1 左右，故

$$0.006=0.002\,84\left(\frac{3600\times L_{s,\min}}{0.65}\right)^{0.677}$$

解得
$$L_{s,\min}=0.000\,534\ (m^3/s)$$

在图 4-31 中标绘上式得液相负荷下限线 5。

⑥ 操作负荷线。

依据气相负荷 V_s 为 0.734 m^3/s，液相负荷 L_s 为 0.001 m^3/s，在图 4-31 中标出点 C，连接点 C 与原点 0，即为操作负荷线。

（5）计算结果。

计算结果列于表 4-29。

表 4-29　浮阀塔设计计算结果

项　目	数　值	项　目	数　值
塔径 D_T/m	1.0	溢流型式	弓形单溢流
板间距 H_T/m	0.35	溢流堰长度 lw/m	0.65

续表

项 目	数 值	项 目	数 值
溢流堰高度 hw/m	0.041	阀孔中心距 t/m	0.075
板上清液层高度 h_L/m	0.05	行间距 h/m	0.080
降液管底与塔盘间距离 h_0/m	0.029	液体在降液管中的停留时间 θ/s	18.13
浮阀数 N（个）	64	降液管中当量清液层高度 H_d/m	0.117
阀孔速度 u_0/m/s	9.605	泛点/%	50.7
阀孔动能因素 F_0	11.035	操作弹性	3.539

（十二）结晶设备的计算

1. 分级悬浮床结晶器的设计示例

（1）设计条件。

设计一台分级悬浮床结晶器，要求每小时生产粒度 L_p 为 1 mm 硫酸钾结晶 1000 kg。操作温度为 20℃。悬浮床中最小晶体的粒度 L_0 可取 0.3 mm，此粒度的硫酸钾晶粒的自由沉降速度约为 4 cm/s。晶核粒度 L_n 可取 0.1 mm。其他数据如下。

晶体的生长总系数 $k_G=0.75 \cdot \Delta C^{l}$，其中指数 $l=2$；

质量成核速率系数 $k_n=2\times10^8 \cdot \Delta C^{n}$，其中指数 $n=8.3$；

晶体密度 ρ=2660 kg/m³；

溶液密度 ρ_l=1082 kg/m³；

溶解度 C^*=0.1117 kg K_2SO_4/kg H_2O。

（2）设计计算。

分级悬浮床结晶器结构见第三章表 3-1 中 OSLO 型结晶器和 DTB 型结晶器。

① 工作过饱和度计算。工作过饱和度 ΔC（即溶液从床底进入悬浮床的过饱和度）可由最大许用过饱和度 ΔC_{max} 估算求得。最大过饱和度是与产品产量 P、产品粒度、晶核粒度等有关的量，可由下式求得：

$$\Delta C_{max}=\left[\frac{P}{k_n(L_p/L_n)^3}\right]^{1/n}=\left[\frac{1000}{2\times10^8\times(1/0.1)^3}\right]^{1/8.3}=0.037\ (\text{kg } K_2SO_4/\text{kg } H_2O)$$

实际选用的过饱和度水平，在分级结晶器中，远比此极限为低。可取工作过饱和度为最大许用过饱和度的 30%，即

$$\Delta C=30\%\Delta C_{max}=0.01\ (\text{kg } K_2SO_4/\text{kg } H_2O)$$

② 溶液的循环量 Q_c 为

$$Q_c=P/\varphi\Delta C$$

式中 φ 为过饱和的解除程度。对于分级悬浮床结晶器，当过饱和溶液从床底流至床顶，过饱和度全部被解除，即此时 $\varphi=1$，则

$$Q_c=P/\varphi\Delta C=1000/1\times0.01=10^5\ (\text{kg 溶剂/h})$$

可得 $$Q_c=10^5（1+0.1117）=1.117\times10^5\ (\text{kg 溶液/h})$$

亦即 $$Q_c=1.117\times10^5/1082=10^3\ (\text{m}^3\text{ 溶剂/h})$$

③ 器内晶体最大线生长速率 G_p 为

$$G_{\mathrm{p}}=\frac{\beta}{3\alpha\rho}k_{\mathrm{G}}\Delta G^{l}$$

式中 α、β 分别反映了晶体的表面和体积形状的系数。设其结晶为球形，α/β=1/6，则

$$G_{\mathrm{p}}=\frac{\beta}{3\alpha\rho}k_{\mathrm{G}}\Delta G^{l}=\frac{6}{3\times 2660}\times 0.75\times(0.01)^{2}=5.6\times 10^{-8}\,(\mathrm{m/s})$$

在本题所给的条件下，C=0.1117+0.01=0.1217，C^*=0.1117，则过饱和度比 $S=C/C^*$=0.1217/0.1117 =1.09，由 S 从文献［64］所查得的 G_{p} 值与上述计算结果一致。

④ 产品晶体生长时间 τ。按 Mullin 所提出的如下公式求不同过饱和度解除程度 φ 时的晶体生长时间（见文献[64]）。

当 φ=1 时

$$\tau=\frac{L_p}{(3l-1)G_{\mathrm{p}}}\left[\left(\frac{L_{\mathrm{p}}}{L_0}\right)^{3l-1}-1\right]=\frac{1/1000}{5\times 5.6\times 10^{-8}\times 3600}\times\left[\left(\frac{1}{0.3}\right)^{5}-1\right]=403\,(\mathrm{h})$$

（当 φ=0.9 时，$\tau=50.7L_{\mathrm{p}}/G_{\mathrm{p}}$；φ=0.5 时，$\tau=2.89L_{\mathrm{p}}/G_{\mathrm{p}}$；φ=0.1 时，$\tau=(L_{\mathrm{p}}-L_0)/G_{\mathrm{p}}$。相关计算结果见表 4-30）。

⑤ 悬浮床中晶体质量 M。悬浮床中晶体质量与 τ、L_0、L_{p} 及 P 等因素有关：

$$M=\frac{P\tau}{4L_{\mathrm{p}}^{3}}\left(\frac{L_{\mathrm{p}}^{4}-L_{0}^{4}}{L_{\mathrm{p}}-L_{0}}\right)=\frac{1000\times 403}{4\times(1/1000)^{3}}\times\left(\frac{1^{4}-0.3^{4}}{1-0.3}\right)\times\frac{1000}{1000^{4}}=143\,000\,(\mathrm{kg})$$

⑥ 悬浮床体积 V_{s}。悬浮床的体积与空隙率 ε 满足如下关系：

$$\varepsilon=1-\frac{M}{\rho V_{\mathrm{s}}}$$

选取悬浮床的空隙率 ε=0.85，由上式可得

$$\varepsilon=1-\frac{M}{\rho V_{\mathrm{s}}}=\frac{143\,000}{(1-0.85)\times 2660}=358\,(\mathrm{m^{3}})$$

⑦ 结晶器身的截面积 A_ε。结晶器身的截面积 A_ε 与溶液的循环速度 Q_{c} 成正比，与溶液向上的流速 u 成反比，其中溶液向上的流速可取悬浮床中实际留存而不被带出的最小晶体的自由沉降速度值，即 u=4 cm/s，则

$$A_{\varepsilon}=\frac{Q_{\mathrm{c}}}{u}=\frac{103}{(4/100)\times 3600}=0.72\,(\mathrm{m^{2}})$$

如果精确计算，则要扣除中央进料管所占截面积，即选取 1～1.5 m/s 的管内流速，计算管截面后扣除。

⑧ 结晶器直径 D 为

$$D=\sqrt{\frac{4A_{\varepsilon}}{\pi}}=\sqrt{\frac{4\times 0.72}{\pi}}=0.96\,(\mathrm{m})$$

⑨ 悬浮床高度 H 为

H=悬浮床体积 V_{s}/结晶器的截面积 A_ε=358/0.72=497 (m)

故 H/D=518，此值显然是不合理的。

⑩ 分离强度 S.L 为

$$S.L=PL_p/V_s=1000\times1/358=2.8$$

取不同φ值，根据上述方法分别进行计算，所得结果如表 4-30 所示。

表 4-30　计算结果汇总表

设 计 项 目	过饱和度解除程度φ			
	1	0.9	0.5	0.1
晶体的最大线生长速度 G_p/（$\times10^{-8}$m/s）	5.6	5.6	5.6	5.6
溶液向上流速 u/（m/h）	144	144	144	144
溶液循环量 Q_c/（m^3/h）	103	114	206	1030
产品晶体的生长时间 τ /h	403	252	14.4	3.5
悬浮床中的晶体质量 M/kg	143 000	89 500	5100	12 400
悬浮床体积 V_s/m^3	358	224	12.8	3.1
结晶器身的截面积 A_g/m^2	0.72	0.79	1.43	7.2
悬浮床高度 H/m	497	284	9.0	0.43
结晶器直径 D/m	0.96	1.0	1.35	3.03
H/D	518	284	6.7	0.14
分离强度 S.L	2.8	4.5	78	320
是否合理	否	否	是	否

根据φ=0.5 时得出的各项数据，可选择如第三章表 3-1 中的 DTB 型结晶器和 OSLO 型结晶器。

（3）计算结果讨论。

分级悬浮床结晶器又称流化床、移动床或分级型结晶器，著名的 OSLO（Krystal）结晶器就属于这种类型。这类结晶器设计所需要的某些参数的精确测定是比较困难的，因此需要取用经验数据，或做出某些假设。有了可靠的设计参数数据，设计计算本身并不难。

① 就分级悬浮床结晶而言，对于具有中等生长速率的结晶过程（l=2），在结晶器中使用较低的过饱和解除度是比较合适的。当 V_s=12.8，φ=0.5 时，H/D=6.7 的值偏高一些。若要使 H/D=2，则悬浮床体积需要在 6 m^3 左右，而过饱和解除程度约为 30%。

② 分级悬浮床结晶器的床高与过饱和解除度φ、所期望的产品晶体粒度 L_p 和留存在床层中的最小晶体的粒度之差 L_p-L_0 有关，而与操作过饱和度、生产速率无关。其φ和 L_p-L_0 值越大，H 也越大。通常为了节省材料，取 H/D 为 1～2。

③ 分离强度 S.L 可有助于估计生产速率或悬浮床体积，通常 S.L 在 50～300（kg/m^3·h）之间。在许多分级悬浮床结晶器中，产品晶体的生长时间 τ 约为 5～15 h，故取 τ＝8 h 作为初步计算之用是合理的。

④ 过饱和解除度的选择对结晶器的尺寸影响较大。

2. 分批结晶器的设计示例

（1）设计条件。

设计一台硫酸铵结晶器，要求 90%以上的产品大于 100 目，产量为 5000 kg/h。已知母液的排出量为进料量的 10%（重量），进料温度为 109℃，母液密度为 1156.3 kg/m^3，母液温度为 54.4℃，沸点升高值为 13.3℃，结晶热为 232 kJ/kg，晶体悬浮密度为 165.8 kg/m^3，通过试验已测得晶体的线生长速率为 0.056 mm/h。

（2）类型选择。

查得硫酸铵在水中的溶解度，109℃时为 36%，54℃时为 32.6%，溶解度随着温度的变化率 dc*/dt 较小，故采用分批蒸发结晶。估计热负荷很高，为了减少换热面积和便于检修，采用强制外循环分批蒸发结晶器。

（3）设计计算。

① 有关温度的选择。加热蒸汽温度为 100℃，母液温度为 54.4℃；沸点升高 13.3℃，故二次蒸汽温度为 54.4−13.3=41.1 (℃)。

冷却水进口温度为 30℃，冷却水温升 7.8℃，则冷却水出口温度为 30+7.8=37.8 (℃)。

由上述数据可查得：二次蒸汽潜热为 239 kJ/kg；二次蒸汽的比容为 18.44 m^3/kg。

② 物料衡算（以 100 kg 进料为基准）。

进料量：(100/32.74) ×5000＝152 700 (kg/h)

水蒸发量：(57.26/100) ×15 270=8744 (kg/h)

排料：(10/100) ×15 270＝1527 (kg/h)

③ 热衡算（以一小时为计算基准）。假定加热蒸汽的冷凝潜热等于二次蒸汽的汽化热，且忽略循环泵的能量输入，已查得溶液的比热为 0.62。

进料放出的显热：

$$15270\times(109-54.4)\times0.62\times4.18=2\,160\,726\ (\text{kJ})$$

释放的结晶热：

$$5000\times232=1\,160\,000\ (\text{kJ})$$

所需要的蒸发热：

$$8744\times2394=20\,933\,136\ (\text{kJ})$$

④ 结晶器的有效体积 V。结晶器的有效体积 V 应根据平均停留时间、晶浆密度计算求得。晶体大小的累积质量分布可用下式表示为

$$M(x)=1-\mathrm{e}^{-x}(1+x+x^2/2+x^3/6)$$

其中，x 称为相对粒度，它与晶体粒度 L、晶体的线生长速率 G 和晶体在结晶器的平均停留时间 τ 有关，即

$$x=L/(G\tau)$$

M（x）为在粒度为 0 至 L 的晶体重量占溶液中的晶体总量的分数。通过 100 目筛的晶体的最大粒度为 L =0.147 mm。要求所得的产品 90%以上的晶体大于 100 目，即：

$$M(x)=1-90\%=10\%$$

将 M（x）、L、G 代入晶体大小的累积质量分布表达式，就可以得到关于 τ 的方程，解这个方程得

$$\tau=1.5\ \text{h}$$

解上述关于 τ 的方程可以用试差法、作图法，也可以用计算机求解。对于间歇操作的分批结晶器，还应考虑装料和排料的时间，所以 τ 值应适当增大，取 2 小时。

结晶器的有效体积为

$$V=(5000/165.8)\times 2=60.3\ (\mathrm{m^3})$$

⑤ 结晶器的尺寸。器内的蒸汽上升速度 u_v 要求能保持较低，以使上升蒸汽泡不致夹带过量的雾滴。一般可用下式估算：

$$u_{\rm v}=K_{\rm v}\left[\frac{\rho_{\rm l}-\rho_{\rm v}}{\rho_{\rm v}}\right]^{0.5}$$

式中　ρ_l、ρ_v——分别为母液、蒸汽的密度；

K_v——雾沫夹带因子，对于水溶液，可以接受的最大值 $(K_v)_{max}$=0.017（m/s）。

ρ_v=1/18.44 =0.0542（kg/m³）

u_v=0.17×[（1156.3-0.0542）/0.0542]$^{0.5}$=2.48（m/s）

结晶器的最小直径为

$$D=\left[\frac{4}{\pi}\cdot\frac{V_v}{u_v}\right]^{0.5}=\left[\frac{4}{\pi}\cdot\frac{8744\times 18.44}{3600\times 2.48}\right]^{0.5}=4.8\ (\mathrm{m})$$

式中 V_v——二次蒸汽的体积速率，m³/h。

器内液层深度为

$$60.3/\left(\frac{\pi}{4}\times 4.8^2\right)=3.3\ (\mathrm{m})$$

上述设计计算结果如图 4-32 所示。换热器的有关计算参见本节（九）。

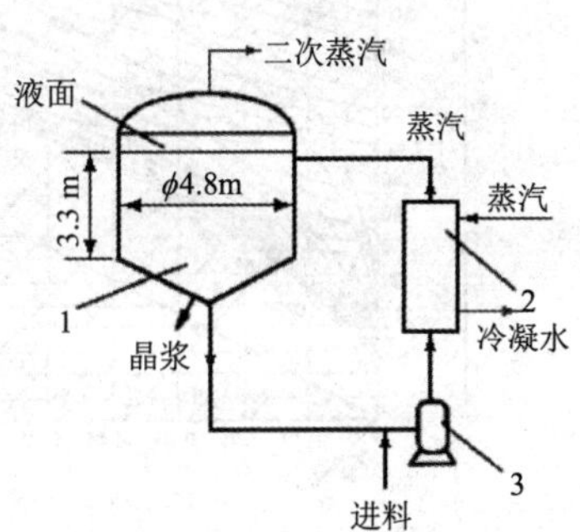

图 4-32　分批结晶器简图

1—结晶器；2—换热器；3—循环泵

（4）讨论。

在中小规模的工业结晶过程中广泛采用分批操作，它与连续操作比较，操作较为简单，特别是对晶体生长速度较慢的情况，分批操作相对较易控制。分批操作对产量的下限没有限制，具有操作弹性大等优点。因此分批结晶器在结晶设备中占有较重要的位置。

（十三）干燥设备的计算

1. 气流干燥器设计示例

（1）设计条件。

① 生产能力　干燥器每小时干燥湿物料 G_1=180 kg。

② 空气状况　进预热器温度 t_0=15℃，湿度 H_0=0.0075 kg 水/kg 绝干气；

离开预热器温度 t_1=90℃；

离开干燥器温度 t_2=65℃。

③ 物料状况　物料初湿含量 X_1= 0.2 kg 水/kg；

物料终湿含量 X_2=0.02 kg 水/kg；

物料进干燥器时温度 θ_1＝15℃；

物料出干燥器时温度 θ_2=50℃；

物料密度 ρ_s ＝1544 kg/m^3；

绝干物料比热 C_s=1.26 kJ/（kg·℃）；

颗粒平均直径 d_p=0.23 mm。

④ 干燥器的热损失　　可取有效传热量的 10%。

（2）设计计算。

① 水分蒸发量 W。

物料干燥速度：$G_C = \dfrac{G_1}{1+X_1} = \dfrac{180}{1+0.2} = 150\ (\text{kg/h}) = 0.0417\ (\text{kg/s})$

故　$W=G_C(X_1-X_2)=0.0417\,(0.2-0.002)$ ＝0.00825 (kg/s)

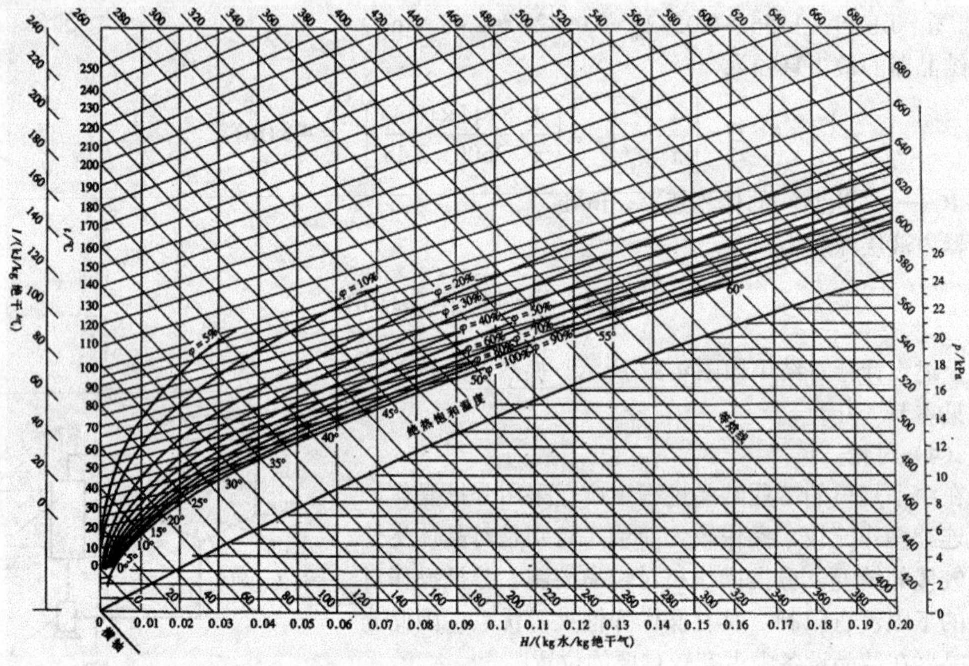

图 4-33　湿空气的 H-I 图

② 空气消耗量 L。

气流干燥管中不补充热，即干燥所需热量全部由预热器供给。干燥管中热量衡算式为

$$L\,(I_1-I_0)=C_gL\,(t_2-t_0)+W\,(r_0+C_Vt_2)+G_CC_{m2}\,(\theta_2-\theta_1)+Q_L$$

式中 C_g 为绝干空气比热容 C_g=1.01kJ/（kg·℃）；r_0 为 0℃水的汽化潜热，r_0=2490kJ/kg；C_V 为水汽的比热容，C_V=1.88kJ/（kg·℃）；Q_L 为干燥管的散失热量，这里忽略不计。

由 t_1＝90℃、$H_1=H_0$=0.0075 kg 水/kg 绝干气，查 H-I 图（图 4-33）得 I_1=110 kJ/kg 绝干气；由 t_0＝15℃、H_0=0.0075 kg 水/kg 绝干气，查 H-I 图得 I_0=34 kg/kg 绝干气。而物料离开干燥器时的比热为

$$C_{m2}=C_s+C_VX_2=1.26+1.88\times0.02=1.30\ \text{kJ/(kg·℃)}$$

所以 $L\,(110-34)=1.01L\,(65-15)+0.00825\,(2490+1.88\times65)+0.0417\times1.30\,(50-15)$

解得 L＝0.93（kg 绝干气/s）

空气离开干燥器的湿度 H_2 可由物料衡算求得，即

$$L = W/(H_2 - H_0)$$

解得 $H_2 = W/L + H_0 = 0.00825/0.93 + 0.0075 = 0.01637$（kg 水/kg 绝干气）

③ 干燥器（管）直径 D。

采用等直径干燥管，根据经验干燥管入口的空气速度 u_g 为 10 m/s。干燥管直径可用下式计算，即

$$D = \sqrt{\frac{4Lv_H}{\pi u_g}}$$

式中 v_H 为湿空气的比容，指 1 kg 干空气和其所带有的水蒸汽所占有的容积(m^3/kg 绝干气)；0 度（273K）、压强为 1atm 时，空气密度：273×29×p/（22.4*T）= 0.772（kg/m^3）

v_H =（0.772+1.244×H_0）[（t_0+t_1）/t_0]=（0.772+1.244×0.0075）[（273+90）/273]=1.04（m^3/kg 绝干气）

所以

$$D = \sqrt{\frac{4 \times 0.93 \times 1.04}{\pi \times 10}} = 0.36\text{（m）}$$

④ 干燥管高度 Z。

干燥管高度由下式计算，即

$$Z = \tau（u_g - u_0）$$

下面分别求出等号右边的三个参数。

a. u_0——沉降速度，m/s，可用试差法求得。

设 Re_s 为 1～1000，即属于过渡流区，则

$$u_0 = \left[\frac{4(\rho_s - \rho) g d_p^{1.6}}{55.5 \rho v_g^{0.6}}\right]^{1/1.4}$$

空气的物性按绝干空气在平均温度 t_m=（90＋65）/2=77.5（℃）下查取，即得

$$\lambda_g = 3.024 \times 10^{-5}\ \text{kW/（m·℃）}$$

$$v_g = 2.082 \times 10^{-5}\ m^2/s$$

$$\rho_g = 1.0\ kg/m^3$$

故

$$u_0 = \left[\frac{4 \times 1544(0.23 \times 10^{-3})^{1.6} \times 9.81}{55.5 \times 1.0(2.082 \times 10^{-5})^{0.6}}\right]^{1/1.4} = 1.04\ \text{(m/s)}$$

校核

$$Re_s = \frac{d_p u_0}{v_g} = \frac{0.23 \times 10^{-3} \times 1.04}{2.082 \times 10^{-5}} = 11.5$$

可知所设 Re_s 的范围正确。u_0=1.04 m/s 即为所求。

b. u_g——空气速度，m/s，应为平均温度下的速度，即

u_g=10× (273+77.5)/(273+90) = 9.65 (m/s)

c. τ——停留时间，s。物料在此时间内应完成热量传递。故 $\tau = Q/（\alpha S_s \Delta t_m）$，其中，每秒进料具有的总表面积为

$$S_s = \frac{6G_C}{d_p\rho_s} = \frac{6\times0.0417}{(0.23\times10^{-3})\times1544} = 0.71\,(\text{m}^2/\text{s})$$

而
$$\Delta t_m = \frac{(t_1-\theta_1)-(t_2-\theta_2)}{\ln\dfrac{t_1-\theta_1}{t_2-\theta_2}} = \frac{(90-15)-(65-50)}{\ln\dfrac{90-15}{65-50}} = 37.28（℃）$$

又
$$\alpha = (2+0.54Re_s^{0.5})\frac{\lambda_g}{d_p} = (2+0.54\times11.5^{0.5})\times\frac{3.024\times10^{-5}}{0.23\times10^{-3}} = 0.50\,[\text{kW/（m·℃）}]$$

且
$$\begin{aligned}Q &= Wr_{1w} + G_C C_{m1}(t_w-\theta_1) + G_C C_{m2}(\theta_2-t_w)\\ &= Wr_{1w} + G_C(C_s + C_w X_1)(t_w-\theta_1) + G_C C_{m2}(\theta_2-t_w)\\ &= 0.00825\times2419 + 0.0417(1.26+4.187\times0.2)\times(32-15) + 0.0417\times1.27(50-32)\\ &= 22.4(\text{kW})\end{aligned}$$

所以　τ=22.4/(0.5×0.71×37.28) =1.7 (s)

干燥管高度为　Z=1.7 (9.65−1.04) =14.6 (m)。

2. 用 Aspen Plus 流程模拟对盘式干燥器的三种工艺进行比较

Aspen Plus 流程模拟软件使模拟人员能够大胆探究、分析和优化不同工艺和方案，既节省了时间，也节省了大量设备费用和操作费用。其主要方法是根据工程中的生产数据，用数学模型描述多个操作单元，连接成整个化工流程，进而模拟实际生产过程。下面对盘式干燥器的三种工艺进行比较。

（1）改造后 MVR 干燥工艺（简称工艺一）。

改造后的工艺流程如图 4-34 所示，湿物料从盘式干燥器顶部加入，通过加热盘加热，产生含有少量粉尘颗粒、不凝气等杂质的废热蒸汽。废热蒸汽经过洗涤，压缩，除过热后通入干燥器上层加热盘，加热物料。需要补充部分生蒸汽，从下层盘通入。具体过程介绍如下。

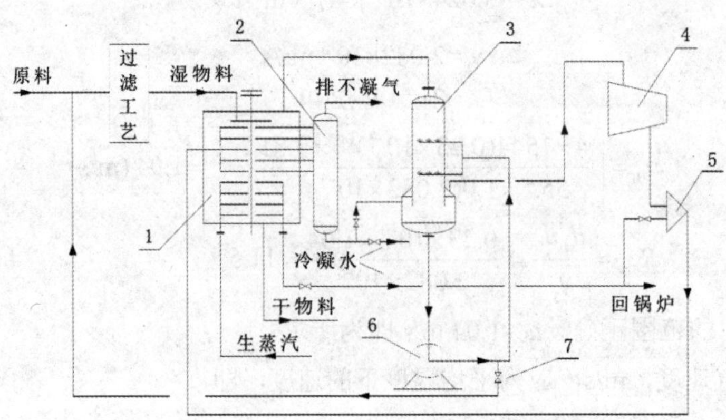

图 4-34　带 MVR 的盘式干燥器干燥工艺流程图

1—盘式干燥器；2—气液分离器；3—洗涤塔；4—压缩机；
5—除过热器；6—循环泵；7—洗涤水排放阀门

干燥过程中，加料和出料采用密封性强的结构。恒速干燥温度为自由水对应的沸点温度，降速干燥阶段温度升高。由于废热蒸汽温度较低，用袋式除尘器容易糊袋，所以采用湿法除尘。干燥器加热室产生的部分高温高压冷凝水进入洗涤塔，经循环泵喷淋洗涤清除废热蒸汽中的粉尘。加湿后的饱和蒸汽通入盘式干燥器上部加热盘冷凝。罗茨压缩机为正位移压缩机，排气量恒定，不凝气含量随着冷凝过程积累，压力升高。压力升高到一定值后，排气阀打开，将不凝气排出。物料到达下层加热盘时，进入降速干燥阶段，水分转移阻力增大，物料温度升高，所以用高温高压的生蒸汽加热。

如图 4-35 所示，采用 Aspen Plus 换热器模型（HeatX）与分离器单元 Flash2 模型组合模拟干燥过程，换热器模型能够计算出蒸汽（物流 HOT）全部或部分冷凝释放出的热量。热量传递到 Flash2 模块中，为湿物料干燥提供能量。湿物料（物流 WETSOLID）被加热后分为含有少量水分的干物料（物流 DRYSOLID）和废热蒸汽（物流 EXHAUST）两股物料。用混合器（MIXER）和压缩机（选罗茨压缩机）单元建立压缩机模型，低压废热蒸汽（物流 FLA-VAP）经过压缩机模块压缩为高温高压的过热蒸汽（物流 COM-VAP）。再用物流 WATER 向混合器内喷水，使过热蒸汽变为饱和蒸汽 MIX-VAP。以混合器（MIXER）和压缩机模块（COMPRESS）为整体，用平衡模块进行平衡计算，模拟时该模型会自动计算出除过热所需的喷水量。

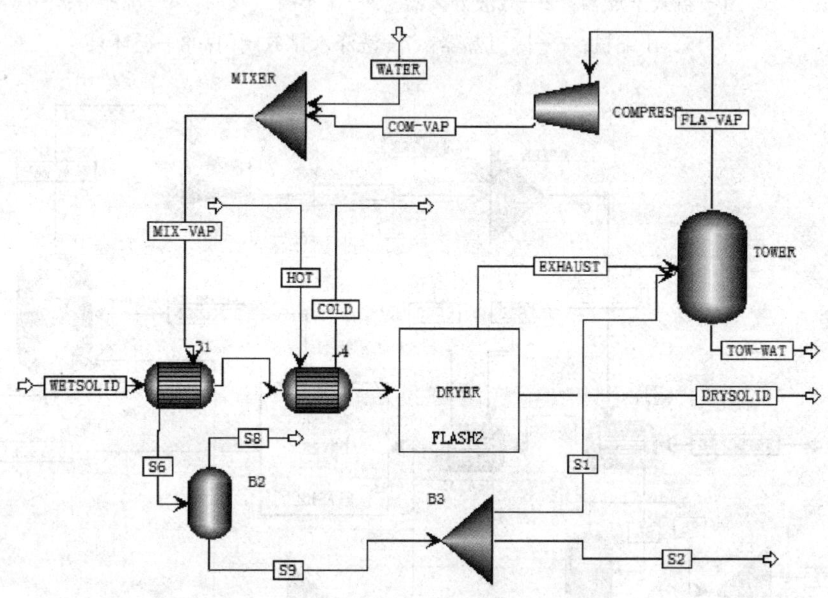

图 4-35 传导式热泵干燥模拟流程图

（2）不凝气循环利用的 MVR 干燥工艺（工艺二）。

不凝气循环利用的 MVR 干燥工艺流程如图 4-36 所示，模拟流程如图 4-37 所示。

（3）带蒸发器的 MVR 干燥工艺（工艺三）。

图 4-38 为带蒸发器的 MVR 干燥工艺流程图。带蒸发器的目的是利用干燥器干燥室产生的废热蒸汽加热干燥器产生的冷凝水。干燥室排出的高温高压冷凝水进入闪蒸罐闪蒸，闪蒸出部分低压蒸汽，闪蒸出的低压低温冷凝水通过循环泵进入蒸发器蒸发室。废热蒸汽

经洗涤后进入降膜蒸发器加热室冷凝放热。蒸发出的低压蒸汽进入压缩机压缩，升温升压后除过热，通入干燥器加热室冷凝放热。

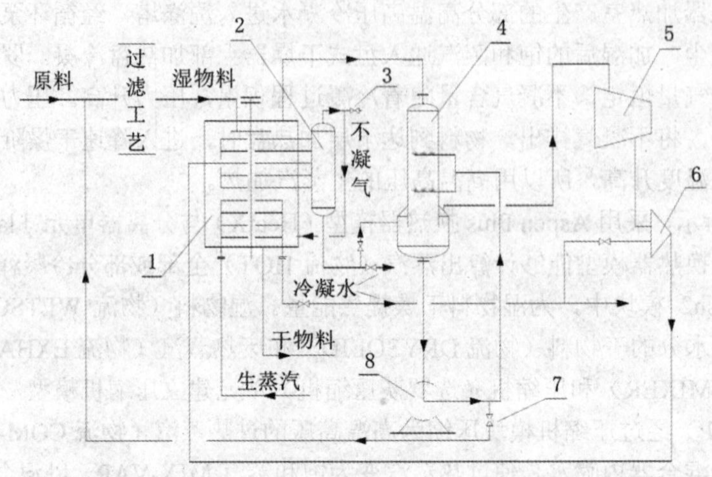

图 4-36 不凝气循环利用的 MVR 干燥工艺流程图

1—盘式干燥器；2—气液分离器；3—排不凝气阀门；4—洗涤塔；
5—压缩机；6—除过热器；7—洗涤水排放阀门；8—循环泵

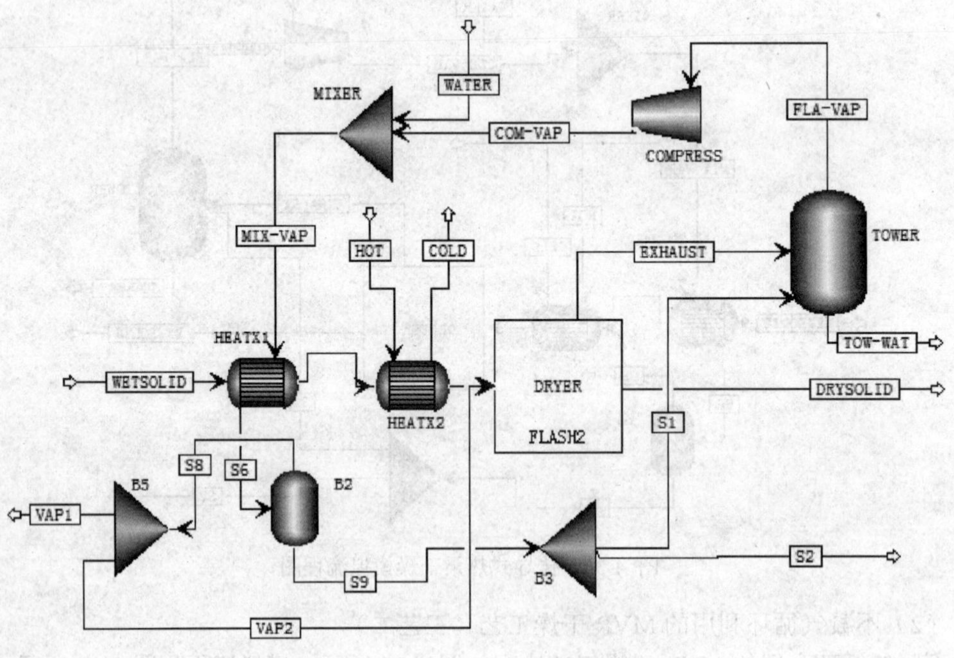

图 4-37 不凝气循环利用的 MVR 干燥模拟流程图

该工艺的主要优点是干燥器产生的废热蒸汽不进入压缩机，废热蒸汽中的粉尘颗粒对压缩机没有危害。

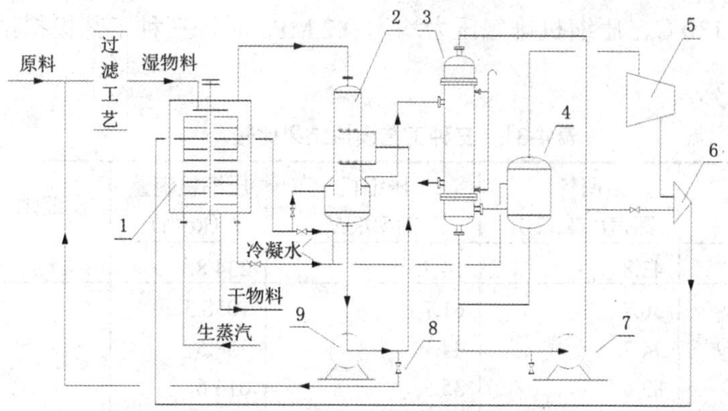

图 4-38 带蒸发器的 MVR 干燥工艺流程图

1—盘式干燥器；2—洗涤塔；3—蒸发器；4—分离室；5—压缩机；

6—除过热器；7—循环泵；8—洗涤水提成放阀门；9—循环泵

图 4-39 为带蒸发器的 MVR 干燥模拟流程图。该流程图在工艺一模拟流程图的基础上，添加了蒸发器模块，蒸发器模块由换热器模块 B1 和闪蒸器模块组成。由于图 4-38 中的分离室既对蒸发器物料与蒸汽有分离作用，又起到闪蒸高温高压冷凝水作用，所以模拟流程中采用两个闪蒸模块（B2 和 B3）模拟分离室。

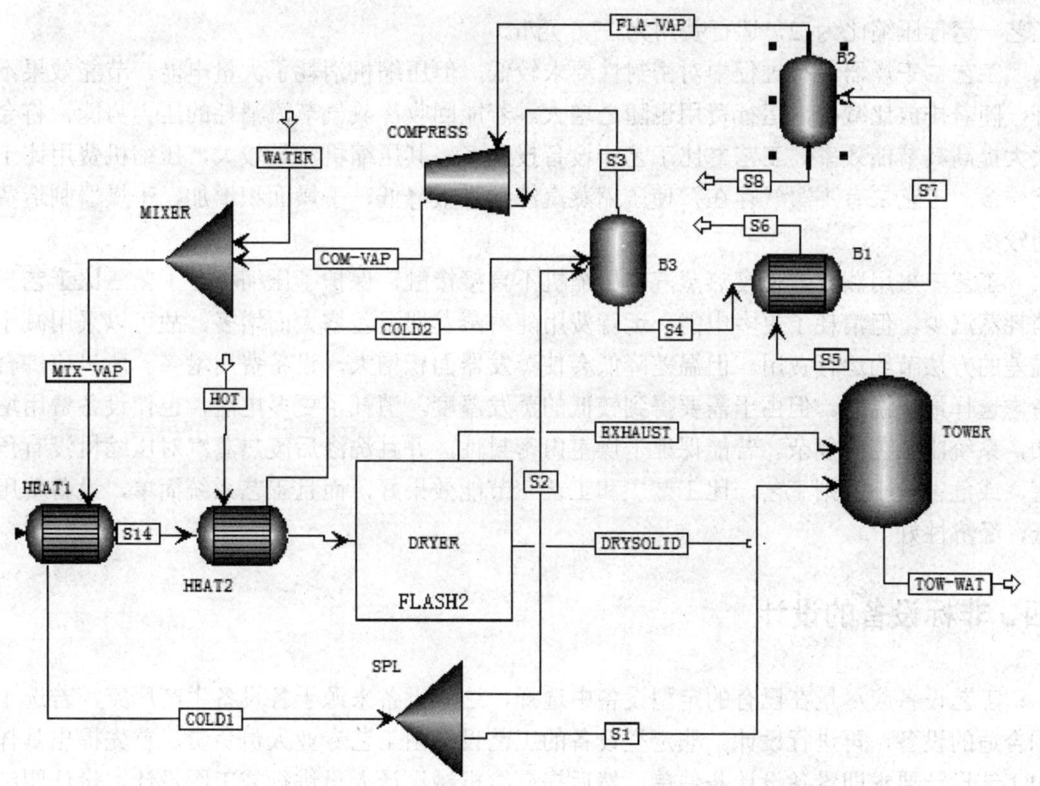

图 4-39 带蒸发器的 MVR 干燥模拟流程图

生蒸汽温度为 130℃，压缩机排气压力均为 0.2 MPa 时，三种工艺模拟结果如表 4-31 所示。

表 4-31　三种工艺模拟结果比较

工 艺 类 型	消耗蒸汽/（kg/h）	压缩机功率/kW	压缩机流量/（kg/h）	压缩比	运行费用/（元/h）
工艺一	43.8	14.7	234.8	2∶1	17.6
工艺二（排放比 0.1）	56.7	61.7	1058.3		48.4
工艺二（排放比 0.15）	74.7	44.1	758.5		41.4
工艺二（排放比 0.2）	83.6	35.9	613.6		38.2
工艺二（排放比 0.25）	88.9	30.9	528.2		36.3
工艺二（排放比 0.3）	92.4	27.6	472.0		35.0
工艺三（蒸发温度 92℃）	36.6	26.1	237.2	2.6∶1	23.0
工艺三（蒸发温度 88℃）	32.0	32.7	237.9	3∶1	26.0
工艺三（蒸发温度 84℃）	27.3	40.4	238.5	3.6∶1	29.7
工艺三（蒸发温度 80℃）	22.43	49.71	239.0	4.3∶1	34.3

（4）三种类型 MVR 干燥工艺比较。

假设干燥过程中，无不凝气进入。取含水率为 30%的 SiO_2，加料物流为 1000 kg/h，干燥后含水率为 10%。干燥室压力为 0.1 MPa，加热室冷凝水通入洗涤器物流为 50 kg/h。工艺一运行压缩比为 2，运行费用为 17.6 元/h。

工艺二干燥器运行过程中对密封性要求较低，但压缩机消耗了大量电能，节能效果不好。随着排放比减少，运行费用也随之增大。若能回收冷凝气节流消耗的压力势能，将会大大提高其节能效率。工艺二比工艺一设备投入多。其压缩机流量较大，压缩机费用比工艺一多。工艺二有不凝气存在，使压缩蒸汽冷凝系数降低，干燥面积增加，干燥器制造费用较多。

工艺三采用蒸发器使废热蒸汽与压缩机不直接接触，保护了压缩机。工艺三比工艺一消耗蒸汽少，但消耗了更多电能。运行费用随着蒸发器温差增大而增多，故可以采用减小温差的方法节约运行费用。但温差降低会使蒸发器面积增大，设备费用增多。所以应综合考虑选择最优温差。但由于需要得到较低的蒸发温度，消耗了更多电能，也使设备费用增加，系统比工艺一复杂。若能保证干燥室内密封性，并且洗涤后废热蒸汽对压缩机没有危害，或危害较小，则工艺一比工艺二和工艺三节能效果好，而且工艺系统简单，设备费用低，经济性好。

四、非标设备的设计

工艺设备应尽量在已有的定型设备中选择，这些设备来源于各设备生产厂家，若选不到合适的设备，再进行设计。非定型设备的工艺设计由工艺专业人员负责。首先提出具体的工艺设计要求即设备设计条件单，然后提交给机械设计人员进行施工图设计，设计图纸完成后，返回给工艺人员核实条件并会签。

（一）非标设备设计程序

（1）基本设计的工作内容包括选择设备的型式，由设备工艺计算确定设备的主要尺寸和主要工艺参数，按流程要求确定设备的工艺连接要求，确定设备的管口及数目，确定人孔、手孔的数目位置。

（2）通过流体力学计算确定所有连接管口（包括工艺和公用工程的连接管口、安全阀接口、放空管接口、排液臂、排污管接口等）的直径，并定出它们在设备上的安装高度。

（3）根据工艺控制的要求，按带控制点工艺流程图确定安装在设备本体上的控制仪表或测量元件的种类、数目、安装位置、接头形式和尺寸。

（4）通过设备布置设计初定管口（包括仪表接口）的大致方位，设备的安装标高，支承结构（腿、耳、裙）的尺寸和大致方位，设备操作平台的结构和尺寸，但因管道布置和设备施工图尚未完成，应留出修改方位的可能性。

（5）向设备设计人员提交非定型设备设计条件表，并向土建设计人员提出设备操作平台和楼梯的设计条件。

以上（1）至（5）步骤主要由工艺设计人员完成。

（6）由设备设计人员进行非定型设备设计。

（7）管道布置设计完成后，由工艺设计人员编制管口方位图，经设备设计人员校核并会签后附在设备施工图纸中。

（二）非标设备设计条件单

工艺专业人员提出的设备设计条件单应包括以下内容。

（1）设备示意图。设备示意图中应表示出设备的主要结构形式、外形尺寸、重要零件的外形尺寸及相对位置、管口方位和安装条件等。

（2）技术特性指标。技术特性指标包括下列内容。

① 设备操作时的条件，如压力、温度、流量、酸碱度、真空度等；

② 流体的组成、黏度和相对密度等；

③ 工作介质的性质，如是否有腐蚀、易燃、易爆、毒性等；

④ 设备的容积，包括全容积和有效容积；

⑤ 设备所需传热面积，包括蛇管和夹套等；

⑥ 搅拌器的形式、转速、功率等；

⑦ 建议采用的材料。

（3）管口表。设备示意图中应注明管口的符号、名称和公称直径。

（4）设备的名称、作用和使用场所。

（5）其他特殊要求。

表 4-32 是一非标设备的设计条件单示例。

表 4-32　设备设计条件单

工程项目		设备名称	储槽	设备用途	高位槽
提出专业	工艺	设备型号		制单	

生物工厂主要的非标设备是中间贮罐、计量罐、原料暂存罐、混合灭菌罐等。

（三）贮罐类非标设备的设计

属于这类设备的有酒精生产的中间醪池，味精生产的尿素贮罐、贮油罐以及啤酒麦汁的暂贮罐等。设计时，主要考虑选择合适的材质和相应的容量，以保证生产的正常运行。在此前提下，尽量选用比表面积小的几何形状，以节省材料、降低投资费用。球形容器是最省料的，但加工较困难，因此多采用正方形和直径与高度相近的筒形容器。

这类设备的设计步骤大体如下。

（1）材质的选择；（2）容量的确定；（3）设备数量的确定；（4）几何尺寸的确定；（5）强度计算；（6）支座选择。

如有的物料易沉淀，还应加搅拌装置；需要换热的，还要设换热装置，并进行必要的设计。

（四）计量罐类非标设备的设计

属于这类设备的有味精生产的油计量罐，尿素溶液计量罐等。为使计量结果尽量准确，通常这类设备的高径比（或高宽比）都选得比较大（如取 H/D 为 3～4）。这样，当变化相同容量时，在高度上的变化较灵敏。节省材料则被放在次要地位。设计步骤大体同前所述。所不同的是要有更明显的液位指示或配置可靠的液位显示仪表。

（五）混合灭菌罐类非标设备的设计

属于这类设备的有酒精生产的拌料罐、味精生产的调浆池等。为了使混合或沉降效果好，这类设备的高径（或高宽）比应小于等于 1。其设计步骤与上述步骤基本相同。

五、编制工艺设备一览表

（一）主要设备明细表

通过设备的工艺设计计算，除了定型的通用设备以外，对于生化反应器（发酵罐、种子罐）、换热器、塔器等主要设备都应列设备明细表，其主要格式分别见表 4-33、表 4-34 和表 4-35。

表 4-33 生化反应器（R）

序号	流程编号	名称	只数	型式	操作条件			体积流量/（m^3/h）	空速/（m^2/m^3）	容量/m^3	装料系数	线速度/（m/s）	停留时间/min	规格		备注
					介质	温度	压力（绝对）/MPa							内径×长度/mm	容积/m^3	

表 4-34 换热器（E）

序号	流程编号	名称	介质	程数	温度		压力（绝对）/MPa	流量/（kg/h）	平均温度/ ℃	热负荷/（kJ/h）	传热系数/ [kJ/（h·℃）]	传热面积		型式	挡板间距/mm	备注
					进	出						计算	采用			

表 4-35 塔器（T）

序号	流程编号	名称	介质	操作温度		塔顶压力（绝对）/MPa	回流比	气相负荷/（m^3/h）	液相负荷/（m^3/h）	允许空塔线速/（m/s）	降液管停留时间/s	塔径/mm		塔板型式	塔板间距或填料高度/mm		塔板块数		塔高/mm	备注
				塔顶	塔底							计算	实际		计算	实际	计算	实际		

（二）设备一览表

在所有设备选型与设计完成以后，按流程图序号，将所有设备逐一汇总编成设备一览表，作为设计说明书的组成部分，并为下一步施工设计以及其他非工艺设计和设备订货提供必要的条件。

表 4-36 为供参考的设备一览表。在填写设备一览表时，通常按生产工艺流程顺序排列各车间的设备，也可将各车间的设备按专业设备、通用设备、非标准设备进行分类填写，以便于将各类设备汇总，分别交给各部门进行加工和采购。

例如，味精厂设备一览表可按下列车间顺序填写：（1）糖化车间；（2）发酵车间；（3）提取车间；（4）精制车间；（5）干燥及包装车间；（6）空压站；（7）冷冻站；（8）锅炉房；（9）配电室。

现以年产 3000 t 味精厂发酵车间为例，列出设备一览表供参考（见表 4-37）。

表 4-36 设备一览表

<table>
<tr><td colspan="4" rowspan="3">×××设计单位名称</td><td>工程名称</td><td colspan="2"></td><td colspan="3" rowspan="3">综合设备一览表</td><td>编制</td><td></td><td colspan="3">年 月 日</td><td colspan="2">工称号</td><td></td></tr>
<tr><td>设计项目</td><td colspan="2"></td><td>校对</td><td></td><td colspan="3">年 月 日</td><td colspan="2">库号</td><td></td></tr>
<tr><td>设计阶段</td><td colspan="2"></td><td>审校</td><td></td><td colspan="3">年 月 日</td><td colspan="2">第 页</td><td>共 页</td></tr>
<tr><td rowspan="2">序号</td><td rowspan="2">设备分类</td><td rowspan="2">流程图位号</td><td rowspan="2">设备名称</td><td rowspan="2">主要规格型号材料</td><td rowspan="2">面积/m^2或容积/m^3</td><td rowspan="2">附件</td><td rowspan="2">数量</td><td rowspan="2">单重/kg</td><td rowspan="2">单价/元</td><td rowspan="2">图纸图号或标准图号</td><td rowspan="2">设计或复用</td><td colspan="2">保温</td><td rowspan="2">安装图号</td><td rowspan="2">制造厂</td><td rowspan="2">备注</td></tr>
<tr><td>材料</td><td>厚度</td></tr>
<tr><td></td><td></td><td></td><td></td><td></td><td></td><td></td><td></td><td></td><td></td><td></td><td></td><td></td><td></td><td></td><td></td><td></td></tr>
<tr><td></td><td></td><td></td><td></td><td></td><td></td><td></td><td></td><td></td><td></td><td></td><td></td><td></td><td></td><td></td><td></td><td></td></tr>
</table>

表 4-37　年产 3000 t 味精厂发酵车间设备一览表

序号	设备名称	台数	规格与型号	材料	备注
1	发酵罐	4	公称容积 100 m^3，Φ4000 mm	A_3 钢	专业设备
2	种子罐	2	公称容积 1 m^3，Φ900 mm	A_3 钢	
3	种子罐分过滤器	2	Φ100 mm	A_3 钢	
4	发酵罐分过滤器	4	Φ900 mm	A_3 钢	
5	连消塔	1	Φ350×2600 mm	A_3 钢	
6	维持罐	1	V= 4m^3	A_3 钢	
7	喷淋冷却器	1	F=171.9 m^3	A_3 钢	
8	螺旋板换热器	1	Ⅰ型 F=20 m^3	A_3 钢	
9	连消泵	2	IS80-50-200	机体铸铁	通用设备
10、	尿素溶液输送泵	1	IS80-50-200	机体铸铁	
11	玉米浆泵	1	IS80-50-200	机体铸铁	
12	贮油罐（一级）	1	1.7 m^3	A_3 钢	非标设备（以下贮存用）
13	贮油罐（二级）	1	1 m^3	A_3 钢	
14	尿素溶液贮罐	1	10 m^3	A_3 钢	
15	尿素泵	1	5 m^3	A_3 钢	
16	玉米浆槽	1	Φ2000 mm×1500 mm	A_3 钢	
17	消毒液槽	1	V=0.6 m^3	1Cr18Ni9Ti	
18	废液罐	1	V=14 m^3	A_3 钢	（以下混合调量灭菌用）
19	配料槽	1	V=100 m^3	A_3 钢	
20	种子配料罐	1	V=2.5 m^3	A_3 钢	
21	盐水槽	1	V=0.6 m^3	A_3 钢	
22	无机盐槽	1	V=0.4 m^3	1Cr18Ni9Ti	
23	消尿素罐	1	V=5.5 m^3	1Cr18Ni9Ti	
24	消油罐	1	V=0.5 m^3	A_3 钢	
25	油计量器	1	V=0.07 m^3	A_3 钢	（以下计量用）
25	尿素计量罐	1	V=1.5 m^3	1Cr18Ni9Ti	
	合计	35 台			

六、采用 Aspen Plus 软件进行工艺流程的物料衡算和能量衡算

1. 橡子乙醇发酵工艺流程模型的构建方法与结果分析

（1）全局物性方法的选择。

物性方法包含用于计算物性的方法和模型，物性方法的选择不当，模拟的结果将不可靠。所以，必须选择正确的、可靠的物性方法进行工艺过程模拟。物性方法的选择取决于工艺过程所涉及组分的操作条件和非理想程度。Aspen Plus 内置了多种物性方法供用户选

择，可采用以下两种方法选择合适的物性方法：一是使用 Aspen Plus 提供的物性方法选择帮助系统进行选择，帮助系统会根据组分的类型和工艺过程的类型为用户推荐对应的物性方法；二是根据经验进行选择，即通过物系的特征、温度和压力来选择，选择物性方法的原则如图 4-40 所示。

橡子乙醇发酵工艺主要涉及的乙醇和水体系为极性非电解质物系，压力为常压，小于 10 bar，且有交互作用参数。因此，根据物性方法经验选择原则，选择 NRTL（non-random two liquid）作为本工艺流程模拟的全局物性方法。另外，NRTL 物性方法广泛应用于常见的石油化工和化工过程体系，使用 NRTL 可以准确计算组分间气液相平衡和液液相平衡。

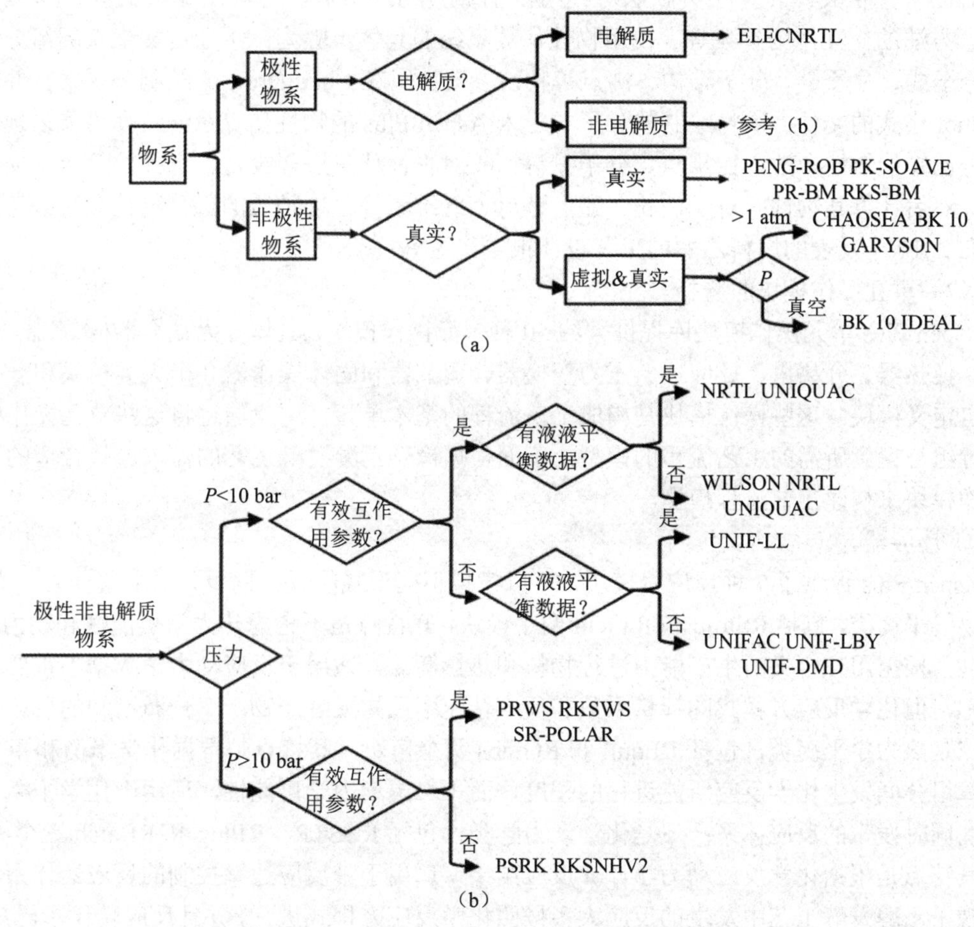

图 4-40 选择物性方法的原则

（2）物性数据库的建立。

橡子主要由淀粉、单宁、可溶性糖和粗纤维等成分构成，具体成分含量见表 4-38。在模拟橡子乙醇工艺的过程中，纯组分的物性可以从 Aspen Plus 内置的物性数据库中读取，如水、葡萄糖、二氧化碳、乙醇等。但是，对于蛋白质、淀粉、单宁、脂肪、纤维素、葡聚糖等生物物质组分却缺少完备的物性数据，需要用户自己补充缺少的物性数据才能进行后续的工艺模拟计算，这也是使用 Aspen Plus 进行生物化工过程模拟的难点之一。因此，需要先对淀粉、单宁、葡聚糖等组分进行物性估算，补充缺少的物性数据，然后进行工艺流程的模拟。

表 4-38　橡子成分

成分	淀粉	可溶性糖	单宁	水分	灰分	粗蛋白	粗脂肪	粗纤维	其他
含量/%（w/w）	61.8	4.87	7.39	12.4	1.51	1.06	2.6	5.13	3.24

Aspen Plus 同时提供了物性估算系统用于估算缺少的组分的物性数据。物性估算系统通过对比状态相关性和基团贡献法对纯组分估算其物性常数、与温度相关的物性参数和 NRTL 方法的交互作用参数等。使用物性估算系统的具体步骤为：①通过文献查阅组分已知的分子式、分子量、分子结构、沸点等物性参数；②在 ChemDraw 中绘制分子式，并保存成 mol 格式的文件；③将绘制的分子式导入 Aspen Plus 的物性估算系统，尽可能多地输入组分已知的物性参数，如沸点、分子量等；④对物性估算进行设定，选择估算全部缺失参数，然后计算其物性。对于淀粉、酶、酵母、纤维素等生物物质的部分物性参数参考了 Nrel 在 2011 年发表的燃料乙醇的工艺设计报告。

（3）单元操作模块的选择。

Aspen Plus 单元操作模块库提供大约 50 种单元操作模块，具体分为混合器/分流器、分离器、换热器、分离塔、反应器、压力变换器、调节器和固体操作器 8 个大类模块和一个用户自定义模块。这些操作模块是构成工艺流程的基本单元，用户通过将这些单元操作模块进行组合得到所需的工艺流程的模型。下面根据橡子乙醇发酵工艺的需求选择合适的单元操作模块来构建工艺流程模型。

① 反应器。

Aspen Plus 提供了 7 种反应器模块，可以模拟不同形式的反应器单元，主要分为三类：一是物料平衡类，包括 RStoic 和 RYield 两个模块，其特点是不考虑热力学可能性和动力学可能性，根据用户定义的生产能力进行物料和热量衡算，适用于反应动力学数据不重要或者未知，但化学反应方程式的计量系数和反应转化率已知或者产物产率分布已知的反应体系；二是热力学平衡类，包括 REquil 和 RGibbs 两个模块，其特点是根据化学平衡和相平衡计算组分间发生化学反应所能进行的程度，而不考虑动力学可能性，适用于化学平衡和相平衡同时发生的反应体系；三是化学动力学类，包括 RCSTR、RPlug 和 RBatch 三个模块，其特点是根据化学反应动力学计算反应结果，适用于带反应速率控制的反应器体系。

橡子乙醇发酵工艺中发生的反应大多按照化学反应方程式进行，并且反应转化率已知，因此选用 RStoic 模块作为工艺流程模拟中主要的反应器单元操作模块。但是，在废水处理工段的厌氧消化环节中，微生物生长、繁殖和代谢的机理未知，因此选用 RYield 模块来模拟废水中有机物转化为微生物细胞的过程，只需要定义反应器出口的各组分的产率分布即可。

② 分离塔。

Aspen Plus 提供了多种分离单元模块，用于模拟精馏、吸收和萃取等过程。其中，最常用的是简洁法精馏模块（DSTWU）和严格法精馏模块（RadFrac）。在设定精馏塔参数时，可以先用 DSTWU 模块计算出最小回流比、最小理论板数、实际回流比、实际塔板数、进料位置、冷凝器和再沸器的负荷等参数，再用 RadFmc 模块进行严格计算。本工艺采用 RadFrac 模块对粗馏塔和精馏塔以及 CO_2 吸收塔进行模拟。

③ 换热器。

Aspen Plus 提供多种不同换热器模块，其中最常用的是 Heater 模块和 HeatX 模块。Heater 模块用于改变一股流股的热力学状态，常用来模拟常规的加热器和冷却器。HeatX 模块用于两股流股之间的换热，一般用于对已知结构的管壳式换热器的核算或者严格模拟。因此，本工艺流程模拟中的换热器均选用 Heater 模块。

④ 其他简单单元模块。

Aspen Plus 提供两相闪蒸器（Flash2）、三相闪蒸器（Flash3）、组分分离器（Sep）、两出口组分分离器（Sep2）等简单分离器模块。橡子乙醇发酵工艺中 CO_2 和沼气等气体的脱除均采用 Hash2 模拟。原料前处理工段中的脱壳和研磨、预处理工段中的浸提以及乙醇分离与纯化工段中的分子筛等设备均采用 Sep 进行模拟。工艺中设计到发酵液和废水中固体物质的脱除均采用固液分离器（SSplit）模拟。采用泵（Pump）模拟发酵液物流输送进入粗馏塔顶部时需要加压的单元。另外，工艺过程中涉及多股物料混合的设备均采用混合器（Mixer）模拟。

2. 橡子乙醇发酵工艺流程模型的构建

本工艺结合陕西省当地橡子实际产量，设计以橡子为原料，处理量为 40 万吨/年的橡子乙醇发酵工艺。基于 Aspen Plus 8.4 版本的软件和 Windows7 64 位操作系统，对橡子乙醇工艺进行全流程建模并模拟计算。图 4-41 为整个橡子乙醇发酵工艺的 Aspen Plus 模型。工艺流程模型中具体的单元操作模块见表 4-39。

橡子淀粉经酶水解成葡萄糖，再经酵母发酵生成乙醇。为确保酶水解和发酵过程均在最适的反应温度，本工艺采用分步水解发酵（SHF），即酶水解和酵母发酵在不同的反应装置内进行。预处理结束后，料液温度为 60℃左右，需要加热到 95℃，在此温度下液化酶活性较高。为提高发酵终点的乙醇浓度，降低精馏工段的能耗，本工艺采用浓醪发酵技术，在液化过程中料液比为 1∶2.4。本工艺中所采用的液化酶为诺维信公司（Novozymes）生产的 Termamyl120L，酶活为 120 KNU/mL（KiloNovoa-amylase unit）。在液化过程中，液化酶的用量为 0.15 KNU/g 淀粉。在 95℃下液化 1 h，大分子淀粉分子被水解为糊精（小分子糖）。液化后的料液还需要经过糖化酶糖化，最后完全水解为葡萄糖。本工艺采用的糖化酶为诺维信 Amylase AG 300L，酶活为 300 AGU/mL（Novo glucoamylase unit），糖化酶用量为 1.5 AGU/g 淀粉。在 60℃下糖化 30 min 后，小分子葡聚糖完全水解为葡萄糖。酶水解完成后，水解液冷却至发酵的最适温度（32℃），调节 pH 到 4.5，然后接种安琪酵母发酵生产乙醇。本生产工艺采用的是安琪高活性干酵母，酵母接种量是 0.3%（w/w），在 32℃下发酵 72 h，得到乙醇浓度为 86.4 g/L 的发酵醪液。表 4-40 为酶水解和发酵工段的工艺参数，表 4-41 为发酵结果及各工段发生的反应和转化率。

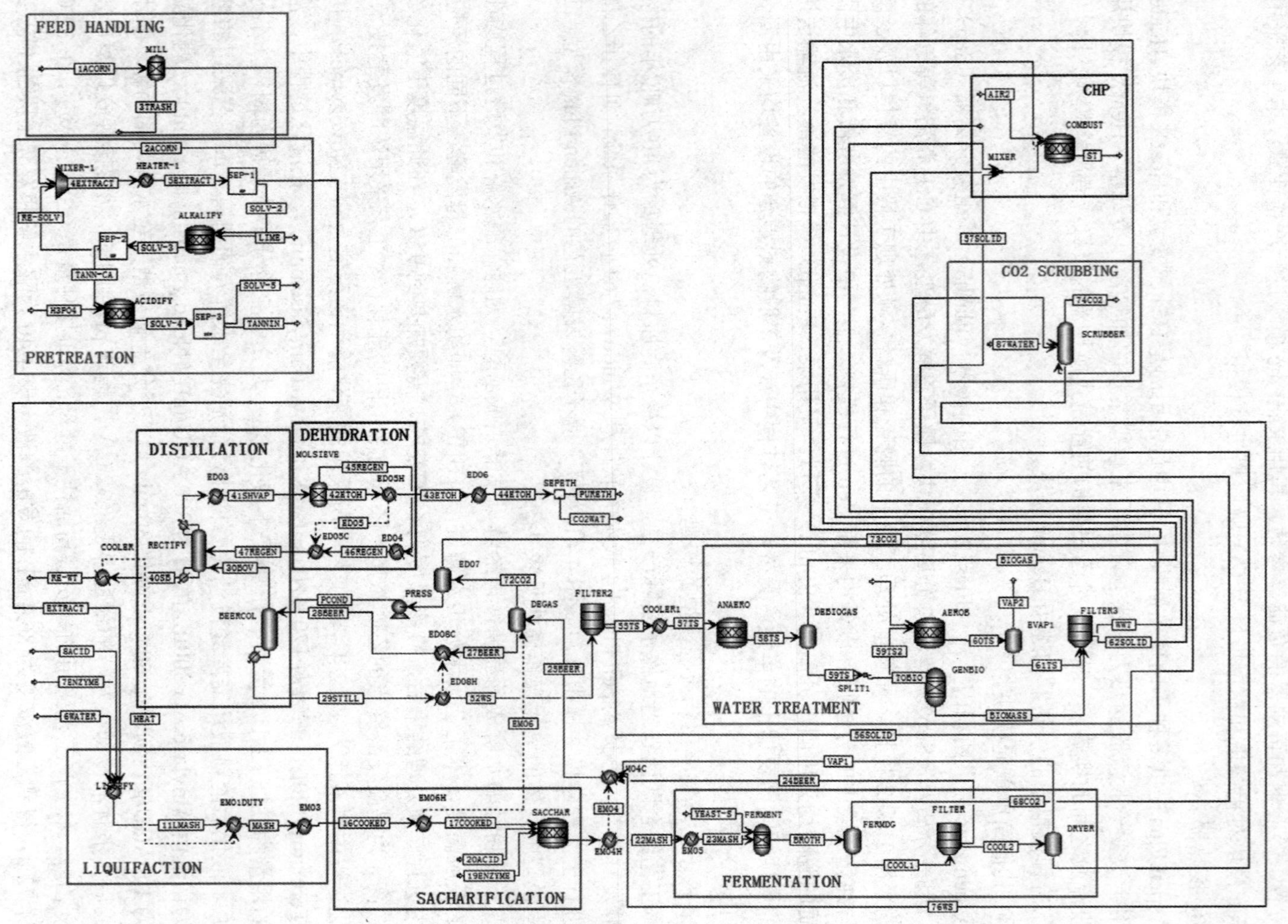

图4-41　橡子乙醇发酵工艺的流程模型

表 4-39　橡子乙醇发酵工艺的各单元的操作模块

操作单元	模块名称	编　号
脱壳、研磨	Sep	MILL
单宁浸提罐	Sep	SEP-1
沉淀反应罐	RStoic	ALKALIFY
酸化罐	RStoic	ACIDIFY
虚拟模块	Sep	SEP-2. SEP-3
液化罐	Heater	LIQUEFY
糖化罐	RStoic	SACCHAR
发酵罐	RStoic	FERMENT
发酵液过滤器	SSplit	FILTER
干燥器	Flash2	FERMENT、DRYER、DEGAS
CO_2洗脱塔	RadFrac	SCRUBBER
粗馏塔	RadFrac	BEERCOL
精馏塔	RadFrac	RECTIFY
分子筛	Sep	MOLSIEVE
塔釜残液过滤器	SSplit	FILTER2
厌氧消化罐	RStoic	ANAERO
好氧消化罐	RStoic、RYield	AEROB、GENBIO
污泥分离器	SSplit	FILTER3
蒸发器	Flash2	DEBIOGAS、EVAP1
燃烧炉	RStoic	COMBUST
泵	Pump	PRESS

表 4-40　发酵工艺参数

参　数	值
原料粒度	100 mesh
料液比	1∶2.4
pH	4.5
液化酶量	0.15 KNU/g
液化温度和时间	95℃，60 min
糖化酶量	1.5 AGU/g
糖化温度和时间	60℃，30 min
酵母接种量	0.3%（w/w）
发酵温度和时间	32°C，72 h
糖化率/%	67.1
糖化液 DE 值	58.1
初始总还原糖浓度/（g/L）	183
初始葡萄糖浓度/（g/L）	161
残总还原糖浓度/（g/L）	7.5
残葡萄糖浓度/（g/L）	3.3
酒精度/（g/L）	86.4
淀粉利用率/%	84.5
平均乙醇发酵速率/（g/L·h）	100

表 4-41 各工段的反应及转化率

工 段	反 应	反 应 物	转 化 率
酶水解和发酵工段	Starch+H_2O→Glucose	Starch	0.65
	Starch+H_2O→Glucose+Dextran	Starch	0.34
	Glucose→2Ethanol+2CO_2	Glucose	0.98
	Glucose→7.3133Yeast	Glucose	0.01
厌氧消化工段	Dextran+H_2O→6CH_4+6CO_2	Dextran	0.85
	Ethanol→3CH_4+CO_2	Ethanol	0.85
	Glucose→3CH_4+3CO_2	Glucose	0.85
	Tannin+4H_2O→3.5CH_4+3.5CO_2	Tannin	0.85
	NDFS→2.5CH_4+2.5CO_2	NDFS	0.85
	Glucose→7.7528Biomass	Glucose	0.05
	Tannin→7.3156Biomass	Tannin	0.05
	NDFS→7.7528Biomass	NDFS	0.05
	Ethanol→1.9825Biomass	Ethanol	0.05
	Dextran→15.5056Biomass	Dextran	0.05
好氧消化工段	Dextran+12O_2→11H_2O+12CO_2	Dextran	0.74
	Ethanol+3O_2→3H_2O+2CO_2	Ethanol	0.74
	Glucose+6O_2→6H_2O+6CO_2	Glucose	0.74
	Tannin+6O_2→3H_2O+7CO_2	Tannin	0.74
	NDFS+0.5O_2→0.5H_2O+0.5CO_2	NDFS	0.74
	Glucose→7.7528Biomass	Glucose	0.22
	Tannin→7.3156Biomass	Tannin	0.22
	NDFS→7.7528Biomass	NDFS	0.22
	Ethanol→1.9825Biomass	Ethanol	0.22
	Dextran→15.5056Biomass	Dextran	0.22
燃烧工段	CH_4+2O_2→2H_2O+CO_2	CH_4	1
	Ethanol+3O_2→3H_2O+2CO_2	Ethanol	1
	Glucose+6O_2→6H_2O+6CO_2	Glucose	1
	Tannin+6O_2→3H_2O+7CO_2	Tannin	1
	Oil+25.5O_2→17H_2O+18CO_2	Oil	1
	NDFS+0.5O_2→0.5H_2O+0.5CO_2	NDFS	1
	Starch+6O_2→5H_2O+6CO_2	Starch	1
	Cellulose+6O_2→5H_2O+6CO_2	Cellulose	1
	Protein+1.4995O_2→0.0548H_2O+CO_2+0.1831N_2+0.0028SO_2	Protein	1
	Biomass+1.2185O_2→0.82H_2O+CO_2+0.115N_2+0.0035SO_2	Biomass	1

产物乙醇分离纯化工段采用精馏和分子筛脱水法。为了不使发酵液中固体物质堵塞筛板塔板孔，在发酵液通入粗馏塔之前先将发酵液压滤机进行过滤。90%的固体物质从发酵醪液中过滤出来，过滤获得的固体还含有 15%（w/w）的水分，在常压下经转筒式干燥机

干燥后送入燃烧工段燃烧。为减少乙醇的损失，干燥所得的气体也被回收。由于发酵产生的CO_2会带走少量乙醇，需要将CO_2送入洗脱塔洗脱，洗脱塔底部的乙醇水溶液和过滤后的发酵液一起送入粗馏塔。粗馏塔用于乙醇的粗分离，将乙醇从发酵液中分离出来，除去大量的水。粗馏塔塔顶带出乙醇含量 45%（w/w）的粗乙醇蒸气直接通入精馏塔底部来减少能耗，塔底釜馏物送入压滤机进行压滤，液体部分送入污水处理系统，固体部分送入燃烧室燃烧。粗乙醇蒸气在精馏塔中进一步分离，在塔顶得到乙醇含量 90.8%（w/w）的乙醇-水溶液。精馏塔塔顶馏出液再经换热器加热到 116℃后送入分子筛脱水，得到乙醇含量达到 99.5%（v/v）的无水乙醇。脱水后的乙醇蒸气进行冷凝后得到产品燃料乙醇，送入燃料乙醇储罐储存。塔设备参数见表 4-42。

表 4-42　塔设备参数

参　　数	粗　馏　塔	精　馏　塔	CO_2洗脱塔
塔板数	9	18	3
塔顶冷凝器	—	部分冷凝	—
塔釜再沸器	釜式	釜式	—
回流比	5	2.3	—
进料位置	1	12	3
再沸比	0.3	0.228	—
混合流股进料位置	—	8	1

3. 橡子乙醇发酵工艺流程的模拟结果及分析

（1）物性估算结果。

通过 Aspen Plus 的物性估算系统估算出了临界温度、偏心因子、摩尔生成焓、摩尔汽化焓、标准燃烧焓和临界压摩尔体积等缺少的物性数据，这些物性数据都是后续模拟计算必须具备的，同时，建立了生物物质组分物性数据库。表 4-43 对模拟橡子原料生产工艺模拟流程中的主要组分构成及其化学分子式进行了汇总，其中单宁、酵母细胞物质、可溶性固体、酶等物质化学式通过查阅文献估算得出。工艺中涉及的单宁、酵母、酶等物质在 Aspen Plus 中没有现成的物性数据，在得到工艺流程中的具体物质组分后，需对其进行物性数据估算，通过查阅相关文献，对酿酒酵母菌株、糖化酶、液化酶、单宁、蛋白质等物质的具体性质进行分析，找到与之类似的且在 Aspen Plus 中有相关物性数据的物质，然后通过物性估算功能对缺少物性数据参数的物质进行物性估算。表 4-44 是橡子乙醇发酵工艺中生物物质组分物性数据信息。

（2）物料衡算。

物料衡算是指以质量守恒定律为理论依据对化工系统中的物料平衡进行计算。根据 Aspen Plus 模型模拟计算得到的个流股的物流信息，对橡子乙醇发酵工艺进行了物料衡算。橡子乙醇发酵工艺的物料平衡图见图 4-42。从物料平衡图中可以清楚看到关键物流中各组分的质量流率。整个工艺原料橡子年消耗量为 40 万吨，最终燃料乙醇的产量为 90 384 吨/年，橡子与燃料乙醇产品的质量比为 4.4∶1，每吨乙醇废水排放量为 7.6 吨，副产物单宁的年产量为 2.5 万吨。

表 4-43　橡子乙醇发酵工艺中的组分

组分 ID	类　型	组 分 名 称	分 子 式
WATER	Conventional	WATER	H_2O
ETOH	Conventional	ETHANOL	C_2H_6O
CO_2	Conventional	CARBON-DIOXIDE	CO_2
GLUCOSE	Conventional	DEXTROSE	$C_6H_{12}O_6$
STARCH	Solid	STARCH	$(C_6H_{10}O_5)_n$
PROTEINS	Solid	PROTEINS	PROTEINS
OIL	Solid	OIL	OIL
XYLOSE	Conventional	DEXTROSE	$C_6H_{12}O_6$
PROTSOL	Conventional	DEXTROSE	$C_6H_{12}O_6$
CELLULOSE	Solid	CELLULOSE	CELLULOSE
TANNIN	Conventional	TANNIN	TANNIN
ASH	Solid	CALCIUM-OXIDE	CaO
ENZYME	Solid	ENZYME	$CH_{2.1}O_{0.6}N_{0.23}$
YEAST	Solid	YEAST	$CH_{1.71}N_{0.21}O_{0.39}S_{0.0035}$
BIOMASS	Solid	BIOMASS	CHONS-U1
LIME	Conventional	CALCIUM-HYDROXIDE	$Ca(OH)_2$
TANN-CA	Solid	CALCIUM-TANNATE	CALCIUM-TANNATE
O_2	Conventional	OXYGEN	O_2
N_2	Conventional	NITROGEN	N_2
CH_4	Conventional	METHANE	CH_4
H_2SO_4	Conventional	SULFURIC-ACID	H_2SO_4
H_3PO_4	Conventional	ORTHOPHOSPHORIC-ACID	H_3PO_4
PHOSP-CA	Solid	CALCIUM-PHOSPHATE	$Ca_3(PO_4)_2$
DISACCH	Conventional	DEXTRAN	$C_{12}H_{22}O_{11}$

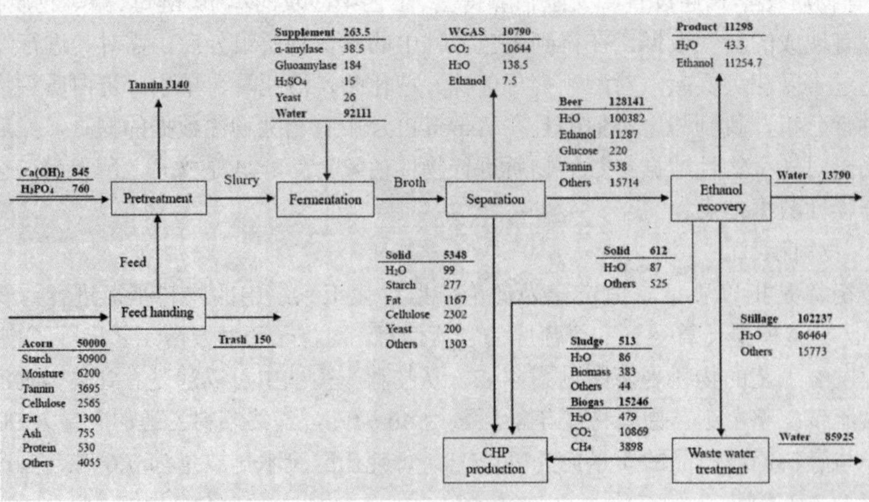

图 4-42　橡子乙醇发酵工艺物料衡算图（单位：kg/h）

表 4-44 生物物质组分的关键物性数据

数	单位	淀粉	单宁	酶	酵母	蛋白质	可溶性糖	生物量	纤维素	脂肪	灰分	葡聚糖
分子量（MW）		162.143	138.121	24.0156	24.6264	132.115	153.13	23.238	162.143	132.115	56.077	342.296
偏心因子(OMEGA)		0	0.851 18				2.3042		0		0	0.365 256
临界压力（PC）	atm	49.346	51.1226				65.77		49.3462		49.3462	26.548 24
标准相对密度			1.3001			1.18348	1.183 48					1.518 16
正常沸点	℃		255.85	273.15			1000				3396.85	477.85
临界温度	℃	1726.85	465.85				617.27		1726.85		5746.85	812.85
摩尔体积	$m^3/kmol$		0.132 62				0.3425					0.275 813
临界体积（VC）	$m^3/kmol$	0.1	0.326						0.1		0.1	0.761
临界压缩因子		0.2	0.275			0.318	0.318		0.2		0.2	0.227
吉布斯自由能	MJ/kmol		-395.4			-855.4	-855.4				21.39	-1444
固体自由能	MJ/kmol		-421.85								-603.487	
理想气体生成热（DHFORM）	MJ/kmol		-494.8								43.9	-1239
摩尔生成焓	MJ/kmol	-97.636	-591.12	-74.894	-130.413	-76.422		-97.0688		-76.422	-635.089	-0.000 14
摩尔汽化焓	MJ/kmol		62.5414			109.575	109.575					65.397
凝固点	℃		158.6			146	146				2900	186
标准燃烧焓	MJ/kmol		-2890.1			-2537.5	-2537.5					-5160.54
偶极矩	debye		2.650 17								8.693 987	2.800 067
标准液体摩尔体积（RKTZRA）	$m^3/kmol$		0.106 51			0.15261	0.15261					

（3）水平衡。

表4-45是在物料衡算基础上得到的橡子单宁提取与淀粉乙醇生产工艺过程中的水平衡数据。根据物料衡算的结果，将整个工艺各个模块输入水、输出水进行分析，输入水主要包括单宁浸提用水、输入物料含水、水解与发酵工艺用水。单宁浸提用水主要是指橡子原料在发酵之前的脱单宁过程中使用的水量；输入物料含水是指各种输入物料自身含有的水分，如橡子物料含水、添加液化和糖化酶含水、营养物质含水等；水解与发酵工艺用水主要指发酵中为达到一定固含量添加的水。输出水主要包括发酵醪液中乙醇精馏后废水、排出废气带走水分、单宁浸提排出水。单宁浸提排出水主要是指橡子在单宁脱除以及浓缩后排出的废水。

表 4-45　橡子单宁提取与淀粉乙醇生产工艺过程水平衡

输 入 水 分	总量/（kg/h）	输出水分	总量/（kg/h）
原料含水	1315.44	发酵液含水	24705.99
一次脱毒输入水	120 031.44	回收利用水分	353 749.55
二次脱毒输入水	120 031.44		
三次脱毒输入水	120 031.44		
硫酸溶液中的水	0.22		
液化输入水	9552.50		
一级种子罐输入水	135.04		
二级种子罐输入水	1350.35		
三级种子罐输入水	6751.77		
总输入水	379 199.64	总输出水	378 455.54
脱毒耗水量/kg 橡子	36.01		
发酵耗水量/kg 橡子	1.78	废水量/kg 橡子	2.47

（4）能量衡算分析。

为了降低整个工艺的能耗，需要尽可能多地回收热量，从而提高工艺的经济性。而夹点技术是一种有效的化热网络优化方法，Aspen Energy Analyzer（能量分析器）可以实现夹点分析，得到换热网络最优设计。通过上节对橡子乙醇发酵工艺全流程的模拟，得到了夹点分析和换热网络优化所需的冷、热流股及其热力学性质参数。Aspen Energy Analyzer 可以利用这些数据进行夹点计算，并对全过程的换热网络进行优化集成，换热网络优化中的热流如图 4-43 所示。在对橡子乙醇发酵工艺进行能量综合利用前，系统总能耗为 130 490 MJ/h。经过换热网络优化后，系统降低了 38 960 MJ/h 的能耗，热量回收率达到 29.86%。

（5）成本估算。

本项目以橡子为原料，年处理橡子量 40 万吨，年运转时间 8000 h，项目周期 25 年，厂房折旧费按 25 年计，电价按 0.462 元/（kW · h）计，蒸汽价格按 140 元/t 计，橡子原料成本按 910 元/t 计，其他费用计算来源于参考文献。表 4-46 总结了橡子乙醇发酵工艺的成本核算。结果表明，橡子乙醇发酵工艺运行成本为 6580 元/t，原料所需量为 4.4 t 橡子/t 乙醇。其中原料成本所占比例最大，约为 60%。与第一代燃料乙醇生产工艺相比，橡子乙醇成本接近木薯乙醇（6440 元/t）远低于玉米和甘蔗。与第二代燃料乙醇相比，橡子乙醇成本也低于玉米秸秆纤维素乙醇（7700 元/t）。由于原料和预处理的成本略高，橡子乙醇的成本略高于木薯乙醇，但单宁作为高价值的副产物会是橡子乙醇的优势。因此，橡子乙醇发酵工艺具有一定经济可行性。

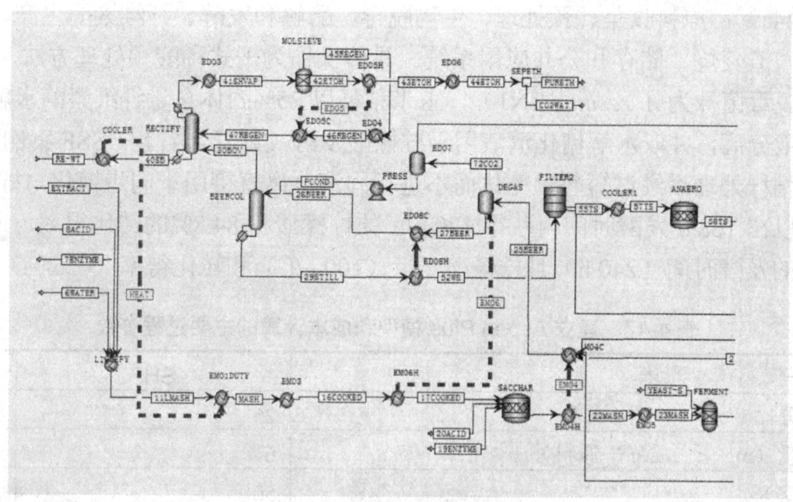

图 4-43　换热网络示意图

表 4-46　橡子乙醇发酵工艺成本核算

项　　目	数　　量	单　　位
乙醇产量	90384	t/a
固定资产折旧	28	元/t 乙醇
工厂运营成本	322	元/t 乙醇
维修费	84	元/t 乙醇
人工费	42	元/t 乙醇
耗电量	371	（kW · h）/t 乙醇
电费	24.5	元/t 乙醇
蒸汽消耗量	2.62	t/t 乙醇
蒸汽成本	367.5	元/t 乙醇
橡子消耗	4.4	t/t 乙醇
橡子价格	910	元/t 乙醇
橡子成本	4004	元/t 乙醇
原料前处理成本	42	元/t 乙醇
原料预处理成本	1190	元/t 乙醇
残渣和废水处理成本	476	元/t 乙醇
总计	6580	元/t 乙醇

从生产成本来看，生产成本高是因为橡子消耗（橡子原料与燃料乙醇的质量比为 4.4∶1）高，其原因是水浸出法不能完全浸出橡子原料中的单宁，而单宁对酵母乙醇发酵有毒性，致使乙醇发酵产率低。类似的问题也存在于秸秆纤维素糖化与发酵中，华东理工大学的侯伟亮博士采用了生物脱毒玉米秸秆方法，并采用同步糖化与发酵方法降低了生产成本。

侯伟亮博士建立了每小时处理 37.5 吨玉米秸秆的纤维素柠檬酸生产的 Aspen Plus 模型，并评估了两个案例即分步糖化与发酵（SHF）和同步糖化与发酵（SSF）生产柠檬酸的差异性。SHF 案例引自 Zhou P P 等（2017）文献[70]，Aspen Plus 模型工艺流程图共包括 10 个工段（见图 4-44a）：原料收集、预处理、生物脱毒、酶解和发酵、纤维素酶生产、产品回收、废水处理、残渣焚烧、储存和公共应用系统。具体操作为干式稀酸预处理方法（DDAP）和生物脱毒（脱毒菌株为 *A. resinae* ZN1），玉米秸秆以 25%固体含量纤维素酶水解糖化 48 h，而后进行固液分离，并取水解糖化清液用于柠檬酸发酵（见表 4-47）。SSF 案例见图 4-44b，具体操作为秸秆处理后经过短暂预糖化而不进行固液分离直接用于同步糖化与柠檬酸发酵。SSF 案例可以在 168 h 发酵时间内获得 120 g/L 的柠檬酸和 84.8%的转化得率，而 SHF 案例则需要更长的发酵时间（240 h）且柠檬酸产量（100 g/L）和转化得率（62.3%）均较低。

表 4-47　建立 Aspen Plus 模型和成本计算的主要过程参数

参　数	SHF	SSF
固体负荷百分比	25	25
纤维素酶用量（mg 蛋白质/g 干原料）	6	6
水解温度（℃）	50	50
水解停留时间（h）	48	12
发酵温度（℃）	33	35
发酵停留时间（h）	192	156
柠檬酸浓度（g/L）	100	120
MCSP（元/kg 柠檬酸产品）	5.79	4.10
原料	1.90	1.51
酶	0.67	0.52
非酶转化	3.22	2.07

物流平衡表明在 SHF 案例中水解液的固液分离导致糖的大量损失，包括 1.697 t/h 葡萄糖、1.071 t/h 木糖和 3.426 t/h 葡聚糖和木聚糖，而 SSF 案例中由于消除了固液分离步骤从而提高了糖产量（见图 4-44）。SSF 每吨干秸秆可以生产 327 kg 柠檬酸（98%，w/w），而 SHF 仅能生产 260 kg。另外，SHF 生产一吨柠檬酸产生 14.559 吨废水，而 SSF 仅产生 12.284 吨废水。柠檬酸生产过程中废水的产生相比其他过程较多，主要原因在于其分离纯化过程需要碱中和和酸解步骤因而产生了大量的过程废水。SHF 增加了一个固液分离操作且发酵操作的时间更长，这导致了其操作过程能耗比 SSF 高了 18.4%（见图 4-45）。

设计生产规模为每天处理 900 吨秸秆（30 万吨每年），每年工作时间 8000 小时。基于 Aspen Plus 模型建立的技术经济性分析结果表明 SHF 生产柠檬酸的最低售价为 5.79 元/kg，其中原料成本、酶成本和非酶转化成本分别为 1.90，0.67 和 3.22 元/kg（表 4-47）。柠檬酸生产转化中的非酶转化成本相对较高，主要原因在其高能耗、长发酵周期以及烦琐的分离纯化操作。在 SSF 过程中，柠檬酸生产的最低售价为 4.10 元/kg，基本和柠檬酸市场售价相一致（4.63 元/kg）。这一结果显示，好氧 SSF 工艺生产纤维素柠檬酸具有巨大的商业化应用潜力。

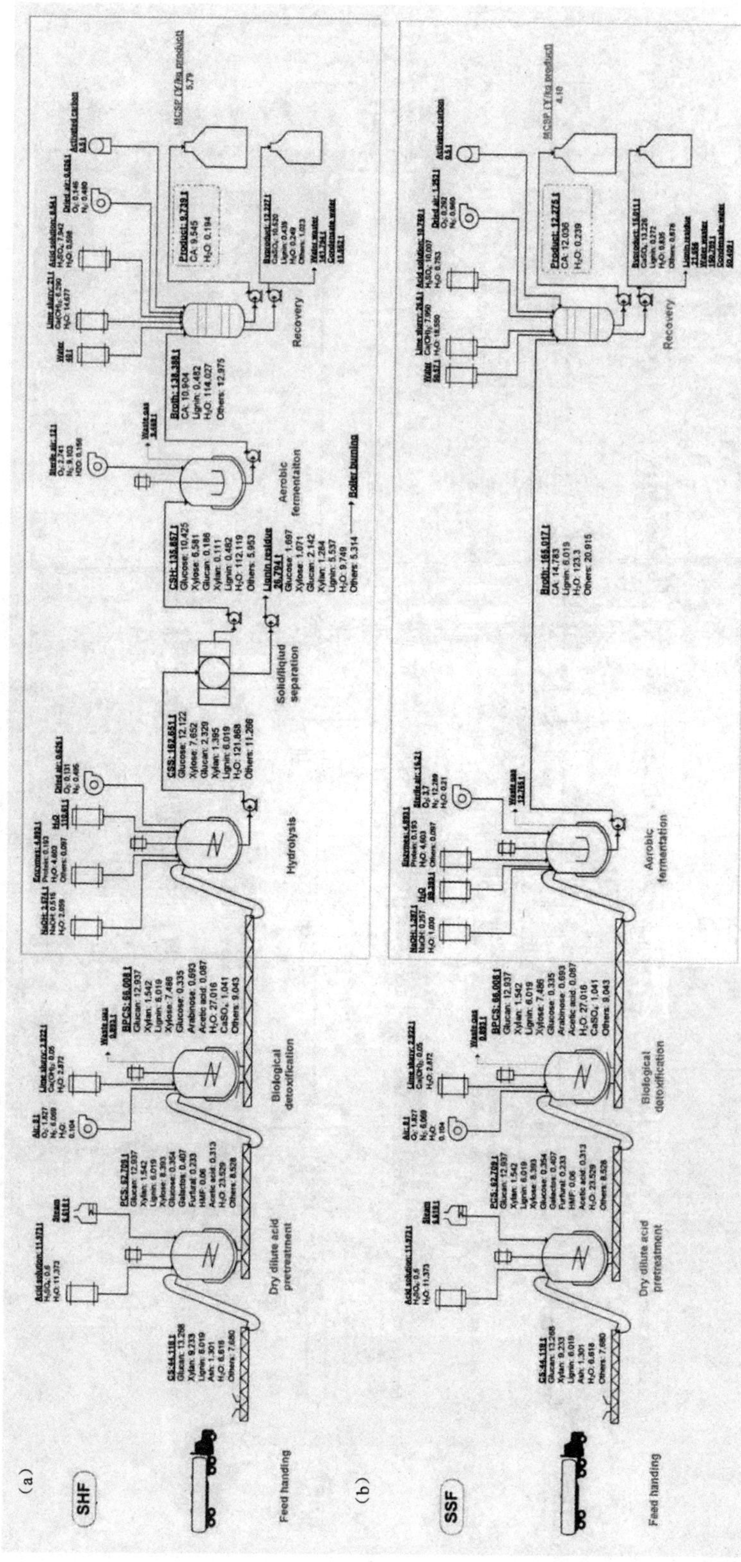

缩写：CS，玉米秸秆；PCS，预处理玉米秸秆；BPCS，生物脱毒预处理玉米秸秆；CSS，玉米秸秆水解液；CSH，玉米秸秆水解清液；CA，柠檬酸；MCSP，最低柠檬酸售价

图4-44 利用玉米秸秆进行纤维素柠檬酸生产的物料图（单位：t/h）

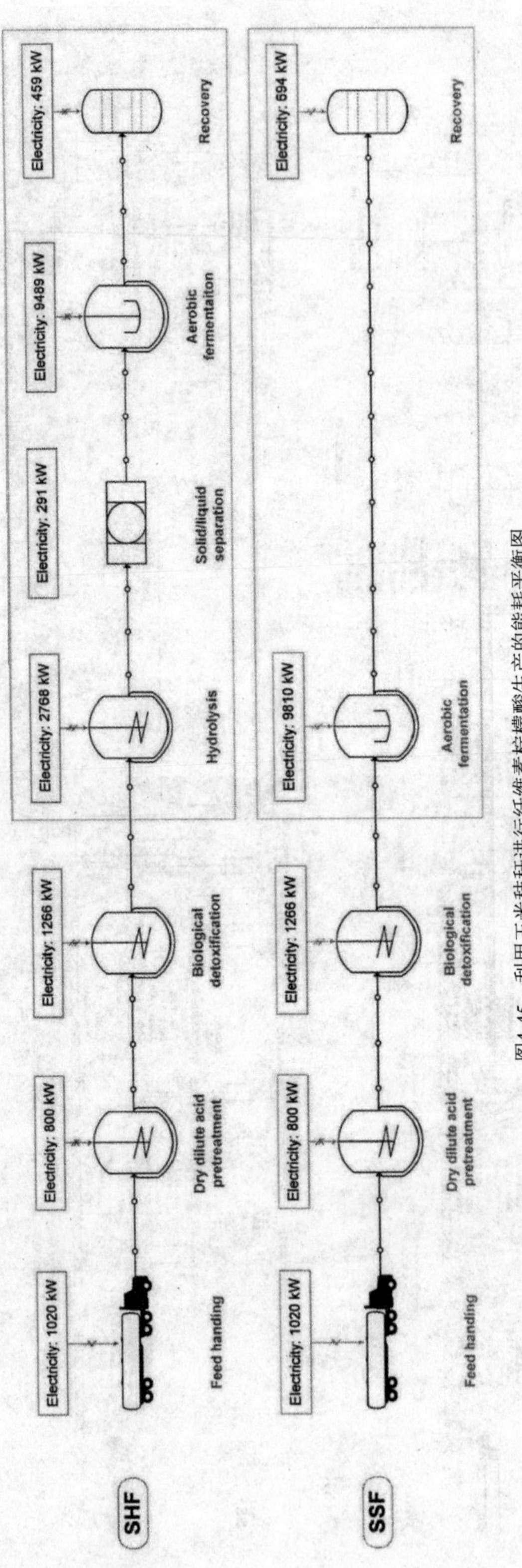

图4-45　利用玉米秸秆进行纤维素柠檬酸生产的能耗平衡图

七、小结与展望

近 25 年来，随着计算机硬件、软件和数据库技术的进步，化工设计软件进入了高速发展的时期，形成了过程模拟软件、流程的组织与合成软件、设备分析和模拟软件、热工专业软件、系统专业软件、安全环保专业软件、经济分析与评价软件、工艺装置设计软件等诸多软件类别。用计算机辅助化工设计改造传统的设计方式，不但可以增加效率，节约成本，而且可以提高设计质量，因此目前国外普遍采用 Aspen Plus 进行工艺计算。

当今，许多国际知名工程公司已经通过建立主机（高级服务器）、工作站和微机终端的计算机网络系统，实现了各类应用和不同专业设计软件的一体化，以及从设计、订货、采购、施工等各阶段的集成化。所有设计图纸和资料以及原始条件均用电子资料保存，实现全过程“无图纸”设计。

随着我国“一带一路”倡议的深入推进，国际项目合作和竞标已经日趋广泛。要与国际上的工程公司合作承接项目，在国外工程招标中竞争夺标，应用和开发化工设计软件是非常重要的一环，在化工和石化行业的发展过程中有可能起到关键性甚至是决定性的作用，因此，在国内普及和开发化工设计软件也将成为必然趋势。设计软件在项目的评估、规划、可行性研究、工艺过程设计、装置设计、建设工作前期准备直到施工管理、开车、培训、维护等一系列过程的一体化，都将进一步形成 CAD/CAE（computer aided engineering）系统，将会带来生产力的进一步提高，从而促进 CAD/CAE 技术新的进步和发展，形成良性循环。

思 考 题

1. 如何确定项目的生产规模？
2. 怎样进行工艺计算中的物料衡算?（物料衡算的方法与步骤是什么？）
3. 怎样确定发酵罐容积？
4. 热量衡算的意义有哪些？
5. 热量衡算的方法和步骤是什么？
6. 水衡算的意义有哪些？
7. 水衡算的方法和步骤是什么？
8. 非标设备设计主要是指哪些设备的设计？
9. 通用设备选型的注意事项有哪些？
10. 掌握设备一览表的编制。

第五章　工艺设备选型

目前生物工厂设计的重要问题之一是工艺设备的设计和选型，由于各种产品的工艺特性不同造成了工艺设备的设计和选型存在很大的差异，很多新建或扩建的生物工程项目没有注意这一点，结果小试、中试很成功的生物工程产品在扩大生产后就失败了。例如河南某企业的结冷胶项目，没有把放大发酵后物料的特性搞清楚，选择的设备不当致使产品质量达不到要求。该项目没有从模型试验入手，一直在选定的工艺设备上修改，耗费了大量的人力、物力和财力，最终以失败告终。山东某企业的丁二酸项目，发酵罐由 20 m^3直接放大到 300 m^3，没有经过中间试验，导致 6 台 300 m^3发酵罐产酸率只有 20 m^3发酵罐产酸率的三分之一。后经过近 4 年数次修改，产酸率提高到目前的 9 g/L，接近当初 20 m^3 产酸率，才使企业扭亏为盈。

第一章中提到了项目的模型试验，它是项目在实验室基础研究和模拟小试之后进行的，其目的是考察因实验室研究规模和其他条件限制而不能考察到的许多重要的工程因素，了解放大效应和测定有关放大判据或数据，并由此形成新的技术概念和技术措施。这些措施必须经过技术经济评价，确认其可靠性和合理性后方能采用。通过技术经济评价，还能发现模型试验存在的问题和需要补充考察的内容。因此，将技术经济评价和模型试验联系起来，可以及时将评价结果和发现的问题返回模型试验，必要时调整试验内容或改进试验方法，并对重新试验结果做出评价。这一工作程序，是将试验工作置于正确的设计思想指导之下，对于提高模型试验质量和技术方案设计的可靠性都是十分有利的。

如果模型试验做得不完备，进行设备设计选型时将会造成扩大生产后设备先天不足、改造困难等问题。所以，完备的模型试验形成的放大判据或数据是设备设计和选型的重要基础。有关生物工程的模型试验和设备选型的内容，成书的很少，但这一内容对生物工程设计来说至关重要。下面我们根据多年的生物工程研究与设计经验，就主要方面进行介绍。

第一节　输送、清理、粉碎、打浆与磨浆设备的选型

一、输送设备的选择

生物工程中使用的物料种类很多，包括固体颗粒、粉体、高浓度粉浆、膏体、不含颗粒的液体、含颗粒液体、含湿晶体，以及空气、无菌空气、CO_2、H_2、N_2 等气体。对于不同类型的物料，输送设备的选择不同，下面分类介绍。

（一）固体颗粒输送设备选择

固体颗粒输送设备有螺旋输送机、皮带输送机、刮板输送机、振动输送机和摆动输送

机、斗式提升机、滚筒输送机、管链输送机、气力输送机。下面就每一种输送机的性能与特点加以介绍，以便于选择。

1．螺旋输送机

螺旋输送机俗称绞龙，其整体结构及内部结构由头节、中间节、尾节及驱动部分构成。常用于水平或小于 20º 倾斜方向输送各种粉状和粒状物料，如谷物、薯类、糖粉和淀粉等。也可用于粒状物料的垂直输送，不适宜输送易变质的、黏性大的、易结块的物料。被输送的物料温度要低于 200℃。常用于中小输送量及输送距离小于 50 m 的场合。小输送量的绞龙有无轴绞龙和有轴绞龙两种。

2．皮带输送机

皮带输送机运用输送带的连续或间歇运动来输送各种轻重不同的物料，既可输送各种散料，也可输送各种纸箱、包装袋等单件重量不大的件货，用途广泛。皮带输送机按其结构形式分为槽型皮带机、平型皮带机、爬坡皮带机、转弯皮带机等。输送带上还可增设提升挡板、裙边等附件，以满足各种工艺要求。输送机两侧配以工作台、加装灯架，可作为电子仪表装配，食品包装等装配线。输送带的材质有橡胶、橡塑、PVC、PU 等多种材质，以满足不同行业需要。除用于普通物料的输送外，还可满足耐油、耐腐蚀、防静电等有特殊要求物料的输送。采用专用的食品级输送带，可满足食品、制药、日用化工等行业的要求。驱动方式有减速电机驱动和电动滚筒驱动。调速方式有变频调速和无级变速。机架材质包括碳钢、不锈钢和铝型材，有移动升降式和固定式之分。

3．刮板输送机

刮板输送机工作时其刮板链条埋于物料之中，结构简单、质量小、体积小，可单点和多点进、出料，常用于输送颗粒状、小块状和粉状物料，能在水平或 150º 角范围内作倾斜和垂直输送。一般水平输送最大长度为 80～120 m，垂直提升输送高度为 20～30 m。

装料方式为流入式，卸料方式为重力式。刮板链条传送速度为 0.1～0.4 m/s。适合于输送温度 250℃以下、密度较大、耐磨性、块状物料，如薯干、石灰石、甜菜块等。

4．振动输送机和摆动输送机

振动输送机是利用激振器使料槽振动，从而使槽内物料沿一定方向滑行或抛移的连续输送机械。广泛用于无粉尘溢散、易粘连的固体颗粒的短距离输送。

摆动输送机主要靠摆动机构使一小段输送机在 90º～120º 空间摆动。主要用于物料的分散平铺，如谷物进仓、白酒发酵的拌料进发酵池等过程，铺料效果好。

5．斗式提升机

斗式提升机输送设备固定连接着一系列料斗的牵引构件（胶带或链条）环绕提升机的头轮与尾轮之间，构成闭合轮廓。驱动装置与头轮相连，使斗式提升机获得必要的张紧力，保证正常运转。物料从提升机底部供入，通过一系列料斗向上提升至头部，并在该处卸载，从而实现在竖直方向运送物料。斗式提升机的料斗和牵引构件等行走部分以及头轮、尾轮等安装在全封闭的罩壳之内。

6．滚筒输送机

滚筒输送机种类较多，有 90º 转向滚筒输送机、打包滚筒输送机、滚珠滚筒输送机、二合一滚筒输送机、打通滚筒输送机、包装后段滚筒输送机、仓储物流滚筒输送机、环型滚筒输送机、分道滚筒输送机、转弯滚筒输送机、O 型滚筒输送机、滚轴输送机。滚筒式输送机大多用于输送重量较轻和尺寸较小的零担货物，底面不合适的货物可以用托盘或装箱运输，货物的交付和验收可以在任意地点进行。同时，这里原则上应在驱动的和未驱动的辊轴之间加以区别。当输送的货物被拦截下来，并在此后的某个时刻再独立地启动运行时，那么驱动的滚筒式输送机就可用作拦堵输送机。如果需要有恒定的输送速度，那么较长的水平输送段或上升输送段也需要这样的输送机。

7. 管链输送机

管链输送机作为新型输送设备，已经在越来越多的行业中得到了应用。管链输送机是输送粉状、小颗粒状及小块状等散状物料的连续输送设备，可以水平、倾斜和垂直组合输送。在密闭管道内，以链片为传动构件带动物料沿管道运动。当水平输送时，物料颗粒受到链片在运动方向的推力。当料层间的内摩擦力大于物料与管壁的外摩擦力时，物料就随链片向前运动，形成稳定的料流；当垂直输送时，管内物料颗粒受链片向上推力，因为下部给料阻止上部物料下滑，产生了横向侧压力，所以增强了物料的内摩擦力，当物料间的内摩擦力大于物料与管内壁外摩擦力及物料自重时，物料就随链片向上输送，形成连续料流。

管链输送机有如下特点：①结构紧凑，占用空间小，可以三维改变输送方向。②全封闭式输送，被输送的物料从进口到出口法兰之间是处于密闭状态的。出口不必设置除尘器。在输送物料时可充装气体。运输中能保证没有粉尘泄漏到环境中。③物料沿着管道平滑输送，基本上没有内部运动，所以物料破损少，缓慢的弯道输送使很少的物料颗粒产生碎屑，最大限度地保证物料的完整性，且输送管道无死区、无金属摩擦情况，最大限度地降低噪音。④特殊的输送盘具有极低的摩擦系数和稳定的输送能力。链轮有优化的肩，设计优化；使用硬化链条具有最小磨损。物料输送过程中，能耗最低，最大限度地降低运行成本。而且维护成本低，使用寿命长。⑤最大水平输送距离为 60 m，最大提升高度为 40 m，最大能力可达 300 m^3/h。⑥有防爆设计和气密设计。⑦可以重载起动。

8. 气力输送机

气力输送机是指在管道中借空气的动能或静压使物料按指定路线进行输送的设备。气力输送机的优点是生产效率高，设备构造简单，使用、管理和维护方便，自动化程度高，环境污染小等。在输送过程中可同时进行混合、粉碎、分级、干燥、冷却等工艺操作。缺点是动力消耗较大，在输送过程中物料易于破碎，管壁也受到一定程度的磨损，物料尺寸需小于 30 mm。对于黏附性高或高速运动时易产生静电的物料的输送则不适用。可水平、垂直或倾斜输送。

在气力输送过程中，固体颗粒在管道弯头部分以射流形式碰撞通道外侧，会使弯头局部严重磨蚀。所以气力输送机对固体颗粒输送不太适合，其更适用于粉体输送。部分固体颗粒输送设备优缺点比较见表 5-1。

表 5-1　部分固体颗粒输送设备优缺点比较

固体颗粒输送设备及示意图	优　点	缺　点	应用范围
螺旋输送机	构造简单，占地少，设备容易密封，便于多点装料及多点卸料，管理和操作比较简单，适用于粉状和粒状物料	运行阻力较大，比其他输送机的动力消耗大且机件磨损较快，维修量大	用于谷物、饲料、食品、塑料、建材、医药等行业
皮带输送机	输送量大，输送距离长，输送平稳，物料与输送带没有相对运动，噪音较小，结构简单，维修方便，动力消耗少，部件标准化	输送有粉末的物料时易扬尘	用于食品、饲料、矿冶、塑料、建材、医药等行业
刮板输送机	实现多点卸料，分配灵活，设备完全达到自封闭的要求，栈桥敞开	设备的动力很大，动耗浪费大，设备故障多	输送有毒、易爆、高温和易飞扬的物料
斗式提升机	密封性好，结构紧凑，提升量大，提升度高（可达 30 m）	输送有粉末的物料时易扬尘，可吸风除尘	适用于垂直输送粉状、颗粒及小块的物料，应用于饲料、食品、冶金、矿山、塑料、建材、医药等工业
滚筒输送机	构造简单，适用不同大小物体输送	输送有些物体时易跑偏	适用于各类箱、包、托盘等件货的输送，散料、小件物品或不规则的物品需放在托盘上或周转箱内输送
管链输送机	结构紧凑，操作方便，无粉尘泄漏	弯管处易磨损	输送粉末、颗粒状物料，在粉碎工序里使用比较广泛

（二）粉体输送设备选择

国内外用于粉体输送系统的设备主要分两大类，即机械输送与气力输送。螺旋输送机、皮带输送机、斗式提升机、刮板输送机等均属机械输送。负压抽吸输送、高压气力输送、空气输送斜槽等均属气力输送。机械输送设备一般由驱动装置、牵引装置、张紧装置、料斗、机体组成。气力输送又称气流输送、气动输送，其装置一般由发送器、进料阀、排气阀、自动控制部分及输送管道组成。机械输送设备比较适宜短距离，大输送量，但机件局部磨损严重，维修工作量大，广泛用于干颗粒物料、湿颗粒物料、有黏性的颗粒或粉体物料的输送。气力输送设备结构简单、工艺布置灵活，便于自动化操作，一次性投资较小，适于长距离的粉体输送，易密封，广泛用于食品、化工、医药及建材等工业领域。传统机械输送与气力输送性能比较如表 5-2 所示。

纵观我国粉体物料装、卸、运技术发展过程，由于气力输送设备具有诸多优点，在各种粉体制造、运输或者使用环节，正压输送、负压抽吸等气力输送系统的应用越来越广泛。随着社会环保意识的加强，粉体材料在输送生产工程中产生的环境污染越来越得到广泛的重视。气力输送是粉体制造企业或者粉体使用企业保障清洁生产的一个重要环节，它是以密封式输送管道代替传统的机械输送物料的一种工艺过程，是适合散料输送的一种现代输送系统，将以强大的优势取代传统的各种机械输送。

表 5-2　气力输送与传统机械输送方式比较

项　目	气力输送	皮带式输送机	链式输送机	螺旋输送机	斗式提升机	振动输送机
输送物料的最高温度/℃	600	普通胶带 80 耐热胶带 180	300	300	80	80
输送管线倾斜角/（°）	任意	0～40	0～90	0～90	90	0～90
最大输送距离/m	1000	8000	200	20	50	10
所需功率消耗	稍大	小	大	中	小	大
最大输送速度/（m/s）	0～35	0.25～3	10～30	20～100 r/min	2～4	—
输送物料飞扬	无	有可能	无	无	无	有可能
异物混入及污染	无	有可能	无	无	无	无
输送物料残留	极少量	无	有	少量	有	有
管线配置灵活度	自由	直线	直线	直线	直线	直线

气力输送系统具有以下优点：①气力输送系统是全封闭型管道输送系统，既环保且对所输送的粉体材料无二次污染。②输送效率高，设备结构总体较简单，维护管理方便，易于实现自动化。③输送管道能灵活地布置，从而使工厂设备工艺配置合理。气力输送系统的不足之处在于：①与其他输送方式相比，其缺点是动力消耗稍大。②由于输送风速较高，易产生管道磨损和被输送物料的破碎，故特别适用于粉体输送。

气力输送根据气力输送压力不同分为吸送式（负压输送）、低压压送式、高压压送式三种；根据被输送物料与气相之比不同分为稀相输送式、密相输送式、栓流输送式三种。各种输送方式的优点和缺点列于表 5-3。

表 5-3　气力输送各种输送方式的优点和缺点比较

输送方式	优　点	缺　点
吸送式	① 易于取料，适用于要求取料不产生粉尘的场合； ② 适用于从低处、深处或狭窄取料点以及由几处向一处集中送料的场合	① 一般工作真空度小于 0.05 MPa，故输送量和输送距离不能同时取大值； ② 本身特性导致容易产生大量的粉料浪费，污染环境

续表

输送方式	优　点	缺　点
低压压送式	① 适用于从一处向数处的分散输送； ② 出气端除尘更为容易，粉料不易外泄； ③ 低压大风量不易引起粉料挤压堆积	①供料较吸送式困难
高压压送式	① 由于使用排气压力高的气源设备，故输送条件即使有变化仍可实现输送	① 管道易于磨损； ② 高的压力对除尘器要求较高
稀相输送式	① 可以从低处或散装处多点向高处一点或多点进行输送； ② 输送量大，距离较长，流速较高，稳定；气固比一般为 1～10；系统初始速度一般大于 12 m/s，末端速度最高可达 35 m/s；低于 0.1 MPa 的气体输送；最大输送距离为 300 m	① 由罗茨鼓风机提供气源，对气动插板阀气密性有要求，否则漏粉
密相输送式	① 输送速度低，对于物料品质的影响较小；固气比一般为 15～50；高压下（约 700 kPa 以上）输送；最大输送距离为 3000 m；输送成本最低	① 物料在管道内已不再均匀分布，容易引起粉料挤压堆积造成堵塞
栓流输送式	① 较好的中等距离的输送方式	

下面以实例来进行比较。某项目有 6 个磨粉机，每个磨粉机出料量为 900 kg/h，由各磨粉机底部出料输送到三楼粉料仓顶卸料，距离 200 m。分别采用高压密相输送式与低压稀相输送式进行物料输送。高压密相输送式由空气压缩机、缓冲罐、加料泵、输料管（Φ133 mm）、旋风卸料器组成，总投资 56.4 万元。输送压力为 100～600 kPa，一般气速为 2～8 m/s，固气比大于 15，气速低，磨损小，固气比相对较大。低压稀相输送式由罗茨风机、闭风器、文丘里式加料器、输料管（Φ219 mm）、旋风卸料器组成，总投资 23.2 万元。输送压力为 20～100 kPa，一般气速为 15～30 m/s，固气比小于 10，气速高，磨损较大，固气比小，输送效率相对较低。从设备初投资对比，高压密相输送式比低压稀相输送式设备初投资多 33.22 万元。但从运行费用对比，高压密相输送式总功率为 17.5 kW，每年的运行电费为 2.646 万元；低压稀相输送式总功率为 79.5 kW，每年运行电费为 16.880 万元。高压密相输送式比低压稀相输送式每年可节省电费 14.2 万元。实践证明，无论是高压密相输送式还是低压稀相输送式，在设计和使用过程中都存在一些问题，如输送管的弯头较易磨损，空气压缩机和罗茨风机需要定期更换冷却油和空气滤芯等。而采用由中高压风机、诱导式加料器、输料管（Φ250 mm）、旋风卸料器组成的吸送式系统则无上述问题，其总投资为 16.12 万元，比低压稀相输送式低。吸送式总功率为 75 kW，每年运行电费为 16.200 万元。

吸送式又叫负压输送或真空输送方式。其系统主要由供料设备、输送管路、料气分离设备、气源与净化设备等组成。最大输送距离 300 m。采用吸风机、真空泵等负压设备作为气源，负压输送起点压力低于或接近大气压，并沿输送管道逐渐降低。输送过程无泄漏、无粉尘飞扬，是压片机、胶囊填充机、干法制粒机、包装机、粉碎机、振动筛等机械自动上料的首选设备。

每一种散装粉料和颗粒料性质各异，各行业用户对其所相关的散装粉料和颗粒料管道气力输送的要求不尽相同，有的物料在输送时要保证绝对的卫生并尽量不破碎，如调味品鸡精颗粒料、啤酒原料麦芽等；有的希望在输送过程中管道的磨损程度要尽可能低，如输送柠檬酸结晶体、葡萄糖酸钠等；还有的需要采用惰性气体输送或者有防爆、防静电和称量要求等。根据不同的粉体或颗粒材料特点，采用与之相适应的技术和设备来达到要求是气力输送系统的核心技术。

下面再以气力输送系统和管链输送机在粉料输送中的对比分析为例。管链输送机近几年来在粉料输送领域的应用越来越广泛，其结构紧凑，占用空间较小，可以水平、倾斜和垂直任意组合；全封闭式输送，无粉尘泄漏，环保清洁；适合中短距离输送；可以设置多个进料口或多个出料口，从而实现灵活多变的投料方式；能耗低，噪音小，更适合对苯二甲酸粉料项目的选型要求。

根据供应商的报价，稀相气力输送方案中固定资产投资约为 86 万元，管链输送机方案的固定资产投资约为 124 万元。可以看出，在初始投资中，管链输送方案的成本要比气力输送的成本高出 44%。接下来，看一下运行成本，主要包括电费和设备的维修维护费用。稀相气力输送方案中的最大的用电设备为罗茨风机，功率为 45 kW。按电价为 0.6 元/(kW · h)，年运行 8000 h 计算，每年的运行电费为 21.6 万元。管链输送机方案中的用电设备为 2 台驱动电机，总功率为 9.5 kW。同样按电价为 0.6 元/(kW · h)，年运行 8000 h 计算，每年的运行电费为 4.56 万元。由此可知，采用管链输送方案，每年可节省电费 17.04 万元。

不同的物料、不一样的工艺需要不同的输送方式。工程研发人员要认真倾听每个客户的具体需求，研究每个物料特性，通过丰富的经验和可靠的实验，以严谨创新的设计，提供科学的最优化解决方案。所有设备的选型都必须有据可依，不得存在任何随意或侥幸心理。对于规格型号较大的设备，在自己选型的同时，应与设备供应厂家联系确认型号及具体技术参数，有条件的情况下，还应对相同型号设备的相同或相似应用进行现场考察，做到万无一失。

（三）流体输送设备选择

生物工程中输送的流体种类很多，包括清水、氨水、消泡剂、低浓度浆液、高浓度粉浆、含颗粒液体、浆渣、膏体以及含湿晶体。其中，浆渣、膏体以及含湿晶体属于半流体。输送流体的机械统称为泵，由于输送物料种类不同就有了多种形式的泵，按其作用原理可分为叶片式、容积式、其他类型（如射流泵、水锤泵、电磁泵等）三大类；按用途划分有清水泵、污水泵、潜水泵、油泵、泥浆泵、浆渣泵、混流泵、计量泵、卫生泵、化工泵、水环真空泵、消防泵、耐腐蚀泵、深井泵等；按泵结构来分有离心泵、螺杆泵、活塞泵（往复泵）、轴流泵、罗茨泵、凸轮转子泵、齿轮泵、隔膜泵、旋涡泵、射流泵、电磁泵等；按泵材料来分有铸铁泵、不锈钢泵、塑料泵、陶瓷泵等。常用泵的主要特点见表 5-4。

表 5-4　常用流体输送泵的特点简介

指　标	叶　片　式			容　积　式	
	离　心　式	轴　流　式	旋　涡　式	活　塞　式	转　子　式
流体排出状态	流率均匀			有脉动	流率均匀

续表

指　　标	叶　片　式			容　积　式	
	离　心　式	轴　流　式	旋　涡　式	活　塞　式	转　子　式
流体品质	均一液体（或含固体液体）	均一液体	均一液体	均一液体	均一液体
允许吸上真空高/m	4～8	—	2.5～7	4～5	4～5
扬程（或排出压力）	范围大，低至10 m，高至600 m（多极）	低，2～20 m	较高，单级至100 m以上	范围大，排出压力高，可达60 MPa	
体积流量/(m^3/h)	范围大，低至5，高至3000	大，可达60 000	较小，0.4～20	范围较大，1～600	
流量与扬程关系	流量减少，扬程增大；反之流量增大，扬程降低	同离心式	同离心式，但增率和降率较大（即曲线较陡）	流量增减，排出压力不变。压力减，流量几乎为定值（原动机恒速）	
构造特点	转速高，体积小，运转平稳，基础小，设备维修较易		与离心式基本相同，翼轮较离心式叶片结构简单，制造成本低	转速低，能力小，设备外形庞大，基础大，与原动机联接较复杂	同离心泵
流量与轴功率关系	依泵比转速而定。离心式泵当流量减少时，轴功率减少	依泵比转速而定。轴流式泵流量减少，轴功率增加	流量减少，轴功率增加	当排出压力一定时，流量减少，轴功率减少	同活塞泵

在选择泵时一般遵循以下原则：①根据所输送的流体性质（如清水、黏性液体、含颗粒杂质的流体等）选择不同用途、不同类型的泵。②流量、扬程必须满足工作中所需要的最大负荷。图 5-1 为各种泵的适用范围，由图可见，离心泵适用的流量和扬程（压力）范围是最大的，因而应用是最广的。③从节能观点选泵，一方面要尽可能选用效率高的泵，另一方面必须使泵的运行工作点长期位于高效区之内。④为防止发生汽蚀，要求泵的必需汽蚀余量 NPSHr 小于装置汽蚀余量 NPSHa。⑤对于易燃、有毒、腐蚀性强、含有气体的流体，以及低温液化液、高温热油等流体，应选择有特殊要求的泵型。⑥所选择的泵应具有结构简单、易于操作和维修、设备投资少等特点。

为了合理有效地使用泵，使泵在高效点运行，从而节省电量，降低生产成本，我们在进行工艺设计与泵选型时应该充分注意泵的性能曲线与型谱图。图 5-2 是离心式浆泵的性能曲线与型谱图。

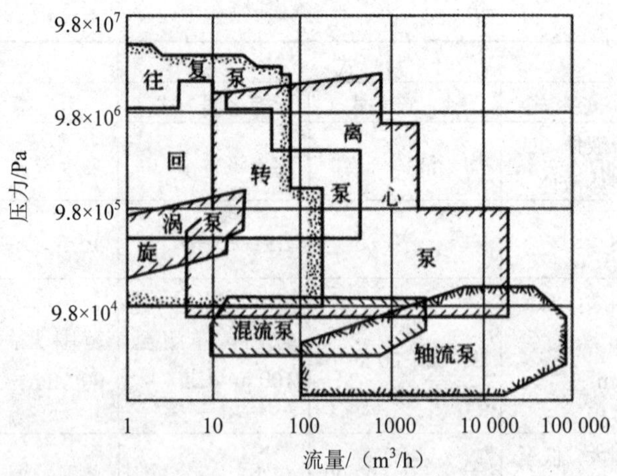

图 5-1　各种泵的适用范围

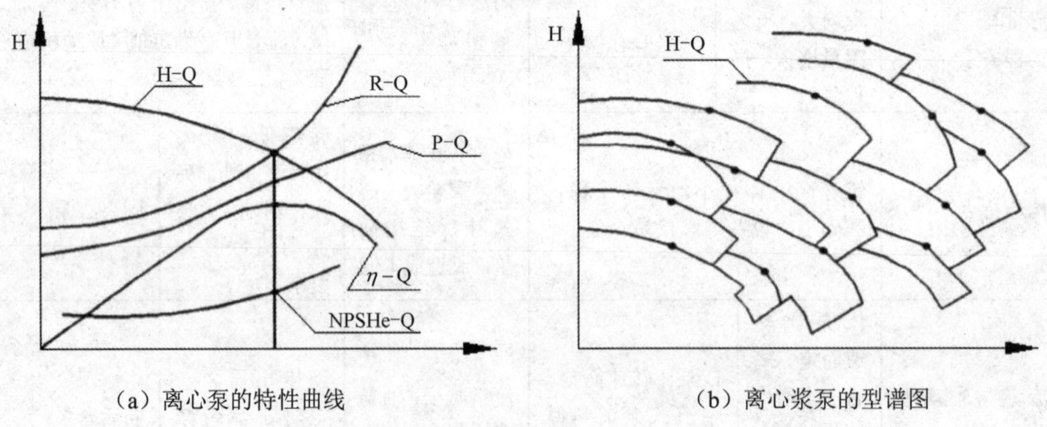

（a）离心泵的特性曲线　　（b）离心浆泵的型谱图

图 5-2　离心式浆泵的性能曲线与型谱图

由于泵输送黏性或带有悬浮颗粒液体时其性能与输送清水时有很大差别，而在实际使用中由于要输送的液体种类很多，每种液体的物理及化学特性又各不相同，泵制造厂家也不可能以各种实际液体进行试验及绘制性能曲线，因为那样试验费用太高，因此泵厂给我们提供的都是泵的清水性能。用作清水输送的泵可直接根据所需流量 Q 和扬程 H 进行选型。当被输送的液体是均匀的、比重和黏度与水接近时，可用被输送液体的质量流量除以比重得到体积流量，用体积流量和所需扬程乘以 1.1～1.2 来查泵的性能曲线与型谱图选型。

当泵用于输送黏性或带有悬浮颗粒液体时，合理地通过泵制造厂家提供的性能曲线进行简便的性能换算对泵的快速选型是非常有必要的。

1．泵输送黏性液体时的性能换算

当离心泵用于输送黏度比水大的发酵产品或其他液体时，一般是将泵输送黏性液体时的性能通过必要的换算方法使其转化为泵输送常温清水时的性能，然后再进行泵的选型。目前常用的换算方法有图表法和公式计算法两种。图表换算法具有快速直观的特点，精确度不是很高，但其性能换算偏差仍能控制在允许的误差范围内，适于一般用泵的选型；而公式计算法比较复杂，但计算结果较准确，适于运用计算机程序进行泵的选型。不过现在国内外应用较为广泛的换算方法仍是从美国水力学会标准换算图转化过来的图表换算法，在美国水力学会的换算图表中 K_η、K_Q、K_H 分别表示泵的效率、流量、扬程换算系数，如图 5-3 所示。

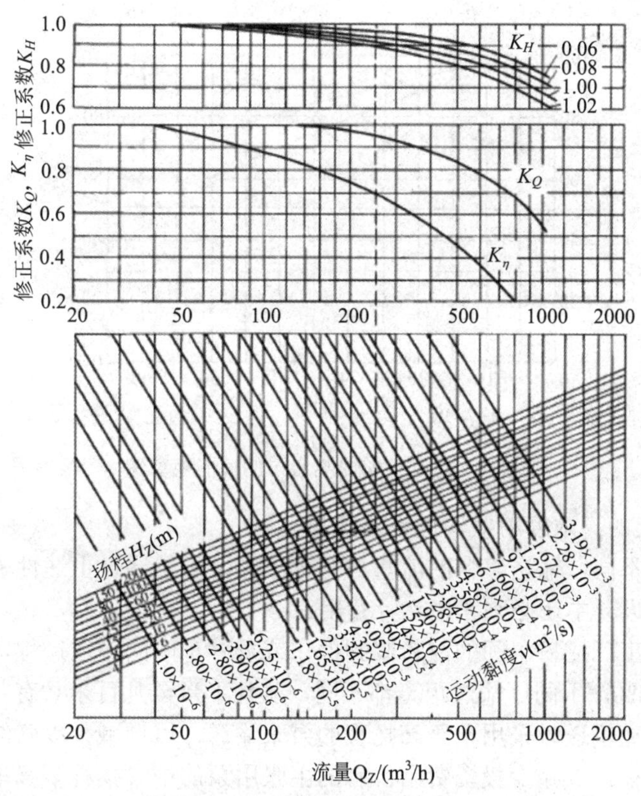

图 5-3　美国水力学会模型换算图

应当特别注意，当黏度＞1000 mm²/s 时，离心泵的性能下降很大，一般不宜再用离心泵，应选用螺杆泵或旋转活塞泵。

2．泵输送带有悬浮颗粒液体时的性能换算

当离心泵用于输送带有悬浮颗粒的液体时，由于液体种类的千差万别内部流动非常复杂，其性能换算比较困难，目前尚无准确的标准换算方法。这里仅推荐一种通过查阅经验图的近似性的换算方法供离心泵选型时参考。

下面以泵输送泥浆时的性能换算图为例列出离心泵用于输送带有悬浮颗粒液体时的选型步骤。

首先通过给定的泥浆浓度由图 5-3 查出流量和效率换算系数 K_Q 及 K_η 然后再利用下式求得输送带有悬浮颗粒液体时的性能：

$$Q_X=K_QQ_W$$

$$\eta_x=K_\eta\eta_W$$

式中 Q_X、η_X——输送泥浆时的流量及效率；

η_w、Q_w——泵输送常温清水时的最高效率和最高效率点的流量；

K_Q、K_η——流量和效率换算系数。

如果泵用来输送的是带有悬浮颗粒的液体不是泥浆也可以参考图 5-4 中的换算系数及计算方法进行离心泵选型。

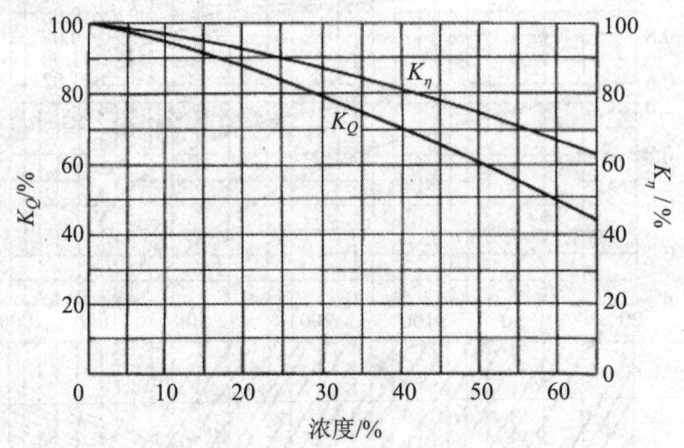

图 5-4 输送泥浆时离心泵的性能换算图

3. 输送黏性大的高浓度粉浆输送设备选择

由于工艺要求不同，输送浆料的流量与扬程不同，虽然通过上述性能换算可以对泵进行选型，但在实际设计中还必须考虑运行费用。

对于大型发酵工厂淀粉车间的淀粉浆到糖化或发酵车间的输送过程，淀粉浆体的重量浓度高达 35%～55%，不同厂输送距离都不同，从几十米至几百米。有些设计人员和使用单位主张，当远距离输送时采用单级高扬程的泵来输送，以便减少串联级数，从而减少泵台数及泵站占地面积，以减少投资费用；有的主张用泵的中等扬程多级串联来输送，以便提高泵的使用寿命和可靠性。而输送较高浓度物料时，有些设计人员和使用单位则主张在泵的性能范围内都可以使用，而有些则认为使用低转速、中等扬程、中等流量的离心泵可减少泵的磨损，减少配件量，提高可靠性，在上述几种情况中，究竟哪种好呢?下面我们通过实例进行比较，来说明这一问题。

某发酵公司 2017 年建二期发酵车间，从淀粉车间到一期工程发酵车间约 80 m，淀粉浓度 35%～45%，需要扬程 45 m，流量 140 m^3/h，选用 4 英寸重型淀粉泵（IHK150-125-400，Q=200 m^3/h，H=50 m，配备功率 75 KW），机封使用寿命 3 个月，年耗备件 4 套，年消耗折合人民币 1.48 万元。从淀粉车间到二期工程发酵车间约 350 m，淀粉浓度 35%～45%，需要扬程 85 m，流量 140 m^3/h，如选用 4 寸重型淀粉泵（IHK150-125-400，Q=200 m^3/h，H=50 m，配备功率 75 KW）二台串联使用，年耗备件 8 套，年消耗折合人民币 2.96 万元；如果采用 IHK150-125-315 三级串联使用，Q=200 m^3/h，H=32 m，配备功率 37 KW，机封使用寿命为 1 年，年耗备件为 3 套，年消耗折合人民币 0.954 万元；按电价为 0.6 元/(kW · h)，每年的运行 24×300=7200 h，二台串联与三级串联电费差为（2×75−3×37）×7200×0.6=16.848（万元），投资差为 2×3.59−3×2.69=−0.89（万元）。由此可知，二期工程采用

IHK150-125-315 三级串联方案，投资差异较小，每年可节省费用 16.848+2.96−0.954=18.584（万元）。

4．含颗粒液体或带有悬浮颗粒液体泵的选型

输送含固体颗粒液体的杂质泵的类型很多，从结构上来分有离心式、混流式、螺杆式、柱塞式等，从名称上来说有渣浆泵、浓浆泵、螺杆泵、柱塞泵。应根据含固体颗粒液体的性质选择不同类型的泵，以沃曼渣浆泵为例：重量浓度 30%以下的低磨蚀渣浆可选用 L 型泵；高浓度强磨蚀渣浆可选用 AH 型泵；高扬程的低磨蚀渣浆可选用 HH 型或 H 型泵；当液面高度变化较大又需浸入液下工作时，则应选用 SP（SPR）型泵。J · SLC 型泵有四种可互换的叶轮。其中流道叶轮用于料浆、泥浆、大颗粒固体悬浮液，以及不含气体和成型带状纤维填充物的液体；叶片叶轮用于料浆、细泥浆、小颗粒固体悬浮液，以及含少量气体但不含成型带状纤维的液体；单流道叶轮用于料浆、泥浆、大颗粒固体悬浮液，以及含带状纤维或稍含气体的液体；涡流叶轮用于料浆、细泥浆、大颗粒悬浮液，如含有纤维和少量乳液、少量气体的纸浆。

当离心泵用于输送带有悬浮颗粒的液体时，由于其使用条件较特别，泵零部件材质的选择会直接受制于它所输送液体的种类、特定温度下的浓度、黏度等因素。所以在渣浆泵选型时，首先应考虑其过流部件及轴封的材质能否经得起所输送液体的腐蚀和悬浮颗粒的冲刷。即当泵用于输送带有悬浮颗粒的液体时，其机械密封应选用硬质合金或碳化硅材质的摩擦副，并且要求装有外部冲洗机封的冲洗管路，否则机封容易被快速磨损；可采用德国 ITT Richer Chemie-Technik 公司专门研制的 RG -5 固定式机械密封，在与液体接触的一侧，RG-5 密封是无金属材料的。碳化硅密封元件使该密封有耐化学性、抗磨蚀和抗撕裂的性能。特殊设计的外罩支撑板有较宽的开口距离并环绕密封面，含颗粒液体一直冲刷密封箱，因此不会发生堵塞。其次，如果泵输送的液体温度较高，还需考虑泵内各零部件因热膨胀所带来的影响；另外，当泵用于输送密度较大的液体时，还应考虑其轴和其他零件的强度及刚度问题。

当泵输送相同渣浆时，用小流量、低扬程泵比用较大流量、高扬程，泵寿命要长；当使用流量扬程即工况点相同时，输送轻磨蚀渣浆比输送强磨蚀渣浆时泵寿命要长。所以，渣浆泵特性和泵使用参数、使用工况点均与泵的使用寿命有直接关系。因此选用渣浆泵的使用参数时，就不能只简单地选取泵的最高扬程及对应的最高效率点的大流量区，而必须兼顾泵的使用寿命。

此外，往复泵为容积式泵，它的流量与压头无关，调节往复泵的流量，可采用改变往复泵转速（即改变往复次数），改变冲程大小或采用支路调节的方法来实现。往复泵不能像离心泵那样，在出口管上设控制阀的办法调节流量，如若限制往复泵出口流量，则会出现重大事故。在腐蚀性液体或含有固形颗粒悬浮液时，可采用隔膜泵。旋涡泵的流量小而压头高，泵体构造简单而紧凑，但效率较低，一般低于 40%。齿轮泵流量较小，但压头较高。

5．半流体输送设备选择

在生物工程中高含颗粒的浆渣、膏体、废水处理中的浓缩污泥以及含湿晶体的输送都属于半流体输送。下面以废水处理中的浓缩污泥输送为例。

废水厂浓缩污泥的流量一般都不太大，污泥浓度高，并含有细小颗粒。当浓缩工艺采用气浮时，污泥中带有大量气泡。为了提高污泥脱水效果，往往需要投加絮凝剂，为保护絮体不被破坏，输送过程不宜产生高速旋转或较大剪切力。另外，污泥泵的选择，还应与脱水机类型相适应。当采用板框压滤机时，其进泥过程中的压力由低到高变化，流量由大到小变化。从目前的泵型使用情况看，离心泵应用范围较广，但其对输送介质的剪切力较大。隔膜泵多用于腐蚀性介质和加药系统。柱塞泵价格昂贵，多用于对压力要求非常高的情况。螺杆泵和凸轮转子泵能够连续、均匀地输送介质，没有湍流、搅动、脉动和剪切现象，特别适用于输送浓缩污泥，可以较大程度地保持污泥性质，保护絮体不被破坏，从而获得较佳的脱水效果。因此，废水厂排泥水浓缩污泥宜采用螺杆泵或凸轮转子泵。螺杆泵在废水厂污泥处理系统中多为偏心单螺杆泵，由定子、转子、万向节、驱动装置和机架等部件组成。由于转子和定子各自螺纹头数不同，在转子和定子表面之间产生了一个封闭的容积腔，腔内的污泥随着转子的旋转沿轴向被推出排泥口，从而将污泥从吸入端到排出端不断地送出。螺杆泵转子和定子之间存在连续的过盈接触，在吸入端和排出端两侧之间形成一条可靠的密封线，从而使螺杆泵不但可以泵送较高的压力，还具有一定的自吸能力。单螺杆泵可以用于输送含有固体颗粒的液体，酸碱盐液体，不同黏度的液体，如纸浆、软膏、污油、污水、泥浆和果酱等，广泛应用于环保、生物工程、污水处理、采矿、石油化工、食品、制糖、制药、造纸、染料、建筑、农业等工业部门。凸轮转子泵也是一种容积泵，工作原理与罗茨鼓风机相似，两个转子叶轮平行设置，在两个转子叶轮之间和转子与泵壳之间形成腔体，当转子配合旋转时，便将污泥吸入、排出，实现输送污泥的目的。转子叶轮有 2 叶和 3 叶、4 叶和 6 叶等结构。凸轮转子泵的特点和工作情况与螺杆泵有很多相似之处，优势在于：①介质在凸轮转子泵中被传送的距离比较短，不像螺杆泵那样有很长的接触线，因此颗粒通过能力大，结构尺寸小，占地小，效率高，所需维修空间小，耐磨蚀性能好，检修维护费用较低。②凸轮转子泵可以反向输送介质，可以短时承受干运行而泵不会被损坏。③直线型凸轮转子泵在工作时会有较大的压力波动，采用螺旋形转子叶轮可以解决这个问题，将脉动降低到很小，基本可以实现无脉动输送介质。凸轮转子泵也具有自吸能力，但自吸性能不如螺杆泵，在转速大于 200 r/min 时才具有一定的自吸能力。由于结构原因，在泵型规格较小时，凸轮转子泵价格高于螺杆泵。规格越小，价格差越大。相反，在泵型规格较大时，规格越大，价格较螺杆泵就越低。一般来说，单泵流量在 70 m^3/h 以上，宜选择凸轮转子泵；单泵流量在 40 m^3/h 以下，宜选择螺杆泵。当采用螺杆泵作为进泥泵时，离心脱水机可配套单级螺杆泵；板框脱水机压力较高的工况，宜选择多级螺杆泵。在污泥处理系统中，凸轮转子泵适宜输送含固率 6%以下的污泥，对于脱水污泥，一般多采用螺旋输送机。但在特殊工况下，如长距离、垂直高差大的工况，有压力输送要求或设备安装空间小等情况下，可采用螺杆泥饼泵。几种污泥输送泵的比较详见表 5-5。

表 5-5　几种污泥输送泵比较

泵　型	优　点	缺　点
离心泵	剪切力大，只适合于投资成本较低，稳定性极高的污泥。流量大，进泥速度快	高速运转设备，耐磨损性能差

续表

泵　型	优　点	缺　点
隔膜泵	泵送动作较平顺，对介质没有剪切破坏	价格及运行费用高
柱塞泵	流量大、压力高，操作压力高；对介质的挤压剪切很小	价格及运行费用高；维护成本高
螺杆泵	可泵送高黏度、流动性差的介质；对介质无剪切、无搅动，没有湍流脉动现象，泵送平稳；适用的液体种类和黏度范围广；体积小，结构简单	耐磨损性能稍差；维修成本较高；制造加工要求高
凸轮转子泵	对介质的挤压剪切很小，泵送平稳，几乎没有脉动；颗粒通过能力强；耐磨损性能好；可反向输送介质；结构紧凑，占地面积小	输送压力低，压力稳定性稍差

总之，无论是固体颗粒、粉体、高浓度粉浆、膏体，还是不含颗粒的液体、含颗粒液体以及含湿晶体的输送，其输送设备的选择都必须遵从以下原则：①从被输送物料特性出发，选择最适合的输送设备；②根据输送设备本身性能选择输送设备的机型；③从满足工艺需要，保证产品质量方面来选择；④比较设备投资及运行费用，选择最优方案。对于以上因素要统筹考虑，全面地权衡利弊，以尽可能满足生产和工艺的需要，同时保证产品质量高，经济性好，维修保养便利。

（四）气体输送设备选型

气体输送设备与液体输送设备有许多相似之处。但是气体具有可压缩性，在气体输送过程中，当气体的压强发生变化时，其体积和温度也将随之发生变化，因此气体的输送涉及热力学性质。但在一般的工程计算中，除了高压气体压缩机以外，均按一般流体输送问题处理，对于在高压下的气体压缩过程，则应用热力学方法进行计算。下面介绍气体输送设备的类型、特点以及选型原则。

1．气体输送设备的类型

气体输送设备的类型、种类要比液体输送设备复杂得多。气体输送设备有风机和空压机两大类。风机有轴流式、离心式和罗茨式三种。空压机的分类较复杂，按其原理可分为容积式和速度式两类。其中容积式分为往复式和回转式；速度式分为轴流式、离心式、混流式。而往复式又有活塞式和膜式两种；回转式又有滑片式、螺杆式、涡轮式三种。

活塞式空压机分类的方法很多，名称也各不相同，通常有如下几种分类方法：①按空压机的气缸位置（气缸中心线）可分为卧式空压机、立式空压机、角式空压机，角式空压机的气缸布置成L型、V型、W型和星型等不同形状的。②按空压机气缸段数（级数）可分为单段空压机（单级）、双段空压机（两级）、多段空压机（多级）。③按气缸的排列方法可分为串联式、并列式、复式、对称平衡式。④按空压机排气终压分为低压（3～10 MPa）式、中压（10～100 MPa）式、高压（100～1000 MPa）式。⑤按冷却方式分为水冷式和风冷式。

另外，空压机按产生的压缩空气有无油分分为无油式和有油式，按工作过程中声音大小分为静音式和一般式。

在生物工程中一般用到的空压机为低压活塞式和离心式，一般情况下，中小流量多采用活塞式，大流量则采用离心式。

近几年来，国内一些发酵产品，如抗生素原料药、氨基酸、有机酸等生产规模越来越大，其中涉及的无菌空气需求量非常庞大，总能耗也十分惊人，压缩机原动机甚至需要采用 10 kV 高压电机或专用汽轮机。因此，分析无菌空气的制备过程，研究如何以低耗能并最大限度地取得满足生产需要的无菌空气，对企业节能减排很有意义。

2．风机选型

风机的流量和风压通常由样本提供，样本中气体温度与风机的标准状态略有不同，标准状态是指：气体温度 20℃、相对湿度 50%、大气压强 0.101 MPa、密度 1.2 kg/ m^3 的干净空气。根据风机无因次方程式可知，风机形式（叶轮、直径）相同，不同工况的流量值也相等，即标准状态下的额定流量 Q_0（m^3/ s）等于实际工况条件下系统的流量 Q_h（m^3/ s）。

根据使用条件下的气体温度、密度、大气压强换算出系统风机的风量、风压后，按工艺的要求，选择风机的风量为系统风量的 1.10～1.15 倍，风压为系统全阻力的 1.2 倍，并且应同时满足风量、风压两个参数。如果风量、风压与风机性能表中的数据差别较大或只能满足单一参数时，则应该更换风机系列，以保证工艺系统对风量、风压的调控要求。

在风机选型时，除应按照上述步骤计算风量、风压外，还需遵守以下原则。

（1）在风机的选用条件中，效率高的优先，以尽可能使所选风机的工作点在其高效工作范围内。

（2）风机的设计风量和设计风压以分别保留 5%～10%和 10%～15%的裕量为宜。

（3）所选用风机的风量-风压特性曲线，其工作点附近宜较为平坦，一旦工况发生变化，其风压变化较小。

（4）力求选择结构简单、尺寸小、质量轻、效率相对较高的风机，以满足运行时安全可靠、平稳、振动小、噪音低、气动性能好的要求。

对于污水站曝气用气、粉体输送用气、水产养殖用气等，要求提供 0.2 MPa（表压）的空气，可选用风机。常用风机性能比较见表 5-6。

表 5-6　常用风机性能比较

项　目	轴流式	离心式			罗茨式
		低　压	中　压	高　压	
风压/Pa	≤250	＜1000	1000～3000	3000～15 000	-53.3～98 000
风量/（m^3/min）	≤3000	风机的风量变化与转速比的一次方成正比；风压变化与转速比的二次方成正比；功率变化与转速比的三次方成正比			0.5～800
风量与风压关系，风量与轴功率关系	风量减少，风压增大；反之，风量增大，风压降低				罗茨风机的转速改变，风压基本保持不变，转速越高，风量越大

3．空气压缩机选型

（1）压力确定

空气压缩机的选型首先需确定出口压力。由于出口压力与压缩机工作电流或动力蒸汽耗量正相关，因此，压力确定的原则是“能低则低”，以利于节能，降低生产运行成本。对冷却效果良好的活塞式空气压缩机，若出口压力从 0.25 MPa 降到 0.2 MPa，约可节约用电 8.6%，若冷却效果差或无冷却的单级离心式空压机，节约用电可达 15%左右。

出口压力即系统背压，包括管道阀门与各种设备阻力损失、发酵罐液层静压及发酵罐上封头内压（罐压）等，其中可能产生阻力损失的设备包括储气罐、换热器、分离器、过滤器、发酵罐进气处理装置、发酵罐排气处理装置等。

对一般通风带搅拌发酵罐而言，如果空气系统设计选型合理，进发酵罐之前所有管路、设备阻力损失可以控制在 0.02 MPa 以内，加上发酵罐静压和罐压等，系统总压力一般在 0.15～0.25 MPa。

压力确定后，分解阻力损失到各个设备，所有设备的设计在满足工艺要求的前提下，均要以此目标为控制原则。所以，在设备设计选型上应预先考虑其阻力、能耗及总体效能。

（2）压缩机选型

可供选择的发酵常用空气压缩机有活塞式、离心式、螺杆式三种，其中活塞式适用中小流量，大流量时占地面积较大；离心式适用大流量，体积相对较小，0.2 MPa 以下可采用离心鼓风机的形式，无空气冷却系统，结构简单；而螺杆式由于空气中含油，偶见厂家作为发酵工艺用气设备，其最常用作气动自控系统的动力，且常用压力在 0.6MPa 以上。各种型式发酵用空气压缩机的相关性能对比分析如表 5-7 所示。

表 5-7　各种型式发酵用空气压缩机相关性能对比

项　　目	活 塞 式	离 心 式	螺 杆 式
常用压力范围/MPa	≤0.25（单级压缩）	≤0.25（单级压缩）	≥0.25
常用流量范围/（m^3/min）	10～400	130～830	≤70
对空气做功部件转速/（r/min）	活塞 600～1500（曲轴）	透平叶轮 10 000	螺杆 3000
冷却润滑方式	自润滑活塞环，气缸套水冷	无润滑，无冷却	油或水直接接触润滑并冷却
空气质量	有油雾	无油	含油或水
机械结构	复杂	简单	简单
设备成本	低	高	中
维护成本	中	低	高

对于中小规模发酵，空压机宜采用活塞式，若空气总流量大于 400 m^3 /min，采用离心式压缩机较合适；若投资总额控制较小，大规模发酵也可采用 D 系列活塞式空压机，但需配套较大的占地面积；不建议采用螺杆式空压机。

二、清理设备的选择

在现代化的生物加工中，原料粮食清理作业是一道很重要的工序，如果粮食中的杂质清理不净，不仅会影响后续的加工作业，增加机械设备的损耗及事故，同时还会降低原料的利用率。

（一）常用清理设备的种类与结构

1．风选清理筛

利用风选原理对粮食中的轻杂进行清理，对去除有机杂如秕谷、稻芒、空壳、秸秆等有明显的效果。通过调整风门及风量的大小，可控制杂质去除率。杂质的除去率可达到80%。

结构形式：①清理筛的进料斗设有均料板，能保证物料沿筛子宽度方向均匀进入；②风选器为一垂直吸风道，通过风选，吸除粮食中的稻草、秸秆和秕谷等轻质有机杂，通过控制调节风门的大小来调节垂直吸风道的风速，从而根据需要去除不同悬浮速度的有机杂；③压力门设置于进料斗和风选器之间，用于切断进料斗和风选器之间的空气通道，并可通过调节压砣的位置来控制压力门的开启大小，从而达到控制流量和匀料的目的；④小杂筛面设置于粮食出口的下方的一道淌筛，用于筛除部分泥沙，并通过小杂出口流出；⑤经风选后的净粮出口，端部设有橡胶压力门，用于减少系统漏风；⑥沉降室用于收集沉降从风选器吸出的轻质有机杂，沉降杂质通过下部的出杂绞龙排出。

2．圆筒初清筛

根据原料颗粒与杂质颗粒大小不同的特点，通过双层筛筒的两种筛孔连续筛选，将原料中的大杂细杂等予以清除，再经风机的风选作用将成品原料中的轻杂清除。圆筒初清筛杂质的除去率可达85%。

结构形式：①筛架由槽钢、钢板作为支撑，壳体用钢板折弯、焊接而成。箱体四周，两端分别是检修门，减速机架固定在下方，同时分布出大杂口，成品出口，细杂口和风选风机；②筛体由筛筒、进料槽、导向螺旋、顶盖、抽风口、托轮调节装置等部分组成，筛筒内、外用3～4 mm钢板冲孔、卷筒而成，筛筒分内筛（大孔径）和外筛（小孔径），筛筒通过固定在减速机架上的十字轴万向联轴节和减速机连接，采用悬臂方式安装，托轮调节装置配备2个脚轮，用来支撑筛网筒的另一端，并可调整螺栓使2个托轮相向移动，达到筛网筒升高或降低形成倾斜角度的变化；③减速装置安装在筛体的尾部，减速机采用摆线针轮减速，通过链轮来带动筛筒旋转。

圆筒初清筛主要用于清理颗粒状原料，如玉米芯、麻绳、布片、石块、土块、稻草等。圆筒初清筛对于粉料不太适应，主要是因粉料的散落性较粒料差，在进料的溜槽上容易堆积堵塞，使生产不能顺利进行。圆筒初清筛具有结构简单、体积小、产量大、动力小、安装维修方便等特点，可根据物料的性质选配适宜筛孔的筛筒。

3．篦式链板初清筛

本设备利用把一个个网片设计成可自动翻转的梳状结构，网眼由相邻梳状网片之间搭接形成。当链板行至尾链轮至下行程时，梳状网片自动外翻，由于梳状结构的特点，柔性杂质可顺利掉下，从大杂口随大杂一起排出，基本解决了一般筛理设备需人工经常清理筛面的难题。网片在下部回程时，处于下垂状态，基本可避免一般网带筛的物料二次过筛的问题，可显著降低链板的驱动负荷。由于基本无堵孔问题，网眼尺寸可用得很小，大杂清理更彻底。

结构形式：①主要由两条同步的大节距输送链、梳状网片、振动部分、壳体及机架、驱动部分、进出料斗、控制部分等组成，梳状网片由一个套筒和焊接在套筒上的等间距板条组成，套筒设在其两头的尼龙套上，在一定间距的、布置的两条输送链的穿杆上支撑，相临网片相互搭接形成一定尺寸的网眼并拼接成筛面；②可选的激振部分由设置在机器中部前后外侧的一对振动电机、用以安装振动电机的座板、联结振动电机座的横梁，以及装在横梁上、能分别托着两根链条的尼龙托轮组成；③设备壳体设计成上下剖分式，且上壳体尾段设计成易开式，方便检修和日常维护；在上壳体进料段前后以及上壳体尾段还设有观察窗，可随时观察进料多少和大杂分离情况。

4．振动清理筛

筛选与振动结合，利用筛选法按物料的粒度进行分离。物料由进料管进入进料斗，通过调节板调节物料的料流使物料均匀地落到趟板上，随筛体振动，并沿趟料板流到上筛片上面。大型杂质沿上层筛面流入大杂出口排出机外，通过上层筛孔的筛下物落到下筛片上，其中小型杂质通过下筛片的孔眼落到机身底板上，通过细杂出口排出机外，纯净的物料沿下层筛面直接流入净料出口。还配置垂直吸风道，这样一些轻杂可以被除去，杂质的除去率可达95%。

结构形式：主要由机架、入粮箱、振动电机、机身、出粮箱等部件组成。进料管或进料箱可以根据现场情况进行调整，保证进料箱出口与筛体进料口位置对应。

5．圆锥粉料清理筛

圆锥粉料清理筛主要用于饲料厂粉状原料的清理，可有效地去除混于粉料中较大的杂物，并可将板结成团块状的粉料打散。该清理筛喂料是用螺旋强制喂料，因此可保证将粉料顺利地喂入卧式的筛筒，避免粉料在输送过程中的堵塞。因该设备中有径向的辐条，工作中绳头等杂质易缠绕其上，也不易清除。但总体来说，该机型具有结构紧凑、安装容易、除杂效率高、工作可靠、运行平稳、换筛方便等优点。

6．平面回转振动筛

平面回转振动筛可用于颗粒原料的清理，也可用于粉状原料的清理。作为清理筛，可以有效地去除原料中较大的杂质。该设备从上方换筛面，节省了换筛的占地空间，而且筛面用活扣固定，换筛操作十分方便。作为清理筛，与前两种设备相比，平面回转振动筛对物料的适应性较强、除杂效率较高，但排杂口偏小，有时出杂不畅。与前两种清理筛相比，对于相同的处理量，平面回转振动筛的动力消耗、占地面积都较大一些，价格相对高些，也容易产生噪声和震动。

7．比重去石机

比重去石机工作时，物料从进料斗不断进入去石筛面的中部，由于筛面的振动和穿过物料层气流的作用，使颗粒间的孔隙度增大，物料处于流化状态，促进了自动分级。比重小的粮食浮向上层，在重力、惯性力和连续进料的推动下，下滑到净粮出口；而比重大的石子沉入底层与筛面接触，在筛面振动系统惯性力和气流的作用下，相对去石机筛面上滑，经聚石区移向精选区。比重去石机具有去石效果好、结构简单、体积小和能耗低等优点。粮食经过比重去石机一次清理，除石率大于95%，除砖瓦、泥块率大于60%，而且丢失粮粒少，清除的砂石中含饱满粮粒不超过100粒/千克。

8．立式打麦机

立式打麦机是用于清除黏附在麦粒表面的污垢、麦毛、虫卵等杂质并打碎土块的干法清理机器，主要由高速旋转的打击机构与静止装置的工作圆筒组成。具有一定工作直径的打击机构通常为各种形状的打板或销柱；为形成稳定的打击工作区，在打击机构外围须设置工作圆筒，一般由内表面具有一定粗糙度的筛筒或筛板构成。在打板与圆筒之间形成环形的工作区，打板与圆筒之间的间距即工作间隙。进入工作间隙的麦粒将受到强烈的打击和搓擦使麦粒表面的尘埃、麦毛、麦皮、微生物、虫卵、嵌在腹沟里的泥沙分离出来，然后利用吸风与筛理做进一步的分离，以提高净麦的纯度。

立式打麦机具有结构紧凑、占地小、清灰效率高、碎麦率低、使用寿命长等特点，常用于面粉厂的清理流程，有利于降低入磨小麦的灰分，并可以提高面粉色泽和面粉粉质。

9．永磁筒和永磁滚筒

永磁筒是最常用的磁选设备。永磁筒分离出的铁杂吸于磁铁上，在不进料时，必须由人工排铁。因此，永磁筒安装的空间位置应让操作工容易到达。要使永磁筒保持良好的除铁效果，应保证通过的物料均匀分散到磁铁的四周且能自由落下。永磁筒结构简单、造价低廉、操作方便、不需动力。

与永磁筒相比，永磁滚筒的优点是可将从原料中分离出的铁杂自动排出并收入收集盒，而不是一直吸在磁铁上，因此不会因磁铁上累积吸附较多的铁杂而影响除铁效果。该设备需要较小的动力，一般在 0.55～1.10 kW。现有产品产量范围比永磁筒小，价格是永磁筒的 2～3 倍。

（二）清理设备的优选与工艺组合

1．风选清理筛—圆筒初清筛组合

粮食先经过风选清理筛垂直吸风道的筛选，吸除粮食中的稻草、秸秆和秕谷等轻质有机杂，再通过粮食出口下方的一道淌筛，筛除部分泥沙，并通过小杂出口流出，可以清理掉 85%的杂质。处理过的粮食再经过圆筒初清筛把剩余没被清理掉的大杂及砖块等较重杂质清理掉。全过程的杂质去除率可达 95%以上。

2．篦式链板初清筛—振动清理筛组合

粮食先经过篦式链板初清筛可以把大杂和柔性杂质顺利清除。处理过的粮食在经过振动清理筛时，一些柔性杂质就不会粘在筛网上，从而提高了振动清理筛的工作效率，使剩余的大杂、细杂及一些小石子等杂质被清理掉，一些轻杂可以通过垂直吸风道清理掉。全过程的杂质去除率可达 95%以上。

3．圆筒初清筛—振动清理筛组合

圆筒初清筛是利用粮食颗粒与杂质颗粒的大小不同，通过筛筒的筛孔连续筛选，将粮食原料中的大杂粗杂等予以清除。处理过的粮食在经过振动清理筛时，一些大杂、粗杂就不会粘在筛网上，就不需要清理筛网了，这样可以提高振动清理筛的工作效率，使剩余的大杂、细杂及一些小石子等杂质被清理掉。此组合的杂质去除率可达 95%以上。

4．小麦面粉厂清理设备组合

在实际生产中，一般选用的是“三筛、二打、二去石、一精选、一着水、三磁选”的清理流程。“三筛”的合理组合是：第一道筛是振动筛（如 TQLZ 型）；第二和第三道筛最好选用平面振动回转筛（如 TQLMZ 型），也可选用平面回转筛（如 TQLM 型）。

合理选用和布置筛选设备是取得好的清理效果的前提，是生产合格产品的重要保证，并且直接影响着企业的经济效益，因而是一个值得重视的问题。

三、粉碎设备的选择

生物工业中，粉碎是一项重要的单元操作。从物料类别上通常包括原料、中间体、产品三类物质的粉碎；从卫生要求上有工业级、饲料级、食品级、医药级之分；从物性分类上有软硬、大小之分。针对不同的物料、不同的粗细度和不同的卫生要求，在粉碎设备选型上有不同的原则。

（一）粉碎机选择原则

选择粉碎设备时必须考虑原料的性质、生产能力、粉碎方式、排料方式、粉碎细度、粉尘与噪声、节能情况等7个方面。

1．根据粉碎原料选择

生物产业粉碎原料从柔顺到坚韧、刚脆都有。选粉碎机时应充分考虑原料的一特点。以粉碎谷物、薯干为主的，可选择顶部进料的锤片式粉碎机；以粉碎糠麸谷麦类为主的，可选择爪式粉碎机；若要求通用性好，以粉碎谷物为主，并兼顾饼谷和秸秆的，可选择切向进料锤片式粉碎机；以粉碎贝壳等矿物饲料为主的，可选用贝壳无筛式粉碎机；若用作预混合饲料的前处理，要求产品粉碎的粒度很细又可根据需要进行调节的，可选用特种无筛式粉碎机等；对于有热黏性的物料通常采用细粉碎设备，不宜采用球磨机，而应在调整气流的环境中使用冲击粉碎机、喷雾式磨机和微粉碎机等。原料尺寸的大小在粗碎时对粉碎机的处理量的影响比较小，但在细碎和超细碎时则有很大的影响，因此可以认为原料粒度的大小是表征粉碎机处理量的要素之一。

2．根据生产能力选择

粉碎设备的处理能力是以原料粒度、产品粒度为前提的处理能力，是选择粉碎机的第一要素。即使可以得到相同粒度的产品也需根据所要求的处理能力，再对粉碎设备品种、规格和粉碎方式等进行合宜的选择。一般粉碎机的说明书和铭牌上都载有粉碎机的额定生产能力（kg / h），但在选择时还应注意以下几点：①所载额定生产能力是指特定状态下的产量。例如，谷物类饲料粉碎机，是指粉碎原料为玉米，其含水量为储存安全水分（约13%），筛片孔径直径为1.2 mm。②选定粉碎机的生产能力应略大于实际需要的生产能力，否则将会加大锤片磨损、风道漏风等，从而导致生产能力下降，影响饲料的连续生产供应。对生产能力有波动的企业可采用多台相同型号粉碎机（便于零配件互换），或大型粉碎机与中型粉碎机搭配，以节省动力消耗。

3．根据粉碎方式选择

粉碎方式包括打击、撞击、剪切、研磨、机械冲击、气流冲击等，有的粉碎机兼有两种粉碎方式。不同的粉碎方式对入料粒度也有不同要求。粉碎机按其粉碎进料结构形式分为切向喂入式和轴向喂入式两种。切向喂入式粉碎机适用于加工粗精饲料，最适合加工颗粒状饲料和糠壳类饲料，但不适合潮湿的长秸秆饲料的加工；轴向喂入式粉碎机，在喂入口处设了一个初切装置，可以将长秸秆切成小段，不仅可以减轻机器的负荷，而且长秸秆饲料经初切后，可以避免缠绕转子，最适合加工潮湿的长秸秆饲料。

4．根据排料方式选择

粉碎成品通过排料装置输出有 3 种方式：自重落料、负压吸送和机械输送。小型单机多采用自重落料方式以简化结构。中型粉碎机大多带有负压吸送装置，优点是可以吸走成品的水分，降低成品中的湿度以利于贮存，提高粉碎效率（10%～15%），降低粉碎室的扬尘度。不同排料方式对被粉碎物料的温度产生的影响不同，故热敏性物料应尽量选择温升较小的粉碎方式和排料方式，或采用低温粉碎或采用常温粉碎并进行适当的冷却处理等。例如啤酒厂原料大麦芽的粉碎采用对辊式粉碎机，同时加冷却水，既保存了大麦芽的酶活力，又防止了粉尘扩散。

5．根据粉碎的细度选择

不同的粉碎物料有不同的粉碎粒度要求，要根据粉碎粒度要求来选择粉碎机的种类。有的粉碎机有筛网，可更换筛网来调节粒度。国产锤片式粉碎机配有 9 种规格的筛片，可根据所需成品的细度任意选配。超细粉碎机采用气流分级机来调节细度，通常采用的气流分级机有 ATP 型分级机和 TC 系列流化床超音速气流分级机。

6．根据粉尘与噪声选择

粉碎机在作业时易产生粉尘和噪声。选型时应对此两项环卫指标予以充分考虑。如果不得已而选用了噪声和粉尘高的粉碎机应采取消音及防尘措施，改善工作环境，有利于操作人员的身体健康。此外，生物产业粉碎物料产生的绝大多数是有机粉尘，当原料中混入了铁钉等异物时粉碎机的某一部分由于冲击发生火花会引起粉尘的爆炸。所以，这类原料粉碎前必须除铁、除石。

7．根据节能情况选择

根据有关部门的标准规定，锤片式粉碎机在采用直径 1.2 mm 筛孔粉碎玉米时，每度电的产量不得低于 48 kg。目前，国产锤片式粉碎机的每千瓦时产量已大大超过上述规定，优质的已达 70～75kg/（kW · h）。

总之，在选择粉碎机时必须充分了解被粉碎物料的性质、状态、尺寸大小、端面厚度以及其他基本情况，还应注意清扫的方便性等；或者以相似物料的粉碎实践为参考依据并充分考虑粉碎设备的类型、处理能力、适用范围、操作条件等必要情况。否则，应根据实验磨机详细地获取数据，经过研究后再行决定。

（二）发酵行业原料粉碎机的种类与选择

发酵行业原料粉碎通常采用锤片式粉碎机、齿爪式粉碎机和对辊式粉碎机。在粉碎工艺设计中采用一级粉碎还是二级粉碎，应根据原料品种并结合生产规模来确定。

使用谷物原料时，由于原料的粒径较小，要求粉碎比（粉碎前物料的平均粒径与粉碎后物料的平均粒径之比）小，因此，只需采用一级（一次）粉碎即可。小产量时采用爪式粉碎机；若是要求通用性好，如以粉碎谷物为主，兼顾豆饼和谷物，可选择切向进料锤片式粉碎机。

当要求粉碎比较大时，采用一级（一次）粉碎耗电高，是不经济的。一般情况下，当粉碎比超过 15 时就应采用二级（二次）粉碎。当然这还要根据物料的具体物性而定。采用薯干或木薯做原料一般应采用二级粉碎，就粉碎本身而言，采用二级粉碎能比一级粉碎节约用电 25%左右。但采用二级粉碎通常又需增加一次风送，这又要多耗一部分电，二者相抵后大致还能有 10%的节约。对于大产量而言，由于二级粉碎能使第二级粉碎机（细碎机）能力大幅提高，使它的总配置数量减少，这对操作、维护、管理都是较为有利的（因为细碎机的维护及更换配件等工作在粉碎工序的设备中耗费的人力物力最大）。因此，对于大产量的设计，采用二级粉碎工艺，无论从经济上还是操作管理上都是合理的。相反，如果产量不大（如年产万吨酒精以下），为使装置简约，操作更方便，选用一台相对较大的粉碎机，只采用一级（一次）粉碎，也是切实可行的。此外，有些地区的薯干片子很小，水分很低，也有些从印尼或泰国进口的木薯原料特别碎小，水分也低，用脚一踩就会自行碎裂，其中还混有大量的粉粒，这样的原料，非常易粉碎，当然也就没有必要再采用二级粉碎。

近年来，不少中小型厂为了节约成本，在长期的生产实践中发明了一种增设在原料喂料槽（振动给料器）中的设备——拨料器，其结构为在一根转轴上焊有几排爪牙，转轴转动时，将喂料槽中的薯干或木薯不断打碎并向喂料口处推拨。经拨料器处理后的薯类原料，进入一台粉碎机，只作一次粉碎，效果也很好，电耗也较低。应该说，这是一项很好的创造，这种拨料器的打碎过程，实际上也可视为一级没有筛底的破碎，对中小型产量的工厂非常实用。

粉碎机的排料方式有 3 种，即自重落料、负压吸送和机械输送。自重落料无能耗，负压吸送和机械输送均有能耗。粉碎加工中的粉尘和噪声主要来自粉碎机。选型时应对此两项环卫指标予以充分考虑。如果不得已而选用了噪声和粉尘高的粉碎机应采取消音及防尘措施，以改善工作环境，有利于操作人员的身体健康。

（三）制药行业粉碎设备的选择

在制药行业涉及粉体的产品很多，粉体占众多剂型总量的 70%～80%，以粉体为中间体的剂型涉及散剂、颗粒剂、胶囊剂、片剂、粉针、混悬剂等。在粉体的制备中涉及一个重要的工序——粉碎，而且需要根据不同工艺要求将粉体加工至一定要求的粒度。一般将<100 μm 的粒子叫“粉”，>100 μm 的粒子叫“粒”，粒径<30 μm 的粉体称超细粉。现把人们常用的筛网目数与孔径的对照列于表 5-8。

表 5-8　筛网目数与孔径对照表

目数	孔径/μm	目数	孔径/μm	目数	孔径/μm	目数	孔径/μm	目数	孔径/μm
2.5	7925	9.0	1981	32	495	110	150	425	33
3.0	6580	10	1651	35	417	115.5	124	500	25
3.5	5513	12	1397	40	350	170.5	88	625	20
4.0	4599	14	1168	47.5	295	180	83	800	15
5.0	3962	16	991	60	246	200	74	1250	10
6.0	3327	20	833	65	220	250	61	2500	5
7.0	2794	24	701	80	198	270	53	6250	2
8.0	2362	27	589	100	165	325	47	12500	1

制药行业粉碎设备选择的原则有很多，在选择上不同人也有不同的见解，下述的原则只作探讨与提示。

1．由物料性质确定粉碎设备型式

在选择粉碎设备前，应先明确粉碎施力的方式，人们可根据颗粒的物料性质、粒度及粉碎产品的要求，采取相应施力方式，再选择粉碎设备型式。

（1）粒度较大或中等的坚硬物料采用压碎、冲击的方式，粉碎工具上带有形状不同的齿牙；

（2）粒度较小的坚硬物料采用压碎、冲击、碾磨的方式，粉碎工具的表面无齿牙，是光滑的；

（3）粉状或泥状的物料采用研磨、冲击、压碎的方式；

（4）磨蚀性弱的物料采用冲击、打击、研磨的方式，粉碎工具上带有锐利的齿牙；

（5）磨蚀性强的物料主要采用压碎的方式，粉碎工具的表面是光滑的；

（6）韧性材料采用剪切或快速打击的方式；

（7）多成分的物料采用冲击作用下的粉碎方式，也可将多种力场组合使用。

2．对粉碎机件材质的要求

除气流粉碎机外，大多数干式粉碎机是依靠高速旋转转子作用，进入转子与固定定子间颗粒受剪切力而被粉碎的作用剧烈频繁，或者转动件与固定件之间的频繁研磨，致使与物料直接接触零件磨损严重，从而在粉碎过程极易产生不溶性杂质和金属颗粒污染。

按照 GMP 要求，制药装备对与物料直接接触部件材质有耐蚀的要求，一般采用奥氏体不锈钢，而奥氏体不锈钢材质表面的硬度相对于大多金属而言是较低的，若采用奥氏体不锈钢做粉碎机件材质的话，极易产生金属微粒。然而，减低磨损粒子的一项重要途径便是提高粉碎机件材质的硬度，在材质中碳含量越高相应硬度也越高，而高碳材质又极易生锈。因此，选择粉碎设备中粉碎机件材质时要注意处理好材质耐蚀与硬度之间的矛盾。

要处理好上述矛盾，就要分析矛盾的主次，粉碎机件耐磨损是主体，在保证耐磨的前提下又要确保耐蚀。对干式粉碎设备而言，一般情况下物料的氯离子几乎是不析出的，即在材质中的晶间腐蚀概率极低，也就是说，选择粉碎机件材质也一定要选高硬度不锈钢。因此，建议从三方面来选择粉碎机件材质：①高合金镍铬钢；②奥氏体不锈钢经特殊处理，如医用手术器材生产中对不锈钢进行硬化处理，据悉国内已有制药机械厂商对此有成功应用实例；③硬质陶瓷。

3．其他应考虑的选择原则

（1）转子处的轴承与密封。除选择高精度轴承外，轴承处应多重密封，在能确保轴承内润滑剂不外泄的同时，也要确保物料粉体不渗入轴承（也就是不得残留粉尘）。这两点是防止交叉污染的必备要求。

（2）除尘环节。一般出粉口会有大量粉尘逸出，故大部分粉碎设备（特别是分级与组合设备）均有除尘装置。在选择除尘装置时要对除尘材质有要求，应根据产品品种和安全程度决定除尘材质。

（3）可清洗性。除与物料直接接触部分无清洗盲区外，还要注意以下几点：①对手工清洗的设备，与物料直接接触部分应能完全拆卸；②对带有 CIP 或 WIP 的设备，应考虑到轴承处的清洗问题。以日本细川密克朗公司生产的 PHARMAPLEX 轴承系统为例，其处理方法是，任何从轴承密封圈腐蚀下来的颗粒，都可通过一个清洗通道被带出，从而确保产品室不被污染。

（4）在线粒度分析系统。这是选择先进性粉碎设备所需要考虑的方面。在线粒度分析系统的特点如下：①在生产过程中能控制产品质量以及调节分级；②能在最大测量频率下进行连续质量的控制，稳定产品质量，自动记录所有参数，无须手工取样、离线操作。

4．制药粉碎设备的综合性选择

对于制药粉碎设备的选择可根据所需粉碎物料的原始状况、对粉碎的要求以及生产工艺要求等不同方面加以综合性分析与考虑。下面对常见的制药粉碎设备进行了综合性分析，如表 5-9 所示，仅供参考。

5．几种经典制药行业粉碎设备的介绍

制药行业粉碎设备所涉及的品种与型式甚多，在干式粉碎方面的应用更是包罗万象，这里仅列举几种。

（1）多功能粉碎机

多功能粉碎机属高速旋转撞击式，根据结构和作用力不同，通过不同粉碎元件的组合，可组成涡轮式、针棒式、翼板式、半齿圈半筛网式与全齿圈式等几种粉碎设备。

物料由料斗经螺旋输送器进入粉碎腔体，利用高速旋转的转子（如叶片、针棒、齿形等）与固定定子（如齿圈）之间所产生的强冲击力、剪切力摩擦而使物料被粉碎，粉体通过筛网排出机腔，粒度大小通过更换不同孔径的筛网调节。

（2）流化床对撞式气流粉碎机

流化床对撞式气流粉碎机由料仓、加料装置、粉碎室、高压进气喷嘴、分级机、出料口等部件组成。当物料送入粉碎室时，气流通过喷嘴进入流化床，部分结构的喷嘴从下部进气，与水平环管气流相交。粒子在高速喷射气流交点碰撞，该点位于流化床中心，是靠气流对粒子的高速冲击及粒子间的相互碰撞而使粒子粉碎，与腔壁影响不大，所以磨损大大减弱。

并且物料于交汇点附近上部气流，在负压气流影响之下由顶端所设置出的分级装置来进行等级划分，并将细粉排出，粗粉将会受到重力影响而回归粉碎区域内再次进行粉碎。流化床对撞式气流粉碎机和普通对撞式气流粉碎设备相比，其具备更加优异的分散性能，同时对于产品的力度还可凭借分级设备予以调节，对设备部件所造成的磨损相对较小，能耗也较低，可被应用到大规模化的工业生产之中。

此设备的优势主要体现在分散效果较好、产品粒度可利用分级机予以调整且磨损、能耗均相对偏小，比较适合应用于大规模的工业化生产。

（3）机械冲击式超细磨机

机械冲击式超细磨机是指利用围绕水平或垂直轴高速旋转的回转体（棒、锤、叶片等）对物料产生激烈的打击、冲击、剪切等作用，使其与器壁或固定体以及颗粒之间产生强烈的冲击碰撞从而使颗粒粉碎的超细粉碎设备。

设备优点：结构简单，操作容易；占地面积小，粉碎效率高；设备运转费用低；比较适合于生产 1000 目以下的中低附加值的中等硬度中药产品的深加工处理。

表 5-9　常见制药粉碎设备综合分析表

设备形式	进料粒度	出料粒度	可适应物料状况				出料要求		是否适用	备注
			莫氏硬度	热敏性	含纤维	含水量	破细胞	粒径分布	无菌性	
立式粗碎机	＜100 mm	3～20 mm	≤4	不适合	尚可	一般	不能	宽	不可	参考 CSJ 型
卧式粗碎机	＜50 mm	5～20 mm	≤4	不适合	尚可	一般	不能	宽	不可	参考 WCSJ 型
滚式粗碎机	—	5～12 mm	≤3	不适合	尚可	一般	不能	宽	不可	参考 DW 型
万能粉碎机（销棒式）	＜6～10 mm	20～150 目	≤3	不适合	不适合	低	不能	宽	尚可	
风冷式粉碎机组（销棒式）	＜6～10 mm	20～150 目	≤3	不适合	不适合	低	不能	宽	尚可	
锤式粉碎机	＜3～15 mm	20～200 目	≤4	尚可*	尚可	一般	不能	很宽	不可	*要相应措施
多功能锤式粉碎机（可更换栅棒、刀片式）	＜8～12 mm	20～200 目	≤4	尚可*	尚可	一般	不能	很宽	不可	*要相应措施
冲击式粉碎机	＜10 mm	5～350 μm	≤4	不适合	尚可	一般	不能	很宽	不可	参考 CF 型
双立轴式粉碎机	＜15 mm	20～200 目	≤3	尚可*	尚可	一般	不能	很宽	不可	*要相应措施
流化床气流粉碎机组（带 ATP 分级）	60～230 目	D_{97} 0.5～20 μm	≤9	很适合	适合	低	能	很窄	可	
惰性气体闭式循环流化床气流粉碎机组（带 ATP 分级）	60～230 目	D_{97} 0.5～20 μm	≤9	很适合	适合	低	能	很窄	可	适用易燃、易爆、易氧化物料
圆盘式超音速气流粉碎机组（带旋流分级）	60～230 目	D_{97} 5～45μm	≤3	很适合	适合	低	能	很窄	尚可	
螺旋式气流研磨机	＜45 μm	D_{90} 1～20 μm	≤3	很适合	尚可	低	尚能	一般	尚可	参考 YQ300 型
冲击式微粉碎机（带分级）	＜6～10 mm	20～200 目	≤6	尚可	一般	低	尚能	窄	不可	参考 ACM320 型
气流涡旋微粉机	—	5～10 μm	4～5	尚可	一般	一般	尚能	一般	不可	参考 QWJ 型
研磨式超微粉碎机（带分级）	＜0.5 mm	20～200 目	≤3	尚可	很适合	低	能	窄	不可	参考 HMB 型
振动微粉机	饮片状	D_{90} 12～15 μm	≤4	尚可	很适合	一般	能	一般	待探讨	参考 WZJ6 型

注：*选型时要注意。

设备缺点：由于机械高速运行会产生磨损问题，因而不适于粉碎硬度大的物料；韧性物料对冲击力有较强的吸收能力，不易破碎，所以韧性过高的物料也不宜采用该类磨机粉碎；此外有发热问题，对热敏性物质的粉碎需采取适当措施。

（4）气流磨

气流磨是最主要的超细粉碎设备之一。其工作原理是将压缩空气通过拉瓦尔喷管加速成亚音速或超音速气流，喷出的射流带动物料做高速运动，使物料碰撞、摩擦剪切而粉碎。被粉碎的物料随气流至分级区分级，达到粒度要求的物料由收集器收集下来，未达到要求的物料再返回粉碎室继续粉碎至达标。其粉碎的产品具有粒度分布较窄、颗粒表面光滑、颗粒形状规则、纯度高、活性大等特点。

设备优点：生产过程连续，产能大，自动化程度高；由它加工的产品粒径小、粒度分布窄、纯度高，特别适用于粉碎药品等不允许被污染的物料；颗粒活性高，分散性好。

设备缺点：内部存在盲区会造成无法粉碎的现象；对于进料粒度上限有一定要求，对于密度大、纤维状、片状的物料则难于粉碎。

超细粉碎设备种类众多，目前国内常用的超细粉碎设备主要有机械冲击磨、气流磨、搅拌磨、球磨机、高压辊磨机等。

（5）TC 系列流化床超音速气流分级机

南京龙立天目超微粉体技术有限公司研发的 TC 系列流化床超音速气流分级机，在消化吸收了扁平式气流磨、循环管式气流磨、撞击喷射磨、逆向喷射磨、AFG 流化床逆向喷射磨等设备技术的基础上，将超音速喷管技术、流化床技术、离心力场分级技术高度融合在一起，克服传统气流粉碎的不足，使粉碎、分级、收集一次完成。

将净化干燥的压缩空气导入几个相向位置的喷管形成超音速气流，进入粉碎室。物料由料斗送至粉碎室被超音速气流加速，成为高速运动射流，在其交叉点上相互撞击。由于粉碎室内形成高速的多相流，大大提高了粉碎强度和效率，从而实现了超微粉碎。其中，分级采用独特设计的分级轮，使得自下而上的气流中的粉体，分散于分级室内腔。在旋转力作用下产生水平的离心力场（大小可以进行变频调节），粉体在离心力场中形成了一定的分布带，合格的微粉细粒移向转子中心，被引风机吸走，然后由旋风收集器等部件收集，未达要求的较粗颗粒移向分级室边壁落下（分级轮至分级室边壁的合理空间使得较粗颗粒不会反弹到转子中心），在粉碎室被二次粉碎。

四、打浆和磨浆设备的选择

在生物工业中，打浆和磨浆是原料处理的重要工序之一。由于原料种类不同，采用的设备有很大的差别。玉米湿法加工中浸泡过的玉米采用脱胚磨脱胚打浆，分离胚芽后用针磨磨浆；木薯、马铃薯、甜菜采用锉磨机打浆，用砂轮磨磨浆；糯米、大米、黄豆、芝麻、花生等直接采用砂轮磨磨浆；葡萄、番茄、草莓、芒果、桃等采用打浆机打浆；燃料乙醇的原料（甜高粱、秸秆）采用高纤维磨浆机打浆。下面就这些设备进行简单的介绍。

1．脱胚磨

脱胚磨是玉米的湿法破碎脱胚设备。其机架前部固定有前轴承套，前轴承套内有前轴承；机架后部固定有后轴承套，后轴承套内有后轴承；主轴后端安装在后轴承内，前部安装在前轴承内，中部固定的主轴带轮通过皮带与电机轴上的电机带轮连接在一起，主轴前端固定的动盘座位于机壳内，动盘座的上面固定有动齿盘和拨料盘；位于机盖内侧的静齿盘安装在静盘座上，静盘座与安装在机盖上的静齿盘调节装置连接在一起。这种脱胚磨，改变了脱胚磨的动、静齿盘之间间距的调节方式，由原来的通过移动主轴进而移动动齿盘来调节，变为通过移动静齿盘来调节，解决了原来调节方式存在的问题，结构简单、合理，组装简便，使用可靠。

该设备主要用于合理浸泡后的玉米籽粒及含胚芽粒块的精破碎，使胚芽与皮屑及胚乳合理分离，便于提高胚芽收率；还可用于豆制品厂浸泡后的大豆等湿物料的粗破碎，分离豆皮制食用纤维，提高豆浆得率。

2．针磨

浸泡玉米经脱胚后被破碎成 4～8 瓣，所含的纤维、淀粉和麸质还连接在一起不利于分离，故将此混合物送入离心式冲击磨（针磨），由于动磨盘直径大、转速高，使物料获得极大的离心力，迅速地被甩到磨盘边缘的磨棒（动磨针）处，磨棒对物料给予冲击碰撞，物料随即按切线方向折向另一磨棒，进入动磨盘和定磨盘之间的环磨区。动定磨棒相对运动对物料实施碾压、搓离，破坏了纤维与淀粉、蛋白质网的结合力，使残留在纤维上的淀粉颗粒和蛋白质进一步破碎、剥离和细磨以增加分离成品收率。

针磨的特点：①磨细颗粒，使淀粉游离，但不会将纤维磨碎，有利于提高后面工序的筛分效果，且不易堵网。②研磨淀粉，把淀粉同蛋白质分开，以利于后面工序的蛋白分离，提高了淀粉质量。③简化了淀粉生产流程，由原来三磨三筛简化为二磨一筛，同时减轻了后面工序设备的磨损。④可湿法加工或干式加工，结构简单、清洗方便。

3．砂轮磨

砂轮磨又叫磨浆机，磨浆机设备是一种新颖的不锈钢湿式磨碎设备，适用于大米、大豆、玉米、薯类等粮食类物料的湿磨加工，也适用于医药、制糖、食品等工业中某些物料的湿磨。当经过清理、浸泡等预处理后的物料由进料斗入磨后，在离心力的作用下进入相对运动的上、下砂盘之间，由于物料的相互冲击、挤压和砂盘的剪切、搓撕等综合作用，使物料沿砂盘平面从里到外、由粗到细地达到磨碎目的。

磨浆机设备的特点：①磨碎细度可达 80～100 目。②独特的料门机构及磨膛有效解决了设备的渗漏水问题。③经精心设计的磨膛，可使浆液流动顺畅、积料少、清理方便。④轧距调节机构，调节方便，锁紧可靠。⑤经特殊配方的食用砂片，产量高。⑥清洁卫生，从进料、研磨到出料的全程工作流道采用全不锈钢制作；基座采用不锈钢包覆制作。

水磨式磨浆机选择原则：①根据使用目的选择。水磨式磨浆机有单一磨浆机、自动浆渣分离磨浆机。使用目的单一，尽量选择专用性强的磨浆机，既经济又实用；使用目的多样，那就要注重磨浆机的配套。②根据生产规模选择。用户可根据产量的需求选择不同型号、规模和大小的磨浆机。

4．打浆机

打浆机由进料斗、筛筒、带螺旋棍棒的主轴、驱动电机及外壳组成。物料进入筛筒后，由于棍棒的回转作用和导程角的存在，使物料沿着圆筒向出口端移动，轨迹为一条螺旋线，物料在刮板和筛筒之间的移动过程中受离心力作用而被擦破。汁液和肉质已成浆状，从筛孔中通过收集器送到下一工序，皮和籽从圆筒另一开口端排出，达到分离的目的。

本设备适用于果蔬物料的打浆去渣或去核，渣、浆、核可以自动分离；还适用于番茄、草莓、猕猴桃、苹果、梨、胡萝卜、芦荟、仙人掌等浆果和蔬菜以及山楂、枣、芒果、桃等核果等的打浆。

5. 胶辊磨泥机

胶辊磨泥机与碾米所用的胶辊砻谷机结构相似，根据物料大小可调节胶辊间距，适用于紫薯、山药、葛根、橡籽、红豆、辣椒、南瓜、冬瓜等物料的打泥，可使皮层纤维或籽较少粉碎，有利于皮层纤维或籽分离。

6. 离心打泥机

离心打泥机适用于芝麻、花生等含油量高的物料的打泥。

7. 胶体磨

胶体磨是一种湿式超细粉碎设备，主要利用固定磨子和高速旋转磨体的相对运动产生强烈的剪切、摩擦和冲击等力使物料被有效地粉碎。

设备优点：结构简单，设备保养维护方便；适用于较高黏度物料以及较大颗粒的物料。

设备缺点：物料流量是不恒定的，对于不同黏性的物料其流量变化很大；由于转子定子和物料间高速摩擦，故易产生较大的热量，使被处理物料变性；表面较易磨损，而磨损后，细化效果会显著下降。

8. 均质机

工业生产用均质机工作原理是转子和定子的精密配合，工作头（转子和定子锻件制造）爪式结构，双向吸料，剪切效率高。间歇式高剪切分散乳化均质机是通过转子高速平稳的旋转，形成高频、强烈的圆周切线速度、角向速度等综合动能效能；在定子的作用下，定、转子在狭窄的间隙中形成强烈、往复的液力剪切、摩擦、离心挤压、液流碰撞等综合效应，最终获得粒径约为 0.2～2 μm 的浆液。这种均质机主要用于含固体颗粒的液体均质，或是在生物工业生产中主要用于细胞破碎，为提取胞内物质做准备。

食品工业、化妆品工业中不含固体颗粒的液体通常用三柱塞往复泵式工业均质机。通过三柱塞往复泵将被加工物料以高压形式送至均质阀，使物料流经阀盘与阀座微小间隙的瞬间受到湍流、空穴、剪切等复合力的作用，达到均质、乳化的目的。均质机获得粒径约为 0.2～2 μm，并且可以确保高速分散乳化的稳定性。

设备优点：①更好的稳定性；②改善了保存质量；③改善了均质性；④更好地吸收质量；⑤节省了昂贵的添加剂；⑥可以改变黏度；⑦减少了反应时间；⑧可用于细胞切裂。

对于不含固体颗粒的液体和发酵液的均质，小产量时通常选用三柱塞往复泵式工业均质机，大产量时通常选用转子式工业均质机。

9. 高纤维磨浆机

燃料乙醇原料甜高粱、秸秆打浆采用高纤维磨浆机。磨浆是制浆处理工艺中不可缺少的和决定产品最终质量的环节，而不合适的磨浆机选型会使浆液品质下降，效率降低。这种磨浆机广泛应用于造纸工业，但造纸工业用磨浆机有圆盘磨浆机、锥形磨浆机、圆柱磨浆机 3 种，燃料乙醇原料甜高粱、秸秆打浆采用前两种较为合适。圆盘磨浆机选型应根据产品类型、产量、原料、打浆要求等确定单位能耗、有效功率、有效边缘负荷、切削角，从而选择磨浆机数量及磨片类型、磨浆机尺寸等。通用的有 ZDPH-600 型、ZDPH-700 型和 ZDPH-915 型。

第二节　微生物好氧、厌氧发酵设备及酶反应器的选型

一、好氧发酵罐设备的选择

工业生产中常用的好氧发酵罐的型式有标准式发酵罐、自吸式发酵罐、气升式发酵罐、喷射式叶轮发酵罐、外循环发酵罐、多孔板塔式发酵罐、固态发酵罐等。

好氧发酵罐的研究从 20 世纪 40 年代开始，取得了一系列的成果。后来各种罐型纷纷出现，现归纳为四大类列于表 5-10 中。

如表 5-9 所示，发酵罐的放大采用的基准有体积溶氧系数 K_{La}、单位容积功率消耗 P_W/V_L、罐内某一特定点的液体平均速度。K_{La} 值仅为一定的设备和操作条件下稀亚硫酸盐水溶液中的体积溶氧系数，并不代表发酵罐装有实际发酵液时真正的体积溶氧系数，因此放大的可靠性受到一定限制。单位容积功率消耗 P_W/V_L 与 K_{La} 密切相关。对传质过程起控制作用的雷诺准数的指数为 0.75 时，放大前与放大后的 P_W/V_L 相等，这也意味着放大前后以单位传质界面表示的传质系数 k_t 相等。当然实践应用时要考虑发酵醪的液体特性等。

评价发酵罐技术性能的主要指标是体积溶氧系数 K_{La}；评价经济性能的依据是溶氧效率：

$$P_g = P_W/V_L/\text{OTR}$$

式中 P_W——通气液体搅拌功率；

V_L——醪液体积；

OTR——溶氧速率。

尽管目前已开发出许多新型生物反应器，但机械搅拌发酵罐以其搅拌桨几何结构的多样性、混合与传质方面的可塑性而具有通用性强、操作范围宽等特点，在食品发酵、生物制药等生物技术行业中的应用仍占统治地位，因而被称作“通用罐”或“标准罐”。机械搅拌发酵罐的混合时间是衡量其混合传质性能的重要指标，它主要受发酵罐的结构与操作条件的影响，是发酵罐设计放大和操作优化的重要参数。

1．根据微生物种类选择发酵罐的高径比

发酵罐的高径比 H/D 是罐体最主要的几何尺寸，一般随着罐体高度和液层增高，氧气的利用率将随之增加，容积传氧系数 K_{La} 也随之提高。但其增长不是线性关系，随着罐体增高，K_{La} 的增长速率随之减慢；而随着罐体容积增大，液柱增高，进罐的空气压力随之提高，伴随空压机的出口压力提高和能耗增加；而且压力过大后，特别是在罐底气泡受压后体积缩小，气液界面的面积可能受到影响；过高的液柱高度，虽增加了溶氧的分压，但同

表 5-10　各种生化反应器气液传质特性的比较

通风或搅拌形式	机械搅拌型												气相连续型					
反应器形式	多浆搅拌型			Waldhof 型			自吸式			卧式浆搅拌型			喷淋塔型			水平搅拌式		
功耗 P_W/V_L	通风	搅拌	总功耗	通风	搅拌	总功耗	通风	搅拌	总功耗	通风	搅拌	总功耗	通风	搅拌	总功耗	通风	搅拌	总功耗
	4.5	5.5	10 kW/m^3	4.5	6.5	11 kW/m^3	1.0	3.0	4.0 kW/m^3	1.2	1.6	2.8kW/m^3	0.5	1.0	1.5 kW/m^3	0.5	9.0	9.5 kW/m^3
K_{La}（20℃）	200 h^{-1}			220 h^{-1}			750 h^{-1}			1050 h^{-1}			350 h^{-1}			1000 h^{-1}		
P_W/V_L/OTR	6.06 kW · h/kg O_2			6.11 kW · h/kg O_2			0.73 kW · h/kg O_2			0.37 kW · h/kg O_2			0.54 kW · h/kg O_2			1.31 kW · h/kg O_2		
最大容积	400 m^3			80 m^3			120 m^3			200 m^3			500 m^3			50 m^3		
图形	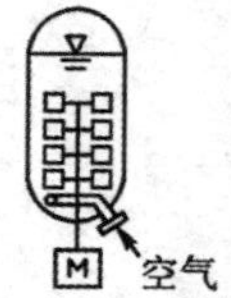			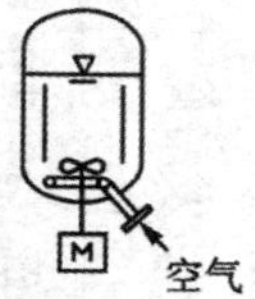			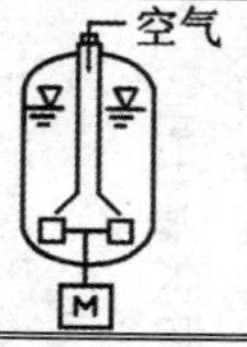			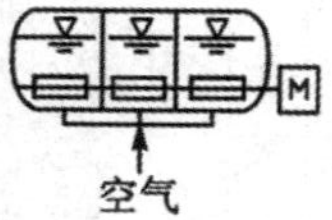			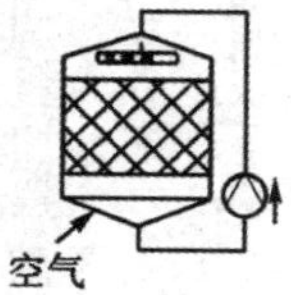			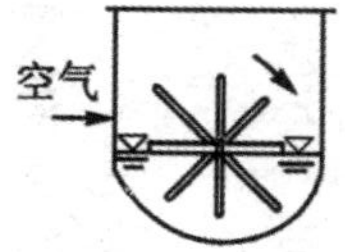		

通风或搅拌形式	水泵型									气升型								
反应器形式	强迫循环型			有导流筒喷射通风型			喷流通风型			气升型			差压循环型			筛板塔		
功耗 P_W/V_L	通风	搅拌	总功耗	通风	搅拌	总功耗	通风	搅拌	总功耗	通风	搅拌	总功耗	通风	搅拌	总功耗	通风	搅拌	总功耗
	3.0	1.0	4.0 kW/m^3	3.5	1.5	5.0 kW/m^3	1.0	3.5	4.5 kW/m^3	2.5	0	2.5 kW/m^3	5.0	0	5.0 kW/m^3	3.5	0	3.5 kW/m^3
K_{La}（20℃）	200 h^{-1}			700 h^{-1}			600 h^{-1}			140 h^{-1}			400 h^{-1}			350～1000 h^{-1}		
P_W/V_L/OTR	2.42 kW · h/kg O_2			0.96 kW · h/kg O_2			0.99 kW · h/kg O_2			1.08 kW · h/kg O2			1.59 kW · h/kg O_2			0.51～1.25 kW · h/kg O_2		
最大容积	400 m^3			200 m^3			300 m^3			20 m^3			500 m^3			80 m^3		
图形	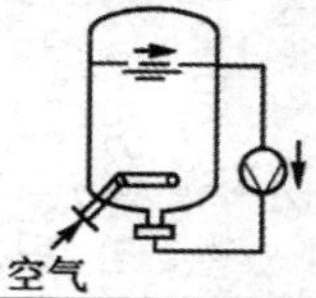			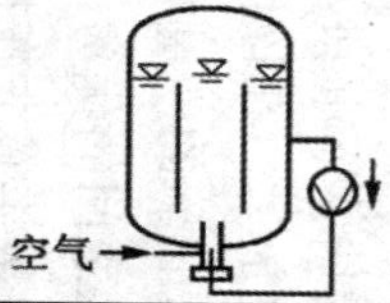			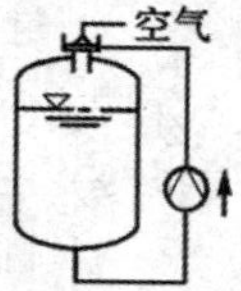			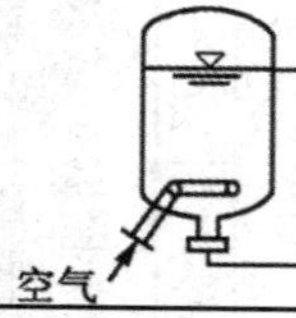			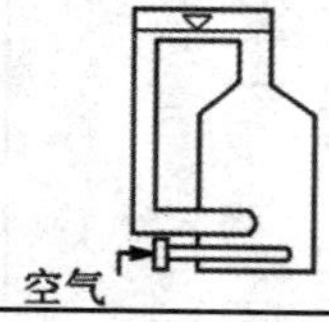					

样增加了溶解二氧化碳分压和二氧化碳浓度，对某些发酵品种又可能抑制其生产；而且罐体的高度，同厂房高度密切相关。因而发酵罐的 *H*/*D* 值，既有工艺的要求，也应考虑车间的经常费用和工程的一次造价，必须综合考虑后予以确定。

一般标准式发酵罐的 *H*/*D* 为 1.75～3.0，常用的为 2～2.5。对于细菌发酵罐来说，筒体高度 *H* 与罐直径 *D* 的比宜为 2.2～2.5，对于放线菌的发酵罐 *H*/*D* 一般宜取为 1.8～2.2。通常罐径大于 1.2 m 的发酵罐，灌盖不用法兰联接，而封头直接焊在筒体上，封头上设置人孔，因而可安装搅拌轴的中间轴承。此类发酵罐的筒身高径比大多为 2.0～3.0，对于容积较小而有法兰的种子罐，由于结构上的原因，其高径比受到限制，一般只为 1.75～2.0。以氨基酸发酵罐放大为例说明，如表 5-11 所示。

表 5-11　氨基酸发酵罐系列高径比

罐　容	50 m^3	100 m^3	150 m^3	200 m^3	300 m^3	500 m^3	600 m^3	800 m^3
高度/m	6.4	10	10.5	11.5	12.32	14.17	14.76	16.0
直径/m	3.2	3.6	4.2	4.6	5.6	6.75	7.2	8.0
高径比	2.0	2.78	2.6	2.5	2.2	2.10	2.05	2.0

2．根据中试放大最优结果并结合产量确定发酵罐容积

发酵罐放大准则的研究既是发酵工厂设计过程中工艺流程选择与论证的需要，也是发酵罐设计的重要参考指标。在发酵工艺实际的放大过程中，放大准则的选择通常根据生物反应的具体情况决定，采用不同的放大准则，对机械搅拌反应器最终的放大结果会有很大差异。 由于这种方法通常依赖于经验，放大时只有在细胞的代谢控制和传递过程控制的机制没有改变的情况下才有效。

张雪铭等以产 α-L-鼠李糖苷酶（α-L-1,2-鼠李糖苷酶和 α-L-1,6-鼠李糖苷酶）的黑曲霉（*Aspergillus niger*）WZ001 为考察对象，研究了从 5 L 发酵罐到 30 L 发酵罐的通气量和搅拌转速的放大工艺。通气量按三种准则，搅拌转速按两种准则放大。通过实验验证，优选得到最佳放大准则为：通气量按 1.5 倍空气表观线速度进行放大、搅拌转速按搅拌桨叶尖线速度放大。在该优化的放大工艺条件下，30 L 发酵罐中 α-L-1,2-鼠李糖苷酶和 α-L-1,6-鼠李糖苷酶的产量分别为 2515 U/mL 和 3612 U/mL，达到 5 L 发酵罐的水平。比较不同放大方法之间的优劣，为规模化生产工艺流程的确立提供指导。

沈天丰首先在摇瓶中采用响应面法对 S-腺苷-L-蛋氨酸（SAM）发酵培养基进行了优化，然后在 10 L 生物反应器中开展了 SAM 发酵工艺优化的研究，接着在 50 L 和 600 L 反应器中考察了 SAM 发酵工艺的稳定性和放大可行性，最后将发酵工艺成功地放大到 6000 L 中试发酵罐中。6000 L 罐中发酵 48 h，菌体浓度为 143.3 g/L，SAM 浓度为 6.26 g/L，比 10 L 生物反应器 SAM 浓度 6.15 g/L 高出 1.8%，放大获得成功。

陈艳红等对产微球茎菌（*Microbulbifer* sp.）ALW1 发酵产褐藻胶裂解酶 5 L 罐发酵工艺进行优化，酶活力最高为 144.2 U/mL。在此基础上，对罐上工艺进行中试放大，20 L 发酵罐酶活力最高为 57.0 U/mL，200 L 罐酶活力最高为 43.5 U/mL，500 L 罐酶活力最高为 38.3 U/mL，分别是小试水平的 39.6%、30.2%、26.5%，中试放大失败。

祝亚娇等以前期构建的产纳豆激酶的地衣芽孢杆菌工程菌 BL10（pP43SNT-SsacC）为

研究对象，进行 5 L 发酵罐工艺优化及中试放大研究。5 L 罐纳豆激酶发酵活性达 62.90 FU/mL，在 50 L 罐和 300 L 罐的中试放大实验中，纳豆激酶发酵酶活分别达到 67.23 FU/mL 和 72.33 FU/mL，纳豆激酶发酵活性相对稳定，为纳豆激酶的工业化生产奠定了基础。

3．根据混合均匀及生长动力学选择搅拌叶型式及组合

搅拌叶型式的选择是发酵罐设计中的一个关键，我国由于种种原因，普遍采用六箭叶圆盘涡轮式或六弯叶圆盘涡轮式搅拌器，而国际上却普遍采用六平叶涡轮式搅拌器。三种型式搅拌器比较如下：①从功率消耗来看，平叶>弯叶>箭叶；②从发酵液中气含率来看，平叶>弯叶>箭叶；③从轴向混合效果来看，箭叶>弯叶>平叶。在生物发酵行业中，搅拌器的桨叶型式主要有径向流搅拌器和轴向流搅拌器。径向流搅拌器的特点是气体分散能力强，结构简单，但功耗较大，作用范围有限，例如六平叶 Rushton 涡轮；而轴向流搅拌器对发酵过程中的混合性能较好、功耗低，但不足之处是对气体的分散能力较差，其代表有 Lightnin 公司的 A315 搅拌器。

近年来发酵罐的搅拌系统多采用在罐底部装有一个用来分散空气的涡轮搅拌器，在其上部再安装一组轴流式搅拌器，用来循环培养介质，均匀分布气泡，强化热量传递和消除罐内上、下部之间含氧量梯度。不同高径比的发酵罐采用不同的搅拌器组合拟达到最优目标。在生物发酵行业中，搅拌器的结构设计主要依靠经验。但工程实例说明，由经验设计出的搅拌器往往难以处于最佳工作状态，如选用的电机功率过大，搅拌效果不佳等，因此对搅拌器的优化设计需要更可靠的设计准则。计算流体力学（CFD）方法被引入搅拌器设计行业，其优势在于可以应用数值模拟软件描述搅拌过程，实现搅拌器的设计与优化。

李浪等在 2011 年对浙江国光生化股份有限公司 270 m^3 苏氨酸发酵罐 CFD 模拟，将发酵罐内冷却管进行了改进，并调整了搅拌器位置，使苏氨酸产率由 9.0%提高到了 10.5%。连续十批次生产改进后产酸率提高 8%～16%。

秦震方、王遗针对阿维菌素发酵过程中丝状微生物除虫链霉菌（*Sterptomyces avermitilis*）菌体易成球的特性，利用 CFD 对 15 L 和 150 m^3 罐内流场的气含率、剪切应力等模拟，在实际上采用 Lightnin A315 和 CD-6 的组合搅拌装置最有利于菌体形成致密度合适的菌团，从而影响溶氧和糖代谢，提高阿维菌素发酵产能，同时降低发酵能耗。

李军庆等模拟了 375 m^3 红霉素发酵罐中流场、气含率分布系数和容积传质系数对发酵的影响，对搅拌桨进行了优化；张庆文等模拟了 600 m^3 柠檬酸发酵罐搅拌系统流场、气含率分布系数，并对其搅拌桨进行了优化；唐红叶对 200 t β-胡萝卜素发酵罐中的三维流场进行了数值模拟，并对其搅拌桨进行了优化；大大地提高了生产得率，促进了发酵工业节能降耗。

现在，在国外更是有了无搅拌式发酵罐（全气升式）的工业实例。其原理是首先利用喷嘴使气液充分混匀，然后通过类似静态混合器的传热元件来进一步使气液重新混匀以达到传质和传热效果。刘德民对 30 m^3 发酵罐逆向龙卷直旋射流搅拌模式流场、气含率分布系数分析，并对面包酵母发酵进行了考察；较气升式发酵罐而言，逆向龙卷直旋射流搅拌器同时具有机械搅拌的优点：以微小气泡的形式分布在发酵液中以增加接触面积和接触时间；能使液体做涡流运动，延长了气泡的运动路线，也可增加气液接触时间；搅拌使发酵

液呈湍流运动，减少了液膜阻力；等等。这使得培养基中的溶氧速率得到提高。

在大型发酵罐的设计中，针对不同发酵工艺、菌种，如何实现全罐传质混合强度保持在适合水平是其难点，CFD 技术为实现这种精确设计提供了可能。如果将来通过数值模拟能准确得到全罐或局部的溶氧、剪切强度、流动状况，将有助于开发出比目前更高效、节能的搅拌系统。

单纯的 CFD 模拟优化与放大搅拌系统只是发酵过程优化与放大所依据的基本思想和方法，各种菌体发酵过程优化还必须以发酵动力学为基础的最佳工艺控制为依据的动态分析方法，以细胞代谢流的分析与控制为核心的生物反应工程学的观点，通过实验研究，提出基于参数相关的发酵过程多水平问题研究的优化技术和发酵过程多参数调整的放大技术。

二、厌氧发酵罐设备的选择

厌氧发酵罐分为生产产品用的厌氧发酵罐和废水处理用的厌氧发酵罐。工业生产产品常用的厌氧发酵罐主要有酒精发酵罐、啤酒发酵罐、葡萄酒发酵罐和醋酸发酵罐等。废水处理常用的厌氧发酵罐有升流式厌氧污泥床反应器（UASB）、升流式厌氧过滤床反应器（UBF）和厌氧内循环反应器（IC）。用于沉积污泥减量化的又叫厌氧消化罐。厌氧发酵罐液化阶段主要是细菌起发酵作用，包括纤维素分解菌和蛋白质水解菌，而产酸阶段主要是醋酸菌起作用，产甲烷阶段主要是甲烷细菌起作用，它们将产酸阶段产生的产物降解成甲烷和 CO_2，同时利用产酸阶段产生的氢将 CO_2 还原成甲烷。其优点是无搅拌装置，借助培养液的密度差完成液体的循环节能，从而降低了设备成本。缺点是不适合在黏度较大或者含有大量固体的培养液中应用。

近年来又发展了适合黏度较大或者含有大量固体培养液的所谓干法厌氧发酵罐，主要用于生活垃圾发酵产沼气。这种厌氧发酵罐干法厌氧发酵技术的优点在于：①可以适应各种来源的固体有机废弃物；②运行费用低，并提高了容积产能；③需水量低或不需水，节约水资源；④产生沼液少，废渣含水量低，后续处理费用低，能够产生沼气，沼气对清洁能源有很大的帮助；⑤能够减少臭气的排放。

厌氧发酵罐根据所用材料不同分为钢结构厌氧发酵罐、合金厌氧发酵罐、钢筋混凝土厌氧发酵罐、砖混结构厌氧发酵罐、橡胶或塑料气囊厌氧发酵罐等。材料不同的厌氧发酵罐设计方法不同，在我国至今无专业书籍介绍，目前设计放大原理来自德国等欧洲国家。我国目前的厌氧发酵罐大多是在工程经验基础上，通过与已有设备类比来进行设计，因此存在搅拌能耗高、流场混合效果差等问题。近十年来，利用先进的 CFD 数值模拟设计放大优化大型发酵罐的越来越多。

1. 侧搅拌发酵罐

侯洪国研究了高径比为 1.2，体积为 3400 m^3，斜底 4.47° 的侧搅拌发酵罐，4 个搅拌桨均在距底面 0.8 m 处安装，搅拌轴平行于底部斜面，水平偏角均为 30°，优化结果为 4 个搅拌桨水平偏角分别为 35°、30°、35°、35°，420 r/min 下能获得最好的混合效果。姜勇等针对直径为 11 m，高度为 15 m 的酒精发酵罐及搅拌设备存在的固相物料沉积严重问题，利用 CFD 软件对大型侧进式搅拌罐内流场的流型、速度分布进行分析，4 个搅拌桨距罐底为 0.6 m、1.05 m、1.4 m、1.5 m，改进后速度在 0.05～0.1 m/s 的低速区域体积减少到 16.16%，消除了中心固相物料沉积现象。陈佳等利用 CFD 软件对大型侧进式搅拌罐内流场做了数值模拟。研究发现，增大搅拌器转速很难消除水平面的死区，桨叶垂直向下 5.71° 或水平偏转 11° 能改善流体的流动。三叶桨和四叶桨对罐上部的流场改善效果要优于两叶桨，但相同转速下，搅拌功耗分别是单叶桨的 1.2 倍、2.3 倍和 3.4 倍，综合考虑，三叶桨搅拌效率最高。张会丽将发酵罐平底改为圆锥形凸起以缓解固形物的沉积；同时，对设备进行了优化，优化后的发酵设备功率降低了 10%。

2．新型沼气厌氧发酵罐

近十五年来，CFD 成为沼气科学领域越来越方便实用的研究方法。研究和设计人员利用 CFD 方法将沼气料液流场可视化，依据流场形态图优化设计搅拌的介质、功率、时长、时间间歇、罐体形状、叶轮形状、射流器形状等多方面参数，极大提高了设计水平。CFD 技术是进入 21 世纪以来，沼气科学研究和工程设计领域成果极其显著的一次科技进步，并将在未来很长一段时间得到更大应用，成为行业的主流研究方向。

近年来，随着 CFD 技术的发展，对既定条件下发酵罐内流体流动状态进行预测已经成为可能，越来越多的学者采用此方法对发酵罐内流场进行了相关研究。王杰等研究了猪粪发酵罐中不同桨层的流场分布，发现 3 层桨流场分布明显优于 2 层桨；宋金礼等研究了 2210 m^3 污泥厌氧消化罐中不同组合的搅拌桨对搅拌流场、混合时间的影响，对搅拌桨组合进行了优化；Wang 等对 140 m^3 生物氢发酵罐进行了数值模拟，根据流场分布对搅拌桨进行了改造。樊梨明等研究了餐厨垃圾厌氧发酵罐内流场及搅拌桨和功率消耗的情况，并设计了新型轴流式 AFI 搅拌桨，利用 CFD 软件对餐厨垃圾厌氧发酵罐内流场进行数值模拟，对比斜叶桨和 AFI 桨发酵罐中单相流场分布、固相体积分数分布和功率消耗的情况。该项研究结果可为餐厨垃圾厌氧发酵罐搅拌桨的设计与选择提供一定的参考。姚立影和蒲光华对直径 6 m、长 30 m 的卧式有机废弃物厌氧发酵产沼气装置进行了研究，采用壁厚 20 mm、直径 960 mm、长 31.7 m 的耙式搅拌桨，其使用寿命为 2770 天。国内主要秸秆沼气发酵装置性能见表 5-12。

表 5-12　国内主要秸秆沼气发酵装置性能表

名称	全混发酵反应器	覆膜槽生物反应器	地下式敞口覆膜发酵池	柔性顶膜车库式干发酵装置
技术支撑单位	北京化工大学	农业部规划院	福州北环公司	南京农机化所
发酵工艺类型	湿式	干式	干式	干式
发酵装置结构	卧式罐 Φ3 m×8 m	地下槽式 10 m×6 m×1.5 m	地下池式 10 m×2.5 m×3 m	地上车库式 10 m×4 m×3 m
典型工程	北京顺义南坞村	北京大兴	江苏	常熟
进料浓度	10%左右	30%～40%	20%～40%	20%～40%
进出料方式	输送带进料，螺旋出料	装载机	人工投料，抓斗出料	装载机
多物性适应性	差	好	较好	好
传质特性	好（有搅拌）	较差	差	较好
沼渣含水量	高	低	低	低

续表

名称	全混发酵反应器	覆膜槽生物反应器	地下式敞口覆膜发酵池	柔性顶膜车库式干发酵装置
容积产气率	高	较低	低	较低
产气稳定性	好	差	较差	较差
工程投资	大	较大	小	较小
运行成本	高	较低	低	较低
管理难度	大	较小	小	较小

3．新型污泥厌氧发酵罐

以某污泥厂的厌氧发酵罐为研究对象，运用 CFD 软件，采用标准 κ-ε 湍流模型、欧拉－欧拉多相流模型以及多重参考系法，模拟了发酵罐内搅拌过程中的固－液两相流动。研究发现发酵罐内污泥分布不均匀，在罐顶部污泥出现分层现象，底部出现部分污泥堆积的区域，流体的流动循环速度不足以使污泥完全均匀地悬浮在发酵罐内。

分别改变搅拌器转速、桨叶长度、搅拌器离底高度，研究各因素对发酵罐内流场及污泥悬浮状况的影响。结果表明：增大转速及桨叶长度对流体的流速及污泥悬浮状况有很大的改善，桨叶长度增大到一定值以后，固相污泥分布几乎不再改变，同时转速及桨叶长度的增大也加大了搅拌器的压力及功率，功率随着参数的增大而成倍增加；在一定范围内，加大搅拌器离底高度有利于改善发酵罐上部污泥的悬浮，但增大到一定值以后，流场形态发生改变，上部污泥的浓度不再增大，反而略有下降，搅拌器的功率随着离底高度的增大而减小，但变化不大。

利用正交试验法，对 3 个因素进行了优化设计。结果表明：对罐内固相浓度分布影响最大的是桨叶长度，其次是离底高度及转速；最佳工况是转速 626 r/min、离底高度 1.6 m、桨叶长度 425 mm。通过对几种不同方案节能效益的分析，得出结论：混合时间随着功率的增大而减小，混合结束后污泥浓度在 7%上下波动，幅度很小；当转速为 326 r/min，桨叶长度为 360 mm，离底高度为 1.6 m 时，搅拌器的能耗最低。

4．干法厌氧发酵罐

生物质垃圾作为固体废物的主要组分，通常占到 65%～80%。而生物质垃圾具有含水率高、易生物降解的特点，不适于采用传统的焚烧、填埋等垃圾处理方式，从而引起了一系列的环境与安全问题。厌氧消化作为生物质垃圾处理的重要手段，根据不同的固含量分为干法与湿法，其中，干法相较于湿法具有有机负荷高等优势，故而得到了大量的关注并具有良好的发展前景。

餐厨垃圾干法厌氧发酵过程在降低环境污染的同时还可以产生清洁能源与有机肥料，该方法在缓解环境危机与能源危机方面具有很好的应用前景。目前，已经开发的设备按操作方式分为间歇干法厌氧发酵设备和连续干法厌氧发酵设备两种，按结构分为卧式刮刀搅拌罐、立式三桨叶搅拌罐、立式外循环泵连续发酵罐、横推流式连续干法厌氧发酵罐等。由于我国餐厨垃圾干法厌氧发酵设备的研究处于起步阶段，已开发的设备都有一定的缺点，需在今后不断完善。日本在这方面的研究较早，日本的生活垃圾分类也较好，而我国的生活垃圾分类较差，提高生活垃圾分类又是一个漫长的生活文化改变过程，所以当前必须针对我国国情研究适合我国生活垃圾分类处理的干法厌氧发酵设备。

三、固态发酵反应器的选择

1. 固态发酵反应器种类与选择

近年来，固体发酵反应器的设计、操作及放大等方面都有了较大改善，从清洗的开放式反应器向机械化操作和部分参数自动控制的反应器方面发展，法国、日本、美国等国家竞相对固态发酵的关键设备进行研究，迄今为止已有许多类型的固态发酵反应器问世，从结构上看有不同形式的工业规模固态反应器，如转鼓式、加盖盘式、垂直培养盘式、倾斜接种盒式、浅盘式、传送带式、圆盘式、混合式等；以基质的运动情况则可以分为两类，一类是静态固态反应器，包括浅盘式和塔柱式反应器，另一类是动态固态发酵反应器，包括机械搅拌的筒式、柱式、转筒式反应器等。

当完成实验室的三角瓶或浅盘发酵实验后，如果要进行大规模生产，接下来的一个棘手的问题就是如何选择合适的固态发酵反应器。选择固态发酵反应器时，必须考虑到各种反应器的性能，使所选择的反应器能够满足各项要求；同时，也必须考虑到投资成本和今后的运行成本。选择时可参照图 5-5 的顺序进行。

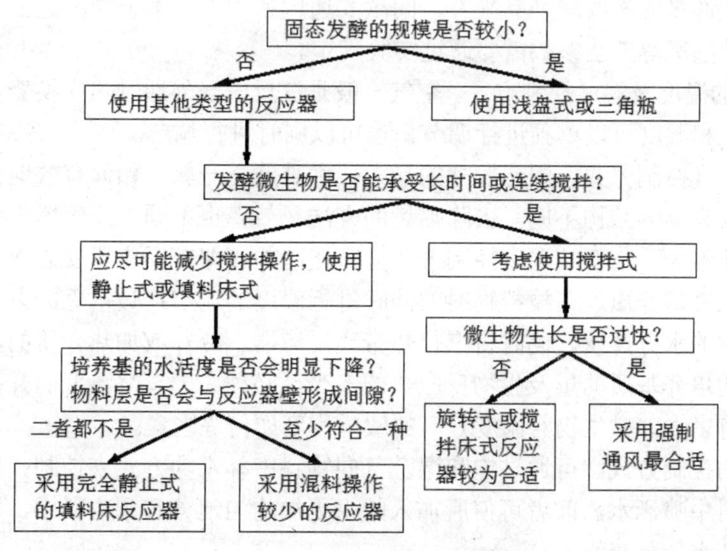

图 5-5 固态发酵反应器的选择

一般而言，与液态发酵系统相比，采用固态发酵进行大规模生产，可以大大节省投资成本和运行成本。但这也取决于固态发酵生物反应器的合理设计、选用及操作。

对于固态发酵反应器性能的分析，应着重考虑以下几个方面。

选择反应器时，必须考虑其投资及运行费用对总成本的影响。我国许多固态发酵的产品没有价格优势，工厂效益差，在设备方面的投入偏高时，反而经济效益不佳，因此必须综合考虑。对于附加值高的产品，确有需要，可选择高端设备（如转鼓式等）。对于量大附加值低的产品，用普通的厚层通风发酵池也基本上能满足需求。

（1）反应器的搅拌翻料方式。固态发酵分为完全静止发酵、间歇搅拌发酵和连续搅拌发酵 3 种类型。如果微生物能够承受连续搅拌，则连续搅拌是最为可取的方案。搅拌还分为人工搅拌混料、机械搅拌、流化床式的翻料。应考虑搅拌翻料操作对微生物的培养是否有负面影响。搅拌操作对于通风供氧、去除热量、驱散聚集在物料内的二氧化碳、避免物料被菌丝缠结都是有正面影响的；但搅拌的负面影响也是显而易见的，如搅拌会使菌丝断裂，影响微生物的生长，甚至影响代谢产物的合成；搅拌会使发酵的物料结成团块，使其内部缺氧。单细胞微生物对剪切力不敏感；而大多数丝状真菌对剪切力敏感，故在选用带机械搅拌装置的反应器时要慎重。机械搅拌较为常见，但不同类型的机械搅拌，所产生的物料流动方向有所不同，主要是径向流动和轴向流动。搅拌操作时的主要操作变量是搅拌次数、每次搅拌持续的时间、搅拌强度（如转速），还需考虑搅拌是否会影响到微生物或最终产品的产率。

（2）反应器通风换气方式。反应器通风换气方式分为自然对流通风和强制通风。所谓自然对流通风，指空气通入反应器内的顶空层，顶空层的空气与物料表面进行交换；所谓强制通风，指空气从物料层中穿过。大多数固态发酵都是好氧微生物的生长和发酵。通风主要的操作变量是供气的压力和体积流量、压力降；入口处或反应器内空气流速、空气的温度和湿度。从许多固态发酵产品来看，间歇式通风和搅拌基本上能满足工艺需求，但风量及通风搅拌的频率等工艺参数需要通过实验确定。

（3）空气的温度及湿度控制方式。空气一般是在反应器外通过热交换器被加热或冷却的。空气的温度和湿度可以单独进行调节，也可以同时进行调节。

①物料的温度控制方式。固态发酵的最大技术难题之一就是如何有效地去除发酵热。各种固态发酵反应器的结构不同，去除热量的方法及效率也不同。反应器内装料量的多少对温度的影响非常大。物料的温度控制方式分间接冷却（即在反应器安装冷却夹套）；或在搅拌轴中通入冷却介质，在搅拌物料的同时进行温度的调节；最常见的方式是通过强制通风，使物料中的水分蒸发，同时将汽化热带离反应器。冷却或加热介质的温度和流量取决于反应器内的培养基质的量及生物反应热的多少。必须考虑发酵温度的升高对微生物的生长速度影响有多大，微生物对温度升高的敏感程度如何等因素。

②料水分的控制方式。可通过饱和湿空气向物料中补水的方式来控制；更为常见的方式是直接在物料中喷洒水。前者可使所加入的水更加均匀地分布到物料中，后者则需要通过搅拌混料，使水分分布均匀。

（4）反应器的能源消耗情况。反应器的能耗主要用于原料的灭菌、通风、搅拌及冷却物料。此外，进料和出料也需耗能。

（5）杂菌污染的防止和控制手段。从保证发酵安全的角度来说，纯种发酵是必要的；但对于某些讲究风味的发酵产品，纯种发酵会带来产品风味的淡泊，杂菌繁殖在可控范围内也是允许的，甚至是必不可少的。大多数固态发酵，由于选择性培养基及物料的水活度较低，不利于细菌生长，在允许的情况下，也不必过分追求完全无菌。因此要针对不同的产品采取相应的杂菌污染防控措施。主要对发酵原料、发酵场所、通风系统、发酵设备等方面采取必要的防控措施。

在固态发酵反应器的选用上应考虑固态发酵设备的通用性及特殊性。有的固态发酵产品只能用相适应的设施或设备来生产。但随着对发酵特性的逐步了解，逐渐也可采用其他类型的固态发酵反应器来生产。例如，许多散曲（如米曲和红曲）的培养，传统上用地面培养法和浅盘法，后来发展到厚层通风发酵池，再发展到圆盘式制曲机。

与其他工业化生产一样，在固态发酵生物反应器的选型上，经济效益也是必须首先要加以考虑的。要从投资成本及运行成本两个方面考虑设备的选型。对于价格低廉、生产量大的产品，无疑应选择造价低且处理量大的固态发酵设备。例如固态发酵菌体蛋白饲料，量大，但产品价格低，就不适宜选用高档的圆盘制曲机，而选用厚层通风发酵池可节省许多投资费用。

设备的生产率[kg/（$m^3 \cdot h$）]，即单位时间内，单位体积的发酵容器所生产的产品数量，是选择设备时的重要依据。发酵时间的长短是由微生物及产品的特性决定的，因此关键的问题是设备的装料系数。从目前的常用固态发酵反应器来看，依据装料量和整体设备所占的空间的比例，酒窖的装料系数最高，填充床式和流化床的装料系数较高，而一般的固态发酵设备，如转鼓式、浅盘式、厚层通风池（包括圆盘制曲机）的装料系数都比较低，一般都只有 30%～40%。

固态发酵反应器的装料和卸料比液态发酵反应器要复杂得多，故在选择发酵反应器时，必须考虑物料的特性和产品的特性。应尽可能避免劳动强度太大的人工操作。

除上述问题外，在设备选型时还应考虑发酵反应器是否需要承担固态发酵后的下游处理，发酵后的物料是否需要在反应器内烘干，或者是否需要在反应器内浸泡，以便获取最终产品。

2. 固态发酵反应器的放大

固态发酵反应器的放大，不仅仅是设备尺寸的放大，而是要保证在放大的设备中，微生物生物反应条件在与小型实验所具有的反应条件基本相同的情况下的规模放大。在生物反应器的反应系统中，存在 3 种不同类型的重要过程：热力学过程、微观动力学过程和传递过程。其中传递过程（主要是质量传递和热量传递）最为重要，是放大的核心问题。

物料的混合、气—液—固相间的物料传递、热量传递、细胞受到的剪切力等环境因素，在尺寸不同的发酵罐中进行微生物生化反应时是有所不同的。具体来说，小型罐的物质浓度和压强梯度较小，具有良好的混合特性，但在大型设备中，存在明显的物质浓度梯度和压强梯度。物料混合程度、物料传递、热量传递等因素和设备的尺寸并不是线性关系。微生物所受到的剪切力，在不同规模的发酵罐中则表现得更为复杂，并不能用简单的放大方法来处理。

对于液态发酵，保持较高溶氧水平一般是需要考虑的主要因素，而对于固态发酵，要考虑的主要因素是发酵温度不得超过设定的上限，或在上限持续的时间不能太长。而温度超过设定的上限一般发生在产热高峰期。在固态发酵过程中，当微生物处于快速生长的对数生长期时，通常会产生大量的热量（80～3200 kcal/kg）。常用的降温操作方法是通风，通过水分的蒸发来散热。因此通风的工艺操作参数（如空气的温度、湿度和通气量等）是可以运用的基本工具。

Matthew 等提出了无因次设计因子（DDF）用于预测设备的规模和操作变量对转鼓式生物反应器的影响。DDF 是产热高峰期的产热速率与热量去除速率的比值，可用于预测在给定操作参数时基质层所能达到的最高温度。从另一个角度来说，当设定一个发酵过程所能承受的最高温度时，DDF 可用于设置各种组合情况下的操作变量，从而防止温度超过设定值。当气流速度和物料层中的最大温度根据要求而定时，Matthew 用 DDF 方法探讨了根据几何相似原理增加生物反应器的体积的 3 种放大方法的结果：第一种放大方法是维持工艺气流表面流速恒定；第二种放大方法是单位体积反应器体积中的空气体积之比为常数；第三种放大方法是随着反应器体积的增加，在发酵过程中，通过调节气流速度，保持物料中达到的最高温度为常数。

对于不同类型固态发酵反应器的放大，目前研究还不够，有待于在广度上和深度上继续开展相关工作。

四、酶反应器的选择

酶反应器多种多样，常见的有搅拌罐式反应器、填充床式反应器、流化床反应器、鼓泡式反应器、膜反应器、喷射式反应器等，不同的反应器有不同的特点，在实际应用时，应当在了解各种类型反应器的特点的基础上，根据酶、底物和产物的特性，以及操作条件、要求的不同而进行选择。

在选择酶反应器时，主要从酶的应用形式、酶的反应动力学性质、底物和产物的理化性质等几个方面进行考虑。同时选择使用的反应器应当尽可能具有结构简单、操作简便、易于维护和清洗、可以适用于多种酶的催化反应、制造成本和运行成本较低等特点。

（一）根据酶的应用形式选择反应器

在酶催化反应时，酶的应用形式主要有游离酶和固定化酶两种。不同应用形式的酶对酶反应器的要求不同。

1. 游离酶反应器的选择

在应用游离酶进行催化反应时，酶与底物均溶解在反应溶液中，通过互相作用，进行催化反应。可以选用搅拌罐式反应器、膜反应器、鼓泡式反应器、喷射式反应器等。

（1）游离酶催化反应最常用的反应器是搅拌罐式反应器。搅拌罐式反应器具有设备简单、操作简便、酶与底物的混合较好、物质与热量的传递均匀、反应条件容易控制等优点，但是反应后酶与反应产物混合在一起，酶难以回收利用。游离酶搅拌罐式反应器可以采用分批式操作，也可以采用流加分批式操作。对于具有高浓度底物抑制作用的酶，采用流加式分批反应，可以降低或者消除高浓度底物对酶的抑制作用。

（2）对于有气体参与的酶催化反应，通常采用鼓泡式反应器。鼓泡式反应器结构简单、操作容易、混合均匀、物质与热量的传递效率高，是有气体参与的酶催化反应中常用的一种反应器。例如，葡萄糖氧化酶催化葡萄糖与氧反应，生成葡萄糖酸和过氧化氢，采用鼓泡式反应器从底部通进含氧气体，不断供给反应所需的氧，同时起到搅拌作用，使酶与底物混合均匀，提高反应效率，还可以通过气流带走生成的过氧化氢，以降低或者消除产物对酶的反馈抑制作用。

（3）对于某些价格较高的酶，由于游离酶与反应产物混在一起，为了使酶能够回收，可以采用游离酶膜反应器。游离酶膜反应器将反应与分离组合在一起，酶在反应容器中反应后，将反应液导出到膜分离器中，小分子的反应产物透过超滤膜排出，大分子的酶被超滤膜截留，再循环使用。一则可以将反应液中的酶回收，循环使用，以提高酶的使用效率，降低生产成本；二则可以及时分离出反应产物，以降低或者消除产物对酶的反馈抑制作用，以提高酶催化反应速度。

在使用膜反应器时，要根据酶和反应产物的分子质量，选择适宜孔径的超滤膜，同时要尽量防止浓差极化现象的发生，以免膜孔阻塞而影响分离效果。

（4）对于某些耐高温的酶，如高温淀粉酶等，可以采用喷射式反应器，进行连续式的高温短时反应。喷射式反应器混合效果好，催化效率高，只适用于耐高温的酶。

2．固定化酶反应器的选择

固定化酶是与载体结合，在一定空间范围内进行催化反应的酶，其具有稳定性较好、可以反复或连续使用的特点。应用固定化酶进行催化反应，可以选择搅拌罐式反应器、填充床式反应器、鼓泡式反应器、流化床式反应器、膜反应器等。

应用固定化酶进行反应，由于酶不会或者很少流失，为了提高酶的催化效率，通常采用连续反应的操作形式。

在选择固定化酶反应器时，应根据固定化酶的形状、颗粒大小和稳定性等的不同进行选择。

颗粒状或片状的固定化酶可以采用搅拌罐式反应器、填充床式反应器、流化床式反应器、鼓泡式反应器等进行催化反应。

采用搅拌罐式反应器时，混合较均匀，传质传热效果好。但是对于机械强度稍差的固定化酶，要注意搅拌桨叶旋转产生的剪切力会对固定化酶颗粒产生损伤甚至破坏。

采用填充床反应器时，单位体积反应床的固定化酶密度大，可以提高酶催化反应的速度和效率。但是填充床底层的固定化酶颗粒所受到的压力较大，容易引起固定化酶颗粒的变形或破碎，因而容易造成阻塞现象。所以对于容易变形或者破碎的固定化酶，要控制好反应器的高度。为了减少底层固定化酶颗粒所受到的压力，可以在反应器中间用多孔托板进行分隔，以减小静压力。

采用流化床式反应器时，混合效果好，但是消耗的动力较大，固定化酶的颗粒不能太大，密度要与反应液的密度相当，而且要有较高的强度。

鼓泡式反应器适用于需要气体参与的反应。对于鼓泡式固定化酶反应器，由于有气体、液体和固体三相存在，又称为三相流化床式反应器，具有流化床式反应器的特点。

膜状和纤维状固定化酶宜选用填充床式反应器和膜反应器，其他平板状、直管状、螺旋管状的反应器一般作为膜反应器使用。膜反应器集反应和分离于一体，特别适用于小分子反应产物且具有反馈抑制作用的酶反应。但是膜反应器容易产生浓差极化而导致膜堵塞，清洗较困难。

（二）根据酶反应动力学性质选择反应器

酶反应动力学主要研究酶催化反应的速度及其影响因素，影响酶反应动力学的因素包括酶与底物投入量（根据酶的催化特性确定底物投入量）、酶与底物的混合程度、底物浓度对酶反应速度的影响、反应产物对酶的反馈抑制作用以及酶催化作用的温度条件等。

1．根据酶与底物混合程度选择

要使酶能够与底物结合，就必须保证酶分子与底物分子能够有效碰撞，为此，必须使酶与底物在反应系统中混合均匀。在上述各种反应器中，搅拌罐式反应器、流化床式反应器均具有较好的混合效果，而填充床式反应器的混合效果较差。在使用膜反应器时，也可以采用辅助搅拌或者其他方法，以提高混合效果，防止浓差极化。

2．根据底物浓度对酶反应速度的影响选择

在通常情况下，酶反应速度随底物浓度的增加而升高。所以在酶催化反应过程中底物浓度都应保持在较高的水平，但是有些酶的催化反应，当底物浓度过高时，会对酶产生抑制作用，称为高浓度底物的抑制作用。

具有高浓度底物抑制作用的酶，如果采用分批搅拌罐式反应器，可以采取流加分批反应的方式进行反应，即先将一部分底物和酶加到反应器中进行反应，随着反应的进行，底物浓度逐步降低以后，再连续或分次地缓慢添加底物到反应器中进行反应，反应结束后，将反应液一次全部取出。通过流加分批的操作方式，反应体系中底物浓度能够保持在较低的水平，可以避免或减少高浓度底物的抑制作用，以提高酶催化反应的速率。

对于具有高浓度底物抑制作用的游离酶，可以采用游离酶膜反应器进行催化反应；而对于具有高浓度底物抑制作用的固定化酶，可以采用连续搅拌罐式反应器、填充床式反应器、流化床式反应器、膜反应器等进行连续催化反应。此时应控制底物浓度在一定的范围内，以避免高浓度底物的抑制作用。

3．根据反应产物对酶有反馈抑制作用选择

反应产物对酶有反馈抑制作用的，当产物达到一定浓度后，会使反应速度明显降低。对于这种情况，最好选用膜反应器，由于膜反应器集反应和分离于一体，能够及时地将小分子产物进行分离，从而明显降低甚至消除小分子产物引起的反馈抑制作用。对于具有产物反馈抑制作用的固定化酶，也可以采用填充床式反应器，在这种反应器中，由于反应溶液基本上是以层流方式流过反应器，混合程度较低，产物浓度按照梯度分布，所以靠近底物进口的部分产物浓度较低，反馈抑制作用较弱，只有靠近反应液出口处产物浓度较高，才会引起较强的反馈抑制作用。

4．根据酶催化作用的温度条件选择

某些酶可以耐受 100℃以上的高温，最好选用喷射式反应器，利用高压蒸汽喷射，实现酶与底物的快速混合和反应，由于在高温条件下，反应速度加快，反应时间明显缩短，催化效率显著提高。

（三）根据底物或产物的理化性质选择反应器

在酶催化过程中，底物和产物的理化性质直接影响酶催化反应的速率，底物或产物的分子质量、溶解性、黏度等性质也对反应器的选择有重要影响。具体选择依据如下：①反应底物或产物的分子质量较大时，由于底物或产物难于透过超滤膜的膜孔，所以一般不采用膜反应器。②反应底物或者产物的溶解度较低、黏度较高时，应当选择搅拌罐式反应器或者流化床式反应器，而不采用填充床式反应器和膜反应器，以免造成阻塞现象。③反应底物为气体时，通常选择鼓泡式反应器。④有些需要小分子物质作为辅酶（辅酶可以看作一种底物）的酶催化反应，通常不采用膜反应器，以免由于辅酶的流失而影响催化反应的进行。⑤选择的反应器应当能够适用于多种酶的催化反应，并能满足酶催化反应所需的各种条件，并可进行适当的调节控制。⑥所选择的反应器应当尽可能结构简单、操作简便、易于维护和清洗。⑦所选择的反应器应当具有较低的制造成本和运行成本。

综上所述，在选择酶反应器时没有单一的选择依据或标准，且酶反应器在实际应用过程中各种性能指标是相互制约的，因此没有一个绝对理想的反应器类型。我们在实际生产中，必须根据具体情况综合考虑各方面的因素，权衡后选择最为适合的酶反应器。

第三节　过滤分离、离心分离、膜分离设备的选型

在生物技术产业中，微生物发酵液、酶反应液、细胞组织培养液等通常是固—液两相混合物，而实现固—液分离的方法有很多种，如重力沉降、离心沉降、浮选分离、过滤分离、膜分离等。过滤操作不仅是生物产品生产过程中传统典型的单元操作，而且也是工业化生产中用于固—液分离的主要方法。其工作原理是使液体通过固体支撑物或过滤介质把固体截留，从而达到固—液分离的目的。离心分离是利用惯性离心力和物质的沉降系数或浮力密度的不同而进行的分离、浓缩等操作。膜分离技术是利用具有一定选择透过特性的过滤介质进行物质的分离、分级和浓缩的过程。随着新材料的不断更新和发现，膜技术使用范围越来越大。

过滤分离、离心分离、膜分离技术是生物工业规模化生产中常用的分离方法，其工作原理、主要性能及其特点比较见表 5-13。

表 5-13　生物工业中常用的分离方法

分离方法	原料相态	操作原理	性能特点	能分离颗粒的大小
过滤分离	固液悬浮液	依靠过滤介质分离	流体通过多孔介质的流动	10 μm ～1 mm 的颗粒
离心分离	固液悬浮液	依靠离心力分离	得到含湿量的固相和高纯度的液相	一般离心用于分离 400 ～ 900 nm 的颗粒；超速离心用于分离 10 nm～1 μm 的颗粒
膜分离	溶液	依靠能量差分离	设备简单、无相变、节能	微滤用于分离 200 nm～10 μm 的颗粒；超滤用于分离 10 nm～5 μm 的颗粒

注：病毒＞10 nm，细菌 0. 3～1.0 μm（即 300～1000 nm），酵母是 3～5 μm，霉菌菌丝体和红细胞约 10 μm。

对悬浮液进行固—液分离，广泛采用的方法就是过滤分离和离心分离。生物加工中对于不同性状的处理液应选用不同的分离方法与设备，固-液分离时，常需考虑的重要参数有

分离粒子的大小、料液的黏度、固体颗粒的含量、粒子聚集或絮凝作用、料液的密度差、料液对设备的腐蚀性以及操作规模和费用等，同时也要考虑前后工序的连续性以及相互间影响等因素。

一、过滤分离、离心分离设备选型

要从诸多种类的过滤设备和离心机中选择出较合适的机型，以达到预期的分离目的和要求，必须根据被分离物料的性质和分离任务，有无特殊要求及其他条件逐步筛选。其他条件包括所选离心机类型是否有厂家生产，以及该机型的质量、可靠性、价格、能耗和操作费用等。还可与制造厂联系，提供物料做分离实验，或以小型机做实验，取得数据后确定选型。如无实际经验可循，建议采用以下方法进行初步选型；欲达到最佳的选择，则需辅以工程实际经验。

1. 选型的依据

过滤设备和离心分离的效果与分离物料的特性有较大的关系，物料特性决定了采用何种过滤或离心类型，然后根据分离的任务和要求从过滤设备和离心机类型中选择适合的种类和型号。因此物料特性和分离的任务及要求是选型的最基本的依据。

（1）物料特性。

悬浮液特性包括固体颗粒粒度及其分布、固体颗粒形状、固体密度、固体的亲水性或疏水性、液体密度、液体黏度、液体 pH 值、液体腐蚀性、液体ς电位和悬浮液浓度等。测定这些物料性质不仅需要专门的仪器设备，还要耗费不少的时间和人力。对于初步选型而言，可以在实验室对物料进行沉降试验和过滤试验，得出物料综合分离性能。

悬浮液的沉降特性等级按图 5-6 划分，其中 A～C 反映了固—液相密度差、固相颗粒和液相黏度的综合性质，F～G 反映了悬浮液固相浓度。悬浮液沉降速度分三级，澄清度分两等，沉渣容积率分三等。沉降实验取 800～1000 mL 悬浮液加入 1 L 量筒观察所得，如果沉降速度过低和澄清度差，可进行预处理，如调整 pH 值、混凝、加热等，然后再进行沉降试验。沉降试验的结果，如果是得到了中等沉降速度、分离液澄清度较好和有中等沉渣容积比的悬浮液，则该悬浮液的沉降特性记为 BEG。

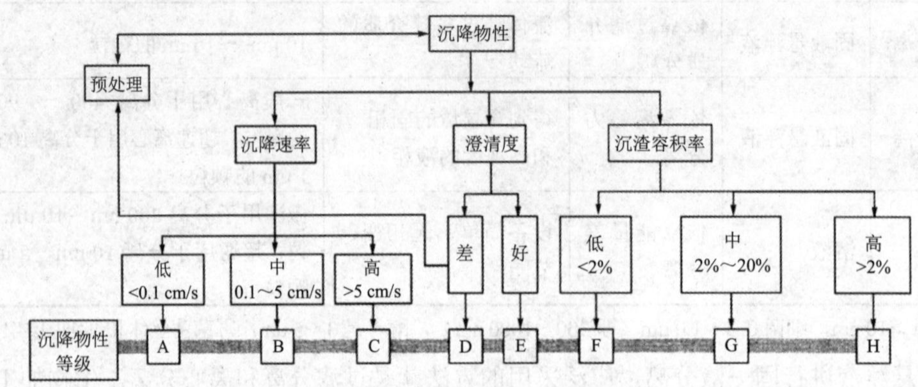

图 5-6　悬浮液的沉降特性等级划分

悬浮液的过滤特性的测定是用直径 75 mm 的布氏漏斗加 200 mL 悬浮液做真空过滤实验，以求得滤饼生成速率，如图 5-7 所示，以滤纸（快速、中速、慢速）过滤速度和滤饼生成速率的选择得到澄清度较好者为宜。

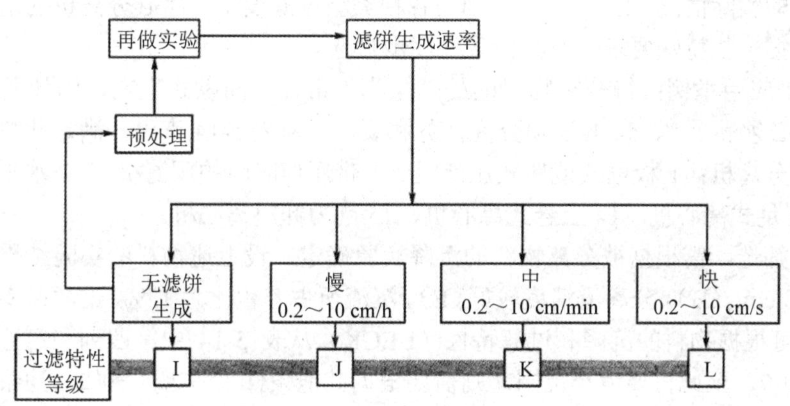

图 5-7　悬浮液的过滤特性

（2）分离的任务和要求。

实际生产中，分离的任务和要求是各式各样的，但作为初步选型，将分离的任务和要求概括为生产规模、生产流程要求的操作方式，以及要求回收的产品是固体、液体或两者均要等 3 个方面，如图 5-8 所示。当然，这是较粗略的方法，其他方面的要求，如易燃、易爆的物料要求密闭防爆型的分离设备，处理饮料或食品物料要求一定的卫生条件和无毒、耐蚀的材质等，这些要求可在初选的基础上，作为进一步筛选的要求使用。

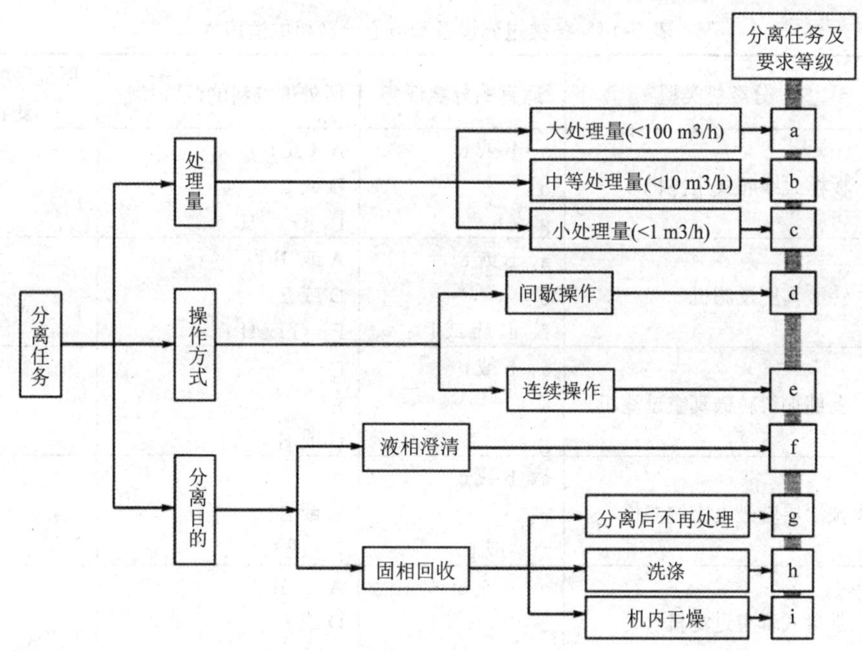

图 5-8　悬浮液的分离任务和要求

2．选型方法

（1）图表法。

为满足生产任务，必须根据分离物料的特性和分离的任务及要求，依据图 5-7 和图 5-8 中所列各项的实际情况，按表 5-14 所列的各种类型过滤设备和离心分离机的适用范围进行选择，并根据一些特殊要求以及其他条件逐步筛选。

表 5-14 应用举例：待分离物料的处理量为 8 m^3/h，间歇式生产，固体需要洗涤，按图 5-8 可知必须满足 b、d、h 三项分离任务和要求，从表 5-14 查出，满足此三项任务的有下列七大类分离机：1 板框式或厢式压滤机、7 带压榨隔膜的压滤机、12 水平带式真空过滤机、13 三足式离心机、14 上悬式离心机、15 刮刀卸料离心机。

进一步筛选，需根据被分离物料的沉降实验确定。设上述物料的实验结果如下：沉降速率为 2～3 cm/s（B），分离澄清度较好（E），沉渣所占容积比为 15%，过滤速率为 5 cm/min（K）。则可根据物料的沉降和过滤特性（BEGK）从表 5-14 中第四列和第五列中看出可以剔除 1 和 7。至此再要缩小范围，则需要根据其他条件来考虑。例如，滤浆母液有挥发性时不能用真空过滤，应剔除 12。最后剩下可供选择的仅有三类，即 13 三足式离心机、14 上悬式离心机和 15 刮刀卸料离心机。以上分离机中以三足式人工上卸料离心机价格最便宜，生产厂家也多，易于购置；但人工卸料劳动强度大，生产效率低，不易保证处理量的要求。如需保证处理量则必须使用自动下卸料三足式离心机或刮刀卸料离心机，而这两者的选择需要根据生产厂家提供的产品价格、质量和可靠性而确定。至于上悬式离心机也需要人工下卸料或重力卸料，其价格比三足式人工上卸料离心机贵；而且如固相黏性低可重力卸料，固相黏性稍高就需要人工卸料，故不宜采用。

表 5-14 综合了过滤设备和离心分离机的各种选型情况，可供参考。

表 5-14　各类过滤设备和离心分离机的适应性

序号	分离机类型	适宜的分离任务	所处理物料的沉降特性	所处理物料的过滤特性
1	板框式或厢式压滤机	a、b 或 c d g 或 h	A（或 B） D 或 E F、G 或 H	I 或 J
2	转鼓真空过滤机	a、b 或 c e f、g、h 或 i	A 或 B D 或 E F、G 或 H	I、J 或 K
3	上部加料转鼓真空过滤机	a、b 或 c e g、h（或 i）	C E G 或 H	L
4	预涂层转鼓真空过滤机	a、b 或 c e f（或 g）	A D 或 E F（或 G）	I（或 J）
5	圆盘式真空过滤机	a、b 或 c e g	A 或 B D 或 E G 或 H	J 或 K

续表

序号	分离机类型	适宜的分离任务	所处理物料的沉降特性	所处理物料的过滤特性
6	深层床过滤器	a 或 b e f	A D F	I
7	带压榨隔膜的压滤机	a、b 或 c d 或 e g（或 h）	A（或 B） D 或 E G 或 H	J 或 K
8	带式压榨过滤机	a、b 或 c e g	B D 或 E G	J
9	筒式过滤机	b 或 c d f	A 或 B D 或 E F	—
10	螺旋挤压机	a 或 b d 或 e g	A D 或 E H	I 或 J
11	旋叶压滤机	b 或 c e f、g 或 h	A 或 B D 或 E F、G 或 H	I、J 或 K
12	水平带式真空过滤机	a、b 或 c d 或 e g 或 h	A、B 或 C D 或 E F、G 或 H	J、K 或 L
13	三足式离心机	b 或 c d g 或 h	A、B 或 C D 或 E G 或 H	K、J 或 L
14	上悬式离心机	b 或 c d g 或 h	A、B 或 C D 或 E G 或 H	K、J 或 L
15	刮刀卸料离心机	a、b 或 c d g 或 h	A、B 或 C D 或 E G 或 H	K 或 L
16	活塞推料过滤离心机	a 或 b e g 或 h	B 或 C E G 或 H	K 或 L
17	离心力卸料过滤离心机	a e g	C E H	L
18	螺旋卸料过滤离心机	a e g	C E H	K 或 L

续表

序号	分离机类型	适宜的分离任务	所处理物料的沉降特性	所处理物料的过滤特性
19	圆锥形沉降离心机	b 或 c d	B（或 A） D 或 E	—
20	柱锥形沉降离心机	b 或 c d	B（或 A） D 或 E	—
21	管式离心机	（b 或）e d f 或 g	A 或 B D 或 E F	—
22	碟式分离机	a、b 或 c d 或 e f 或 g	A 或 B D 或 E F 或 G	—
23	旋液分离器	a 或 b e f、g 或 h	B 或 C D 或 E F、G 或 H	—
24	振动筛	a、b 或 c d 或 e f 或 g	B 或 C E F 或 G	K 或 L

注：表中有括号的表明该机种对该项性能可能适用，但较为勉强。

（2）软件程序选择法。

如何选择合适的工业离心机，世界上许多国家都在进行研究，并取得了一些成功的经验。苏联阿普里戈等人制定了一套可用计算机来选择离心机的软件及中间试验方法。西欧和日本的研究人员设计了选择离心机的物性调查卡片及中间试验方法。还有的国家的研究人员根据广泛的分离试验调研，列出表格，表明某种物料适用哪种或哪几种分离机。例如德国洪堡维达克公司研究了 15 种型式分离机对 250 多种物料的适应情况，并列成表格，可供选型参考。日本石川岛播磨重工业株式会社生产的 IHI 离心机和过滤机对物料应用也做了详细介绍。近年来，我国的一些离心机制造厂和有关科研院所也正在开展这方面的工作，取得了一定的经验。其基本原理是先将料液的物料特性与对离心机的要求归纳编制成系统的选择表，以软件的形式储存于电子计算机系统内；选择离心机时，再将处理料液的特性与对离心机的要求以数码的形式填入专用的卡片，该卡片就作为信息输入电子计算机；最后，在储存软件帮助下迅速地给出所要求选择的离心机。

当然电子计算机选择出来的离心机不一定是唯一的或最佳的，可能有多个答案，如要得到最佳选择方案，还应辅以必要的试验。

编制储存在软件内的选择表时，一般是将与选择离心机有关的物料特性列为 10 大项（粒度、密度差、沉降速率、浓度、颗粒形状、固料特性、固相可溶性、悬浮液温度、防爆性、固相最大密度）进行编码。每一大项特性又分为若干项给予编码，如依固粒可能有从 0.5～150 μm 及长、短纤维的各种情况，将粒度又分编为 9 个子项。对离心机的要求按 5 大项（工艺性能、生产能力、加热或冷却、洗涤、磨损）进行编码。每一大项也分编为若干子项，如离心机的工艺性能编为悬浮液澄清、固料脱水、乳浊液分离等子项。一共编列有 17 大项和 78 子项。

相应于每一子项的要求，都有一定类型数量的离心机可适用，将这些适用的离心机分别归纳于每一子项中（只要满足要求，各机种可重复地在各子项中出现），就构成一个比较完整的选择表。

（3）多种机型联用及综合选型。

有些物料分离难度大，选择一种离心分离设备无法完成分离任务和要求时，可采用多种机型联用的方法来进行分离。以下情况可采用多种机型联用。

① 当悬浮液浓度过低或悬浮液中固相粒度分布范围过宽，选择一种机型无法满足分离要求。

② 对分离后产品有特殊要求。例如要求滤饼含液量极低，以利于下一道干燥工序的节能；要求分离产品（固相或液相）的杂质含量最低等。

③ 当某些机型对进料要求较高时，可先使用其他机型对物料进行预处理，处理后的物料再进一步使用此机型进行分离。例如虹吸刮刀卸料离心机要求物料浓度较高，因此使用前需使用其他设备对物料进行预增浓；淀粉生产中，特别是玉米淀粉，为提高淀粉质量等级，必须降低玉米淀粉中的蛋白质含量，在生产流程中多采用旋流器与碟片式分离机联用，对淀粉乳进行反复多次洗涤、增浓。

在实际生产过程中，由于分离的工艺过程不同、物料不同等需结合实际情况合理地选择离心机种类。离心机联用时需合理安排其顺序流程和各离心机之间的相互衔接，这样才能实现对物料的处理任务，达到期望的分离要求。例如污水处理中活性污泥脱水，沉淀池排出的污泥固含量在 2%以下，且固体密度低，多采用加絮凝剂沉淀增浓，再经螺旋卸料沉降离心机（或带式真空过滤机）脱水，然后用带式压榨过滤机分离，以便于污泥的运输或焚烧。离心机的型号和规格有很多种，为了选型方便，现将国产常用离心机按不同的机型和进料特性（包括进料固相浓度、颗粒粒径、固液相密度差和分离后固相含湿量、液相澄清度，以及各种机器的分离因数等综合性能）列于表 5-15 中，可根据物料特性和分离要求在表中进行综合选型。

在生物工业生产过程中，悬浮液分离的任务和要求是各式各样的，最常见的有脱水、澄清、浓缩、分级、分离等不同的工艺要求。图 5-8 所示的悬浮液的分离任务和要求中只有脱水和澄清两项，且通过以上介绍的图表法只是初步选型，如果要得到多种结果，还需要根据其他条件进一步筛选，下面以实例说明。

3．实际应用

（1）脱水过程中涉及的物性参数、分离要求和设备选择。

脱水过程是使悬浮液中的固相从液相中分离出来，且要求含的液相越少越好。

① 物性参数，包括悬浮液的固相浓度，固相所含颗粒的大小、形状、性质（刚体、晶体或无定形菌丝体），固体的吸水性能、摩擦系数，悬浮液的温度、pH 值、黏度，以及固—液两差等。

② 经离心脱水后的物料要求，包括脱水后固体允许的含水率，固体是否允许被破碎，以及液相中允许的含固率等。

表 5-15　国产常用离心机综合选用

项　目		过滤离心机						沉降离心机		管式离心机		碟式分离机		
运行方式		间歇式		连续式		连续式		连续式		间歇式	连续式	间歇式	连续式	
机型		三足式、上悬式	虹吸刮刀	单级活塞	双级活塞	离心力卸料	螺旋卸料	圆锥形	柱锥形	管式	室式	人工排渣	喷嘴排渣	活塞排渣
分离因数 $F_{r/g}$		500～1200	890～2000	200～500	300～1100	1000～2000	1000～2000	≤3500	≤3500	15 000～20 000	5000～8000	5000～11 000	5000～8000	5000～12 000
进料特性	固相浓度/%	≤60	≤60	30～60	20～80	≥40	≥40	1～40	1～40	≤1	≤1	≤1	≤10	≤5
	颗粒直径/μm	5～10	>10	≥100	≥50	≥100	≥60	≥5	≥5	≥0.5	0.5～1	≥0.5	≥1	≥1
	固-液两相密度差/（g/cm^3）	—	—	—	—	—	—	≥0.1	≥0.1	≥0.02	≥0.02	≥0.02	≥0.02	≥0.02
	单机处理量	小～中	中～大	中～大	小～大	中～大	中～大	中～大	中～大	小	中～大	小～中	小～大	小～大
出料特性	固相含湿量/%	3～40	3～40	3～40	1～40	≤50	≤50	10～80	10～80	10～45	10～45	10～45	70～90	40～80
	液相含固量/%	≤0.5	<0.5	<5	<5	<5	<5	≤1	≤1	≤0.01	<0.01	<0.01	<0.01	<0.01
	液相澄清	—	—	—	—	—	—	可	良	优	优	优	良	优
	液-液分离	—	—	—	—	—	—	可	可	优	优	优	—	优
	固相浓缩	—	—	—	—	—	—	良	良	优	优	优	优	优
	固相脱水	优	优	优	优	优	优	良	良	—	—	—	—	良
	洗涤效果	优	优	中	优	可	可	可	可	—	—	—	—	
	晶体破碎	低	高	中	中	中	中	中	中	—	—	低	中	中
	固相分级	—	—	—	—	—	—	可	可	可	可	可	可	可

③ 考虑选择的过滤设备或离心机型。

a. 固相浓度较高，固相颗粒是刚体或晶体，且粒径较大，则可选用真空过滤机。如果颗粒允许破碎，则可选用刮刀离心机；颗粒不允许被破碎，则可选用活塞推料或离心力卸料离心机。脱水性能除与物料本身的吸水性能有关外，还与离心机的分离因数、分离时间、滤网的孔径和孔隙率等参数，以及离心机的材质、溶液的 pH 值、颗粒特性和工艺要求等有关。

b. 固相浓度较低，颗粒粒径小，或是无定型的菌丝体，如果选用过滤离心机，由于颗粒粒径太小，滤网跑料严重。如滤网太细，则脱水性能下降，无定型的菌丝体和含油的固体颗粒会把滤网堵死。在此情况下，建议采用没有滤网的三足式沉降离心机或卧螺沉降离心机，并根据固相粒径大小、液固比重差，选择合适的分离因数、长径比（L/D）、流量、转差和溢流半径。如果颗粒大小很不均匀，则可先用筛分把粗颗粒除去，然后再进离心机进一步脱水。

c. 悬浮液中固—液两相的比重差接近，颗粒粒径在 0.05 mm 以上，则可选用过滤离心机。过滤离心机与沉降离心机的脱水机理不同，前者是通过过滤介质——滤网，使固液分离，能耗低，脱水率高；后者是利用固—液比重差不同而进行分离，一般情况下，能耗较过滤离心机高，脱水率比过滤离心机低。机型的选择还与处理量的大小有关，处理量大应考虑选用连续型机器。

（2）澄清过程中涉及的物性参数、分离要求和设备选择。

澄清是指大量的液相中含有少量的固相，希望把少量的固相从液相中除去，从而使液相得到澄清。

① 物性参数，包括澄清前液相中固相的含量，固相所含颗粒的大小、形状和性质，液相的温度、pH 值、黏度以及液—固两相的比重差等。

② 澄清后的液相要求，如液相的含固量和固相的含湿量。

③ 考虑选择的离心机型。大量液相，少量固相，且固相粒径很小（10 μm 以下）或是无定型的菌丝体，可选用卧螺、碟片或管式离心机。如果固相含量<1%，粒径<5 μm 则可选用管式或碟片人工排渣离心机。如果固相含量≤3%，粒径<5 μm，则可选用碟片活塞排渣离心机。其中管式离心机的分离因数较高（f≥10 000），可分离粒径在 0.5 μm 左右的较细小的颗粒，得到的澄清液清，但单机处理量小，分离后固渣紧贴在转鼓内壁上，较干。清渣时，需拆开机器，不能连续生产，为方便清渣，有的在转筒内壁衬有薄薄的塑料纸筒，出渣时把纸筒抽出即可。碟片人工排渣离心机分离因数也较高（f=10 000），由于是碟片组合，沉降面积大，沉降距离小，得到的澄清液也好，且处理量较管式离心机大，但分离出的固相也沉积在转鼓内壁上，需定期拆机清渣，因此也不能连续生产。

碟片活塞排渣离心机分离因数在 10 000 左右，可以分离粒径为 0.5 μm 左右的颗粒，得到的澄清液澄清效果也好，分离出的固相沉积在转鼓的内壁上，当贮存至一定量后，机器能自动打开活塞进行排渣，因此可连续进行生产。活塞的排渣时间可根据悬浮液中的固相含量、机器的单位时间处理量以及转鼓贮渣的有效容积进行计算后确定。排渣方式分部分排渣和全部排渣两种，部分排渣时，机器供料不间断，仅瞬间打开活塞排渣，且固渣较干，但固渣在转鼓内可能未被排净，会造成机器的振动和液相浑浊，因此经一定周期部分排渣后，需进行一次全部排渣，即全排。全排是指机器达到规定的排渣时间时，停止供料，活塞打开时间较长，使转鼓内的所有液体和固渣全部排放出来。这时得到的固渣含水率很高，液相损耗较大。也有在排渣前停止进料，通过注入自来水或其他回用水来置换分离的液相的，以减少料液的损失。

（3）浓缩过程中涉及的物性参数、分离要求和设备选择。

浓缩过程是使悬浮液中的少量固相得到富集，如原来悬浮液中的固相含量为 0.5%，通过分离浓缩使其增加 6%～8%。

① 物性参数，包括浓缩前悬浮液的固相含量、固—液相比重差、黏度、pH 值，以及固相的性质和颗粒粒径分布范围等。

② 浓缩要求。浓缩后的固相浓度及液相澄清度要求（即液相中允许的含固量）。

③ 考虑选择的离心机型。常用的分离设备有碟片喷嘴排渣离心机、卧螺离心机和旋液分离器等。固—液相比重差大的物料，可用旋液分离器，一般采用多级串并联流程，如淀粉生产中的浓缩，糖脂的浮选浓缩等。固—液两相比重差较小的物料可用碟片喷嘴离心机或卧螺沉降离心机，碟片喷嘴离心机用于固相浓缩较为普遍，浓缩率的大小与悬浮液本身的浓度、固—液两相比重差、固相颗粒粒径的分布、喷嘴的孔径和离心机的转速有关。喷嘴孔径选择过大，液相随固相流失较大，固相浓缩率低；喷嘴孔径选择小了，则喷嘴易被物料堵塞，使机器产生振动。进料浓度太低时，可采用喷嘴排出液的部分回流，即排出液部分返回离心机进一步浓缩，使固相浓缩率提高。为了选择合适的喷嘴孔径，应对固相颗粒的粒径及分布进行测定。

卧螺沉降离心机的浓缩效果与机器的转速、转差、长径比及固—液两相的比重差和处理量有关。城市污水处理厂的剩余活性污泥使用该机型可使二沉污泥的含固量从 0.5%d_s 浓缩到 8%d_s 左右，由于该种机器没有滤网和喷嘴，因此不会造成物料堵塞现象。一般情况下，卧螺沉降离心机排出的固相含水率比碟片喷嘴离心机要低。

（4）分级过程中涉及的物性参数、分离要求和设备选择。

随着科学技术的发展，人们发现超细颗粒具有很大的用途，如超细的淀粉可以做高级化妆品、药品分散剂、降解塑料的载体等。但超细颗粒（$d \leqslant 2\ \mu m$）用常用的筛分难以分离，而需采用湿法离心的方法加以分离，即把高速冲击破碎和酶法处理的淀粉溶液在一定的分离因数下，使大于某一粒径（d_{Kp}）的颗粒沉降，小于 d_{Kp} 的颗粒不沉降，从而在固—液两相中分得大于 d_{Kp} 和小于 d_{Kp} 的二组颗粒。

① 物性参数，包括分级前悬浮液中的固相含量、固相颗粒的粒径分布、固—液两相比重差、黏度、pH 值等。

② 分级要求，如要求分级的颗粒的分割粒径 d_{Kp} 以及分级效率（即 $\leqslant d_{Kp}$ 颗粒的得率）。

③ 考虑选择的离心机型。目前最常见的机型是卧螺离心机，根据固—液两相比重差、颗粒粒径和 d_{Kp}，选择合适的分离因数和转差，使大于 d_{Kp} 的颗粒沉降下来，由小端以固相排出，小于 d_{Kp} 的颗粒保留在液相中，从大端溢流口随液相排出，从而达到颗粒的分级。为了避免小于 d_{Kp} 的颗粒被大颗粒夹带沉降，必须调节合适的转速、转差和供料管插入离

心机螺旋中的位置。

对于处理量很小的颗粒分级，可选用三足式沉降离心机，并选择合适的分离因数来分级。

（5）液—液、液—液—固分离过程中涉及的物性参数，分离要求和设备选择。

液—液、液—液—固分离是指两种或三种不相溶的相的分离，分离的原理是利用比重差。常见的有食物油的油—水分离，微生物油脂和类胡萝卜素发酵液的油—水—固分离净化，小麦淀粉、面筋和戊聚糖的固—固—液分离净化等。

① 物性参数，包括液—液或液—液—固的各相组分含量、比重差、黏度、pH 值以及乳化状态等。

② 分离要求，液—液分离时，应确保一相纯度，而另一相则应相应放松一些；液—液—固分离时，基本与上述相同，但需按固体含量多少来考虑选用人工排渣还是自动排渣的机型；此外如果遇到乳浊液的分离，在工艺上是否允许添加破乳剂。

③ 考虑选择的离心机型。液—液或液—液—固分离处理量小的可以考虑选用管式离心机，处理最大的一般选用碟片人工排渣或活塞排渣离心机。由于液-液两相的含量不同（如轻相 A 液多，重相 B 液少；或轻相 A 液少，重相 B 液多），在管式离心机和碟片离心机中均需通过重力环加以调节。在碟片式离心机中，轻、重液相的含量还与碟片中心孔位置的分布有关，因此在选择该种离心机型时，两相的含量是十分重要的。对于固—固—液分离净化时一般选用三相卧式沉降分离机。

常用过滤设备与离心分离设备的适用范围和性能见表 5-16 和表 5-17。

表 5-16 常用过滤机的适用范围和性能

过 滤 机	适 用 范 围		机器性能（0～9 级）9 级最好			
	进料固相质量分数/%	固相颗粒尺寸/μm	滤饼干燥程度	洗涤性能	滤液澄清度	结晶破坏度
板框式过滤机	0.2～40	$1\sim10^5$	7	7	7～8	—
加压式叶滤机	0.008～0.4	$1\sim10^5$	5～6	6	—	8
烛式过滤机	0.002～0.06	$1\sim10^4$	5	8	8～9	8
箱式压滤机	5～40	$1\sim10^5$	7	5	7	8
螺旋挤压式过滤机	10～70	$1\sim10^5$	6	—	—	—
转鼓式过滤机	5～70	$2\sim10^5$	4～5	7	7～8	8
转鼓带式过滤机	8～50	$20\sim10^4$	5～7	9	7	8
真空水平带式过滤机	4～40	1～700	2～3	2	6	8
圆盘式过滤机	8～50	20～500	5～7	9	7	8
筒式真空过滤机	0.02～0.09	50～200	—	—	7	—
真空式叶滤机	0.07～2	1～500	4～5	9	7	8

下面以不同过滤设备在淀粉糖一次粗过滤中的应用比较为例。

双酶法生产淀粉糖的工艺流程一般可概括为：投粉→液化→糖化→过滤→离交→浓缩，因为原料淀粉本身含有质量分数约 1.0%～1.5%的蛋白质、脂肪、灰分等，加上工艺添加的酶制剂，所以无可避免地在液化糖化结束后会产生制造淀粉糖所不需要的杂质，这些杂质都需要在过滤工序中除去，以提高成品质量。目前国内用于淀粉糖过滤的设备主要有板框压滤机、真空转鼓过滤机、液压驱动离心机、陶瓷膜过滤机。

表 5-17　常用离心机的适用范围和性能

离心机	分离因素	适用范围		机器性能（0～9 级）9 级最好			
		进料固相质量分数/%	固相颗粒尺寸/μm	滤饼干燥程度	洗涤性能	滤液澄清度	结晶破坏度
活塞推料离心机	200～1200	20～90	40～10^5	9	6	4	4
卧式刮刀卸料离心机	200～2000	3～10	10～10^5	9	6	5	5
螺旋卸料过滤离心机	200～2200	30～70	1000～10^5	9	5	4	4
振动卸料离心机	75～150	30～70	500～10^5	7～9	5	4	3
三足式和上悬式离心机	400～1300	5～40	10～10^5	9	6	5	6
离心稀料离心机		10～30	200～10^5	7	—	5	7
螺旋卸料沉降离心机	400～4500	10～70	5～10^4	4	3	4	—
管式离心机	12 000～60 000	0.001～1	0.5～100	—	—	6～7	—
人工排渣碟式分离机	500～4000	0.001～0.01	0.1～50	3	—	6～7	—
环阀排渣碟式分离机	5500～7500	0.01～1	0.1～50	3	—	6～7	—
喷嘴排渣碟式分离机	6000～9000	0.005～0.5	0.1～50	3	—	6～7	—

在入料条件一致且设备正常运行情况下，分别取经上述 4 种设备滤出的滤出液检测其透射比、色度、杂质，滤出的滤渣检测其含水量、含糖量，并比较各设备的能耗、成本，试验结果见表 5-18。

表 5-18　4 种过滤设备过滤情况对比分析表

设备	糖化液（入料）			滤出液			滤渣		耗能		耗助滤剂/（kg/m³）	成本（不计人工）/(元/m³)
	透射比/%	色度	杂质	透射比/%	色度	杂质	含水量/%	含糖量/%	耗电/（kW·h/m³）	耗水/（m³/m³）		
板框压滤机				96.4	2.34	轻微	33.52	12.12	0.77	0.018	0.80	3.100
真空转鼓过滤机	12.7	1.98	多	79.8	2.26	较多	13.12	2.06	1.98	0.218	0.56	4.638
液压驱动离心机				72.5	2.18	很多	27.45	4.90	1.68	0.003	不消耗	1.695
陶瓷膜过滤机				99.2	1.56	基本无	43.90	14.17	6.58	0.012	不消耗	6.640

注：成本（不计人工）=耗电×1 元/度+耗水×5 元/立方+耗助滤剂×2.8 元/kg

由表 5-18 可知，在性能方面，陶瓷膜过滤机＞板框压滤机＞真空转鼓过滤机＞液压驱动离心机，一次粗过滤后，膜过滤滤出液透射比可达 99%以上，节省了二次过滤，但由于其渣含水量、含糖量仍较高，所以需另配过滤设备（如板框）处理其滤渣，而真空转鼓过滤机、液压驱动离心机一次过滤效果不理想，必须配备等过糖量的板框或其他过滤设备进行二次过滤。在成本方面，陶瓷膜过滤机＞真空转鼓过滤机＞板框压滤机＞液压驱动离心机，尽管板框过滤成本低，但转鼓过滤机、板框过滤机环境差，糖液暴露于空气中，易被异物侵染，且消耗助滤剂或活性炭，需人工操作拆机、洗布、铲渣等重力活，操作步骤多，不利于自动化升级转型。

综上所述，陶瓷膜过滤具有优于传统工艺的一些特点，如节省人工、助滤剂、活性炭等，卫生级别高，是未来淀粉糖过滤技术升级发展的必然趋势。液压驱动离心机则可用于糖化液过滤的前处理，即先分离出固相滤渣作为饲料，再与膜过滤串联使用，从而达到糖化液的最大利润。板框压滤机仍可用于糖化液的一次粗过滤，但其卫生级别低，应减少设备投入量。此机亦可用于处理膜过滤滤渣。真空转鼓过滤机耗能大，成本高，过滤效果较差，可考虑逐渐淘汰。

二、膜分离设备选型

膜分离技术是一种分子水平上的分离技术。按照截留分子量高低，膜分为微滤（MF）膜、超滤（UF）膜、纳滤（NF）膜和反渗透（RO）膜等；按照膜的功能分为分离膜、识别膜、反应膜、能量转化膜、电子功能膜等；按照膜的材质分为高分子分离膜和无机分离膜。高分子分离膜有聚砜膜、醋酸纤维膜、硝酸纤维膜、聚酰胺膜、聚乙烯醇膜、磺化聚砜膜、磺化聚醚砜膜、聚氨基葡萄糖膜等。无机分离膜有烧结氧化铝、氧化锆、氧化钛等陶瓷膜以及烧结不锈钢膜。其中，分离膜的应用最为广泛，分离膜的根本原理在于膜具有选择透过性。20 世纪 80 年代国际膜市场的 75%分布在美国、欧洲和日本，20 世纪 90 年代后膜分离技术的工业化应用迅速发展，新发展了膜蒸馏和渗透汽化等膜分离过程，近十年来膜分离技术的年增长率为 14%～30%。几种主要的膜分离过程的分离原理、推动力及主要应用见表 5-19。

表 5-19　几种主要的膜分离过程

名　称	分离原理	推动力	膜类型	应　用
微滤和纳滤	按粒径选择分离溶液中所含的微粒和大分子	压力差	非对称性膜	溶液过滤和澄清，以及大分子溶质的分级
超滤				
反渗透	对膜一侧的料液施加压力，当压力超过它的渗透压时，溶剂就会逆着自然渗透的方向作反向渗透	压力差	非对称性膜或复合膜	工业水净化、果汁的浓缩、生物制剂的分离和浓缩
渗析	利用膜对溶质的选择透过性实现不同性质溶质的分离	浓度差	非对称性膜离子交换膜	废酸回收、溶液脱酸和碱液精制
电渗析	利用离子交换膜的选择透过性，从溶液中脱除或富集电解质	电位差	离子交换膜	有机酸分离纯化
气体渗透分离	利用各组分渗透率的差别分离气体混合物	分压差	均匀膜、复合膜非对称性膜	挥发性有机物分离

工业上将膜以某种形式组装在一个封闭器件内，这种器件称为膜分离器或膜组件。膜

的材料种类很多，膜分离设备则有平板式、管式、中空纤维式和卷式等多种类型，表 5-20 列出了几种膜分离设备的特点。一件良好的膜分离设备应具备以下条件：①单位体积中所含膜面积较大。②膜面切向速度快，以减少浓差极化。③膜的清洗更换方便，造价低，截留率高。④具有可靠的膜支撑装置，膜滤液保留体积小。

表 5-20 几种膜分离设备的比较

项 目	管 式	平 板 式	卷 式	中空纤维式
结构	简单	非常复杂	复杂	复杂
膜装填密度/（m^2/m^3）	33～330	160～500	650～1600	16 000～30 000
膜支撑体结构	简单	复杂	简单	不需要
膜清洗	内压式易，外压式难	易	难	难（内压难）
膜更换方式	更换膜（内压）或组件（外压）	更换膜	更换组件	更换组件
膜更换难易	内压式费时，外压式易	尚可	易	易
膜更换成本	低	中	较高	较高
对水质要求	低，可除去 50～100 μm 微粒	较低	较高	高

下面选择几种常用的膜分离设备进行介绍。

（1）平板式膜分离器

平板式膜分离器结构上类似于板框式过滤机，滤膜复合在刚性多孔支撑板上，支撑材料为不锈钢多孔筛板或微孔玻璃纤维压板。待滤液进入系统后，沿隔板表面上的沟槽流动，一部分从膜的一面渗透到膜的另一面，并经支撑板上的小孔流向其边缘上的导流管后排出。

平板式膜分离器在超滤、微滤、反渗透、电渗析、渗透汽化过程中都有应用。

（2）管式膜分离器

管式膜分离器是最早使用的一种膜分离设备，分为单管式和管束式，适用于超滤、微滤等膜分离技术。其优点包括：①流道宽，料液在管内湍流流动，对料液的预处理精度要求低；②易于清洗，除可用化学试剂清洗外，还可用机械方法进行清洗；③组件的压力损失小，因此其流道长，过滤效率相对可以提高。管式膜液流的流动方式有管内流和管外流，因单管和管外流式的湍动性能较差，目前趋向采用管束式内流膜过滤设备，其外形类似于列管式换热器。管式膜现已被广泛地应用在酶分离、果汁澄清、大豆蛋白浓缩及污水处理等工业化过程中。目前国内生产和使用的管式膜多为聚偏氟乙烯（PVDF）膜和聚砜（PS）膜。

（3）中空纤维膜分离器

为进一步增大膜分离器单位体积膜面积，中空纤维膜分离器采用空心纤维管状膜，纤维外径多为 40～250 μm，大的可达 1 mm 以上，外径与内径比为 2∶1 至 4∶1 左右，用环氧树脂将许多中空纤维的两端胶合在一起，结构上类似管壳式换热器。料液的流向有两种形式，一种是内压式，即料液从空心纤维管内流过，透过液经纤维管膜流出管外；另一种为外压式，料液从一端经分布管在纤维管外流动，透过液则从纤维管内流出。

（4）螺旋卷式膜分离器

螺旋卷式分离器采用螺旋卷膜，由美国 GGA 公司 1964 年开发研制。

螺旋卷式分离器的组装过程是将膜、支撑材料、膜间隔材料依次叠好，围绕一中心管卷紧成一个膜组，若干膜组顺次连接装入外壳内。操作时，料液在膜表面通过间隔材料沿轴向流动，而透过液则沿螺旋形流向中心管。中心管可用铜、不锈钢或聚氯乙烯管制成，管上钻小孔，透过液侧的支撑材料采用玻璃微粒层，两面衬以微孔涤纶布，间隔材料应考虑减少浓差极化及降低压力降。

（5）渗透汽化膜设备

渗透汽化膜分为均质膜和复合膜，可用于水/有机液、有机液/有机液及其他体系的渗透汽化分离。渗透汽化过程中涉及多种梯度变化，如浓度、压力、温度。影响渗透汽化过程的因素较多，主要有以下几点：①膜材料和结构以及被分离组分的物化性质。这是影响渗透汽化过程最重要的因素，它影响到组分在膜中的溶解性和扩散性因而直接影响到膜的分离效果。此外膜材料和膜结构还决定了膜的稳定性、寿命、抗化学腐蚀和耐污染的好坏以及膜的成本。而被分离组分的分子量、化学结构及立体结构将直接影响到它的溶解能力和扩散行为，组分之间存在的伴生效应将影响最终的分离效果。②温度的影响。温度对渗透性的影响可以由 Arrhenius 公式来描述。多数情况下分离系数随温度的上升有所下降但也有一些例外。③液体浓度的影响。随着进料液体中优先渗透组分浓度的提高渗透总量也将提高。④上、下游压力的影响。渗透汽化受上游侧压力的影响不大所以上游侧通常维持常压。下游侧压力的变化对分离过程有明显的影响。通常随着下游侧压力的增加渗透性下降，但此时分离系数上升；反之分离系数下降。⑤膜厚度的影响。随着膜厚度的增加传质阻力增加，渗透性降低。分离系数与膜厚度无关，这是因为分离作用是膜的极薄活性致密层决定的。

自 1984 年德国 GFT 公司在巴西建成世界上第一套用于甲醇/水分离的渗透汽化工业装置以来已有近 140 套装置在世界各地运转，日处理有机溶剂能力均在 5000 L 以上。1988 年建于法国的日产无水乙醇 1.5×10^5 L（合 120 t）的装置分 3 个塔罐分别装有膜充填面积为 50 m^2 的平板型组件 16 个、14 个和 12 个，总的膜面积达到 2100 m^2，为全世界最大的渗透汽化装置。它可将含质量分数为 89%左右的乙醇料液浓缩至 99.95%。

渗透汽化技术主要的应用领域有 3 个方面：①水/有机液体的分离。包括有机溶剂（如乙醇、甲醇、异丙醇、丙酮、丁醇、二氧六环、四氢呋喃、甘油等）中少量水分的脱除和水中少量有机液的去除。②有机液/有机液混合物的分离。所涉及的有机液混合物体系主要有芳香烃/烷烃、芳香烃/醇、醇/醚/烃类混合物、二甲苯异构体、环已酮/环已醇/环已烷等。这些体系均为石化工业中重要的共沸或近沸体系，是一个十分广阔而重要的领域。③渗透汽化过程与反应过程的结合。例如在酯化反应中可以利用渗透汽化过程将反应产物中的水不断脱除以达到提高反应速度和反应转化率的目的。

（6）电渗析膜设备

目前电渗析有普通电渗析和双极膜电渗析（bipolar membrane electrodialysis，BMED）两大类。特别是双极膜电渗析近几年来在发酵有机酸提取中取代钙盐或钠盐法中浓缩、结晶、酸解三道劳动强度最大、条件最差、污染最严重的工序，应用前景非常好。

① 原理。双极膜（bipolar membrane，简称 BM）是一种新型的离子交换复合膜，它通常由阳离子交换层（N 型膜）、界面亲水层（催化层）和阴离子交换层（P 型膜）复合而

成。当双极膜反向加压时，正、负离子从离子交换界面层分别通过阳、阴层向主体溶液发生迁移，从而在界面层内发生离子耗竭，形成高电势梯度（10^8 V/m），从而使水分子解离。水解离产物 H^+和 OH^-分别朝向膜两侧的主体溶液迁移，消耗的水又通过膜外溶液中的水向中间界面层渗透而补充。此过程无气体生成，能耗很低。

② 结构。双极膜电渗析（BMED）的常用构型有双极膜（BPM）、阴离子交换膜（AEM）和阳离子交换膜（CEM）构成的三隔室 BMED，CEM/BPM 二隔室 BMED 以及 AEM/BPM 二隔室 BMED 等，如图 5-9 所示。

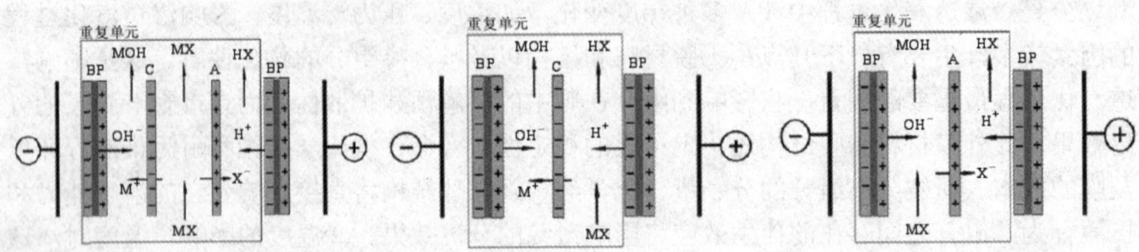

（a）三隔室双极膜电渗析模型（b）CEM/BPM 二隔室双极膜电渗析（c）AEM/BPM 二隔室双极膜电渗析

图 5-9 BMED 装置的典型构型

③ 应用。三隔室 BMED 主要用于处理水中易电离的盐溶液。含盐废水在 AEM 和 CEM 之间的隔室流动，施加直流电后，BPM 的界面层发生水的解离，H^+同阴离子 X^-结合形成酸，OH^-同阳离子 M^+结合形成碱。处理对象为弱酸盐水溶液时，由于弱酸盐解离生成了弱解离的酸，电导率较低，此时可使用二隔室 BMED，但所制得酸和碱的浓度相对偏低，如 CEM/BPM 二隔室 BMED 处理弱酸盐可得到碱流和酸/盐合流，而 AEM/BPM 二隔室 BMED 可用于转换弱碱盐得到碱/盐混合液和酸液。一般不使用二隔室 BMED 生产强酸，这是因为更多的自由 H^+与 M^+的竞争降低了过程的电流效率。此外，由于有机离子的移动性较小，AEM/BPM 二隔室 BMED 的能耗一般比 CEM/BPM 的能耗要高。

唐宇等使用日本 Tokuyama 公司生产的 Neosepta BP-1 双极膜和 DD100、DF120 国产阴、阳离子交换膜组装成三隔室 BMED，验证了丙二醇（PDO）发酵液 BMED 脱盐的可行性，并对电流密度、水流速、酸碱室初始浓度等操作条件对过程的影响进行了探讨。结果表明，酸碱的回收率超过 90%，平均电流效率达 50%以上，脱除 1mol/L 盐平均能耗约 135 W · h。

徐铜文等采用 BMED 法从实际工业催化氧化工段产生的葡萄糖酸钠料液生产葡萄糖酸，通过对膜池组合方式、电流密度、料液浓度等条件的考察，获得了规模化生产葡萄糖酸的优化工艺条件，葡萄糖酸的转化率达 95.6%以上，电流效率达 71.5%。该工艺与传统的催化氧化法相比，可免去葡萄糖酸钠的二次精制除糖，降低真空浓缩、干燥环节的能耗；免除 90%以上的离子交换，大大降低了离子交换树脂再生过程中的废酸污染；产生的副产品 NaOH 可作为催化氧化原料使用，实现物料的工艺内循环；且可控制母液残糖含量，提高葡萄糖酸产品的品质。该技术填补了国内双极膜法规模化生产有机酸的空白。

罗铁红等也尝试采用该技术从发酵液中的乳酸钠制取乳酸，并得到纯度较高的 NaOH。盐的转化率达到 95%，能耗在 3kW · h/kg 左右，电流效率约 60%，乳酸的回收率可达到 90%。

与传统的化学法处理发酵废水和普通电渗析回收有机酸相比，3 种构型的 BMED 工艺都能同时净化发酵废水和回收有机酸，技术优势明显，如表 5-21 所示。三隔室 BMED 能分别得到纯度较高的酸和碱，AEM/BPM 二隔室 BMED 只得到相对较纯的酸，而 CEM/BPM 二隔室 BMED 得到的是酸/盐合流。这 3 种制取有机酸的过程能耗依次降低。因此，应用 BMED 技术制取有机酸应综合考虑工业生产的需要和经济效益，选择适宜的过程构型。当然，BMED 技术也存在一些不足，如随着酸室初始浓度的增加，产酸的电流效率线性下降。这可能是由于部分酸从酸室向盐室和碱室扩散造成的，而且通过阴离子交换膜的扩散比阳离子交换膜更加严重。因此，对工作电流和膜材料的深入研究具有重要意义。

表 5-21　有机酸发酵生产中双极膜电渗析法与传统工艺的比较

酸化沉淀法	离子交换法	普通电渗析法	双极膜电渗析法
消耗大量酸、碱或钙盐	消耗大量的酸、碱	消耗大量的酸	不消耗任何酸、碱、盐
产生很多酸、盐废液	产生很多酸、碱废液	产生很多盐废液	不产生任何废液
产生的废液难以回收	产生的废液难以回收	产生的高纯碱液可以回用	产生的高纯碱液可以回用
适合大规模生产	不太适合大规模生产	适合大规模生产	适合大规模生产
回收率不高、纯度不高	回收率不高、纯度高	回收率高、纯度较高	回收率高、纯度很高
设备投入不高	设备投入较高	设备投入较高	设备投入很高（目前）

中国科技大学徐铜文教授研究团队与合作单位完成的“均相离子膜制备关键技术及应用”项目，荣获国家技术发明二等奖，打破了发达国家在均相离子膜领域的技术封锁和价格垄断，使进口均相离子膜价格从原来的每平方米 2000～3000 元骤降至 500～700 元。目前，采用该项目膜产品的用户超过 150 家，涉及化工、湿法冶金、稀土、电子刻蚀、食品生物、化纤等众多领域。

1．膜分离设备选用原则

目前国内膜设备生产厂家很多，总体技术水平与国外相比有一定差距，高质量核心部件仍依赖进口，但在常规生产领域，国产膜设备发挥了主要作用，在选择时应主要从以下几个方面考虑。

（1）经济因素。膜的制造水平决定了膜的价格。从制造技术方面来讲，高质量膜往往伴随着较高的价格，要根据不同分离目的选择合适的经济型膜分离设备。

（2）物料的特性。要了解被分离料液的性质，选择不同的膜分离设备。

（3）膜设备的特性。①是否具备较高的热稳定性及机械强度；②膜的截留范围、主要技术指标截留率大小、特定组分的截留率主要受料液共存组分、膜材和操作条件的影响；③膜的通透性、浓差极化趋势、结构、使用周期长短等。

（4）膜设备的使用维护情况。

（5）日常管理是否方便，动力消耗多少，辅助设备多少等。

2．膜分离设备的应用

膜分离现象在 200 多年前就已经被发现，但作为一种工业化应用技术是近几十年才得以实现的，膜分离技术作为一种新兴的、高效的分离、浓缩提纯及净化技术，获得了极为迅速的发展，形成了独特的新兴高科技产业，在医药、化工、水加工、环境保护、食品、生物等诸多工业领域得到了广泛应用。

下面以青霉素发酵提取为例。青霉素发酵液的成分比较复杂，除含有较低浓度的青霉素（3%～4%）外，还含有大量的菌丝、未被利用的培养基、蛋白质、色素、氨基酸、青霉素同系物及降解物等，过滤工序是青霉素提炼精制的第一道工序，其目的是将菌丝和发酵液分开，使其能够符合后续提取工艺的要求。

传统的青霉素发酵液固液分离采用板框压滤机或真空鼓式过滤机，其主要缺点有以下几点：该工艺主要是从发酵液中去除不能溶解于水的固体悬浮颗粒，而将所有水溶性杂质和微量固体杂质一起交给后续工序处理，后续提纯工序的收率、质量、消耗受影响较大，也使直接生产得到的 6-氨基青霉素酸（6-APA）的质量较差，消耗较高；由于冲水量以及真空分布不足，致使过滤收率不高；要治理的废酸水大量排放，增加了生产成本，不利于清洁生产。

采用超滤膜技术应用于青霉素发酵液的过滤，由于其选用了孔径非常小的膜材料作为过滤介质，可以把一部分溶解于水相中的大分子溶质除去。采用该技术主要有以下优点：百分之百的固体杂质和相当大一部分可溶性蛋白都可以在这一工序中除去，使以后各步提纯工序的负荷大大减轻，从而可以获得更高的提纯收率和产品质量；由于超滤膜孔小，过滤精度高，且均匀一致，在过滤过程中无须借助滤饼层的存在就可以得到所要求的滤液质量；超滤膜是一种理想的动态过滤介质，可以提高过滤速率，而且由于洗涤充分，可以提高滤液收率；滤液中的大量可溶性蛋白的去除可以使后续提取部分产生废水的 COD 值大大降低，减少环保费用，有利于清洁生产。

不同孔径陶瓷膜对应渗透液检测参数如表 5-22 所示。其渗透液较原有转鼓或板框滤液在除菌、透光及蛋白截留等指标上均有明显提高，从效价和透光率来看 50nm 陶瓷膜最适合。

表 5-22　不同孔径陶瓷膜对应渗透液检测参数

	效　价	透光率/%	蛋白质含量/%	pH
原液	48 738	0.4	0.58	6.56
陶瓷膜过滤机（5 nm）	42 914	72.4	0.27	6.34
陶瓷膜过滤机（20 nm）	45 712	67	0.31	6.35
陶瓷膜过滤机（50 nm）	46 011	69.11	0.32	6.27
陶瓷膜过滤机（200 nm）	46 528	59.79	0.38	6.31

第四节　萃取、离子交换、蒸发浓缩、结晶、干燥、筛分设备的选型

一、萃取设备选择原则

生物工业中，萃取是一个重要的提取方法和分离混合物的单元操作。将选定的某种溶

剂加入混合物中，因混合物中的各组分在同种溶剂中的溶解度不同，因此可将所需提取的组分分离出来，这个操作过程叫作萃取。萃取在石油化工、湿法冶金、核工业、生化、食品、医药、轻工等领域被广泛使用。

若萃取的混合物是液体，则此过程是液-液萃取。常用的萃取方法有溶媒萃取法、双水相萃取法和超临界萃取法。若被处理的物料是固体，则此过程称为液—固萃取（也称为提取或浸出），即应用溶液将固体原料中的可溶组分提出来。超临界萃取过程是介于蒸馏和液—液萃取过程之间的分离过程，是利用临界或超临界状态的流体，使被萃取的物质在不同的蒸汽压力下具有不同的化学亲和力和溶解能力，从而进行分离、纯化的操作。

1. 生物工业萃取设备的选用原则

萃取设备的类型较多，对具体的生产过程选择适宜的设备，其原则首先是应满足生产的工艺要求和条件，然后从经济的角度衡量，使成本趋于最低。为此，需要了解过程的特点、物系的性质，再结合设备的优缺点和适用范围进行初选，最后以经济衡算决定。但是，目前对萃取设备的研究还很不充分，经济衡算所必需的数据尚缺欠，故在选择时往往要和经验联系起来综合考虑。

（1）物料的形态。欲萃取分离的生物物料或产品有三种形态，即有细胞结构的菌体、分离菌体后的液态发酵液以及高黏稠膏体。对于有细胞结构的菌体采用固液萃取或浸出，如微生物油脂、发酵原料副产物玉米胚芽浸出玉米胚芽油等可用罐组式浸出器、平转式浸出器、拖链式浸出器、履带式浸出器和环形拖链式浸出器等 5 种设备。对于液体中组分的萃取采用液—液萃取设备，如筛板塔、转盘塔、脉冲塔、往复振动筛板塔和离心萃取机等。对于高黏稠膏体一般采用超临界萃取。

（2）所需的平衡级数。当所需的理论级数不多（≤3），各种萃取设备都可满足要求。理论级数较多时，可选筛板塔。再多时，如 10～20 级，可选用转盘塔、脉冲塔和往复振动筛板塔等输入机械能量的设备。

（3）物料的理化性状。当两液体间的界面张力较大时，液滴难于分散、易于合并，要求输入机械能以改善传质性能；黏度大的物系也有此要求。界面张力小，易于乳化以及密度差很小难于分层的物系，则宜选用离心萃取机，而不宜选用其他输入机械能的设备。

（4）特殊物性的物系。有较强腐蚀性的物系，宜选用结构简单的填料塔、脉冲填料塔，对于放射性元素的提取，脉冲塔和混合—澄清槽用得较多。当物系含固体悬浮物或会产生沉淀时，通常需要周期停工以进行清洗，混合—澄清槽较为适用；往复筛板塔和脉冲塔具有一定的自动清洗能力，也可考虑；填料塔和离心萃取机则不宜采用。

（5）物料的停留时间。当要求萃取时间短，如抗菌素生产等，以离心萃取机为宜。相反，若要求萃取时间长，如伴有慢速反应的物系，则以混合—澄清槽为宜。

（6）对于中、小生产能力来说，可用填料塔、脉冲塔；对较大的处理量，可选用转盘塔、筛板塔和往复筛板塔。根据不同的处理量以及料液体系，可选择不同型号处理量的离心萃取机。

2. 生物工业萃取设备的选型

实现组分分离的萃取操作过程由混合、分层、萃取相分离和萃余相分离等组成，工业生产中常见的萃取流程有单级和多级萃取流程。在选择萃取设备时必须要进行综合考虑。例如对料液和溶剂的性质、物料的处理量、级数和场地等特定条件，都要加以认真地分析；在选择设备中，还要对各种萃取设备的性能进行比较。

（1）液—液萃取设备选用。

液—液萃取设备种类很多，每种设备均有各自的特点。从技术和经济两方面看，某一种设备不可能对所有的溶剂萃取过程都适用，应该根据萃取体系的物理化学性质、处理量、萃取要求和其他一些方面的适应能力来评价和选择萃取设备。表 5-22 是液—液萃取设备选择原则表。

表 5-23　液-液萃取设备选择原则表

项　目		喷洒塔	填料塔	筛板塔	转盘塔	脉冲筛板塔 振动筛板塔	离心萃取器	混合澄清槽
工艺条件	需理论级数多	▲	○	○	◎	◎	○	○
	处理量大	▲	▲	○	◎	▲	▲	○
	两相流量比大	▲	▲	▲	○	○	◎	◎
系统费用	密度差小	▲	▲	▲	○	○	◎	○
	黏度高	▲	▲	▲	○	○	◎	○
	界面张力大	▲	▲	▲	○	○	◎	○
	腐蚀性高	◎	◎	○	○	○	▲	▲
	有固体悬浮物	◎	▲	▲	◎	○	▲	◎
设备费用	制造成本	◎	○	○	○	○	▲	○
	操作费用	◎	◎	◎	○	○	▲	▲
	维修费用	◎	◎	○	○	○	▲	○
安装场地	面积有限	◎	◎	◎	◎	◎	◎	▲
	高度有限	▲	▲	▲	○	○	◎	◎

注：○表示可以，▲表示不适用，◎表示适用。

物料性质是选择设备的重要依据，因为不同的萃取体系，在同一类设备中会出现不同的效果。如果两相间传质速度快，而密度差小，又要求处理量大时，应考虑选择离心萃取器。

在保证萃取质量符合要求的条件下，处理量大小会成为衡量经济效益的主要条件，如果要求的处理量大，而要求级效率又高，并且需要级数不多时，可考虑选择混合澄清器。

萃取设备的操作费用和制造费用是选择萃取设备的重要因素，在萃取设备中非搅拌萃取塔操作费用和制造费用最低，而离心萃取器操作费用（含维修费用）及制造费用最高，此外，还必须按分离生物化工的产品质量要求进行全面比较。

① 筛板萃取塔的选用。

筛板萃取塔的结构与气液传质设备中的筛板塔类似，轻液从塔的近底部处进入，从筛板之下因浮力作用通过筛孔而被分散；液滴浮升到上一层筛板之下，合并，集聚成轻液层，又通过上层筛板的筛孔而被分散。依此，轻液每通过一层筛板就分散一合并一次，直到塔顶集聚成轻液层后引出。作为连续相的重液则在筛板之上沿每块塔板横向流动，与轻液液滴传质，然后沿溢流管流到下一层筛板，逐板与轻液传质，一直到塔的底段后流出。萃取塔筛板的特点是溢流管不设置溢流堰。如果要求重液作为分散相，需使塔身放在倒转的位置上，即溢流管改装在筛板之上成为升液管，此时，轻相在塔板上部空间横向流动，经升液管流至上层塔板，而重相穿过每块筛板自上而下流动。就总体而言，轻、重两相在塔内逆流流动，而在每块塔板上两相呈错流接触。工业上筛板塔板间距一般取 300 mm 左右，筛板上的筛孔按正三角形排列，通常孔径为 3～8 mm，孔间距为孔径的 3～4 倍，界面张力较大的物系宜用较小的孔径，以促使生成较小的液滴。

② 往复振动筛板萃取塔的选用。

往复振动筛板萃取塔可较大幅度地增加相际接触面积和提高液体的湍动程度，传质效率高，流体阻力小，操作方便，生产能力大，在石油化工、食品、制药和湿法冶金工业中应用日益广泛。

往复振动筛板萃取塔是将若干层筛板按一定间距固定在中心轴上，由塔顶的传动机构驱动而上下往复运动。往复振幅一般为 3～50 mm，频率可达 100 min^{-1}。

往复振动筛板的孔径要比脉动筛板的大些，一般为 7～16 mm。当筛板向上运动时，迫使筛板上侧的液体经筛孔向下喷射；反之，又迫使筛板下侧的液体向上喷射。为防止液体沿筛板与塔壁间的缝隙走短路，每隔若干块筛板，在塔内壁应设置一块环形挡板，往复振动筛板萃取塔的效率与塔板的往复频率密切相关，当振幅一定时，在不发生液泛的前提下，效率随频率的增大而提高。

③ 转盘萃取塔的选用。

转盘萃取塔是常用的萃取工业设备，材料均为不锈钢，由塔身，上、下分离段和转轴等组成，用于植物药液成分的精制，如生物碱、有机酸和黄酮类的提纯精制等操作。

由于转盘萃取塔的转盘能分散液体，故塔内无须另设喷洒器，只是对于大直径的塔，液体宜顺着旋转方向从切线进口引入，以免冲击塔内已经建立起来的流动状况。转盘塔的主要结构参数间的关系一般在下述范围内：塔径/转盘直径为 1.5～2.5；塔径/固定环开孔直径为 1.3～1.6；塔径/盘间距为 2～8。

萃取操作时，转盘随中心轴高速旋转，其在液体中产生的剪应力将分散相破裂成许多细小的液滴，在液相中产生强烈的涡旋运动，从而增大了相际接触面积和传质系数。同时固定环的存在一定程度上抑制了轴向返混，因而转盘萃取塔的传质效率较高。其特点包括以下几个方面：a. 转盘的轴采用无级调速，适应不同的工艺条件；b. 为适应工艺条件设多个视孔、灯孔，便于清洗和提纯料液成分；c. 转盘萃取塔结构简单，传质效率高，生产能力大。

④ 离心萃取机的选用。

离心萃取机是一种立式逐级接触式离心设备，在结构上分为三段。下段是第一级混合与分离区，中段是第二级，上段是第三级。每一段的下部是混合区域，中部是分离区域，上部是重液相引出区域。新鲜的萃取剂由第三级加入，待萃取料液则由第一级加入，萃取轻液相在第一级引出，萃取余液则在第三级引出。离心萃取机的优点是可以靠离心力的作用处理密度差小或易产生乳化现象的物系；设备结构紧凑，占地面积小，效率高。缺点是动能消耗大，设备费用也较高。

欲分离的生物产品自料液中转入萃取剂中，分离设备将萃取后形成的萃取相和萃余相进行分离。溶剂回收设备需要把萃取液中的生物产品与萃取溶剂分离并加以回收，主要用蒸馏设备完成。目前，天一萃取所研发生产的 CWL-M 系列新型离心萃取机可实现三种设备合一，同时进行两相料液的混合—分离—反萃取，从而减少综合投资费用。三种立式和一种卧式（CA220-290）连续离心萃取机在青霉素全发酵液萃取中的应用对比见表 5-24，从表 5-24 中可以看出，LC-500 和 ABE-216 两种型号较适合。

表 5-24　4 种连续离心萃取机在青霉素全发酵液萃取中的应用对比

机　型	LC-500	ABE-216	POD	CA220- 290
转鼓直径/mm	500	550	1200	220
转鼓速度/（r/min^{-1}）	4700	6408	2100	5100
容量/L	61	70	200	
开孔数	40～50	90～95		
孔直径/mm	8	6～9		
开孔面积/cm^2	20～70	27～57		
流道截面积/ cm^2	24.8～57.8 螺旋带无缺口	9.8～23.3 螺旋带有缺口		
发酵液处理量/（m^3/h^{-1}）	4	5～6	15	1.5
转鼓存渣量	轻、重液澄清区渣子较少，停车时可用高流水冲走	轻、重液澄清区均有渣子，停车时用高流水冲不出来		
青霉素萃取收率	89.5	90	76	97

应当注意的是在实际应用中多为 2～3 台串联使用，在分离酶时采用的反胶团体系如表 5-25 所示。

表 5-25　反胶团萃取在活性蛋白质分离纯化中的应用

反胶团体系	生物活性物质	特　点
AOT/异辛烷	碱性蛋白酶	单级萃取酶活回收率 20%，三级萃取酶活回收率 56%
BDBAC-已醇/异辛烷	菊粉酶	从发酵液中提取，酶活回收率 87%，纯化因子 2.8
BDBAC 反胶团	木聚糖酶	从发酵液中提取，连续操作，酶活回收率 43.5%
Aliquat 336/正丁醇/异辛烷	α-淀粉酶	从粗酶中分离纯化 α-淀粉酶和中性蛋白酶；α-淀粉酶纯化 1.4 倍，酶活回收率 90%；中性蛋白酶滞留于有机相，纯化 4.5 倍
AOT/异辛烷	青霉素酰化酶	从粗提液中萃取，酶活回收率 60%，酶失活率低于 10%
AOT/异辛烷	葡萄糖氧化酶	从粗提液中萃取，萃取收率 60%
AOT/异辛烷	脂肪酶	粗酶纯化，一次萃取循环后，酶活力丧失，经疏水色谱恢复活性；酶活回收率 68%，蛋白质回收率 26.4%
AOT 反胶团	γ-球蛋白	从猪血浆中萃取，球蛋白收率 97%
AOT 反胶团	纳豆激酶	从发酵液中提取，经一次萃取循环，酶活回收率 80%，纯化 4.0 倍，浓缩 8 倍

⑤ 多级混合澄清槽。

多级混合澄清槽是一种典型的逐级接触式液—液传质设备，其每一级包括混合器和澄清槽两部分。在实际生产中，混合澄清槽可以单级使用，也可以多级按逆流、错流方式组合使用。混合澄清槽的主要优点是传质效率高，操作方便，能处理含有固体悬浮物的物料。这种设备的主要缺点有：①水平排列的多级混合澄清槽，占地面积较大；②每一级内均设有搅拌装置，流体在级间的流动一般需用泵输送，因而设备费用和操作费用均较大。针对水平排列的多级混合澄清槽轻液排出所存在的缺点，有时采用箱式或立式混合澄清槽。

其他萃取设备如喷洒塔和填料塔在液—液萃取中由于缺点较多，现已很少应用。

（2）浸出设备的选用。

浸出过程又可称为固—液萃取，是指在一定作用条件下，用浸出溶剂从固体原料中浸出有效成分的过程。浸取过程中，物质由固相转移到液相是一个传质过程。整个过程中，固体物料是否需要预处理，物料中溶质是否能快速与溶剂接触，是影响浸取速度的一个重要因素。浸出设备可分为单级与多级，多级按固液流向又可分为错流和逆流；按操作方式又有间歇式与连续式两大类；按浸出方式又可分为浸泡式、渗滤式和混合式。浸出操作广泛地应用于生物工业、食品工业、制药工业和冶金工业中，其中，间歇式浸取器使用较少，工业生产多以连续式浸取器为主。目前我国油脂工业中可选用的浸出器类型主要有罐组式浸出器、平转式浸出器、拖链式浸出器、履带式浸出器和环形拖链式浸出器 5 种。除罐组式浸出器为间歇浸泡式和拖链式浸出器为连续浸泡式浸出方式外，其余 3 种均为连续渗滤式。

① 罐组式浸出器。

罐组式浸出器又名浸出罐，是密闭的圆柱形容器，料坯在内进行浸泡。其特点是结构简单、投资少、溶剂消耗及能量消耗小、物料的适应性强，但操作麻烦，劳动条件差，生产效率低。该型式设备属于夹套式压力容器，结构多样，可用于中药以及食品、化工等行业的水煎、温浸、热回流、芳香成分提取以及残渣有机溶媒回收，其操作形式有强制循环提取、罐组式逆流提取等多种工艺、工序操作，也可在真空情况下操作。

物料经加料口进入罐内，浸出液从活底上的滤板过滤后排出。夹层可通入蒸汽加热，或通水冷却。排渣底盖可用气动装置自动启闭。为了防止药渣在提取罐内膨胀，因架桥难以排出，罐内装有料叉，可借助于气动装置自动提升排渣。出渣门上设有不锈钢丝网，这样使料渣与浸出液得到了较为理想的分离。设备底部出渣门和上部投料门的启闭均采用压缩空气作为动力，由控制箱中的二位四通电磁气控阀控制气缸活塞，操作方便。也可用手动控制器操纵各阀门，控制气缸动作。一般处理量在 30 t/天以下。

该型式设备的主要结构包括罐体、出渣门、加料口、提升气缸、夹层和出渣门气缸等；按设备外形，可分为正锥形、斜锥形和直筒形 3 种形式；按提取方法，可分为动态提取和静态提取 2 种。

② 平转式浸出器。

圆柱形的密闭壳体内有一可转动的分为 16 或 18 格的转子，格的下部是筛网假底或固定栅底，设备底部是若干个混合液收集斗，格上方为若干喷淋管。工作时，格内盛装料坯，上面喷淋溶剂或混合液，料坯旋转一周后完成浸出。一般处理量在 30～1000 t/天。

该型式浸出器的特点是结构紧凑、料层较高、运行可靠、动力消耗低、混合油浓度高，能减少后续工艺的蒸汽使用量，从而降低能耗；适应范围广，最适用于预榨饼的浸出。

③ 拖链式浸出器。

在 U 字形密封外壳内，拖链带动料坯一起运动，同时溶剂油充满浸出器的下半部浸泡料坯。一般处理量在 100 t/天以上。

其主要特点是结构和操作比较简单，占地面积小；但混合油浓度较低，混合油中所含粕末多。

④ 履带式浸出器。

在密闭的壳体内，履带带动料坯从设备一端水平送往另一端完成喷淋、浸出过程。一般处理量在 100 吨/天以上。

其主要特点是结构简单，料坯适应性强，混合油浓度高、含渣少，湿粕残溶低；但易产生混流现象，动力消耗低。

⑤环形拖链式浸出器。

在环型外壳的上、下水平段内，装有固定栅板，栅板下是若干个混合油收集斗。一条带框架推料板的拖链输送带带料坯运行一周，完成浸出过程。一般处理量在 100 t/天以上。

其主要特点是料层低、浸出级数多、渗透性好、无拱料，设备可分段运输、现场安装；但动力消耗较大。

（3）超临界萃取设备的选用。

超临界流体萃取（supercritical fluid extraction，SFE）是 20 世纪 70 年代末发展起来的一种新型物质分离、精制技术，它是利用超临界流体，即其温度和压力略超过或靠近临界温度和临界压力、介于气体和液体之间的流体作为萃取剂，从固体或液体中萃取出某种高沸点或热敏性成分，以达到分离和提纯的目的。

超临界萃取过程针对不同的原料、不同的分离目标有着不同的技术路线和工艺过程。生产性的超临界萃取装置一般都要单独设计制造。萃取过程的设备主要有萃取釜和分离釜两部分构成，并配有适当压缩装置和热交换设备。固体原料的萃取过程可分为 3 种：等温法、等压法和吸附法。超临界流体萃取技术多用于固体物料萃取，但实践证明在液—液萃取分离中亦有优势，液体物料可连续操作，从而可以提高效率、降低成本。

超临界 CO_2 流体兼具气体和液体的特性，溶解能力强、传质性能好，加之其无毒、惰性、无残留等一系列优点，实用价值最大，是目前首选的清洁型工业萃取剂，广泛应用于食品、香料和医药等行业，国内外应用均较为广泛。

表 5-26 为国外某公司 CO_2 超临界设备的主要参数，可作为参考依据。该公司萃取设备工艺流程如下：2 个 973 L 的萃取釜串联，被萃取的物料装在原料筐中被放入萃取釜，密闭釜口，系统抽真空，然后开启阀门，启动循环泵升压，超临界 CO_2 流体由高压泵加压送到萃取釜，经过高压过滤器后，用阀门控制流量降压，加热后进入一级分离釜，解析出被萃取物质。剩余未被分离的物质被流体带出，再用阀门控制流量降压，加热后进入二级分离釜，解析出剩余的被萃取物质。经过低压过滤器后，将 CO_2 流体冷却，用分子筛除水，再全部冷凝为液态的 CO_2，送入溶剂储罐中再循环使用。

表 5-26　国外某公司 CO_2 超临界设备的主要参数

设备名称	设计压力/MPa	参数	设备名称	设计压力/MPa	参数
萃取釜（2 个）	33	973 L	高压过滤器	33	0.6 m^3/min
原料釜	—	695 L	低压过滤器	7	0.9 m^3/min
一级分离预热器	24	4 m^3	循环溶剂冷却器	7	100 m^2
一级分离釜	24	208 L	循环溶剂干燥器	7	12 kg/h
一级产品罐(低压)	0.1	757 L	循环溶剂冷凝器	7	55 m^2
一级产品泵	—	40L/h	溶剂储罐	7	22 m^2
二级预热分离器	24	10.9 m^3	真空泵	—	14 kg/h
二级分离釜	24	208 L	溶剂循环泵	33	4.5 m^3/h
二级产品罐	0.1	757 L	溶剂预热器	33	12.7 m^2
二级产品泵	—	40L/h			

表 5-27 是国内某公司开发的 CO_2 超临界设备的性能、规格参数表。该公司开发的 CO_2 超临界萃取设备的工艺流程如下：液体 CO_2 由高压泵加压到萃取工艺要求的压力并传送到换热器，将 CO_2 流体控制在萃取工艺所需温度，然后进入萃取釜，在此完成萃取过程。负载溶质的 CO_2 流体减压进入分离釜，CO_2 减压后溶解度降低使萃取物在分离釜中得以分离。分离萃取物后的 CO_2 流体再经换热器冷却液化后回到储罐中循环使用。其中，温度控制：自动控温＜±1℃。压力控制：自动控制稳压。组合形式：二萃一塔一分（一个萃取釜、一个精馏塔和一个分离釜）。材质：接触流体的管道、容器均采用不锈钢材料。

表 5-27　国内某公司开发的 CO_2 超临界设备的性能、规格参数表

设备名称	设计压力/MPa	规格	备注
萃取釜	25～35	1～10 000 L	固态、液态两用
分离釜	5～15	1～500 L	
精馏塔	25～35	内径 50～500 mm	
CO_2 高压泵	40	20～30 000 L	

3．生物工业萃取设备的发展趋势

近几年，国内萃取设备行业发展较快，基本上形成了市场体系，但是国产设备对市场的满足率有待提高，在设备技术上和国外先进水平相比尚有差距，萃取设备的发展更新速度落后于萃取技术的发展，如对极性大、分子量超过 500 μ 的物质，需要夹带剂或在很高的压力下进行萃取，安全问题十分突出，且价格较昂贵。总体上，萃取设备未来发展将体现出以下一些变化。

（1）强化传质分离形式的转变。新技术的出现极大地刺激了萃取工业的发展，传统方式强化传质分离的途径是采用外界输入能量以使两相获得很大的传质比表面积和良好的接触，今后强化传质分离的手段将趋向于细化液滴尺寸和增加相际湍动，如通过超声波、撞击流和旋转流等途径来实现强化传质分离的目的。

（2）萃取装备与检测技术在线联合，如超临界 CO_2 流体萃取—气相色谱联用、超临界 CO_2 流体萃取—液相色谱联用。这些联用技术使得萃取物萃取后不用转移即可进行直接分析，将气相色谱或液相色谱用作检测手段，可以充分发挥这些现代分析技术的优点，对萃

取效率、萃取物组分、有效成分含量以及萃取物纯度等进行深入研究，进而进行准确的定量分析，并以直观的色谱图反映出来。

（3）新型萃取设备在工业上逐步得到应用。随着技术的进步，新型萃取设备不断产生并得到应用，如微波—萃取技术、固相微萃取技术等，但有些新设备的投资和操作费用也都较为高昂，如何研制出简洁高效、安全经济且适合特定技术或流程的新型萃取设备，还有待萃取装备行业的进一步探索和发展。

二、离子交换设备的选择

离子交换设备按结构型式分为罐式、塔式、柱式等；按操作方式分为间歇式、周期式与连续式；根据两相接触方式的不同，又可分为固定床、移动床、流化床等。如果一个罐式、塔式或柱式中只放一种离子交换树脂就叫单床；如果一个罐式、塔式或柱式中分成上、下两部分，各放一种离子交换树脂就叫双床；如果阴阳离子交换树脂混合在一个罐式或柱式就是混合床；如果把阴阳离子交换树脂柱间隔放在一个大转盘上，根据上、下联接管自动控制操作，这就是旋转床。

1．常规固定床离子交换系统的选择

生物工程中离子交换处理对象为清液，因常规固定床离子交换法简单易行，故现在仍普遍采用。根据固定床吸附离子或极性物质的特点，当溶液组成及树脂确定后，其吸附交换区长度与具体操作条件有关，其中最主要的条件是吸附液在柱或塔内的流速。由试验可选定其适宜流速，以确保该吸附交换区长度明显小于 1 台柱或塔的树脂床层高度。这样，吸附时只需 2 台柱或塔串联。为了柱或塔的周转，处于解吸及备用等状态的柱或塔也需 2 台。

固定床设备是现今应用得最多的离子交换设备。它具有设备结构简单、操作管理方便、树脂磨损少等优点，同时由于吸附、反洗、洗脱（再生）等操作步骤在同一设备内进行，存在设备管线复杂、阀门多、树脂利用率相对较低等弊端。此外，使用单一交换柱不能连续生产，多柱串联虽可实现连续生产，但势必增加设备投资，并且使操作复杂化。固定床设备的弊病限制了它的发展，使之日益面临新型设备的挑战。

2．密实移动床离子交换塔的选择

移动床式设备的特点是离子交换与树脂再生、清洗分别在设备的不同单元中进行。系统中设置多个阀门用来控制树脂流向，并根据工艺要求，借助水力将树脂输送到相应单元进行各种操作。早期的移动床设备，如希金斯连续离子交换设备、阿萨希移动床设备，已经在工业上得到了应用，并取得了较好效果。20 世纪 80 年代以来，仍不断出现各种改进的移动床设备。例如，美国 1992 年报道了 Carlson 等人研制的连续式移动床离子交换系统。该系统包括水处理柱、再生清洗柱和一些辅助的中间循环柱。系统运行过程为：待处理液进入处理柱后，树脂随待处理液一起在柱内流动，同时进行交换反应；树脂悬浮液流到中间循环柱，进行固液分离，处理水外排；当再生信号发出后，水处理系统内部分树脂进入饱和树脂存贮柱，同时有再生好的树脂补充过来；而后，存贮柱内的树脂进入再生柱再生。该装置可实现水处理、饱和树脂再生及再生好树脂返回等过程同时进行，从而达到连续产水的目的。与传统移动床设备不同的是，该装置设有一些传感器，用来监测水中某种离子浓度、pH 值等指标。当指标达到预定值时，可发出信号，控制树脂进出再生系统。这种控制方式比时控方法更为灵活可靠，科学性更强，体现了现代控制技术与传统的水处理工艺相结合的发展趋势。

对于建设规模很大的离子交换提取分离来说，由于密实移动床吸附塔及密实移动床解吸塔的效率高、处理能力大，且能发挥树脂的吸附—解吸周转快的优点，明显减少树脂投入量，又易实现自动化控制，因此有其选择的优势。

3．液相切换式离子交换设备

我国自 1985 年以来对这种设备的研究较多。例如，兰州铁路科学研究所研制的单阀多柱连续式水处理设备就属于典型的液相切换式设备。该设备采用多个交换拄，由一个旋转阀统一控制。产水、再生、淋洗等作业分别在不同交换柱内同时进行，各作业之间的转换通过旋转阀转动一定角度即可实现。旋转阀是实现液相切换的核心部件，由壳体和阀芯组成。壳体为固定部分，其上设有孔洞分别与进出水、交换柱上下管道等各种管道相连。阀芯为旋转部分，其上的孔眼是按工艺要求用对位法设计的。当交换柱需进出某种液体时，通过旋转阀转动交换柱上下管道与所需液相孔洞对位沟通，便可实现工况变化，从而达到连续产水的目的。该设备可用于锅炉软化水处理。

4．回转床式离子交换设备

日本 1991 年报道的一种连续产水式离子交换再生装置是回转床式设备的典型代表。该装置为环状结构，其间加装挡板，形成能够填充树脂的小交换柱单元，每个小交换柱底部是由透水不漏树脂的材料做成。整个系统包括原液供给室、再生剂供给间、设备旋转驱动器及控制系统。原液供给室由交换柱和密封室构成，具备离子交换功能。废水流进供给室，在此进行离子交换处理，处理过的水由柱下排出口释出。树脂穿透时，环形柱旋转，将穿透柱转到再生间，再生好的交换柱单元转入原液供给室，继续进行交换处理；同时，再生间对已穿透柱进行再生、淋洗。如此循环运作，便可达到连续产水的目的。交换柱单元的工况变换和工位移动是通过控制器和驱动装置实现的。该处理系统设计构思巧妙，把交换柱有机地连在一起。交换再生过程中树脂不需移出柱外，提高了树脂利用率。但不足的是机械加工精度、密封及工装水平要求较高，故制造难度大。

虽然离子交换系统能借助于实验室小试结果选型，但一般推荐进行中试，因为在工业装置中出现的床层堵塞和交换能力降低的现象在小试中难以察觉，同时只有在中试中才能模拟工业装置再生阶段所采用的大循环量操作工况。

三、蒸发浓缩设备的选择

热力蒸发浓缩是采用蒸汽作为热源，使溶液中的部分溶剂由液相转化为气相从溶液中移除以达到浓缩溶质的目的。热力蒸发浓缩蒸发器的主要型式有升膜式、降膜式、升降膜式、刮板薄膜式和离心薄膜式 5 种，此外还有一个特殊的分子蒸馏。为了节约蒸汽能耗，在实际蒸发过程中，通常采用多效技术（MEE）、热力蒸汽再压缩（TVR）、机械蒸汽再压缩（MVR）等技术使生蒸汽消耗量最小化。多效技术是利用前一效产生的蒸汽作为后一效的热源，达到节约生蒸汽目的的方法，常见的设备有常规的双效、三效蒸发器等。研究表明，浓缩设备从单效（单位蒸汽消耗量约 1.1 kg，蒸发 1 t 水）到双效能够实现蒸汽节省约 50%，而从四效到五效蒸汽节省仅为 10%。热力蒸汽再压缩是采用蒸汽喷射泵将生蒸汽与二次蒸汽混合加压后，使其温度高于加热室蒸汽温度而得以再次利用，其所节约的能源相当于增加了一效蒸发器。机械蒸汽再压缩是指从蒸发器出来的二次蒸汽，经压缩机压缩，其压力、温度升高，热焓增加，再将其送回到加热室当作加热蒸汽使用，从而使料液维持沸腾状态，而加热蒸汽本身则冷凝成水。该技术由于百分之百循环利用了二次蒸汽的潜热，完全避免使用生蒸汽，从而大大降低了能源消耗，是新一代被广泛使用的一种蒸发节能新技术。MVR 的核心技术与部件是蒸汽压缩机，目前被广泛使用的有容积式（罗茨式、螺杆式）压缩机和离心式压缩机。容积式（罗茨式、螺杆式）压缩机特别适用于蒸发量小于 20 t/h 的浓缩场合，其技术成熟可靠，国产化程度高，造价比离心式压缩机便宜。离心式压缩机运转平稳可靠，一般可连续工作 1～3 年不需要停机检修，也可不用备机，操作、维修费用低，主要用于蒸发量大于 20t/h 的大型蒸发环境。但是离心式压缩机作为一种高速旋转的机器，对材料、制造与装配均有较高的要求，因而造价较高，目前国外公司生产较多。

（一）蒸发器的选型原则

蒸发器的选型需要考虑以下几个方面。

（1）溶液的黏度是蒸发器选型时考虑的首要因素，要根据蒸发过程中溶液黏度变化的范围去进行选择。升膜式只适用于黏度较低（0.06 Pa · s 以下）和不易结焦的溶液；降膜式适用于 0.05～0.45 Pa · s 的料液；刮板薄式适用于制取高黏度（>100 Pa · s）的料液，浓缩液的黏度可达到 300 Pa · s。

（2）溶液的热稳定性、热敏性也是需要考虑的因素。对长时间受热易分解、易聚合以及易结垢的溶液，蒸发时应采用滞料量少、停留时间短的离心薄膜式蒸发器。可以在 50～100℃加热和高真空条件下进行蒸发，产品温度为 20～90℃，产品受热停留时间可短于 1 s。

（3）易发泡溶液在蒸发时会生成大量层叠且不易破碎的泡沫，会充满整个分离室，随二次蒸汽排出，这样不但损失物料，而且污染冷凝器。蒸发这类溶液宜采用外热式蒸发器、强制循环式蒸发器或者升膜式蒸发器。

（4）蒸发器使用过程中，传热表面总会有污垢生成，而垢层的导热系数小，因此对易结垢的溶液，应考虑选择便于清洗和溶液循环速度大的蒸发器。有的蒸发过程还会有晶体析出，如在高盐废水蒸发过程中，由于有盐结晶的情况，在选择膜式蒸发器时需要慎重考虑，一般蒸发器厂家会建议使用强制循环蒸发器。

（5）一般要根据溶液的处理量去选择蒸发器的操作模式，要求传热表面大于 10 m^2 时，不宜选用刮板薄膜式蒸发器；要求传热表面在 20 m^2 以上时，宜采用多效蒸发操作。

（6）物料的腐蚀性决定了蒸发器材质的选型，如果物料有腐蚀性，加热管应采用特殊材质。

（7）从蒸发器的传热效果选择，使用板式、管式蒸发器。

（8）根据厂家的场地及费用情况，选择结构简单、造价经济、便于维修、性能稳定的蒸发器型号。

（9）选定蒸发器时还应考虑的因素有：①溶液的组成；②溶液的初始浓度和供液温度；③完成液的终点温度和产品要求；④可利用的热源（水蒸汽、电力等）；⑤可利用的冷却水水量、水质和一年内的温度变化。

只要能合理地考虑以上因素，就能够准确地选择出最适合的蒸发浓缩设备。为便于选型，现将综合各种因素的选型原则列于表 5-28 中。

表 5-28 常用蒸发设备选型的原则

蒸发器型式	造价	总传热系数/[W/m^2·°C]		溶液在加热管或内表面流速（m/s）	停留时间	浓缩液浓度能否恒定	浓缩比	处理量	对溶液性质的适应性					
		溶液	黏度						稀溶液	高黏度	易生泡沫	易结垢	热敏性	有结晶析出
水平管式	最廉	600～2300	低	—	长	能	良好	一般	适	适	尚适	不适	不适	不适
标准式	最廉	600～3000	低	0.1～1.5	长	能	良好	一般	适	适	适	尚适	尚适	稍适
外热式（自然循环）	廉	1200～6000	良好	0.4～1.5	较长	能	良好	较大	适	差	尚适	尚适	不适	稍适
列文式（悬筐式）	高	600～3000	良好	1.5～2.5	较长	能	良好	较大	适	尚适	较好	尚适	尚适	稍适
强制循环式	高	1200～7000	高	2.0～3.5	—	能	较高	大	适	好	适	适	尚适	适
升膜式	廉	1200～6000	良好	0.4～1.0	短	较难	高	大	适	差	好	尚适	适	不适
降膜式	廉	1200～3500	高	0.4～1.0	短	尚能	高	大	较适	好	适	不适	适	不适
刮板膜式	次高	1200～3500	良好	0.025～0.1	短	尚能	高	较小	较适	好	较好	不适	良好	不适
离心薄膜式	最高	高	高		最短	能	较高	小	适	尚适	好	适	最适	适

注：标准式—中央循环管式蒸发器。

双效蒸发、双效带热泵 TVR 蒸发和容积式 MVR 蒸发 3 种浓缩方式与膜浓缩的性能比较如表 5-29 所示。

表 5-29　3 种浓缩方式与膜浓缩的性能比较

项　目	双效蒸发	双效带热泵 TVR 蒸发	容积式 MVR 蒸发	膜浓缩
能耗分析	0.53t 生蒸汽蒸发 1t 水，比较耗能	0.32 t 生蒸汽蒸发 1 t 水，需高压生蒸汽带动	蒸发 1 t 水需耗电 25～30 kW · h，是目前蒸发单元中比较节能的	陶瓷膜与反渗透组合，浓缩每吨料仅需耗电 18～22 kW · h，是最节能的浓缩技术
能源方式	生蒸汽	生蒸汽	生蒸汽和电能	电能
生产方式	连续性	连续性	连续性	可连续、可间歇
运维保养	常规保养	常规保养	半年需更换机械密封，常规保养	膜芯更换周期 3～5 年，反渗透膜芯更换周期 2 年
占地面积	大	较大	小	小
自控程度	半自动	全自动	全自动	全自动
噪声大小	小	大	较大	小
投资成本	低	较低	高	高
应用范围	制药、化工	制药、化工	制药、化工	制药、饮料、果汁、乳制品

（二）蒸发器设计和操作时应考虑的物料特性

为了计算物料的热传递，必须知道产品的一些特性，如物料的干物质含量、密度、比热、沸点升高（BPE）值、黏度等。比热是计算蒸发器换热面积的重要参数，有些比热容易查到，而有些料液比较特殊，不是单一物料，对于这种混合型的料液其比热值在缺乏数据的情况下可按下式进行估算：$C=1-0.7B$，其中 B 为蒸发前的料液浓度（%）。沸点升高值也是计算蒸发器换热面积的依据，沸点升高值越大，蒸发器的换热面积也越大。沸点升高实际上就是在蒸发过程中，由于溶质的存在导致料液比较难蒸发。所以，如果对料液沸点升高值掌握不够，以此选出的压缩机提供的热焓就会偏小，最终的结果是导致生产能力不足。下面举例说明玉米淀粉糖浆在不同的干物质含量（$\%d_s$）、糖化率（DE 值）和温度条件下的 BPE 值和黏度。

常压下的水在 100℃时将被蒸发，当有固体溶解时（如葡萄糖溶液），其沸点将升高。对于蒸发器来说，这是一个影响性能的重要特征，而且会限制一些蒸发器类型的使用。

对于糖浆的 BPE 值来说，它是受料液的干物质、还原糖 DE 和温度等因素综合影响的，因此，很难给出一个通用的公式，主要是靠实践中总结和测定得出。表 5-30 是玉米淀粉糖在不同的干物质含量（$\%d_s$）、DE 值和温度条件下的 BPE 值。

表 5-30　42DE 和 90DE 糖浆的 BPE 值与温度和干物质含量的关系

温度/℃	BPE 值					
	42DE			90DE		
	40%d_s	60%d_s	80%d_s	40%d_s	60%d_s	80%d_s
50	0.67	2.00	5.80	1.53	3.74	8.61
75	0.78	2.27	6.70	1.74	4.25	9.78

续表

温度/℃	BPE 值					
	42DE			90DE		
	40% d_s	60 %d_s	80 %d_s	40 %d_s	60 %d_s	80% d_s
100	0.89	2.69	7.94	2.01	4.97	11.72

在 75℃时，水的蒸汽压为 0.385×10^5 Pa（绝压）。假定在一效中蒸发 60%d_s 的 90DE 葡萄糖，而分离罐的温度为 75℃。在这种情况下，分离罐的压力应等于水在 75℃−4.25℃=70.7℃时的蒸汽压，即 0.32×10^5 Pa（绝压）。糖液的蒸汽压因此低于纯水时的蒸汽压。溶液的沸点升高主要与溶液类别、浓度及操作压强有关，如常压下 20%NaOH 溶液的沸点为 108.5℃，比水的沸点 100℃升高了 8.5℃。设计计算蒸发器时，一定要考虑沸点升高的有效温差。

料液的黏度在蒸发技术中扮演一个很重要的角色。黏度越高，就越难产生好的传热效果。非常高的黏度甚至会限制一些类型的蒸发器的使用。由于黏度取决于许多变化因素（如温度、干物质含量、DE 值和料液的类型等），所以很难用一张表格或公式总结出来。表 5-31 是玉米淀粉糖在不同条件下的黏度（CP）。

表 5-31　42DE 和 90DE 糖浆在不同条件下的黏度

温度/℃	黏度值							
	42DE				90DE			
	40%d_s	60%d_s	70%d_s	80%d_s	40%d_s	60%d_s	70%d_s	80%d_s
50	3.0	35	210	5500	2.5	12	40	350
60	3.2	23	120	2000	2.0	8	25	180
70	2.8	18	70	900	1.5	5.5	18	80

在设计和操作蒸发器时，还有一些因素需要考虑：①葡萄糖溶液在低温和高干物质含量时将开始结晶。②未除净蛋白的玉米淀粉糖在蒸发时必须注意要防止过量的泡沫形成并溢出，因而必须增加消泡设施。③在高温时，葡萄糖溶液非常敏感容易变色，因此，蒸发器必须设计成低温和低停留时间。

蒸发器的大小可通过理论计算得出，一系列方程式的组合可计算出加热器的最佳组合。但是，这是非常花费时间的。管外侧的蒸汽冷凝传热系数可按膜式冷凝传热系数公式计算。管内侧的溶液沸腾传热系数则难于精确计算，因它受多方面因素的控制，如溶液的性质、蒸发器的型式、沸腾传热形式以及操作条件等。一般可以参考实验数据或经验数据选择总传热系数 K 值，但应选择与操作条件相近的数据，尽量选用合理的 K 值。表 5-27 列出了不同类型的蒸发器的 K 值范围，供参考。通过假定的 K 值，用公式 $S=Q/(K\cdot\Delta t)$ 可以计算出所需的换热面积。

（三）闪蒸罐、冷凝器等设备的设计

1．闪蒸罐

闪蒸罐的尺寸较容易计算，限制闪蒸罐的是二次气体的速率。太高的速率将导致料液

挟带进二次气体里，从而导致一效气体冷凝水的污染。最大的气体流速是由液体和气体的密度计算出来的。事实上，高密度的料液不容易挟带。假如气体密度是低的产品也不容易挟带。

为了阻止液滴挟带进入气体，一般情况下需安装除沫器。除沫器的主要型式有抑流式除沫器、球形除沫器、金属网除沫器、离心式除沫器、冲击式除沫器、旋风式除沫器、离心式分离器等。

2．二次气体管道

气体管道应该选择产生最小的压降，实际上管子内气体流速率通常在 20～40 m/s 之间。

3．泵的选择

选择合适的传递泵对蒸发器的无故障运行非常重要。下面介绍一些我们需特别注意的最重要的特征。

（1）泵的净正吸压头 NPSH。

泵的净正吸压头是绝对压力超过吸入口液体的气体压力，而使液体进入叶轮中间。实际的 NPSH 值必须大于泵所需的 NPSH 值，否则，气蚀和机械损坏就会产生。

关于泵的设计选型这里不多做介绍，一个总的原则就是泵不能过大。因为当蒸发器工作在较低的压力下时，泵很容易发生气蚀。一般情况下，分离罐应放在较高的位置使泵的 NPSH 偏高以减少气蚀。

（2）液位控制。

通常有两种方法可以调节液位：①最简便的一种是非常精确地设计传送泵，由泵的性能来控制液位。②另外一种方法是在每一效上安装液位控制器和泵出口调节阀，通过调节阀来调节过大的流量；该方法很有效。

4．冷凝器

（1）直接接触式冷凝器。

通过喷射冷却水在二次蒸发区冷凝产生真空。这些冷凝器有如下优点：①设计简单，相对表面冷凝器便宜。②没有器壁传递交换，可以在一个很低的温度上工作，可以达到很高的真空度，或者允许较高的冷却水温度。③没有结垢的危险，而且腐蚀性最小。然而它也有一些缺点：①由于蒸发气体和冷却介质直接接触，冷却液可能被挟带在气流中的料液污染。污染冷却水通过冷却塔时易滋生细菌。②气体中料液和可溶于水物质在冷却水中，因此不能被回收。③一个开放式的冷凝器需要一定的压头来维持有效的真空。因此，必须放在一定的高度上。

（2）表面冷凝器。

在二次蒸汽和冷却水之间没有接触。料液的二次气体能够再生而且冷却水不会被污染。

5．真空泵

蒸汽喷射真空泵由于需要消耗较多的蒸汽，比较少用。在蒸发器中，使用较多的是水环式真空泵。当二次气体进入水环式真空泵时，被冷凝在液环中，从而提高真空度。水环式真空泵的最低操作压力取决于密封水的气体压力，即液体的在此压力下的蒸发温度。一台在 60℃下运作的水环式真空泵，永远不能在 50℃的冷凝器上工作。在此压力下，温水将开始蒸发，从而限制水环式真空泵的能力。这意味着蒸发器的最低温度局限于真空泵密封水的温度。

对于蒸发器来说，没有任何一种蒸发器是适用于全部物料种类的。因此需要对不同类型蒸发器的特点及适用情况进行分析比较，从而在设备选型时不会出现较大的偏差。下面列出了常见蒸发器的一些重要性能，可供选型时参考。

管式降膜蒸发器适用于 0.05 Pa · s～0.45 Pa · s 的料液，但分布要均匀，以免“干壁”，由于其对液体分布器的设计要求较高，而应用较少。升膜式只适用于黏度较低（0.06 Pa · s 以下）和不易结焦的溶液，对于浓缩倍数大的料液，若黏度太大就不适用，如中草药的浸提液只能浓缩到比重为 1.05～1.10 左右，然后再用敞口蒸发锅或搪玻璃釜连续浓缩为比重在 1.25 以上的膏状物料。敞口蒸发锅或搪玻璃釜的缺点是不能连续化，蒸发时间长，劳动生产率低，特别是敞口蒸发锅的劳动条件差，既影响产品质量又涉及劳动保护问题，是中成药生产急需解决的问题。

刮板薄膜蒸发器是一种适用于制取高黏度（>100 Pa · s）浓缩液的新型热交换设备，浓缩液的黏度可达到 300 Pa · s 以下。在食品工业的加工过程中，必须保持食品中维生素和蛋白质的含量。但由于食品的小部分分解而引起传热面结垢，从而影响最后的产品质量。同时，污垢也会降低热传递，因此在加热浓缩时必须不断地搅拌液体，以防止在生产高度均匀的浓缩液时产生结垢。刮板式薄膜蒸发器作为高浓度、高比重的浓缩设备对此非常适用。又如在制药工业中，若含糖的溶液要浓缩到极高的浓度，甚至达到过饱和或者含晶体的浆状物状态时，可采用刮板薄膜蒸发器。刮板薄膜蒸发器通过不断搅拌可防止在器壁上产生结晶层，由于蒸发停留时间短，可允许用较高的温度加热，更有利于达到所要求的最后浓度。这种蒸发器除单独使用外，还可与列管升膜式蒸发器串联起来使用。

抗菌素和酶制剂等生物发酵制品、合成药、中草药浸出液、血制品、速溶茶、速溶咖啡以及鲜果汁等很多产品的生产均离不开快速低温蒸发浓缩加工过程。常规降膜蒸发器虽然蒸发停留时间比外循环升膜蒸发器短了许多，但停留时间仍需要 20 min 左右，这样长的停留时间，远远不能满足许多热敏性产品的质量要求，也难以制取保持鲜品色香味原样的浓缩制品。胀流式以及类似的离心薄膜蒸发机，虽然其瞬时和低温蒸发性能可满足各种产品质量要求，但因其设备结构特点难以清洗检查，故不符合 GMP 规范的要求。国外最新研制的卧式单离心锥真空薄膜蒸发机不但蒸发性能优良，而且在结构上充分考虑了清洗检查需要，但缺点是需要很大直径的单锥才能满足大蒸发量的要求，因锥直径太大加工制造困难，所以造价也提高了很多，而且该使设备庞大，对布置和操作也不利。

对于离心式刮板薄膜蒸发器来讲，我们在选型时，应考虑以下几个方面。

① 蒸发面积：根据处理量及进出料浓度计算单位时间内的蒸发量。

② 真空度：只要能够满足蒸发要求就行，真空度不需要过高。

③ 刮板形式及材质：刮板形式主要是根据物料黏度、结晶倾向以及是否有泡沫等进行合适的选择，材质则要考虑到蒸发温度等因素。

对于热敏性生物活性物料的浓缩最为有利的方法是采用 MVR 的单效或双效降膜蒸发器。机械蒸汽再压缩时，通过机械驱动的压缩机将蒸发器蒸出的蒸汽压缩至较高压力。因此再压缩机也作为热泵来工作，给蒸汽增加能量。与用循环工艺流体（即封闭系统、制冷循环）的压缩热泵相反，因为蒸汽再压缩机是作为开放系统来工作的，故可将其视为特殊的压缩热泵。在蒸汽压缩和随后的加热蒸汽冷凝之后，冷凝液离开循环。加热蒸汽（热的一侧）与二次蒸汽（冷的一侧）被蒸发器的换热表面分隔开来。

开放式压缩热泵与封闭式压缩热泵的对比表明，在开放系统中的蒸发器表面基本上取代了封闭系统中工艺流体膨胀阀的功能。压缩热泵通过压缩机叶轮的机械能传入工艺加热介质中并进入连续循环。在此情况下，不需要一次蒸汽作为加热介质，相对能耗较少。

开放式压缩热泵的使用可以显著减少甚至消除通过冷凝器释放的热量。为达到最终的热平衡，可能需要少量的剩余能量或残余蒸汽的冷凝，因此允许恒定的压力比和稳定的操作条件。

机械蒸汽再压缩的优点可概括为以下几点：①单位能量消耗低；②因温差低，产品的蒸发温和；③由于常用单效，产品停留时间短；④工艺简单，实用性强；⑤部分负荷运转特性优异；⑥操作成本低；⑦采用 MVR 的单效降膜蒸发器，设备投资也较低；⑧无须冷却水，废水量少。

（四）分子蒸馏

对于从微生物油中提取多糖酯、EPA 和 DHA、维生素 E，上述蒸发浓缩设备就无法适用了，而通过四级分子蒸馏操作，可以达到结晶分离技术对同分异构体两组分相对分离的要求。

分子蒸馏（molecular distillation）是在高真空度下进行的非平衡蒸馏技术（真空度可达 0.01 Pa），是以气体扩散为主要形式、利用不同物质分子运动自由程的差异来实现混合物的分离。由于蒸发面和冷凝面的间距小于或等于被分离物料的蒸汽分子的平均自由程，所以也称短程蒸馏（short-path distillation）。分子蒸馏过程与传统的蒸馏过程不同，传统蒸馏是在沸点温度下进行分离的，蒸发与冷凝过程是可逆的，液相与气相间会形成平衡状态。分子蒸馏过程是一个不可逆的，并且在远离物质常压沸点温度下进行的蒸馏过程，更确切地说，它是分子蒸发的过程。因此分子蒸馏已成为对高沸点和热敏性物质进行分离的有效手段。目前已广泛应用于食品、医药、油脂加工、石油化工等领域，用于浓缩或纯化低挥发度、高分子量、高沸点、高黏度、热敏性和具有生物活性的物料。

分子蒸馏装置根据形成蒸发液膜的不同可分为降膜式分子蒸馏（falling-film evaporator）、刮膜式分子蒸馏（wiped-film evaporator）和离心式分子蒸馏（centrifugal evaporator）。降膜式分子蒸馏采用重力使蒸发面上的物料变为液膜降下的方式。其特点在于设备结构简单，易于操作。缺点是物料液膜的厚度不均匀，受进料流速和物料黏度影响，极易产生沟流现象，传热传质效率低，现在各国很少使用。考虑到降膜式的缺点，刮膜式分子蒸馏在蒸发器内部添加了刮膜器。通过刮膜器在壁面不断刮膜，使物料在蒸发面上形成薄膜（0.25～0.76 mm），同时对蒸发液膜进行不断的补充和更新，避免了沟流现象的产生，大幅强化了传质和传热效率，提高了分离效率。目前，刮膜式分子蒸馏设备广泛用于实验室小试和工业化生产中。德国 UIC 公司和 VTA 公司，美国的 POPE 公司，以及国内的无锡鼎丰压力容器公司等都是专业生产该类设备的企业。

离心式分子蒸馏采用离心力成膜，液膜分布均匀且薄（0.04～0.08 mm），蒸发效率高，物料的停留时间与刮膜式分子蒸馏相比，停留时间更短，热分解的危险性较少，适用于热敏性物质的分离。但是由于其特殊的转盘结构，对密封技术提出了更高的要求，而且该设备结构复杂，成本较高，适用于大规模的工业生产或高附加值产品的分离。目前生产此类分子蒸馏器的厂家较少，比较著名的是美国 MYERS 公司。

四、结晶设备的选择

结晶作为一种重要的物质分离纯化技术，在食品、化工、生物、医药和环保等领域的应用越来越广泛。结晶器作为结晶分离的核心设备，不仅影响结晶分离的效率和能耗，而且影响结晶分离的稳定性和可靠性。因此，合理设计和选择结晶器非常重要。

结晶是指晶体从溶液中析出的过程，是工业生产中高效低耗的分离技术。对于工业结晶，按照结晶过程中过饱和度形成的方式，可将溶液结晶分为两类，移除部分溶剂的结晶和不移除溶剂的结晶。不移除溶剂的结晶称冷却结晶法，适用于溶解度随温度降低而显著下降的物系。移除部分溶剂的结晶又可分为蒸发结晶法和真空冷却结晶法。蒸发结晶法适用于溶解度变化不大的物系，真空冷却结晶法适用于中等溶解度物系。结晶器的类型很多，按照溶液获得过饱和状态的方法可分为蒸发型结晶器和冷却型结晶器；按照流动方式可分为母液循环结晶器和晶浆循环结晶器；按照操作方式可分为连续结晶器和间歇结晶器。

目前工业结晶装置种类繁多，在食品、化工、生物、医药和环保等领域中应用的冷却类结晶器常见的有立式釜状搅拌结晶机、卧式螺带回转结晶机、湿壁塔式结晶机等；蒸发类结晶器常见的有 OSLO 型蒸发结晶器、DTB 型蒸发结晶器、MVR 型蒸发结晶器；真空冷却式结晶器常见的有 Messo 型卧式结晶器、空气冷却式结晶器、长槽搅拌式连续结晶器。此外，有许多型式的结晶器专用于某一种结晶，如 Messo 型卧式结晶器目前只用于己二酸的真空冷却结晶；也有许多重要型式的结晶设备通用于各种不同的结晶方法。

（一）各类结晶设备的功能结构对比

1．冷却型结晶器

（1）空气冷却式结晶器。空气冷却式结晶器是一种最简单的敞开型结晶器，靠顶部较大的敞开液面以及器壁与空气间的换热来降低自身温度，从而达到冷却并析出结晶的目的。此过程不加晶种，也不搅拌，不用任何方法控制冷却速率及晶核的形成和晶体的生长。

这种结晶器构造最简单，造价最低，可获得高质量、大粒度的晶体产品，尤其适用于含多结晶的水物质的结晶。缺点是传热速率太慢，且属于间歇操作，生产能力较低，占地面积较大。在产品量不太大而对产品纯度及粒度要求又不严时，仍被采用。

（2）搅拌式结晶槽。在空气冷却式结晶器的外部装设传热夹套，或在内部装设蛇管式换热器以促进传热，同时增加动力循环装置，即成为强制循环冷却式结晶槽即搅拌式结晶槽。晶浆被强制循环于外冷却器与结晶槽之间，使其在槽内能较好地混合，并能提高冷却面的热交换速率。这种结晶槽可以分批或连续操作，并且为自然冷却，必要时可配备内部冷却器。搅拌器可以从下方传动，也可以从上方传动。晶浆在导流筒中可以向上流动，也可以向下流动。

搅拌式结晶槽内温度比较均匀，产生的晶体较少但粒度较均匀，从而可以使冷却周期缩短，生产能力提高。对于易在空气中氧化的物质的结晶，可用闭式槽，槽内通入惰性气体。这种结晶器的优点是操作、调节简单可靠，重结晶操作一般都采用这种冷却结晶方式；缺点是会消耗较多的冷冻媒介。

（3）长槽搅拌式连续结晶器。长槽搅拌式连续结晶器是一种应用广泛的连续结晶器，具有较大的生产能力。其结构为敞式或闭式长槽，底为一个半圆形，槽外焊有水夹套，槽中装有长螺距的低速螺带搅拌器。在操作时，浓热溶液从槽的一端加入，冷却水（或冷冻盐水）通常是在夹套中与溶液之间做逆流流动。螺带搅拌器可以搅拌及输送晶体，还可以防止晶体聚积在冷却面上，使已生成的晶体上扬，散布于溶液中，使晶体在溶液中悬浮生长，从而获得均匀的晶体。但冷却表面易结疤，从而使冷却效率降低。

2．蒸发型结晶器

蒸发型结晶器是一类通过蒸发溶剂使溶液浓缩并析出晶体的结晶设备。以奥斯陆（OSLO）蒸发型结晶器为例，其结构主要由结晶室、蒸发室及加热室组成。工作时，原料液由进料口加入，经循环泵输送至加热器加热，加热后的料液进入蒸发室，部分溶剂被蒸发，形成的二次蒸汽由蒸发室顶部排出，浓缩后的料液经中央管下行至结晶室底部，然后向上流动并析出晶体。其中结晶室呈锥形，自下而上截面积逐渐增大，因而固液混合物在结晶室内自下而上流动时，流速逐渐减小。粒度较大的晶体会富集于结晶室底部，可与过饱和溶液相接触，故粒度会愈来愈大。而粒度较小的晶体则处于结晶室的上层，只能与过饱和度较小的溶液相接触，故粒度只能缓慢增长。因此，在结晶室中晶体被自动分级，这是奥斯陆结晶器的一个突出优点。

（1）MVR 型结晶器。

MVR 型结晶器由结晶室、循环管、循环泵、换热器等组成。结晶室有锥形底，晶浆从锥形底上部排出，经循环管用轴流式循环泵送入换热器，被加热后的晶浆从结晶室中央再进入结晶室，如此循环。故这种结晶器属于晶浆循环型结晶器。结晶排出口位于结晶室锥底处，而进料口则在循环泵入口管线上。结晶室顶部蒸汽管与 MVR 压缩机相连，使结晶室在负压下工作，产生的二次蒸汽经 MVR 压缩成高热蒸汽经换热器冷却成水从换热器排出。新鲜蒸汽仅用于补充热损失和补充进出料热焓，可以大幅度降低结晶器对外来新鲜蒸汽的消耗。MVR 型结晶器的核心设备——压缩机的研究与制造一直被德国 Piller 等公司垄断。21 世纪以来国内关于 MVR 蒸发器的研究明显增多，目前技术最成熟的企业有陕鼓、金通灵等。对于发酵和制药行业，南通金通灵公司的技术和产品最为成熟。压缩机由于其高速运行，压比高，进入压缩机的气体有严格要求。在压缩机的入口处做特殊处理，避免出现大颗粒甚至是小水滴对压缩机产生冲击，来保证压缩机良好的使用工况，延长压缩机的使用寿命。

（2）OSLO 型结晶器。

OSLO 型结晶器是通用型结晶器，它的换热器进冷却液即成冷却结晶器，如果结晶器接真空泵就是真空冷却结晶器，换热器进蒸汽即成蒸发结晶器。以上分别称之为 OSLO 型冷却结晶器、OSLO 型真空冷却结晶器和 OSLO 型蒸发结晶器。结晶器主要由气化室与结晶室两部分组成，结晶室的器身有一定的锥度，上部较底部有较大的截面积。母液与热浓料液混合后用循环泵送至高位的汽化室，在汽化室中溶液汽化、冷却而产生过饱和度，然后通过中央降液管流至结晶室的底部，转而向上流动。在结晶室中，液体向上的流速逐渐降低，其中悬浮晶体的粒度越往上越小，当溶液到达结晶室的顶层，基本上澄清的母液在结晶室的顶部溢流进入循环管路。

OSLO 结晶器的优点在于操作性能优异，循环液中基本上不含晶粒，从而可以避免发生叶轮与晶粒间的接触成核现象，再加上结晶室的粒度分级作用，使这种结晶器所产生的晶体大而均匀，特别适合生产在饱和溶液中沉降速度大的晶粒。缺点是生产能力受到限制，因为必须限制液体的循环流量及悬浮密度，把结晶室中悬浮液的澄清界面限制在溢流以下；而且设备缺点是结构复杂、投资成本较高。

（3）DTB 型结晶器。

DTB 型结晶器和 OSLO 型结晶器一样也是通用型结晶器，和 OSLO 型结晶器不同的是结晶器中部有一导流管，四周有圆筒形挡板，圆筒形挡板将结晶器分隔为晶体生长区和澄清区，在导流筒内接近下端处有螺旋桨（内循环轴流泵）。螺旋桨以较低的转速旋转，使悬浮液在螺旋桨的推动下，在筒内上升至液体表层，然后转向下方，沿导流筒与挡板之间的环形通道流至器底，重新被吸入导流筒的下端，如此反复循环，形成良好的混合条件。

DTB 型结晶器效能较高，能生产较大的晶粒，生产强度较高，器内不易产生结晶垢，适用于各种结晶方法，是连续结晶的主要型式之一。

（4）DP 型结晶器。

DP 型结晶器在结构上可以看作是对 DTB 型的改进。DP 型不只在导流筒内安装螺旋桨，向上推送循环液，而且还在导流筒外侧的环隙中也设置了一组与导流筒内的叶片旋转方向相反的螺旋桨叶，可向下推送环隙中的循环液。内外两组桨叶共同组成一个大直径的螺旋桨，使其外直径与圆形挡板的内径间的空隙很小，使得中间一段导流筒与大螺旋桨同步旋转。

DP 型结晶器适用于不同的结晶方法，可降低二次成核速率，产品平均粒度加大，晶体在器内的平均停留时间减少，从而提高了生产能力；循环阻力低，流动均匀，容易使密度较大的固体粒子悬浮。

（5）FC 型结晶器。

FC 型结晶器又称强制外循环结晶器，属于晶浆循环型结晶器，其结构主要由结晶室、循环管、循环泵、换热器等组成。结晶室有锥形底，晶浆从锥底排出后，经循环管用轴流式循环泵送至换热器，被加热或冷却后，沿切线方向重新进入结晶室，如此循环。晶浆排出口接近结晶室锥底处，而进料口则在循环泵入口管线上。

3．真空结晶器

真空结晶是将常压下未饱和的溶液，在绝热条件下减压闪蒸，由于部分溶剂的气化而使溶液浓缩、降温并很快达到过饱和状态而析出晶体。真空结晶器工作时把热浓溶液送入密闭而绝热的容器中，器内维持较高的真空度，使器内溶液的沸点较进料温度为低，于是此热溶液势必闪急蒸发而绝热冷却到与器内压力对应的平衡温度。

真空结晶器既有冷却作用又有一定的浓缩作用。由溶液冷却所释放的显热及溶质的结晶热来提供溶剂蒸发所消耗的汽化潜热，溶液受到冷却而无须与冷却面接触，溶剂被蒸发而无须与加热面接触，故而在器内根本不需设置换热面。

（1）间歇式真空结晶器。

间歇式真空结晶器的器身是一个具有锥形底的容器。将料液置于容器中，料液的闪急蒸发造成剧烈的沸腾，使溶剂的蒸汽从器顶排出进入喷射器或其他真空设备中。加强搅拌从而使溶液温度均匀，并使晶粒悬浮起来，直到充分成长后沉入锥底。每批操作结束后，晶体与母液的混合液经排料阀排放至晶浆槽，随后进行过滤，使晶体与母液分开。

此结晶器的主要优点为构造简单，溶液系绝热蒸发冷却，不需传热面，避免了晶体在传热面上的聚结，故造价低而生产能力较大。

（2）多级真空结晶器。

多级真空结晶器的器身是横卧的圆筒形容器，器内由垂直挡板分割为几个相连通的室，允许晶浆在各室之间流动，然而各室上部的蒸汽空间则互相隔绝，各蒸汽空间分别与真空系统相连。在器底各级都装有空气分布管，与大气相连通，故在运行时可从器外吸入少量空气，经分布管鼓泡通过液层而起搅拌作用，当溶液温度降至饱和温度之下时，晶体开始析出，在空气泡的搅拌下，晶粒得以悬浮、生长，并能与溶液一起逐级流动。由于在各级的绝对压力下递减操作，各级间保持较小的温差，冷却均匀，更有利于晶体的成长；且各级所产生的二次蒸汽可以用来预热料液，因此在 KCl 结晶系统中，级数可高达 3～7 级。真空结晶器对在使用中沸点会升高很大的溶液不适用，而且需要配备较高的厂房。

（二）结晶器的选择

要获得粒度均匀的结晶产品，设备结构及操作应满足下列几点：（1）尽可能降低过饱和度，以避免产生大量的晶核；（2）晶种和过饱和溶液能有良好的接触机会，以使过饱和度迅速消失；（3）保证晶体在设备内有足够的停留时间进行成长；（4）选用低速的搅拌机械，减少产生晶核及对晶体的破碎；（5）要有稳定的操作条件。结晶设备的类型繁多，由于许多物质结晶成核机理没有搞清，所以最佳结晶器的确定会有些困难。下面以几个具体例子说明较佳结晶器的选择与应用。

1. 葡萄糖结晶设备选择

结晶过程是制作葡萄糖产品的一道重要工序，结晶效果的好坏将直接影响最终葡萄糖产品的质量。而采用传统的结晶方式是纵向连续冷却结晶，常用设备规格为 65 m^3，其结晶率一般在 72%以内，结晶时间一般需要 72～120 h。其结晶速度、结晶率已成为制约葡萄糖生产的瓶颈。20 世纪 90 年代我国引进了 110 m^3 摆动冷却管式结晶器，其冷却系统由定型对称的块形冷却管组成，固定在升降管上，上下摆动给物料造成一定的冲击。冷却装置的上下垂直移动，是由安装在结晶器顶部的液压缸驱动的，同时液压缸产生快慢垂直移动的速度，冷却装置慢速移动用于热交换，冷却装置快速移动用于冷却装置表面结晶的振动清理，这种新设计不需任何轴承或填料箱的支持。结晶器工作时，需结晶的物料可以先在一预结晶器内与晶种混合，然后用泵从顶部送入结晶器，并由搅拌器搅拌均匀。物料通过冲击推动力，依次经过块型冷却管，结晶完毕的物料从底部排出，冷却水通过软管进入冷却水管，从顶部流到底部再流回到顶部与物料对流。冷却块在物料中上下移动的同时也起到了自身清洗作用，只要冷却块始终湿润并保持结晶冷却曲线，就可保证结晶连续通顺。现在这种结晶器已发展到 650 m^3。开发新的结晶工艺与结晶器，提高葡萄糖的结晶速度、结晶率，实现葡萄糖结晶工艺的连续化生产，对提高我国葡萄糖工业竞争力具有重要意义。

2．柠檬酸结晶设备选择

柠檬酸晶体分无水柠檬酸和一水柠檬酸两种。20 世纪 90 年代，国内一水柠檬酸生产规模不大，普遍采用带夹套搅拌罐体、冷却降温结晶。为防止晶体阻塞出料口，出料阀一般采用快开阀，这种设备适用于中小型工厂。后来由于工厂规模的扩大，有的工厂改用卧式螺旋搅拌结晶槽。此设备是一敞口式或封闭式长槽，可以做得很大，相应的生产能力也很大，可以连续操作。槽外焊有冷却夹套，槽内装有长螺距、低速（5～10 r/min）螺旋叶搅拌器，螺旋叶与槽底相距 10～20 mm。此设备可以数个单元串联操作，温度可以分别控制。为了节省占地面积，各单元还可以上下排列，进行降流操作。这种结晶器获得的晶体大小均匀，颗粒中等。也有的工厂改用 FC 型结晶器。晶浆在导流筒内可以升流，也可以降流。进料与母液一起进入循环管，经泵输送，通过冷却器，由中心管复入结晶罐。通过控制液流速度可以使晶粒达到一定大小后就不再上浮，而是聚集在底部被吸出分离，而小晶粒随液不断溢出又重新进入循环。这种设备的特点是起晶核、育晶在不同的区域中进行，可生成粒度大、形态整齐的晶体，可以连续操作，适用于大型工厂。与卧式螺旋搅拌结晶槽相比，其占地面积小，晶体颗粒更大，易于分离。近几年来发现，一水柠檬酸采用冷却结晶的 DTB 结晶器则更为合适。

无水柠檬酸一般用蒸发结晶的方式获得，采用 OSLO 型结晶器比较合适。

任何一种结晶器都有其优缺点，结晶器的选择需要根据具体的结晶工艺和产品的指标来决定。

3．维生素 C 结晶设备选择

蒸发结晶工艺是维生素 C 生产的一个操作单元，其工艺过程控制对维生素 C 产品质量产生较大的影响。2012 年以前，维生素 C 生产行业中维生素 C 蒸发结晶工艺均采用间歇操作，又以强制外循环蒸发结晶居多。这种蒸发器原理是维生素 C 溶液在循环泵的作用下，在加热器内加热，然后在蒸发器内蒸发，溶液浓度超过该温度下的溶解度后，溶质析出结晶；含晶体的溶液继续在泵的作用下重复加热、蒸发的循环过程，直至悬浮液至一定的浓度为止。由于维生素 C 溶液达到饱和状态后黏稠，流动性降低，蒸发结晶后期温度高，能耗增大，产品收率低；而且由于是间歇操作设备，单台设备生产能力一般为 3～5 t，造成设备台套多、操作烦琐、浪费大、故障率高。因此，采用连续结晶生产工艺代替间歇生产工艺势在必行。

连续结晶工艺与传统的间歇结晶工艺相比，具有许多显著的优点：通过合理的设计，连续结晶工艺可提高系统的真空度，降低浓缩温度，提高产品质量；通过控制晶浆密度，使得结晶主粒度稳定、母液量少、生产能力高；可采用清液溢流及小晶体消除，控制好晶体的颗粒度，满足客户要求；技术经济性好、操作费用低、操作过程易于控制。连续结晶设备一般由一台结晶器、加热器和冷凝器组成，也可由多台结晶器串、并联与加热器、冷凝器等组成真空蒸发结晶和真空冷却结晶。近几年，在江苏江山制药有限公司的努力下DTB型蒸发结晶器和真空降温结晶连续结晶方法得到了很好的应用。

五、干燥设备选择原则

干燥是一种常用的去除湿分（水或有机溶剂）的方法，一般是指利用固体物料中的湿分在加热或降温过程中产生相变的物理原理将其除去的单元操作。干燥的目的是使物料便于贮存、运输和使用，或满足进一步加工的需要。

生物工程中常用的干燥设备有箱式干燥器、沸腾式干燥器、转筒式干燥器、圆盘式干燥器、喷雾式干燥器、耙式干燥器、气流式干燥器、带式干燥器、微波式干燥器、冷冻式干燥器、管束式干燥器等。常用干燥机的性能比较见表 5-32。

表 5-32　常用干燥机的性能与选型表

干燥机名称	物料状态						物料运动方式	传热方式	生产方式	产品剂型	热效率/%
	溶液	分散体	浆状	糊状	膏状	固状					
箱式干燥机	US	US	US	S	S	S	NM	CD、CV	I	块状	10～30
旋风干燥机	US	US	US	US	MS	US	B	CV	C	粗粉	30
滚筒干燥机	US	S	S	MS	US	US	PW	CD	C	片状	20～80
喷雾干燥机　气流	S	S	S	S	S	S	B、M	CV	C	粉状颗粒	20～45
喷雾干燥机　压力	S	S	S	S	US	US					
喷雾干燥机　转盘	S	US	US	US	US	US					
真空耙式干燥机	US	US	MS	S	S	S	M	CD	I	粉、粒	
竖式粉碎气流干燥机	US	US	US	US	S	S	B	CV	C	粉状	40～50
流化床干燥机	US	US	US	US	US	S	B、M	CV	C	颗粒	
惰性载体干燥机	MS	MS	S	S	S	US	CC	CV	C	片、粉	
浆叶干燥机	US	US	US	MS	S	S	M	CD、CV	C、I	粉、粒	60～80
闪蒸干燥机	US	US	US	S	S	S、MS	B	CV	C	粉状	70
气流干燥机	US	US	US	US	MS	S	B	CV	C	粉、粒	
薄膜-气流干燥机	S、MS	S	S	S、MS	US	US	B	CD、CV	C	粉状	
薄膜耙式干燥机	S、MS	S	S	S、MS	US	US	M	CD	C	粗粒	
喷雾流化干燥机	S	S	MS	US	US	US	B	CV	C	颗粒	
振动流化床干燥机	US	US	US	US	MS	S	M	CV	C	颗粒	50～60
回转圆筒干燥机	US	US	US	US	MS	S	M	CV	C	粉、粒	15
箱式真空冷冻干燥机	US	MS	S	S	MS	S	NM	CV	I	颗粒	
连续真空冷冻干燥机	US	US	S	S	MS	S	M	CV	C	粉、粒	

注：S—适用，MS—较适用，US—不适用；M—在干燥机内运动，NM—物料不运动，B—与热空气混合，PW—涂在滚筒上，CC—涂在惰体上；CD—传导，CV—对流；C—连续，I—间歇。

每种干燥设备都有其特定的适用范围，而每种物料都可找到若干种能满足基本要求的干燥设备，但最适合的只能有一种。如选型不当，用户除了要承担不必要的一次性高昂采购成本外，还要在整个使用期内付出沉重的代价，如效率低、耗能高、运行成本高、产品质量差，甚至设备装置根本不能正常运行等。

企业在选择干燥器时，以湿物料的形态、干燥特性、产品要求、处理量及所采用的热源等方面为出发点，进行干燥实验，确定干燥动力学和传热传质特性，确定干燥设备的工艺尺寸，并结合环境要求，选择适宜的干燥器类型。若几种干燥器同时适用，则进行成本核算及方案比较，选择其中最佳者。

以下是干燥机选型的一般原则，很难说哪一项或哪几项是最重要的，理想的选型必须根据自己的条件有所侧重，有时折中是必要的。

1．被干燥物料性质

湿物料不同，其干燥特性曲线或临界含水量也不同，所需的干燥时间可能相差悬殊，选择干燥器的最初依据是以被干燥物料的性质为基础的。选择干燥器时，首先应考虑被干燥物料的形态，物料形态不同，处理这些物料的干燥器也不同。在处理液态物料时，所选择的设备通常限于喷雾干燥器、薄膜-气流干燥机和搅拌间歇真空干燥器；对黏性不大的液体物料，也可采用旋转闪蒸干燥器和惰性载体干燥器；对于膏状物的连续干燥，旋转闪蒸干燥器是首选干燥设备；在需要溶剂回收、易燃、有致毒危险或需要限制温度时，真空干燥是常用操作；对于颗粒尺寸小于 300 μm 的湿粉、膏状物，可采用带垂直回转架的干燥器，而对于颗粒尺寸大于 300 μm 的颗粒结晶物料，通常采用直接加热的回转干燥器；对于吸湿性物料或临界含水量高的难以干燥的物料，应选择干燥时间长的干燥器；而临界含水量低的易于干燥的物料及对温度比较敏感的热敏性物料，则可选用干燥时间短的干燥器，如气流干燥器、喷雾干燥器；对于热敏性物料、生物制品和药物制品来说，一般选择喷雾干燥、冷冻干燥；对产品不能受污染的物料（如药品等）或易氧化的物料，干燥介质必须进行纯化或采用间接加热方式的干燥器；对要求产品有良好外观的物料，在干燥过程中干燥速度不能太快，否则可能会使表面硬化或严重收缩，这样的物料应选择干燥条件比较温和的干燥器，如带有废气循环的干燥器。脉冲气流干燥器特别适用于滤饼状、膏糊状、稀泥浆状物料的烘干；对于小产量生产一般用箱式干燥器；黏性高的物料（如面筋）宜挤压成条棒状与干燥物料（谷朊粉）混合送入环流气流干燥。

2．产品质量及规格要求

不同的产品对质量和规格的要求各不相同，在干燥设备的选择上也有所不同。

（1）产品的均匀性。产品的几何形状、含水量应在允许的范围内，因此在干燥过程中要注意产品的破碎、粉化问题，如喷雾干燥就不适于脆性物料。

（2）产品的污染。对药品来说，产品的污染问题十分重要。选用干燥器时，应考虑干燥器本身的灭菌、消毒操作，以防止污染。对热敏性物料要考虑变色、分解、氧化、碳化等问题。

（3）湿物料的形态或产品规格要求。对液状或悬浮液状的物料，宜选用喷雾干燥器；冻结物料，可选用冷冻干燥器；糊状物料，可选用气流干燥器或隧道式、喷雾式、真空干燥或厢式干燥器；短纤维物料，可选用通风带式或厢式干燥器；有一定大小的物料，可选用并流隧道式、厢式、微波干燥器；粉粒包衣、胶膜状物料，可选用远红外干燥器。

3．生产方式

当干燥器前后的工艺均为连续操作时，应考虑配套，选用连续式干燥器有利于提高热效率，缩短干燥时间；当干燥器前后的工艺不能连续操作时，宜选用间歇式干燥器；对于物料数量少、品种多地场合，最好选用间歇式干燥器；在要求产品含水量的误差小或者遇到物料加料、卸料、在设备内输送等有困难时，均应选用间歇式干燥器。

4．设备生产能力

影响设备生产能力的因素是湿物料达到指定干燥程度所需的时间。而提高生产能力的方法是尽可能缩短降速阶段的干燥时间。例如，将物料尽可能分散，既可以降低物料的临界含水量，使水分更多的在速度较高的恒速干燥阶段除去，又可以提高降速阶段本身的速率，有利于提高干燥器的生产能力。

5．经济性

（1）可以设置预脱水装置（属机械脱水）。因机械脱水的操作费用比一般干燥方法便宜，若能利用机械脱水达到低含水量，则应考虑设置预脱水设备。

（2）如果产品要求颗粒状，则选用喷雾干燥、流化床干燥装置，可直接获得颗粒产品，省去制粒步骤。

（3）不同干燥器耗能指标不同，在满足被干燥物料特性和产品要求前提条件下，尽可能选择耗能指标低的干燥器。

（4）尽量提高干燥器的热利用率。主要途径有：①减少废气带热，如干燥器结构应能提供有利的气固接触，在物料耐热允许的条件下空气的入口温度尽可能高，在干燥器内设置加热面流向以减少干燥空气的用量并减少废气带热损失；②在相同的进、出口温度下，逆流操作可获得较大的传热（传质）推动力，设备容积较小；③废热利用与废气再循环。

（5）节省投资。优先选择结构简单、备件供应充足、可靠性高、寿命长的干燥装置。同样功能的干燥设备，有时其造价相差悬殊，应择其低者选用。

6．环境保护

干燥过程的环境保护问题主要是指粉尘回收和溶剂回收，以便减少公害物的排放，减少水、气、噪声等污染。

总之，选择干燥器时，首先应根据被干燥湿物料的形态、处理量的大小及处理方式初选出几种可用的干燥器类型；其次根据物料的干燥特性，估算出设备的体积、干燥时间等，从而对设备费用及操作费用进行经济核算、比较；最后结合选址条件、热源问题等，选出适宜的干燥器。

目前，国产的干燥设备自动化水平低、控制手段落后是普遍存在的问题。就目前的自动化水平，解决干燥设备中的控制问题并不困难，但最缺乏的是自控技术与干燥设备的合理结合。物料不同对干燥机的要求也不同。同样，物料不同对控制手段的要求也有较大区别。自动控制在干燥机中的作用众所周知，但其一次性投资的费用也是人们最关心的问题，有时控制设备的投资甚至超过了干燥机机械部分的投资。针对干燥机、干燥工艺要求合理确定控制方案，针对具体干燥工程确定恰当的控制手段，成为目前应开展研究的方向。

另外，还应该重视干燥设备的放大研究。放大涉及流体力学、机械学、热力学、传热学、物料学、除尘、防腐、电器、控制等学科。在放大过程中很可能出现一些问题。因此，干燥设备的放大绝不是简单的几何放大。在此方面，很大程度上取决于工业化经验、对物料物性的掌握和对干燥设备的认识。对于在放大过程中可能出现的现象应有理智、客观的预测，并能提出相应的方案。所谓研究放大效应，就是在掌握干燥理论、干燥技术的同时，注意积累实践经验，总结教训。

六、筛分设备选择

筛分是将各种粒度的混合物通过筛分设备，按筛孔大小分成不同粒度级别的过程。根据混合物是固体颗粒或粉体，还是含颗粒物的浆液，筛分设备分为固体颗粒或粉体的筛分和含颗粒物的浆液的筛分两大类。原料固体颗粒中杂质去除的筛分设备在前面清理设备中已经介绍过了，这里主要介绍粉体和小固体颗粒以及含颗粒物的浆液的筛分设备。

粉体和小固体颗粒的筛分设备有单仓高方平筛、多仓高方平筛、圆形振动筛、圆筒打筛、多联打筛、吸风平筛等；含颗粒物的浆液的筛分设备有重力曲筛、压力曲筛、锥形离心筛、洗涤圆筛、圆筒筛、圆形振动筛等。

筛分设备的选择是根据物料特性和产量来确定的。干粉末或颗粒料用单仓高方平筛、多仓高方平筛、圆形振动筛、圆筒打筛、多联打筛、吸风平筛；产量小的选用单仓高方平筛，产量大的选用双仓高方平筛和多仓高方平筛；要筛的粉体不产生静电的（如面粉）应选用筛绢型高方平筛，要筛的粉体易产生静电的应选用不锈钢筛网型圆形振动筛；油性颗粒物料应选择圆筒打筛、多联打筛。浆料液中的颗粒用重力曲筛、压力曲筛、锥形离心筛；浆渣中的细小颗粒用洗涤圆筛、圆筒筛。要筛孔大的选重力曲筛，要筛孔小的选压力曲筛；浆渣中的颗粒很少时应选用不锈钢筛网型圆形振动筛，浆渣中的颗粒多时应选用压力曲筛、锥形离心筛；如果浆液黏度大不能用压力曲筛，只能用锥形离心筛。例如玉米淀粉浆渣分离时用压力曲筛，而小麦淀粉浆渣分离时用锥形离心筛。

曲筛不仅广泛应用于淀粉行业，还可以应用于高处理量的浆渣固液分离、过滤、筛分、洗涤、脱水和脱渣等作业的其他各行各业，如造纸行业的纸浆处理、环保方面的污水处理等。

药物筛分一般采用圆形振动筛、滚筒筛、直线运动振动筛、气流分级机等。固体药物制剂生产中有一类筛分主要是对原料粉碎后的分级，根据粗细度不同选择不同的筛分设备。一般圆形振动筛用于筛分 80～400 目的粉体物料；气流分级机用于 500～6250 目的粉体分级。固体药物制剂生产中还有一类筛分主要是对粉末原料加入液体辅料后的筛分，对于物料黏性较小的可采用滚筒筛；对于物料黏性稍大的可采用直线运动振动筛。

第五节 混合、成型、包装、计量设备的选型

一、混合设备的选择

混合机应用广泛，在饲料、食品、生物化工、医药等行业中用到的混合机主要是粉体

混合机，少数用到颗粒混合机。

（一）混合机的选型原则

混合设备种类繁多，如何正确选择呢？我们必须从混合的目的出发，综合考虑各种粉体特性及混合机结构、操作运行情况对物料混合均匀度的影响。

1．根据混合过程的要求进行选型

① 如流动性较差或液体添加较多的物料，可根据具体情况合理选用剪切混合作用较强的犁刀、飞刀、破碎辊等机构；磨损较快的机构要做耐磨处理或设计成可以调节和更换的；因物料黏结而需要经常清理的设备应该设置自清装置和方便快捷的清理门；外形或颗粒状态不允被许破坏的物料，则适宜采用容器回转式混合机等，这类设备主要依靠对流混合和扩散混合，并且混合过程比较柔和。

② 对于经常改变配比或混合品种的操作，产品的纯净度是最重要的。为避免批量操作之间的污染，每次使用后，混合设备必须彻底清洗。为适应这一条件，混合机内部形状要光滑，内表面应进行高精度抛光处理，而且要易于清洗操作。为避免润滑油可能产生的污染，轴承与密封件不应该与混合物直接接触，可安放在混合物上面。转筒式混合机，即常见的双圆锥混合机、V 型混合机、二维运动混合机等都能满足上述所有要求，具有简单的外形，并且混合机内部与旋转部分无接触。而带有复杂叶轮装置的低速对流混合设备，不仅存在着清洗问题，而且所有对流混合设备均存在混合物与润滑表面接触的可能性，如卧式螺带混合机、锥形混合机等。此外，不少混合机也不适用于产品规格经常变动，并需彻底清洗的情况。

③ 混合机旋转速度对混合有影响，过高的混合速度易使比重差异大的物料离析，破坏均匀度；装料比对混合也有影响，混合装料过多难以混合均匀。对于 V 型混合机装料系数为 0.5，一些固定容器式混合机装料系数为 0.6。

④ 对于固定容器式混合机，应先启动混合机后再加料，防止出现满负荷启动现象，而且要先卸完料后才能停机；而旋转容器混合机则应先加料后启动，先停机，后卸料；对于 V 型混合机，加料时应分别从两个进料口进料。

2．原料粉体特性对混合均匀度的影响

① 对于粒度较细的物料，要特别注意生产设备的密封性，同时其残留量也要仔细考虑。例如，用双轴桨叶无重力混合机混合面包粉时，最好要同时选用 90° 全长大开门、喷吹自清系统、斜锲式出料门和轴端气密封结构，以便更好地保证密封和降低残留，另外，最好采用上口布袋排气来替代回风管，以免混合时细面粉过多地从回风管口喷出。

② 对于比重不同的物料，混合设备除结构强度和功率不同外，其出料门、转子、机体等结构形式甚至转速等性能参数也往往有较大的区别，不能把其简单地看作局部加强或功率缩放。例如，螺带混合机混合啤酒花一般采用双头双层的宽螺带，而混合葡萄糖酸钙则常用单层交错螺旋螺带，而目前两者其余结构也有非常明显的区别，如转速差异也很大。

③ 对于配比相差很大的混合，应采用多级混合，即按照从微量混合到小量混合到中量混合再到大量混合逐级扩大进行搅拌的方法。正确的物料添加顺序应该是：配比量大的组分先加入或大部分加入机内后，再将少量及微量组分加在它的上面；在各种物料中，一般

是粒度大的组分先加入混合机，后加入粒度小的；物料之间的比重差异较大时，一般是先加入比重小的物料，后加入比重大的物料。

④ 对于需要加热或伴随化学反应的物料混合，除选择适当的制作材质和温度控制结构外，还要注意温度变化对设备机构本身的影响。例如，出料门最好选用小开门结构，如果必须使用大开门结构时，一定要采用斜锲式出料门等有自动补偿能力的出料结构形式，以免因出料部位受热变形而降低密封的可靠性；同时设备主轴和转子等机构设计时也要采取必要的线膨胀补偿措施。

3．混合机结构形式对混合均匀度的影响

混合机机身的形状和尺寸、所用搅拌部件的几何形状和尺寸、结构材料及表面加工质量、进料和泄料的设置形式等都会影响到混合过程。设备的几何形状和尺寸影响物料颗粒的流动方向和速度；混合机加料的落料点位置和机件表面加工情况影响颗粒在混合机内的运动。圆筒混合机（容器旋转式）的混合是局部的，而且依靠重力的径向混合是主要的，轴向混合是次要的。因此采用长径比 $L/D<1$ 的混合机较有利于混合。

此外，要采取措施尽量降低其他因素对已经完成混合物料的混合均匀度的影响：避免或尽量减少混合好的物料的输送和落差；要把混合后的装卸工作减少到最小程度；尽量减少物料的下落、滚动或滑动；混合后的贮存仓应尽可能地小，混合后的输送设备最好是皮带输送机。对于药物混合好的物料最好立即压制成片或造成颗粒，使物料的各种成分固定在颗粒中或直接装袋包装。

4．安装空间也是选择混合设备时经常需要考虑的问题

如卧式混合机一般适用于面积大而高度有限制的场合，立式混合机则相反，立式混合机适用于空间狭小的场合，而无重力混合机和 V 型混合机与相同规格的其他混合设备相比，占用空间一般要大得多，但其也有便于移动、布置方便的优点。除了混合机自身的安装尺寸外，合理的安装方式和现场布置也能有效地改善混合机安装空间条件。此外，随着 2010 版 GMP 的实施以及贴近 cGMP 所要求的可说明性和可追溯性，传统人工清洗和物料转递的方式已不能满足现代化规模生产所需，新的制药装备的诞生将使传统制药工艺产生变革，多采用料斗式混合机、提升加料机、料斗清洗机组合的应用方案。

用同一混合料斗（不需转料、加料、分料）就可完成固体制剂生产各工序的方案如图 5-10 所示，此方案混合料斗在混合机完成混合作业后，转到下道工序时，混合料斗本身就成为物料输送和加料容器，物料在同一容器中依次完成各工序，不需转料、加料、分料等频繁转移过程，有效地防止粉尘与交叉污染。

同一混合料斗（不需转料、分料）就可完成固体制剂连续生产的方案如图 5-11 所示，此方案适合于总混工序，当混合料斗在混合机完成混合作业后，转到下道工序时，就成为物料输送和加料容器，物料在同一容器中依次完成各工序，有效地防止粉尘与交叉污染。

采用同一混合料斗（不需转料、分料）完成混合及其他工序时，可以采用不同制药设备的固体机械上料方案，如图 5-12 所示。也可以采用不同制药设备的固体真空上料方案，如图 5-13 所示。

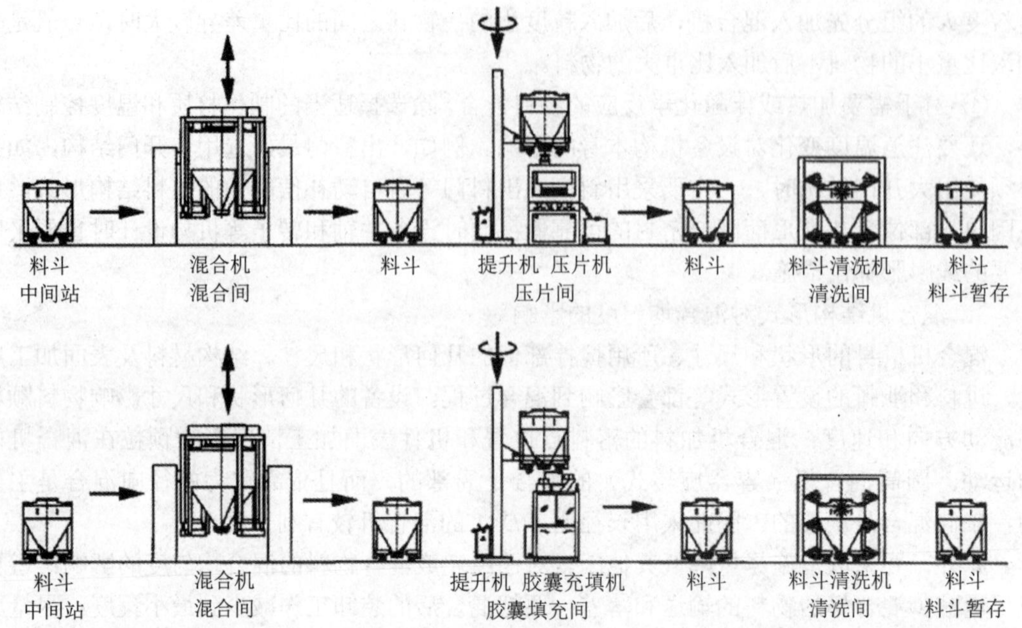

图 5-10 同一混合料斗（不需转料、加料、分料）可完成固体制剂生产各工序方案

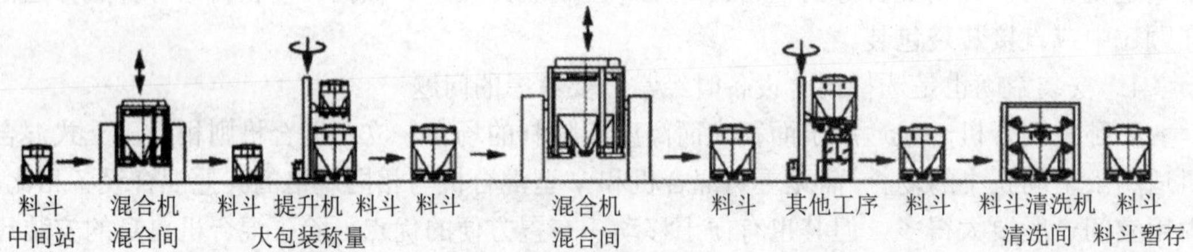

图 5-11 同一混合料斗（不需转料、分料）可完成固体制剂连续生产的方案

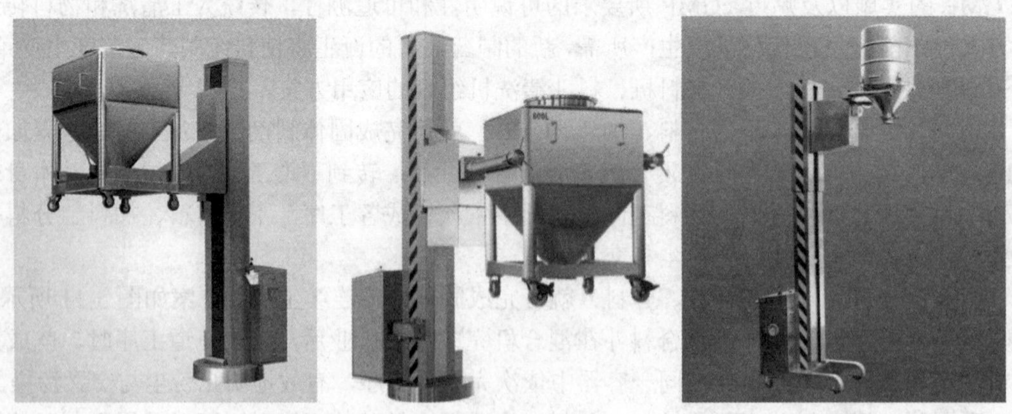

图 5-12 不同制药设备的固体机械上料方案

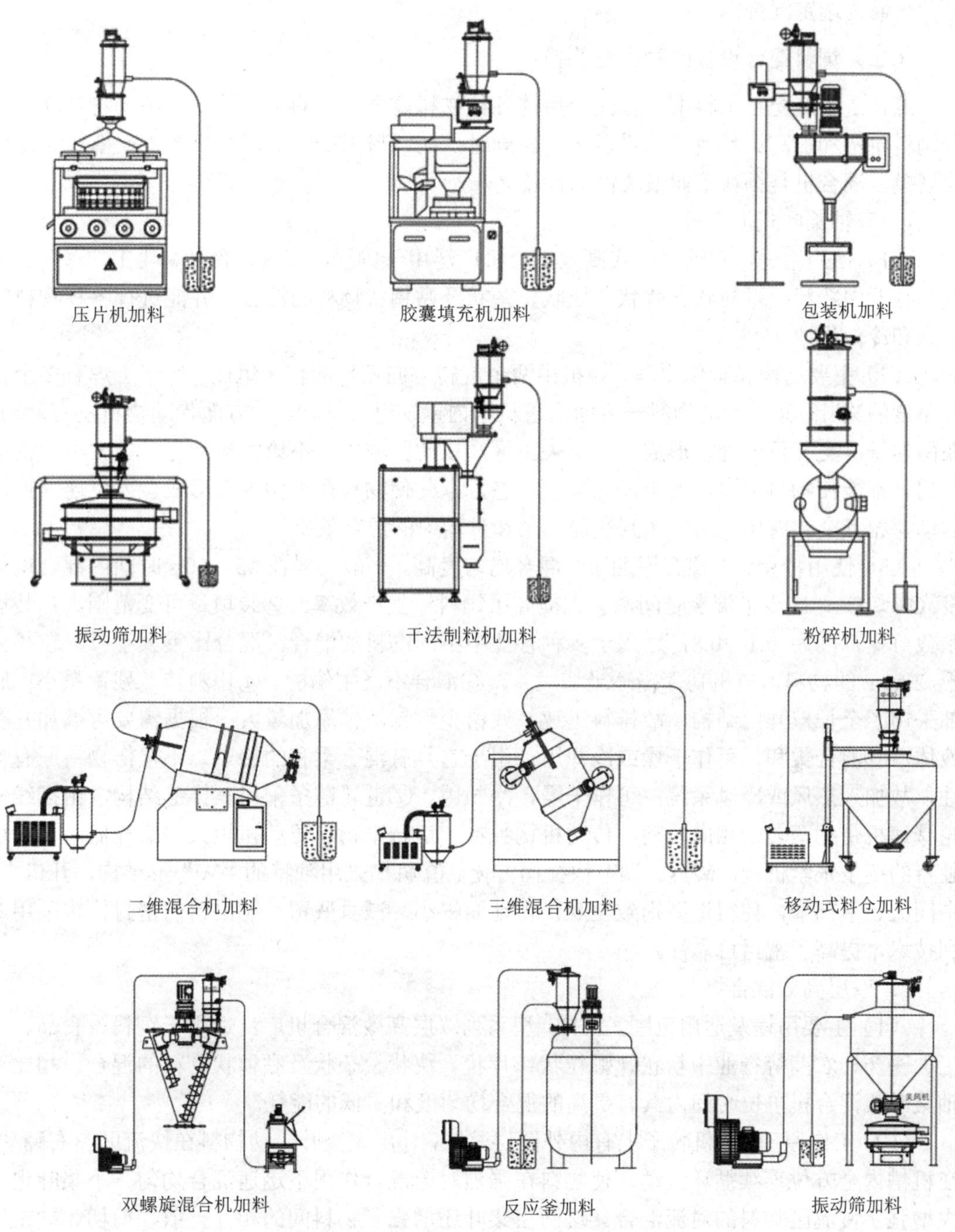

图 5-13　不同制药设备的固体真空上料方案

混合设备在选型时，一定要根据要混合物料的各项物理特性和化学特性对多种备选混合机进行应用小试，在小试中要测定混合机的性能、混合均匀度、最佳混合状态等，对比备选混合机的混合均匀度和混合所需的时间，并参考设备能耗、维修和操作等费用，综合比较来最终选定混合机。

（二）饲料混合设备的种类与选择

混合是生产配合饲料中，将配合后的各种物料混合均匀的一道关键工序，它是确保配合饲料质量和提高饲料效果的重要环节。同时，在饲料工厂中，混合机的生产率决定工厂的规模。混合机是饲料工业最关键的设备之一。

1．双轴桨叶式混合机

（1）使用用途。双轴桨叶式高效混合机广泛用于饲料、粮食、食品、化工、医药、农药等行业中粉状、颗粒状、片状、块状、杂状及黏稠状物料的混合，并能进行各种物料的干燥和冷却作业。

（2）主要结构和工作原理。该机由两个旋转方向相反的转子组成，转子上焊有多个特殊角度的桨叶，桨叶带动物料一方面沿着机槽内壁逆时针旋转；一方面带动物料左右翻动；在两转子的交叉重叠处，形成了一个失重区，在此区域内，不论物料的形状、大小和密度如何，都能使物料上浮，处于瞬间失重状态，以此使物料在机槽内表形成全方位连续循环翻动，相互交错剪切，从而达到快速、柔和且均匀的混合效果。

（3）使用特点。①混合周期短、混合均匀度高。一般物料在 45～60 s 时间内混合均匀度 CV≤5%，减少了混合时间，大大提高了饲料厂生产效率。②装填量可变范围大：装填系数可变范围为 0.1～0.8，适用于多种行业中不同物料的混合（混合比重大于 1，粒径大于 2 mm 的物料，电机功率需适当增大）。③混合不产生偏析。④出料快、残留量小：底部采用了全长双开门结构，故排料迅速、残留少。⑤液体添加量大：根据需要可添加几种液体。⑥混合柔和，可作干燥或冷却用：由于它具有混合柔和的特点，不损伤物料原有特性，故加入热风或冷风系统，可作干燥，冷却用。⑦链轮链条采用三排链结构，由摆线针轮减速机带动两转子相向转动，传动机构独特，运转平稳、传动扭矩大、磨耗低。⑧采用独特的链条张紧机构，装拆、调节快捷而方便。⑨机槽采用独特的“W”形结构，开口小、中间大、下部窄，使得造型别致美观，占地面积小，减少残留。⑩出料门密封机构采用专利技术，提高了密封可靠性。

2．双层高效混合机

（1）主要用途及适用范围。SJHS 型系列双层高效混合机广泛适用于饲料、食品、化工、医药、农药等行业中粉状、颗粒状、片状、块状、杂状及黏稠状物料的混合，相比双轴桨叶式混合机单位时间内具有更高的混合均匀度和更低的能耗。

（2）工作原理。该机转子上有内外两层桨叶，外层大桨叶带动物料在快流区左右翻动，在机槽内全方位连续循环运动，使物料在强烈对流混合作用下迅速混合均匀；小桨叶也大大增强了慢流区物料的对流混合。这两层桨叶还增强了物料间的相互扩散、剪切、冲击混合作用从而达到快速、均匀的混合效果。

3．螺带混合机

（1）工作原理及过程。物料在螺旋叶片的推动下，按逆流原理进行充分的混合。外圈螺旋叶片使物料沿螺旋轴向一个方向流动，内圈螺旋叶片又使物料向相反的方向流动，使物料不断地翻滚、对流，从而很快就能达到均匀的混合，而且混合组分的成分、水分和脂肪等对混合质量的影响较小（脂肪比例≤6%）。

（2）使用限制。混合时间较长（3～6 min），对添加糖蜜等高黏性物质混合效果较差。

4．连续式混合机

（1）工作原理及过程。动力通过链轮由电机传给转子。糖蜜通过蒸汽吹进混合机内，其转子上的桨叶沿轴向和周向按一定的规律交错排列，且叶面与转子轴线呈一定的角度，从而使叶面之间形成一个螺旋面，转子工作时一边带动物料不停地翻转，一边将物料向出料口推进。

卧式桨叶单轴连续混合机，其转速一般较高，它主要由机壳、转轴、桨叶及传动机构组成，由机壳的一端连续进料，经桨叶搅拌并输送到另一端连续出料。常用饲料混合机对比见表 5-33。

表 5-33　常用饲料混合机对比

机　型	混 合 方 式	混合速度	混合均匀度	残留率	适 用 范 围
双轴桨叶混合机	强烈的对流、剪切、扩散	很快	好	低	配合、浓缩、预混合饲料
双层高效混合机	更强烈的对流、剪切、扩散	很快	最好	很低	配合、浓缩、预混合饲料
连续式混合机（卧式双螺带混合机）	对流为主，剪切、扩散为辅	较快	一般	一般	配合饲料
螺带混合机	强烈的对流、剪切、扩散	快	一般	一般	连续生产、添加黏度较大的液体
V 型回转混合机	扩散（剪切）为主，对流为辅	较慢	较好		预混合及微量成分预稀释

（三）制药混合设备的种类与选择

在制药工业中，经常需要把两种或多种粉体进行混合，因此粉体混合设备在制药工业中必不可少。制药工业具有特殊性，在选择粉体混合设备时必须遵循一定的原则和要求，否则就无法发挥粉体混合设备的实效性。所以掌握粉体混合设备的选用要点很关键。

选用制药工业粉体混合设备时，必须结合设备特点。从分类上来看，常用的粉体混合设备有 4 种，即复合型混合机、回转型混合机、多向型混合机和料斗混合机。4 类常见制药混合设备对比分析见表 5-34。

1．复合型混合机

复合型混合机为内部设置了搅拌装置的混合机，相较于回转型混合机拥有更加强大的功能，能够使易附着和易凝结的物料得到均匀混合。在制药工业中，常用的复合型混合机包括 V 型、翻滚运动型、双重圆锥型和摇滚运动型等机型。在进行固体制剂和非无菌制剂生产的过程中，常用复合型混合机进行物料混合，并配备相应的清洗和灭菌手段，能够为药物生产质量提供保障。

2．回转型混合机

在制药工业生产过程中，常使用的回转型混合机包括方锥料斗型、V 型和双重圆锥型等机型。在这些机型中，除了三维运动型和方锥料斗型这两种机型，其余均可在小批量和多品种药品生产中应用。从设备的优点上来看，如果将回转型混合机用于具有摩擦性的混合物料的生产，能够达到良好的混合效果；如果混合料的流动性较好，并且物性相近，同样能够达到较好混合效果；如果将设备用于易附着和易凝结的物料混合，可以通过安装强制搅拌叶片或扩散板等部件增强混合效果。从缺点上来看，由于回转型混合机通常容量较大，所以需要较大占地面积，并且需确保地基坚固；由于设备装料系数较小，并且需要通过同时转动物料和容器进行混合生产，所以需要消耗较大的能量；在设备定位或停车时，要进行特殊装置的制作；如果需要混合的物料具有较大物性差距，通常难以达到预期的混合效果；此外，相较于其他类型的混合机，回转型混合机的噪声较大。

3．多向型混合机

多向型混合机又被称为三维运动混合机，由万向摇臂机构、机座、驱动装置等结构组成。在设备的驱动系统中，主动轴和从动轴各带有一个 Y 型万向节，两个万向节之间则设有混料桶，其在运动时能够实现自转和公转，完成了 4 种运动的叠加。具体来讲，混料桶能够绕筒体中心轴转动，同时两端能够上下运动和左右运动，筒体本身能够进行平移运动，可以促使物料进行对流、扩散和剪切运动，因此能够获得良好的混合效果。此外，由于混合机无离心作用，所以物料不会在混合的过程中发生分层、积聚和比重偏析等情况，能够实现均匀混合。作为粉体混合精度最高的设备之一，多向型混合机的混合均匀度可超过 99%，装料系数能够达到 80%～85%，混合时间约 15～20 min。由于设备为全封闭结构，所以能够实现物料混合的无尘操作。

4．料斗混合机

料斗混合机属回转型，其具备多向型混合机的特点，利用方锥桶体的翻转与左右桶臂轴的角度，使不同组分物料在密闭的料斗中进行三维空间运动，产生强烈翻转和高的切变，达到均匀混合效果。料斗式混合机有 3 种，分别为自动提升料斗混合机、单臂提升料斗混合机以及柱式提升料斗混合机，其共同点是料斗能拆装，所不同之处是第一种为二端夹持型料斗混合机（见图 5-14a），第二种为单一夹持型料斗混合机（见图 5-14b，能适应区域分隔），第三种为单柱式可提升夹持型料斗混合机（见图 5-14c）。

（a）二端夹持型

（b）单一夹持型

（c）单柱式可提升夹持型

图 5-14　料斗混合机

表 5-34 4 类常见制药混合设备比较

项目	装料系数/%	混合均匀度/%	混合时间/min	特点	清洁方法	占地面积	投资费用
回转型混合机	50	96～98	20～40	操作方便，混合精度较高；结构简单，便于清洗；与“三维”运动混合相比，料筒可以做得更大，以增加混料批量；可对固体物料加湿混合	手工清洗+辅助自动清洗	小	小
复合型混合机	50～60	98～99	16～20	混合量大，出料方便，混合时间短，混合精度高，能适合物性和配比差别较大的物料的混合；运转平稳可靠，占地空间小，适合于大批量、长线品种	手工清洗+辅助自动清洗	小	小
多向型混合机	80～85	≥99	15～20	全封闭结构，可实现无尘操作；料筒内无设置，故升温甚微，适用升温后易结块的物料，同时有利于保持物料的原有性状；混合过程不会产生比重偏析、分层和积聚现象，确保混合的均一性；装料系数大	手工清洗+辅助自动清洗	中	中
料斗混合机	50～80	≥99	≤20	兼有三维混合机特点，并能够自动完成夹持、提升、混合、下降等全部动作；一台机能配置多种不同容积的混合料斗，能满足大批量、多品种的混合要求；采用 PLC 控制，可以按设定的时间和转速完成混合工艺，并能自动打印完整数据，同时具有智能控制功能；传感灵敏，能确保料斗落位、提升夹持、减速制动、停车对位等操作	料斗在线清洗	大	大

二、成型设备的选择

在食品、化工、生物、医药和环保等领域中，产品成型设备多种多样。例如，各种药片、药丸、胶囊颗粒、液体胶囊等生产中的药品成型机；发酵食品生产中的馒头成型机、包子成型机、面包成型机、酿酒酒曲成型机、发酵奶酪成型机、层酥类食品成型机、糖果成型机、面条成型机等食品成型机；颗粒饲料生产中的造粒机；生物行业的酶制剂成型机、生物质燃料秸秆切碎压缩成型机；化工行业的活性炭成型机、陶瓷球成型机、塑料成型机、玻璃成型机等。

成型设备从其结构原理来分有盘式制粒成型机、活塞挤出成型机、辊轧成型机、螺带式挤出成型机、通用粗化成型机等。从卫生和质量要求来说，药品成型机要求最高，其次是食品成型机和生物行业的成型机，再是饲料成型机。从成型设备的制造精度要求来说，药品成型机要求最高，其次是食品成型机和生物行业的成型机，再是饲料成型机。从产量来说，饲料成型机最大，其次是食品成型机，再是药品成型机。

（一）制药造粒机的选择

在药品固体制剂制备过程中，制粒技术是最关键的技术。经粉碎后的物料通过制粒操作形成颗粒状物料，好的制粒设备具有良好的混合度、流动性、填充性，可以达到改善药品外观、减少结块、便于存储运输、控制溶解度、改善热传递、保证药品的准确剂量等效果。所制成的颗粒可能是最终产品如颗粒剂，也可能是中间体如片剂。目前制粒技术可以分为湿法制粒、干法制粒、喷雾制粒 3 种。

1．湿法制粒的设备种类和适用范围

湿法制粒设备分为挤压制粒机、转动制粒机、高速搅拌制粒机、流化床制粒机、沸腾干燥制粒机和复合型制粒机。挤压式制粒机又分为螺旋挤压式、旋转挤压式、摇摆挤压式 3 种；转动制粒机有圆筒旋转造粒机和倾斜转动锅两种；复合型制粒机是搅拌制粒、转动制粒、流化床制粒等各种制粒技能结合在一起，使混合、捏合、制粒、干燥、包衣等多个单元操作在一个机械内进行的新型设备。复合型制粒机以流化床为母体可进行多种组合，如搅拌和流化床组合的搅拌流化床型，转盘和流化床组合的转动流化床型，搅拌、转动和流化床组合的搅拌转动流化床型等。

湿法制粒在固体制剂中适用于需要添加粘合剂（如乙醇、糊精）进行混合才能成粒的药品，也适用于使用适当的溶剂和粘合剂增加药物溶出速率的固体制剂。

2．干法制粒的设备种类和适用范围

干法制粒是指将药物与辅料的粉末混合均匀后压成大片状或板状，然后再粉碎成所需大小的颗粒的方法。该法不加入任何粘合剂，靠压缩力的作用使粒子间产生结合力。

干法制粒分为压片法和滚压法。压片法系将固体粉末首先在重型压片机上压实，制成直径为 20～25 mm 的胚片，然后再破碎成所需大小的颗粒。滚压法是利用转速相同的两个滚动圆筒之间的缝隙，将药物粉末滚压成片状物，然后通过颗粒机破碎，制成一定大小颗粒的方法。片状物的形状根据压轮表面的凹槽花纹来决定，如光滑表面或瓦楞状沟槽等。

干法制粒因为不需要使用粘合剂制成湿颗粒再干燥，因此适用于热敏性物料和遇水易分解的药物。另外，因为是直接压缩成片，所以适用于容易压缩成型的药物的制粒，方法简单，省工省时。但采用干法制粒时，应注意由于压缩引起的晶形转变及活性降低等问题，同时，由于压片时“逸尘”严重，易造成交叉污染，压制颗粒的溶出速率较慢，故不适用于水溶性药物。

3．喷雾制粒的设备种类和适用范围

喷雾制粒是将药物溶液或混悬液用喷雾干燥机干燥制成颗粒。颗粒大小由喷雾干燥机操作条件而定，主要是由喷雾雾滴直径决定。喷雾干燥机有气流喷雾、压力喷雾和离心转盘喷雾 3 种。离心转盘喷雾只适用于液体黏度 1.5 Pa · s 以下的药液喷雾干燥制粒，压力喷雾适用于液体黏度 10 Pa · s 以下的药液喷雾干燥制粒，气流喷雾适用于任何液体黏度的药液喷雾干燥制粒。喷雾制粒比较适合于热敏性物料，形成的颗粒粒度范围在 30 μm 至数百微米，而且是中空球状颗粒较多，具有良好的溶解性、分散性和流动性。缺点是设备高大、需汽化大量液体，因此设备费用高、能耗大；而且药液黏度大于 15 Pa · s 时易出现粘壁问题而使其使用受到限制。

（二）制药压片机的选择

制药压片机是指将干性颗粒状或粉状物料通过模具压制成片剂的机械。压片机一般可分为单冲式压片机、花篮式压片机、旋转式压片机、高速旋转式压片机、全自动高速压片机以及异形压片机和旋转式包芯压片机等多种类型。

1．压片机的类型与特性

（1）单冲压片机和花篮式压片机。最早的压片机是由一副冲模组成，冲头做上下运动将颗粒状的物料压制成片状，称单冲压片机，以后发展成电动花篮式压片机。这两种压片机的工作原理仍然是以手工压模为基础的单向压片，即压片时下冲固定不动，仅上冲运动加压。这种压片的方式，由于上下受力不一致，造成片剂内部的密度不均匀，易产生裂片等问题。

（2）旋转式压片机与高速旋转式压片机。针对单向压片机存在的缺点，旋转式多冲双向压片机诞生。旋转式压片机是由均布于转台的多副冲模按一定轨迹做圆周升降运动，通过压轮将颗粒状物料压制成片剂的机器。这种压片机上下冲同时均匀地加压，使药物颗粒中的空气有充裕的时间逸出模孔，提高了片剂密度的均匀性，减少了裂片现象。除此以外，旋转式压片机还具有机器振动小、噪声低、耗能少、效率高和压片重量准确等优点。

高速旋转式压片机是指模具的轴心（冲杆）随转台旋转的线速度不低于 60 mg/min 的旋转式压片机。这种高速旋转压片机具有强迫供料机构，机器由 PLC 控制，有自动调节压力、控制片重、剔除废片、打印数据、显示故障停机等功能，除能控制片重差异在一定的范围内以外，对缺角、松裂片等质量问题能自动鉴别并剔除。

（3）异形压片机与包芯压片机。压片机所压的片形，最初多为扁圆形，以后发展为上下两面的浅圆弧形和深圆弧形，这是为了包衣的需要。随着异形压片机的发展，椭圆形、三角形、长圆形、方形、菱形、圆环形等片剂随之产生。另外，随着制剂的不断发展，因复方制剂、定时释放制剂的要求，双层、三层、包芯等特殊的片剂产生，而这些都需在特殊压片机上完成。

2．压片机的选择原则

近几年来，随着药厂 GMP 改造的深入，压片机生产也发展到了一个前所未有的水平。据不完全统计：我国压片机制造商近 40 家，产量近 2000 台/年，产品规格多达 60 个，可压制圆形片、刻字片、异性片、双层片、多层片、环形片、包芯片等片型。我国压片机制造商的数量、产品的规格和产量均已居世界首位。

正确选择压片机，不仅可以满足产品质量需求，还可以提高压片效率，降低压片成本。由于压片过程本身的动态变化和许多物料性质的不均一性，以及二者之间的复杂关系，再加上压片机的类型和规格繁多，使得压片机的选择十分困难。要实施一个既安全经济、又可靠有效的压片方案，要充分考虑各种压片机的不同性能和影响因素。下面具体介绍几点压片机选型应考虑的原则。

（1）优先选择高速高产量压片机。高速高产量是压片机生产厂商始终追求的目标，目前世界上主要的压片机厂商都已拥有每小时产量达到 100 万片的压片机，如 Manestry 公司生产的 Xpress700 型压片机产量达 100 万片/h；Korsch 公司生产的 XL800 型压片机最高产量达 102 万片/h；Courtoy 公司生产的 Modul D 型压片机最高产量达 107 万片/h；Fette 公司生产的 4090i 型压片机最高产量达 150 万片/h。其产量远远高于国内生产的压片机的产量。

（2）选择压片工艺环节密闭性及人流、物流的隔离性好的机型。先进的压片机其输入输出的密闭性非常好，可以有效地减少交叉污染。压片用的颗粒通过密闭的料桶及密闭输送系统进入料斗，压片过程中采取有效的手段防止粉尘飞扬和颗粒分层，压好的片剂通过筛片、片中检测、金属探测等进入包装工序，整个过程相当密闭。而国内大多数压片机的压片过程是敞开的，或者是没有完全密闭的，断裂的工序致使压片间粉尘飞扬。随着 GMP 的深入实施，压片工艺环节的密闭性及人流、物流的隔离变得尤为重要。

（3）选择有在位清洗功能的机型。CIP（在位清洗）压片机，减少了压片机的部件拆卸清洗，使得用户设备使用成本大大降低。改善压片机的清洗功能，除了设计上充分考虑各个部分清洗之外，还要保证清洗的彻底性。

（4）电子记录和电子签名在压片机上的应用。1997 年 8 月 20 日，FDA 颁发的 21 CFR Part 11“电子记录、电子签名（ER/ES）”的有关条例开始生效。对电子签名和电子记录而言，此条例是强制执行的，其目的在于为药业及食品业的产品加工过程引入电子技术而提供便利。此条例可以提供适用而又实用的指导方针，阐述如何通过电子形式来完成过去以书面形式完成的任务。电子记录指的是诸如文本、图形、数据、音频、图示或其他通过计算机系统所创建、修改、维持、存档、调取或分配的数字形式的信息表达之间的任意组合。电子签名指的是由个人执行、采用或授权，并经过计算机数据编译的任意一个或一系列符号，这些符号与个人手写签名具有同等的法律效力。21 CFR Part 11 案例在压片机上的实施，使得压片机具有设备诊断记录日志、事故记录日志和警报提示日志。这些电子记录和电子签名上都详细地记录了各种操作数据、事故数据，并且符合安全进入控制，需要用户名和密码才能进入操作。所有数据都使用了电子签名功能，包括操作者姓名、日期、时间、序列号、问题、解决办法、工况数据。所有原始数据都不可被人为地修改，保证了结果的可靠性和真实性。系统和用户产生的这些日志会自动存入整个“痕迹审查”文件夹。这些安全属性数据格式保证了数据的变动是在整体检查控制下进行的。21 CFR Part 11 案例目前已被世界各主要压片机厂商认同，并在其产品上广泛应用，国内在这方面还仅仅刚刚开始。

（5）与整条生产线连接的控制技术。将压片机连接到生产线中，德国和英国生产的压片机都已具有开始、结束以及转速调节功能。利用这一选项功能，可以可靠地、自动地与生产线的其他设备，如筛片、吸尘、检测、输送、桶装等设备连接在一起，同步完成药片的压制生产任务。同时，在外部设备上也采用了不同的监测手段，提供了很高的安全可靠性能。利用在线检测仪可以为压制的药片清除毛刺、飞边和粉尘；吸尘监控功能是利用流量监控仪定期地对吸气管中指定位置的吸气压力进行检测。连续地对设定值和实测值进行比较，若检测仪在吸气管中 10 s 内没有检测到吸气压力（没有流量），压片机即发出故障报警提示并停止运行。这一功能最大限度地保障了生产的可靠性，能够连续清除药片压制生产过程中的粉尘。压片机与整条片剂生产线连接的控制技术是片剂生产控制的新技术，是今后的发展趋势。但这种技术在国内刚刚起步。

（6）压片机的远程监测和远程诊断系统。随着图像处理、虚拟仪表等计算机高新技术的迅速发展，设备远程监测和远程诊断技术也日益兴起。带有远程监测和远程诊断系统的机型成为首选。

（三）制药药丸成型机的选择

药丸成型机通常采用挤出切块-滚圆法制备药丸，制丸规格有 1.5 g、3.6 g、9 g 及其他特殊规格，可生产各种黏度，软、硬度的药丸。将已混合搅拌均匀的蜜丸药坨间断投入机器的进料口中，在螺旋推进器的连续推动下，经可调式出条嘴，变成直径均匀的药条，定长送到滚子输送带上，由光电开关控制长度，在推杆的作用下进入由 2 个轧辊和 1 个托辊组成的制丸成型机构，制成大小均匀、剂量准确、圆、光、亮的药丸。该设备自动化程度高，机构简单，清洗、拆卸方便，运转可靠，采用了先进的电控装置，可准确定长切条，减少了废丸的发生，并可自动剔除废丸。DZ-2B 小型全自动药丸成型机制丸规格有 1.5 g 和 3 g。

（四）食品成型机的选择

随着我国商品经济的繁荣与发展、人民生活水平的提高以及生活节奏的加快，消费者对微波食品、休闲食品和冷冻食品等的需求量越来越大。由于人员工资的增加及食品卫生要求的不断提高，各类食品成型机的需求大增，同时也推动了我国传统食品的大工业化、产业化发展。下面重点介绍几种食品成型机。

1．CHX200 型成型机

CHX200 型成型机是多功能的肉饼（丸）成型机，是目前国内外汉堡饼和肉饼等各种饼状食品加工的主流机型。该机是集电气与机械于一体的完全自动化的多功能肉饼（丸）加工设备，具有外形美观、动作准确和耗能少等特点，主要用于生产不同形状的饼状产品如圆形、椭圆形、方形，以及其他特殊形状的肉饼（牛、羊、鱼、虾、鸡、猪肉等）、米饼、薯饼（土豆饼、地瓜饼、南瓜饼等）、蔬菜饼和各类混合饼，并辅助生产（需增加辅助丸子加工机构）各种肉丸、米丸、蔬菜丸和薯丸等。

2．HXB-200 型包馅自动成型机

HXB-200 型包馅自动成型机的送面、送馅过程采用双绞龙，输送稳定；面量与馅量调整采用进口变频器控制，能实现面、馅比例的多种调整。该机与食品接触部位全部采用符合食品卫生要求的材料制成，结构紧凑合理，拆装清洗方便。该机生产的产品色泽艳，口感好，皮馅内部油分均匀，如同手工包制。该机机体外形尺寸（长×宽×高）为 400 mm×830 mm×1680 mm，质量为 600 kg，功率为 2.25 kW，生产能力为 1200～2100 个/h，产品质量范围为 20～150 g/个。

3．自动包子成型机

自动包子成型机具有设计合理、自动化程度高、控制机构控制准确、结构紧凑合理、拆装清洗方便等特点，与食品接触部位均采用符合食品卫生要求的材料制作，是各类面点制品生产厂家理想的实用新型食品包馅机械。XZ-290A 型自动包子成型机外形尺寸（长×宽×高）为 2680 mm×1500 mm×1420 mm，机器质量为 420 kg，功率为 2.2 kW，生产能力为 1500～3600 个/h，产品质量为 25～130 g/个。

4．MTX-250 型馒头成型机

MTX-250 型馒头成型机又叫双辊螺旋揉搓成型机，可生产 50 g 和 100 g 分量的圆馒头。其工作原理是发酵面团由绞龙压入挤面嘴被旋转的切刀切成大小均匀的圆柱形面团，并依次进入双辊成型槽内，在螺旋槽推动下迅速揉搓形成表面光滑的球形生面坯。面坯的重量由一个调节装置来实现。由于馒头坯成型原理上的缺陷，致使成型的馒头坯表面产生由切痕形成的旋痕而严重影响了成品外观质量。在此工序中专门设置一道整形机构以消除旋痕。

5．传统特色层酥类成型机

传统特色层酥的代表品种有苏式月饼、金华酥饼、吴山酥油饼、杭州椒盐酥饼、京式八件、广式白绫饼、潮式老婆饼、黄桥烧饼、蛋黄酥等。这些产品绝大多数是由手工制作。目前，传统特色层酥类成型机已开发完成并且已申报国家专利。该机功能很多，还可以小麦面粉为主要原料，生产出梅花型、螺丝型、花生型、灯笼型、海螺型、银耳型、猫耳型、玉带型等 20 余种造型各异的面食品，生产出的产品既可像挂面一样煮着吃，又可油炸后小包装出售。该机单机日产 240～480 kg。并且可以流动作业，投放市场后倍受欢迎。

6．胶质糖成型机

目前市场上的胶质糖有单色、夹心、拼接双色等品种，胶质糖成型机由挤出与压延切块（或整形切粒）两大部分组成，挤出部分的主要作用是将坏料制成片状或条状，压延切块部分的作用是将从挤出部分出来的厚胶片连续不断地辊压并分割成糖片标准厚度、以包装机切片装置的料槽宽度为长度的块状中间产物，供包装机备用。

三、包装设备的选择

在食品、化工、生物、医药等领域，产品包装形式多种多样。包装设备从包装物的形态来分有固体颗粒包装机、粉体包装机、液体包装机。固体颗粒包装机和粉体包装机从包装量来分有吨包灌包机、25～100 kg 袋装机、0.5～5 kg 小袋包装机、0.5～20 g 自封袋包装机；从形状来分有袋装包装机、枕形包装机、泡罩包装机、药丸包装机、胶囊填充机、药膏灌装机、粉针剂包装机等；从操作方式来分有单工位包装机和多工位包装机。液体包装机从包装量来分有 750～1000 kg 方塑料桶灌装机、200～250 kg 圆桶灌装机、5～25 kg 方塑料桶灌装机、180～2000 mL 圆塑料瓶灌装机、150～1000 mL 利乐纸盒灌装封口机、2～10 mL 玻璃瓶灌装机；从包装容器来分有瓶、罐、盒、桶、袋等灌装机；从包装时是否充气来分有充气灌装机（主要用于生产含气液体饮料、啤酒、口腔喷雾剂等）和非充气灌装机。

下面主要对食品、生物、医药消费品包装设备的选择进行介绍。

（一）颗粒包装机的选用原则

1．颗粒包装机的种类及适用范围

颗粒包装机可分为计数式充填机、硬胶囊充填机、真空包装机。真空包装机又分为室式真空包装机、输送带式真空包装机、热成型真空包装机、真空充气包装机、泡罩包装机。

（1）计数式充填机。

计数式充填机依据颗粒的排列方式分为转盘式、转鼓式和推板式 3 种。

① 转盘式计数充填机的定量盘上的小孔计数额分为 3 组，互成 120°。定量盘转动到其上的小孔与料斗底部接通，料斗中的物料落入小孔中（每孔一颗）。当定量盘上的小孔有两组进入装料工位时，另一组在卸料工位卸料，物品通过卸料槽充入包装容器中。

质量盘由上而下移动，通常可以被操作工清楚地观察到，因此操作工可以很容易检查所有孔是否都充填有物品以及物品是否破碎或损坏。盘上孔的布局可以一次充填一个或几个容器。容器的移动也可调整以便进行二次充填，这就可以使几组孔的物料充填入较大的容器。例如每次充填 50 个物品，充填二次，每瓶就有 100 个物品。当物品尺寸变化或每次充填数量改变时，可以换上有合适尺寸形状的盘来代替转盘，物品通过振荡等方式进入板孔。板盘移动带走物料，然后物料经过槽进入容器，还有的在物料区下装有阀门，阀门打开时就可传送物料。

② 转鼓式计数充填机。转鼓运动时，各组计量孔眼在料斗中搓动。物品靠自重充填入孔眼。当充满物品的孔眼转到出料口时，物料靠自重落入包装容器中。这类计数机构主要用于小颗粒物品的计数。

③ 推板式计数充填机。开始时推板自右向左移动，孔眼逐个通过料箱供料口，一旦孔口对正，物料就落入推板孔眼中。继续向左推移推板，弹簧受到越来越大的压力，当弹簧弹力足以克服漏板的摩擦阻力时，推板、漏板及弹簧一起左移，直到被挡块挡住。此时漏板孔恰好正对供料槽孔。推板再向左移就会出现三孔对齐的状态，于是推板孔眼中的物品各自落入包装容器中。

转盘式计数充填机主要用于药片、巧克力豆等的计数填充；转鼓式计数充填机主要用于规则颗粒如胶囊、中药丸等的计数填充；推板式计数充填机主要用于药片、胶囊、中药丸等的计数填充。在选用计数式充填机时，首先要明白瓶用包装线生产能力（包装速度）与计数式充填机数粒（片）速度的关系，药厂应根据实际情况来选择。衡量瓶用包装线生产能力的大小，一般用每分钟灌装多少瓶来表述（即瓶/min）。值得注意的是每瓶内灌装多少粒药，为避免理解上的分歧，目前国内的药机厂给出的指标，应该是指每瓶装量为 100 粒药，在此前提下的瓶用包装线每分钟能灌装多少瓶药，所以说“瓶/min”其实是一个相对而言的单位。瓶用包装生产线的速度选择还要考虑到计数式充填机机型选定，因为计数式充填机的机型既跟药品剂型的形式有关，又与药瓶的装量有关。不同的剂型、不同的装瓶量、不同的药品大小，相应有不同的选择。针对某种药品，如果有两种以上的机型可选，那要根据各机型的价格和用户的个性爱好而定了。

（2）硬胶囊充填机。

硬胶囊充填机依据物料的差异有真空吸附方式和插板方式。真空吸附方式的特点如下：真空吸附、计量精确；计量管内的柱塞经调整后容量一定，故装量精确；两排计量管一边吸附，一边填充，结构简化，转换迅速；计量过程由于采用气体作为传递及作用介质，与微丸属于柔性接触，对微丸不造成任何损坏，故特别适合于缓释制剂微丸的充填；在工作过程中，计量管口多余的微丸可通过吹气的方式清除，保证计量的精确。插板方式的优点在于装量可以调整，可以解决由于物料批次不同造成密度差异大的问题；缺点是曲柄连杆机构的稳定性差，长时间使用后，机构惯性大，容易造成装量不稳。

（3）室式真空包装机。

针对室式真空包装机的特点，选型时要注意以下方面。

① 除有脆性、易结块、易变形、有尖锐棱角易刺破包装袋的物品和新鲜鱼肉之外，前面每一机型所介绍的适用物品均可采用真空包装机，并且除膨松品之外，均可使用充气功能，但物品大小不能超过真空室的有效使用尺寸，否则会因真空室容纳不下包装物品而无法包装。

② 室式真空包装机的充气系统有充单一气体和充多种混合气体（一般最多为 3 种）之分。当被包装物品需采用充混合气体进行包装时，应选用有气体定比混合装置的机型，否则需另外配备气体混合装置。

③ 酶制剂、粮食、食用真菌等大包装，优先选用立式单室真空包装机。

④ 易滋出的物品，如固液混合物、半流体、粉状、糊状、颗粒状物品及流动性好的物品，最好选用包装物品能垂直或倾斜放置的机型，不使用卧式机型。一般的真空包装机虽然原则上可以包装含液物，但有液体易溢出和真空室内液体清除不便的缺点。

⑤ 通用的各类室式真空包装机生产率的排序（由小到大）大致为：台式、单室、双室。台式主要用于餐馆和商店等非连续性的工作场合及文物、档案、标本的保管，很少用于工业生产；单室的生产率略高于台式，用于小批量生产；双室又优于单室，可用于中批量生产和连续工作方式。

⑥ 若按生产率及生产要求，可选两台单室式或一台双室式真空包装机时，以选用后者为好，因为后者更为经济合理，操作也更简捷。此外，在开闭真空室方面，双盖双室又较单盖双室为好，因为劳动强度降低。双盖双室式中还有可自动开盖闭盖的机型，操作更方便，生产率也更高，可优先选用。

⑦ 选择具体规格时，要看真空室大小是否满足包装物品的尺寸要求；热封条的有效长度能否完成封口工作；热封温度是否高于包装材料的封口温度（必要时先进行试验，可行后再选定）；设备的生产能力能否满足实际生产的需求等。选择时应留有一定的余地，并与真空包装前、后工序设备的生产率相匹配。

（4）输送带式真空包装机。

物送带式真空包装机在选用上与室式有许多共同之处，如适用的物品范围、适用的包装材料等，但也有一些不同的特点，具体有以下几个方面。

① 多数室式真空包装机都不能实现真空室的倾斜布置，而所有的输送带式真空包装机都可以方便地实现倾斜布置，仅倾角大小有所不同而已。倾斜布置不仅便于操作，还特别适用于颗粒状、糊状及有液汁等容易滋出包装袋的物品。因此，凡具有上述特征的物品可优先选用输送带式机型。

② 室式真空包装机的真空室一般都较小，只能用于体积较小的包装袋，而输送带式真空包装机真空室一般都较大（当然也有与室式大小差不多的机型），可以用来包装体积较

大、包装袋尺寸也较大的物品。所以包装袋较大时应选用本机型，选用中注意充分利用真空室的有效尺寸，做到物尽其用。

③ 除按真空室有效尺寸选用之外，还要参考热封条的尺寸。一般真空室较大，热封条也较长，热封条最长的可达1000 mm。选用时要根据包装袋的封口尺寸进行计算，做到最合理地利用热封条的有效尺寸，特别是多排布置包装作业时，勿让热封条长度有太大的浪费。

④ 输送带式真空包装机可实现除放袋之外的全自动作业，生产率高于任何一种室式真空包装机，故而在要求高生产率的自动循环作业时，应首选输送带式的机型。

⑤ 就劳动强度而言，室式真空包装机需人工开盖、闭盖，操作较笨重，劳动强度大，而输送带式是自动开、闭盖，操作简单省力，劳动强度小。在大量连续高效的自动包装中，输送带式真空包装机的这一优点更加突出。如果某一包装工作需用两台室式，也可用一台输送带式的话，那么应该优先选择后者。

⑥ 在抽真空时由于紊流的作用，在包装粉状（如奶粉）、片状（如茶叶）物品时，包装物品易被吸入真空系统（包括阀和泵）。某厂生产的装有整流器的输送带式真空包装机，整流器将紊流变为层流，大大改善了这一情况，当包装细片状、粉状物品时，可尽量优先选用，并带上整流元件。

⑦ 电气也有两种系统，即继电器逻辑控制和微机控制。当用户自身技术力量不足，没有能力处理微机系统的技术故障时，请尽量选用前一种电气系统，以避免因维修不及时给生产带来损失。

⑧ 输送带式真空包装机体积及重量较大，由于采用水冷方式，不便经常移动，故不太适宜流动性大的作业。另外，因其多了一些传动、开盖、闭盖机构，结构相对室式复杂，价格自然也较贵，这些因素在选用时也应一并考虑在内。

（5）热成型真空包装机。

热成型真空包装机的选用主要是根据被包装物品的要求和对包装容器的要求，选用中需考虑生产率、包装容器的大小、深浅等，下面具体介绍一下选用要点。

① 凡欲实现可自制包装容器、可多排并列平行作业、生产率高、全自动的真空（充气）包装作业均可选用热成型真空包装机。其中的充填工序可用人工充填，亦可用充填装置自动充填，或两者兼用。

② 我国目前已形成系列产品的热成型真空包装机为数甚少，其中以沈阳黎明发动机制造公司的DXR325系列食品包装机为代表，有以下四种机型。

a. 普通软膜型。用于一般软膜包装。设备无抽真空充气功能，用于不易变质或不需长期贮存的物品包装。

b. 真空软膜型。用于软膜的真空包装，包装材料紧裹于包装物品表面。用于包装耐压物品（如香肠）时外形类似贴体包装。其贮存期优于普通软膜型。

c. 气控软膜型。用于软膜的真空充气包装，包装材料不会紧裹在包装物品上。其贮存期优于前两种机型。

d. 片材型。使用PVC、PP、PS等硬质片材作为下膜制出刚性托盘，其外形更加整齐美观。

③ 包装容器的成型深度和成型面积是重要的选择条件，深度大的称为深拉伸，深度小的称为浅拉伸。通常给出最大成型深度和最大成型面积供用户选择。其中深度可调，选用时深度应能符合成品的最大高度要求，以不浪费有触成型面积为原则。

④ 由于热成型真空包装机多为模块化设计，有许多部件可方便地根据用户要求进行组合以满足不同的功能要求。

从以上选用的要求可知，热成型真空包装机可塑性较大，不像室式和输送带式那样多为一个完整的产品，无法轻易修改设计，其可选择的品种也相对较多。热成型的产品许多都要根据用户的要求或多或少地进行一些必要的修改再行生产，不一定能直接选用。这一方面是因为我国产品品种较少，选择余地不大；另一方面是本机型自身的特点决定了它的多变性、可组合性、可塑性，用户不要因为一时从产品目录上找不到合用型号就认为无法选用，只要主要性能符合要求，就可以通过与厂家商谈来获得自己适用的机型。

有的产品为了延长保质期，在抽真空后充氮气包装，这时就选用真空充气包装机。

（6）泡罩包装机。

泡罩包装机根据其工作原理分为辊筒式泡罩包装机、平板式泡罩包装机和辊板式泡罩包装机。

① 辊筒式泡罩包装机。

辊筒式泡罩包装机由于采用辊筒式成型、封合及辊式进给，泡罩带在运行过程中绕在辊面上会弯曲，因而不适合成型较大、较深、形状复杂的泡罩，被包装药品的体积也较小，所以现在仍然以包装各种糖衣片、素片、胶囊及胶丸为主，也可用于包装食品和日用品，如泡泡糖、巧克力豆和筷子等。较长物品的包装只能沿模辊的母线方向放置，否则铝箔将被拉折断。另外，辊筒式泡罩包装机由于是真空负压成型，泡罩成型后的厚薄均匀性差，且成型的速度不能过快，因而机器的工作频率不能太高，一般冲切频率为 30～40 次/min，这在一定程度上影响了其应用。但是，辊筒式泡罩包装机具有机械结构简单、同步调整方便、工作可靠、经济耐用等优点。如果只用于包装药品或与药品相类似的物品，辊筒式泡罩包装机功能完备，包装效果也较好。

辊筒式泡罩包装机从规格上分为 250 型和 130 型，即机器使用的包装材料宽度分别为 250 mm 和 130 mm；从结构上分为带横切冲切型和无横切冲切型，前者需设置收废料装置，而后者无须设置，只需将冲切后的纵向废料边切断即可。

250 型和 130 型辊筒式泡罩包装机工作频率基本相等，功能一致，包装效果无差异，但工作效率不一样，250 型冲切一次为 4 个板块，而 130 型只有 2 个板块；从包装材料的利用率上讲，130 型比 250 型略低；另外 130 型体积小，占地面积小，能耗少，如果生产量大，选用 250 型比较经济，如果生产量不大可选用 130 型。

② 平板式泡罩包装机。

平板式泡罩包装机成型和封合均采用平板式模具，具有以下优点：成型质量好、尺寸精度高、细小部分再现性好；泡罩美观挺括、壁厚均匀、光泽透明性好；板块平整、不翘曲；板块排列灵活，对板块尺寸变化适应性强，成型面积大；用同样厚度的薄膜可获得较大的拉伸比（泡罩成型深度可达 35 mm 以上）；由于可采用复合正压成型技术（利用冲头和气体压力），能在同一工序内完成泡罩成型工艺，所以可成型出形状复杂的泡罩；另外，一般平板式泡罩包装机的充填位置空间大，可同时布置多个充填机构，更易实现一个板块上多种药品的包装，扩大了包装范围，提高了包装档次。

平板式泡罩包装机采用平板式成型模具、平板式封合模具、水平夹持步进，其应用范围非常广泛，可用于片剂、胶囊、胶丸以及需要避光的物品和水针剂药品的包装，可包装的药品形状也多种多样，包括圆形、方形、三角形、椭圆形、椭球形、安瓿、中药丸以及各种异形片、丸等。对这些要求泡罩窝深的首选平板式泡罩包装机。

③ 辊板式泡罩包装机。

辊板式泡罩包装机采用板式正压吹塑成型，泡罩壁厚度均匀、外形挺廓；采用辊式封合，密封性好、包装质量高；采用蛇形排布的工艺路线，使得整机布局紧凑、协调，外形尺寸适中，观察、操作方便。另外，此类机型模具更换简便、快捷，调整方便，步进行程、冲切频率均可调整，可满足多品种、多规格的产品包装要求，且冲切频率最高可达 100 次/min。但是，由于辊板式泡罩包装机采用了板式成型机构，使机器结构相对比较复杂，另外，其控制系统自动化程度较高，所以要求操作者具有一定的操作水平。

辊板式泡罩包装设备集中了板式成型和辊式封合的两大优点，所以应用较为广泛，可以包装各种规格的药品糖衣片、素片、胶囊、胶丸及异形药片，也可用于包装巧克力豆、泡泡糖等小食品，但直径超过 16 mm 的大片剂药品、胶囊、异形片，在板块上斜排角度超过 45° 时，一般不适合用此类包装设备。

辊筒式泡罩包装机、平板式泡罩包装机和辊板式泡罩包装机三种机型的比较见表 5-35。

表 5-35　辊筒式、平板式、辊板式泡罩包装机对比

项　目	辊　筒　式	平　板　式	辊　板　式
成型方式	辊式模具，吸塑（负压）成型	板式模具，吹塑（正压）成型	板式模具，吹塑（正压）成型
成型压力	小	大	大
成型面积	成型面积小，成型深度较小	成型面积较大，可成型多排泡罩；采用冲头辅助成型，可成型尺寸大、形状复杂的泡罩；成型深度达 36 mm	成型面积较大，可成型多排泡罩
热封	辊式热封，线接触，封合总压力较小	板式热封，面接触，封合总压力较大	板式热封，线接触，封合总压力较小
薄膜输送方式	连续—间歇	间歇	间歇—连续—间歇
生产能力	生产能力一般，冲裁频率较低	生产能力一般，冲裁频率较低	生产能力高，冲裁频率较高
结构	结构简单，同步调整容易，操作、维修方便	结构复杂	结构复杂

在泡罩包装机选型时应注意以下几点。

① 根据被包装件的要求，选择适合的泡罩包装机。主要考虑包装尺寸。辊筒式泡罩包装机不适合成型较大、较深、形状复杂的泡罩，被包装药品的体积也较小，所以现在仍然以包装各种糖衣片、素片、胶囊及胶丸为主。辊板式泡罩包装机不适合包装片剂直径超过

16 mm 或异形片胶囊在标准板块上斜排角度超过 45° 的产品。平板式泡罩包装机适应能力较强，对于几何形状、有特殊要求、需进行避光包装等的产品，则首选平板式铝塑泡罩包装机。

② 考虑生产能力。生产量大时选用该类高速包装机（冲切次数可达 100 次/min 及以上），生产量少时选用速度比较低的该类包装机（冲切次数在 60 次/min 左右）。

③ 考虑包材的利用率。泡罩包装材料的利用率主要与切冲方式有关。目前泡罩包装机的切冲方式主要有有边冲切、无横边冲切和无边冲切。其中无边冲切包材利用率最高。

④ 考虑产品的性价比以及售后服务等因素。

2．其他药品包装设备的选择

药品的剂型可分为固体、半固态、液体、气体制剂 4 类。其中，固体制剂具有物理及化学稳定性高、生产成本低、服用及携带方便等优点，是药剂中应用范围最广泛、品种最多的剂型，其产量约占药物制剂产量的一半以上。

改革开放以来我国医药包装有了迅速发展，尤其是药品片剂、胶囊的包装由原来的玻璃瓶包装向塑料瓶更新，瓶装包装向薄膜包装更新。相对于瓶装包装，薄膜包装能防止药品内气体挥发和外部空气向包装内渗透，保证了成型薄膜包装与药品片剂、胶囊之间剩余空隙较小，并且具有较好的密封性能，因此使药品在有效期内不变质、不受光线照射而裂解。因此药品片剂、胶囊、胶丸、栓剂等的薄膜包装成型环节十分重要。当前市场上针对片状药品包装的形式较为单一，大多以泡罩包装为主。泡罩包装是薄膜包装的一种，泡罩包装的形式多样，其基本原理也是相同的，其典型工艺过程为：塑料片材加热一薄膜成型一充填产品一覆盖衬底一热封合一切边修整。完成上述过程，可采用手工操作、半自动操作和自动操作 3 种方式。由于药品的泡罩包装生产批量较大，品种比较固定，并要求安全卫生，所以宜采用自动化包装线进行生产。自动化操作时，在自动生产线上，常采用光电探测器，光发现不合格产品时，光电探测器将废品信号传送至记忆装置，待冲切工序完成后，将废品自动剔除。剔除废品装置在冲切工序完成后，根据记忆装置储存的信号剔除废品，然后正常产品与说明书一起装盒成为销售包装件。

目前市场上出现了一种新的制药包装工艺技术——Catch-Cover 免纸盒易携带单片药板包装。这种工艺技术具有很大的潜力，可以在短期内完成药膜的生产和包装，从而使药品可以尽快投放市场。在 Catch-Cover 免纸盒易携带单片药板包装中，可以把药品的专利信息直接集成到药品的第一包装中。药品本身被包装在不同大小、不同形状的弹性铝塑膜长条中，并对四边进行热压合，从而实现药品的最小包装单元。采用 Catch-Cover 包装方式，药片或者药膜被薄薄的铝塑膜所覆盖，而在铝塑膜的内侧则印制了该产品的所有信息。

涉及医药包装的机械设备，按其功能可分为两大类，一类是药品包装材料生产设备，另一类是完成药品包装过程的设备。此外还有检测设备、计量设备等。由于药品剂型和包装材料以及包装组合的多样性，这两类设备的品种和型号种类繁多。医药包装材料可分为复合膜及其制品、泡罩包装、空心胶囊等大类。每一类包装材料的生产都要采用不同的设备。药品包装机械主要用于包装胶囊、片剂、胶丸、栓剂等固体药品。片剂、胶囊、胶丸药品主要采用泡罩包装线，其中包括数粒机、泡罩包装机、装盒机，以及相应的检测设备等。栓剂药品的主要包装设备包括栓剂制带机、栓剂灌注机、栓剂冷凝隧道，成卷的塑料片材（PVC，PVC/PE）经过栓剂制带机正压吹塑成形，经打撕口线、切底边后自动进入灌注工位，已搅拌均匀的药液通过高精度计量装置自动灌注到空壳内后，剪切成条并进入冷却工位，经过一定时间的低温定型，实现液态到固态的转化，变成固体栓剂，最后，通过封口工位的预热、封上口、打批号、齐上边、计数剪切工序制成成品栓剂。

下面介绍一下制药企业应该如何选择适合自己的包装机。

（1）对于单一品种产量较大而且主要产品是颗粒剂或粉剂的药厂，首选多列包装机。目前国内出现了全铝合金外观多列包装机，其电器配置全部采用进口元器件，性能处于同行业国内领先，如苏州第 32 届全国制药机械博览会上展出的成都三可实业有限公司生产的 SK900 包装机，其配有自动纠偏、换膜机构，做工精细，可以达到进口包装机的品质和性能要求。

（2）对于产品品种较多，每个品种产量不大的药厂，可以考虑购买立式单列包装机，如国内的天津三桥包装机械有限公司等生产的立式单列包装机，均可以满足要求。

（3）对于处于新品种起步阶段或是资金不够的药厂可考虑购买夹板式包装机。无论是多列包装机还是单列包装机，只要是成熟的机型和技术，从精度误差来看均基本满足要求，但从包装速度来看，以包装 5 g/袋颗粒（袋长 80 mm×袋宽 60 mm）为例，立式单列辊筒式包装机的包装速度在 60～90 袋/min 之间，立式夹板式包装机在 50～80 袋/min 之间，SK900 系列包装机在 350～420 袋/min 之间。

（4）目前在包装机上实现批号打印的问题已得到解决，经过药厂反复实验，选择墨轮式打码机比色带式的要好，当然也可以选择硬压字来实现 1～2 排的批号压印。

（5）从颗粒包装机和硬胶囊充填机对颗粒的适应性来看，这两种设备在颗粒剂灌装计量中有一定的互补性，在颗粒包装中如出现颗粒细小、物料混合（颗粒混入粉体）情况，不妨尝试硬胶囊充填机的插板式灌装结构，这种结构在开合的过程中可以避免摆动时计量的偏差及其物料的分层；在硬胶囊充填中如出现物料流动性差，不妨采用螺杆进料，可以使物料得到充分的搅拌。

（6）粉剂包装上的问题一直比较难解决，从药厂的情况来看，如果要解决粉剂在包装过程中的下料难，封口不严，夹料现象，建议可以选择单列水平式包装机，这类机型的优点在于先制袋后下料，下料多采用伺服电机驱动螺杆下料，能够将粉剂的下料落差降低，下料头直接插入袋中，放完料再提升回原位，一般在 200～400 目之间的粉剂小包装可以考虑采用此类机型，如国内生产的 SK11 系列包装机。

（7）对于产量较大的粉剂包装，可以考虑采用多列包装机，据了解，目前的多列粉剂包装机国内已成熟应用的有三可机械（大连）有限公司的 7 列粉剂包装机，其结构合理，每列有单独的伺服系统，PLC 控制，做工比较精细，是目前国内四边封多列粉剂包装机的经典机型。如果需要包装成背封样式，可考虑已成功应用于先声药业有限公司、天士力制药有限公司等药企的成都乔富实业有限公司产品。

（二）粉体包装机的分类与选用原则

食品、生物、制药企业中粉体定量包装机是必不可少的设备，它适用于包装黏性不大的粉状颗粒状物。选择适合自己产品的粉剂包装机是保证产量和质量的关键。粉体包装机发展至今品牌众多，其配置、功能等各不同。

1．粉体包装机的分类及常用类型

粉体包装机可分为容积式充填机和称重式充填机。容积式充填机又分为量杯式充填机、螺杆式充填机、计量泵式充填机、柱塞式充填机、气流式充填机、插管式充填机；称重式充填机又分为无称斗称重充填机、单称斗充填机、多称斗充填机、多斗电子组合式称量充填机、连续式称量充填机。下面介绍几种常用类型粉体包装机的特点。

（1）量杯式充填机适用于颗粒较小且均匀的物料，计量范围一般在 200 mL 以下为宜。在选用时应注意假如量杯的容量调得不正确，料斗送料太慢或不稳定，料斗的装料面太低，进料管太小，物料流动不爽，进料管和量杯不同心等都会使量杯装不满。若机器的运转速度过快，料斗落下物料的速度过快则会引起物料重复循环装料。量杯伸缩机构调节不当常会造成过量回流。如果容器与进料管不同心，节拍不准，容器太小或物料粘在料管中使送料滞后，则会引起物料的溢损。

（2）螺杆式充填机主要用于粉料或小颗粒状物料的计量。其主要优点是结构紧凑、无粉尘飞扬，可通过改变螺杆的参数来扩大计量范围。尽管螺杆充填机适用的物料范围很广，但是它特别适用于在出料口容易起桥而不易落下的物料，如咖啡粉、蛋糕混合料、面粉等物料。流动性不同的物料要使用不同形状的螺杆。有的螺杆充填机带有搅拌器或搅动片，可以使物料在料斗内不断转动，避免物料结块。搅拌器形状应与被充填物料相适应。但是，对于不许破碎的颗粒状物料则不能选用该机器（如种子等）。

（3）计量泵式充填机适用于颗粒状、粉状物料的计量，适应于散堆密度较稳定，流动性好，无结块的细粉粒物料，如茶叶末、精盐等小定量值的包装计量。该计量的转鼓工作速度与计量物料特性及计量容腔结构有关，一般在 0.025～1.00 m/s 之间。

（4）柱塞式充填机适用范围较广，粉、粒料及黏稠类物料均可采用，但由于其工作速度较低，故不应用在要求较高速度的工作场合。

（5）气流式充填机主要用于医药行业、化工行业粉料的计量。其主要优点是计量精度高，可减少物料的氧化。在选用该机器时应注意对不同形式的物料，其最佳的真空压力是不一样的。真空度过高，某些物料会被压成粉末；真空度太低，可能达不到所需的夯实效果，影响计量精度。真空度应根据不同物料而决定，在工作中应随时检查，使其保持在规定值。

（6）插管式充填机主要应用于医药行业的小剂量药粉的计量。它的计量精度低。

（7）无称斗称重充填机主要用于易结块或黏滞性强的产品的包装，不适用于包装容器质量较大或质量变化较大的场合。选用原则为：①考虑该产品是否适用；②考虑选用何种称量范围及精度规格。只有以上两方面均考虑全面才能做到选用正确。

（8）单称斗充填机和多称斗充填机由于其工作原理完全相同，因此适宜范围也基本相同，主要用于流动性较好、颗粒均匀的物料的称重充填，可以广泛用于食品、粮食、种子、饲料、日化等诸多行业，但一般不适宜片、块状物料。由于采用三级振动技术使得该机型也能很好地解决诸如薯片、薯条等大片块状物料的称量充填。由于速度不同，单称斗称量充填机速度较慢，只适宜于单独使用人工接袋封口，而不宜与包装机联合工作；多称斗称量充填机速度较快，单独使用时人工难以跟上生产节拍，故更多地与包装机联合工作。

（9）多斗电子组合式称量充填机是最先进的称重式计量充填机。它的不同机型可以满足不同物料的计量充填，其对颗粒不均匀及形状不规则物料的计量尤其适用，代表了称重式计量充填机的发展方向。但该类机器目前国内生产尚不成熟，而进口设备又价格昂贵，因此用户在选用称重式计量充填机时一定要仔细分析不同机型的性能价格比，结合自己的承受能力而适当选用。选用时还须注意称重式计量充填机主要适用于粉尘不大的场合，对于细粉尘的物料能否使用尚须仔细验证，最好能与生产厂家联系试机。对于具有严重腐蚀性的物料要请生产厂家注意与物料接触部分的防腐处理。另外，若与包装机联合工作，则在选用时最好选用同一厂家生产的计量充填机和包装机，这对于机器的正常使用及售后服务非常方便；若需选用不同厂家，则应确保生产厂家之间联动无误方可选用，以避免二者间无法联动的情况。

（10）连续式称量充填机可用于粒度均匀、小颗粒状物料的计量。计量范围一般在500 g以下。选用时应充分注意其速度高而精度低的特点。对连续式称量充填机准确度的选用准则如下：①用于贸易结算，此时要求的准确度通常优于 0.25%，作为强制检定的计量器具需要得到计量管理部门的批准；②用于过程的管理和控制，即用于工艺过程中对成本、生产率及配料等进行控制，此时要求准确度为 0.5%～1%（通常为 0.5%），一般不需要取得管理部门批准；③用于过程的监视，连续式称量充填机在生产过程中对成本、生产率及配件等进行控制，其准确度要求在 0.5%～3%，此时重复性往往也是重要的。

用户在选用时须着重注意的是：①电子仪表的误差应远小于系统的准确度；②应有自动校零和校量程功能；③应有故障诊断和出错显示等功能；④输出信号应被隔离，输出和显示应当合用。

2．粉体包装机的选用原则

如何合理地选购包装设备，对于食品厂商来说往往难以抉择。下面系统地和大家进行探讨。合理地选购粉体物料包装设备应从包装材料、包装容器、包装规格、包装能力、物料特性 5 方面着手。

（1）对于包装材料为塑料，包装质量在几十克到 5 kg 之间，比重稳定、品种比较单一，需要一定的生产能力的物料（如奶粉、米粉、薯粉、固体饮料等），可选用全自动螺旋计量—制袋—充填—封口机。这种机组包括螺旋提升机、螺旋计量机、制袋充填封口包装机、料位控制系统、除尘系统、成品输送系统等。其工作流程是：提升机将物料提至计量机的料仓，料仓中的料位由电容式料位控制器控制，再由计量机完成计量，制袋充填封口机完成对包装袋的成型、纵封口、横封口、切断、打印、除静电、吸尘、排气、打孔、检重、输送等功能。该设备采用螺旋计量。这种计量的原理是通过控制螺杆转动的圈数来控制计量精度，属于一种容积法计量。选购这类设备时需注意以下几个方面的问题。

① 要求物料的品种不能经常更换、特性稳定。这种设备计量的精度一般在 1%。如要求提高精度，可在产品输出端配置一个重量选别机，通过重量选别机监控包装的重量。对于不合格品可剔除，重量超差时可反馈调整螺杆的圈数来提高精度。

② 为适应食品行业 GMP 的标准要求，包装系统应易于清洗。计量仓应采用剖分式，计量螺杆应易于拆卸。对于物料的提升应尽量采用真空上料，在真空上料不能使用的场合可采用剖分式螺旋提升机。

③ 为消除封口污染，应选用配备静电消除装置且具有二次拉膜功能的机型。

④ 由于食品行业对包装型式的要求千差万别，应注意所选机型的制袋功能，如制盒式袋、折边袋、手拎袋、直立袋、齿形袋、平口袋、配易撕口袋等。

⑤ 螺旋计量机的机型按驱动方式不同分为 3 种，即伺服电机驱动式、步进电机驱动式和普通电机加离合器驱动式。一般来说，采用第一种方式成本要高一些，但这种方式工作平稳、可靠，噪声小，控制精度高。

（2）对于包装容器为瓶、罐、盒类的物料，可选用 CJL2000 型自动灌装机组。该机组的灌装质量范围为 10～2000g，速度可达 20～40 罐/min，如需提高速度可考虑配置多头螺杆。选用该类机组时应注意以下 4 个方面的问题：①为避免粉尘污染，应选用具有回收功能的除尘装置；②如精度要求高，可选用在螺旋下部配置称量斗的机型，这样精度可控制在 0.5%以上；③当出现容器充填溢出的情况时，可选用具有振动功能的机型；④如需配置自动检重、金属检测、贴标、压盖等功能，则可在灌装线后部自动接上相应的设备。

（3）对于产量小、包装规格较多的情况，可选用单独的螺旋计量机。这属于一种半自动的配置。选用这类机型时也需注意以下 4 个方面的问题：①螺杆的形状应根据物料的特性而设计，物料特性不同，螺杆的节距、外径也不同；②由于螺旋计量时需严格控制料仓中物料的料位，最好与螺旋提升机配套使用；③如物料精度要求高或物料的比重不稳定，则最好选用配有称量机的螺杆；④对于颗粒较大或流动性极好的粉料，不宜采用螺旋计量机。

（4）对于计量范围在 5～50 kg 的袋装物料，当物料目数在 300 目以下、粉尘较小时可采用一种 CJD50K 型粉料称量机组，这种机组由喂料仓、动力传动系统、供送螺杆、称量斗、夹袋机构、回尘机构等组成。其工作原理是：由 2 个水平的大、小供送螺杆将物料从料仓中送到称量斗内。当称量斗内物料达到 90%～95%称量值时，大螺杆停止供料；当达到 100%称量值时，小螺杆也停止供料。然后称量斗斗门打开，物料排落到下方由夹袋机构夹持好的包装袋中。待排料结束，则完成一个称量过程。这类机型属于有称斗称量机。称量速度最快可达 300 包/h，称量精度可达 0.2%以上。当物料目数在 300 目以上、粉尘较大、流动性较差时，则宜采用无称斗称量机。无称斗称量机由于没有称量斗，物料落料高度较低，可避免物料黏壁等现象发生。但无称斗称量机的称量速度较慢，一般低于 200 包/h。

（5）对于大宗粉末中间原料类产品，如发酵工厂所需要的淀粉、活性炭等常用吨包包装袋。如 BN-FT 型粉料吨袋包装机是由给料装置、称重传感器、夹袋机构、钢结构支架、输送设备、控制柜（包含控制仪表）等组成。给料快、中、慢三速喂料，确保系统定量精度，均匀给料，自动完成给料、称量、放料、自动脱钩等工序。它的自动化程度高，包装精度高，包装速度可以调节，结构优越，液压升降体系对处理吨袋包装显得尤为轻松，对后道工序的处理十分便利。

（6）对于易吸潮的粉末，计量范围在 5～30kg，一般采用外包装为纸板筒，内包装为塑料袋。目前大多数外包装纸板筒与内包装塑料袋套装为手动，其装粉采用的包装机与上述（4）相同。

（7）对于医药冻干粉针剂一般采用高速冻干粉针洗烘灌封联动线。国产冻干粉针线的发展同安瓿水针、大输液联动线一样，大致经历了三个发展阶段：初期阶段，这一时期的特点是用不同产量的、不具备连线技术的单机、以周转盘形式连成流水作业线；中期阶段，各单机可以连线，但各单机产量不匹配，其中中速线（150～200 瓶/min）的各单机不能做一对一的联动生产；近期则发展成接近国际先进技术的、前后同步协调的高速线（300 瓶/min）。

以长沙楚天生产的 BXKZD2/20-（AB）型冻干粉针联动线为例，就冻干粉针高速线各单机的优化组合作一粗浅的剖析。该联动线是由 QCL60 型立式洗瓶机+SZX 热风循环表冷型烘箱（或 SZA620/43 型热风循环风冷型烘箱）+DGS12A 型大拨盘式灌装压塞机组合而成。这种组合应该是目前国内最合理的组合，最高的配置。

综上所述，选购粉体物料包装设备时，一定要慎重行事。要根据物料特性及自身企业情况对各种设备进行综合比较，有条件时，还应尽量做一些物料试机。

（三）液体灌装机的选择原则

液体定量灌装技术广泛应用于化工、饮料、酒水、食用油和液体药品等生产领域中，在液体灌装机设备中，不同的装填物料（含气液体、不含气液体、膏状体等）和不同的包装容器（瓶、罐、盒、桶、袋等），使用灌装机的品种也不尽相同。液体灌装机按自动化程度不同分为手工灌装机、半自动灌装机、全自动灌装机、灌装压盖联合机；按结构不同分为直线式灌装机、旋转式灌装机；按定量装置不同分为容杯式灌装机、液面式灌装机、转子式灌装机、柱塞式灌装机；按灌装阀头数不同分为单头灌装机、多头灌装机；按灌装原理不同分为真空灌装机、常压灌装机、反压灌装机、负压灌装机、加压灌装机（又称充气等压灌装机）；按供料缸结构不同分为单室供料灌装机、双室供料灌装机、多室供料灌装机；按包装产品升降结构不同分为气动式升降灌装机、滑道气动组合升降灌装机。其中常压灌装机应用最广泛，适用于玻璃瓶、PET 瓶、金属易拉罐、塑料袋和金属桶等各种包装容器以及各种形状尺寸的容器，产品可以是直线式（特殊包装容器或大容积包装），也可以是回转式。常压灌装一般为灌装-封口“二合一”型，如玻璃瓶的灌装压盖机、PET 瓶的灌装拧盖机和灌装旋盖机。供饮水机使用的 5 gal（18.9 L）大桶常压灌装机为冲洗-灌装-封口“三合一”型，步进式直线灌装。金属三片易拉罐需选配封罐机。易拉罐包装的多为果汁类饮料、啤酒，根据工艺要求，涉及杀菌的问题。如果是热灌装，封罐机最好增加一个充氮装置；如果是冷灌装，封口完毕后杀菌，则要求封罐机具有抽真空的功能。

近年来，灌液设备发展很快。主要表现在产量提高了，容器输送更加平稳快速，电子安全装置和检测仪器越来越普及，高速生产线可自动完成全部灌装工序。自动灌液机的生产速度得到进一步提高，如旋转式多嘴灌液机的生产速度已超过每分钟 2000 个容器。

不同机型的液体灌装机性能不同，可以满足不同的液体灌装要求。合理地选择自动灌装机是保证产品质量，提高经济效益的重要途径。一般来说，应密切联系生产实际，尽量选择质量好、效率高、结构简单、使用维修方便、体积小、重量轻的自动灌装机。下面详细地介绍选择自动灌装机要坚守的原则。

1．为生产工艺服务的原则

首先应根据灌装物料的性质（黏度、起泡性、挥发性、含气性等）选择适宜的灌装机，以满足生产工艺要求。例如，对于芳香味较浓的酒类，为避免挥发性芳香物质受到损失，一般应采用容杯式或常压灌装机；对于果汁类料液，为了减少与空气接触，保证产品质量，一般应采用真空加汁类灌装机；对于啤酒和碳酸饮料，可选择带有充气装置的等压灌装机；对于食用油，应采用只需简单地更换灌装阀即可转换为恒定容积或恒定液位的灌装机，以克服在油脂因温度变低密度变大时仍以容积灌装而产生的损失；对于药用口服液，一般选择拨轮转盘转子式灌装机；对于透明容器或大口容器，特别是内部容积差较大的塑料瓶和桶，易采用液面式灌装机；对于黏稠度较高的发酵酸奶，适宜采用加压灌装机。其次，应使灌装机的生产能力和前后工序的加工、包装机械的生产能力相匹配。

2．确保生产效率和产品质量的原则

灌装机生产效率的高低直接反映生产线的生产能力。所以生产效率越高，其产生的经济效益越好。为了提高产品质量，应选择设备精度高、自动化程度也高的灌装机，但是，设备的售价也会相应提高，从而增大了产品的单位成本。因此在选择灌装机时，应结合生产工艺要求，对相关的因素进行综合考虑。出于提高生产效率的考虑，可选用双室或多室的真空包装机，以提高整个生产的进度。

3．工艺范围宽的原则

灌装机的工艺范围是指其适应不同生产要求的能力。工艺范围越宽，越能提高设备的利用率，实现一机多用，即利用同一设备可以灌装多种形式和多种规格的物料。另外，有些灌液机在更换容器种类时需要的调整时间比另一些灌液机要多得多，因此还要考虑时间上的要求。还有一点也很重要，那就是调整灌液机时是否需要熟练的调整工。调整工作非常简单，任何一个操作工都能完成为好。因此为了满足各种适用要求应选择工艺范围尽可能宽的灌装机且调整工作应尽量简单。

4．符合药品食品卫生的原则

由于酒水、饮料行业的特殊卫生要求，因此所选灌装机在结构上直接接触物料的部件应便于装拆和清洗，不允许有死角，而且要有可靠的密封措施，严防杂物混入和物料散失。在材料上，对直接接触物料的零部件要尽可能采用不锈钢或无毒材料。药品必须严格遵守GMP规范，以医院塑料软包装输液袋为例，专用无毒塑料制成的输液软包装袋理化性质良好，生产工艺简单、操作容易、生产安全、成本低廉，是一种良好的输液包装容器。

5．使用安全、维修方便的原则

灌装机的操作、调整应方便省力，使用安全可靠，而且其结构应便于拆装组合，零部件应通用化、标准化，另外还应优先选择价格低、重量轻、体积小的罐装机。有的灌液机可以灵活地更换多种不同的灌装嘴和交替灌装，可以达到最高速度而不使产品溅到容器外面。

此外，尽可能选择历史悠久的名牌包装机企业，质量上有保障；选择技术成熟、质量稳定的机型，使包装过程更快更稳，耗能更低、自动化程度更高、废品率更低。如能实地考察的尽量实地考察，既要注重大的方面，更要注意小细节，往往细节决定整机的品质。

应尽可能带样品试机后才确定。

6．联动生产线原则

要求严格的药品最好采用联动生产线，避免设备之间生产速度不一致而造成的影响。

（1）针剂安瓿瓶洗烘灌封联动生产线。

针剂安瓿瓶洗烘灌封联动生产线是一种将药液灌封、烘干灭菌以及针剂安瓿瓶洗涤三个工序串联在一起的小容量注射剂生产线。它通过协调注射剂生产承前联后的同步性操作，不仅节省了企业对车间、厂房场地等硬件设施的投资，也减少了半成品的中间周转环节，最大限度地降低了药物受污染的可能性。针剂安瓿瓶洗烘灌封联动生产线采用了多针水气交替冲洗、超声波清洗、层流净化、热空气层流消毒灭菌、拉丝封口和多针灌封等先进技术。为了避免交叉污染，全机采用串联式针剂安瓿瓶进出料，在密闭或层流条件下进行全过程的生产工作。同时，采用先进的自动化系统集成技术，使整个生产过程实现了监控保护、自动平衡、自动记录、自动控温、故障显示、自动报警和机电仪器一体化，减轻了劳动强度，减少了操作人员。

洗瓶机的生产能力不小于 18000 支/h，最大可达 24000 支/h，同时采用变频调速。安瓿瓶灭菌干燥机位于洗瓶机和灌封机之间，用于安瓿瓶的烘干灭菌，灭菌条件为高温段 250～320℃，停留时间不少于 20～45 min。安瓿瓶灌封机为无级调速，光电探头对安瓿瓶进行非接触、自动化监测，可以实现“无瓶不灌装”。此外，灌封机有特殊的防滴漏系统；灌装工位处设有中心定位器；出瓶处装有限位开关和接近开关，分别控制清洗机和烘干机的停机；采用触摸屏式电器控制，可随时了解生产情况。

（2）双软管软袋大输液灌封生产线。

双软管软袋大输液灌封生产线主要用于制药厂大输液生产车间 50～3000 mL 膜软袋大输液的生产。该生产线由制袋成型、灌装与封口三大部分组成，可自动完成上膜、印字、开膜、软管切割、软管预热、袋成型、软管热封、撕废角、袋传输转位、灌装、封口、出袋等工序。

该生产线具备以下特点：①生产线采用直线式布置，机座采用桌面式整体设计，便于操作、维修、维护及清洁；②制袋、灌封在同一设备上完成，无须中间环节，避免造成二次污染；③制袋规格多，可以适用 50～3000 mL 多种规格的生产，规格件少，更换简便；④采用先进的 PID 温度控制系统，保证了制袋焊接质量，可以适用于不同品牌的材料包装；⑤采用无中间废边的结构设计，包材利用率达 98%，能最大限度地降低产品生产成本；⑥印字气缸、制袋气缸与其连接件采用浮动接头连接，延长了使用寿命，确保机器稳定运行；⑦成型模具采用特殊的优质材料加工，并采用特殊的热处理和表面镀涂工艺，可使模具温度更均匀，确保制袋质量；⑧采用质量流量计与高灵敏度的无菌阀、高速 PLC 控制系统相结合的方法灌装，计量准确，具有无袋不灌装和废袋不灌装功能，可以方便实现设备的 CIP 与 SIP；⑨软管焊接采用简单的结构定位，保证焊接一致性，降低漏袋率；⑩一对一的接口预热和焊接技术，可保证焊接质量，渗漏率在万分之一以内；⑪采用伺服控制技术，可满足高精度、高速生产需求，由伺服电机直接驱动灌装头、加热板等，无须由同步带传动的直线驱动器，结构简单可靠；⑫采用现场总线、光缆传输信号的通讯方式，结合阀岛、伺服系统、PLC 人机界面的控制方式，所有运行参数可保存调用，自动化程度高，保证了整个机组的正常运行；⑬设备短小紧凑，净化面积最小，生产效率高，稳定性好，易损件少，使用维护成本为同类产品最低。

此外，双软管软袋大输液灌封生产线还可以与口管上料机、口盖上料机、软袋输送机、灭菌柜、上下袋机、检漏机、灯检机等辅助设备组成整条软袋包装联动生产线。

四、计量设备的选择

计量设备是对生产过程的工艺控制、质量评价、经营核算、安全生产、物资与能源管理提供保证和监督的主要工具。

常用的计量设备有汽车衡、轨道衡、电子自动秤、料斗式配料秤、皮带配料秤、容积式流量秤等。生物发酵及粮库计量设备常用的有汽车衡、轨道衡和散粮秤。选择汽车衡时，根据需要应考虑库区来粮车辆最大长度、载重，有无基坑，机械式或电子式，是否需要限行，防作弊，库区进出一卡通等；选择轨道衡时，根据来粮火车单节车厢粮食载重来确定轨道衡规格，需考虑数据传输、防作弊等功能。散粮秤用于交货、收货或中间称重，是对颗粒状粮食进行连续或定量计量的设备。散粮秤根据形状又分为方秤和圆秤，相较方秤，圆秤制造方便，密封性好，造价较低，防尘防雨性能也较好。

工艺生产中的配料过程常用料斗式配料秤、皮带配料秤、容积式流量秤。大颗粒和重量大的物料常用皮带配料秤；流散性好的物料多用容积式流量秤；粉料多用料斗式配料秤。

第六节　废水处理、废气处理设备的选型

一、废水处理设备选择原则

随着国家对环保要求的逐步提高，生产企业排出的高浓度废水需要先经过节能废水处理并做到达标排放。但怎样选择最合适的处理设备才能达到最优效果呢？首先我们要看废水的浓度和特性，一般工业废水特性的主要检测项目有 pH、NH_3-N、化学需氧量（COD）、总磷、固体悬浮物（SS）、油类等。由于原材料来源广泛，所涉及的行业多种多样，工业废水的水质也大有不同。即便是同一行业，因生产工艺的不同，工业废水的水质也不相同。

工业废水按废水中所含污染物的主要成分可分为酸性废水、碱性废水、含酚废水、含醛废水、含有机磷废水、含硫废水、含油废水、含糖含蛋白废水等；按行业分为啤酒工业废水、乳品工业废水、食品加工废水、制糖废水、制药工业废水等。发酵、制药工业废水由于其组分复杂，通常含有大量糖类、苷类、有机色素类、蒽醌、鞣质体等有机污染物和 SS，同时 COD 和 BOD_5（生化需氧量）值较大且含氮浓度高，色度深，因此发酵制药工业废水的处理已成为目前生物医药企业关注的热点。

在进行工业废水处理前，需要先清楚该废水的水质。根据水质分析，选择适合的工艺流程，并结合各种工艺的成本和投资费用，比选出最佳处理工艺。下面就工业废水处理工

艺流程选择原则进行介绍。

1．废水处理工艺流程选择原则

工业废水类别不同，处理工艺和处理方法也不一样。

（1）根据废水水量、水质特点和出水排放标准的要求，采用国内外成熟、先进、高效、实用、经济合理的处理工艺，确保出水达到标准。

（2）针对所处理废水的水质、水量特点和处理要求，选择合理的处理单元组合，应达到流程简单、设备少、占地面积少、适用性强的目的，以节省投资和降低运行管理费用。

（3）根据技术成熟、经济合理、操作运行方便、维修简易的原则进行总体设计和单元构筑物设计，并充分注意节能，力求减少动力消耗，降低处理成本及运行费用。同时，工艺设计时充分考虑冬季低温等不利因素下废水处理系统的稳定运行要求。对于水量、水质变化大的废水，应首先考虑采用抗冲击负荷能力强的工艺，或考虑设立调节池等缓冲设备以尽量减少不利影响。

（4）积极慎重地采用经实践证明的、行之有效的新技术、新工艺、新材料和新设备。

（5）对专用设备的选型进行充分比选，寻求性能价格比最优的设备。设备应运行稳定可靠，效率高，管理方便，维护、维修工作量少，价格适中。

（6）过程控制所选用的检测仪器、仪表及设备等在立足于主要选用质量稳定可靠，售后服务好的国内产品的同时，力求吸收国外的先进技术，适当选用性能优良、价格适中的国外产品。

（7）处理工艺力求运行安全可靠，操作简单，调节灵活，管理方便。站内设置必要的监控仪表，运行管理应结合实际，尽量考虑自动化，以提高管理水平，减少人员编制。监控仪表和自动化设备应运行稳定，维修、维护方便。

（8）处理过程避免产生新矛盾。废水处理过程应注意是否造成二次污染问题，如制药厂废水中含有大量有机物质（如苯、甲苯、溴素等）在曝气过程中会有废气排放，会对周围大气环境造成影响；病菌、病毒疫苗生产废水，经过一二级处理后，还需进行消毒处理；应合理控制处理过程中产生的噪声、气味及固体废弃物，防止二次污染。

（9）低浓度有机废水常用好氧生物处理技术；高浓度有机废水常用厌氧生物处理法与好氧生物处理法结合处理；酸、碱废水用中和法处理；重金属废水用离子交换、吸附法等物化法处理。含油废水较难处理，一般采用三阶段处理。废水中的油分可能有浮油、分散油、乳化油三种形态，在预处理阶段，浮油采用隔油池即可除去，而分散油和乳化油需加破乳剂后进入油水分离器分离。经第一段处理后的含油废水经第二阶段絮凝沉淀处理，最后进入生化处理。

2．絮凝反应沉淀工艺选择

由于废水种类、成分复杂，其中含有相当量不可降解 COD，且进入厌氧、好氧等生物处理系统的水质浓度较高，完全依靠生物处理系统处理，而实现 COD 和色度的达标排放有较大的困难。因此，在废水生物处理系统之前增加絮凝沉淀处理工艺单元是十分必要的，该单元可确保预处理后水质有机负荷的降低、BODs/COD 值的提高，并可以改善可生物处理性能，为生物处理后的达标排放提供水质条件。此外，还需要对絮凝沉淀系统采用的单元设施工艺技术进行必要的优化，以确定采用的具体工艺技术。

絮凝沉淀处理系统按其处理机制，大体上可分为絮凝剂与处理水的混合、絮凝反应以及沉淀的固液分离等 3 个过程，每个过程需要不同的工艺条件，也对应各自不同的过程单元设施。

絮凝剂与处理水的混合工艺方式主要有机械搅拌混合、水力冲击搅拌混合等；对应的单元设施有机械搅拌混合装置和水力搅拌混合装置（旋流混合器、固定螺旋混合器、文氏管混合器等）。机械搅拌混合装置具有设备复杂、能耗高、管理维护要求高，需对主要设备表面进行防腐处理等不利因素，目前很少使用；目前小规模水量应用较多的装置是旋流混合器和固定螺旋混合器，其中固定螺旋混合器具有装置简单、能耗较低、维护管理极为方便等特点，实用性较强，适用性不受水量规模的限制，应用较广。

絮凝反应装置目前应用较为广泛的主要是水力混合反应器，具代表性的反应器单元设施主要有旋流反应器、多池穿孔旋流反应器、折隔板反应池、网格反应池等，但适用于小型规模的水力混合反应器以旋流反应器和多池穿孔旋流反应器为主，其中旋流反应器具有占地面积小、结构简单的特点，特别适合于小规模水量情况下的处理水与絮凝剂的混合反应。废水处理中常用沉淀池比较见表 5-36。

表 5-36　废水处理中常用沉淀池比较

项　目	优　点	缺　点	适 用 条 件
斜管（板）式沉淀池	沉淀面积增大； 沉淀效率高，产水量大； 水力条件好，Re 小，Fr 大，有利于沉淀	由于停留时间短，其缓冲能力差； 对混凝要求高； 维护管理较难，使用一段时间后需更换斜板（管）	适用于中小型污水厂的二次沉淀池； 可用于已有平流沉淀池的挖潜改造
平流式沉淀池	处理水量大小不限，沉淀效果好； 对水量和温度变化的适应能力强； 平面布置紧凑，施工方便，造价低	进、出水配水不易均匀； 多斗排泥时，每个斗均需设置排泥管（阀），手动操作，工作繁杂，采用机械刮泥时容易锈蚀	适用于地下水位高、地质条件较差的地区； 大、中、小型污水处理工程均可采用
竖流式沉淀池	沉淀效果较好，占地面积小，排泥容易	水池深度大，施工困难，造价高； 常用于处理水量小于 $2\times10^4 m^3/d$ 的小型污水处理厂	适用于小型污水处理厂
辐流式沉淀池	多用机械排泥，运行较好，管理较简单，排泥设备已经趋于定型	机械排泥设备复杂，对施工质量要求高	适用于地下水位较高的地区； 适用于大中型污水处理厂

沉淀池工艺形式较多，常用的有斜管（板）式沉淀池、平流式沉淀池、竖流式沉淀池、辐流式沉淀池以及反应澄清池、脉冲式澄清池等。适宜于小型规模水处理的高效沉淀池当属斜管（板）式沉淀池，其具有水力负荷高（通常是一般沉淀池的 3～5 倍）、相应占地面

积小、出水水质好等优点。从投资费用来看，斜管（板）式沉淀池＞竖流式沉淀池＞辐流式沉淀池＞平流式沉淀池；从气温适应性来看，竖流式沉淀池适宜温寒带，平流式沉淀池和辐流式沉淀池适宜温热带。

3．厌氧处理系统设备优缺点

厌氧处理工艺发展至今，已形成多种单元工艺，如接触厌氧法，厌氧滤池（AF），升流式厌氧污泥床反应器（UASB）、升流式厌氧过滤床反应器（UBF）、厌氧膨胀颗粒污泥床（EGSB）、厌氧流化床（AFB）、厌氧内循环反应器（IC）、折流板反应器（ABR）等。它们都有各自的特点和适用性问题，接触厌氧法和厌氧滤池具有容积负荷低、占地面积大、设施容积大、相应投资较高、培菌起动时间较长的特点，但其抗冲击负荷能力强；UASB反应器具有较高的容积负荷、较小的设施容积，占地面积也较小，处理效果与适应性较好，但其培菌起动时间较长，有效容利用率不太高；UBF反应器具有AF和UASB两类反应器的特点，但相较前两者，其具有更高的容积负荷和更强的抗冲击负荷能力，运行更加稳定。常用的厌氧处理工艺的优缺点归纳于表5-37。

表5-37　常用厌氧处理工艺及其优缺点

工艺类型	优　点	缺　点
厌氧消化	能有效处理悬浮物浓度高的废水，处理性能与污泥沉降性无关，能对剩余污泥进行消化	反应体积大，稳定性不够高，需设备单独机械搅拌
低速厌氧	简单经济，能有效处理悬浮物浓度高的废水，处理性能与污泥沉降性无关	反应体积大，占地面积大；反应器内条件不易控制，工艺可控制性有限
厌氧接触法	能对剩余污泥进行消化；容易混合，出水水质比较好，工艺可控制性好	处理性能与污泥沉降性关系密切，系统原理相对比较复杂，工艺均衡调节能力和对有毒物质的稀释能力较差
厌氧滤池	微生物浓度高，体积有机负荷高，出水水质比较好，原理简单，系统紧凑，混合充分，处理性能与污泥沉降性无关	悬浮物积累会影响工艺性能，工艺可控制性差，滤料和撑托层成本高，工艺均衡调节能力和对有毒物质的稀释能力较差
升流式厌氧污泥床反应器	微生物浓度高，体积有机负荷高，原理简单，系统紧凑，混合充分	处理性能与污泥沉降性关系密切，需特殊构型反应器，经验性强，工艺可控制性差
下流固定膜	微生物浓度高，体积有机负荷高，出水水质比较好，原理简单，系统紧凑，混合充分，处理性能与污泥沉降性无关	不适于悬浮物浓度高的废水，滤料和撑托层成本高，有机物去除率低，工艺可控制性差
厌氧流化床	混合非常充分，微生物浓度高，体积有机负荷高，传质效率极高，出水水质比其他工艺都好，系统紧凑，可控性好	启动时间长，床层流态化和膨胀消耗的功率大，原理复杂，工艺均衡调节能力和对有毒物质的稀释能力较差

4．好氧处理系统设备优缺点

应用好氧生物处理法来处理有机废水的工艺单元有很多，主要包括普通活性污泥法，接触氧化法，生物滤池法，在活性污泥法工艺基础上发展起来的序批活性污泥法（SBR）及其改进型工艺技术如循环式活性污泥法（CASS）、间歇排水延时曝气工艺（IDEA）、间歇循环延时曝气活性污泥法工艺（ICEAS）、连续需氧池和间歇曝气池串联组成工艺（DAT-IAT）、一体化活性污泥法（UNITANK）、改良式序列间歇反应器（MSBR）、好氧移动床生物膜（MBBR）等，这些好氧处理工艺技术各有其特点。常用好氧处理工艺的优缺点归纳于表5-38。

表 5-38　常用好氧处理工艺及其优缺点

工 艺 方 法	优　点	缺　点
传统活性污泥法（CAS）	工艺性能熟悉，设备容易设计，运行参数熟悉，应用广	投资和运行费用中等，污泥沉降性能一般
完全混合法（CMAS）	设计运行简单，抗毒性负荷强，应用广泛	投资和运行费用中等，对丝状微生物生长敏感
延时曝气法（EAAS）	设计运行简单，污泥产量低，剩余污泥稳定性好，消化程度高	反应体积大，污泥沉降性能差，需氧量高
高纯氧法（HPOAS）	反应体积小，抗有机负荷冲击能力强，溢出气体少	机械复杂，不适应低负荷运行
选择器法（SAS）	污泥沉降性能好，与大多数污泥法相适应	应用时间短，经验少，机械复杂，对毒性有机物敏感
批处理反应器法（SBR）	出水质量好，不产生污泥膨胀；除磷脱氮效果好	出水不连续，占地面积较大、运行管理复杂，自控水平要求高
氧化沟（Oxidation ditch）	设计运行简单，处理水质良好；污泥产率低，排泥量少	能耗高，且占地面积较大
曝气生物滤池（BAF）	出水质量好，氧的传输效率高，能耗低，处理负荷大	运行维护较复杂，填料的反洗与更换费时
生物转盘（RBC）	占地面积小、结构紧凑，能耗低、处理效率高	投资费用高，运行维护费用大

5．厌氧处理、好氧处理系统工艺选择

厌氧-好氧组合工艺对流量变化大甚至间歇排放的工业废水有较强的经济适用性，在废水生物脱氮、除磷方面显示出的优势为解决不同的工业废水提供最佳处理方案。为了降低投资和运行成本，因地制宜地进行厌氧处理、好氧处理工艺方案比较是必要的。进行多种工艺组合方案的比较，除了投资费用、运行费用的比较，还包括占地面积、出水水质、后期管理等各方面系统的比较。

对于有机污泥和高浓度有机废水（一般 $BOD_5 \geqslant 2000$ mg/L）可先采用厌氧生物处理法，再采用好氧生物处理法。对中、低浓度的有机废水，或者 $BOD_5 < 500$ mg / L 的有机废水，基本上直接采用好氧生物处理法。

与单一的厌氧法和好氧法相比，组合工艺具有以下主要优势：厌氧工艺能去除废水中大量的有机物和悬浮物，使与之组合的好氧工艺有机负荷减小，好氧污泥产量也相应降低，整个工艺的反应容积小得多；厌氧（水解段）工艺作为前处理工艺能起到均衡作用，减少后续好氧工艺负荷的波动，使好氧工艺的需氧量大为减少且较为稳定，既节约能源又方便工业上的实际操作；厌氧（水解）工艺作为前处理工艺能明显改善废水的可生化性，使废水更顺利地经历好氧生物处理过程；在一些组合工艺中，好氧处理过程对厌氧（水解）代谢物的降解也有效地推动了有机物厌氧（水解）处理过程的进行。因此，与单一工艺相比，组合工艺对废水的处理效率更高。

厌氧-好氧组合工艺综合了好氧工艺与厌氧工艺的优点，降低了处理能耗和产泥量，能够高效去除有机物。好氧工艺耗能大，产泥量高，厌氧工艺节能、但出水水质不理想，将二者结合后能够克服各自工艺的缺点，已经成为目前啤酒废水处理的主要技术。杨晓峰等采用 IC 反应器与曝气池串联法处理啤酒废水，对其处理的经济性进行分析，表明该工艺具有高稳定性，占地面积小，运行自动化程度高，能够节约成本，其中 IC 反应器中形成的多余的颗粒污泥可销售，处理后废水 COD 值在 30～5mg/L，去除率为 86%左右，出水 SS 的浓度平均为 40～45 mg/L，平均去除率可达 95%以上，可用于灌溉、绿化。

废水厌氧生物处理过程不需另加氧源，故运行费用低。此外，它还具有剩余污泥量少，可回收能量（CH_4）等优点。其主要缺点是反应速度较慢，反应时间较长，处理构筑物容积大等。此外，为维持较高的反应速度，需维持较高的反应温度，对于寒冷地区来说要消耗能源。废水有机物达到一定浓度后，沼气能量可以抵偿所消耗的能量。厌氧生物处理法的有机容积负荷为 2～10 kg/（m^3·d），高的可达 50 kg/（m^3 · d）。该法剩余污泥数量少，浓缩性、脱水性良好，如生物处理去除 1 kg COD 只产生 0.02～0.1 kg 生物量，剩余污泥只有好氧法的 5%～20%。氮、磷的营养需要量较少，厌氧法的 BOD∶N∶P 为 100∶2.5∶0.5，故处理氮、磷缺乏的工业废水所需投加的营养盐量较少。厌氧处理过程有一定的杀菌作用，可以杀死废水和污泥中的寄生虫卵、病毒等。厌氧活化污泥可以长期贮存；厌氧反应器可以季节性或间歇性运转，与好氧生化法相比，在停止运行一段时间后，能较迅速启动。

好氧生物处理的反应速度较快，所需的反应时间较短，故处理构筑物容积较小且处理过程中散发的臭气较少。缺点是需持续曝气，耗能大，运行费用高，产生的污泥量大。好氧法的有机容积负荷为 2～4 kg/（m^3 · d），每去除 1 kg BOD 将产生 0.4～0.6 kg 生物量，一般要求废水 BOD∶N∶P 为 100∶5∶1。从投资费用来看，氧化沟、SBR 投资费用最低，A-O（Anaerobic-Oxic）较低，膜生物反应器（MBR）和 BAF 造价相对较高，BAF 较普通工艺高出 25%左右，MBR 根据膜的不同，价格相差较大（采用国产膜，总投资较普通工艺高出 40%左右；进口膜则要高 80%）。从运行成本及管理来看，SBR 自动化程度要求较高；氧化沟自动化程度较低；BAF 反洗等很难实现自动化操作，需人工操作，则人工费较高。若不考虑折旧费，单从人工费、电费、药剂费来考虑每日运行费用，MBR 最低，为 0.35 元/d 左右，BAF 和 A-O 在 0.50 元/d 左右；若考虑折旧费，考虑到 MBR 和 BAF 维护及更换费用较高，则其运行费用比 A-O 要高。从出水水质来看，MBR、BAF、A-O 工艺出水水质较好，可满足回用标准，耐冲击负荷较高，运行稳定。

每项工艺技术都有其优点、特点、适用条件和不足之处，不可能以一种工艺代替其他一切工艺，因此，要根据现场情况做出适宜的选择。根据要处理有机废水的特性，在可利用面积较少的前提下，不推荐使用氧化沟和 SBR 工艺。同时，为了降低投资和运行成本，确保出水水质，根据技术上合理，经济上合算，管理方便，运行可靠且有利于近、远期结合的原则，进行工艺方案的优化抉择。

下面以柠檬酸废水处理方法为例进行说明。

目前，我国主要采用生物法对柠檬酸废水进行处理，主要有以下几种具体方法。

1．厌氧生物法

厌氧生物法是指在无分子氧条件下通过厌氧微生物（包括兼氧微生物）的作用，将废水中的各种有机物分解为甲烷和二氧化碳的过程，同时把部分有机物分解代谢转化为细菌体，通过气、液、固分离，使废水得到净化的一种废水处理方法。

（1）管道消化式厌氧消化器。

管道消化式厌氧消化器是在其内充填填料作为微生物的载体，能滞留高浓度厌氧活性污泥，增强耐进水低 pH 和耐负荷变化的能力。其优点是酸性的高浓度废水无须进行 pH 调整便可直接进入处理系统，从而减少了药剂耗量，降低了运行的成本，便于管理操作。缺点是其存在污泥流失现象，需要定期排泥。

（2）高温厌氧消化池。

高温厌氧消化池具有消化时间短、适应性强、运行费用低、有机物去除率高等优点。但是，其需要对废水进行升温，需要消耗额外的能量，因此，只适用于原废水温度较高的情况。

（3）UASB 反应器和水力循环 UASB 反应器。

升流式厌氧污泥床反应器（UASB）在国外已普遍推广使用，我国在 20 世纪 90 年代初开始有公司应用 UASB 反应器处理柠檬酸废水，UASB 反应器的关键技术是固（污泥）、液（废水）、气（沼气）三相分离器和配水系统，其中固、液、气三相分离器采用斜板分离器，配水系统采用脉冲配水。该反应器消化和固液分离在一个池内，微生物浓度高，具有良好的沉淀性能，有机负荷去除率高。

但是 UASB 反应器在运行中会出现短流、死角和堵塞等问题，为了解决这些问题，具有第三代反应器特点的水力循环 UASB 反应器被开发，该反应器主要由布水系统、粗处理区、承载板、精处理区、三相分离系统、出水堰以及循环系统组成。水力循环 UASB 反应器在运行过程中，废水由进水泵经进水管连同回流水一起进入布水系统，经过布水系统的均匀分配以一定的流速自反应器的底部进入反应器，水流依次流经粗处理区、承载板、精处理区、三相分离器到上部沉淀。其主要优点有传质效果好，易保留高浓度的污泥，具有酸化自平衡能力，抗缓冲能力强，启动快等。王新华等采用水力循环 UASB 反应器进行柠檬酸废水处理现场试验，在絮状污泥接种和在未产生颗粒污泥的稳定运行情况下，COD 容积负荷平均为 7.22 kg/（$m^3 \cdot d$），去除率达 70 %～80 %，挥发性脂肪酸（VFA）为 400～600 mg/L。

（4）多级内循环式（MIC）厌氧反应器。

多级内循环式厌氧反应器是在 UASB 反应器的基础上发展起来的第三代厌氧反应器，它具有效率高、能耗低、投资少、占地小等优点，目前，已广泛地应用于啤酒、食品、酒精、柠檬酸等行业的生产污水处理中。MIC 反应器高效稳定运行的关键在于能够培养出适应废水环境的颗粒污泥，颗粒污泥的培养常与废水性质、运行参数和环境因素有关。冯俊强、刘锋、吴建华、马三剑等分别利用 500 m^3 和 2500 m^3 MIC 反应器进行了柠檬酸废水处理实验，并取得了不错的进展。刘峰等在利用 2500 m^3 MIC 反应器处理柠檬酸废水的实验中发现，在 HRT=12 h，COD 容积负荷为 12 kg/（$m^3 \cdot d$）的条件下处理柠檬酸废水，COD 去除率在 90%左右。通过工程实践发现，MIC 反应器可以在高容积负荷下稳定运行，其高径比大，可以节省基建投资和占地面积，同时具有 pH 缓冲能力。

2．好氧生物法

好氧生物处理法可分为活性污泥法和生物膜法两类。活性污泥法本身就是一种处理单元，它有多种运行方式。生物膜法有生物滤池、生物转盘、生物接触氧化池及生物流化床等。氧化塘和土地处理法属自然生物处理。氧化塘有好氧塘、兼氧塘、厌氧塘和曝气塘等；土地处理法有灌溉法、渗滤法、浸泡法及毛纫管净化法等。

（1）活性污泥法。

活性污泥法是利用悬浮生长的微生物絮体好氧处理有机废水的生物处理方法。这种生物絮体叫作活性污泥，由具有活性的微生物、微生物自身氧化的残留物、吸附在活性污泥上不能为生物所降解的有机物和无机物组成。其中，微生物是活性污泥的主要组成部分，而细菌是活性污泥在组成和净化功能上的中心。活性污泥法能够去除废水中的有机物是经过吸附、微生物代谢、凝聚和沉淀 3 个过程完成的。

（2）批处理反应器法。

自 20 世纪 80 年代以来，批处理反应器法（SBR）在处理间歇排放的、水质水量变化很大的工业废水中得到了极为广泛的应用。SBR 法的进水、反应、沉淀、排水及闲置等几个运行阶段（使其具有厌氧法和好氧法的协同作用，水质水量变化适应性强、出水水质好、不存在活性污泥膨胀等问题；且操作简单、运行可靠、易于实现自动化。张敬东等利用此法处理 COD 为 500~2500 mg/L 的柠檬酸废水，采用 16 h 运行时间，曝气进水，对 COD 的去除率可达 90 %左右。

废水经过厌氧生物处理和好氧生物处理后，会得到一些活性污泥。常见的几种污泥脱水设备运行情况的比较见表 5-39。

表 5-39　几种污泥脱水设备的运行性能比较

性　能	链带式转鼓真空过滤机	自动板框压滤机	滚压带式压滤机	转筒式离心机
进机污泥含水量/%	无要求	无要求	<97	无要求
污泥黏度	无要求	黏度大不行	黏度大不行	无要求
脱水污泥含水量/%	60～80	45～80	78～86	80～85
动力消耗	中	中	小	大
维护费用	中	中	低	高
设备造价	中	中	低	高

二、废气处理设备选择原则

废气按产生场所不同分为生产车间产生的废气、燃煤燃气产生的废气和废水处理站产生的废气 3 类；按主要成分不同分为挥发性有机化合物（VOCs）、氮氧化物（NO_x）、硫氧化物；按主要成性质分为有机废气和无机废气；按气体浓度不同分为高浓度废气和低浓度废气。

1．有机废气净化工艺方法

目前应用较广泛的有机废气净化工艺有吸附法、热破坏法、生物膜法等。

（1）吸附法。

吸附法是利用活性炭等对有机成分的吸附作用，使有害成分从气体中分离出来的方法。在处理有机废气的方法中，吸附法应用极为广泛，与其他方法相比具有去除效率高、净化彻底、能耗低、工艺成熟等优点；缺点主要是当废气中有胶粒物质或其他杂质时，吸附剂容易失效。吸附法主要适用于低浓度的有机废气净化。决定吸附法处理效率的关键是吸附剂。对吸附剂的要求一般是具有密集的细孔结构，内表面大，吸附性能好，化学性质稳定，耐酸碱、耐水、耐高温高压，对空气阻力小等特点，常用的吸附剂有活性炭、活性氧化铝、人工氟石、炉灰渣等。在目前应用的吸附剂中活性炭性能最好，应用最广泛。

活性炭又分颗粒状和纤维状两类，相比较而言，颗粒状活性炭气孔均匀，除小孔外，还有 0.5～5 μm 的大孔，比表面积一般为 600～1600 m^2/g，被处理气体要从外向内扩散，通过距离较长，所以吸附解吸均较慢，经过氧化处理过的颗粒状活性炭具有更强的亲和力，一般用于固定床式活性炭吸附法。而纤维状活性炭气孔均较小，比表面积大，它是靠分子间相互引力发生吸附，相互不发生化学反应，是物理吸附过程，小孔直接开口向外，气体扩散距离短，吸附解吸均较快，一般用于吸附浓缩法。固定床式活性炭吸附法适用于有机废气浓度为 0～0.1 mg/m^3，风量为 0～48 000 m^3/h 的工程；吸附浓缩法适用于有机废气浓度为 0～0.6 mg/m^3，风量为 0～600 000 m^3/h 的工程。

（2）热破坏法。

热破坏法是目前工艺设备比较成熟、应用比较广泛的一种方法。有机化合物的热破坏是十分复杂的，包含一系列高分子分解、聚合及自由基反应，最重要的有机化合物破坏机理是氧化和热分解。热破坏法可分为直接火焰燃烧法、催化燃烧法和蓄热式直接火焰燃烧法等。

直接火焰燃烧法是一种有机物在气流中直接燃烧和辅助燃料燃烧的方法。在多数情况下，有机物浓度较低，不足以在没有辅助燃料时燃烧。直接火焰燃烧和催化燃烧法适用于有机废气浓度为 0.1～1.4 mg/m^3，发热值 3345 kJ/m^3，风量在 0～33 000 m^3/h 的工程。对于高浓度的有机废气处理，在适当温度和停留时间条件下，处理效率可达 95%以上。

蓄热式直接火焰燃烧法是在 2 个燃烧室的下部分别放置 1 层蓄热材料，2 个燃烧室交替工作：一个燃烧室的蓄热层在废气燃烧时积蓄热量，而废气进入另一个燃烧室前经过蓄热层进行预热，预热温度为 250℃，燃烧室燃烧温度为 800～870℃。此系统热效率可达 95%以上，废气处理效率可达 98%以上。该方法适用于有机废气浓度为 1.2～9.0 mg/m^3，风量在 4200～300 000 m^3/h 的高浓度大风量的工程。

（3）生物膜法。

生物膜法是将微生物固定附着在多孔性介质填料表面，并使污染空气在填料床层中进行生物处理，将污染物除去，并使之在空隙中降解成 CO_2、H_2O 和中性盐的方法。此方法适用于低浓度的有机废气处理，属研究治理有机废气的前沿和热点技术。挥发性有机化合物处理方法及效果比较见表 5-40。

表 5-40　挥发性有机化合物处理方法及效果比较

方　法	优　点	缺　点	适用范围
物理吸附法	工艺成熟，可回收有用物质，净化率可达到 95%	一般要求气体预净化，否则吸附剂易堵塞，再生频繁，不经济	适用于脂肪酸、胺类及其他易溶于水的 VOCs，适用 VOCs 流量 600～360 000 m^3/h，浓度 20×10^{-6}～5000×10^{-6} mg/m^3 的 VOCs
化学吸收法	可处理低浓度、大分子量的挥发性有机化合物	存在二次污染；净化率不高，一般为 60%～80%	适用于脂肪酸、胺类及其他易溶于水的 VOCs，适用于流量 600～120 000 m^3/h，浓度 5000×10^{-6}～$12000\times10^{-6}mg/m^3$ 的 VOCs
催化燃烧法	催化剂选取得当时可获得高达 99%的净化效率，能量消耗低，操作简便	催化剂的选择比较困难，容易发生催化剂中毒的现象，设备复杂，造价高	适用于所有 VOCs
生物处理法	净化效率较高，净化率可达到 95%～99%；投资运行费用低；无二次污染；易管理	一般细菌活性温度范围在 10～40℃，在寒冷地区该法受到一定的限制	适用于大部分 VOCs

生物处理法是利用微生物的新陈代谢过程对多种有机物进行生物降解，可以有效去除工业废气中的污染物质，即用微生物将有机物作为碳源和能源，并将其分解为 CO_2 和 H_2O。生物处理按工艺性能分为生物过滤法、生物吸收法和生物滴滤法 3 种。

① 生物过滤法。

生物过滤法是一种较新的空气污染控制方法，它利用微生物降解或转化空气中的挥发性有机物质以及硫化氢、氨等恶臭物质。一般废气从反应器的下部进入，通过附着在填料上的微生物，被氧化分解为 CO_2、H_2O、NO_3^- 和 SO_4^{2-}，达到净化的目的，其工艺流程见表 3-1 中图。

关于生物过滤法，孙玉梅等人研究了进气中乙酸乙酯浓度和空床停留时间对生物过滤法去除废气中乙酸乙酯效果的影响；梁永坤等人研究了生物过滤法处理含氨废气的技术，实验中考察了气体的停留时间、进气方式、进气中氨浓度等因素对氨去除率的影响。

② 生物吸附法。

生物吸附法由两部分工艺组成（见表 3-1 中图），一部分为废气吸附段，另一部分为悬浮再生段，即活性污泥曝气池。由于该工艺的吸收和生物氧化分别在两个单元中进行，易于分别控制，以达到各自的最佳运行状态。

③ 生物滴滤法。

生物滴滤法集生物吸收和生物氧化于一体，像生物吸附法一样，吸收液在吸收反应中循环，与进入反应器的废气接触，吸收废气中污染物，达到废气净化的目的（见表 3-1 中图）。

以上 3 种不同的生物处理法比较见表 5-41。

表 5-41　3 种不同的生物处理法比较

方　法	系统类别	适用条件	运行特性	备　注
生物过滤法	附着生长系统	适用于气量大、浓度低的 VOCs	处理能力大，操作方便，工艺简单，能耗少，运行费用低，对混合型 VOCs 的去除率较高，具有较强的缓冲能力，无二次污染	菌种繁殖代谢快，不会随流动相流失，从而可大大提高去除效率
生物吸附法	悬浮生长系统	适用于气量小、浓度高、易溶、生物代谢速率较低的 VOCs	系统压降较大、菌种易随连续相流失	对较难溶解气体可采用鼓泡塔、多孔板式塔等气液接触时间长的吸收设备
生物滴滤法	附着生长系统	适用于气量大、浓度低、有机负荷较高以及降解过程中产酸的 VOCs	处理能力大，工况易调节，不易堵塞，但操作要求较高，不适合处理入口浓度高和气量波动大的 VOCs	菌种易随流动相流失

2．无机废气净化工艺方法

以上介绍了挥发性有机化合物（VOCs）为主的废气净化工艺设备，一般采用生物滤池、生物滴滤池、生物膜反应器。下面介绍氮氧化物 NO_x，硫氧化物等无机废气处理方法。

以氮氧化物为主的废气净化一般采用选择性催化还原法（SCR）、选择性非催化还原技术（SNCR）和使用水、碱溶液、稀硝酸、浓硫酸的液膜反应吸收法，也可采用物理吸附法的。除了以上方法外，还有一些方法，各种净化方法及效果比较见表 5-42。

表 5-42　NO_x 废气净化方法及效果比较

方　法	优　点	缺　点	适　用
选择性催化还原技术（SCR）	可获得高达 95%以上的净化效率	易发生催化剂中毒现象，工作温度较高（300℃以上）	适用于含灰量低的高温气体
选择性非催化还原技术（SNCR）	费用低，能耗少，适用性广	净化率一般在 30%左右，操作较为困难	适用于燃煤烟气
液膜反应吸收法	运行稳定，设备使用寿命长，可同时脱硫	选择性低	适用于 NO_x 浓度为 0.05%～1.01%的气体
生物处理法	净化效率较高，投资运行费用低，无二次污染，易管理	尚处于试验阶段，无成熟工艺	适用于各种含 NO_x 的气体

以硫氧化物为主的废气净化有湿法抛弃流程、湿法回收流程、干法抛弃流程、干法回收流程。采用何种流程要看当地处理所需原料价格及地理条件，4 种工艺流程的特点比较如表 5-43 所示。

表 5-43　主要烟气脱硫方法比较

方　法	脱硫剂活性组分	操作过程	主要产物
湿法抛弃流程			
石灰石/石灰法	$CaCO_3$/CaO	Ca（OH）$_2$浆液	$CaSO_4$、$CaSO_3$
双碱法	Na_2SO_3、$CaCO_3$或 NaOH、CaO	Na_2SO_3溶液脱硫，由 $CaCO_3$或 CaO 再生	$CaSO_4$、$CaSO_3$
加镁的石灰石/石灰法	$MgSO_4$或 MgO	$MgSO_3$溶液脱硫，由 $CaCO_3$或 CaO 再生	$CaSO_4$、$CaSO_3$
碳酸钠法	Na_2CO_3	Na_2SO_3溶液	Na_2SO_4
海水法	海水	海水碱性物质	镁盐、钙盐
湿法回收流程			
氧化镁法	MgO	Mg（OH）$_2$浆液	15%SO_2
钠碱法	Na_2SO_3	Na_2SO_3溶液	90%SO_2
柠檬酸盐法	柠檬酸钠、H_2S	柠檬酸钠脱硫，H_2S回收硫	硫黄
氨法	NH_4OH	氨水	硫黄
碱式硫酸铝法	Al_2O_3	硫酸铝溶液	硫酸或液体 SO_2
干法抛弃流程			
喷雾干燥法	Na_2CO_3或 Ca（OH）$_2$	Na_2CO_3溶液或 Ca（OH）$_2$浆液	Na_2SO_3、Na_2SO_4或 $CaSO_3$、$CaSO_4$
炉后喷吸附剂增湿活化	CaO 或 Ca（OH）$_2$	石灰或熟石灰粉	$CaSO_3$、$CaSO_4$
循环流化床法	CaO 或 Ca（OH）$_2$	石灰或熟石灰粉	$CaSO_3$、$CaSO_4$
干法回收流程 活性炭吸附法	活性炭、H_2S或水	在 400 K 吸附，吸附浓缩的 SO_2与 H_2S反应生成 S，或用水吸收生成硫酸	硫黄或亚硫酸

综上，在具体项目中，要根据具体要求对比国内外各种废气处理方法、原理、工艺、设备结构，选择最适合的处理工艺与设备。

思　考　题

1. 机械粉碎的 5 种形式是什么？
2. 生物反应器按催化剂或培养对象可分为哪几类？
3. 良好的生物反应器的技术要求是什么？
4. 固体发酵反应器有哪几类？各有什么特点？
5. 常见的膜分离设备有哪几类？
6. 萃取操作过程中混合罐的作用及结构是什么？其他的混合设备还有哪些？

参考文献

[1] 堵祖荫. 化工过程技术开发和化工工艺流程设计系列讲座：（二）化工过程工程开发[J]. 化工与医药工程，2017，38（2）：1-6.

[2] 王祎，赵鹏程，陈冠益，等. 生物柴油生产工艺的层次分析法评价模型[J]. 沈阳农业大学学报，2013，44（4）：483-486.

[3] 王增霞. Bt 毒素对稻飞虱安全性评价和活性菌株筛选[D]. 南京：南京农业大学，2012.

[4] 张倩. 子宫颈癌筛查的风险分流及疫苗的卫生经济学评价研究[D]. 北京：北京协和医学院，2017.

[5] 赵荣军，苏诗娜，陈祝霞，等. 盐酸文拉法辛缓释胶囊的中试放大试验与体外释放特性研究[J]. 广东药科大学学报，2019，35（4）：475-479.

[6] 程红胜，隋斌，孟海波，等. 滚筒式沼渣好氧发酵反应器中试装置设计与性能试验[J]. 农业工程学报，2018，34（24）：232-239.

[7] 李建国. 浅析医药厂区厂址选择和总体规划[J]. 城市建设理论研究（电子版），2015，5（12）：1264-1265.

[8] 薛晓峰. 现代工厂总图设计要点分析[J]. 民营科技，2013（7）：68.

[9] 温旭. 浅谈化工企业总图设计的方法及应用[J]. 城市建设理论研究（电子版），2018，279（33）：61-62.

[10] 中国工业运输协会. 工业企业总平面设计规范：GB 50187—2012 [S]. 北京：中国计划出版社，2012.

[11] 单雪萍. ZH 公司新厂房设施布置规划与设计[D]. 邯郸：河北工程大学，2015.

[12] 江涛. 精益工厂设计在 M 公司新厂区规划的应用研究[D]. 长沙：中南大学，2012.

[13] 谢立辉，江文辉. 面向改、扩建的工厂总平面布置的改造与再生[J]. 工业建筑，2005，35（8）：48-49.

[14] 中华人民共和国住房和城乡建设部. 城市道路工程设计规范：CJJ 37—2012[S]. 北京：中国建筑工业出版社，2016.

[15] 中华人民共和国住房和城乡建设部，中华人民共和国国家质量监督检验检疫总局. 城市工程管线综合规划规范：GB 50289—2016 [S]. 北京：中国建筑工业出版社，2016.

[16] 张珩. 制药工程工艺设计 [M]. 2 版. 北京：化学工业出版社，2013：22-54.

[17] 余龙江，张长银. 生物制药工厂工艺设计[M]. 北京：化学工业出版社，2008：46-50.

[18] 张珩，王存文. 制药设备与工艺设计[M]. 北京：高等教育出版社，2008：207-222.

[19] 吴思方. 生物工程工厂设计概论[M]. 北京：中国轻工业出版社，2007：22-54，110-115，137-139.

[20] 中华人民共和国国家质量监督检验检疫总局，中国国家标准化管理委员会. 粮油工业用图形符号、代号：第 1 部分 通用部分：GB/T 12529.1—2008 [S]. 北京：中国标准出版社，2008.

[21] 中华人民共和国国家质量监督检验检疫总局，中国国家标准化管理委员会. 粮油工业用图形符号、代号：第 2 部分 碾米工业：GB/T 12529.2—2008 [S]. 北京：中国标准出版社，2008.

[22] 中华人民共和国国家质量监督检验检疫总局，中国国家标准化管理委员会. 粮油工业用图形符号、代号：第 3 部分 制粉工业：GB/T 12529.3—2008[S]. 北京：中国标准出版社，2008.

[23] 中华人民共和国国家质量监督检验检疫总局，中国国家标准化管理委员会. 粮油工业用图形符号、代号：第 4 部分 油脂工业：GB/T 12529.4—2008[S]. 北京：中国标准出版社，2008.

[24] 中华人民共和国国家质量监督检验检疫总局，中国国家标准化管理委员会. 粮油工业用图形符号、代号：第 5 部分 仓储工业：GB/T 12529.5—2010[S]. 北京：中国标准出版社，2014.

[25] 中华人民共和国国家质量监督检验检疫总局，中国国家标准化管理委员会. 饲料加工设备图形符号：GB/T 24352—2009 [S]. 北京：中国标准出版社，2009.

[26] 中华人民共和国工业和信息化部. 过程测量与控制仪表的功能标志及图形符号：HG/T 20505—2014 [S]. 北京：中国标准出版社，2014.

[27] 中国建筑标准设计研究院有限公司. 房屋建筑制图统一标准：GB/T 50001—2017 [S]. 北京：中国建筑工业出版社，2017.

[28] 中华人民共和国工业和信息化部. 技术制图 图纸幅面和格式：GB/T 14689—2008 [S]. 北京：中国标准出版社，2008.

[29] 中华人民共和国工业和信息化部. 自控专业工程设计的任务：HG/T 20636.6—2017 [S]. 北京：中国质检出版社，2019.

[30] 中华人民共和国工业和信息化部. 化工工艺设计施工图内容和深度统一规定：HG/T 20519—2009 [S]. 北京：中国标准出版社，2009.

[31] 中华人民共和国工业和信息化部. 过程测量与控制仪表的功能标志及图形符号：HG/T 20505—2014 [S]. 北京：中国质检出版社，2014.

[32] 李浪，李潮舟，周平，等. 全自动多功能固态发酵罐：CN 106701563B [P]. 2019-11-08.

[33] 李潮舟，李浪，周平. 发酵罐尾气在线分析仪：CN 106769978B [P]. 2019-09-10.

[34] 杨宇. 维生素 C 二步发酵中两株不同伴生菌作用机制研究[D]. 沈阳：沈阳农业大学，2015.

[35] 洪月娟. 维生素 C 提取过程超滤工艺优化[C]. 第九届沈阳科学学术年会. 沈阳：沈阳市人民政府，2012.

[36] 刘冬梅，周全兴，郭均，等. 一种芽孢杆菌及其同步糖化发酵生产 L-乳酸的方法：CN 201510510895.8 [P]. 2015-12-16.

[37] 穆鹏宇，文倩，王俊丽，等. 从乳酸铵发酵料液中快速提取 L-乳酸的方法：CN 201510015151.9 [P]. 2015-04-08.

[38] 赫凯，敖广宇，王彩霄，等. 一种提纯乳酸的工艺：CN 201710762389.7 [P]. 2017-11-24.

[39] 王志勇，陈建东，崔芳. L-乳酸水溶法萃取清洗塔：CN 201120292618.1 [P].2012-08-08.

[40] 劳含章，孙建荣，王健，等. 一种制取高纯度 L-乳酸的工艺方法：CN 200610023613.2 [P].2007-08-01.

[41] 石从亮，刘哲，张国宣，等. 从重相乳酸中提取乳酸的有机萃取相：CN 201210056221.1[P]. 2012-09-12.

[42] 佟以丹，曲峰. 绘制工艺流程图中块的创建方法[J]. 炼油与化工，2013，24（2）：45-47.

[43] 胡永霞. 年产30万吨燃料乙醇工厂的酒精脱水工程设计[D]. 郑州：河南工业大学，2006.

[44] 赵天坤. 年产 1500 吨 L-色氨酸工厂设计[D]. 郑州：河南工业大学，2011.

[45] 张香兰，曹俊雅，张军，等. Excel 及化工流程模拟软件在化工专业设计课程中的应用[J]. 化工高等教育，2012，29（3）：98-102.

[46] 王丽，付文，李坚. 用 Aspen Plus 模拟木薯制无水乙醇四塔精馏工艺过程[J]. 酿酒科技，2013（9）：75-77.

[47] 李仁贵. 年产 80 吨盐酸林可霉素车间工艺吸附塔的设计[J]. 化工管理，2013（6）：55-56.

[48] 葛士建，彭永臻，张亮，等. 改良 UCT 分段进水脱氮除磷工艺性能及物料平衡[J]. 化工学报，2010，61（4）：1009-1017.

[49] 刘四麟. 粮食工程设计手册[M]. 郑州：郑州大学出版社，2002：644-695，973-976.

[50] 郭新艳. 计算流体力学（CFD）软件用于发酵罐的优化设计（一）[D]. 郑州：河南工业大学，2011.

[51] 王瑞锋. 计算流体力学（CFD）软件用于发酵罐的优化设计（一）[D]. 郑州：河南工业大学，2012.

[52] 王陈. 中试发酵系统设计：发酵罐的三相流设计[D]. 郑州：河南工业大学，2013.

[53] 石建树. 利用 CFD 软件优化发酵罐的设计：发酵罐的三相流设计[D]. 郑州：河南工业大学，2015.

[54] 李浪，翟丹丹，李潮舟，等. 浙江国光生化 270M3 发酵罐 CFD 模拟及应用[C]. 工业生物过程优化与控制研讨会. 上海：华东理工大学，2012.

[55] 李浪，杨旭，薛永亮. 现代固态发酵技术工艺、设备及应用研究进展[J]. 河南工业大学学报（自然科学版），2011，32（1）：89-94.

[56] 赵素珍. 提取分离枯草芽孢杆菌中性蛋白酶生产工艺的研究[D]. 济南：齐鲁工业大学，2017.

[57] 谢雄. 用金属分离膜处理高黏度、高固含量料液的过程开发设计[D]. 上海：上海

交通大学，2010.

[58] 马康. 利用棉籽壳年产 1000 吨低聚木糖工厂设计[D]. 郑州：河南工业大学，2014.

[59] 姜绍通，于力涛，李兴江，等.连续离子交换法分离 L-乳酸的工艺设计及优化[J]. 食品科学，2012，33（12）：69-74.

[60] 刘道德. 化工设备的选择与工艺设计[M]. 3 版. 长沙：中南大学出版社，2002：74-86，206-209.

[61] 罗吉安，刘德华，栗好进，等. 1, 3-丙二醇发酵液蒸发脱水的工艺模拟[J]. 化工进展，2017，36（3）：810-815.

[62] 章克昌，吴佩琮. 酒精工业手册[M]. 北京：中国轻工业出版社，1989：429-451.

[63] 杨林军，漆嘉惠，张允湘，等. 石膏两步法制硫酸钾中 K_2SO_4 结晶工艺条件研究[J]. 高校化学工程学报，2004，18（1）：89-93.

[64] MULLIN J W. Crystallization[M]. 2nd ed. London：Butterworth-Heinemann，1971.

[65] 万雅曼. 硫铵蒸发结晶的工艺研究与优化[D]. 上海：华东理工大学，2014.

[66] 张华博. 机械蒸汽再压缩技术在盘式干燥器中的应用分析[D]. 天津：河北工业大学，2015.

[67] 刘瑞亮. 栎属橡子单宁提取与淀粉浓醪发酵工艺研究[D]. 北京：北京化工大学，2016.

[68] 晁彬. 基于 Aspen Plus 平台的酵母发酵工艺流程模拟[D]. 北京：北京化工大学，2018.

[69] 侯伟亮. 生物燃料和化学品的好氧生物炼制研究[D]. 上海：华东理工大学，2019.

[70] ZHOU P P，MENG J，BAO J. Fermentative production of high titer citric acid from corn stover Feedstock after dry dilute acid pretreatment and biodetoxification[J]. Bioresource Technology, 2017, 224: 563-572.

[71] HOU W L, LI L，BAO J. Oxygen transfer in high solids loading and highly viscous lignocellulose hydrolysates[J]. ACS Sustainable Chemistry & Engineering，2017，5（12）：11395-11402.

[72] 邢书芳. 新型节能无菌空气系统制备综述[J]. 机电信息，2016（8）：1-15.

[73] 岑文学，陆飞浩. 发酵用无菌压缩空气制备过程节能探讨[J]. 医药工程设计，2011，32（1）：43-46.

[74] 蔡丽蓉. 污水处理设备风机选型[J]. 福建轻纺，2010（2）：50-52.

[75] 田耀华. 制药行业粉碎的基本概念与设备的选择[J]. 机电信息，2008（23）：5-15.

[76] 张雪铭，马骏，魏春，等. α-L-鼠李糖苷酶发酵过程放大研究：从 5L 到 30L 发酵罐[J]. 发酵科技通讯，2013，42（4）：5-8.

[77] 沈天丰. S-腺苷-L-蛋氨酸发酵工艺优化及中试放大研究[D]. 杭州：浙江工业大学，2011.

[78] 陈艳红，杨帆，肖安风，等. 褐藻胶裂解酶发酵工艺优化及其中试放大[J]. 集美大学学报（自然版），2016，21（3）：184-190.

[79] 祝亚娇，宋嘉宾，陈杨阳，等. 地衣芽孢杆菌工程菌高产纳豆激酶的发酵罐工艺

优化及中试放大[J]. 食品与发酵工业， 2016，42（1）：37-41.

[80] 秦震方. 阿维菌素发酵过程菌体形态变化、流体特性及反应器流场模拟研究[D]. 上海：华东理工大学，2009.

[81] 王遗. 工业规模阿维菌素发酵过程中菌形、流变及反应器流场特性研究[D]. 上海：华东理工大学，2010.

[82] 李军庆，蔡子金，张庆文，等. CFD 技术用于红霉素发酵罐搅拌系统的设计[J]. 南京工业大学学报（自科版），2014，36（2）：123-128.

[83] 张庆文，骆巍，刘永垒，等. CFD 数值模拟在柠檬酸发酵罐搅拌系统设计过程中的应用[J]. 现代化工，2011，31（7）：86-88.

[84] 唐红叶. 发酵法生产β-胡萝卜素的搅拌反应器的流场分析 [D]. 天津：河北工业大学，2013.

[85] 刘德民. 发酵通风搅拌节能降耗关键技术的研究-逆向龙卷直旋射流搅拌模式[D]. 济南：山东轻工业学院，2012.

[86] 侯洪国. 大型侧搅拌发酵罐内气液两相流的计算流体力学模拟[D]. 天津：天津大学，2010.

[87] 姜勇，邓立康，徐光辉，等. 侧搅拌发酵罐内流场特性的模拟研究[J]. 中国设备工程，2012（7）：45-47.

[88] 陈佳，肖文德. 侧进式搅拌釜内气液两相流的数值模拟[J]. 化工学报，2013，64（7）：2344-2352.

[89] 陈佳，肖文德. 大型侧进式搅拌釜内湍流流场的数值模拟[J]. 化学工程，2013，41（8）：38-42.

[90] 张会丽. 燃料乙醇发酵设备的计算流体动力学模拟和混合原理的研究[D]. 北京：北京化工大学，2012.

[91] 王洁，袁月明，崔彦如，等. 不同桨层搅拌沼气发酵效果对比及其 CFD 模拟研究[J]. 中国农机化学报，2012（5）：126-129.

[92] 宋金礼，陈贵军，王娟. 发酵罐内固液两相流的数值模拟[J]. 节能，2015，34（5）：22-25.

[93] WANG X，DING J，GUO W Q，et al. Scale-up and optimization of biohydrogen production reactor from laboratory-scale to industrial-scale on the basis of computational fluid dynamics simulation［J］. International Journal of Hydrogen Energy，2010，35（20）：10960-10966.

[94] 樊梨明，李庆生，卢建新. 发酵罐内流场的数值模拟及桨叶优化[J]. 轻工机械，2016，34（3）：30-33.

[95] 姚立影，蒲光华. 基于 Nastran 厌氧发酵罐搅拌轴分析[J]. 绵阳师范学院学报，2018，37（11）：20-23.

[96] 王伟. 搅拌式厌氧发酵罐关键部件虚拟分析及优化[D]. 海口：海南大学，2015.

[97] 于美玲，谷士艳，于洋，等. 立式连续干发酵装置的设计与产气特性[J]. 农业工程学报，2016，34（7）：194-199.

[98] 冯晶，胡鑫，赵立欣，等. 横推流式连续干法厌氧发酵设备设计与试验[J]. 农业机械学报，2018，49（7）：319-325.

[99] 樊梨明，李庆生，卢建新. 发酵罐内流场的数值模拟及桨叶优化[J]. 轻工机械，2016，34（3）：30-33，38.

[100] 王大龙. 餐厨垃圾干式高温两相厌氧发酵性能研究[D]. 天津：天津大学，2016.

[101] 张国民. 餐厨垃圾厌氧发酵工艺及中试放大[D]. 北京：中国石油大学，2017.

[102] 郭勇. 酶工程. [M]. 4 版. 北京：科学出版社，2016：212-215.

[103] 邹东恢，梁敏.生物工业过滤设备选用原则、设备选型与新发展[J] .食品工业，2016，37（09）：203-207.

[104] 李惠安，万振平，黄玉新，等. 不同过滤设备在淀粉糖一次粗过滤中的应用比较[J]. 食品工程，2014（1）：44-45.

[105] 邹东恢，梁敏. 膜分离设备的特点、选用原则与展望[J]. 化工技术与开发，2016，45（1）：19-22.

[106] 董恒，王建友，卢会霞. 双极膜电渗析技术的研究进展[J]. 化工进展，2010，29（2）：217-222.

[107] 全国化工设备设计技术中心站机泵技术委员会. 工业离心机和过滤机选用手册[M]. 北京：化学工业出版社，2014：299.

[108] 梁敏，邹东恢. 生物工业萃取设备选型原则、设备选型与新发展[J]. 食品工业，2016（11）：257-262.

[109] 李丽娜，于长青. 超临界 CO_2 萃取微生物油脂中 ARA 工艺条件的优化[J]. 中国粮油学报，2010，25（3）：59-64.

[110] 王聪. 青霉素钠萃取工艺的优化[J]. 河北化工，2008，31（9）：40-41.

[111] 张永珍，王汝赡. 新型离子交换设备及其发展趋势[J]. 环境科学研究，1996，9（6）：37-40.

[112] 张敏，刘晓秋，彭欣莉，等. 葡萄酒离子交换降酸的研究[J]. 食品研究与开发，2015（20）：26-29.

[113] 田耀华. 离心真空薄膜蒸发浓缩器的特点与应用[J]. 机电信息，2010（17）：26-28.

[114] 孙月娥，李超，王卫东. 分子蒸馏技术及其应用[J]. 粮油加工，2010（2）：91-95.

[115] 刘殿宇，张立军，蔡永建. MVR 蒸发器应用存在的问题及选择注意事项[J]. 饮料工业，2017，20（5）：80-81.

[116] 余瑶盼，赵晨伟，唐年初. 分子蒸馏富集石榴籽油脂肪酸乙酯中共轭亚麻酸乙酯的研究[J]. 中国油脂，2018，43（1）：4-7.

[117] 陆步诗，李新社，张峰. 菌酶共酵玉米秸秆生产微生物油脂的研究[J]. 邵阳学院学报（自然科学版），2018，15（3）：52-61.

[118] 侯珍珍. 结晶器的工程应用实例及管道布置原则[J]. 化工管理，2018，486（15）：115-116.

[119] 刘爽. 葡萄糖连续结晶的新工艺[J]. 食品安全导刊，2017（33）：103-103.

[120] 王文建. 葡萄糖结晶工艺及设备浅析[J]. 干燥技术与设备，2014（5）：29-32.

[121] 吉小兵，刘剑侠，郭玉波. 无水葡萄糖生产中煮糖结晶研究[J]. 食品安全质量检测学报，2014（12）：4172-4176.

[122] 郭坤，杜宏德，刘胜，等. 一种柠檬酸连续冷却结晶系统：CN 205549661U [P]. 2016-09-07.

[123] 郭坤，杜宏德，刘胜，等. 柠檬酸连续冷却结晶系统及其方法：CN 105797422A [P]. 2016-07-27.

[124] 钱海燕，周灿方. 连续结晶工艺运用探索[J]. 科技风，2013（10）：130-130.

[125] 孙莉. 维生素 C 冷却结晶研究[J]. 生物技术世界，2013（10）：87-89.

[126] 许奎，朱静，胡雪，等. 固液溶解平衡研究进展[J]. 化学工业与工程，2018，35（3）：22-28.

[127] 王艳艳，王团结，彭敏. 常用干燥设备的应用及其选用原则研究[J]. 机电信息，2017（2）：1-16，27.

[128] DZIEDZIC J，沈莉莉. 如何选用正确的干燥设备，以适应工艺需求[J]. 合成纤维，2010，39（5）：44-47.

[129] 吴志谷，耿淼，孙同柱，等. FD-1 冷冻干燥机的研制及生物材料的冷冻干燥[J]. 生物医学工程学杂志，2004，21（3）：460-463.

[130] 张丹瑛. 固体制剂生产中混合设备的选择及其清洁[J]. 机电信息，2012（17）：37-41，45.

[131] 林湘玉. 制药压片机的特性与选择[J]. 海峡药学，2014，26（2）：29-32.

[132] 罗远烽. 一种生物制药用药丸成型模具：CN 205416471U [P]. 2016-08-03.

[133] 孙淇余，周钰君. 单螺杆挤出机在干/湿法造粒中的应用对比[J]. 化工机械，2016，43（5）：693-694.

[134] 吴宏伟，莫如财，王文伟，等. 一种对辊式干法造粒机：CN 202688216U [P]. 2013-01-23.

[135] 张永坚. 医药化工生产设备选型[M]. 北京：化学工业出版社，2014：213.

[136] 扈永刚，杜彬，董京营. 药用铝盖成型机组：CN102513469A [P]. 2012-06-27.

[137] 张友根. 我国塑料医药瓶成型设备的现状及发展方向[J]. 上海包装，2009（10）：38-40.

[138] 张立斐. 3D 打印保健食品成型设备设计及试验研究[D]. 南京：南京农业大学，2016.

[139] 周国文. 硬质奶酪类食品成型设备：CN 104938342A [P]. 2015-09-30.

[140] 林雪，陈长卿，黄鹏程，等. 层酥类食品自动成型装备发展瓶颈与需求[J]. 包装与食品机械，2017，35（2）：61-63.

[141] 帅放文，张诺滋，王向峰，等. 一种用于生产全淀粉基胶囊颗粒料的造粒设备：CN 203622907U [P]. 2014-06-04.

[142] 刘峰，艾庆辉，刘春娥. 水产动物微颗粒饲料加工工艺研究进展[J]. 饲料工业，2011，32（12）：15-17.

[143] 张虹. 加快包装行业发展颗粒包装机展露头角[J]. 塑料制造，2015（10）：42-43.

[144] 王利伟. 对制药生产中颗粒剂的灌装方式及设计的探讨[J]. 机电信息，2013（23）：37-40.

[145] 李诗龙，邹俊刚，鲁罾. 全自动双秤斗颗粒料包装机的研制[J]. 粮食与饲料工业，2014（12）：40-43，47.

[146] 林利彬，张昱，陆英，等. 液体灌装机的高精度灌装定量方法[J]. 包装与食品机械，2017，35（4）：48-50.

[147] 高忠海，王延国，王惠乐. 称重式液体灌装机发展前景分析[J]. 中外食品工业，2014（7）：80-81.

[148] 叶修猛. 针剂安瓿瓶洗烘灌封联动生产线 PLC 的应用分析[J]. 求医问药（学术版），2012，10（7）：631-632.

[149] 陈龙，李红艳. 安瓿瓶洗烘灌封联动生产线工业自动化应用分析[J]. 中国科技纵横，2011（20）：138-138.

[150] 廖燕卿. 注射液洗烘灌封联动线的性能测试[J]. 企业科技与发展，2016（4）：88-90.

[151] 王令旭，刘永刚，刘敏. 双软管软袋大输液灌封生产线所存问题及其解决措施[J]. 现代制造，2017（26）：55-59.

[152] 江维维，朱明岩，萧伟. 口服液制剂不同洗灌封设备之间的性能比较[J]. 机电信息，2015（18）：44-45.

[153] 邓玉璞. 从片状药品包装看当今药品包装技术的发展[J]. 中国电子商务，2013（13）：263.

[154] 孙怀远，孙波，杨丽英. 泡罩包装机使用与维护分析[J]. 机电信息，2016（11）：51-59.

[155] 关志宇，罗晓健. 人性化药品包装的选择与应用[J]. 中成药，2014，36（8）：1729-1733.

[156] 王志华. 国产医药包装机械，机遇催生发展[J]. 中国印刷，2015（3）：78-81.

[157] 贾晶晶，张勇. 从药品包装的变化看我国药包材的发展特点[J]. 临床医学研究与实践，2017，2（5）：127，129.

[158] 张志勇，赵淮. 包装机械选用手册[M]. 北京：机械工业出版社，2012：5-6.

[159] 曹健，李浪. 食品发酵工业三废处理与工程实例[M]. 北京：化学工业出版社，2007：59-65，341-343，373-381.

[160] 于淑萍. 废水处理工程方案与工艺[J]. 广州化工，2015（13）：178-179，237.

[161] 刘瑛. 污水回用处理设备的选优[J]. 河北企业，2015（5）：144-145.

[162] 程秀绵. 有机废气净化工艺的选择及效果[J]. 矿冶，2007，16（2）：78-81.

[163] 吕宝玉，邹广东，李荣菊，等. 低浓度有机废气生物治理技术研究与应用[J]. 河南化工，2014，31（6）：44-47.